MySQL技术大全

开发、优化与运维实战

（视频教学版）

冰河◎编著

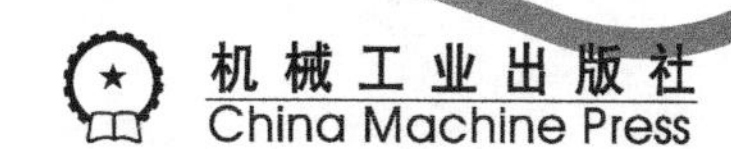
机械工业出版社
China Machine Press

图书在版编目（CIP）数据

MySQL技术大全：开发、优化与运维实战：视频教学版/冰河编著. —北京：机械工业出版社，2020.11

ISBN 978-7-111-66898-5

Ⅰ. ①M… Ⅱ. ①冰… Ⅲ. ①SQL语言－程序设计 Ⅳ. ①TP311.132.3

中国版本图书馆CIP数据核字（2020）第222096号

MySQL 技术大全：开发、优化与运维实战（视频教学版）

出版发行：机械工业出版社（北京市西城区百万庄大街 22 号　邮政编码：100037）

责任编辑：陈佳媛　　责任校对：姚志娟

印　　刷：北京捷迅佳彩印刷有限公司　　版　　次：2021 年 1 月第 1 版第 1 次印刷

开　　本：186mm×240mm　1/16　　印　　张：47.5

书　　号：ISBN 978-7-111-66898-5　　定　　价：199.00 元

客服电话：（010）88361066　88379833　68326294　　投稿热线：（010）88379604

华章网站：www.hzbook.com　　读者信箱：hzit@hzbook.com

前言

为何要写这本书

MySQL 具有小巧、灵活和免费等特性，这使得它越来越多地被用于企业的实际开发中。特别是 MySQL 数据库的开源特性，更使它得到了广泛应用。程序员要想进入 MySQL 开发领域，除了需要有扎实的编程基础外，还需要掌握 SQL 语句的编写，熟悉 MySQL 数据库的优化和运维，了解 MySQL 数据库的常见故障和解决方案，这样才能在竞争日益激烈的数据库领域提高竞争力，进而实现自身的价值。

目前，市面上介绍 MySQL 数据库技术的图书不少，但是真正从实战出发，全面介绍 MySQL 基础、环境搭建、开发、优化、运维和架构的图书却很少。本书结合大量的实战案例，详细地介绍掌握 MySQL 数据库所需要的各项技能，尤其是环境搭建、MySQL 优化、MySQL 运维和架构等相关内容。通过阅读本书，读者能够更加全面、深入、透彻地理解 MySQL 数据库技术，对书中所述内容稍加修改便可直接应用于自己的工作之中，从而提高自身的 MySQL 开发水平和项目实战能力。

本书特色

1. 提供近15小时配套教学视频

为了让读者更加高效、直观地学习和理解本书中的重点内容和难点内容，笔者专门录制了近 15 小时（共 84 段）的配套教学视频辅助读者学习，相信读者结合教学视频，可以取得更好的学习效果。

2. 内容非常全面，涵盖MySQL的所有重要技术点

本书非常全面地介绍了 MySQL 数据库的各个知识点，涵盖 MySQL 基础知识、环境搭建、开发、优化、运维和架构等。通过阅读本书，读者能够全面掌握 MySQL 数据库的各项技术要点。

3. 给出大量的图解和实战案例

本书在介绍理论知识时都配有对应的图表，而且在知识点讲解后都给出了大量的实战案例，帮助读者更加直观地理解所学内容。读者只要很好地理解各个知识点并亲自动手运

行每个示例的源代码，就能够更加深入地理解和使用 MySQL。

4．案例典型，实用性强

本书中的实战案例涉及 MySQL 技术的方方面面，都非常典型，而且这些案例具有很强的实用性，略加修改就可以迁移到自己的工作中，读者只要很好地理解和掌握这些案例，就能触类旁通，举一反三。

5．讲解通俗易懂

本书从始至终都用通俗易懂的语言进行讲解，书中对每个概念都给出了清晰的定义，对每个知识点都给出了简明扼要的讲解，对每个案例都给出了清晰明了的实现步骤，而且讲解时言简意赅，这大大提升了读者的阅读体验。

本书知识体系

第1篇　MySQL基础

本篇涵盖第 1～3 章，主要介绍数据库的定义与发展，以及数据库技术、MySQL 数据库的三大范式及存储引擎。

第2篇　环境搭建

本篇涵盖第 4～6 章，主要介绍如何安装 VMware 虚拟机，如何安装 Windows、Mac OS X 和 CentOS 操作系统，以及如何在三大操作系统上安装和配置 MySQL 环境。

第3篇　MySQL开发

本篇涵盖第 7～19 章，主要介绍 MySQL 的技术要点，包括如何操作数据库和数据表，MySQL 中的数据类型、运算符、函数、数据变更和数据查询，MySQL 中的索引、视图、触发器、存储过程和函数，以及 MySQL 分区、公用表表达式与生成列。

第4篇　MySQL优化

本篇涵盖第 20～26 章，主要介绍 MySQL 中的查询优化、索引优化、SQL 语句优化、数据库优化、服务器优化、应用程序优化及其他优化技术等。

第5篇　MySQL运维

本篇涵盖第 27～30 章，主要介绍 MySQL 中各种命令行工具的使用，各种日志的开启、查看、删除与关闭，数据的备份与恢复，以及 MySQL 中的账户管理等。

第6篇　MySQL架构

本篇涵盖第 31～33 章，主要介绍如何实现 MySQL 中的复制，如何搭建 MySQL 的读写分离环境，以及如何实现 MySQL 的高可用性等。

配书资源获取

本书附赠如下配书资源：

- 近 15 小时（共 84 段）配套教学视频；
- 所有案例的 SQL 源码文件。

这些配套资源需要读者自行下载。请在华章公司网站（www.hzbook.com）上搜索到本书，然后单击“资料下载”按钮，即可在本书页面上找到下载链接。

本书读者对象

- 想全面学习 MySQL 技术的人员；
- 想转行从事数据库开发的人员；
- 数据库管理人员；
- 数据库运维工程师；
- 希望提高数据库实战水平的人员；
- 数据库开发经理；
- 数据库架构师；
- 相关院校的学生；
- 专业培训机构的学员；
- 需要时常查阅 MySQL 技术和开发案例的人员。

阅读建议

- 不具备 MySQL 基础知识的读者，建议从第 1 章顺次阅读，并按照书中的操作步骤实现每一个案例。
- 有一定 MySQL 开发基础的读者，可以根据自身的实际情况有选择地阅读。
- 书中的每个案例，先自行思考如何实现，再阅读笔者介绍的方法，可以达到事半功倍的效果。
- 先理解书中介绍的相关技术原理，再亲自动手实现一遍书中的案例，理解会更加深刻。

勘误与支持

尽管笔者对技术有近乎完美的追求，但是由于 MySQL 体系庞大，所涉及的知识点众多，一本书很难讲解清楚所有的知识点。如果笔者有疏漏，恳请读者朋友能够及时批评和指正。如果您对本书有好的建议或者想法，可以通过以下方式进行反馈。

邮箱：hzbook2017@163.com 或 1028386804@qq.com

微信：sun_shine_lyz

微信公众号：冰河技术

致谢

感谢季敏（阿里巴巴技术专家，Seata 开源项目发起人）、肖宇（开源组织 Dromara 创始人，Soul 网关与 Hmily 分布式事务框架作者）、刘遄（LinuxProbe 网站创始人，RHCA 架构师，运维专家，畅销书《Linux 就该这么学》作者）、芋艿（芋道源码作者）和黄小邪（蚂蚁金服高级开发工程师）对我写作本书的大力支持和帮助！

感谢我的团队成员和许多一起交流过乃至合作过的朋友们！

感谢我的 CSDN 博客粉丝以及那些在我博客和公众号上留言的朋友们！

感谢我的家人，他们都以自己的方式在我写作期间默默地给予支持与鼓励！

感谢出版社参与本书出版的各位编辑，没有你们的辛勤工作和一丝不苟的精神，就不会有本书的高质量出版。

感谢其他支持、鼓励和帮助过我的人！

最后感谢本书读者，是你们的鞭策，才让我有动力完成写作本书的“艰巨”任务！

冰河

目录

第 2 篇 环境搭建

第 3 篇　MySQL 开发

第 4 篇　MySQL 优化

第5篇 MySQL运维

第 6 篇 MySQL 架构

第1篇 MySQL基础

第 1 章　数据库概述

随着计算机技术的发展，数据在计算机上的存储形式也不断发生着变化。而数据库的诞生和发展经历了漫长的演化过程，每项存储技术的诞生都伴随着新的技术突破。本章就对数据库的基础知识做简单的介绍。

本章涉及的知识点有：

- 数据库的定义，了解数据库的基本概念。
- 数据库的发展，了解数据库的发展阶段。

1.1　数据库的定义

在某种程度上，数据库代表着一种存储技术，并不局限于某种存储形式。一个简单的数据库可以将数据只存储在某台特定的计算机上，供某个特定的用户使用，而一个复杂的数据库可以将数据分散存储到多台计算机上，能够供成千上万的用户同时使用。从存储容量上来说，一个数据库的存储容量可以小到只能够存储几 KB 的数据，也可以大到存储 TB 甚至是 PB 级别的数据。

1.1.1　数据库

数据库（DataBase，DB）从本质上讲就是一个文件系统，它能够将数据有组织地集合在一起，按照一定的规则长期存储到计算机的磁盘中，并且能够供多个用户共享和使用，同时，用户能够对数据库中的数据进行插入、删除、修改和查询操作。

数据库将数据进行集中存储和管理，有效地分离了应用程序和业务数据，降低了应用程序和业务数据之间的耦合性，大大简化了数据的存储和管理工作。同时，数据库提供了对存储数据的统一控制功能。

数据除了能够被存储在计算机的磁盘中，还能够被存储在计算机的内存中，所以在某种程度上，可以将数据库分为永久型数据库和内存型数据库。

1.1.2　数据库管理系统

数据库管理系统（DataBase Management System，DBMS）从本质上讲就是一个为管理数据库中的数据而设计的一套管理系统。它依托数据库，对外提供统一管理数据库中数据的功能和接口，能够有效地对数据库的安全、认证、数据备份、数据恢复、数据传输等进行统一的管理。同时，数据库管理系统能够根据所依托的数据库模型对数据库进行相应的分类。大多数的数据库都是通过数据库管理系统对数据库中的数据进行管理和维护的。

1.1.3　数据表

对于关系型数据库来说，数据表是以一个二维数组的形式来存储和管理数据的，它能够存储和管理数据并操作数据的逻辑结构。通常，一个数据表由行和列组成，一行数据能够表示一条完整的基础信息，所以行在关系型数据库中是组织数据的基本单位；列也被称为字段，它能够表示行的一个属性，同时，每一列都有相应的数据类型和数据长度的定义。

例如，一个简单的商品信息表，每行数据都包含商品编号、商品名称、商品类型、商品价格和上架时间等，它们被称为列，也叫作字段，表示商品信息表一行所记录的一个属性，它们都有相应的数据类型和数据长度的定义。所有的列组成商品信息表中一条完整的行记录。

商品信息表中每行记录的定义如表 1-1 所示。

表 1-1　商品信息表中每行记录的定义表示

字段名称	数据类型	是否可为NULL	是否主键	默认值
商品编号	varchar(32)	否	是	空字符串
商品名称	varchar(50)	否	否	空字符串
商品类型	varchar(30)	否	否	空字符串
商品价格	decimal(10, 2)	否	否	0.00
上架时间	datetime	是	否	NULL

商品信息表中每行记录的数据可以表示为表 1-2 所示。

表 1-2　商品信息表中每行记录的数据表示

商品编号	商品名称	商品类型	商品价格	上架时间
1000000001	破洞牛仔裤	女装/女士精品	79.90	2020-12-10 00:00:00
1000000002	T恤	男装	49.90	2020-12-10 00:00:00
1000000003	苹果	水果	19.90	2020-12-11 00:00:00
1000000004	晾衣竿	居家用品	39.90	2020-12-15 00:00:00

1.1.4　数据类型

关系型数据库中的数据类型表示数据在数据库中的存储格式，其反映了数据在计算机中的存储格式。计算机根据不同的数据类型来组织和存储数据，并为不同数据类型的数据分配不同的存储空间。

数据类型在大的分类上可以分为数值类型、日期和时间类型、字符串类型。

在关系型数据库中，表中的每个字段都会被指定一种数据类型。例如，表 1-1 中，将商品编号、商品名称和商品类型定义为字符串类型，将商品价格定义为数值类型（定点数类型），将上架时间定义为日期和时间类型。

1.1.5　运算符

运算符是一种运算符号，用来表示某种数据关系。运算符可以分为算术运算符、比较运算符、逻辑运算符和位运算符等。

1.1.6　函数

数据库中内置了一些函数，能够很方便地对数据进行数学计算、字符串处理、加密/解密及聚合处理等。相应地，函数可以分为数学函数、字符串函数、日期和时间函数、流程处理函数、加密与解密函数、数据聚合函数、获取数据库信息函数以及数据库中的其他函数等。

1.1.7　主键

在关系型数据库中，主键（Primary Key）又称为主码，能够唯一标识数据表中的一行记录。主键可以包含数据表中的一列或者多列，主键不能为空。同时，在同一个数据表中，主键列上不能有两行甚至多行相同的值，也就是说，在同一个数据表中，每行数据对应的主键列的值必须唯一。

例如，在表 1-1 中，将商品编号定义为商品信息表的主键，此时，当商品编号为空，或者商品编号在商品信息表中出现相同的值，则数据库会提示错误信息，查询不到相应的数据；如果将商品名称作为主键，则根据作为主键列的要求，商品名称不能重复，这与实际情况不符，所以商品名称字段不适合作为主键。

1.1.8　外键

外键从本质上讲就是一个引用，它引用的是另外一张表中的一列或者多列数据，被引用的表中的列需要具备主键约束或者唯一性约束。也就是说，被引用的列在其对应的数据表中能够唯一标识一行数据。外键反映的是两个表之间的连接关系。

例如，两个数据表分别为部门表和员工信息表。其中，部门表中包含两个字段，分别为部门编号和部门名称；员工信息表中包含员工编号、员工姓名、员工性别、员工生日、部门编号和入职日期等字段。

部门表中每行记录的定义如表 1-3 所示。

表 1-3　部门表中每行记录的定义表示

字 段 名 称	数 据 类 型	是否可为NULL	是 否 主 键	默 认 值
部门编号	varchar(32)	否	是	空字符串
部门名称	varchar(50)	否	否	空字符串

员工信息表中每行记录的定义如表 1-4 所示。

表 1-4　员工信息表中每行记录的定义表示

字 段 名 称	数 据 类 型	是否可为NULL	是 否 主 键	是 否 外 键	默 认 值
员工编号	varchar(32)	否	是	否	空字符串
员工姓名	varchar(20)	否	否	否	空字符串
员工性别	char(2)	否	否	否	未知
员工生日	date	是	否	否	NULL
部门编号	varchar(32)	否	否	是	空字符串
入职日期	date	否	否	否	当前日期

部门表中每行记录的数据如表 1-5 所示。

表 1-5　部门表中每行记录的数据表示

部 门 编 号	部 门 名 称
1000000001	技术部
1000000002	运营部
1000000003	市场部

员工信息表中每行记录的数据如表 1-6 所示。

表 1-6　员工信息表中每行记录的数据表示

员 工 编 号	员 工 姓 名	员 工 性 别	员 工 生 日	部 门 编 号	入 职 日 期
10000001	张三	男	1992-10-29	1000000001	2018-03-26
10000002	李四	男	1990-05-27	1000000001	2017-09-10
10000003	王五	女	1993-04-03	1000000002	2019-03-09
10000004	赵六	男	1995-06-20	1000000002	2017-04-19
10000005	杨七	女	1992-01-16	1000000003	2017-05-07
10000006	冯八	女	1994-03-26	1000000003	2020-10-16

可以看出，员工信息表中以部门编号为外键，而部门编号又是部门表中的主键，所以员工信息表中的外键引用的是部门表中的主键。

1.1.9　索引

索引从本质上来讲是一种单独的数据库结构，它能够单独地存储在计算机的磁盘上，包含着对相关数据表中所有数据的引用指针。通过索引能够快速定位并查询出数据表中的一行或者多行数据，而不必进行全表扫描。

在某种程度上，数据库的索引和书籍的目录有些类似。当查找书籍中的内容时，往往不会直接翻阅书籍的内容，这样查找起来相当烦琐；如果先根据书籍的目录定位到要查找的内容在书籍中的大概章节，然后再到相关的章节中去查找内容就比较简单了。

索引使查询能够快速到达计算机中的某个位置去搜寻数据文件，而不必对所有的数据进行扫描。索引的建立，可以大大提高数据查询的效率。

1.1.10　视图

视图从本质上来讲是数据库的一种虚表，它是由 SELECT 查询语句从一张表或者多张表中导出的一种虚表。不能向视图中插入、更新和删除数据，即视图不负责数据的实际存储。当通过视图修改数据时，实际上修改的是构成视图的基本表中的数据，当修改了构成视图的基本表中的数据时，视图中的数据也会随之改变。

使用视图能够大大简化数据库中表与表之间复杂的关联查询。

1.1.11　存储过程

存储过程是一种 SQL 语句集，经过编译后存储在数据库中，通过指定存储过程的名称和参数信息来调用存储过程，使其完成特定的功能。在创建存储过程的时候，可以自定义变量来存储一些中间结果的数据，也可以在存储过程中定义一些执行逻辑和执行流程。

存储过程经过一次编译后可以永久使用（只要不删除存储过程）。将一些复杂的查询逻辑封装在存储过程中重复使用，应用程序只需要调用存储过程的名称并传入相应的参数即可，大大简化了开发和数据查询的复杂度。另外，使用存储过程也可以防止用户直接访问数据表，只需要赋予用户对存储过程的访问权限即可。

1.1.12　触发器

触发器从本质上来讲是一种特殊的存储过程。触发器的执行不是由应用程序调用，也不是由手动执行的，而是由数据库中的事件执行的。当对某个表中的数据进行插入、更新和删除操作时，系统会自动执行相应的触发器。

在某种程度上，触发器和钩子函数有些类似。应用程序在执行某项操作时，会自动调用相应的钩子函数，执行钩子函数的逻辑。而触发器是对数据表进行操作时自动执行的。

当对数据表中的数据执行插入、更新和删除操作，需要自动执行一些数据库逻辑时，可以使用触发器来实现。

1.1.13　存储引擎

存储引擎代表的是一种存储技术。对于每种存储引擎来说，其对应的存储机制、索引存放方式、索引技巧、数据库锁机制及数据的存储方式各不相同。

MySQL 中最常用到的存储引擎是 InnoDB 和 MyISAM。

1.2　数据库的发展

数据库技术经历了漫长的演化过程，在此期间各种存储技术层出不穷，在一定程度上促进了数据库技术的发展。数据库的发展经历了人工管理阶段、文件系统阶段、数据库系统阶段和云数据库阶段（笔者认为目前已经步入云数据库阶段）。

1.2.1　人工管理阶段

顾名思义，人工管理阶段需要人工管理和维护数据。此时，不会对数据进行保存操作，所有的数据都是由开发人员开发的程序进行管理，没有专门的系统或软件对数据进行存储、管理和维护。同时，数据无法在多个应用程序之间共享，也没有独立性。如果需要对数据的结构进行变更，就必须通过修改相应的应用程序来实现，复杂程度可想而知。

在人工管理阶段，程序开发人员需要付出大量额外的时间和精力来管理和维护数据，这无疑加重了程序开发人员的负担。

1.2.2　文件系统阶段

在文件系统阶段，有专门的文件系统对数据进行管理和维护，此时数据可以被长期保存在计算机的磁盘上。应用程序和数据之间由文件系统提供的方法或接口进行调取，这在一定程度上使应用程序和数据之间具备了一定的独立性。此时的程序开发人员可以不必过多地关注数据的存储细节。

但是，文件系统阶段的数据独立性仍然比较低，数据的共享性也比较差，需要进一步提升数据的独立性和共享性。

1.2.3 数据库系统阶段

随着互联网技术的发展，计算机产生的数据越来越多，使用文件系统已经远远不能满足各种应用的需求。此时，数据库技术应运而生，标志着数据库的发展进入了数据库系统阶段。

在数据库系统阶段，有专门的数据库管理系统对数据进行管理和维护。此时，应用程序和数据之间由数据库管理系统提供的方法或接口进行调取，所以应用程序和数据之间具备独立性。此时的数据共享性比较好，可以在多个应用程序之间共享，同时，此阶段提供了相应的数据库设计规范，使得数据的冗余度比较低。

在此阶段中，特别是关系型数据库的出现，使得数据能够以一种二维表格的形式进行展现。在关系型数据库中，表里的一行代表着一条完整的基础信息，一列表示数据行的特定属性，大大简化了数据的存储与展现模型。

除了关系型数据库之外，在数据库系统阶段还出现了很多非关系型数据库，如 Key-Value 型数据库 Memcached、Redis 和文档型数据库 MongoDB 等。

1.2.4 云数据库阶段

2013 年是大数据元年，标志着互联网正式进入了大数据时代。在大数据时代，互联网会产生更多的数据，传统单机数据库已经无法满足大数据时代对海量数据的存储需求。业界开始探究一种即开即用且具有高度稳定性和可靠性，同时具备可弹性伸缩的在线数据库，以满足大数据时代对海量数据的存储需求。

云数据库可以实现按照需求进行付费使用，按照业务需求对数据库进行扩展；同时，云数据库支持数据的读写分离，数据库发生故障时能够自动切换，自动实现数据的备份操作，实现数据的监控和报警等。目前，已经有越来越多的应用部署到了“云”上，也有越来越多的公司开始使用云数据库。

云数据库可以分为关系型数据库和非关系型数据库两大类。云数据库中的典型代表有阿里巴巴的 RDS 数据库和 OceanBase 数据库。

1.3 本章总结

本章简要介绍了数据库的定义，对数据库的相关概念进行了简单描述，然后对数据库的发展进行了简单的介绍。下一章将会对数据库技术进行简要介绍。

第 2 章　数据库技术

在某种程度上，数据库不仅是指存储数据的软件系统，它还包括存储数据的硬件。而在存储规模上，数据库的容量可以小到只能存储几 KB 的数据，也能大到存储 GB、TB 甚至是 PB 级别的海量数据。同时，数据库又可以分为关系型数据库和非关系型数据库，而关系型数据库在技术构成上往往又可以分为数据库系统、SQL 语言和数据库访问技术。

本章就对数据库技术进行简单的介绍，主要涉及的知识点如下：

- 数据库系统，了解数据库系统的组成。
- SQL 语言，了解 SQL 语言的定义和组成部分。
- 数据库访问技术，了解数据库中提供的不同的数据访问技术。

2.1　数据库系统

在关系型数据库领域中，通常认为数据库系统涉及的软件主要由操作系统、数据库、数据库管理系统、以数据库管理系统为核心的应用开发工具和应用程序等几部分组成。

- 操作系统（Operating System，OS）：直接运行于计算机硬件上的系统，为计算机中运行的各种软件提供基础环境支持。主流的操作系统包括 Windows、UNIX/Linux 和 Mac OS 等。
- 数据库（DataBase，DB）：主要负责数据的存放，并在一定程度上保证数据的安全性、完整性和可靠性。
- 数据库管理系统（DataBase Management System，DBMS）：主要用来对数据库进行管理，是数据库系统的核心组成部分。在实际工作中，人们往往不会直接面对数据库，而是通过数据库管理系统对数据库中的数据进行管理和维护。
- 以数据库管理系统为核心的应用开发工具：为应用开发人员和数据库管理与维护人员提供的高效率、多功能的软件工具集。应用开发人员和数据库管理与维护人员通过以数据库管理系统为核心的应用开发工具，能够更好地开发数据库应用程序，并对数据库进行管理和维护。
- 应用程序：通常由某种或某几种高级编程语言编写，描述用户应用需求的应用程序、软件或某种管理系统。

在某种程度上，除了上述数据库系统涉及的软件之外，数据库管理员（DBA）也可以作为数据库系统中的一部分。

数据库管理员（DataBase Administrator，DBA）：控制数据库整体结构的人，需要承担创建、管理、监控和维护整个数据库的责任，并保证数据库的安全、完整、高可用性与高可靠性。DBA 可以是一个人，当数据库规模大到一定程度时，DBA 也可以是几个人甚至更多人组成的 DBA 小组。

从 DBA 角度来看，数据库系统整体结构如图 2-1 所示。

从用户角度来看，数据库系统的整体结构如图 2-2 所示。

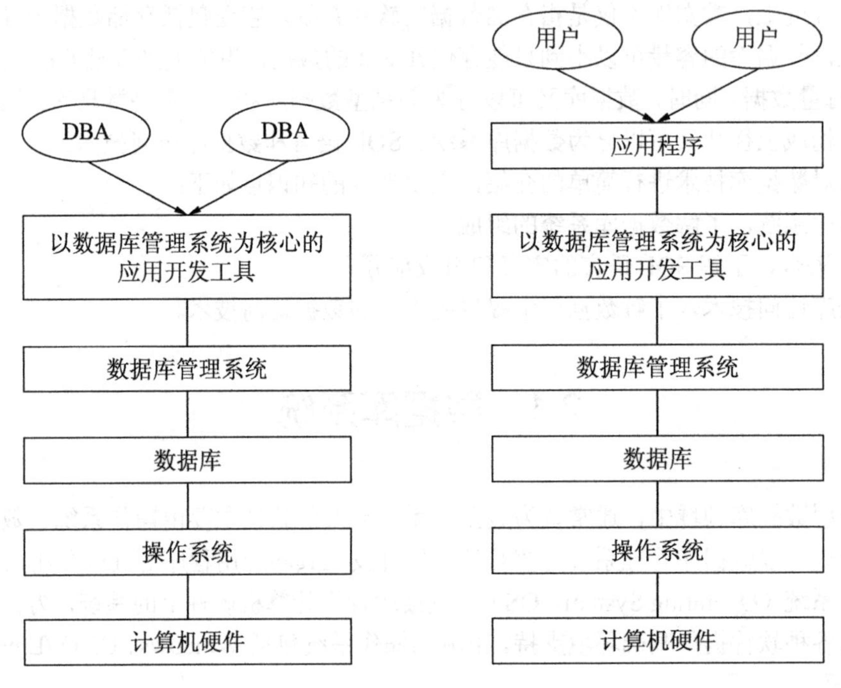

图 2-1　从 DBA 角度看数据库系统　　　图 2-2　从用户角度看数据库系统

对比图 2-1 和图 2-2 可以得知，从用户角度看数据库系统在结构上比从 DBA 角度看数据库系统多一层“应用程序”。这是因为用户不会直接通过“以数据库管理系统为核心的应用开发工具”与数据库进行交互，而是通过以某种或某几种高级编程语言编写的应用程序、软件或某种管理系统来与数据库进行交互。

例如，用户访问某个网站，网站服务器会记录用户访问的 IP 地址、地理区域、访问接口、用户信息、浏览页面和访问时长等信息，并将这些信息存储到数据库中。当用户访问网站时，用户没有通过“以数据库管理系统为核心的应用开发工具”直接与数据库进行交互，而是由网站服务器对用户的访问信息进行保存。这里的网站就是以某种或某几种高级编程语言编写的应用程序。

通过图 2-1 和图 2-2 还可以看出，整个数据库系统的最底层是由计算机硬件作为基础支撑，运行于计算机硬件之上的是操作系统，而数据库则搭建在操作系统之上。无论是 DBA

还是用户，往往都不会直接操作数据库中的数据，而是通过数据库管理系统提供的界面或者接口来对数据库中的数据进行增、删、改、查等操作。有一定经验的 DBA 为了减轻工作量，同时为了在数据库维护过程中降低出错的成本，往往会依托“以数据库管理系统为核心的应用开发工具”编写数据库维护脚本，来对数据库进行管理和维护。

2.2　SQL 语言

关系型数据库中专门提供了一种对数据库进行操作和查询的语言，叫作结构化查询语言，英文为 Structured Query Language，简称 SQL。

2.2.1　SQL 语言分类

SQL 语言在功能上主要分为如下 4 类。

- DDL（Data Definition Language，数据定义语言）：用于定义数据库、数据表和列，可以用来创建、删除、修改数据库和数据表的结构，包含 CREATE、DROP 和 ALTER 等语句。
- DML（Data Manipulation Language，数据操作语言）：用于操作数据记录，可以对数据库中数据表的数据记录进行增加、删除和修改等操作，包含 INSERT、DELETE 和 UPDATE 等语句。
- DCL（Data Control Language，数据控制语言）：用于定义数据库的访问权限和安全级别，主要包含 GRANT、REVOKE、COMMIT 和 ROLLBACK 等语句。
- DQL（Data Query Language，数据查询语言）：用于查询数据表中的数据记录，主要包含 SELECT 语句。

下面是一条使用 DDL 语句创建数据表的例子，该语句声明创建一个名为 t_visit_log 的数据表，用来存放用户访问网站的日志信息。

```
CREATE TABLE IF NOT EXISTS `t_visit_log` (
  `id` int(11) NOT NULL AUTO_INCREMENT,
  `t_user_id` int(11) DEFAULT '0' COMMENT '用户 id',
  `t_ip` varchar(20) DEFAULT '' COMMENT 'IP 地址',
  `t_area` varchar(50) DEFAULT '' COMMENT '区域',
  `t_api` varchar(100) DEFAULT '' COMMENT '访问的接口',
  `t_start_timestamp` bigint(20) DEFAULT '0' COMMENT '开始时间戳',
  `t_end_timestamp` bigint(20) DEFAULT '0' COMMENT '结束时间戳',
  PRIMARY KEY (`id`)
) ENGINE=InnoDB DEFAULT CHARSET=utf8mb4 COMMENT='用户访问日志信息表';
```

该数据表主要包含 7 个字段，各字段的含义分别如下：

- id：t_visit_log 表的主键，INT 类型，设置为自动递增。
- t_user_id：用户 ID，INT 类型。

- t_ip：用户访问网站时浏览器的 IP 地址，VARCHAR 类型。
- t_area：用户所在的区域，VARCHAR 类型。
- t_api：用户访问网站时调用的 API 接口，VARCHAR 类型。
- t_start_timestamp：访问开始时间戳，BIGINT 类型。
- t_end_timestamp：访问结束时间戳，BIGINT 类型。

在 MySQL 数据库命令行中的执行效果如下：

```
mysql> CREATE TABLE IF NOT EXISTS `t_visit_log` (
    -> `id` int(11) NOT NULL AUTO_INCREMENT,
    -> `t_user_id` int(11) DEFAULT '0' COMMENT '用户 id',
    -> `t_ip` varchar(20) DEFAULT '' COMMENT 'IP 地址',
    -> `t_area` varchar(50) DEFAULT '' COMMENT '区域',
    -> `t_api` varchar(100) DEFAULT '' COMMENT '访问的接口',
    -> `t_start_timestamp` bigint(20) DEFAULT '0' COMMENT '开始时间戳',
    -> `t_end_timestamp` bigint(20) DEFAULT '0' COMMENT '结束时间戳',
    -> PRIMARY KEY (`id`)
    -> ) ENGINE=InnoDB DEFAULT CHARSET=utf8mb4 COMMENT='用户访问日志信息表';
Query OK, 0 rows affected (0.13 sec)
```

可以看到，使用 DDL 语句创建数据表成功。

接下来使用 DML 语句向 t_visit_log 表中插入数据，如下：

```
mysql> INSERT INTO t_visit_log (id, t_user_id, t_ip, t_area, t_api, t_start_timestamp,
t_end_timestamp) VALUES ('1', '1', '192.168.175.100', '北京市', '/test/api', '1572767893132',
 '1572767894125');
Query OK, 1 row affected (0.00 sec)

mysql> INSERT INTO t_visit_log (id, t_user_id, t_ip, t_area, t_api, t_start_timestamp,
t_end_timestamp) VALUES ('2', '2', '192.168.175.101', '广东省深圳市', '/test/api',
'1572767892316', '1572767892643');
Query OK, 1 row affected (0.00 sec)
```

最后使用 DQL 语句查询 t_visit_log 表中的数据，结果如下：

```
mysql> SELECT * FROM t_visit_log;
+---+----------+-------+---------+----------+------------------+----------------+
| id | t_user_id | t_ip  | t_area    | t_api     | t_start_timestamp | t_end_timestamp |
+---+---+---------------+-----------+----------+--------------+--------------+
|  1 | 1 | 192.168.175.100 | 北京市       | /test/api | 1572767893132 | 1572767894125 |
|  2 | 2 | 192.168.175.101 | 广东省深圳市| /test/api | 1572767892316 | 1572767892643 |
+---+---+---------------+-----------+----------+--------------+--------------+
2 rows in set (0.00 sec)
```

关于 SQL 语句的简单示例就介绍到这里，在后续的章节中会详细介绍各种 SQL 语句的使用及综合案例。

2.2.2 ER 图

关系型数据库提供了 SQL 语言，使应用程序开发人员与数据库管理和维护人员能够与数据库进行交互。但是在创建数据库和数据表之前，需要对数据库中的数据表进行设计，并能够正确设计出各数据表之间的关联关系。

通常使用 ER 图（Entity Relationship Diagram），也就是实体-关系模型，来进行数据表的设计。ER 图是用来描述现实世界的概念模型，在这个模型中有 3 个基本要素，分别为实体、属性和关系。

例如，如图 2-3 所示为部门与员工之间的 ER 图。

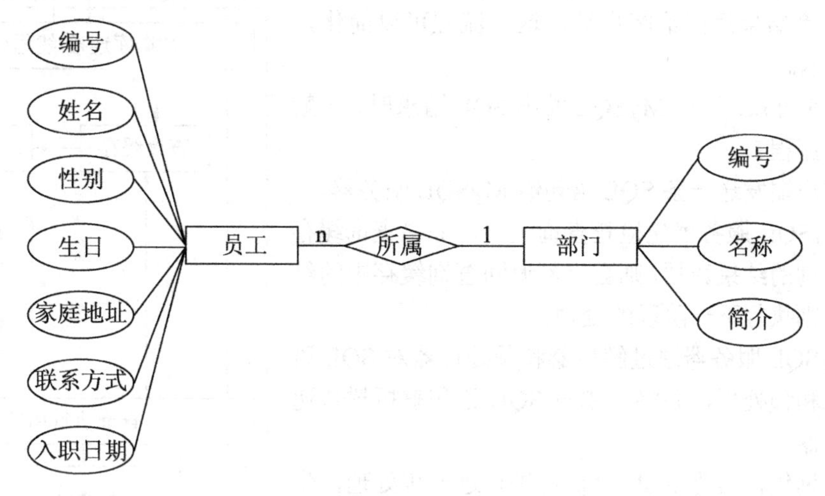

图 2-3　员工与部门之间的 ER 图

如图 2-4 所示为学生选课与教师授课之间的 ER 图。

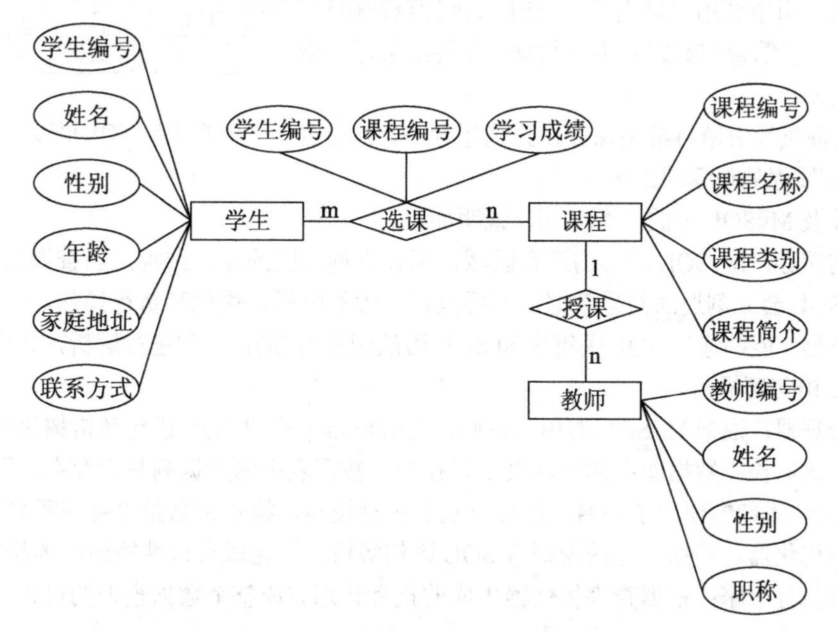

图 2-4　学生选课与教师授课之间的 ER 图

2.2.3　SQL 执行流程

当在 MySQL 命令行中输入 SQL 语句并执行时，SQL 语句需要在 MySQL 内部经过一系列的流程，才能将数据操作或查询结果返回给客户端，这一流程可以简化，如图 2-5 所示。

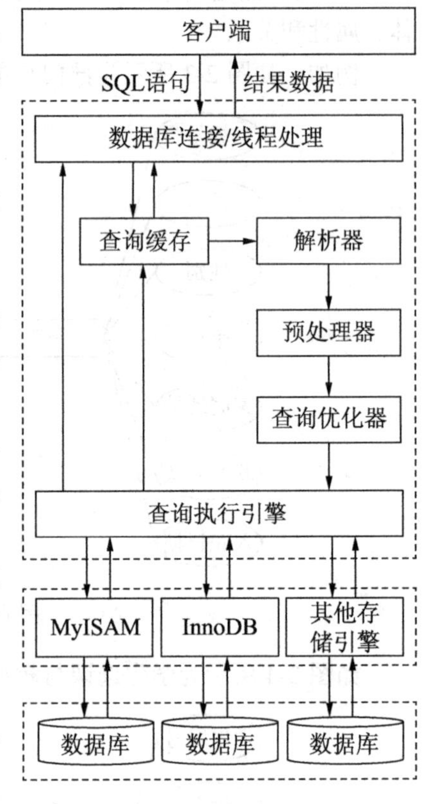

图 2-5　SQL 语句执行流程

由图 2-5 可知，当向 MySQL 发出 SQL 请求时，一般会经历如下流程。

（1）客户端发送一条 SQL 语句给 MySQL 服务器。

（2）MySQL 服务器先检查查询缓存，如果查询缓存中存在待查询的结果数据，则会立刻返回查询缓存中的结果数据，否则执行下一阶段的处理。

（3）MySQL 服务器通过解析器和预处理器对 SQL 语句进行解析和预处理，并将生成的 SQL 语句解析树传递给查询优化器。

（4）查询优化器将 SQL 解析树进行进一步处理，生成对应的执行计划。

（5）MySQL 服务器根据查询优化器生成的执行计划，通过查询执行引擎调用存储引擎的 API 来执行查询操作。

（6）存储引擎查询数据库中的数据，并将结果返回给查询执行引擎。

（7）查询执行引擎将结果保存在查询缓存中，并通过数据库连接/线程处理返回给客户端。

这里涉及 MySQL 中的几个名词，说明如下：

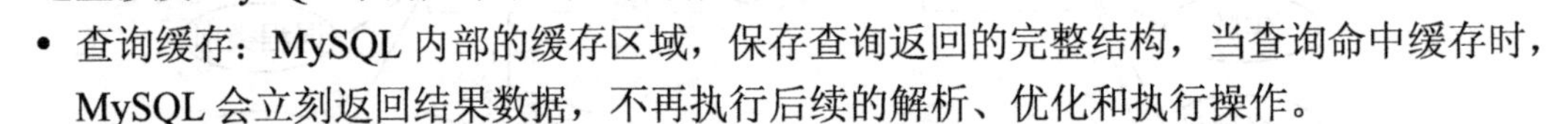

- 查询缓存：MySQL 内部的缓存区域，保存查询返回的完整结构，当查询命中缓存时，MySQL 会立刻返回结果数据，不再执行后续的解析、优化和执行操作。
- 解析器：能够通过 SQL 关键字和 SQL 语法规则对 SQL 语句进行解析，并生成对应的 SQL 语句解析树。
- 预处理器：根据 MySQL 的相关规则，对解析器生成的 SQL 语句解析树进行进一步校验，比如检查数据库中的数据表是否存在，数据表中的数据列是否存在。再比如，如果 SQL 语句中使用了别名，还会对别名进行校验，检查别名是否存在重名和歧义等。
- 查询优化器：根据一定的规则将 SQL 语句解析树转化成查询性能最好的执行计划。
- 查询执行引擎：根据查询优化器生成的执行计划完成整个数据查询的过程。

2.3　数据库访问技术

不同的编程语言会使用不同的数据库访问技术，对数据库中的数据进行查询和操作。数据库访问技术主要包括 ODBC、DAO、OLE DB、ADO、ADO.NET、JDBC、PDO、PyMySQL、MySQL 2 和 GO-SQL-Driver 等。下面分别对这些数据库访问技术进行简单的介绍。

1．ODBC简介

ODBC（Open Database Connectivity，开放数据库互连）是微软公司推出的一种数据库规范，并提供了一组访问数据库的标准 API，由一组函数调用组成，核心是 SQL 语句，但是只针对关系型数据库。

2．DAO简介

DAO（Data Access Object，数据访问对象集）是微软公司推出的一种数据库访问技术，它是一种对象集合访问技术，能够独立于数据库管理系统，对数据库进行交互和访问。

3．OLE DB简介

OLE DB（Object Linking and Embedding Database，对象连接与嵌入技术）是微软公司推出的一种基于 COM 思想并且面向对象的数据库访问技术。它能够提供统一的数据访问接口，使客户端通过统一的数据访问接口对不同的数据源进行访问，而不必关心数据源的存储位置、存储格式和存储类型等细节信息。

4．ADO简介

ADO（ActiveX Data Objects）是微软公司推出的一款用于数据存储的 COM 组件，通过 ADO 连接数据库，它不用关心数据库是如何实现的，能够对数据库中的数据进行灵活的操作和查询。

5．ADO.NET简介

ADO.NET 是微软公司推出的全新数据库访问技术，它是从 ADO 数据库访问技术发展而来，并采用了一种全新的技术。值得注意的是，ADO.NET 技术既能在与数据源连接的环境下工作，又能在断开与数据源连接的条件下工作，并封装和隐藏了很多数据库访问的细节信息，使得客户端能够专注于具体的业务处理。

6．JDBC简介

JDBC（Java Data Base Connectivity，Java 数据库连接）是为 Java 提供的用于数据库连接

和操作的数据访问技术，能够为多种关系型数据库提供统一的访问方式和访问接口，主要由Java语言编写的类和接口组成。

7．PDO简介

PDO（PHP Data Object）是专门为PHP语言设计并推出的数据库访问技术，它屏蔽了底层实现的具体细节信息，对外提供统一的数据访问接口。这样，无论客户端连接的是哪种数据库，均无须关注具体的实现细节，通过调用统一的数据访问接口，即可对数据库中的数据进行操作和查询。

8．PyMySQL简介

PyMySQL是专门为Python语言设计并推出的数据库访问技术，主要针对MySQL数据库。它能够屏蔽底层复杂的数据库连接与管理，使得Python语言能够轻松操作MySQL数据库中的数据。

9．MySQL 2简介

MySQL 2是专门为Ruby语言设计并推出的数据库访问驱动程序，主要针对MySQL数据库，通过MySQL 2数据库访问技术，能够使得Ruby语言对数据库中的数据进行各种操作。

10．GO-SQL-Driver简介

GO-SQL-Driver是一种专门为Go语言设计并推出的数据库访问技术，它能够屏蔽Go语言与数据库连接的底层细节信息，使得客户端应用程序不必关心复杂的数据库连接处理过程，而专注于具体的业务操作。同时，Go语言通过Go-SQL-Driver驱动程序提供的统一接口标准，能够轻松操作数据库中的数据。

2.4　本章总结

本章主要对数据库所使用的技术做了简单的介绍，包括数据库系统、SQL语言和数据库访问技术。然后简单介绍了SQL语言的分类、ER图和SQL执行流程。最后对数据库访问技术进行了简单说明，列举了一些不同编程语言经常使用的数据库访问技术和驱动程序。下一章将对MySQL数据库进行简单的介绍。

第 3 章　MySQL 数据库

MySQL 是一个开源的数据库管理系统。相比于 SQL Server 和 Oracle 数据库管理系统来说，它显得更加小巧和灵活，使用成本也更加低廉。本章将对 MySQL 数据库的三大范式和常用的存储引擎进行简单的介绍。

本章涉及的知识点有：

- MySQL 三大范式；
- MySQL 中的存储引擎。

3.1　MySQL 三大范式

MySQL 的三大范式能够规范开发人员对数据表的设计，使得开发人员能够设计出简洁、优雅的数据表结构。

3.1.1　第一范式

第一范式主要是确保数据表中每个字段的值必须具有原子性，也就是说数据表中每个字段的值为不可再次拆分的最小数据单元。

例如，表 3-1 所示的 t_user 数据表的设计就不符合第一范式。

表 3-1　不符合第一范式的t_user数据表的设计

字 段 名 称	字 段 类 型	是否是主键	说　明
id	INT	是	主键id
username	VARCHAR(30)	否	用户名
password	VARCHAR(50)	否	密码
user_info	VARCHAR(255)	否	用户信息

其中，user_info 字段为用户信息，可以进一步拆分成更小粒度的字段，不符合数据库设计对第一范式的要求。将 user_info 拆分后的数据表设计为如表 3-2 所示。

表 3-2　符合第一范式的t_user数据表的设计

字段名称	字段类型	是否是主键	说　明
id	INT	是	主键id
username	VARCHAR(30)	否	用户名
password	VARCHAR(50)	否	密码
real_name	VARCHAR(30)	否	真实姓名
phone	VARCHAR(12)	否	联系电话
address	VARCHAR(100)	否	家庭住址

表 3-2 所示的数据表设计符合 MySQL 的第一范式。

3.1.2　第二范式

第二范式是指在第一范式的基础上，确保数据表中除了主键之外的每个字段都必须依赖主键。例如，表 3-3 所示的数据表设计就不符合第二范式。

表 3-3　不符合第二范式的数据表的设计

字段名称	字段类型	是否是主键	说　明
id	INT	是	商品类别主键id
category_name	VARCHAR(30)	否	商品类别名称
goods_name	VARCHAR(30)	否	商品名称
price	DECIMAL(10,2)	否	商品价格

由于商品的名称和价格字段不依赖于商品类别的主键 id，所以不符合第二范式。可以将其修改成表 3-4 和表 3-5 所示的表设计。

表 3-4　符合第二范式的t_goods_category数据表的设计

字段名称	字段类型	是否是主键	说　明
id	INT	是	商品类别主键id
category_name	VARCHAR(30)	否	商品类别名称

表 3-5　符合第二范式的t_goods数据表的设计

字段名称	字段类型	是否是主键	说　明
id	INT	是	商品主键id
category_id	VARCHAR(30)	否	商品类别id
goods_name	VARCHAR(30)	否	商品名称
price	DECIMAL(10,2)	否	商品价格

商品信息表 t_goods 通过商品类别 id 字段 category_id 与商品类别数据表 t_goods_category

进行关联。

3.1.3　第三范式

第三范式是在第二范式的基础上，确保数据表中的每一列都和主键字段直接相关，也就是说，要求数据表中的所有非主键字段不能依赖于其他非主键字段。

在第三范式下，需要将表 3-5 所示的 t_goods 数据表进一步拆分成表 3-6 和表 3-7 所示的商品信息表，以及商品信息表与商品类别数据表的关联表。

表 3-6　符合第三范式的t_goods商品信息表

字段名称	字段类型	是否是主键	说　明
id	INT	是	商品主键id
goods_name	VARCHAR(30)	否	商品名称
price	DECIMAL(10,2)	否	商品价格

表 3-7　符合第三范式的t_goods_join_category关联表

字段名称	字段类型	是否是主键	说　明
id	INT	是	关联表id
goods_id	INT	否	商品表id
category_id	INT	否	商品类别id

3.1.4　反范式化

如果数据库中的数据量比较大，系统的 UV 和 PV 访问频次比较高，则完全按照 MySQL 的三大范式设计数据表，读数据时会产生大量的关联查询，在一定程度上会影响数据库的读性能。此时，可以通过在数据表中增加冗余字段来提高数据库的读性能。

例如，可以将商品信息表设计成表 3-8 所示。

表 3-8　反范式化的t_goods商品信息表设计

字段名称	字段类型	是否是主键	说　明
id	INT	是	商品主键id
category_id	VARCHAR(30)	否	商品类别id
category_name	VARCHAR(30)	否	商品类别名称
goods_name	VARCHAR(30)	否	商品名称
price	DECIMAL(10,2)	否	商品价格

3.2　MySQL 存储引擎

存储引擎在 MySQL 底层以组件的形式提供，不同的存储引擎提供的存储机制、索引的存放方式和锁粒度等不同。本节就对 MySQL 中常用的存储引擎进行简单的介绍。

3.2.1　查看 MySQL 中的存储引擎

可以在 MySQL 命令行中输入如下命令，查看当前 MySQL 支持的存储引擎。

```
mysql> SHOW ENGINES \G
*************************** 1. row ***************************
      Engine: ARCHIVE
     Support: YES
     Comment: Archive storage engine
Transactions: NO
          XA: NO
  Savepoints: NO
*************************** 2. row ***************************
      Engine: BLACKHOLE
     Support: YES
     Comment: /dev/null storage engine (anything you write to it disappears)
Transactions: NO
          XA: NO
  Savepoints: NO
*************************** 3. row ***************************
      Engine: MRG_MYISAM
     Support: YES
     Comment: Collection of identical MyISAM tables
Transactions: NO
          XA: NO
  Savepoints: NO
*************************** 4. row ***************************
      Engine: FEDERATED
     Support: NO
     Comment: Federated MySQL storage engine
Transactions: NULL
          XA: NULL
  Savepoints: NULL
*************************** 5. row ***************************
      Engine: MyISAM
     Support: YES
     Comment: MyISAM storage engine
```

```
Transactions: NO
          XA: NO
  Savepoints: NO
*************************** 6. row ***************************
      Engine: PERFORMANCE_SCHEMA
     Support: YES
     Comment: Performance Schema
Transactions: NO
          XA: NO
  Savepoints: NO
*************************** 7. row ***************************
      Engine: InnoDB
     Support: DEFAULT
     Comment: Supports transactions, row-level locking, and foreign keys
Transactions: YES
          XA: YES
  Savepoints: YES
*************************** 8. row ***************************
      Engine: MEMORY
     Support: YES
     Comment: Hash based, stored in memory, useful for temporary tables
Transactions: NO
          XA: NO
  Savepoints: NO
*************************** 9. row ***************************
      Engine: CSV
     Support: YES
     Comment: CSV storage engine
Transactions: NO
          XA: NO
  Savepoints: NO
9 rows in set (0.00 sec)
```

结果显示，当前 MySQL 中总共有 9 种存储引擎，除了 FEDERATED 存储引擎外，还支持 8 种存储引擎。

注意：笔者使用的 MySQL 版本为 8.0.18。

3.2.2　常用存储引擎介绍

MySQL 中常用的存储引擎有 InnoDB、MyISAM、MEMORY、ARCHIVE 和 CSV，本节对这些存储引擎进行简单的介绍。

1．InnoDB存储引擎

InnoDB 存储引擎的特点如下：

- 支持事务。
- 锁级别为行锁，比 MyISAM 存储引擎支持更高的并发。
- 能够通过二进制日志恢复数据。
- 支持外键操作。
- 在索引存储上，索引和数据存储在同一个文件中，默认按照 B+Tree 组织索引的结构。同时，主键索引的叶子节点存储完整的数据记录，非主键索引的叶子节点存储主键的值。
- 在 MySQL 5.6 版本之后，默认使用 InnoDB 存储引擎。
- 在 MySQL 5.6 版本之后，InnoDB 存储引擎支持全文索引。

2．MyISAM存储引擎

MyISAM 存储引擎的特点如下：

- 不支持事务。
- 锁级别为表锁，在要求高并发的场景下不太适用。
- 如果数据文件损坏，难以恢复数据。
- 不支持外键。
- 在索引存储上，索引文件与数据文件分离。
- 支持全文索引。

3．MEMORY存储引擎

MEMORY 存储引擎的特点如下：

- 不支持 TEXT 和 BLOB 数据类型，只支持固定长度的字符串类型。例如，在 MEMORY 存储引擎中，会将 VARCHAR 类型自动转化成 CHAR 类型。
- 锁级别为表锁，在高并发场景下会成为瓶颈。
- 通常会被作为临时表使用，存储查询数据时产生中间结果。
- 数据存储在内存中，重启服务器后数据会丢失。如果是需要持久化的数据，不适合存储在 MEMORY 存储引擎的数据表中。

4．ARCHIVE存储引擎

ARCHIVE 存储引擎的特点如下：

- 支持数据压缩，在存储数据前会对数据进行压缩处理，适合存储归档的数据。
- 只支持数据的插入和查询，插入数据后，不能对数据进行更改和删除，而只能查询。
- 只支持在整数自增类型的字段上添加索引。

5．CSV存储引擎

CSV 存储引擎的特点如下：

- 主要存储的是.csv 格式的文本数据，可以直接打开存储的文件进行编辑。
- 可以将 MySQL 中某个数据表中的数据直接导出为.csv 文件，也可以将.csv 文件导入数据表中。

注意：笔者只是列举了 MySQL 中常用的一些存储引擎，有关其他存储引擎的知识，读者可以参考 MySQL 官方文档进行了解与学习，网址如下：

https://dev.mysql.com/doc/refman/8.0/en/storage-engines.html

https://dev.mysql.com/doc/refman/8.0/en/innodb-storage-engine.html

3.3　本章总结

本章主要对 MySQL 中的三大范式和存储引擎的相关知识进行了简单的介绍。下一章将会对如何安装 VMware 虚拟机、Windows 操作系统、Mac OS X 操作系统和 CentOS 操作系统进行简单的介绍。

第2篇 环境搭建

第 4 章　安装三大操作系统

从本章开始将正式进入 MySQL 环境搭建的章节。首先需要给 MySQL 环境安装系统载体。本章笔者将会在 Windows、Mac OS X 和 CentOS 三大操作系统上安装并配置 MySQL 环境。

本章所涉及的知识点有：

- 安装 VMware 虚拟机；
- 安装 Windows 操作系统；
- 安装 Mac OS X 操作系统；
- 安装 CentOS 操作系统。

4.1　安装 VMware 虚拟机

笔者将在 VMware 虚拟机中安装 Windows、Mac OS X 和 CentOS 操作系统，所以需要先介绍如何安装 VMware 虚拟机。

4.1.1　下载 VMware 虚拟机

首先在浏览器地址栏中输入网址 https://www.vmware.com/cn.html，进入 VMware 官网，如图 4-1 所示。

图 4-1　VMware 官网主页

选择导航栏中的“下载”选项，然后在弹出的下拉菜单的左侧选择“产品下载”选项，在下拉菜单的右侧选择 Workstation Pro 选项，如图 4-2 所示。

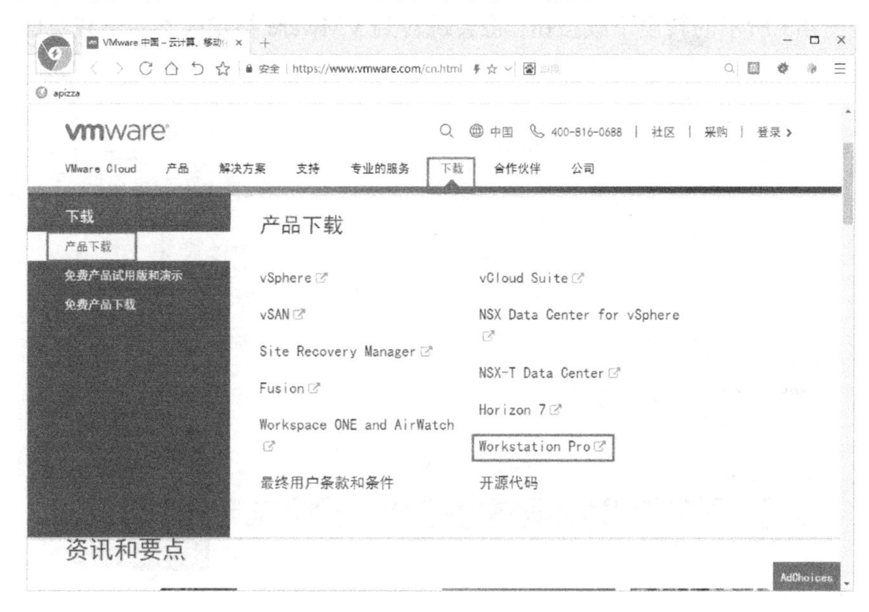

图 4-2　选择 Workstation Pro 选项

选择 Workstation Pro 选项后将进入 Workstation Pro 的下载页面，如图 4-3 所示。

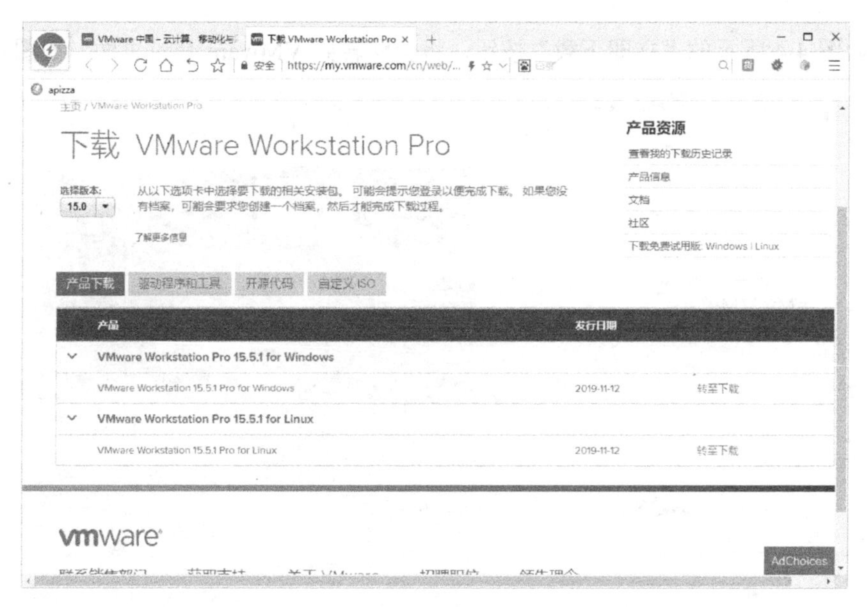

图 4-3　Workstation Pro 下载页面

笔者是在 Windows 操作系统上安装 VMware 虚拟机的，所以选择下载“VMware Workstation

Pro 15.5.1 for Windows”。如果读者需要在 Linux 操作系统上安装 VMware 虚拟机，则可以选择下载“VMware Workstation Pro 15.5.1 for Linux”。

单击如图 4-3 所示的转至下载按钮，将会跳转到 VMware 指定版本的下载页面，如图 4-4 所示。

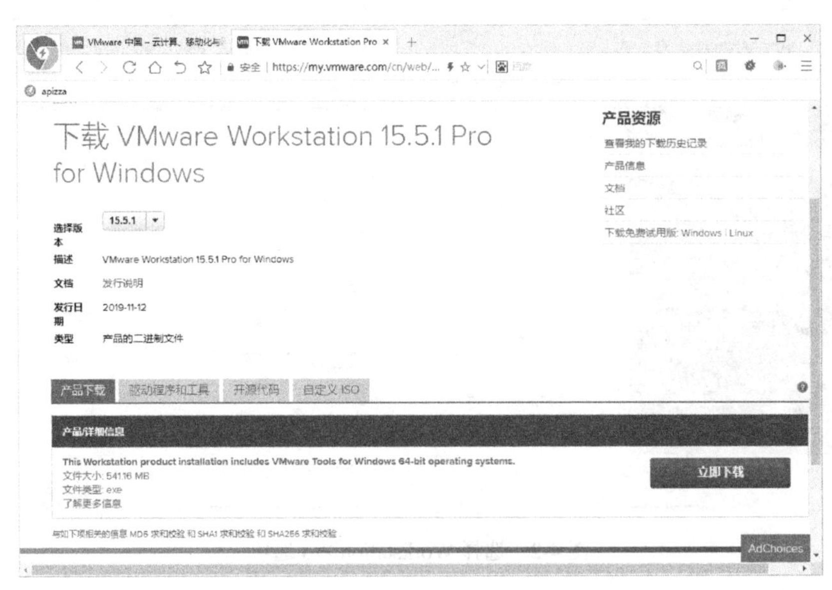

图 4-4　下载 Windows 版本的 VMware

单击如图 4-4 所示的“立即下载”按钮，将会跳转到 VMware 登录页面，如图 4-5 所示。

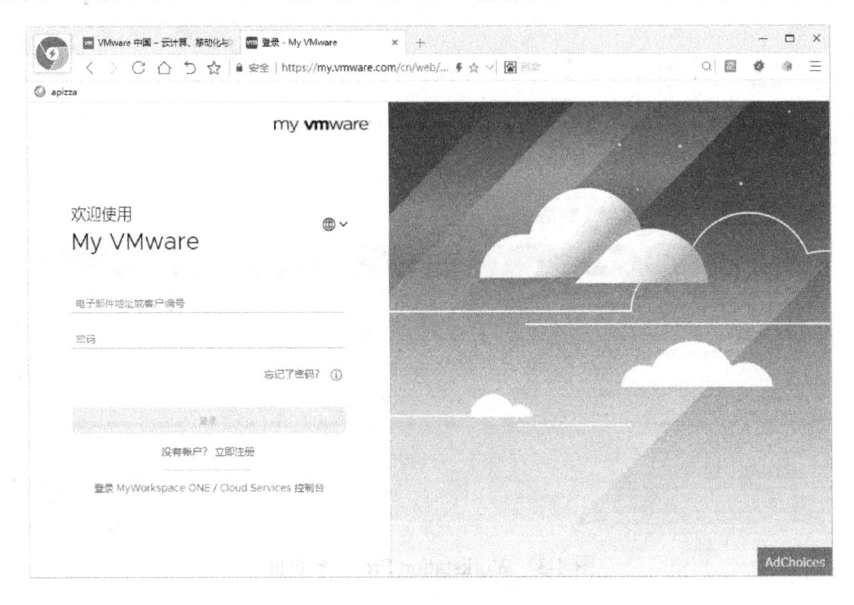

图 4-5　VMware 登录页面

此时，输入在 VMware 官网注册的账号和密码登录后下载 VMware 即可。

如果读者没有在 VMware 官网注册账号和密码，也可以在图 4-3 所示的页面中选择“下载免费试用版：Windows|Linux”选项，下载免费试用版的 VMware，如图 4-6 所示。

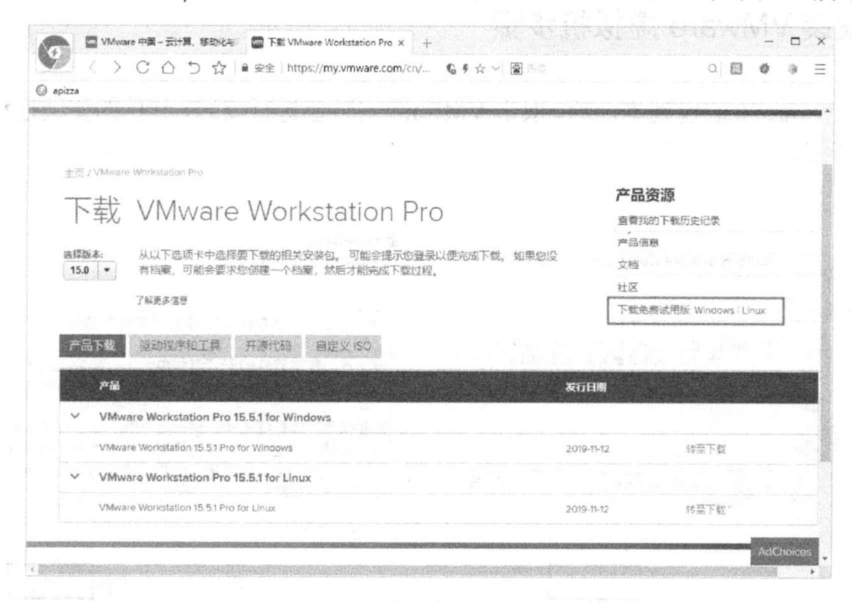

图 4-6　下载免费试用版的 VMware

单击“下载免费试用版：Windows|Linux”选项后，将会跳转到 VMware 试用版的下载页面，如图 4-7 所示。

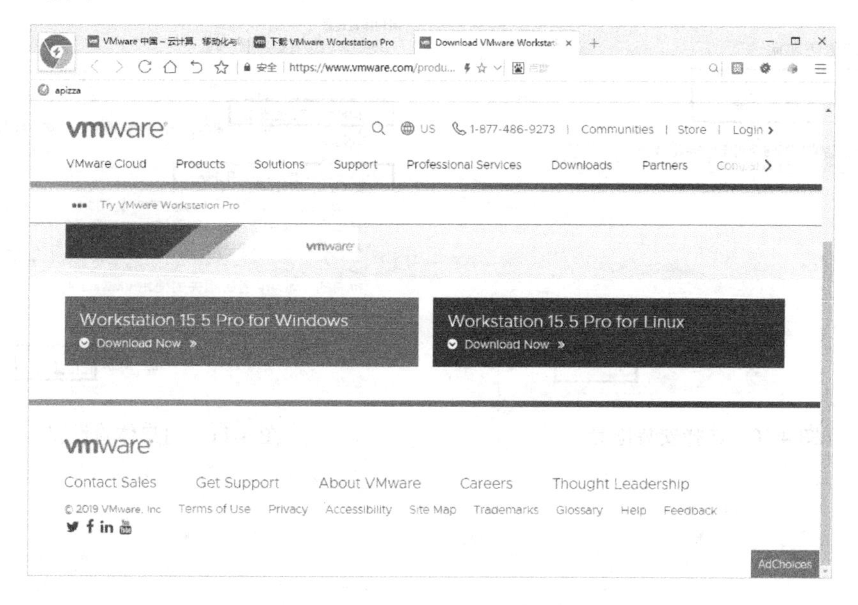

图 4-7　VMware 试用版下载页面

读者可以根据自身操作系统的类型，在图 4-7 所示的页面中选择下载 Windows 版本的 VMware 或者 Linux 版本的 VMware。

4.1.2 安装 VMware 虚拟机步骤

下载 VMware 安装包到本地后，双击 VMware 安装包进行安装，具体的安装过程如图 4-8 至图 4-13 所示。

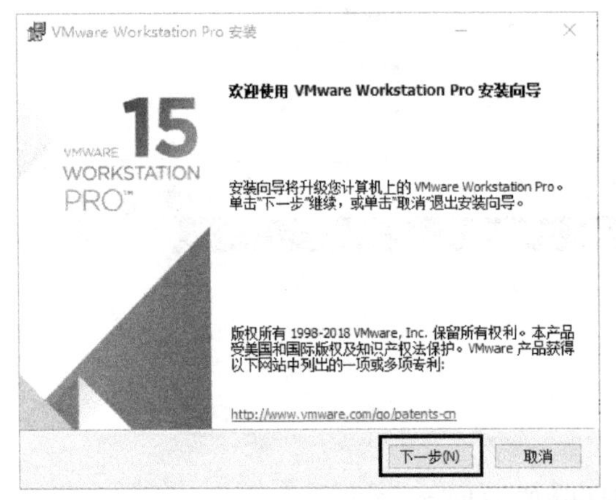

图 4-8 VMware 的欢迎界面

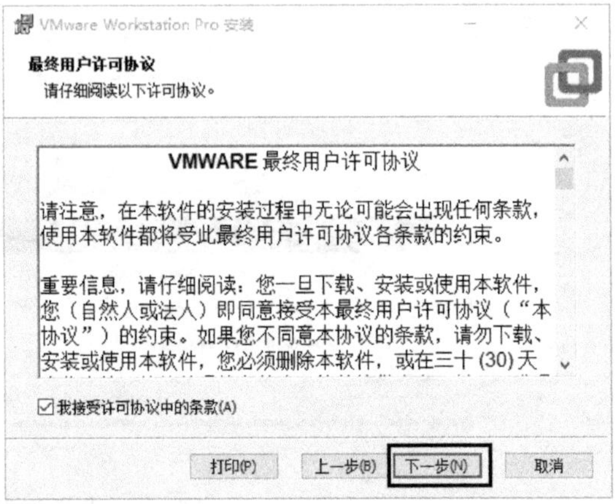

图 4-9 接受许可协议

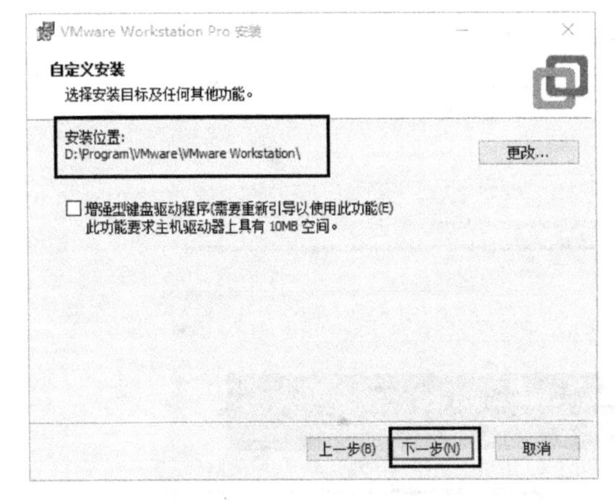

图 4-10 选择安装位置

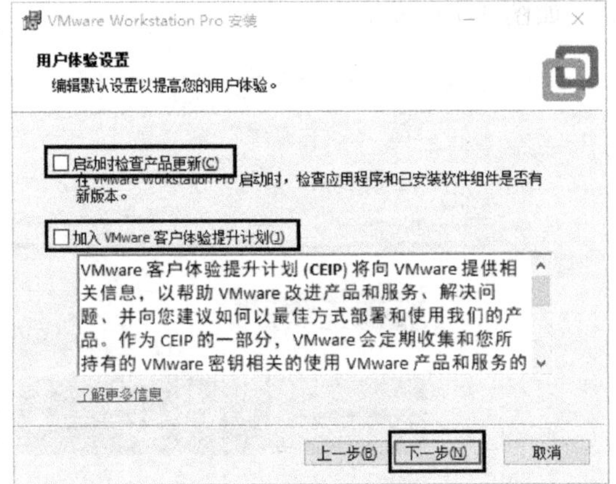

图 4-11 用户体验设置

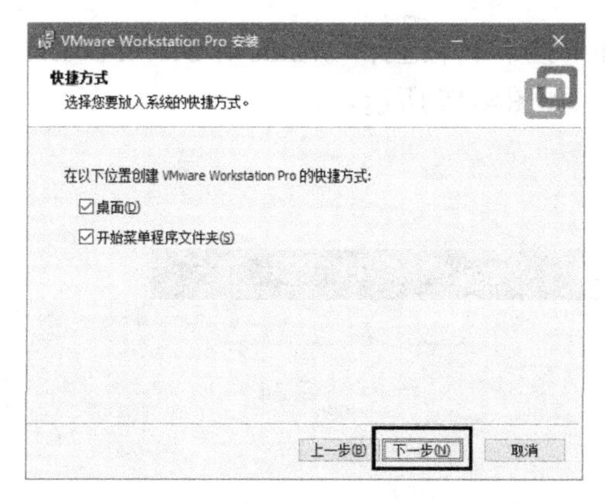

图 4-12　设置 VMware 快捷方式

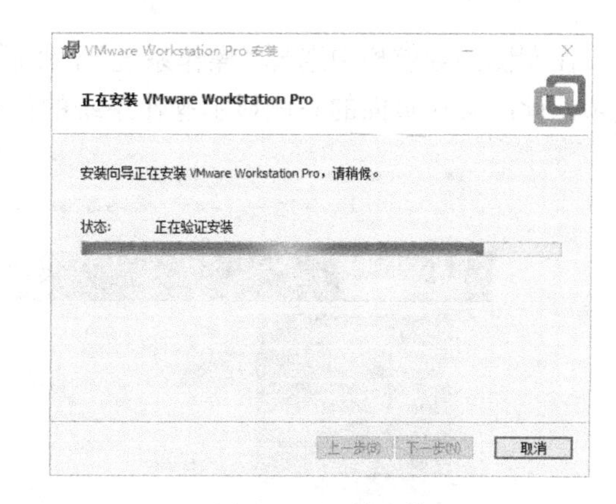

图 4-13　开始安装

读者按照图 4-8 至图 4-13 所示的安装过程即可安装 VMware。安装完成后，VMware 需要用户输入安装密钥，读者可自行上网查阅相关的安装密钥。

4.2　安装 Windows 操作系统

Windows 系统是微软公司推出的操作系统，既有供企业使用的服务器版本，也有供个人使用的 PC 版本。本节将介绍如何在 VMware 虚拟机上安装 Windows 操作系统。

注意：本节中，笔者以下载并安装 Windows Server 2012 R2 操作系统为例进行介绍。

4.2.1　下载 Windows 操作系统

在浏览器地址栏中输入网址 https://msdn.itellyou.cn/，打开 MSDN 网址，如图 4-14 所示。

图 4-14　MSDN 网址

在左侧的导航栏中选择“操作系统”，然后在下拉菜单中选择“Windows Server 2012 R2”选项，此时会在页面的右侧显示操作系统的信息，如图 4-15 所示。

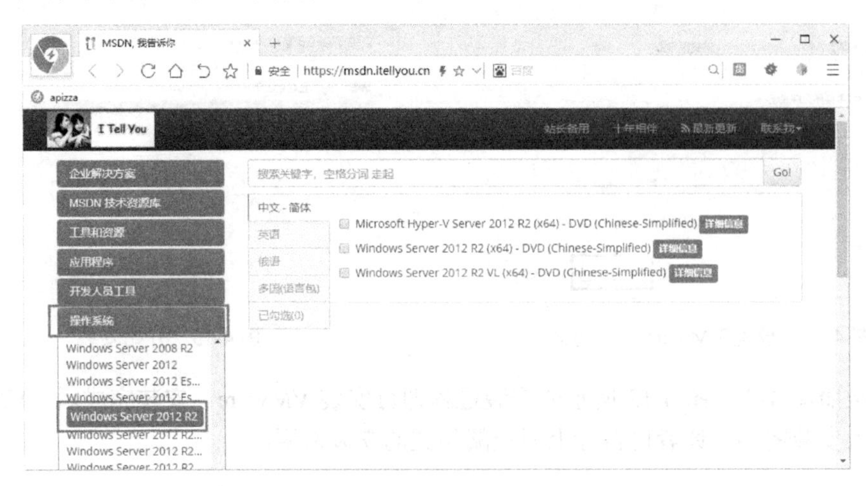

图 4-15　选择下载的操作系统

在右侧显示的操作系统信息中，选择“中文-简体”，然后在列出的操作系统镜像列表中选择“Windows Server 2012 R2 (x64) - DVD (Chinese-Simplified)”操作系统镜像，单击右侧的“详细信息”，会显示当前操作系统镜像的详细信息，包括当前操作系统镜像的下载链接，如图 4-16 所示。

图 4-16　选择下载的操作系统镜像文件

将操作系统镜像文件的下载网址“ed2k://|file|cn_windows_server_2012_r2_x64_dvd_2707961.iso|4413020160|010CD94AD1F2951567646C99580DD595|/”复制到迅雷中即可下载当前操作系统的安装镜像文件。

4.2.2　设置 VMware 虚拟机

首先，打开 VMware 虚拟机，选择“文件”|“新建虚拟机”，弹出新建虚拟机向导对话框，如图 4-17 所示。

选择“自定义（高级）（C）”选项后单击“下一步”按钮，进入“选择虚拟机硬件兼容性”对话框，如图 4-18 所示。

选择“Workstation 15.x”，单击“下一步”按钮，进入“安装客户机操作系统”对话框，如图 4-19 所示。

选择“稍后安装操作系统”单选按钮，单击“下一步”按钮，进入“选择客户机操作系统”对话框，如图 4-20 所示。

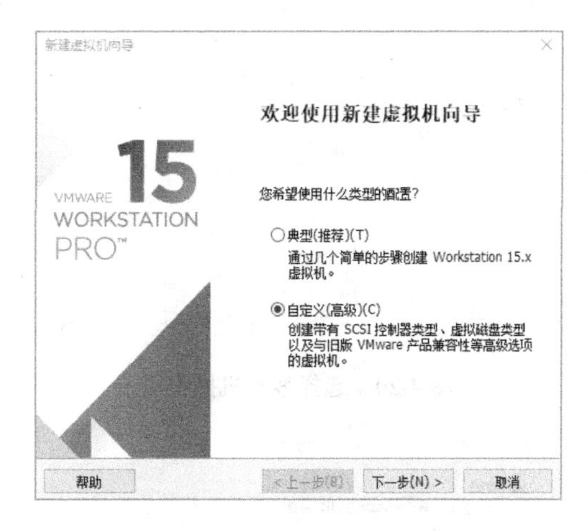

图 4-17　新建虚拟机向导

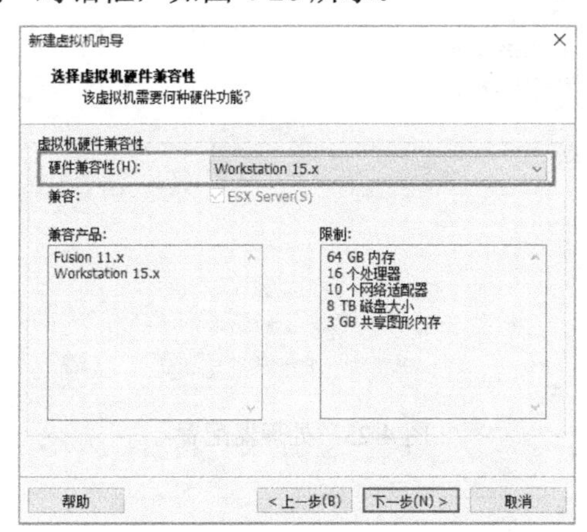

图 4-18　选择虚拟机硬件兼容性

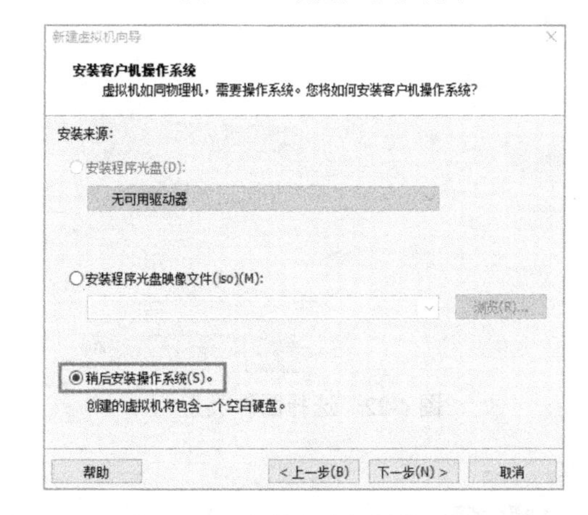

图 4-19　安装客户机操作系统

客户机操作系统选择“Microsoft Windows(W)”单选按钮，版本选择“Windows Server 2012”，单击“下一步”按钮进入“命名虚拟机”对话框，如图 4-21 所示。

编辑虚拟机名称，选择虚拟机中操作系统的安装位置，笔者这里使用默认的虚拟机名称，将虚拟机中操作系统的位置安装在 E:\VMSystem\Windows\Win2012 目录下，单击“下一步”按钮，进入“固件类型”对话框，如图 4-22 所示。

保持默认选项，单击“下一步”按钮，进入“处理器配置”对话框，如图 4-23 所示。

笔者将处理器数量和每个处理器的内核数量都选择为 2，单击“下一步”按钮，进入“此虚拟机的内存”设置对话框，如图 4-24 所示。

笔者将内存设置为 4GB，单击“下一步”按钮进入“网络类型”对话框，如图 4-25 所示。

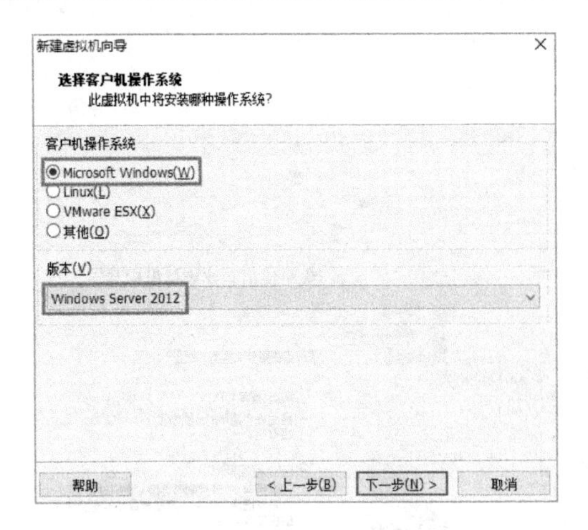

图 4-20　选择客户机操作系统

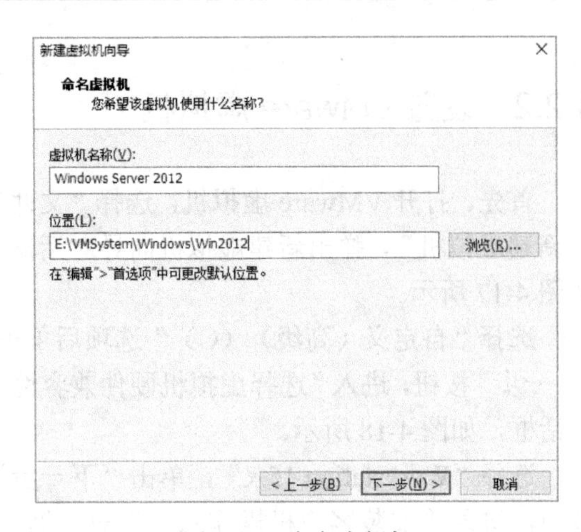

图 4-21　命名虚拟机

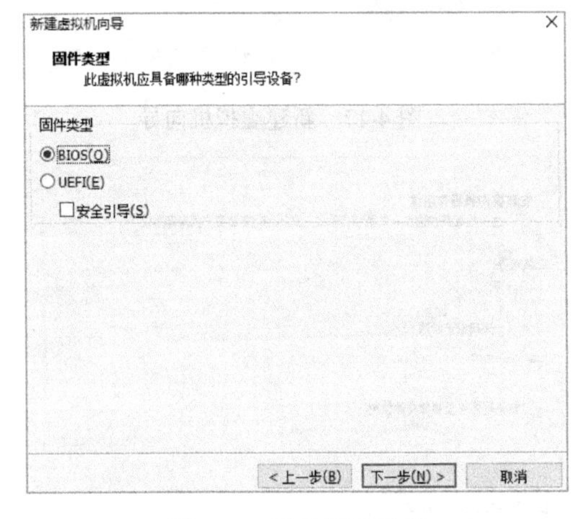

图 4-22　选择固件类型

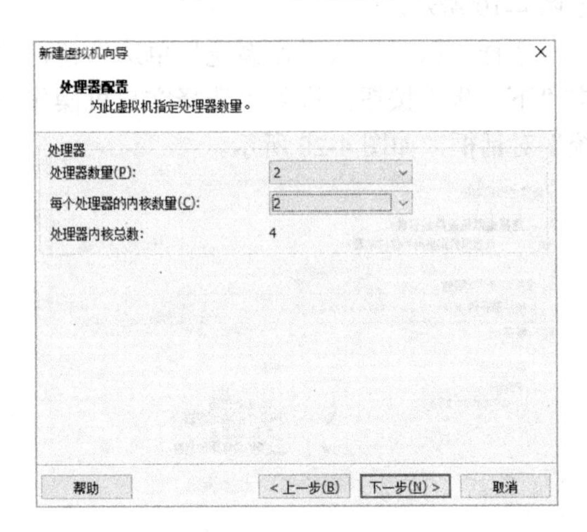

图 4-23　处理器配置

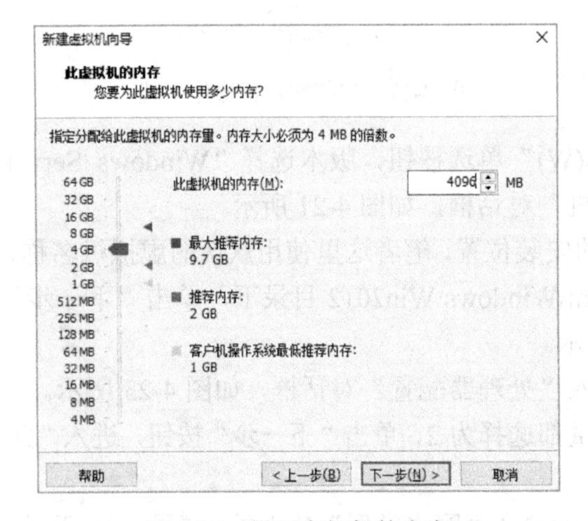

图 4-24　设置虚拟机的内存

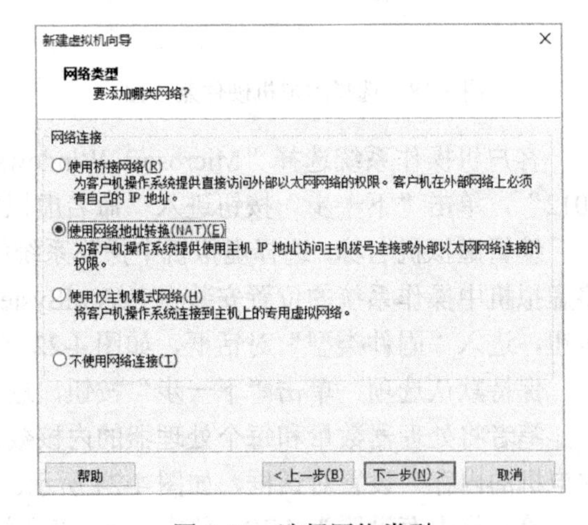

图 4-25　选择网络类型

在图 4-26 至图 4-31 中均保持默认选项，单击“下一步”按钮即可。

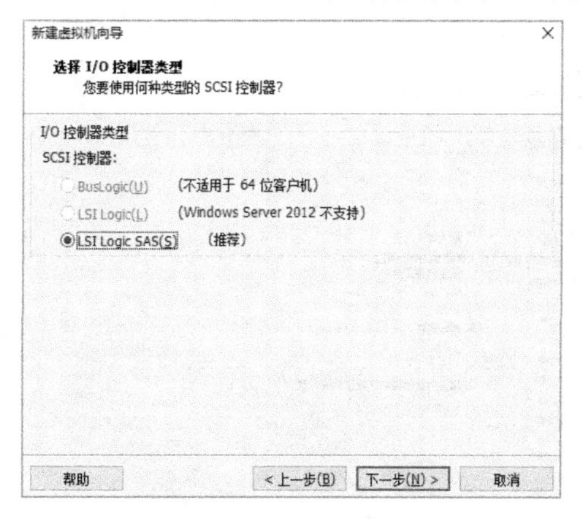

图 4-26 选择 I/O 控制器类型

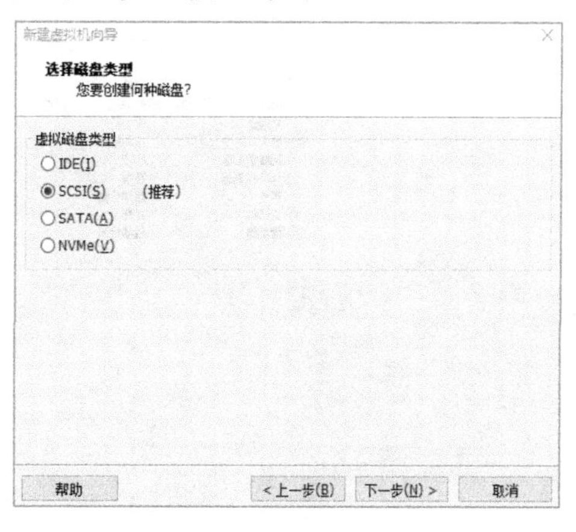

图 4-27 选择磁盘类型

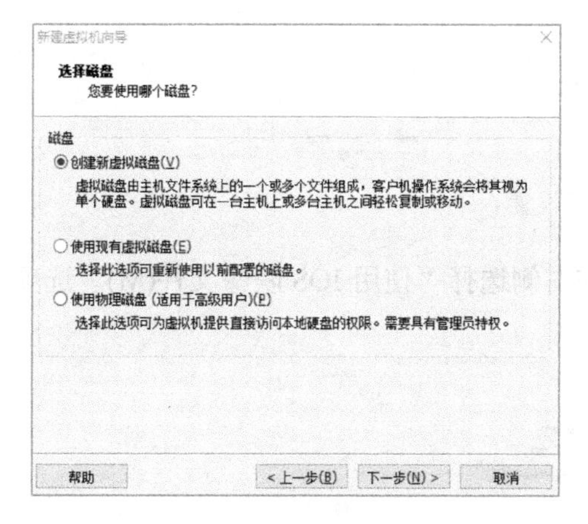

图 4-28 选择磁盘

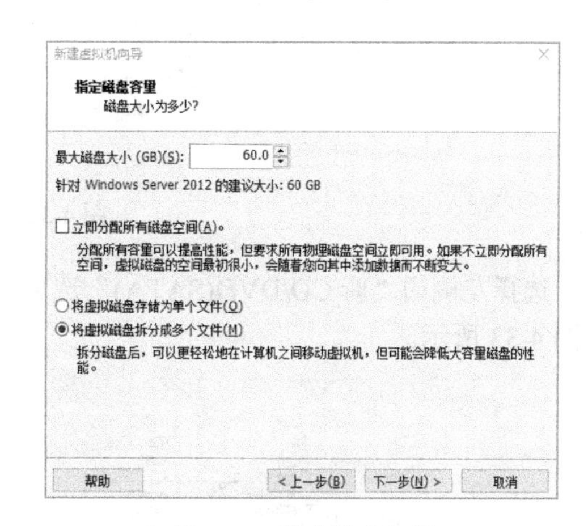

图 4-29 指定磁盘容量

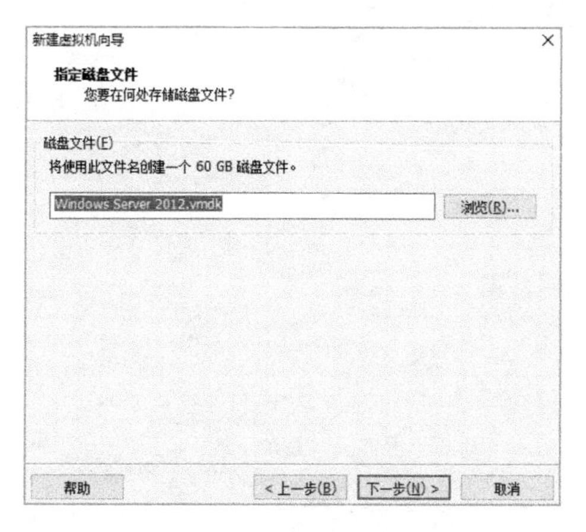

图 4-30 指定磁盘文件

图 4-31 已准备好创建虚拟机

在图 4-31 所示的界面中单击“自定义硬件”按钮，弹出“硬件”对话框，如图 4-32 所示。

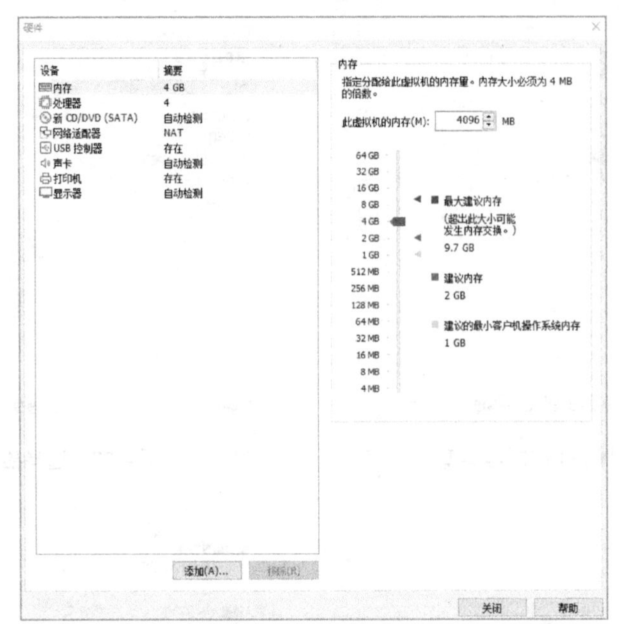

图 4-32　硬件设置

选择左侧的“新 CD/DVD(SATA)”选项，在右侧选择“使用 IOS 映像文件(M)”选项，如图 4-33 所示。

图 4-33　选择映像文件

单击“浏览”按钮，在弹出的对话框中找到并选择下载的 Windows 镜像文件，选择 Windows 镜像文件后的效果如图 4-34 所示。

图 4-34　选择 Windows 镜像文件后的效果

此时，单击“关闭”按钮，回到图 4-31 所示的对话框，并单击“完成”按钮，VMware 虚拟机会创建 Windows Server 2012 启动画面，如图 4-35 所示。

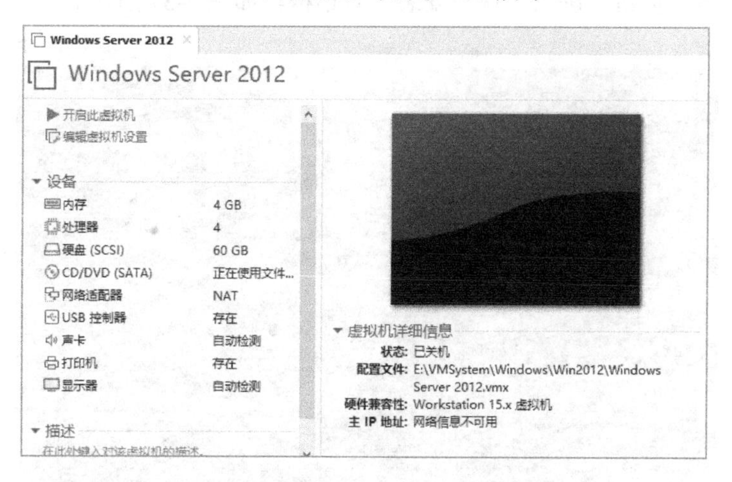

图 4-35　Windows Server 2012 启动画面

至此，成功完成安装 Windows Server 2012 R2 操作系统前对 VMware 虚拟机的配置工作。接下来就正式进入 Windows Server 2012 R2 操作系统的安装步骤。

4.2.3　安装 Windows 操作系统步骤

首先，单击图 4-35 中左上角的“启动此虚拟机”按钮，进入安装 Windows 操作系统的选择安装语言对话框，如图 4-36 所示。

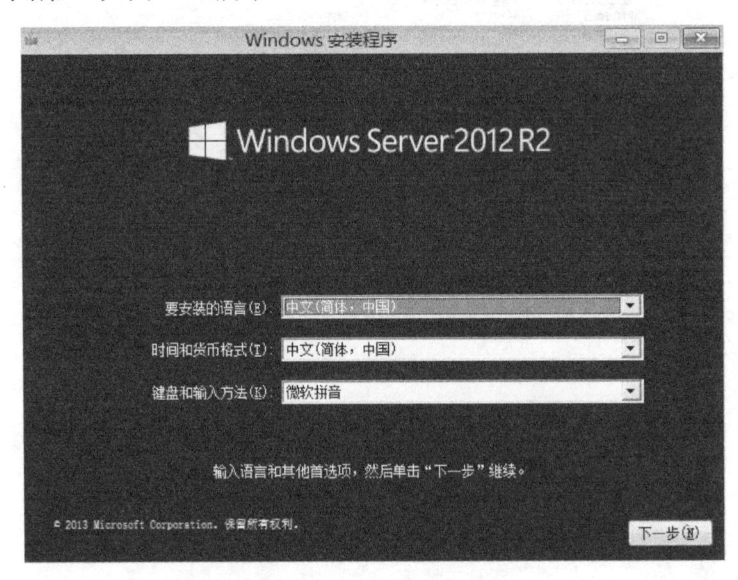

图 4-36　选择安装语言

单击“下一步”按钮，进入“现在安装”对话框，如图 4-37 所示。

图 4-37　“现在安装”对话框

单击“现在安装”按钮，稍后会进入“输入产品密钥以激活 Windows”对话框，如图 4-38 所示。

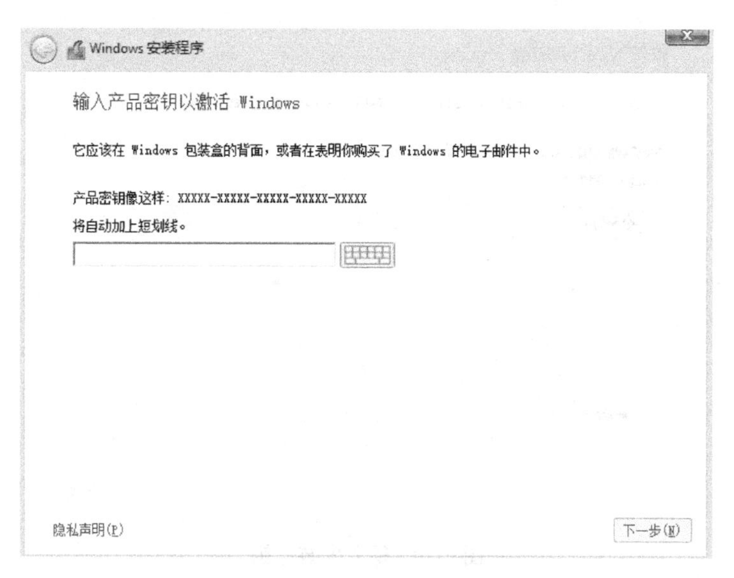

图 4-38　输入产品密钥以激活 Windows

此时，在浏览器地址栏中输入网址 https://docs.microsoft.com/en-us/previous-versions/windows/it-pro/windows-server-2012-R2-and-2012/jj612867(v=ws.11)，在打开的页面中找到 Windows Server 2012 R2 Server Standard 对应的安装密钥，如图 4-39 所示。

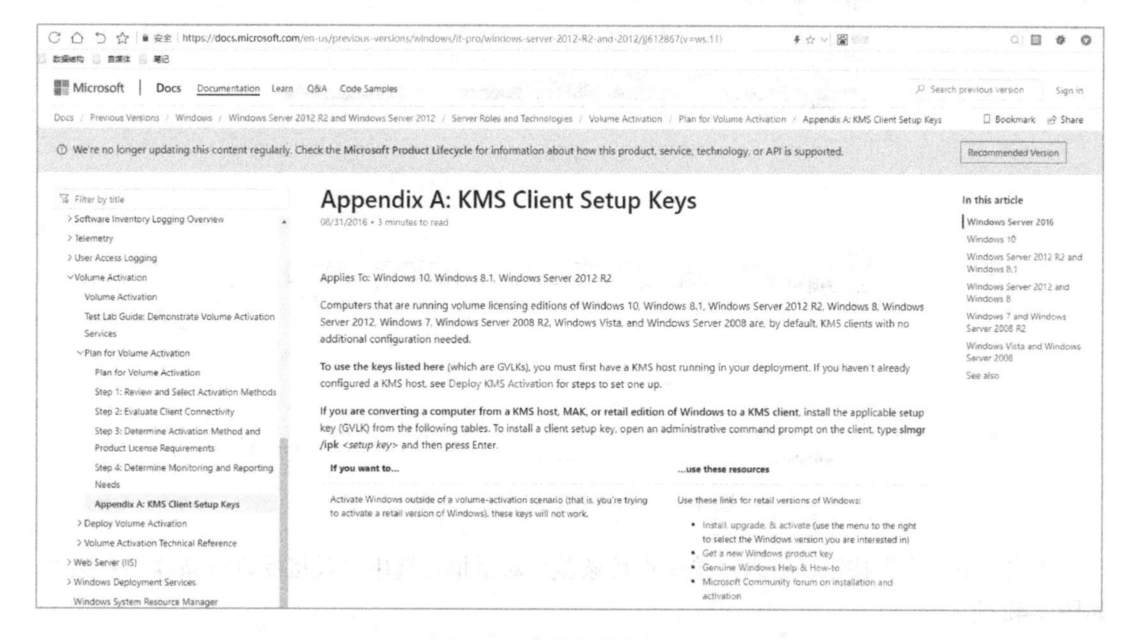

图 4-39　查找安装密钥网址

这里选择合适的安装密钥，将其输入图 4-38 中的文本框中，如图 4-40 所示。

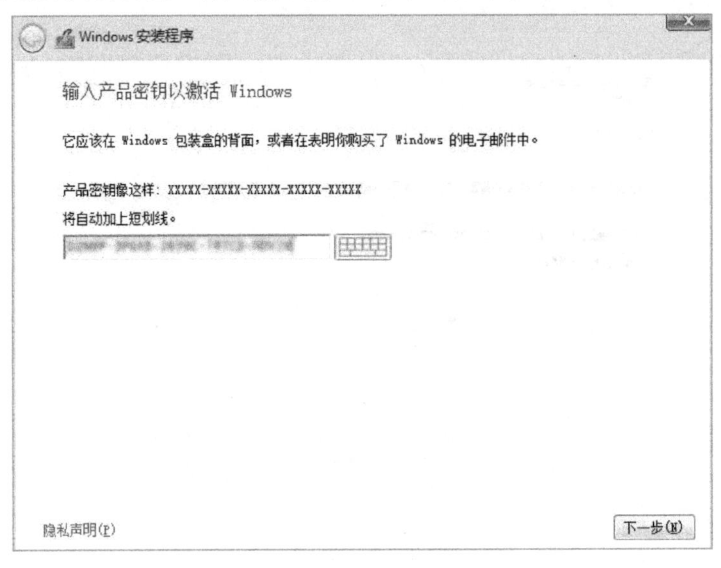

图 4-40 输入安装密钥

单击“下一步”按钮，进入“选择要安装的操作系统”对话框，此时，选择“带有 GUI 的服务器”选项，如图 4-41 所示。

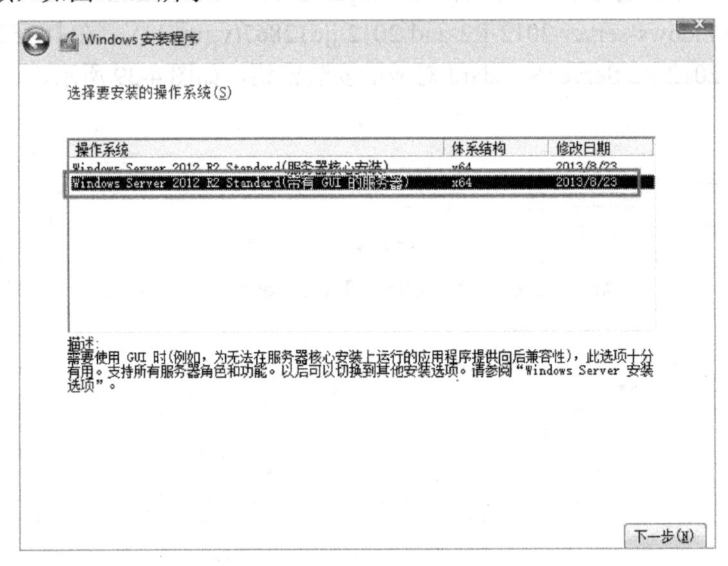

图 4-41 选择要安装的操作系统

单击“下一步”按钮，进入“接受许可条款”对话框，选中“我接受许可条款”复选框，如图 4-42 所示。

图 4-42　接受许可条款

单击“下一步”按钮，进入选择安装类型对话框，此时选择自定义安装，如图 4-43 所示。

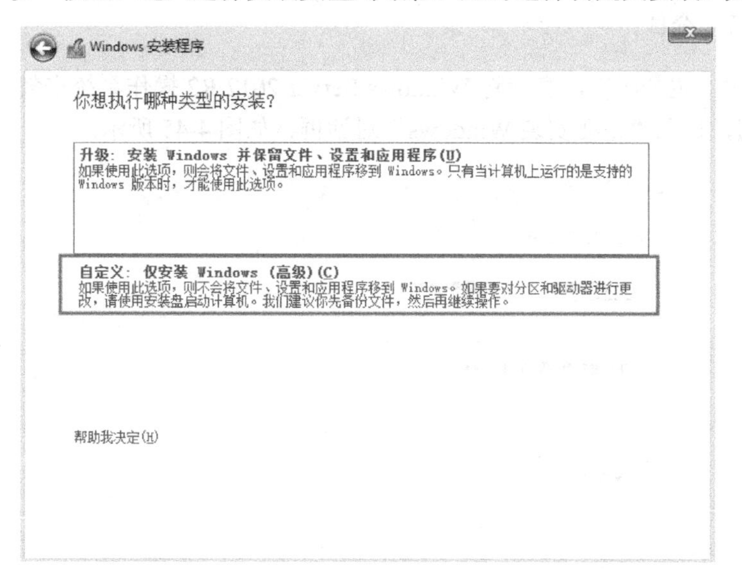

图 4-43　选择安装类型

选择自定义安装类型后，进入 Windows 系统分区对话框。由于笔者为 Windows 虚拟机分配的磁盘空间大小是 60GB，所以这里只将磁盘分为一个分区。如果读者为 Windows 虚拟机分配的磁盘空间比较大，可根据实际情况对 Windows 系统磁盘进行分区。对磁盘进行分区并格式化后的界面如图 4-44 所示。

图 4-44 分区并格式化磁盘

注意： 这里，Windows 操作系统会自动创建一个“系统保留”分区，读者无须理会这个“系统保留”分区。

此时，选中“主分区”，表示将 Windows Server 2012 R2 操作系统安装到主分区，单击“下一步”按钮，进入“正在安装 Windows”对话框，如图 4-45 所示。

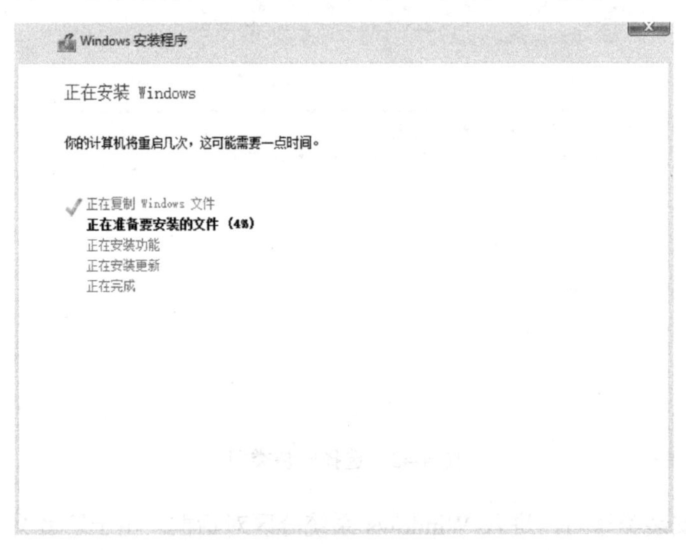

图 4-45 正在安装 Windows

此时会自动安装 Windows Server 2012 R2 操作系统，稍后会显示输入密码界面，如图 4-46 所示。

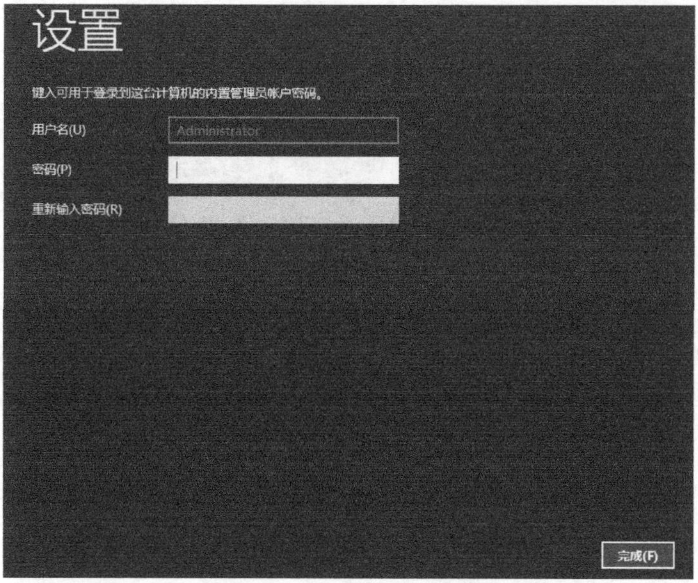

图 4-46　输入系统登录密码

输入设置的登录密码后，单击“完成”按钮显示安装完成界面，如图 4-47 所示。

图 4-47　安装完成界面

由于是在 VMware 虚拟机中安装 Windows Server 2012 R2 操作系统，需要登录系统时，不是按“Ctrl+Alt+Delete”键，而是按“Ctrl+Alt+Insert”键。按下键盘的“Ctrl+Alt+Insert”键，进入系统登录界面，如图 4-48 所示。

输入在图 4-46 中设置的登录密码，成功登录系统后，如图 4-49 所示。

图 4-48　系统登录界面

图 4-49　成功登录 Windows Server 2012 R2 系统

至此，Windows Server 2012 R2 操作系统安装完成。

4.3　安装 Mac OS X 操作系统

Mac OS X 操作系统是苹果公司推出的一款操作系统，本节将介绍如何在 VMware 虚拟机上安装 Mac OS X 操作系统。

注意：本节以安装 Mac OS X 10.13 操作系统为例进行介绍，读者可自行上网下载 Mac OS X 10.13 的操作系统镜像，这里不再赘述操作系统的下载步骤。

4.3.1　设置 VMware 虚拟机

VMware 虚拟机默认在选择客户机操作系统时是不支持安装 Mac OS X 操作系统的，这里需要下载一个 unlocker 补丁，下载网址为 https://download.csdn.net/download/l1028386804/11981271。下载后解压，进入解压目录后，找到 win-install.cmd 文件右击，选择“以管理员身份运行”命令，如图 4-50 所示。

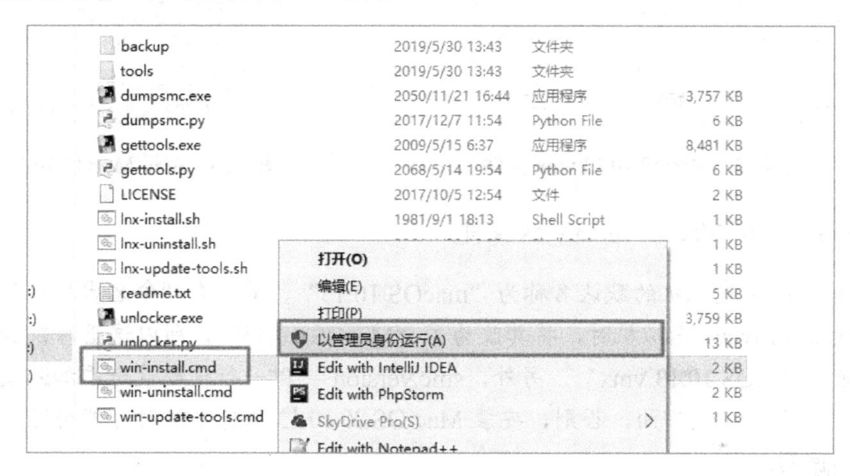

图 4-50　以管理员身份运行补丁文件

运行补丁文件后，打开 VMware 虚拟机，选择“文件”|“新建虚拟机”命令，弹出“选择客户机操作系统”对话框，如图 4-51 所示。

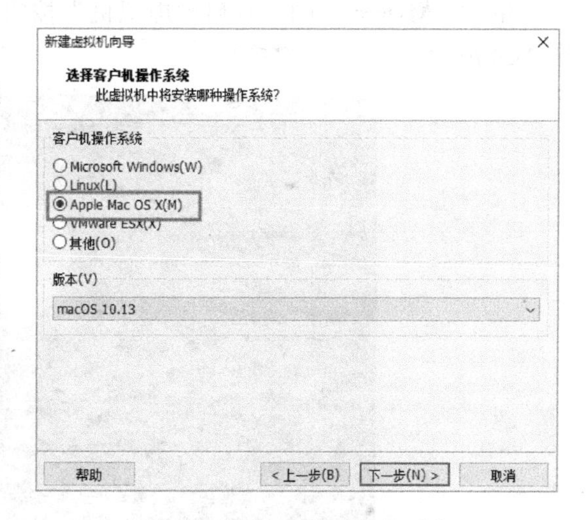

图 4-51　选择客户机操作系统

可以看到，此时 VMware 虚拟机支持安装 Apple Mac OS X 操作系统了。

接下来，就可以设置 VMware 虚拟机安装 Mac OS X 10.13 操作系统了。设置方式与 4.2.2 节中的设置方式类似，只是本节中配置的是 Mac OS X 10.13 操作系统，这里不再赘述 VMware 虚拟机的设置过程。

4.3.2　安装 Mac OS X 操作系统步骤

设置完 VMware 后，先不要单击“开启此虚拟机”按钮。首先进入 Mac OS X 10.13 操作系统的安装目录，找到 MacOS 10.13.vmx 文件，如图 4-52 所示。

以文本方式打开此文件，找到如下一行代码。

```
smc.present = "TRUE"
```

在此行代码下面添加如下一行代码，如图 4-53 所示。

```
smc.version = "0"
```

MacOS 10.13.vmx.lck	2019/11/16 23:36	文件夹	
MacOS 10.13.vmdk	2019/11/16 23:36	VMware 虚拟磁...	5,184 KB
MacOS 10.13.vmsd	2019/11/16 23:36	VMware 快照元...	0 KB
MacOS 10.13.vmx	2019/11/16 23:37	VMware 虚拟机...	2 KB
MacOS 10.13.vmxf	2019/11/16 23:36	VMware 组成员	1 KB

图 4-52　MacOS 10.13.vmx 文件

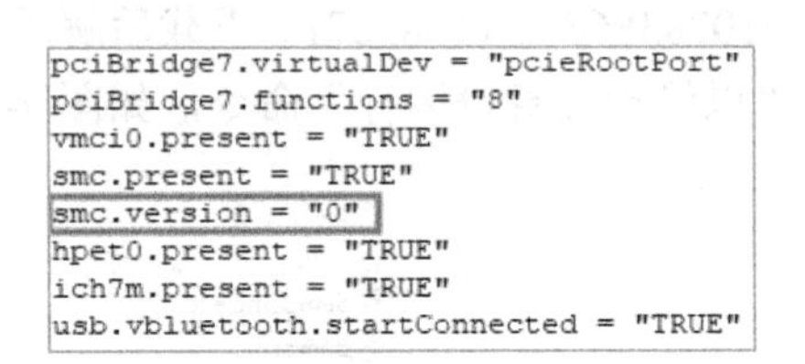

```
pciBridge7.virtualDev = "pcieRootPort"
pciBridge7.functions = "8"
vmci0.present = "TRUE"
smc.present = "TRUE"
smc.version = "0"
hpet0.present = "TRUE"
ich7m.present = "TRUE"
usb.vbluetooth.startConnected = "TRUE"
```

图 4-53　编辑 MacOS 10.13.vmx 文件

然后保存并退出 MacOS 10.13.vmx 文件。

注意： Mac OS X 虚拟机的默认名称为“macOS 10.13”，笔者在“命名虚拟机”对话框中设置 VMware 虚拟机时，将其改为了“MacOS 10.13”，所以这里修改的文件名称为“MacOS 10.13.vmx”。另外，smc.version = "0"一行代码最好添加到 smc.present = "TRUE"代码下面，否则，安装 Mac OS X 10.13 操作系统时可能会遇到莫名其妙的问题。

单击 VMware 中的“开启此虚拟机”按钮，开始安装 Mac OS X 10.13 操作系统，如图 4-54 所示。

图 4-54　开始安装 Mac OS X 操作系统

进度条加载完毕后会显示选择语言界面，这里选择“以简体中文作为主要语言”，如图 4-55 所示。

单击下方的箭头按钮，进入设置 mac OS 对话框，如图 4-56 所示。

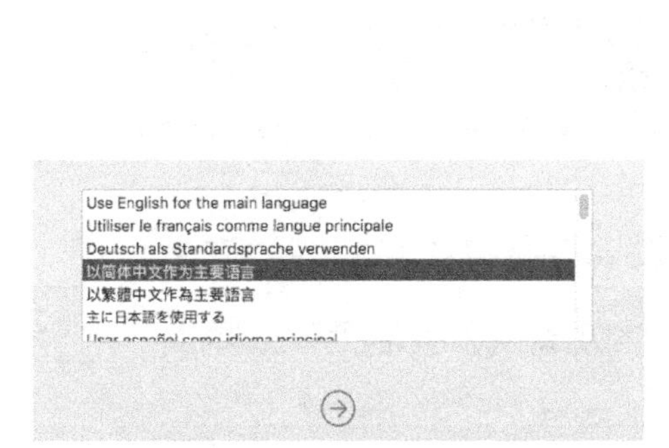

图 4-55　选择安装语言

图 4-56　设置 Mac OS

直接单击“继续”按钮，进入安装协议对话框，如图 4-57 所示。

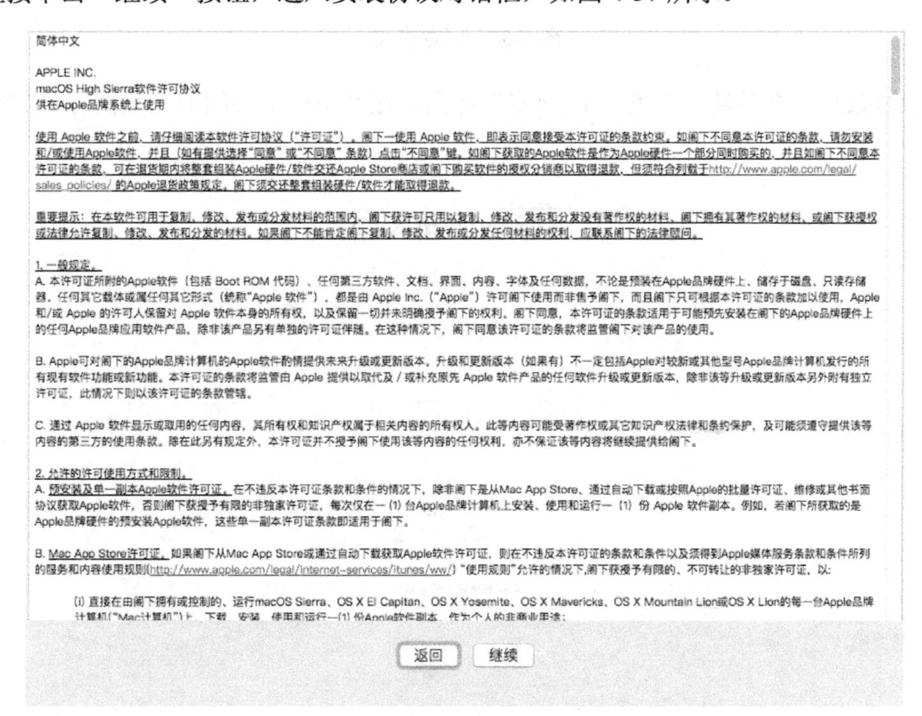

图 4-57　安装协议

直接单击“继续”按钮，在弹出的询问框中单击“同意”按钮，如图 4-58 所示。

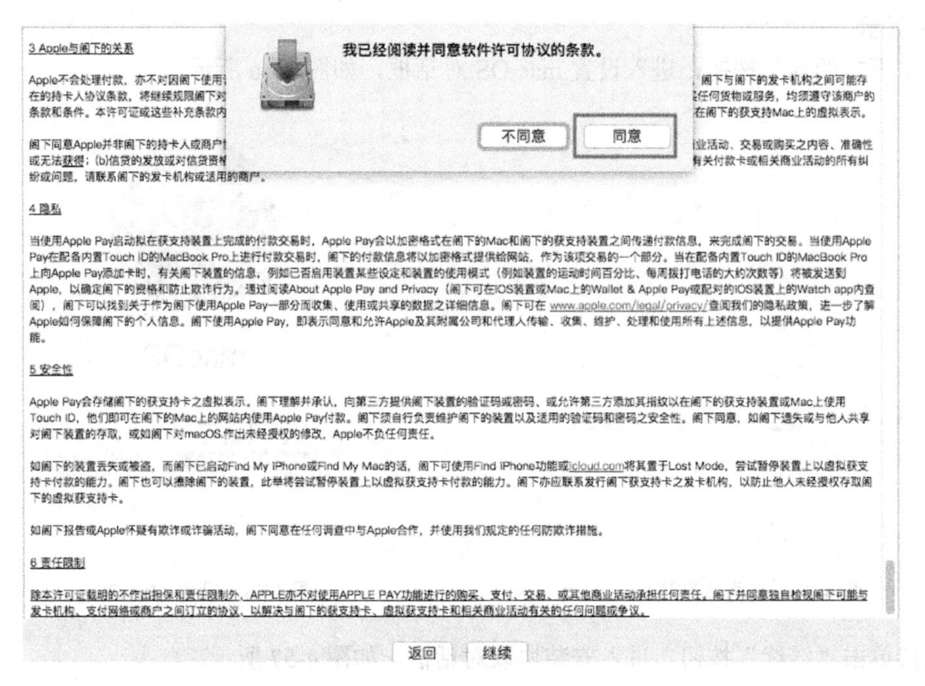

图 4-58　同意协议

同意协议后，会跳转到“安装 macOS”界面，在其中选中中间的光盘图标，如图 4-59 所示。

图 4-59　安装 Mac OS

然后选择“实用工具”|“磁盘工具”选项，如图 4-60 所示。

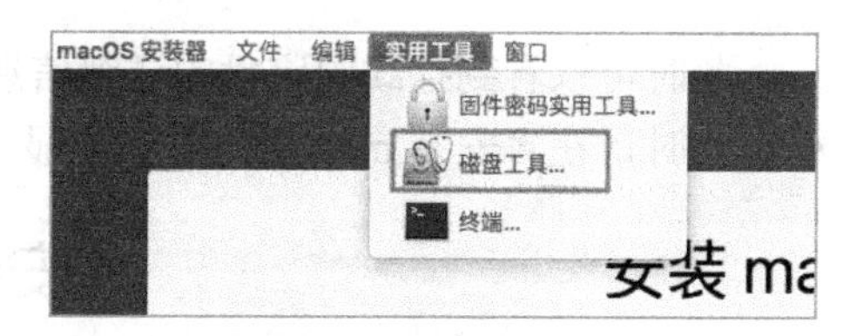

图 4-60　选择磁盘工具

在弹出的“磁盘工具”对话框的左侧选择 VMware Virtual SATA Hard Drive Media 选项，并在对话框的上面单击“抹掉”按钮，如图 4-61 所示。

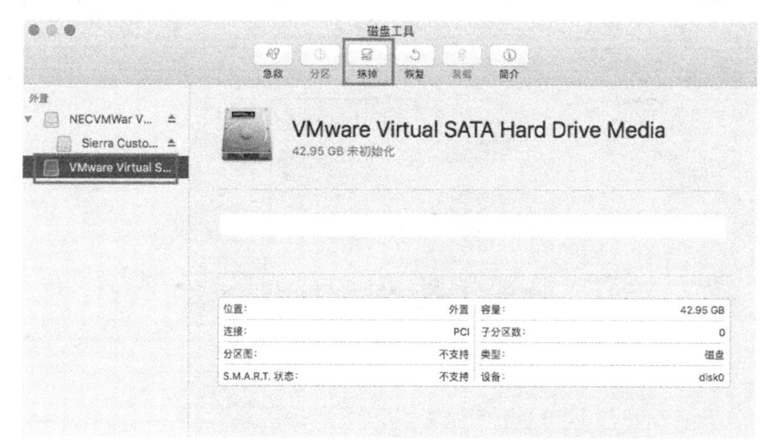

图 4-61　抹掉 VMware Virtual SATA Hard Drive Media

在弹出的确认对话框的文本框中输入名称，并单击“抹掉”按钮，如图 4-62 所示。

图 4-62　确认抹掉

执行成功后，会弹出“抹掉”完成对话框，单击对话框的“完成”按钮后，在“磁盘工具”左侧的 VMware Virtual SATA Hard Drive Media 下方会显示 Mac-OS 选项，选择 Mac-OS 选项，如图 4-63 所示。

图 4-63　Mac-OS 选项的详细信息

此时可以看到挂载的磁盘的详细信息，单击左上角的关闭图标，关闭“磁盘工具”对话框。此时，在“安装 macOS”界面会显示 Mac-OS 磁盘图标，如图 4-64 所示。

图 4-64　显示 Mac-OS 磁盘图标

选择 Mac-OS 磁盘图标，并单击“继续”按钮，进入 Mac OS X 10.13 操作系统的安装界面，如图 4-65 所示。

图 4-65　安装 Mac OS X 10.13 操作系统

进度条加载完毕后会自动重启系统，之后会进入选择国家页面，这里选择中国，如图 4-66 所示。

图 4-66　选择中国

单击“继续”按钮，进入选择键盘界面。键盘布局选择“简体中文”，输入方式选择“简体拼音”，如图 4-67 所示。

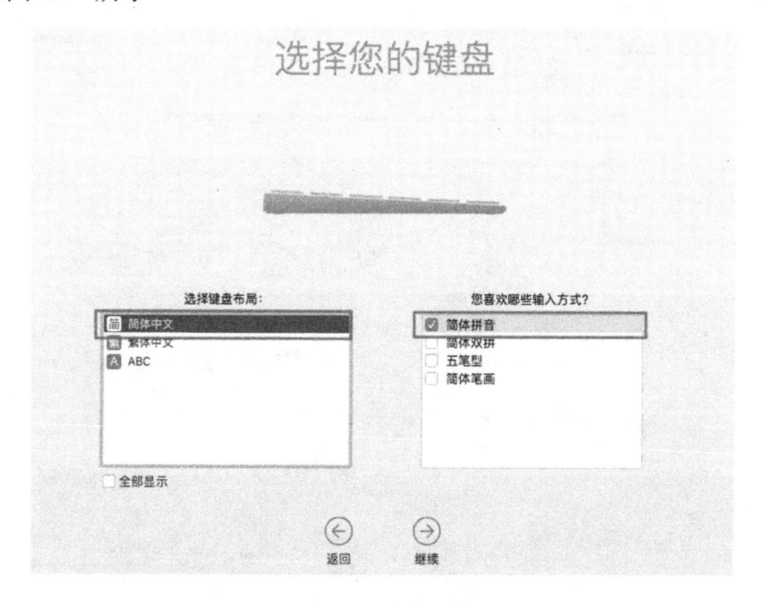

图 4-67　选择键盘

单击“继续”按钮，进入“传输信息到这台 Mac”界面，这里保持默认的“现在不传输任何信息”选项，如图 4-68 所示。

图 4-68　传输信息到这台 Mac

单击“继续”按钮，进入“使用您的 Apple ID 登录”界面，这里选择“不登录”选项，如图 4-69 所示。

图 4-69　系统登录设置

单击“继续”按钮后，会弹出“您确定要跳过使用 Apple ID 来登录吗？”确认对话框，如图 4-70 所示。

单击“跳过”按钮进入“条款与条件”界面，在其中单击“同意”按钮，弹出“我已经阅读并同意 macOS 软件许可协议”对话框，单击“同意”按钮，如图 4-71 所示。

之后进入“创建电脑账户”界面，在当前界面输入“全名”“账户名称”“密码”“提示”等信息，如图 4-72 所示。

图 4-70　确定跳过使用 Apple ID 登录系统

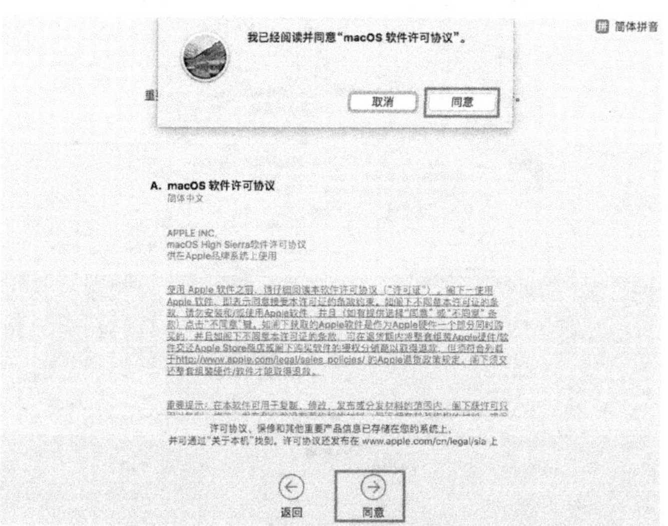

图 4-71　同意 Mac OS X 系统的条款和条件

图 4-72　创建电脑账户

单击“继续”按钮后开始创建账户。创建账户后，进入“快捷设置”界面，如图 4-73 所示。

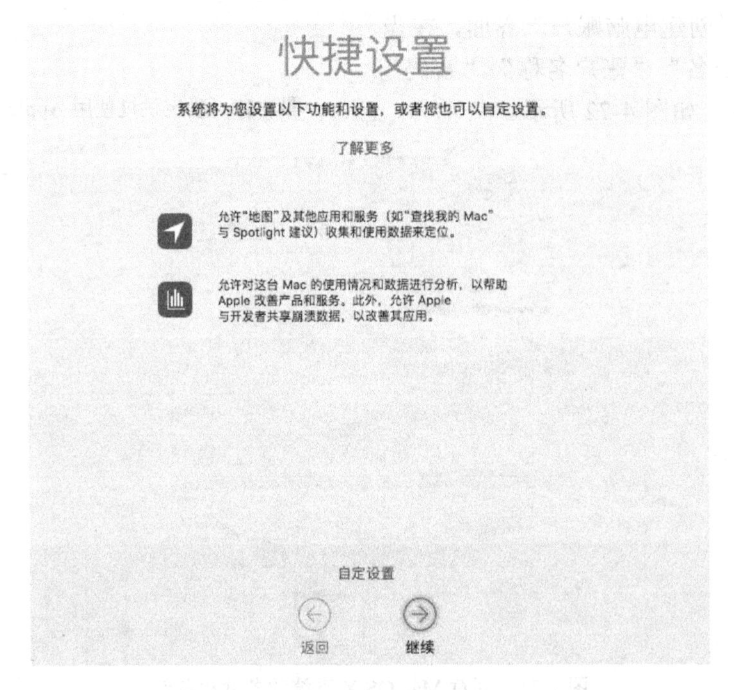

图 4-73　快捷设置

直接单击“继续”按钮，进入设置系统界面，如图 4-74 所示。

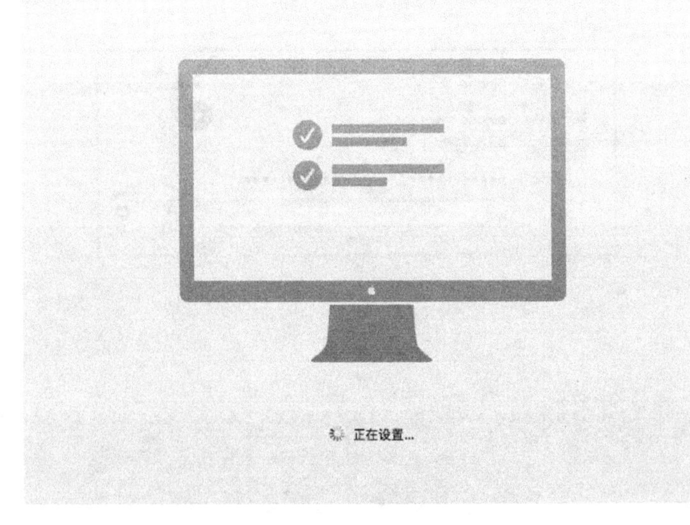

图 4-74　设置系统

设置完成后，会自动进入 Mac OS X 系统的主界面，如图 4-75 所示。

图 4-75　Mac OS X 系统安装完成

至此，已经在 VMware 虚拟机上成功安装了 Mac OS X 10.13 操作系统。

4.4　安装 CentOS 操作系统

本节将简单介绍安装 CentOS 操作系统的步骤，这里笔者以安装 64 位 CentOS 6.8 操作系统为例进行介绍，读者也可以自行安装其他版本的 Linux 操作系统。

4.4.1　下载 CentOS 操作系统

在浏览器地址栏中输入网址 http://mirror.nsc.liu.se/centos-store/6.8/isos/x86_64/，打开 CentOS 6.8 操作系统的下载页面，在其中选择 CentOS-6.8-x86_64-minimal.iso 镜像文件进行

下载，如图 4-76 所示。

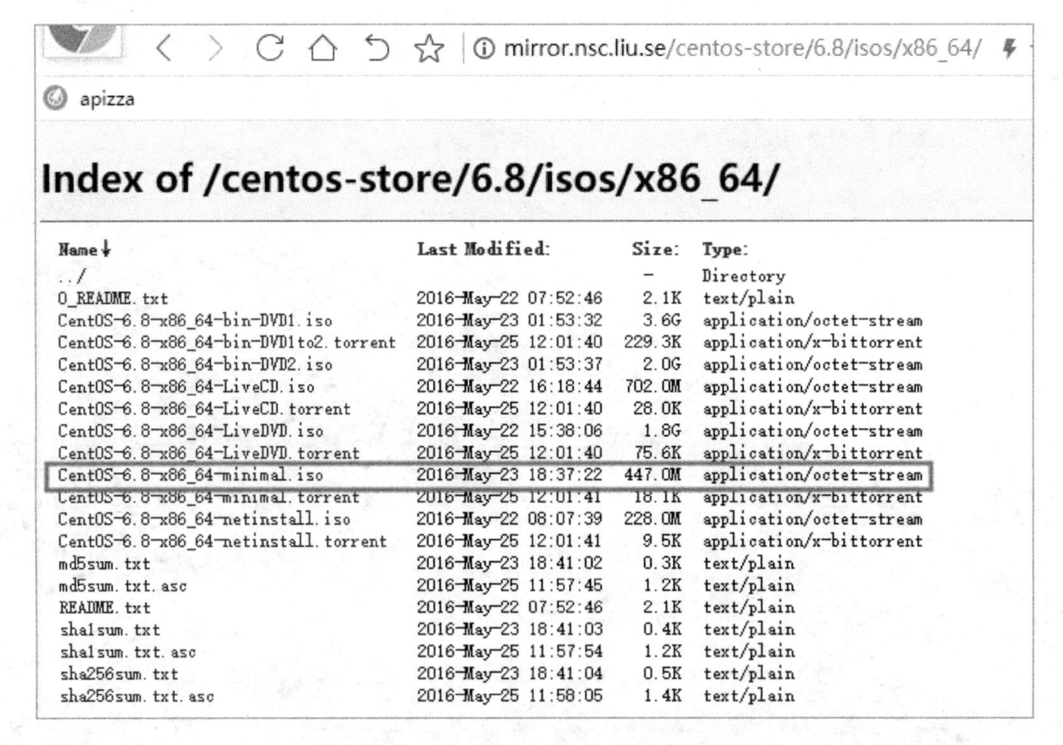
mirror.nsc.liu.se/centos-store/6.8/isos/x86_64/

apizza

Index of /centos-store/6.8/isos/x86_64/

Name↓	Last Modified:	Size:	Type:
../		-	Directory
0_README.txt	2016-May-22 07:52:46	2.1K	text/plain
CentOS-6.8-x86_64-bin-DVD1.iso	2016-May-23 01:53:32	3.6G	application/octet-stream
CentOS-6.8-x86_64-bin-DVD1to2.torrent	2016-May-25 12:01:40	229.3K	application/x-bittorrent
CentOS-6.8-x86_64-bin-DVD2.iso	2016-May-23 01:53:37	2.0G	application/octet-stream
CentOS-6.8-x86_64-LiveCD.iso	2016-May-22 16:18:44	702.0M	application/octet-stream
CentOS-6.8-x86_64-LiveCD.torrent	2016-May-25 12:01:40	28.0K	application/x-bittorrent
CentOS-6.8-x86_64-LiveDVD.iso	2016-May-22 15:38:06	1.8G	application/octet-stream
CentOS-6.8-x86_64-LiveDVD.torrent	2016-May-25 12:01:40	75.6K	application/x-bittorrent
CentOS-6.8-x86_64-minimal.iso	2016-May-23 18:37:22	447.0M	application/octet-stream
CentOS-6.8-x86_64-minimal.torrent	2016-May-25 12:01:41	18.1K	application/x-bittorrent
CentOS-6.8-x86_64-netinstall.iso	2016-May-22 08:07:39	228.0M	application/octet-stream
CentOS-6.8-x86_64-netinstall.torrent	2016-May-25 12:01:41	9.5K	application/x-bittorrent
md5sum.txt	2016-May-23 18:41:02	0.3K	text/plain
md5sum.txt.asc	2016-May-25 11:57:45	1.2K	text/plain
README.txt	2016-May-22 07:52:46	2.1K	text/plain
sha1sum.txt	2016-May-23 18:41:03	0.4K	text/plain
sha1sum.txt.asc	2016-May-25 11:57:54	1.2K	text/plain
sha256sum.txt	2016-May-23 18:41:04	0.5K	text/plain
sha256sum.txt.asc	2016-May-25 11:58:05	1.4K	text/plain

图 4-76　下载 CentOS 操作系统安装镜像

单击 CentOS-6.8-x86_64-minimal.iso 进行下载即可。

4.4.2　设置 VMware 虚拟机

安装 CentOS 操作系统对 VMware 虚拟机的设置过程，与安装 Windows 操作系统对 VMware 虚拟机的设置过程基本相同，只不过本节需要设置的是安装 CentOS 操作系统。

读者可以参考 4.2.2 节中的内容，在安装 CentOS 操作系统之前，对 VMware 虚拟机进行简单的设置。这里不再赘述设置 VMware 虚拟机的过程。

4.4.3　安装 CentOS 操作系统步骤

单击 VMware 上的“开启此虚拟机”，开始安装 CentOS 6.8 操作系统，如图 4-77 所示。

选择第一项 Install or upgrade an existing system，按回车键，进入是否检测多媒体界面，如图 4-78 所示。

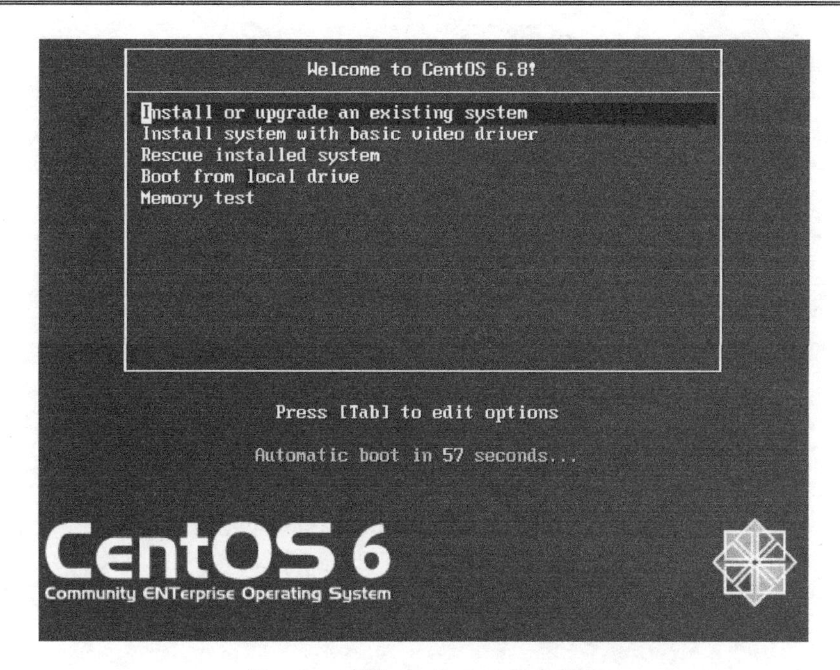

图 4-77　安装 CentOS 6.8 操作系统

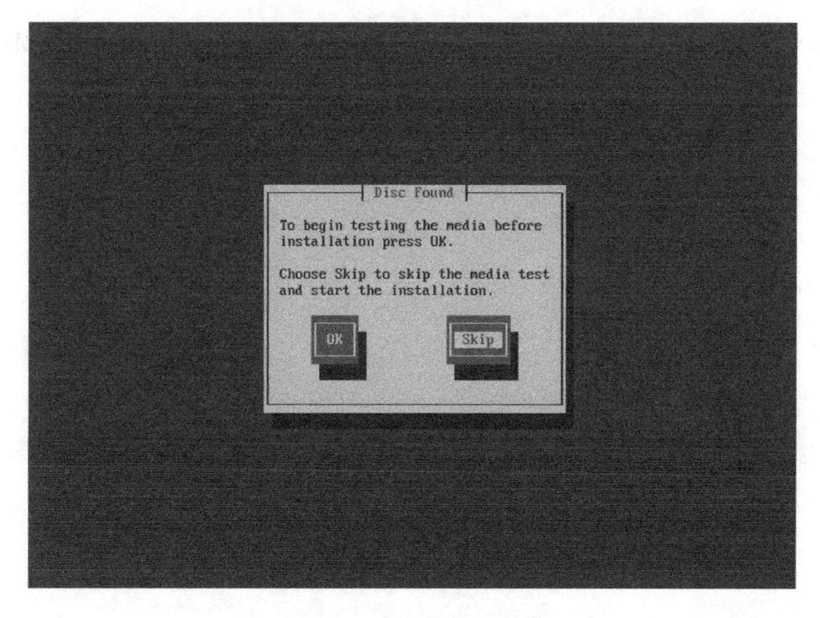

图 4-78　是否检测多媒体

由于是在 VMware 虚拟机中安装 CentOS 6.8 操作系统，因此选择 Skip 跳过检测，进入图形化安装对话框，如图 4-79 所示。

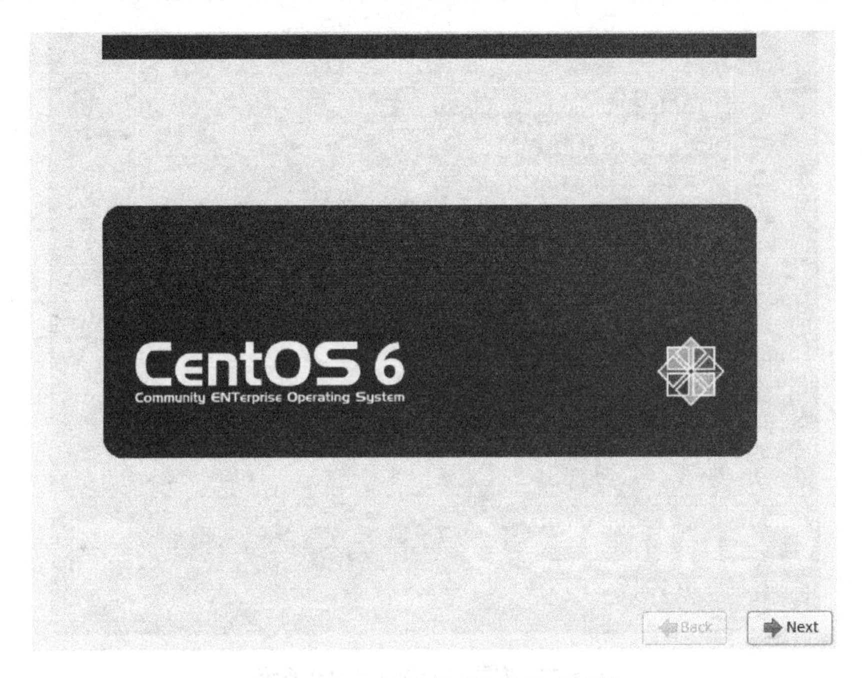

图 4-79　CentOS 图形化安装对话框

单击 Next 按钮，进入选择语言对话框，这里默认选择 English(English)选项，如图 4-80 所示。

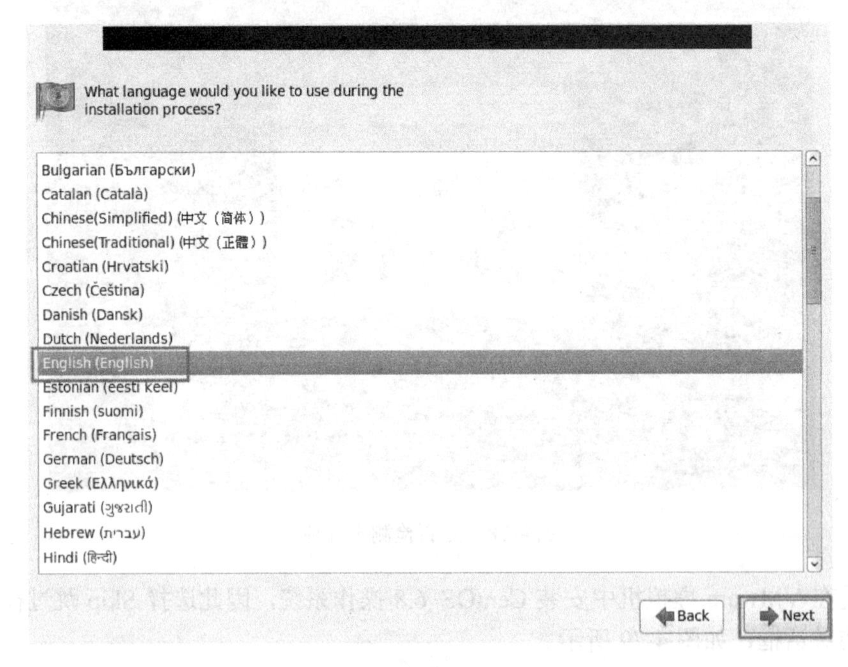

图 4-80　选择安装语言

然后单击 Next 按钮，进入选择键盘类型对话框，如图 4-81 所示。

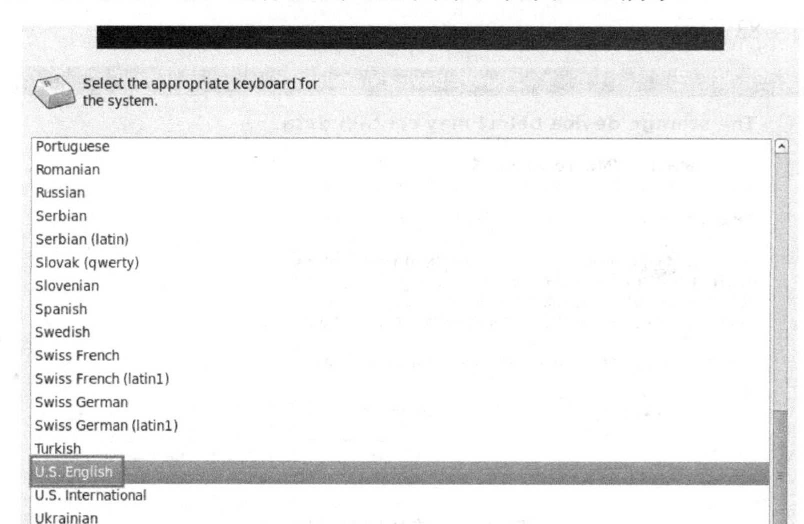

图 4-81　选择键盘类型

选择默认的 U.S.English 键盘类型，单击 Next 按钮，进入“选择存储设备”对话框，如图 4-82 所示。

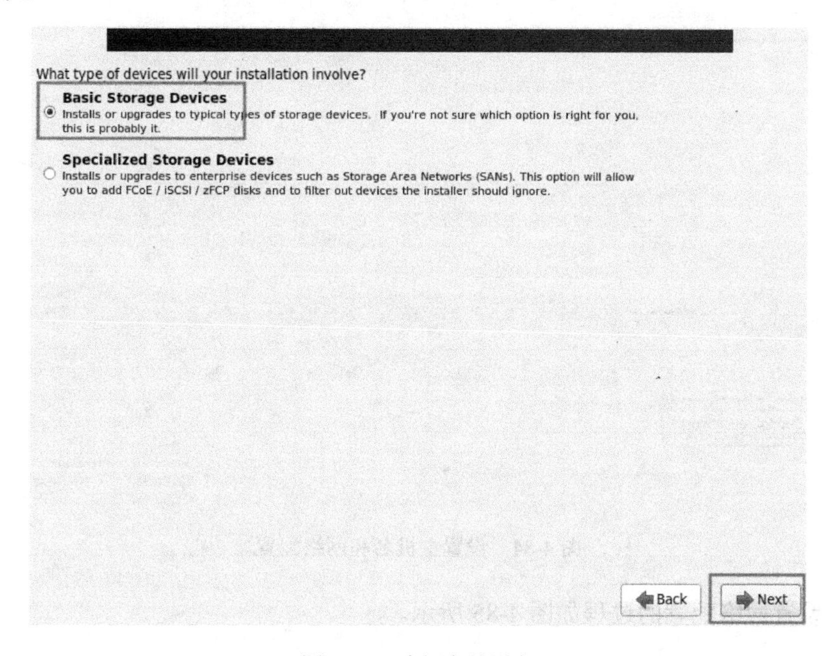

图 4-82　选择存储设备

选择 Basic Storage Devices 单选按钮，单击 Next 按钮，弹出是否卸载存储设备上的数据确认框，如图 4-83 所示。

图 4-83　确认卸载数据

单击 Yes, discard any data 按钮，进入设置主机名和网络配置对话框，在其中依次设置 CentOS 6.8 操作系统的主机名和网络配置，如图 4-84 所示。

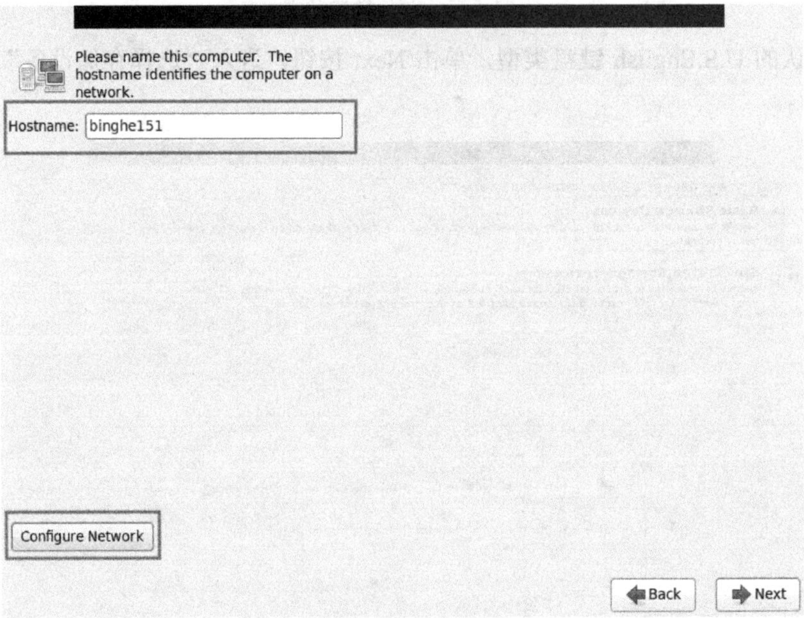

图 4-84　设置主机名和网络配置

其中，设置网络配置的过程如图 4-85 所示。

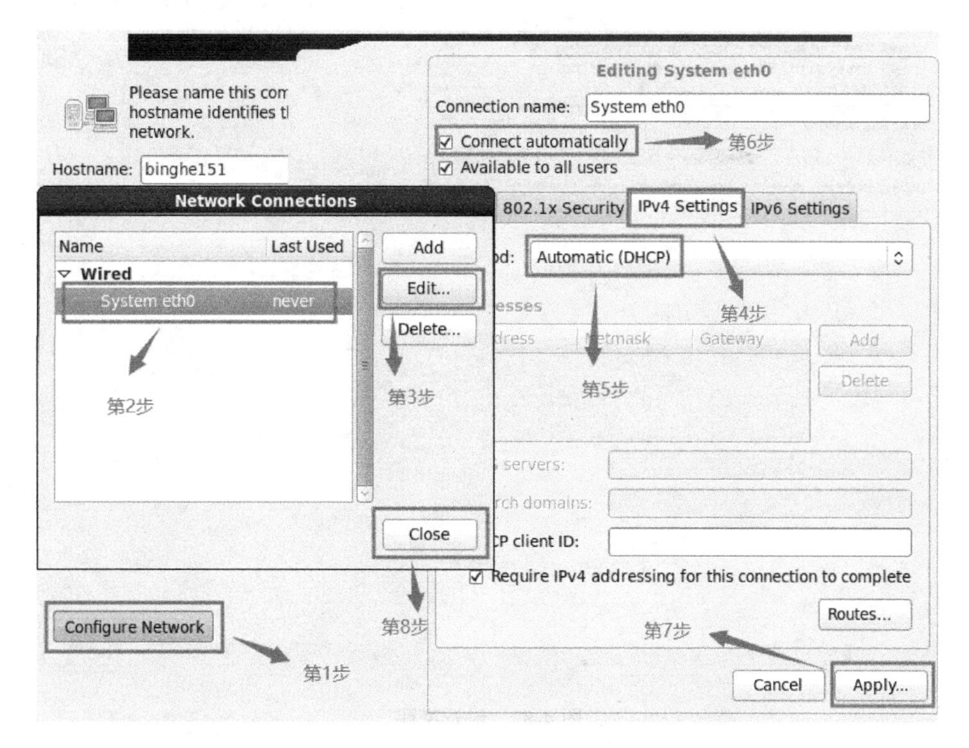

图 4-85　设置 CentOS 6.8 操作系统的网络步骤

按照顺序设置好网络配置后，会回到图 4-84 所示的对话框中，单击 Next 按钮，进入选择时区对话框，如图 4-86 所示。

图 4-86　选择时区

选择时区为上海，并取消 System clock uses UTC 的选中状态，单击 Next 按钮，进入设置密码对话框，如图 4-87 所示。

这是为 root 账户设置系统登录密码，输入设置的密码后，单击 Next 按钮，进入选择安装类型对话框，如图 4-88 所示。

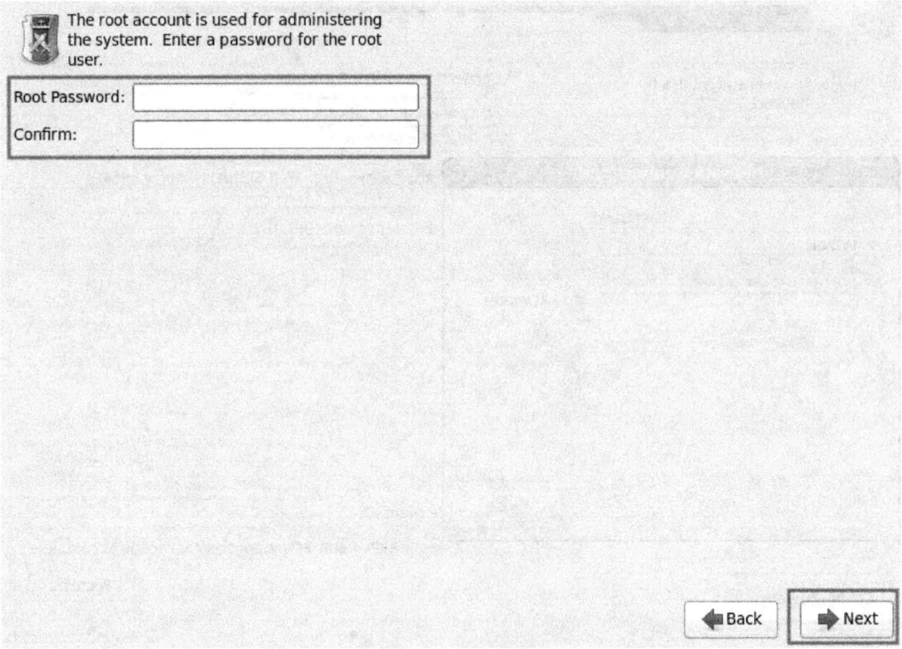

The root account is used for administering the system. Enter a password for the root user.

Root Password:

Confirm:

Back　Next

图 4-87　设置密码

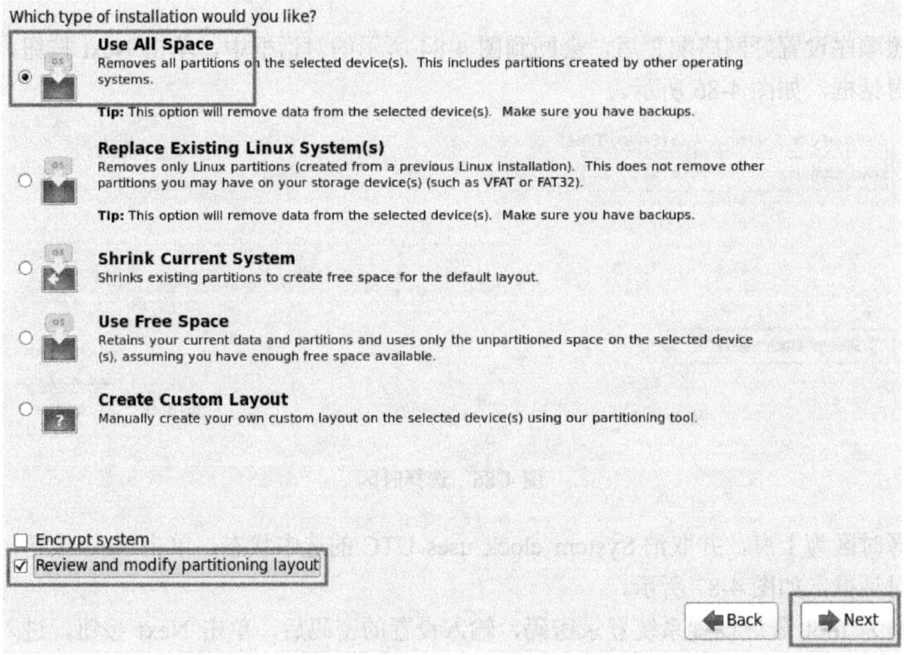

Which type of installation would you like?

Use All Space
Removes all partitions on the selected device(s). This includes partitions created by other operating systems.

Tip: This option will remove data from the selected device(s). Make sure you have backups.

Replace Existing Linux System(s)
Removes only Linux partitions (created from a previous Linux installation). This does not remove other partitions you may have on your storage device(s) (such as VFAT or FAT32).

Tip: This option will remove data from the selected device(s). Make sure you have backups.

Shrink Current System
Shrinks existing partitions to create free space for the default layout.

Use Free Space
Retains your current data and partitions and uses only the unpartitioned space on the selected device (s), assuming you have enough free space available.

Create Custom Layout
Manually create your own custom layout on the selected device(s) using our partitioning tool.

Encrypt system

Review and modify partitioning layout

Back　Next

图 4-88　选择安装类型

选择 Use All Space 单选按钮，并选中 Review and modify partitioning layout 复选框，单击 Next 按钮，进入选择设备对话框，如图 4-89 所示。

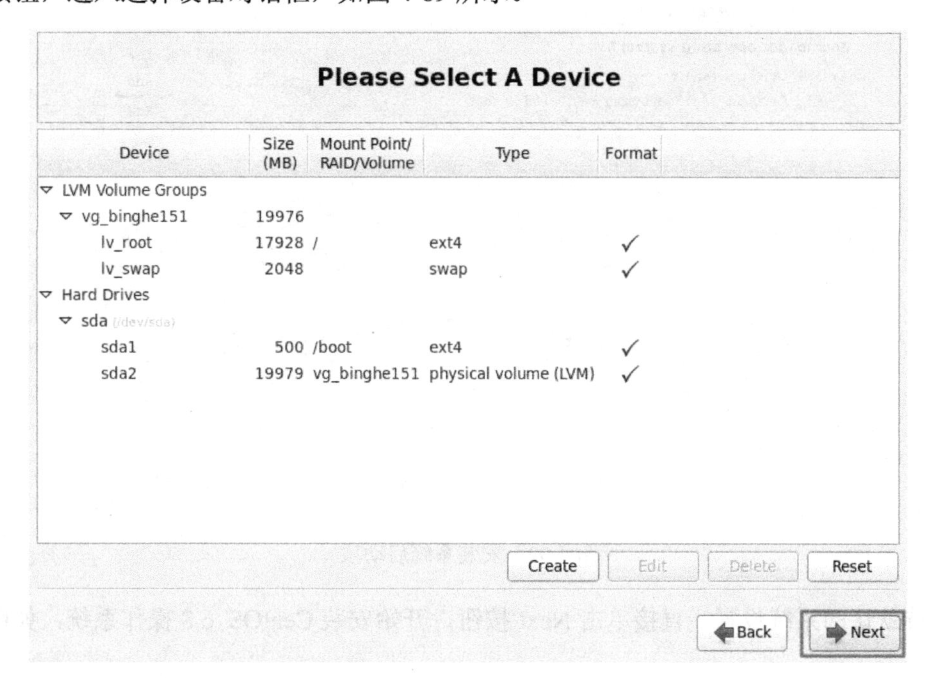

图 4-89　选择设备

直接单击 Next 按钮弹出“格式化警告”确认框，如图 4-90 所示。

单击 Format 按钮后，会显示“将存储信息写到磁盘”的警告框，如图 4-91 所示。

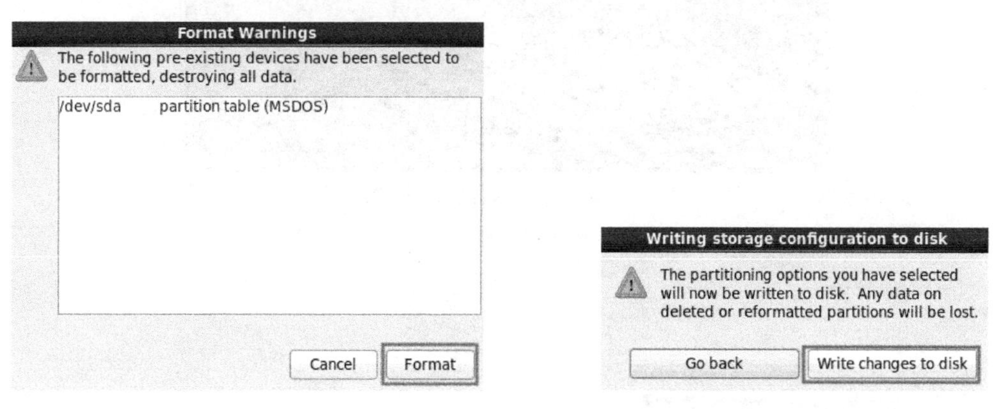

图 4-90　格式化警告　　　　图 4-91　将存储信息写到磁盘

单击 Write changes to disk 按钮，将系统的存储信息写入磁盘，接下来会进入系统启动项的安装对话框，如图 4-92 所示。

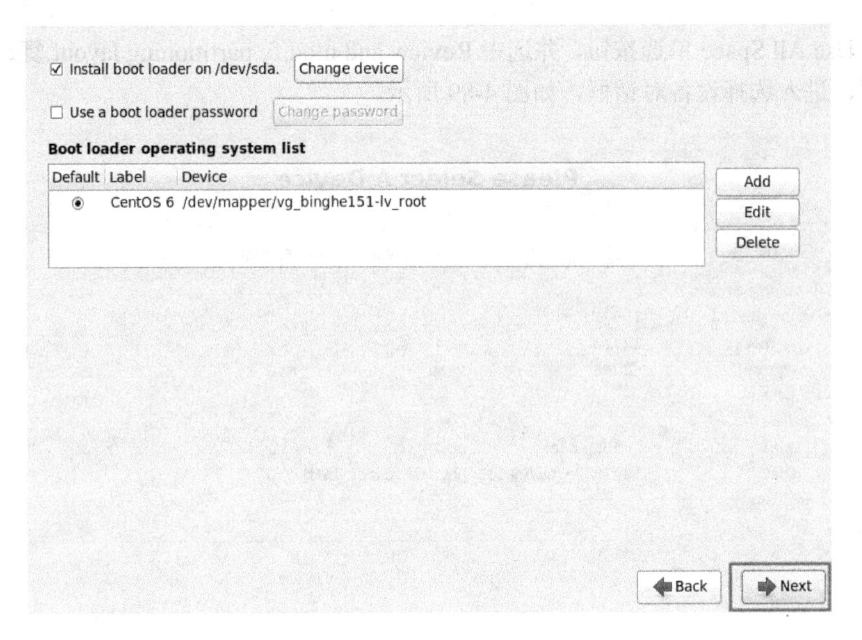

图 4-92　安装系统启动项

保持默认的系统设置，直接单击 Next 按钮，开始安装 CentOS 6.8 操作系统，如图 4-93 所示。

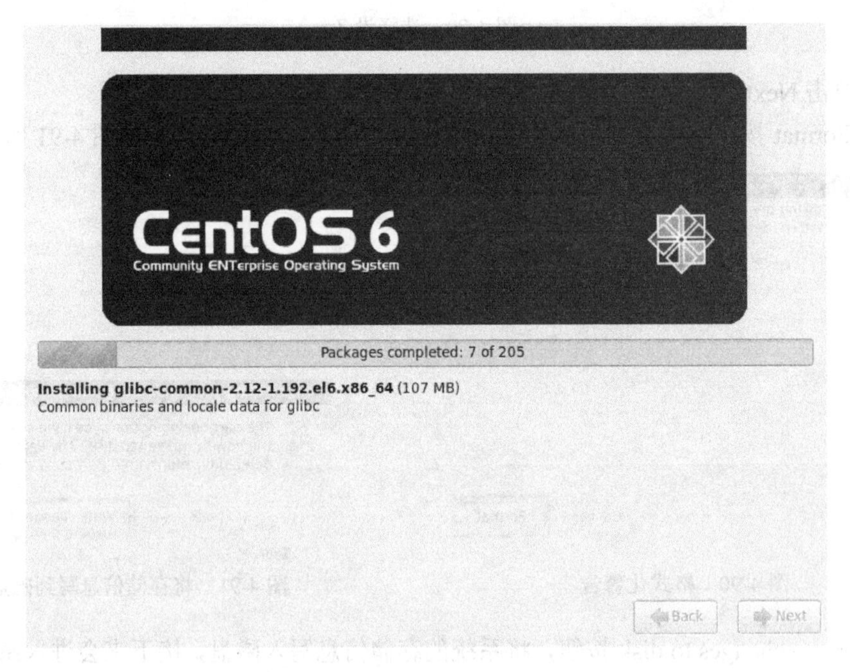

图 4-93　开始安装 CentOS 6.8 操作系统

安装完成后，会进入重启系统对话框，如图 4-94 所示。

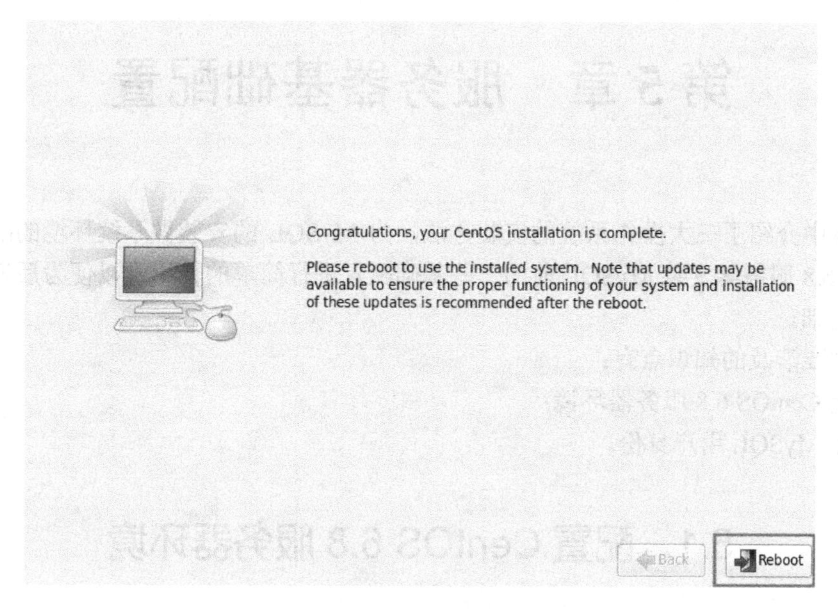

图 4-94　重启系统

直接单击 Reboot 按钮，重启 CentOS 6.8 操作系统。系统重启后，会在屏幕上显示如下代码：

```
CentOS release 6.8 (Final)
Kernel 2.6.32-642.el6.x86_64 on an x86_64
binghe151 login:
```

输入 root 账户和设置的密码，登录 CentOS 6.8 操作系统后，屏幕显示如下代码：

```
CentOS release 6.8 (Final)
Kernel 2.6.32-642.el6.x86_64 on an x86_64
binghe151 login:root
Password:
[root@binghe151 ~]#
```

可以看到，使用 root 账户成功登录了 CentOS 6.8 操作系统，证明 CentOS 6.8 操作系统安装成功。

4.5　本章总结

本章详细介绍了 VMware 虚拟机、Windows 操作系统、Mac OS X 操作系统和 CentOS 操作系统的安装步骤，使读者更加清晰地了解如何在 VMware 虚拟机上安装三大操作系统，并为后续的 MySQL 环境搭建奠定了基础。下一章将简单介绍服务器的基础配置，为 MySQL 环境的安装和部署准备系统环境。

第 5 章　服务器基础配置

上一章中介绍了三大操作系统的安装方法，为 MySQL 的安装做系统环境的准备。本章对 CentOS 6.8 服务器安装 MySQL 前的一些基础配置进行简单的介绍，以便为后期的安装打下良好的基础。

本章主要涉及的知识点有：

- 配置 CentOS 6.8 服务器环境；
- 添加 MySQL 用户身份。

5.1　配置 CentOS 6.8 服务器环境

笔者是在 CentOS 6.8 虚拟机服务器上进行 MySQL 的安装与配置的。在搭建 MySQL 环境之前，需要对 CentOS 6.8 虚拟机服务器进行简单的配置。配置内容主要包括：修改服务器主机名、配置静态 IP 地址、配置主机名和 IP 地址的映射关系、配置防火墙规则、配置 root 用户 SSH 免密码登录等。

5.1.1　修改主机名

正确安装 CentOS 6.8 虚拟机后需要对服务器的主机名进行相应的修改，以便对服务器进行更好的管理。

首先，使用 root 账户和其对应的密码登录 CentOS 6.8 服务器，当连接服务器时，服务器会显示如下代码，要求输入账号和密码进行登录。

```
CentOS release 6.8 (Final)
Kernel 2.6.32-642.el6.x86_64 on an x86_64
binghe login:
```

此时，输入 root 账户和其对应的密码，代码如下：

```
CentOS release 6.8 (Final)
Kernel 2.6.32-642.el6.x86_64 on an x86_64
binghe login: root
Password:
```

输入正确的用户名和密码，成功登录后的代码如下：

```
CentOS release 6.8 (Final)
Kernel 2.6.32-642.el6.x86_64 on an x86_64
```

```
binghe login: root
Password: 这里输出登录服务器的密码
[root@binghe ~]#
```

CentOS 6.8 服务器中自带 vi 编辑器，但是在使用 vi 编辑器对文本文件进行编辑时，不会对文本文件中的内容进行颜色区分。为了更好地编辑文件，笔者推荐使用 vim 编辑器。然而在 CentOS 6.8 服务器中并没有自带 vim 编辑器，需要手动进行安装。

首先，在 CentOS 6.8 服务器的命令行中搜索 YUM 仓库中的 vim 编辑器。

```
[root@binghe ~]# yum search vim
Loaded plugins: fastestmirror
base  | 3.7 kB     00:00
base/primary_db     | 4.7 MB     00:01
extras   | 3.4 kB     00:00
extras/primary_db      |  29 kB     00:00
updates    | 3.4 kB     00:00
updates/primary_db     | 6.6 MB     00:02
=============================================================================
=================== N/S Matched: vim ========================================
=====================================
vim-X11.x86_64 : The VIM version of the vi editor for the X Window System
vim-common.x86_64 : The common files needed by any version of the VIM editor
vim-enhanced.x86_64 : A version of the VIM editor which includes recent enhancements
vim-filesystem.x86_64 : VIM filesystem layout
vim-minimal.x86_64 : A minimal version of the VIM editor
  Name and summary matches only, use "search all" for everything.
```

可以看到，YUM 仓库中存在 vim 编辑器的安装文件。

接下来安装 vim 编辑器。

```
yum install -y vim*
#########此处省略安装过程输出的日志信息##########
Updated:
  vim-minimal.x86_64 2:7.4.629-5.el6_10.2
Complete!
```

可以看到，vim 编辑器已安装成功。

在 CentOS 6.8 服务器中，服务器的主机名是在/etc/sysconfig/network 文件中进行配置的，这里通过 vim 编辑器打开/etc/sysconfig/network 文件。

```
[root@binghe ~]# vim /etc/sysconfig/network
NETWORKING=yes
HOSTNAME=binghe
```

这里可以看到，在/etc/sysconfig/network 文件中，原有的配置项内容如下：

```
NETWORKING=yes
HOSTNAME=binghe
```

此时，服务器的主机名为 binghe。

接下来使用 vim 编辑器对/etc/sysconfig/network 文件进行编辑，将如下代码

```
HOSTNAME=binghe
```

修改为

```
HOSTNAME=binghe150
```

也就是将主机名修改为binghe150。

注意：在为服务器的主机名命名时有一个小技巧。为了便于区分服务器并对服务器进行更好的管理，在为主机命名时往往会将主机名的最后三位设置为服务器所在内网网段的最后三位IP地址。比如，笔者的这台CentOS 6.8服务器的内网IP地址为192.168.175.150，所以笔者将这台服务器的主机命名为binghe150。

此时，只是修改了系统的主机名，当前登录会话的主机名并没有被修改，查看当前登录会话的主机名。

```
[root@binghe ~]# hostname
binghe
```

可以看到，当前会话的主机名仍然为binghe。

此时，有两种方式可修改当前会话的主机名：重启服务器和使用hostname命令修改当前会话的主机名。

（1）重启服务器

在命令行中输入如下命令：

```
[root@binghe ~]# reboot
```

重启服务器后，重新连接服务器并输入root账户和其对应的密码，成功登录服务器后，在命令行中再次查看当前会话的主机名。

```
[root@binghe150 ~]# hostname
binghe150
```

可以看到，当重启服务器并重新登录后，再次查看当前会话的主机名，已经被修改为binghe150了。

（2）使用hostname命令修改当前会话的主机名

hostname命令不仅可以查看当前会话的主机名，还可以用来修改当前会话的主机名。当在命令行中只输入hostname而没有任何命令参数时，能够查看当前会话的主机名；当在命令行中输入hostname并且输入参数时，就能够修改当前会话的主机名，其中，输入的参数就是需要修改的主机名。

这里可以直接使用“hostname 待修改的主机名”的形式来修改当前会话的主机名。

```
[root@binghe150 ~]# hostname binghe150
[root@binghe150 ~]#
```

接下来再次查看当前会话的主机名。

```
[root@binghe150 ~]# hostname
binghe150
```

可以看到，使用hostname命令也可以将当前会话的主机名修改为binghe150。

5.1.2 配置静态 IP 地址

当安装 CentOS 6.8 虚拟机服务器时，会通过 DHCP 为安装的服务器自动分配动态 IP 地址。首先查看通过 DHCP 为服务器分配的动态 IP 地址。

```
[root@binghe150 ~]# ifconfig
eth0      Link encap:Ethernet  HWaddr 00:0C:29:EF:62:B7
          inet addr:192.168.175.151  Bcast:192.168.175.255  Mask:255.255.255.0
          inet6 addr: fe80::20c:29ff:feef:62b7/64 Scope:Link
          UP BROADCAST RUNNING MULTICAST  MTU:1500  Metric:1
          RX packets:37571 errors:0 dropped:0 overruns:0 frame:0
          TX packets:17914 errors:0 dropped:0 overruns:0 carrier:0
          collisions:0 txqueuelen:1000
          RX bytes:44351409 (42.2 MiB)  TX bytes:1582619 (1.5 MiB)
lo        Link encap:Local Loopback
          inet addr:127.0.0.1  Mask:255.0.0.0
          inet6 addr: ::1/128 Scope:Host
          UP LOOPBACK RUNNING  MTU:65536  Metric:1
          RX packets:0 errors:0 dropped:0 overruns:0 frame:0
          TX packets:0 errors:0 dropped:0 overruns:0 carrier:0
          collisions:0 txqueuelen:0
          RX bytes:0 (0.0 b)  TX bytes:0 (0.0 b)
[root@binghe150 ~]#
```

可以看到，通过 DHCP 为服务器自动分配的 IP 地址为 192.168.175.151，这里需要将 IP 地址设置为静态 IP 192.168.175.150。

在 CentOS 6.8 服务器中，IP 地址是在一个配置文件中进行配置的，这个配置文件为/etc/sysconfig/network-scripts/ifcfg-eth0。接下来使用 vim 编辑器对/etc/sysconfig/network-scripts/ifcfg-eth0 文件进行修改。

```
vim /etc/sysconfig/network-scripts/ifcfg-eth0
```

这里，笔者修改后的/etc/sysconfig/network-scripts/ifcfg-eth0 文件的内容如下：

```
DEVICE=eth0
TYPE=Ethernet
UUID=5eb9ceae-4a2f-433d-acdf-3fd7451d5c11
ONBOOT=yes
NM_CONTROLLED=yes
BOOTPROTO=static
IPADDR=192.168.175.150
NETMASK=255.255.255.0
BROADCAST=192.168.175.255
GATEWAY=192.168.175.2
DNS1=114.114.114.114
DNS2=8.8.8.8
HWADDR=00:0C:29:EF:62:B7
DEFROUTE=yes
PEERDNS=yes
PEERROUTES=yes
IPV4_FAILURE_FATAL=yes
IPV6INIT=no
```

```
NAME="System eth0"
```

注意：修改后的静态 IP 地址需要和修改前 DHCP 分配的动态 IP 地址在同一个网段内。比如笔者修改前 DHCP 分配的动态 IP 地址为 192.168.175.151，修改后的静态 IP 地址为 192.168.175.150。

接下来重启服务器的网络服务。

```
[root@binghe150 ~]# service network restart
Shutting down interface eth0:                              [  OK  ]
Shutting down loopback interface:                          [  OK  ]
Bringing up loopback interface:                            [  OK  ]
Bringing up interface eth0:
Determining IP information for eth0... done.
                                                           [  OK  ]
```

可以看到，服务器的网络服务已成功重启。

再次查看当前服务器的 IP 地址。

```
[root@binghe150 ~]# ifconfig
eth0      Link encap:Ethernet  HWaddr 00:0C:29:EF:62:B7
          inet addr:192.168.175.150  Bcast:192.168.175.255  Mask:255.255.255.0
          inet6 addr: fe80::20c:29ff:feef:62b7/64 Scope:Link
          UP BROADCAST RUNNING MULTICAST  MTU:1500  Metric:1
          RX packets:39025 errors:0 dropped:0 overruns:0 frame:0
          TX packets:18653 errors:0 dropped:0 overruns:0 carrier:0
          collisions:0 txqueuelen:1000
          RX bytes:44490998 (42.4 MiB)  TX bytes:1751972 (1.6 MiB)
lo        Link encap:Local Loopback
          inet addr:127.0.0.1  Mask:255.0.0.0
          inet6 addr: ::1/128 Scope:Host
          UP LOOPBACK RUNNING  MTU:65536  Metric:1
          RX packets:0 errors:0 dropped:0 overruns:0 frame:0
          TX packets:0 errors:0 dropped:0 overruns:0 carrier:0
          collisions:0 txqueuelen:0
          RX bytes:0 (0.0 b)  TX bytes:0 (0.0 b)
```

可以看到，服务器的 IP 地址为 192.168.175.150，说明配置静态 IP 地址成功。

配置静态 IP 地址后，可以通过 ping 命令来检测服务器是否能够正常连接网络。

```
[root@binghe150 ~]# ping www.baidu.com
PING www.a.shifen.com (14.215.177.38) 56(84) bytes of data.
64 bytes from 14.215.177.38: icmp_seq=1 ttl=128 time=28.8 ms
64 bytes from 14.215.177.38: icmp_seq=2 ttl=128 time=32.2 ms
64 bytes from 14.215.177.38: icmp_seq=3 ttl=128 time=34.6 ms
64 bytes from 14.215.177.38: icmp_seq=4 ttl=128 time=33.1 ms
```

可以看到，配置静态 IP 地址后的服务器能够正常连接网络，进一步说明服务器的静态 IP 地址配置成功。

5.1.3　配置主机名和 IP 地址的映射关系

在 CentOS 6.8 服务器中，主机名和 IP 地址的映射关系可以在/etc/hosts 文件中进行配置。这里可以通过 vim 编辑器对/etc/hosts 文件进行编辑。

```
vim /etc/hosts
```

/etc/hosts 的文件内容如下：

```
127.0.0.1    localhost localhost.localdomain localhost4 localhost4.localdomain4
::1          localhost localhost.localdomain localhost6 localhost6.localdomain6
```

接下来将主机名和 IP 地址的映射关系配置到/etc/hosts 文件中。

```
192.168.175.150  binghe150
```

修改后的/etc/hosts 文件如下：

```
127.0.0.1    localhost localhost.localdomain localhost4 localhost4.localdomain4
::1          localhost localhost.localdomain localhost6 localhost6.localdomain6
192.168.175.150  binghe150
```

这里，192.168.175.150 是服务器的 IP 地址，binghe150 是服务器的主机名。也就是说，当需要配置服务器的主机名和 IP 地址的映射关系时，将服务器的 IP 地址和主机名以“IP 主机名”的形式添加到/etc/hosts 文件中即可。

接下来保存并退出 vim 编辑器。通过“ping 主机名”的形式来测试主机名和 IP 地址的映射关系是否已成功配置。

```
[root@binghe150 ~]# ping binghe150
PING binghe150 (192.168.175.150) 56(84) bytes of data.
64 bytes from binghe150 (192.168.175.150): icmp_seq=1 ttl=64 time=0.054 ms
64 bytes from binghe150 (192.168.175.150): icmp_seq=2 ttl=64 time=0.023 ms
64 bytes from binghe150 (192.168.175.150): icmp_seq=3 ttl=64 time=0.023 ms
64 bytes from binghe150 (192.168.175.150): icmp_seq=4 ttl=64 time=0.023 ms
64 bytes from binghe150 (192.168.175.150): icmp_seq=5 ttl=64 time=0.028 ms
64 bytes from binghe150 (192.168.175.150): icmp_seq=6 ttl=64 time=0.025 ms
64 bytes from binghe150 (192.168.175.150): icmp_seq=7 ttl=64 time=0.026 ms
```

可以看到，当使用“ping 主机名”时，能够正确 ping 通，并且有回执数据，说明主机名和 IP 地址的映射关系配置成功。

5.1.4　配置防火墙规则

MySQL 服务器默认监听的端口为 3306（读者可以将 MySQL 的端口修改为其他端口，这里笔者使用 MySQL 的默认端口），需要对 CentOS 6.8 服务器的防火墙进行设置，使其不再拦截对 3306 端口的访问。

在 CentOS 6.8 服务器中，防火墙的规则是在/etc/sysconfig/iptables 文件中进行配置的。

首先，查看 CentOS 6.8 服务器的防火墙规则。

```
[root@binghe150 ~]# service iptables status
Table: filter
Chain INPUT (policy ACCEPT)
num  target     prot opt source          destination
1    ACCEPT     all  --   0.0.0.0/0       0.0.0.0/0  state RELATED,ESTABLISHED
2    ACCEPT     icmp --  0.0.0.0/0        0.0.0.0/0
3    ACCEPT     all  --   0.0.0.0/0       0.0.0.0/0
4    ACCEPT     tcp  --  0.0.0.0/0        0.0.0.0/0  state NEW tcp dpt:22
5    REJECT     all  --  0.0.0.0/0        0.0.0.0/0  reject-with icmp-host-prohibited
Chain FORWARD (policy ACCEPT)
num  target     prot opt source           destination
1    REJECT     all  --  0.0.0.0/0         0.0.0.0/0  reject-with icmp-host-prohibited
Chain OUTPUT (policy ACCEPT)
num  target     prot opt source                destination
```

当前防火墙开放了22端口，也就是SSH的默认端口。

接下来使用vim编辑器对/etc/sysconfig/iptables文件进行编辑。

```
[root@binghe150 ~]# vim /etc/sysconfig/iptables
```

/etc/sysconfig/iptables文件中的原有内容如下：

```
# Firewall configuration written by system-config-firewall
# Manual customization of this file is not recommended.
*filter
:INPUT ACCEPT [0:0]
:FORWARD ACCEPT [0:0]
:OUTPUT ACCEPT [0:0]
-A INPUT -m state --state ESTABLISHED,RELATED -j ACCEPT
-A INPUT -p icmp -j ACCEPT
-A INPUT -i lo -j ACCEPT
-A INPUT -m state --state NEW -m tcp -p tcp --dport 22 -j ACCEPT
-A INPUT -j REJECT --reject-with icmp-host-prohibited
-A FORWARD -j REJECT --reject-with icmp-host-prohibited
COMMIT
```

从/etc/sysconfig/iptables文件的内容中同样可以看出，当前防火墙开放了22端口。

在/etc/sysconfig/iptables文件中添加如下一行代码，使防火墙开放对3306端口的访问。

```
-A INPUT -m state --state NEW -m tcp -p tcp --dport 3306 -j ACCEPT
```

/etc/sysconfig/iptables文件修改后的内容如下：

```
# Firewall configuration written by system-config-firewall
# Manual customization of this file is not recommended.
*filter
:INPUT ACCEPT [0:0]
:FORWARD ACCEPT [0:0]
:OUTPUT ACCEPT [0:0]
-A INPUT -m state --state ESTABLISHED,RELATED -j ACCEPT
-A INPUT -p icmp -j ACCEPT
-A INPUT -i lo -j ACCEPT
-A INPUT -m state --state NEW -m tcp -p tcp --dport 22 -j ACCEPT
-A INPUT -m state --state NEW -m tcp -p tcp --dport 3306 -j ACCEPT
-A INPUT -j REJECT --reject-with icmp-host-prohibited
-A FORWARD -j REJECT --reject-with icmp-host-prohibited
COMMIT
```

接下来保存并退出 vim 编辑器，重启防火墙。

```
[root@binghe150 ~]# service iptables restart
iptables: Setting chains to policy ACCEPT: filter          [  OK  ]
iptables: Flushing firewall rules:                         [  OK  ]
iptables: Unloading modules:                               [  OK  ]
iptables: Applying firewall rules:                         [  OK  ]
```

可以看到，防火墙重启成功。

再次查看防火墙规则。

```
[root@binghe150 ~]# service iptables status
Table: filter
Chain INPUT (policy ACCEPT)
num  target     prot opt source        destination
1    ACCEPT     all  --  0.0.0.0/0     0.0.0.0/0      state RELATED,ESTABLISHED
2    ACCEPT     icmp --  0.0.0.0/0     0.0.0.0/0
3    ACCEPT     all  --  0.0.0.0/0     0.0.0.0/0
4    ACCEPT     tcp  --  0.0.0.0/0     0.0.0.0/0      state NEW tcp dpt:22
5    ACCEPT     tcp  --  0.0.0.0/0     0.0.0.0/0      state NEW tcp dpt:3306
6    REJECT     all  --  0.0.0.0/0     0.0.0.0/0      reject-with icmp-host-prohibited
Chain FORWARD (policy ACCEPT)
num  target     prot opt source       destination
1    REJECT     all  --  0.0.0.0/0     0.0.0.0/0      reject-with icmp-host-prohibited
Chain OUTPUT (policy ACCEPT)
num  target     prot opt source                destination
```

此时，防火墙的规则中同时开放了对 22 端口和 3306 端口的访问，证明防火墙规则配置成功。

5.1.5　配置 root 用户 SSH 免密码登录

在后续的实战案例章节中需要搭建 MySQL 集群环境，为了避免登录每台服务器的烦琐操作，这里配置服务器的 SSH 免密码登录。后续只登录其中一台服务器，再通过 SSH 免密码登录到其他服务器即可。

在单台服务器上配置 SSH 免密码登录的过程比较简单，只需要在服务器的命令行中依次输入如下命令即可。

```
ssh-keygen -t rsa
cp ~/.ssh/id_rsa.pub ~/.ssh/authorized_keys
```

在服务器的命令行中输入上述命令的具体执行过程如下：

```
[root@binghe150 ~]# ssh-keygen -t rsa
Generating public/private rsa key pair.
Enter file in which to save the key (/root/.ssh/id_rsa):
Created directory '/root/.ssh'.
Enter passphrase (empty for no passphrase):
Enter same passphrase again:
Your identification has been saved in /root/.ssh/id_rsa.
Your public key has been saved in /root/.ssh/id_rsa.pub.
The key fingerprint is:
```

```
8f:29:0a:db:e2:48:74:4f:1a:87:17:98:e7:dd:01:15 root@binghe150
The key's randomart image is:
+--[ RSA 2048]----+
|        ..E.     |
|    o   .        |
|   o o   .       |
|    + o . .      |
| . + = .S.       |
|. . B    +       |
| ... .. o .      |
|...+ . .         |
|..o.o            |
+-----------------+
[root@binghe150 ~]# cp ~/.ssh/id_rsa.pub ~/.ssh/authorized_keys
[root@binghe150 ~]#
```

当输入 ssh-keygen -t rsa 命令时会有一些提示信息，提示输入一些内容。

```
Enter file in which to save the key (/root/.ssh/id_rsa):
Enter passphrase (empty for no passphrase):
Enter same passphrase again:
```

可以忽略这些提示信息，直接回车即可。

接下来，可以通过"ssh 主机名"或 ssh ip 的方式来验证 SSH 免密码登录是否配置成功。在服务器命令行中输入如下命令：

```
[root@binghe150 ~]# ssh binghe150
The authenticity of host 'binghe150 (192.168.175.150)' can't be established.
RSA key fingerprint is c0:85:0f:62:83:b0:9b:68:50:79:5f:08:4f:1f:b8:25.
Are you sure you want to continue connecting (yes/no)? yes
Warning: Permanently added 'binghe150,192.168.175.150' (RSA) to the list of known hosts.
Last login: Tue Nov 12 14:21:16 2019 from 192.168.175.1
[root@binghe150 ~]#
```

通过 SSH 免密码登录的方式成功登录了服务器。

注意：配置好 SSH 免密码登录后，首次运行"ssh 主机名"或者以 ssh ip 的方式登录服务器时，会提示"Are you sure you want to continue connecting (yes/no)? "，直接输入 yes 即可。

```
Are you sure you want to continue connecting (yes/no)? yes
```

以后再次通过 SSH 免密码登录服务器时，不会再提示相关的信息。

接下来退出通过 SSH 免密码登录的服务器会话终端。

```
[root@binghe150 ~]# exit
logout
Connection to binghe150 closed.
[root@binghe150 ~]#
```

再次以 SSH 免密码登录的方式登录服务器。

```
[root@binghe150 ~]# ssh binghe150
Last login: Tue Nov 12 17:24:52 2019 from binghe150
```

此时已正确登录服务器，不再提示输入任何信息了。说明服务器的 SSH 免密码登录配置成功。

5.2　添加 mysql 用户身份

在实际工作中，对服务器的操作往往应该设置严格的权限划分，避免使用权限过高的 root 账户。使用 root 账户操作服务器时，一旦发生误操作，将会引起不必要的麻烦，甚至是灾难性的后果。

为了避免使用权限过高的 root 账户而引起不必要的麻烦，甚至是灾难性的后果，将会使用 mysql 账户对 MySQL 的环境进行安装与配置。本节将介绍如何在服务器上添加 mysql 用户身份并赋予相应的权限。

5.2.1　添加 mysql 用户组和用户

使用 root 账户登录 CentOS 6.8 服务器，然后在命令行中执行如下命令，添加 mysql 用户组。

```
groupadd mysql
```

接下来在 mysql 组中添加 mysql 用户。

```
useradd -r -g mysql mysql
```

此时，mysql 用户组和用户添加完成。

5.2.2　赋予 mysql 用户目录权限

在本书中，笔者将 MySQL 安装在/usr/local/mysql3306 目录下，将 MySQL 数据库的数据文件存放到/data/mysql3306 目录下，同时将 MySQL 的配置文件 my.cnf 存放到/etc 目录下，所以服务器上需要存在这些目录，并且需要将这些目录的所有者修改为 mysql 用户。

首先，在 CentOS 6.8 服务器上创建/usr/local/mysql3306 目录和/data/mysql3306 目录。

```
mkdir -p /usr/local/mysql3306
mkdir -p /data/mysql3306
```

接下来将这些目录或者文件的所有者修改为 mysql 用户。

```
chown -R mysql.mysql /usr/local/mysql3306/
chown -R mysql.mysql /data/mysql3306/
chown mysql.mysql /etc/my.cnf
```

为了更加方便地安装 MySQL 数据库，这里创建 mysql 用户目录/home/mysql，并将/home/mysql 目录、/tmp 目录和/home 目录的所有者也修改为 mysql 用户。

```
mkdir -p /home/mysql
chown -R mysql.mysql /home/mysql/
chown -R mysql.mysql /tmp/
chown -R mysql.mysql /home/
```

5.2.3　赋予 mysql 用户 sudo 权限

在服务器上使用 mysql 用户进行相关操作时，有时需要 root 账户的权限才能正确地执行某个命令，或者安装某个程序，此时可以通过为 mysql 用户赋予 sudo 权限，来使其能够执行某些需要 root 账户权限才能执行的操作。

可以在 CentOS 6.8 服务器的/etc/sudoers 文件中对 mysql 用户赋予 sudo 权限。使用 vim 编辑器打开/etc/sudoers 文件。

```
vim /etc/sudoers
```

接下来在/etc/sudoers 文件中找到如下代码：

```
root     ALL=(ALL)        ALL
```

在此行代码的下面添加如下代码：

```
mysql    ALL=(ALL)        ALL
```

添加完后保存并退出 vim 编辑器。

注意：/etc/sudoers 文件是只读文件，所以使用 vim 编辑器对/etc/sudoers 文件进行编辑后，需要使用“wq!”命令才能正确地保存并退出 vim 编辑器。

5.2.4　赋予 mysql 用户登录密码

在 CentOS 6.8 服务器中，只需要通过 passwd 命令即可完成赋予 mysql 用户登录密码的操作。

```
[root@binghe150 ~]# passwd mysql
Changing password for user mysql.
New password: 输入新密码
Retype new password: 再次输入新密码
passwd: all authentication tokens updated successfully.
```

5.2.5　配置 mysql 用户 SSH 免密码登录

5.1.5 节介绍了为 root 账户配置 SSH 免密码登录的方法，本节简单介绍如何为 MySQL 用户配置 SSH 免密码登录。

首先以 mysql 用户身份登录 CentOS 6.8 服务器，接下来在服务器的命令行中执行如下命令，为 mysql 用户配置 SSH 免密码登录。

```
ssh-keygen -t rsa
cat /home/mysql/.ssh/id_rsa.pub >> /home/mysql/.ssh/authorized_keys
chmod 700 /home/mysql/
chmod 700 /home/mysql/.ssh
chmod 644 /home/mysql/.ssh/authorized_keys
```

```
chmod 600 /home/mysql/.ssh/id_rsa
ssh-copy-id -i /home/mysql/.ssh/id_rsa.pub binghe150
```

在 CentOS 6.8 服务器的命令行中执行完上述命令后，在 mysql 用户下使用“ssh 主机名”或者以 ssh ip 的方式来验证 SSH 免密码登录是否配置成功。

```
-bash-4.1$ ssh binghe150
Last login: Tue Nov 12 22:55:06 2019 from binghe150
-bash-4.1$ exit
logout
Connection to binghe150 closed.
```

可以看到，通过“ssh binghe150”命令正确地登录了服务器，并通过 logout 命令退出了当前登录服务器的会话终端。说明在 mysql 用户下，SSH 免密码登录配置成功。

5.3　本章总结

本章主要对配置 CentOS 6.8 服务器环境和添加 mysql 用户身份进行了简单的介绍。其中，配置 CentOS 6.8 服务器的环境包括：修改主机名、配置静态 IP 地址、配置主机名和 IP 地址的映射关系、配置防火墙规则、配置 root 用户 SSH 免密码登录；添加 mysql 用户身份包括：添加 mysql 用户组和用户、赋予 mysql 用户目录权限、赋予 mysql 用户 sodu 权限、赋予 mysql 用户登录密码、配置 mysql 用户 SSH 免密码登录。

下一章将正式介绍如何在 Windows 平台、OS X 平台和 Linux 平台下安装并配置 MySQL 环境。

第6章　搭建 MySQL 环境

通过前面章节的准备工作，为 MySQL 环境的搭建奠定了基础。本章就正式开始介绍如何在 Windows 操作系统、Mac OS X 操作系统、CentOS 操作系统上安装并配置 MySQL 环境。

本章涉及的知识点有：

- 基于 MSI 文件安装 Windows 版本的 MySQL；
- 基于 ZIP 文件安装 Windows 版本的 MySQL；
- 基于 DMG 文件安装 Mac OS X 版本的 MySQL；
- 基于 GZ 文件安装 Mac OS X 版本的 MySQL；
- 基于 RPM 文件安装 CentOS 版本的 MySQL；
- 基于源码安装 CentOS 版本的 MySQL。

注意：本章中安装的 MySQL 版本为 MySQL 8.0.18。

6.1　基于 MSI 文件安装 Windows 版本的 MySQL

某些 Windows 版本的 MySQL 安装包会被打包成 MSI 文件。以 MSI 文件安装 Windows 版本的 MySQL 比较简单，只需要将 Windows 版本的 MSI 安装包下载后，按照提示进行安装与配置即可。

6.1.1　下载 MySQL 的 MSI 安装包

在浏览器地址栏中输入网址 https://dev.mysql.com/downloads/windows/installer/8.0.html，打开 Windows 版本的 MySQL MSI 安装包下载链接，选择 mysql-installer-community-8.0.18.0.msi，并单击右侧的 Download 按钮，如图 6-1 所示。

单击 Download 按钮后会跳转到 mysql-installer-community-8.0.18.0.msi 文件的下载页面，如图 6-2 所示。

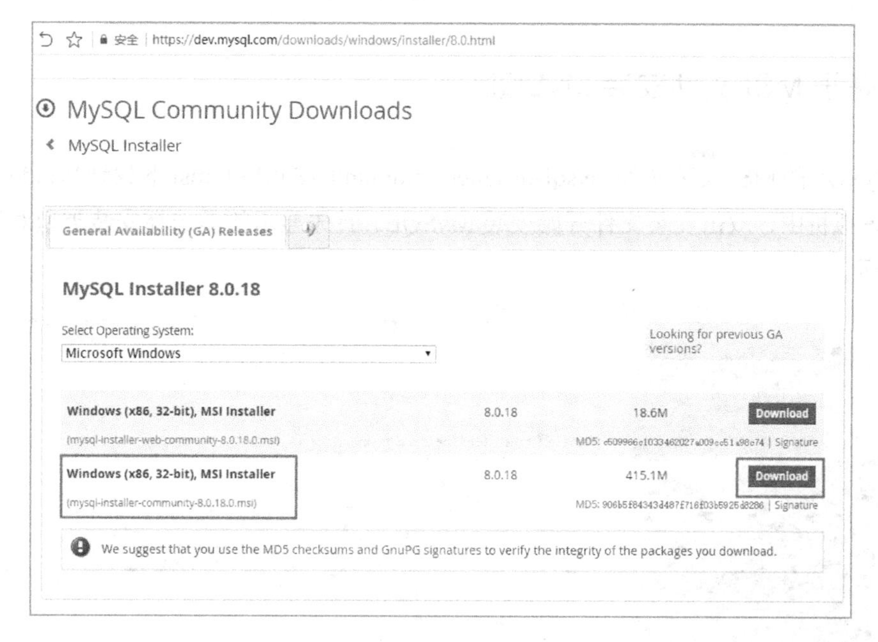

图 6-1　下载 MySQL 的 MSI 安装文件

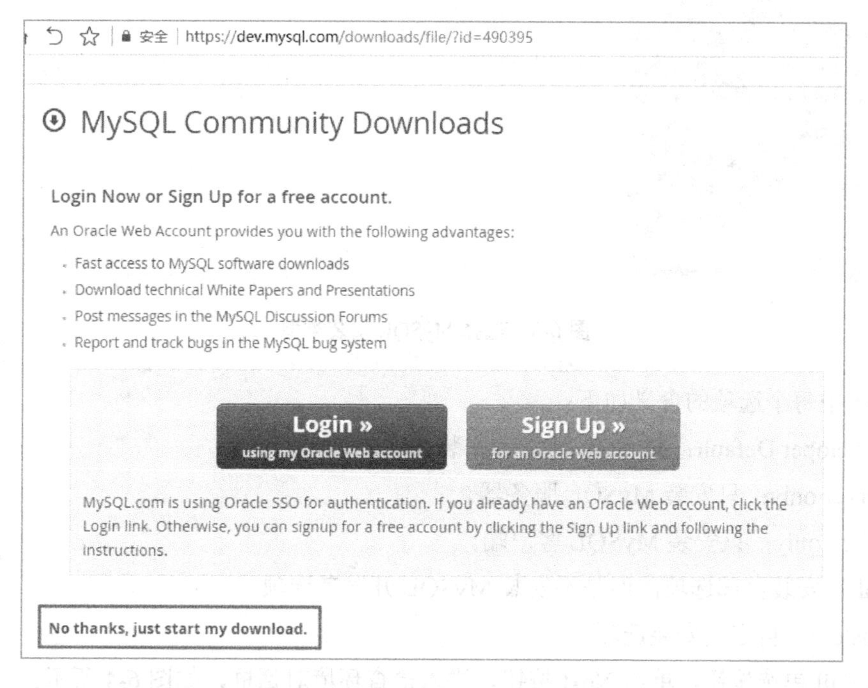

图 6-2　下载 mysql-installer-community-8.0.18.0.msi 安装文件

单击“No thanks, just start my download.”即可下载 mysql-installer-community-8.0.18.0.msi 安装文件。

6.1.2　基于 MSI 文件安装 MySQL

将 MySQL 的 MSI 安装文件 mysql-installer-community-8.0.18.0.msi 下载到 Windows Server 2012 R2 虚拟机中，双击安装文件开始安装 MySQL。首先显示的是选择安装类型对话框，如图 6-3 所示。

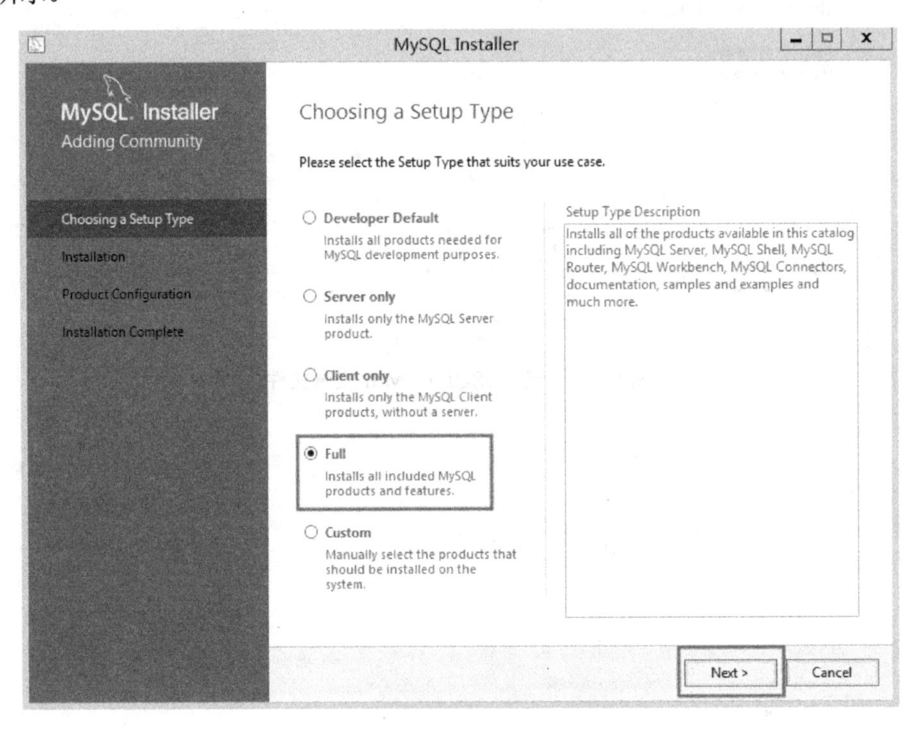

图 6-3　选择 MySQL 安装类型

图 6-3 中每个选项的含义如下：

- Developer Default：MySQL 开发者安装选项。
- Server only：只安装 MySQL 服务器。
- Client only：只安装 MySQL 客户端。
- Full：安装全部选项，但是不安装 MySQL 开发者选项。
- Custom：自定义安装选项。

选择 Full 单选按钮，单击 Next 按钮，进入检查环境对话框，如图 6-4 所示。

单击 Next 按钮，弹出 One or more product requirements have not been statisified 警告对话框，如图 6-5 所示。

单击 Yes 按钮，进入执行安装对话框，如图 6-6 所示。

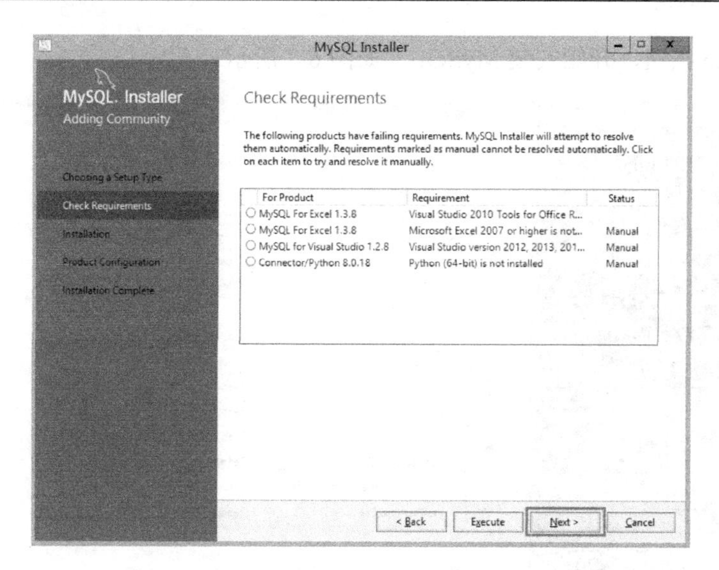

图 6-4　检查 MySQL 安装环境

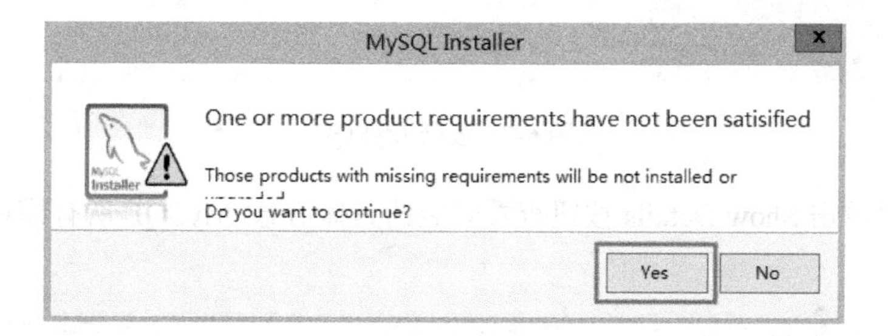

图 6-5　One or more product requirements have not been statisified 警告

图 6-6　执行安装

单击 Execute 按钮，开始安装 MySQL，如图 6-7 所示。

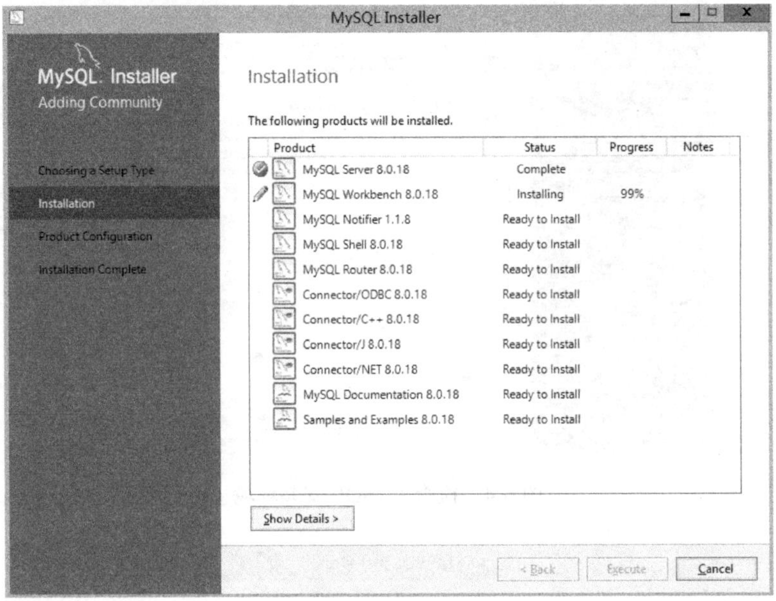

图 6-7　安装 MySQL

读者也可以单击 Show Details 按钮查看安装的具体信息，MySQL 所有模块安装完成后如图 6-8 所示。

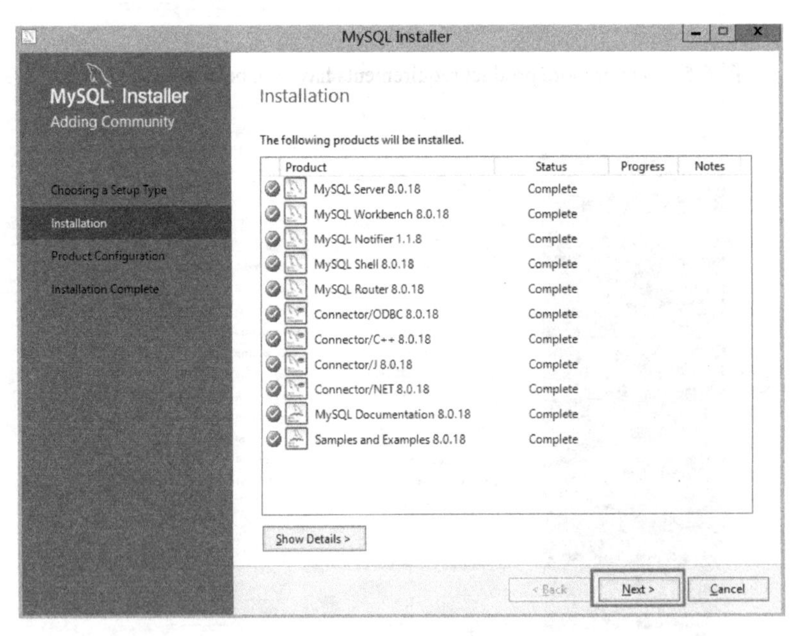

图 6-8　MySQL 所有模块安装完成

单击 Next 按钮，进入产品配置对话框，如图 6-9 所示。

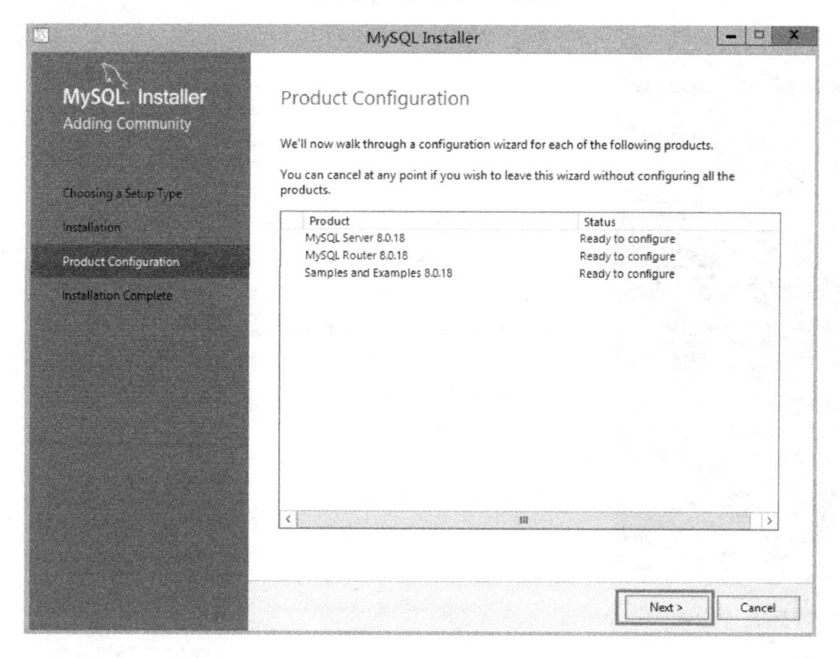

图 6-9　配置产品

继续单击 Next 按钮，进入 MySQL 高可用选项对话框，如图 6-10 所示。

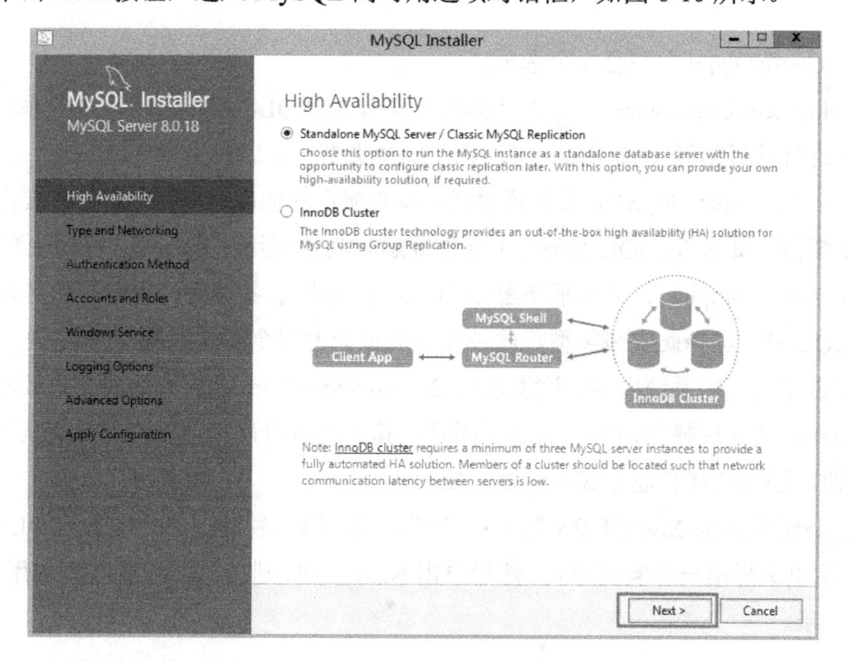

图 6-10　MySQL 高可用选项

直接单击 Next 按钮，进入选择安装类型和网络设置对话框，如图 6-11 所示。

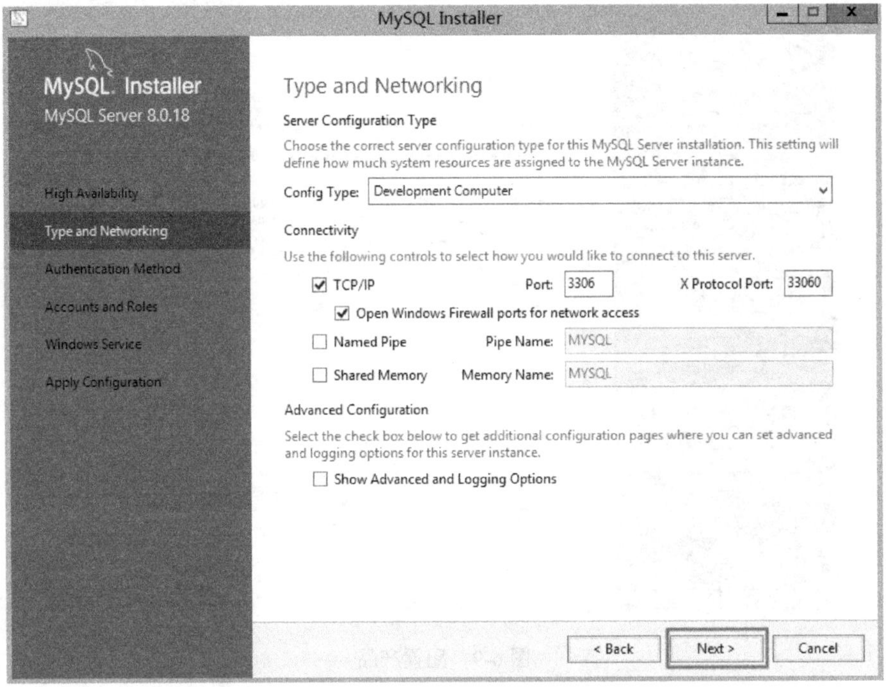

图 6-11　选择安装类型和网络设置

这里的 Config Type 类型有 3 个选项。

- Development Computer：在个人计算机上安装 MySQL，基本占用很少的系统资源。在本地进行项目的开发和调试，可选择此安装类型。
- Server Computer：MySQL 服务器模式，需要配合其他应用共同运行，需要占用一定的系统资源。如果 MySQL 服务器上还需要运行其他应用程序，可选择此安装类型。
- Dedicated Computer：当前服务器是 MySQL 专用服务器时，也就是服务器上只运行 MySQL 时，选择此安装类型。此种安装类型会占用全部的系统资源。

为了不占用过多的系统内存，这里选择 Development Computer 安装类型，读者可根据自身服务器的实际情况选择其他安装类型。同时，其他网络协议和端口信息保持默认即可。单击 Next 按钮，进入选择验证方式对话框，如图 6-12 所示。

第一种验证方式为 MySQL 8.x 版本的验证方式，第二种验证方式为 MySQL 5.x 版本的验证方式，这里选择第一种验证方式。然后单击 Next 按钮，进入密码设置与添加用户对话框，如图 6-13 所示。

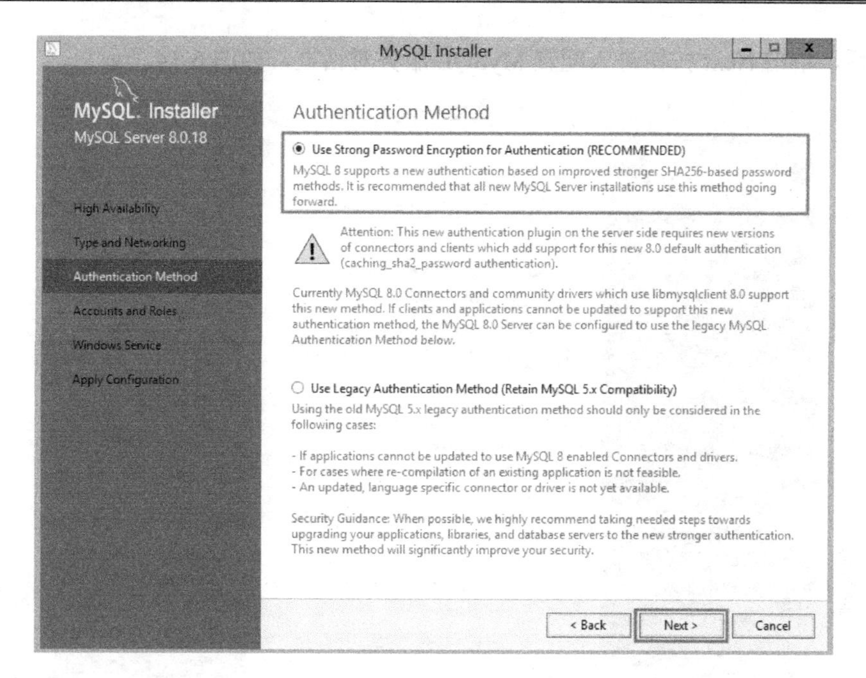

图 6-12　选择验证方式

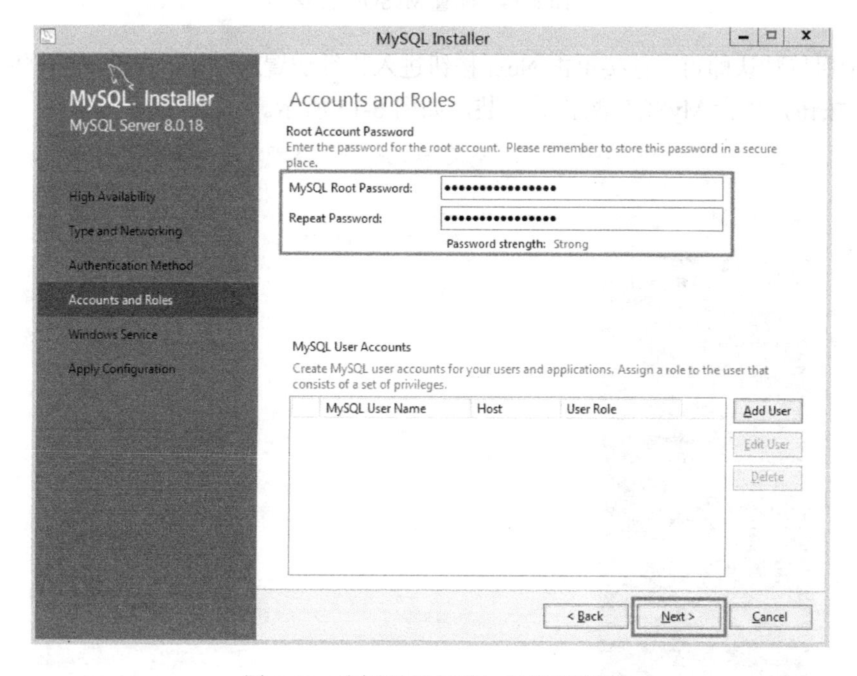

图 6-13　密码设置与添加用户对话框

为 root 账户设置 MySQL 登录密码，设置的密码最好复杂一些。此步骤暂时不添加其他 MySQL 用户，后续根据实际需要，通过 MySQL 命令行来添加 MySQL 用户。为 root 账户设置好密码后，单击 Next 按钮进入配置 MySQL 服务对话框，如图 6-14 所示。

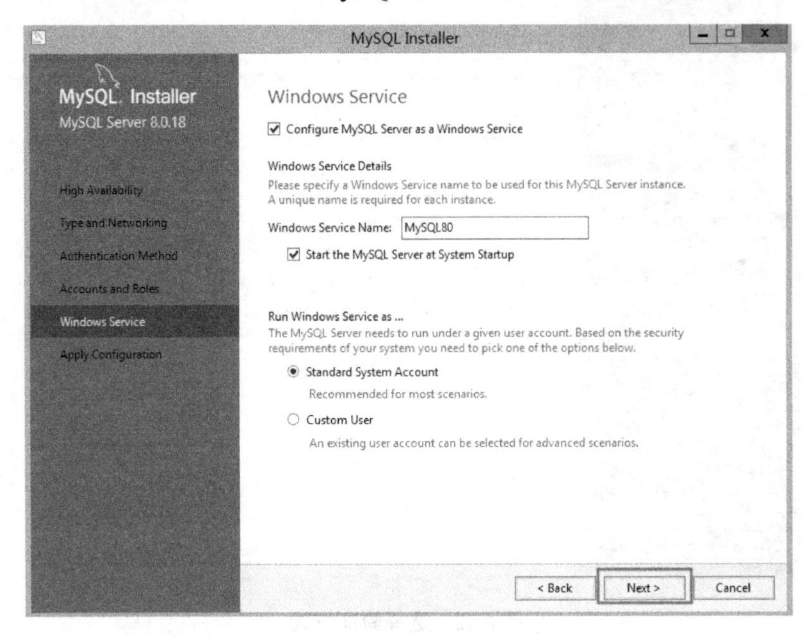

图 6-14　配置 MySQL 服务

这一步保持默认即可，直接单击 Next 按钮进入执行配置对话框。在此对话框中，直接单击 Execute 按钮，执行 MySQL 配置的安装，如图 6-15 所示。

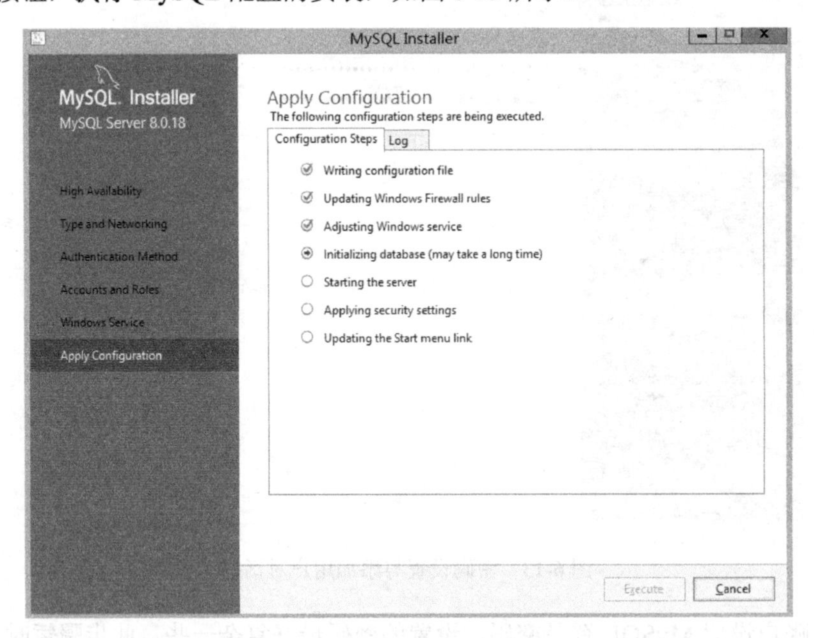

图 6-15　执行 MySQL 配置的安装

MySQL 配置安装完成后，即提示 MySQL Server 8.0.18 安装成功，如图 6-16 所示。

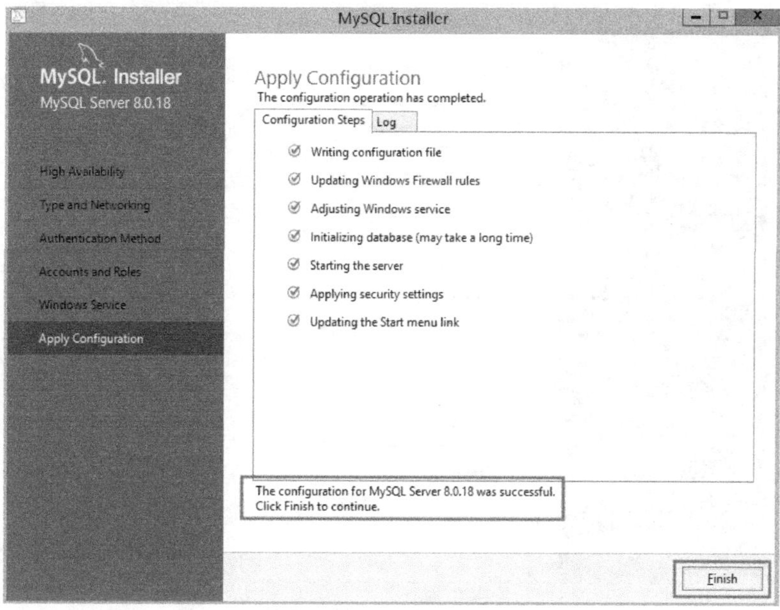

图 6-16　MySQL 安装成功

单击 Finish 按钮进入产品配置对话框，如图 6-17 所示。

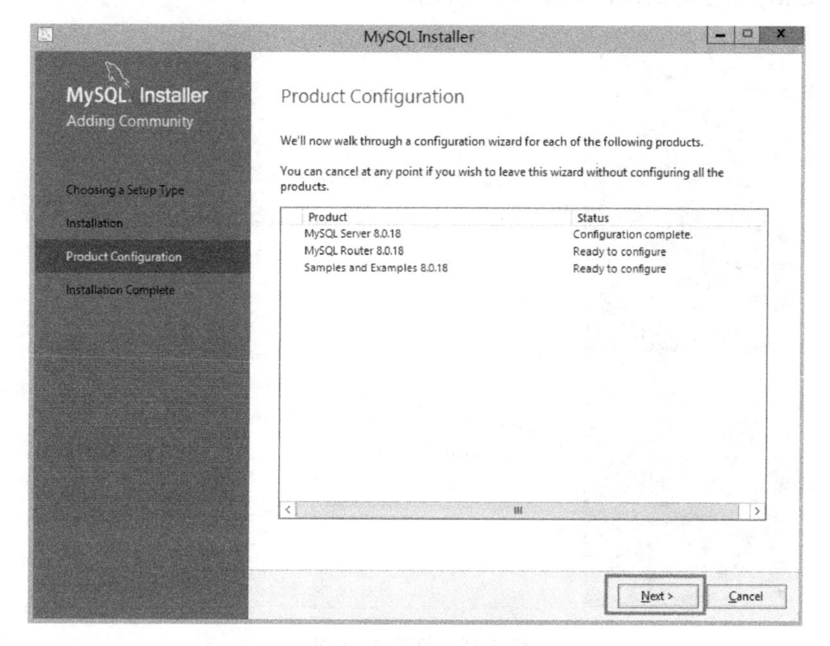

图 6-17　配置产品

直接单击 Next 按钮进入 MySQL 路由配置对话框，如图 6-18 所示。

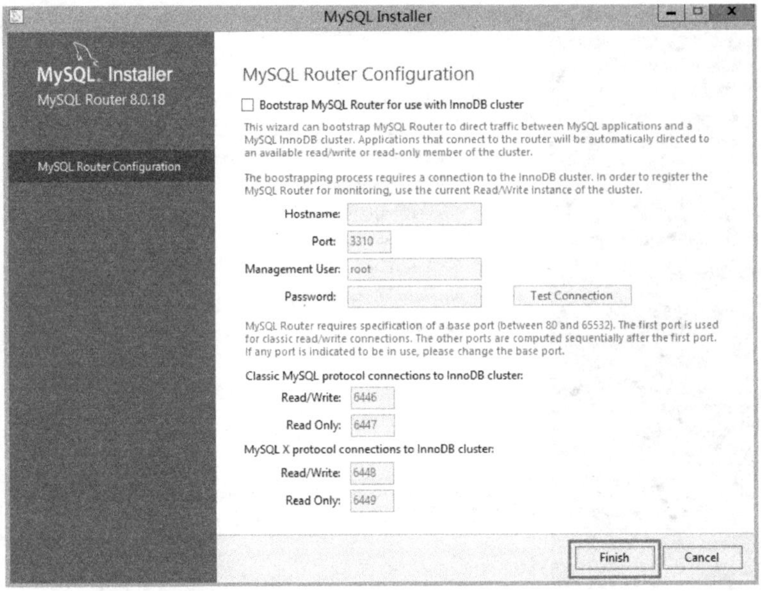

图 6-18　MySQL 路由配置

保持默认，单击 Finish 按钮再次进入如图 6-17 所示的产品配置对话框。再次单击 Next 按钮进入连接 MySQL 对话框，如图 6-19 所示。

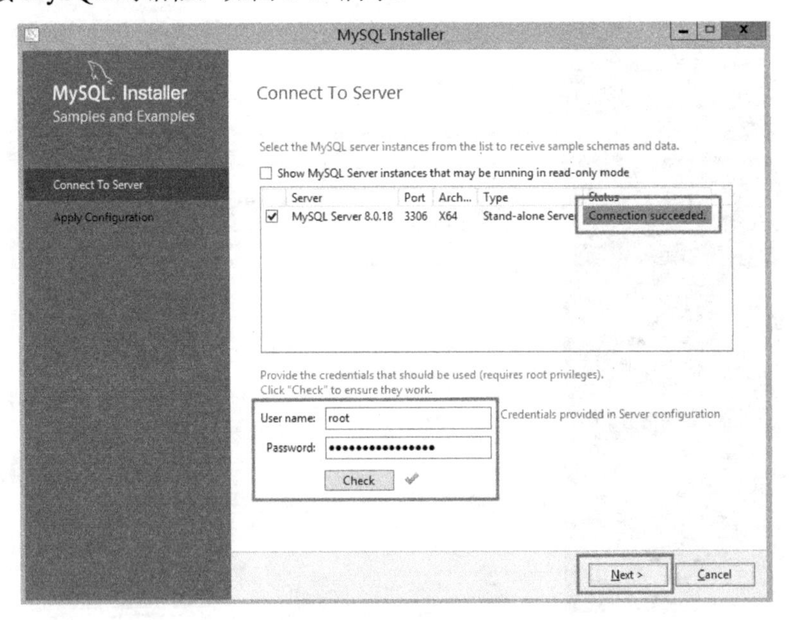

图 6-19　连接 MySQL

在此对话框中输入之前为 MySQL 设置的 root 账户密码，单击 Check 按钮，提示连接成功。接下来单击 Next 按钮，进入执行 MySQL 产品配置对话框，如图 6-20 所示。

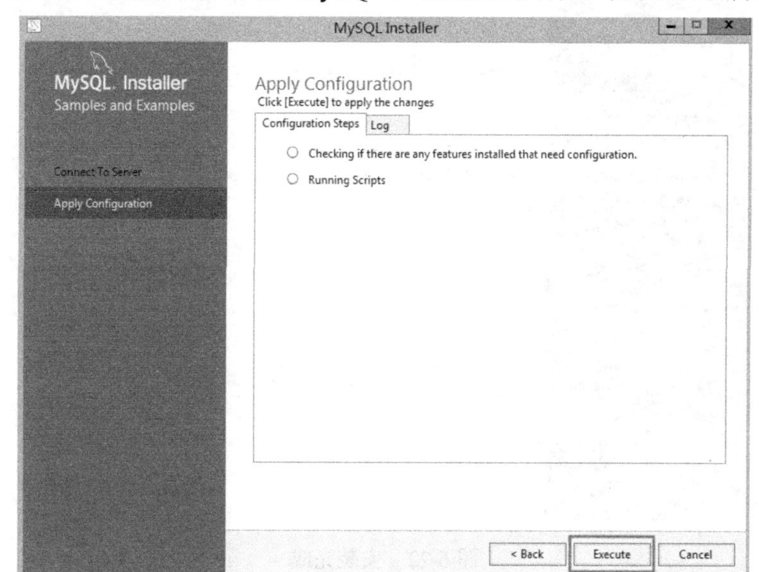

图 6-20　执行 MySQL 产品配置

直接单击 Execute 按钮，执行完成后，提示 MySQL 配置安装成功。单击 Finish 按钮进入 MySQL 产品配置对话框，此时对话框中显示的 MySQL 产品模块都已经安装成功，如图 6-21 所示。

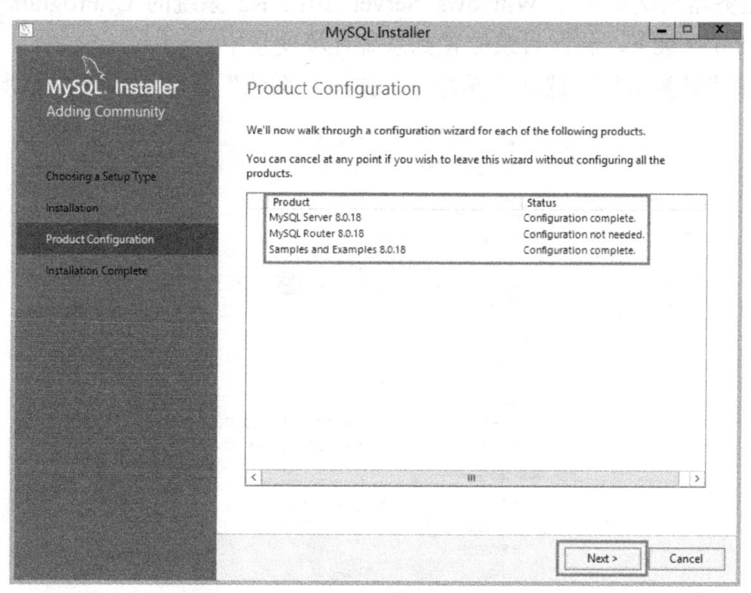

图 6-21　MySQL 产品模块配置安装成功

单击 Next 按钮，进入安装完成对话框，如图 6-22 所示。

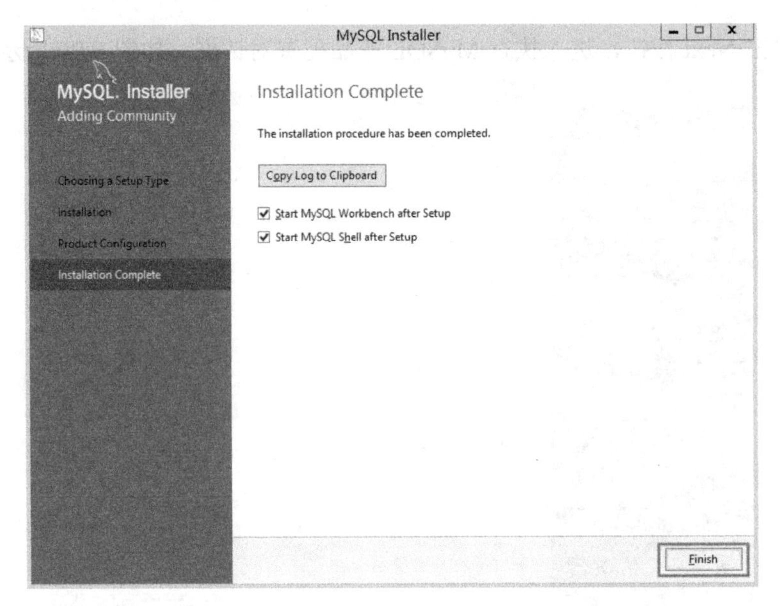

图 6-22　安装完成

直接单击 Finish 按钮即可。至此，基于 MSI 文件安装 MySQL 的任务完成。

6.1.3　配置 MySQL 系统环境变量

MySQL 服务器默认安装在 Windows Server 2012 R2 系统的 C:\Program Files\MySQL\MySQL Server 8.0 目录下，将此目录配置到系统环境变量中。

首先，右击“计算机”，选择“属性”，弹出“系统”窗口，如图 6-23 所示。

图 6-23　系统控制面板

选择“高级系统设置”，弹出“系统属性”对话框，在此对话框中选择“高级”选项卡，然后单击“环境变量”按钮，如图 6-24 所示。

之后弹出“环境变量”对话框，在“系统变量”中单击“新建”按钮，在弹出的“新建系统变量”对话框的“变量名”文本框中输入 MYSQL_SERVER_HOME，在“变量值”文本框中输入 C:\Program Files\MySQL\MySQL Server 8.0，如图 6-25 所示。

单击“确定”按钮，添加名称为 MYSQL_SERVER_HOME 的系统环境变量。接下来，在“系统环境变量”中找到并选中 Path 变量，单击“编辑”按钮，弹出编辑“系统环境变量”对话框，此对话框中，“变量名”为 Path，“变量值”为所有配置到 Path 环境变量中的系统目录。这里将“%MYSQL_SERVER_HOME%\bin;”，添加到名称为 Path 的系统环境变量的“变量值”文本框中，然后单击“确定”按钮，如图 6-26 所示。

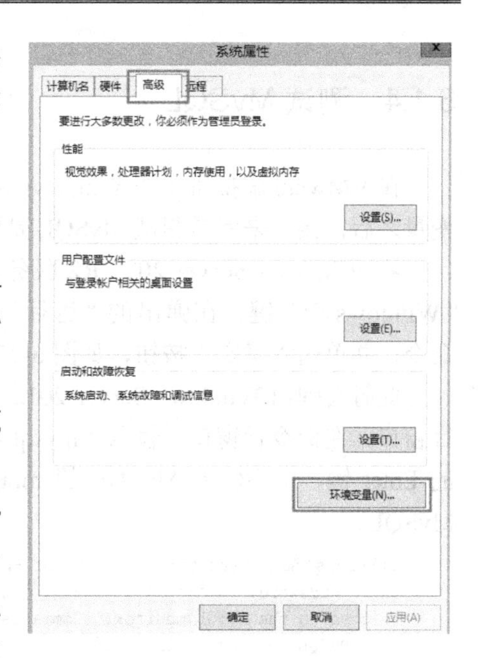

图 6-24　系统属性

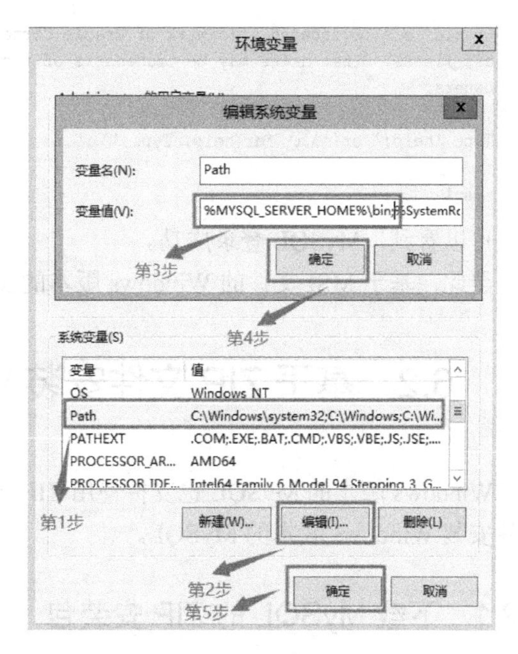

图 6-25　新建系统变量

图 6-26　编辑系统环境变量

按照图 6-26 所示的步骤添加 MySQL 的系统环境变量即可。

6.1.4　测试 MySQL

在 VMware 虚拟机中的 Windows Server 2012 R2 服务器中，配置好 MySQL 的系统环境变量之后，接下来就是测试 MySQL 是否安装成功了。

在 Windows Server 2012 R2 服务器中，按键盘上的“Windows+R”键，在弹出的“运行”对话框中输入 cmd 命令，并单击“确定”按钮，如图 6-27 所示。

图 6-27　运行 cmd 命令

此时会弹出 Windows Server 2012 R2 操作系统的命令行窗口，在命令行窗口中输入“mysql -uroot -p”后按键盘的 Enter 键，然后输入 MySQL 的 root 账户密码即可登录 MySQL。

```
C:\Users\Administrator>mysql -uroot -p
Enter password: ****************
Welcome to the MySQL monitor.  Commands end with ; or \g.
Your MySQL connection id is 18
Server version: 8.0.18 MySQL Community Server - GPL

Copyright (c) 2000, 2019, Oracle and/or its affiliates. All rights reserved.

Oracle is a registered trademark of Oracle Corporation and/or its
affiliates. Other names may be trademarks of their respective
owners.

Type 'help;' or '\h' for help. Type '\c' to clear the current input statement.

mysql>
```

可以看到，MySQL 登录成功。

至此，基于 MSI 文件的 Windows 版本的 MySQL 安装并测试成功。

6.2　基于 ZIP 文件安装 Windows 版本的 MySQL

Windows 版本的 MySQL 也支持使用 ZIP 压缩包进行安装，本节就简单介绍如何基于 ZIP 文件安装 Windows 版本的 MySQL。

6.2.1　下载 MySQL 的 ZIP 安装包

在浏览器地址栏中输入网址 https://dev.mysql.com/downloads/mysql/，打开 MySQL 数据库的下载页面。在 Select Operating System:下拉菜单中选择 Microsoft Windows 选项，并选择 Windows (x86, 64-bit), ZIP Archive 压缩文件，如图 6-28 所示。

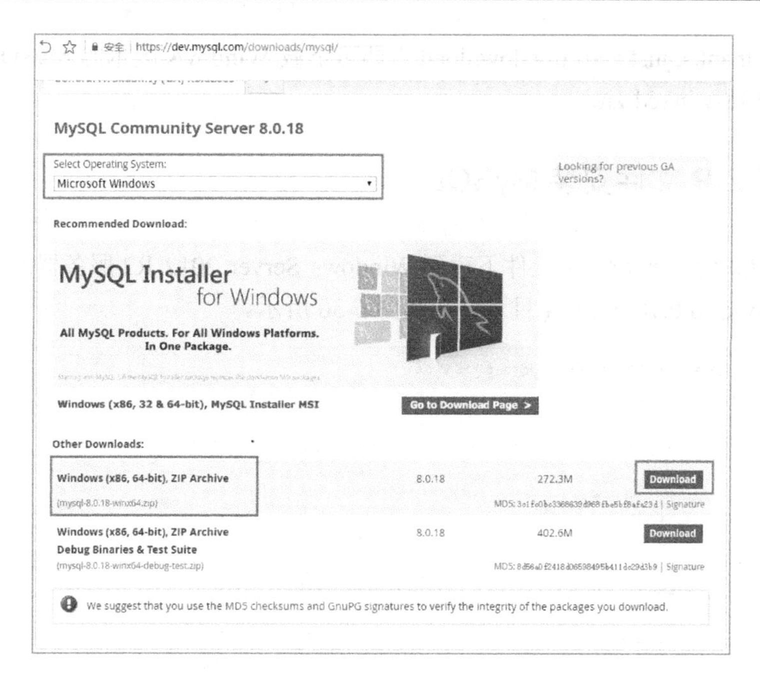

图 6-28　选择 MySQL 的 ZIP 安装文件

单击 Windows (x86, 64-bit), ZIP Archive 压缩文件右侧对应的 Download 按钮，会跳转到 MySQL 的 ZIP 文件下载页面，如图 6-29 所示。

图 6-29　下载 MySQL 的 ZIP 安装文件

单击“No thanks, just start my download.”即可下载 Windows 版本的 MySQL 的 ZIP 安装文件 mysql-8.0.18-winx64.zip。

6.2.2　基于 ZIP 文件安装 MySQL

将 mysql-8.0.18-winx64.zip 文件下载到 Windows Server 2012 R2 服务器的 C 盘下，并将其解压到 C:\mysql-8.0.18-winx64 目录下，如图 6-30 所示。

这台电脑 ▸ 本地磁盘 (C:) ▸ mysql-8.0.18-winx64

名称	修改日期	类型	大小
bin	2019/9/20 19:28	文件夹	
docs	2019/9/20 19:18	文件夹	
etc	2019/9/20 19:18	文件夹	
include	2019/9/20 19:18	文件夹	
lib	2019/9/20 19:28	文件夹	
run	2019/9/20 19:18	文件夹	
share	2019/9/20 19:18	文件夹	
var	2019/9/20 19:18	文件夹	
LICENSE	2019/9/20 16:30	文件	400 KB
LICENSE.router	2019/9/20 16:30	ROUTER 文件	101 KB
README	2019/9/20 16:30	文件	1 KB
README.router	2019/9/20 16:30	ROUTER 文件	1 KB

图 6-30　MySQL 解压目录

接下来，在 MySQL 的解压目录 C:\mysql-8.0.18-winx64 下新建 data 文件夹和 my.ini 文件，如图 6-31 所示。

这台电脑 ▸ 本地磁盘 (C:) ▸ mysql-8.0.18-winx64 ▸

名称	修改日期	类型	大小
bin	2019/9/20 19:28	文件夹	
data	2019/11/18 20:09	文件夹	
docs	2019/9/20 19:18	文件夹	
etc	2019/9/20 19:18	文件夹	
include	2019/9/20 19:18	文件夹	
lib	2019/9/20 19:28	文件夹	
run	2019/9/20 19:18	文件夹	
share	2019/9/20 19:18	文件夹	
var	2019/9/20 19:18	文件夹	
LICENSE	2019/9/20 16:30	文件	400 KB
LICENSE.router	2019/9/20 16:30	ROUTER 文件	101 KB
my.ini	2019/11/18 20:14	配置设置	1 KB
README	2019/9/20 16:30	文件	1 KB
README.router	2019/9/20 16:30	ROUTER 文件	1 KB

图 6-31　创建 data 文件夹和 my.ini 文件

其中，my.ini 文件的内容如下：

```
[mysqld]
# 设置 MySQL 的安装目录
```

```
basedir = C:\mysql-8.0.18-winx64
# 设置 MySQL 数据库的数据存放目录
datadir = C:\mysql-8.0.18-winx64\data
# 设置 3306 端口
port = 3306
# 允许最大连接数
max_connections=200
# 服务端使用的字符集默认为 utf8mb4
character-set-server = utf8mb4
# 创建新表时将使用的默认存储引擎
default-storage-engine=INNODB
 [mysql]
# 设置 MySQL 客户端默认字符集
default-character-set = utf8mb4
 [client]
default-character-set = utf8mb4
```

注意：这里建议使用 Windows Server 2012 R2 服务器的记事本编辑并保存 my.ini 文件。保存时，将文件编码设置为 ANSI 编码，否则安装 MySQL 时会出现如下错误：

```
error: Found option without preceding group in config file: C:\mysql-8.0.18-winx64\my.ini at line: 1
Fatal error in defaults handling. Program aborted
```

接下来打开 Windows Server 2012 R2 系统的 cmd 命令行，将当前目录切换到 C:\mysql-8.0.18-winx64\bin 目录下。然后执行如下命令安装 MySQL。

```
mysqld --install
```

安装完成后，执行如下命令初始化数据。

```
mysqld --initialize
```

执行如下命令启动 MySQL。

```
net start mysql
```

在命令行中的执行效果如下：

```
C:\mysql-8.0.18-winx64\bin>mysqld --install
Service successfully installed.

C:\mysql-8.0.18-winx64\bin>mysqld --initialize
C:\mysql-8.0.18-winx64\bin>net start mysql
MySQL 服务正在启动 ......
MySQL 服务已经启动成功。
```

可以看到，MySQL 安装、初始化并启动成功。

此时 MySQL 自动生成的临时密码存放在 MySQL 的数据目录下的一个.err 文件中，接下来进入 C:\mysql-8.0.18-winx64\data 目录，找到扩展名为.err 的文件，如图 6-32 所示。

本地磁盘 (C:) ▸ mysql-8.0.18-winx64 ▸ data　　搜索"data"

名称	修改日期	类型	大小
ib_buffer_pool	2019/11/18 22:06	文件	7 KB
ib_logfile0	2019/11/18 22:06	文件	49,152 KB
ib_logfile1	2019/11/18 22:06	文件	49,152 KB
ibdata1	2019/11/18 22:06	文件	12,288 KB
ibtmp1	2019/11/18 22:06	文件	12,288 KB
mysql.ibd	2019/11/18 22:06	IBD 文件	24,576 KB
private_key.pem	2019/11/18 22:06	PEM 文件	2 KB
public_key.pem	2019/11/18 22:06	PEM 文件	1 KB
server-cert.pem	2019/11/18 22:06	PEM 文件	2 KB
server-key.pem	2019/11/18 22:06	PEM 文件	2 KB
undo_001	2019/11/18 22:06	文件	10,240 KB
undo_002	2019/11/18 22:06	文件	10,240 KB
WIN-7TLLR0QUL5I.err	2019/11/18 22:06	ERR 文件	1 KB
WIN-7TLLR0QUL5I.pid	2019/11/18 22:06	PID 文件	1 KB

图 6-32　定位.err 文件

可以看到，扩展名为.err 的文件为 WIN-7TLLR0QUL5I.err，以记事本方式打开 WIN-7TLLR0QUL5I.err 文件，内容如下：

```
2019-11-18T14:05:57.247070Z 0 [System] [MY-013169] [Server] C:\mysql-8.0.18-winx64\bin\mysqld.exe
(mysqld 8.0.18) initializing of server in progress as process 1284
2019-11-18T14:06:13.051102Z 5 [Note] [MY-010454] [Server] A temporary password is generated for
root@localhost: o*1hyfxs6sP)
2019-11-18T14:06:37.292123Z 0 [System] [MY-010116] [Server] C:\mysql-8.0.18-winx64\bin\mysqld (mysqld
8.0.18) starting as process 268
2019-11-18T14:06:44.154167Z 0 [Warning] [MY-010068] [Server] CA certificate ca.pem is self signed.
2019-11-18T14:06:44.234404Z 0 [System] [MY-010931] [Server] C:\mysql-8.0.18-winx64\bin\mysqld: ready
for connections. Version: '8.0.18'  socket: ''  port: 3306  MySQL Community Server - GPL.
2019-11-18T14:06:44.306254Z 0 [System] [MY-011323] [Server] X Plugin ready for connections. Bind-
address: '::' port: 33060
```

找到如下一行信息：

```
2019-11-18T14:06:13.051102Z 5 [Note] [MY-010454] [Server] A temporary password is generated for
root@localhost: o*1hyfxs6sP)
```

可以看到，MySQL 自动为 root 账户生成的默认密码为 o*1hyfxs6sP。这里记录下这个默认密码。

至此，基于 ZIP 文件安装 MySQL 的任务完成。

6.2.3　配置 MySQL 系统环境变量

MySQL 系统环境变量的配置与 6.1.3 节中的内容基本相同，只是将添加的名称为 MYSQL_SERVER_HOME 的系统变量的值设置为 C:\mysql-8.0.18-winx64，如图 6-33 所示。

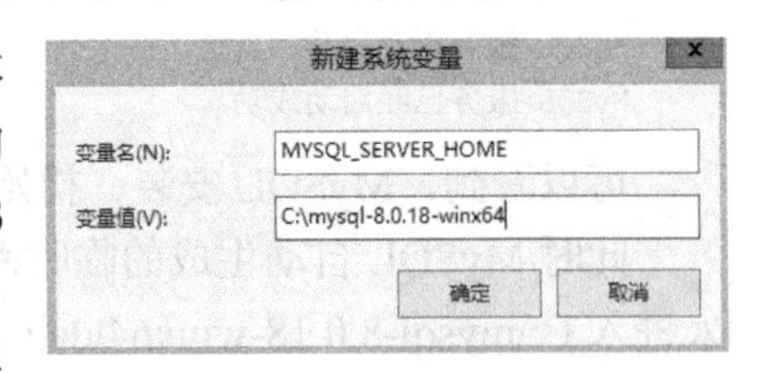

图 6-33　新建系统变量

其他配置方式与 6.1.3 节中的内容相同，笔者不再赘述。

6.2.4　测试 MySQL

首先打开 Windows Server 2012 R2 系统 cmd 命令行，以 root 用户身份登录 MySQL，此时登录密码为 6.2.2 节中记录的临时密码 o*1hyfxs6sP，显示如下：

```
C:\Users\Administrator>mysql -uroot -po*1hyfxs6sP)
mysql: [Warning] Using a password on the command line interface can be insecure.
Welcome to the MySQL monitor.  Commands end with ; or \g.
Your MySQL connection id is 9
Server version: 8.0.18
Copyright (c) 2000, 2019, Oracle and/or its affiliates. All rights reserved.
Oracle is a registered trademark of Oracle Corporation and/or its
affiliates. Other names may be trademarks of their respective
owners.
Type 'help;' or '\h' for help. Type '\c' to clear the current input statement.
mysql>
```

此时，在 MySQL 命令行中执行 SQL 语句如下：

```
mysql> SHOW DATABASES;
ERROR 1820 (HY000): You must reset your password using ALTER USER statement befo
re executing this statement.
mysql> USE mysql;
ERROR 1820 (HY000): You must reset your password using ALTER USER statement befo
re executing this statement.
mysql>
```

可以看到，使用临时密码登录 MySQL 后，执行 SQL 语句报错，要求必须先重置密码后再执行 SQL 语句。

接下来，修改 root 账户的密码。

```
mysql> ALTER USER 'root'@'localhost' IDENTIFIED BY 'root';
Query OK, 0 rows affected (0.01 sec)
mysql> FLUSH PRIVILEGES;
Query OK, 0 rows affected (0.00 sec)
```

可以看到，root 用户重置密码成功。

在 MySQL 命令行中输入 exit 命令退出当前 MySQL，并使用 root 用户修改后的密码登录 MySQL。

```
mysql> exit
Bye
C:\Users\Administrator>mysql -uroot -proot
mysql: [Warning] Using a password on the command line interface can be insecure.
Welcome to the MySQL monitor.  Commands end with ; or \g.
Your MySQL connection id is 10
```

```
Server version: 8.0.18 MySQL Community Server - GPL
Copyright (c) 2000, 2019, Oracle and/or its affiliates. All rights reserved.
Oracle is a registered trademark of Oracle Corporation and/or its
affiliates. Other names may be trademarks of their respective
owners.
Type 'help;' or '\h' for help. Type '\c' to clear the current input statement.
mysql>
```

可以看到，使用 root 用户修改后的密码成功登录 MySQL，说明 root 用户修改密码成功。接下来在 MySQL 命令行中再次执行 SQL 语句如下：

```
mysql> SHOW DATABASES;
+--------------------+
| Database           |
+--------------------+
| information_schema |
| mysql              |
| performance_schema |
| sys                |
+--------------------+
4 rows in set (0.01 sec)

mysql> USE mysql;
Database changed
mysql>
```

可以看到，此时在 MySQL 命令行中能够正确执行 SQL 语句，说明 MySQL 安装并配置成功。

6.3　基于 DMG 文件安装 Mac OS X 版本的 MySQL

Mac OS X 操作系统支持使用 DMG 文件安装 MySQL，本节就简单介绍如何使用 DMG 文件安装 Mac OS X 版本的 MySQL。

6.3.1　下载 MySQL 的 DMG 安装包

在浏览器地址栏中输入网址 https://dev.mysql.com/downloads/mysql/，打开 MySQL 的下载页面，在 Select Operating System:下拉选项中选择 macOS，并选择 macOS 10.14 (x86, 64-bit), DMG Archive 选项，如图 6-34 所示。

单击“macOS 10.14 (x86, 64-bit), DMG Archive”选项右侧对应的 Download 按钮，跳转到安装包的下载页面，如图 6-35 所示。

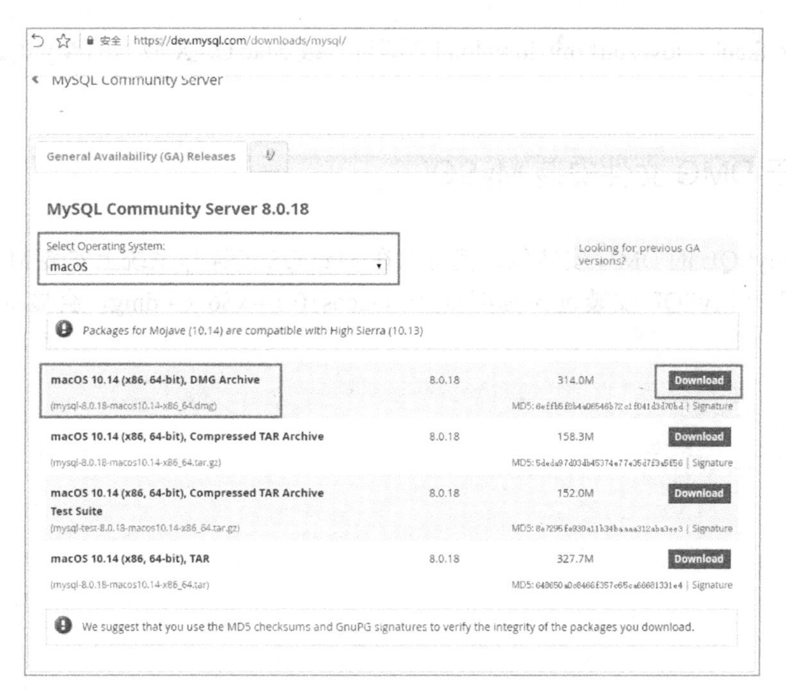

图 6-34　选择 DMG 安装文件

图 6-35　下载 MySQL 的 DMG 安装包

单击“No thanks, just start my download.”即可下载 Mac OS X 版本的 MySQL 的 DMG 安装文件。

6.3.2　基于 DMG 文件安装 MySQL

下载完 MySQL 的 DMG 安装包，就可以在 Mac OS X 操作系统上安装 MySQL 了。首先，双击下载的 MySQL 安装包 mysql-8.0.18-macos10.14-x86_64.dmg，会显示如图 6-36 所示的界面。

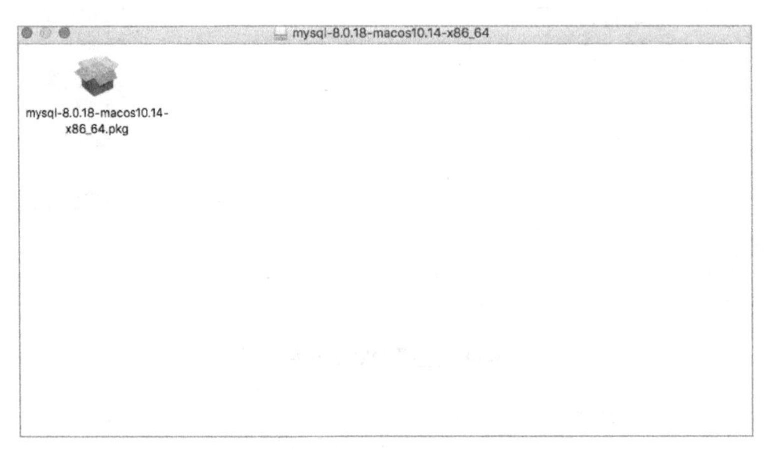

图 6-36　打开 MySQL DMG 安装包

此时，可以看到 MySQL 的 DMG 安装包中有一个 mysql-8.0.18-macos10.14-x86_64.pkg 文件，双击这个文件，会弹出 MySQL 的安装对话框，如图 6-37 所示。

此时单击“继续”按钮，进入“欢迎”对话框，如图 6-38 所示。

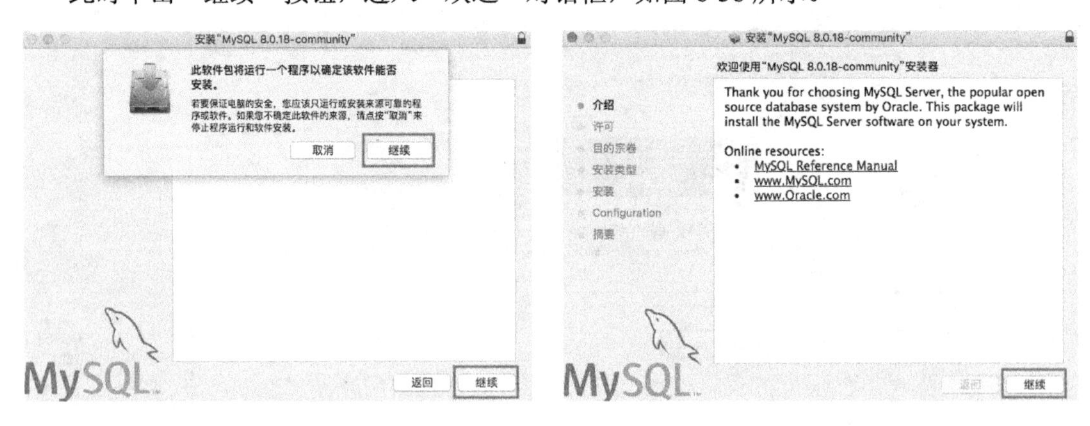

图 6-37　MySQL 安装对话框　　　　图 6-38　MySQL 欢迎对话框

单击“继续”按钮，进入“许可协议”对话框，在其中再次单击“继续”按钮，弹出“同意协议条款”确认框，如图 6-39 所示。

此时，单击“同意”按钮，进入“安装类型”对话框，如图 6-40 所示。

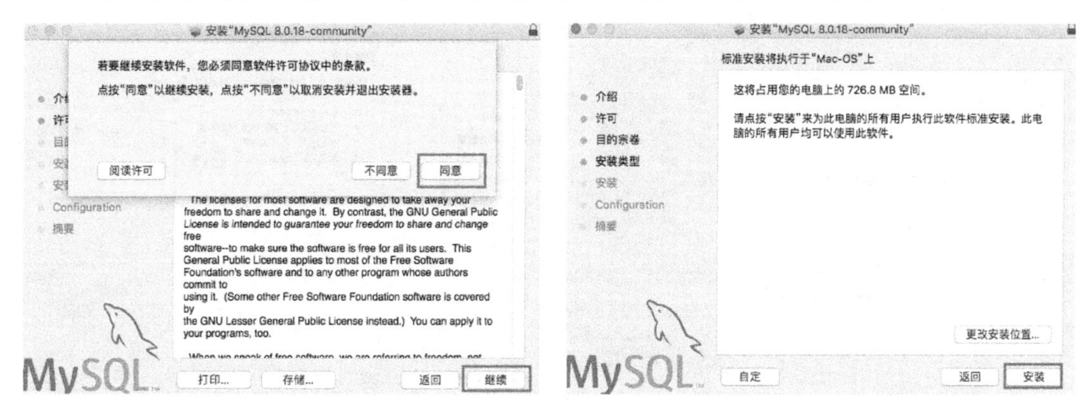

图 6-39　同意条款确认框　　　　图 6-40　安装类型

在其中直接单击“安装”按钮，弹出需要输入用户密码的弹出框，如图 6-41 所示。

图 6-41　输入密码确认安装

输入密码后，单击“安装软件”按钮，开始安装 MySQL。安装进度条加载完成后显示配置 MySQL 服务中的选择密码验证对话框，如图 6-42 所示。

选择 Use Strong Password Encryption 单选按钮，单击 Next 按钮，进入为 root 用户设置密码对话框，如图 6-43 所示。

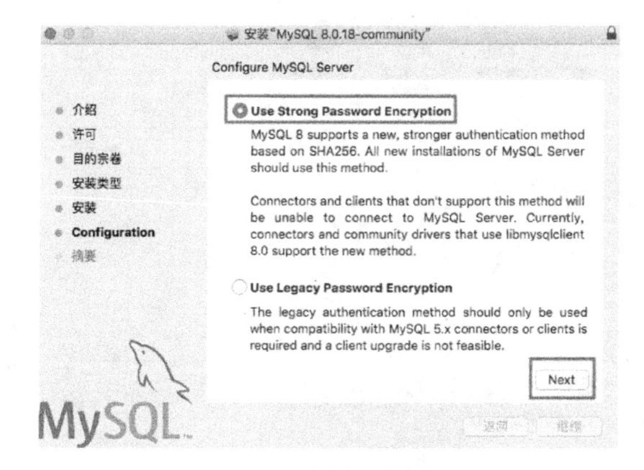

图 6-42　选择密码验证

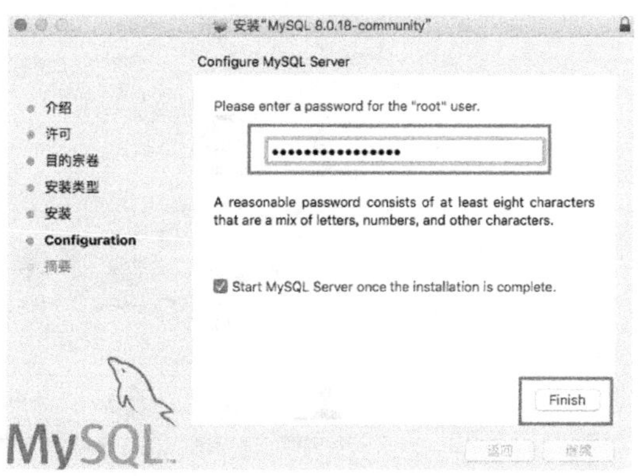

图 6-43　为 root 用户设置密码

填写好密码后，单击 Finish 按钮，此时会再次弹出需要输入当前登录 Mac 操作系统的用户密码的确认框，如图 6-44 所示。

输入密码后，单击“好”按钮。此时开始配置 MySQL 服务，配置完成后，显示安装成功界面，如图 6-45 所示。

图 6-44　输入用户密码　　　　图 6-45　安装成功

此时，直接单击“关闭”按钮即可。至此，基于 DMG 文件安装 MySQL 数据库的任务完成。

6.3.3　配置 MySQL 系统环境变量

安装完 MySQL 之后，可以在 Mac OS X 操作系统的“系统偏好设置”中找到安装的 MySQL，如图 6-46 所示。

图 6-46　系统偏好设置

双击 MySQL 图标，会弹出 MySQL 服务器的启动与配置信息，如图 6-47 和图 6-48 所示。

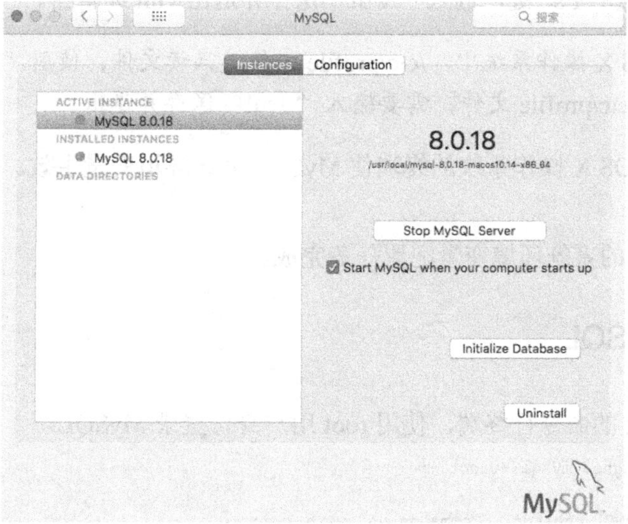

图 6-47　MySQL 启动信息

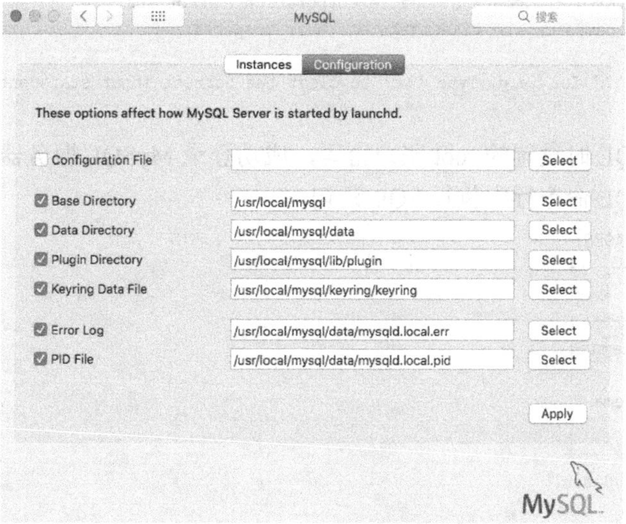

图 6-48　MySQL 配置信息

接下来可以根据 MySQL 的配置信息来配置 MySQL 的系统环境变量。

打开 Mac OS X 操作系统的终端，使用 vim 编辑器打开/etc/profile 文件。

```
sudo vim /etc/profile
Password:
```

输入密码，打开/etc/profile 文件，在/etc/profile 文件的最后添加如下一行代码。

```
export PATH=${PATH}:/usr/local/mysql/bin
```

接下来，按键盘的Esc键，输入“:wq!”保存并退出vim编辑器。

注意：在Mac OS X操作系统中，/etc/profile文件是只读文件，使用“:wq”不能正确地保存并退出/etc/profile文件，需要输入“:wq!”保存并退出。

最后，在Mac OS X操作系统的终端使MySQL系统环境变量生效。

```
source /ect/profile
```

至此，MySQL的系统环境变量配置任务完成。

6.3.4 测试MySQL

打开Mac OS X的命令行终端，使用root用户身份登录MySQL。

```
binghedeMac:~ binghe$ mysql -uroot -p
Enter password:
Welcome to the MySQL monitor.  Commands end with ; or \g.
Your MySQL connection id is 8
Server version: 8.0.18 MySQL Community Server - GPL
Copyright (c) 2000, 2019, Oracle and/or its affiliates. All rights reserved.
Oracle is a registered trademark of Oracle Corporation and/or its
affiliates. Other names may be trademarks of their respective
owners.
Type 'help;' or '\h' for help. Type '\c' to clear the current input statement.
mysql>
```

输入安装MySQL时设置的root账户密码，成功登录MySQL服务器。

接下来在MySQL命令行中执行SQL语句。

```
mysql> SHOW DATABASES;
+--------------------+
| Database           |
+--------------------+
| information_schema |
| mysql              |
| performance_schema |
| sys                |
+--------------------+
4 rows in set (0.00 sec)
mysql> USE mysql;
Reading table information for completion of table and column names
You can turn off this feature to get a quicker startup with -A
Database changed
mysql>
```

可以看到，能够在MySQL命令行中正确执行SQL语句，说明基于DMG文件安装并配置MySQL环境成功。

6.4　基于 GZ 文件安装 Mac OS X 版本的 MySQL

Mac OS X 操作系统支持使用 GZ 安装包来安装 MySQL 服务，本节就简单介绍一下如何使用 GZ 安装包来安装 MySQL 服务。

6.4.1　下载 MySQL 的 GZ 安装包

在浏览器中输入网址 https://dev.mysql.com/downloads/mysql/，打开 MySQL 的下载页面，在 Select Operating System:下拉选项中选择 macOS，在 MySQL 下载列表中选择 macOS 10.14 (x86, 64-bit), Compressed TAR Archive 进行下载，如图 6-49 所示。

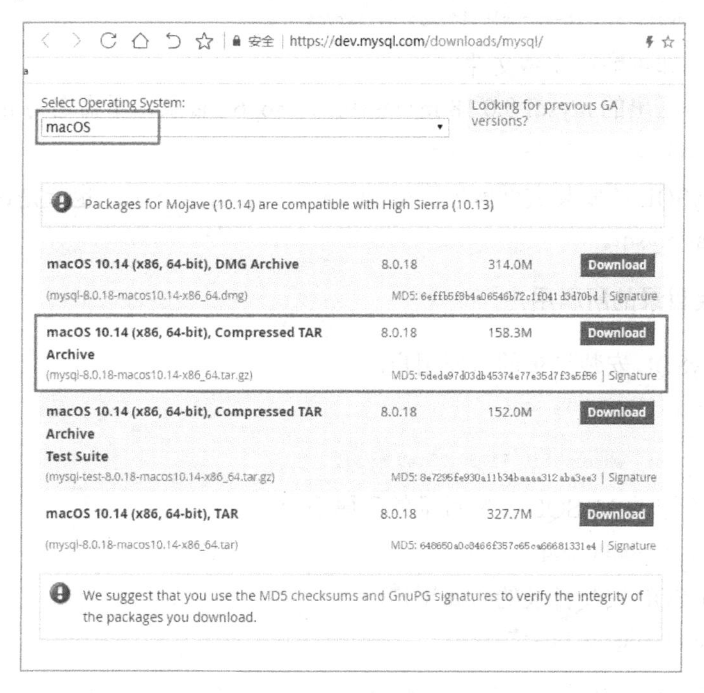

图 6-49　下载 MySQL 安装包

6.4.2　基于 GZ 文件安装 MySQL

1．移动安装包

将 MySQL 安装包下载到 Mac OS X 系统的/Users/binghe/Downloads 目录下，然后在系统

的命令行终端将安装包移动到/usr/local 目录下。

```
binghedeMac:~ binghe$ sudo mv /Users/binghe/Downloads/mysql-8.0.18-macos10.14-x86_64.tar.gz /usr/local/
Password:
```

输入密码，即可将 mysql-8.0.18-macos10.14-x86_64.tar.gz 安装包从/Users/binghe/Downloads 目录移动到/usr/local 目录下，此时查看/usr/local 目录下的文件如下：

```
binghedeMac:~ binghe$ cd /usr/local/
binghedeMac:local binghe$ ls
mysql-8.0.18-macos10.14-x86_64.tar.gz
```

可以看到，mysql-8.0.18-macos10.14-x86_64.tar.gz 安装包已经移动到/usr/local 目录。

2. 解压安装包

解压 mysql-8.0.18-macos10.14-x86_64.tar.gz 安装包。

```
sudo tar -zxvf mysql-8.0.18-macos10.14-x86_64.tar.gz
```

输入密码后，即可解压安装文件。

接下来，将解压出的 mysql-8.0.18-macos10.14-x86_64 目录，重命名为 mysql 目录。

```
sudo mv mysql-8.0.18-macos10.14-x86_64 mysql
```

此时就将 MySQL 的安装文件解压到/usr/local/mysql 目录下了，也就是说，MySQL 的安装目录为/usr/local/mysql。

3. 修改安装目录的所属用户

首先查看 MySQL 安装目录的所属用户。

```
binghedeMac:local binghe$ ls -l
total 0
drwxr-xr-x  15 root  wheel  510 11 20 13:49 mysql
```

使用如下命令修改 MySQL 安装目录的所属用户。

```
sudo chown -R root:admin mysql
```

再次查看 MySQL 安装目录的所属用户。

```
binghedeMac:local binghe$ ls -l
total 0
drwxr-xr-x  15 root  admin  510 11 20 13:49 mysql
```

修改 MySQL 安装目录的权限。

```
sudo chmod -R 777 /usr/local/mysql/*
```

4. 安装MySQL

首先，使用 vim 编辑器在 Mac OS X 系统的/etc 目录下新建文件 my.cnf。

```
sudo vim /etc/my.cnf
```

my.cnf 文件的内容如下：

```
[mysqld]
# 设置 MySQL 的安装目录
basedir = /usr/local/mysql
# 设置 MySQL 数据库的数据的存放目录
datadir = /usr/local/mysql/data
# 设置 3306 端口
port = 3306
# 允许最大连接数
max_connections=200
# 服务端使用的字符集默认为 utf8mb4
character-set-server = utf8mb4
# 创建新表时将使用的默认存储引擎
default-storage-engine=INNODB
 [mysql]
# 设置 MySQL 客户端默认字符集
default-character-set = utf8mb4
[client]
default-character-set = utf8mb4
```

接下来修改 my.cnf 文件的权限。

```
sudo chmod 664 /etc/my.cnf
```

在 Mac OS X 系统的命令行终端执行 MySQL 的初始化操作。

```
binghedeMac:~ binghe$ sudo /usr/local/mysql/bin/mysqld --initialize --user=mysql
2019-11-20T06:18:07.188080Z 0 [System] [MY-013169] [Server] /usr/local/mysql/bin/mysqld (mysqld
8.0.18) initializing of server in progress as process 480
2019-11-20T06:18:07.190360Z 0 [Warning] [MY-010159] [Server] Setting lower_case_table_names=2 because
file system for /usr/local/mysql/data/ is case insensitive
2019-11-20T06:18:15.958405Z 5 [Note] [MY-010454] [Server] A temporary password is generated for
root@localhost: P,Dr0!LoU.+_
binghedeMac:~ binghe$
```

执行初始化之后，可以在输出信息中看到 MySQL 的 root 账户的默认临时密码：P,Dr0!LoU.+_，这里，记录下这个临时密码。

接下来，将 MySQL 安装目录下的 support-files 的 mysql.server 文件移动到 bin 目录下。

```
cp /usr/local/mysql/support-files/mysql.server /usr/local/mysql/bin/
```

至此，MySQL 的安装操作基本完成。

6.4.3　配置 MySQL 系统环境变量

本节对 MySQL 系统环境变量的配置方式与 6.3.3 节中对 MySQL 系统环境变量的配置相同，不再赘述。

6.4.4　测试 MySQL

首先，启动 MySQL 服务。

```
binghedeMac:~ binghe$ mysql.server start
Starting MySQL
.. SUCCESS!
```

```
binghedeMac:~ binghe$
```

可以看到，MySQL服务启动成功。

接下来使用MySQL的root账户与默认的临时密码P,Dr0!LoU.+_登录MySQL。

```
binghedeMac:~ binghe$ mysql -uroot -p
Enter password:
Welcome to the MySQL monitor.  Commands end with ; or \g.
Your MySQL connection id is 8
Server version: 8.0.18
Copyright (c) 2000, 2019, Oracle and/or its affiliates. All rights reserved.
Oracle is a registered trademark of Oracle Corporation and/or its
affiliates. Other names may be trademarks of their respective
owners.
Type 'help;' or '\h' for help. Type '\c' to clear the current input statement.
mysql>
```

可以看到，使用root账户与临时密码正确登录了MySQL。

此时，在MySQL命令行中执行SQL语句。

```
mysql> SHOW DATABASE;
ERROR 1064 (42000): You have an error in your SQL syntax; check the manual that corresponds to your MySQL
server version for the right syntax to use near 'DATABASE' at line 1
mysql> USE mysql;
ERROR 1820 (HY000): You must reset your password using ALTER USER statement before executing this
statement.
```

使用root的默认临时密码登录MySQL后，在MySQL命令行中执行SQL语句报错，要求先修改密码。

接下来修改root用户的密码。

```
mysql> ALTER USER 'root'@'localhost' IDENTIFIED BY 'root';
Query OK, 0 rows affected (0.01 sec)
mysql> FLUSH PRIVILEGES;
Query OK, 0 rows affected (0.00 sec)
```

修改密码之后，退出MySQL命令行，使用修改后的密码登录MySQL。

```
mysql> exit
Bye
binghedeMac:~ binghe$ mysql -uroot -proot
mysql: [Warning] Using a password on the command line interface can be insecure.
Welcome to the MySQL monitor.  Commands end with ; or \g.
Your MySQL connection id is 9
Server version: 8.0.18 MySQL Community Server - GPL
Copyright (c) 2000, 2019, Oracle and/or its affiliates. All rights reserved.
Oracle is a registered trademark of Oracle Corporation and/or its
affiliates. Other names may be trademarks of their respective
owners.
Type 'help;' or '\h' for help. Type '\c' to clear the current input statement.
mysql>
```

可以看到，root账户使用修改后的密码登录了MySQL，此时再次在MySQL命令行中执行SQL语句。

```
mysql> SHOW DATABASES;
+--------------------+
| Database           |
+--------------------+
| information_schema |
| mysql              |
| performance_schema |
| sys                |
+--------------------+
4 rows in set (0.37 sec)
mysql> USE mysql;
Reading table information for completion of table and column names
You can turn off this feature to get a quicker startup with -A
Database changed
mysql>
```

可以看到，在 MySQL 命令行中正确执行了 SQL 语句。

至此，基于 GZ 文件安装并配置 Mac OS X 版本的 MySQL 任务完成。

6.5　基于 RPM 文件安装 CentOS 版本的 MySQL

在 CentOS 服务器中，可以使用 MySQL 的 RPM 安装包来安装 MySQL 服务，本节就简单介绍如何使用 RPM 安装包来安装 MySQL 服务。

6.5.1　删除 CentOS 6.8 服务器自带的 MySQL

CentOS 6.8 服务器自带了 MySQL，可以使用如下命令查看 CentOS 6.8 服务器自带的 MySQL。

```
[root@binghe150 ~]# rpm -qa | grep -i mysql
mysql-libs-5.1.73-7.el6.x86_64
```

可以看到，CentOS 6.8 自带了 mysql-libs-5.1.73-7.el6.x86_64，接下来将 mysql-libs-5.1.73-7.el6.x86_64 文件删除。

```
[root@binghe150 ~]# rpm -e mysql-libs-5.1.73-7.el6.x86_64 --nodeps
[root@binghe150 ~]#
```

接下来，再次查看 CentOS 6.8 服务器自带的 MySQL。

```
[root@binghe150 ~]# rpm -qa | grep -i mysql
[root@binghe150 ~]#
```

可以看到，此时不再显示 CentOS 6.8 服务器自带的 MySQL，说明 CentOS 6.8 服务器自带的 MySQL 已经被删除。

6.5.2　下载 MySQL 的 RPM 安装包

在浏览器地址栏中输入网址 https://dev.mysql.com/downloads/mysql/，打开 MySQL 的下载页面并选择要下载的 MySQL 版本，如图 6-50 所示。

图 6-50　下载 MySQL 的 RPM 安装包

在 Select Operating System:下拉选项中，选择 Red Hat Enterprise Linux / Oracle Linux 选项，在 Select OS Version:下拉选项中，选择 Red Hat Enterprise Linux 6 / Oracle Linux 6 (x86, 64-bit)选项。接下来，在 Download Packages:列表中选择 RPM Bundle 进行下载。

读者也可以在 CentOS 6.8 服务器命令行中下载 MySQL。首先，在 CentOS 6.8 服务器命令行中输入如下命令安装 wget 命令。

```
[root@binghe150 ~]# yum install wget -y
#########省略输出信息###################
Installed:
  wget.x86_64 0:1.12-10.el6
Complete!
```

接下来，创建/home/mysql 目录，并将 CentOS 6.8 命令行的当前目录切换到/home/mysql 目录下，并使用 wget 命令下载 MySQL 安装包。

```
[root@binghe150 ~]# mkdir -p /home/mysql
[root@binghe150 ~1]# cd /home/mysql/
```

```
[root@binghe150 mysql]# wget https://cdn.mysql.com//Downloads/MySQL-8.0/mysql-8.0.18-1.el6.x86_64.
rpm-bundle.tar
```

此时，就将 MySQL 的安装包 mysql-8.0.18-1.el6.x86_64.rpm-bundle.tar 下载到 CentOS 6.8 服务器的/home/mysql 目录下了。

6.5.3　基于 RPM 文件安装 MySQL

1．安装MySQL的依赖环境

在 CentOS 6.8 服务器命令行中输入如下命令，安装 MySQL 的依赖环境。

```
yum -y install wget gcc-c++ ncurses ncurses-devel cmake make perl bison openssl openssl-devel gcc*
libxml2 libxml2-devel curl-devel libjpeg* libpng* freetype* make gcc-c++ cmake bison-devel  ncurses-
devel  bison perl perl-devel  perl perl-devel net-tools* numactl*
```

注意：此步骤很重要，否则在安装 MySQL 的时候会报错。

2．添加mysql用户

在命令行中执行如下命令添加 mysql 用户。

```
groupadd mysql
useradd -g mysql mysql
```

3．解压并安装mysql

首先，解压下载的 MySQL 安装包 mysql-8.0.18-1.el6.x86_64.rpm-bundle.tar。

```
[root@binghe150 mysql]# tar xvf mysql-8.0.18-1.el6.x86_64.rpm-bundle.tar
mysql-community-client-8.0.18-1.el6.x86_64.rpm
mysql-community-test-8.0.18-1.el6.x86_64.rpm
mysql-community-server-8.0.18-1.el6.x86_64.rpm
mysql-community-libs-compat-8.0.18-1.el6.x86_64.rpm
mysql-community-common-8.0.18-1.el6.x86_64.rpm
mysql-community-devel-8.0.18-1.el6.x86_64.rpm
mysql-community-libs-8.0.18-1.el6.x86_64.rpm
[root@binghe150 mysql]#
```

可以看到，在 mysql-8.0.18-1.el6.x86_64.rpm-bundle.tar 文件中共解压出 7 个 RPM 安装文件。这里按照以下安装包的顺序进行安装。

```
mysql-community-common-8.0.18-1.el6.x86_64.rpm
mysql-community-libs-8.0.18-1.el6.x86_64.rpm
mysql-community-client-8.0.18-1.el6.x86_64.rpm
mysql-community-server-8.0.18-1.el6.x86_64.rpm
```

注意：必须按照上述安装包的顺序安装 MySQL，否则会报错。

接下来，依次安装上述 RPM 文件。

安装 mysql-community-common-8.0.18-1.el6.x86_64.rpm。

```
[root@binghe150 mysql]# rpm -ivh mysql-community-common-8.0.18-1.el6.x86_64.rpm
warning: mysql-community-common-8.0.18-1.el6.x86_64.rpm: Header V3 DSA/SHA1 Signature, key ID 5072e1f5:
NOKEY
Preparing...                ########################################### [100%]
   1:mysql-community-common ########################################### [100%]
```

安装 mysql-community-libs-8.0.18-1.el6.x86_64.rpm。

```
[root@binghe150 mysql]# rpm -ivh mysql-community-libs-8.0.18-1.el6.x86_64.rpm
warning: mysql-community-libs-8.0.18-1.el6.x86_64.rpm: Header V3 DSA/SHA1 Signature, key ID 5072e1f5:
NOKEY
Preparing...                ########################################### [100%]
   1:mysql-community-libs   ########################################### [100%]
```

安装 mysql-community-client-8.0.18-1.el6.x86_64.rpm。

```
[root@binghe150 mysql]# rpm -ivh mysql-community-client-8.0.18-1.el6.x86_64.rpm
warning: mysql-community-client-8.0.18-1.el6.x86_64.rpm: Header V3 DSA/SHA1 Signature, key ID 5072e1f5:
NOKEY
Preparing...                ########################################### [100%]
   1:mysql-community-client ########################################### [100%]
```

安装 mysql-community-server-8.0.18-1.el6.x86_64.rpm。

```
[root@binghe150 mysql]# rpm -ivh mysql-community-server-8.0.18-1.el6.x86_64.rpm
warning: mysql-community-server-8.0.18-1.el6.x86_64.rpm: Header V3 DSA/SHA1 Signature, key ID 5072e1f5:
NOKEY
Preparing...                ########################################### [100%]
   1:mysql-community-server ########################################### [100%]
```

4．初始化MySQL数据

在 CentOS 6.8 服务器的命令行中执行如下命令，初始化 MySQL 数据。

```
[root@binghe150 mysql]# mysqld —initialize --user=mysql
[root@binghe150 mysql]#
```

此时，查看 CentOS 6.8 服务器的/var/lib/mysql 目录下的内容。

```
[root@binghe150 mysql]# cd /var/lib/mysql
[root@binghe150 mysql]# ll
total 154688
-rw-r-----. 1 mysql mysql       56 Nov 20 20:47 auto.cnf
-rw-------. 1 mysql mysql     1676 Nov 20 20:47 ca-key.pem
-rw-r--r--. 1 mysql mysql     1112 Nov 20 20:47 ca.pem
-rw-r--r--. 1 mysql mysql     1112 Nov 20 20:47 client-cert.pem
-rw-------. 1 mysql mysql     1676 Nov 20 20:47 client-key.pem
-rw-r-----. 1 mysql mysql     5570 Nov 20 20:47 ib_buffer_pool
-rw-r-----. 1 mysql mysql 12582912 Nov 20 20:47 ibdata1
-rw-r-----. 1 mysql mysql 50331648 Nov 20 20:47 ib_logfile0
-rw-r-----. 1 mysql mysql 50331648 Nov 20 20:47 ib_logfile1
drwxr-x---. 2 mysql mysql     4096 Nov 20 20:47 #innodb_temp
drwxr-x---. 2 mysql mysql     4096 Nov 20 20:47 mysql
-rw-r-----. 1 mysql mysql 24117248 Nov 20 20:47 mysql.ibd
drwxr-x---. 2 mysql mysql     4096 Nov 20 20:47 performance_schema
-rw-------. 1 mysql mysql     1676 Nov 20 20:47 private_key.pem
-rw-r--r--. 1 mysql mysql      452 Nov 20 20:47 public_key.pem
```

```
-rw-r--r--. 1 mysql mysql     1112 Nov 20 20:47 server-cert.pem
-rw-------. 1 mysql mysql     1680 Nov 20 20:47 server-key.pem
drwxr-x---. 2 mysql mysql     4096 Nov 20 20:47 sys
-rw-r-----. 1 mysql mysql 10485760 Nov 20 20:47 undo_001
-rw-r-----. 1 mysql mysql 10485760 Nov 20 20:47 undo_002
```

MySQL 数据初始化成功。

此时，MySQL 数据库 root 账户的默认临时密码保存在/var/log/mysqld.log 文件中，使用 vim 编辑器打开/var/log/mysqld.log 文件。

```
[root@binghe150 mysql]# vim /var/log/mysqld.log
2019-11-20T12:47:12.273793Z 0 [System] [MY-013169] [Server] /usr/sbin/mysqld (mysqld 8.0.18)
initializing of server in progress as process 2722
2019-11-20T12:47:14.686054Z 5 [Note] [MY-010454] [Server] A temporary password is generated for
root@localhost: 85zq8Smg8r;I
```

初始化 MySQL 时生成的 root 账户的默认临时密码为 85zq8Smg8r;I，这里记录下这个临时密码。至此，基于 RPM 安装 MySQL 基本完成。

6.5.4　测试 MySQL

首先，在 CentOS 6.8 服务器的命令行中输入如下命令启动 MySQL。

```
[root@binghe150 ~]# service mysqld start
Starting mysqld:                                           [  OK  ]
```

接下来，使用 root 账户与临时密码 85zq8Smg8r;I 登录 MySQL。

```
[root@binghe150 ~]# mysql -uroot -p85zq8Smg8r;I
mysql: [Warning] Using a password on the command line interface can be insecure.
Welcome to the MySQL monitor.  Commands end with ; or \g.
Your MySQL connection id is 9
Server version: 8.0.18
Copyright (c) 2000, 2019, Oracle and/or its affiliates. All rights reserved.
Oracle is a registered trademark of Oracle Corporation and/or its
affiliates. Other names may be trademarks of their respective
owners.
Type 'help;' or '\h' for help. Type '\c' to clear the current input statement.
mysql>
```

此时，在 MySQL 命令行中执行 SQL 语句报错，要求重置密码。

```
mysql> SHOW DATABASES;
ERROR 1820 (HY000): You must reset your password using ALTER USER statement before executing this
statement.
mysql> use mysql;
ERROR 1820 (HY000): You must reset your password using ALTER USER statement before executing this
statement.
mysql>
```

修改 MySQL 的 root 账户密码。

```
mysql> ALTER USER 'root'@'localhost' IDENTIFIED BY 'root';
Query OK, 0 rows affected (0.03 sec)
```

```
mysql> FLUSH PRIVILEGES;
Query OK, 0 rows affected (0.00 sec)
```

在MySQL命令行中输入exit命令退出MySQL。使用修改后的root密码重新登录MySQL。

```
mysql> exit
Bye
[root@binghe150 ~]# mysql -uroot -proot
mysql: [Warning] Using a password on the command line interface can be insecure.
Welcome to the MySQL monitor.  Commands end with ; or \g.
Your MySQL connection id is 10
Server version: 8.0.18 MySQL Community Server - GPL
Copyright (c) 2000, 2019, Oracle and/or its affiliates. All rights reserved.
Oracle is a registered trademark of Oracle Corporation and/or its
affiliates. Other names may be trademarks of their respective
owners.
Type 'help;' or '\h' for help. Type '\c' to clear the current input statement.
mysql>
```

由此说明，MySQL的root账户密码修改成功。

接下来，再次在MySQL命令行中执行SQL语句。

```
mysql> SHOW DATABASES;
+--------------------+
| Database           |
+--------------------+
| information_schema |
| mysql              |
| performance_schema |
| sys                |
+--------------------+
4 rows in set (0.36 sec)
mysql> USE mysql;
Reading table information for completion of table and column names
You can turn off this feature to get a quicker startup with -A

Database changed
mysql>
```

可以看到，修改MySQL的root账户密码后，可以在MySQL命令行中正确执行SQL语句。至此，基于RPM文件安装CentOS 版本的MySQL任务完成。

6.6 基于源码安装CentOS版本的MySQL

编译安装MySQL的源码，需要升级服务器的gcc和cmake环境，本节就简单介绍如何在CentOS 6.8服务器上对gcc和cmake环境进行升级，同时，以编译安装MySQL源码的方式来安装 MySQL。

注意：本节中，编译安装 MySQL 源码使用的 CentOS 版本为 CentOS 6.8，MySQL 源码为 MySQL 8.0.18，实际上，本节中的安装方式不限于 CentOS 服务器的版本，MySQL 的版本为 MySQL 8.x。也就是说，本节中的安装方式可以实现在 CentOS 服务器的各版本上编译安装 MySQL 8.x 源码。另外，编译安装 MySQL 源码需要的内存和磁盘空间较大，笔者这里使用的 CentOS 6.8 服务器的内存为 8GB，磁盘空间为 60GB。

6.6.1　环境准备

基于源码安装 CentOS 版本的 MySQL 所需要做的准备工作有：删除 CentOS 6.8 服务器自带的 MySQL，安装 MySQL 依赖环境，以及为 CentOS 6.8 服务器添加 MySQL 用户组和用户。读者可以参见 6.5 节中的内容，这里不再赘述。另外，还需要进行如下环境准备工作。

1．安装服务器基础环境

在服务器命令行输入如下命令，安装编译 MySQL 源码所需要的一些基础依赖环境。

```
yum -y install xz wget gcc-c++ ncurses ncurses-devel cmake make perl openssl openssl-devel gcc* libxml2
libxml2-devel curl-devel libjpeg* libpng* freetype* make gcc-c++ cmake bison-devel bison perl perl-devel
perl perl-devel glibc-devel.i686 glibc-devel libaio ntpdate readline-devel zlib.x86_64 zlib-devel.
x86_64 libcurl-* net-tool*  sysstat lrzsz dos2unix telnet.x86_64 nethogs iftop iotop unzip ftp.x86_64
xfs* expect vim psmisc openssh-client* libaio libaio1 libnuma bzip2  epel-release
```

2．修改服务器配置

编译安装 MySQL 源码之前，需要对 CentOS 6.8 服务器的/etc/selinux/config 文件进行修改，将 SELINUX 属性修改为 disabled。

```
[root@binghe150 ~]# vim /etc/selinux/config
SELINUX=disabled
```

3．创建MySQL目录

编译安装 MySQL 源码时，需要提前准备好 MySQL 的安装目录，以便能够正确地编译安装 MySQL 源码。创建目录的过程如下：

```
mkdir -p /usr/local/mysql
mkdir -p /data/mysql/run
mkdir -p /data/mysql/data
mkdir -p /data/mysql/tmp
mkdir -p /data/mysql/conf
mkdir -p /data/mysql/log/bin_log
mkdir -p /data/mysql/log/error_log
mkdir -p /data/mysql/log/query_log
mkdir -p /data/mysql/log/general_log
```

```
mkdir -p /data/mysql/log/innodb_ts
mkdir -p /data/mysql/log/undo_space
mkdir -p /data/mysql/log/innodb_log
```

其中，重点目录解释如下：

- /usr/local/mysql：MySQL 服务的安装目录。
- /data/mysql/run：MySQL 启动时会创建一些标识启动状态的文件，这些文件存放在这个目录中。
- /data/mysql/data：MySQL 数据文件的存放目录。
- /data/mysql/tmp：使用 cmake 预编译 MySQL 源码时，boost 安装包的下载目录。
- /data/mysql/conf：my.cnf 文件的存放目录。
- /data/mysql/log/bin_log：MySQL 二进制日志的存放目录。
- /data/mysql/log/error_log：MySQL 错误日志的存放目录。
- /data/mysql/log/query_log：MySQL 查询日志的存放目录。
- /data/mysql/log/innodb_log：MySQL Innodb 日志的存放目录。

4．为MySQL用户授予目录权限

在命令行输入如下命令。

```
chown -R mysql.mysql /usr/local/mysql
chown -R mysql.mysql /data/mysql
```

6.6.2　下载软件包

本节要下载的软件包包括：升级 gcc 和 cmake 的软件包，以及 MySQL 的源码包。

在命令行输入如下命令统一下载所需要的各种软件包，并将软件包统一放在 CentOS 6.8 服务器的/usr/local/src 目录下。

```
cd /usr/local/src/
wget https://mirrors.ustc.edu.cn/gnu/gmp/gmp-6.1.2.tar.xz
wget https://mirrors.ustc.edu.cn/gnu/mpfr/mpfr-4.0.2.tar.gz
wget https://mirrors.ustc.edu.cn/gnu/mpc/mpc-1.1.0.tar.gz
wget https://mirrors.ustc.edu.cn/gnu/gcc/gcc-9.2.0/gcc-9.2.0.tar.gz
wget https://github.com/Kitware/CMake/releases/download/v3.15.2/cmake-3.15.2.tar.gz
wget https://dev.mysql.com/get/Downloads/MySQL-8.0/mysql-8.0.18.tar.gz
```

如果读者需要通过浏览器下载 MySQL 源码包，则可以在浏览器中输入网址 https://dev.mysql.com/downloads/mysql/，打开 MySQL 的下载页面，如图 6-51 所示。

在 Select Operating System:下拉选项中选择 Source Code 选项，在 Select OS Version:下拉选项中选择 Generic Linux (Architecture Independent)选项，然后选择 mysql-8.0.18.tar.gz 并单击右侧的 Download 按钮，下载 MySQL 源码。

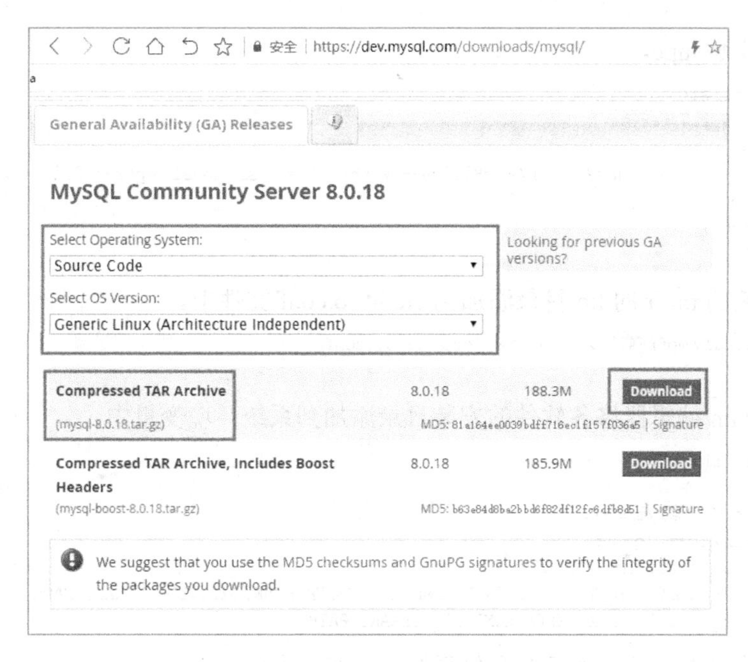

图 6-51　下载 MySQL 源码

6.6.3　升级 gcc 和 cmake

编译安装 MySQL 源码之前，需要升级 CentOS 6.8 服务器的 gcc 和 cmake 命令，本节就简单介绍如何升级 gcc 和 cmake 命令。

1．升级gcc命令

升级 gcc 命令时，需要按照如下顺序安装所需要的软件包。

（1）编译安装 gmp。

```
cd /usr/local/src/
xz -d gmp-6.1.2.tar.xz
tar -xvf gmp-6.1.2.tar
cd gmp-6.1.2
./configure --prefix=/usr/local/gmp-6.1.2
make -j $(nproc)
make install
```

（2）编译安装 mpfr。

```
cd /usr/local/src
tar -xvf mpfr-4.0.2.tar.gz
cd mpfr-4.0.2
./configure --prefix=/usr/local/mpfr-4.0.2 --with-gmp=/usr/local/gmp-6.1.2
make -j $(nproc)
make install
```

（3）编译安装 mpc。

```
cd /usr/local/src
tar -xvf mpc-1.1.0.tar.gz
cd mpc-1.1.0
./configure --prefix=/usr/local/mpc-1.1.0 --with-mpfr=/usr/local/mpfr-4.0.2  --with-gmp=/usr/
local/gmp-6.1.2
make -j $(nproc)
make install
```

（4）将安装的 mpfr 的 lib 目录添加到/etc/ld.so.conf 文件中。

```
echo /usr/local/mpfr-4.0.2/lib  >> /etc/ld.so.conf
ldconfig
```

（5）使用 vim 编辑器将各软件的安装目录添加到系统环境变量中。

```
vim /etc/profile

MPC_HOME=/usr/local/mpc-1.1.0
GMP_HOME=/usr/local/gmp-6.1.2
MPFR_HOME=/usr/local/mpfr-4.0.2
LD_LIBRARY_PATH=$MPC_LIB_HOME/lib:$GMP_HOME/lib:$MPFR_HOME/lib:$LD_LIBRARY_PATH
export MPC_LIB_HOME GMP_HOME MPFR_HOME LD_LIBRARY_PATH
```

接下来，在命令行输入如下命令使系统环境变量生效。

```
source /etc/profile
```

（6）为 mpc 安装目录的 lib 目录下的 libmpc.so.3.1.0 文件创建软链接。

```
ln -s /usr/local/mpc-1.1.0/lib/libmpc.so.3.1.0 /lib64/libmpc.so.3
ln -s /usr/local/mpc-1.1.0/lib/libmpc.so.3.1.0 /lib/libmpc.so.3
ln -s /usr/local/mpc-1.1.0/lib/libmpc.so.3.1.0 /usr/lib64/libmpc.so.3
ln -s /usr/local/mpc-1.1.0/lib/libmpc.so.3.1.0 /usr/lib/libmpc.so.3
ln -s /usr/local/mpc-1.1.0/lib/libmpc.so.3.1.0 /usr/local/lib64/libmpc.so.3
ln -s /usr/local/mpc-1.1.0/lib/libmpc.so.3.1.0 /usr/local/lib/libmpc.so.3
```

（7）安装配置好上述环境后，开始编译安装 gcc 命令，编译安装 gcc 执行的命令如下：

```
cd /usr/local/src/
tar -zxvf gcc-9.2.0.tar.gz
cd gcc-9.2.0
./configure --prefix=/usr/local/gcc-9.2.0 -enable-threads=posix -disable-checking -disable-multilib
-enable-languages=c,c++    --with-gmp=/usr/local/gmp-6.1.2/      --with-mpfr=/usr/local/mpfr-4.0.2/
--with-mpc=/usr/local/mpc-1.1.0/ -with-tune=generic --with-arch_32=x86-64
make -j $(nproc)
make install -j $(nproc)
```

注意： make 命令执行的时间比较长，读者在使用 make 命令编译 gcc 环境时，耐心等待编译完成即可。

（8）备份 CentOS 6.8 服务器中原有的 gcc 可执行文件。

```
mv /usr/bin/gcc /usr/bin/gcc.old
mv /usr/bin/g++ /usr/bin/g++.old
mv /usr/bin/c++ /usr/bin/c++.old
mv /usr/bin/cpp /usr/bin/cpp.old
mv /usr/bin/gcov /usr/bin/gcov.old
```

（9）为新安装的 gcc 创建可执行文件的软链接。

```
ln -sf /usr/local/gcc-9.2.0/bin/* /usr/bin/
```

（10）删除 gcc 安装目录下的 lib 目录下的 libstdc++.so.6.0.27-gdb.py 文件。

```
rm -rf /usr/local/gcc-9.2.0/lib64/libstdc++.so.6.0.27-gdb.py
```

（11）将安装的 gcc 目录下的 lib64 目录配置到/etc/ld.so.conf 文件中。

```
echo /usr/local/gcc-9.2.0/lib64 >> /etc/ld.so.conf
ldconfig
```

（12）复制 libstdc++.so.6.0.27 文件到/lib64 目录下。

```
cp /usr/local/gcc-9.2.0/lib64/libstdc++.so.6.0.27 /lib64/
```

（13）进入/lib64 目录，为 libstdc++.so.6.0.27 文件创建软链接。

```
cd /lib64
ln  -sf libstdc++.so.6.0.27 libstdc++.so.6
```

（14）查看 gcc 的最新版本。

```
strings /usr/lib64/libstdc++.so.6 | grep GLIBCXX
```

此时，gcc 命令就升级完成了。

2. 升级cmake命令

升级 cmake 命令相比升级 gcc 命令就简单多了，只需编译安装 cmake 命令并为 cmake 命令创建软链接即可。

（1）编译安装 cmake 命令。

```
cd  /usr/local/src/
tar -zxvf cmake-3.15.2.tar.gz
cd cmake-3.15.2
./configure --prefix=/usr/local/cmake-3.15.2
gmake -j $(nproc)
gmake install -j $(nproc)
```

这里需要注意的是，编译安装 cmake 使用的是 gmake 命令。

（2）创建 cmake 软链接。

```
ln -sf /usr/local/cmake-3.15.2/bin/cmake /bin/cmake3
```

至此，cmake 命令升级完成。

6.6.4　编译安装 MySQL 源码

有了前面几个节为编译安装 MySQL 源码做的铺垫，本节就可以开始编译安装 MySQL 源码了。

可以在命令行输入如下命令编译安装 MySQL 源代码。

```
cd /usr/local/src
tar -zxvf mysql-8.0.18.tar.gz
```

```
cd mysql-8.0.18
cmake3 -DCMAKE_INSTALL_PREFIX=/usr/local/mysql/ -DMYSQL_DATADIR=/data/mysql/data -DDEFAULT_CHARSET=
utf8mb4 -DDEFAULT_COLLATION=utf8mb4_general_ci -DEXTRA_CHARSETS=all -DENABLED_LOCAL_INFILE=ON -DWITH_
INNODB_MEMCACHED=ON -DWITH_INNOBASE_STORAGE_ENGINE=1  -DWITH_FEDERATED_STORAGE_ENGINE=1 -DWITH_
BLACKHOLE_STORAGE_ENGINE=1 -DWITH_ARCHIVE_STORAGE_ENGINE=1 -DWITHOUT_EXAMPLE_STORAGE_ENGINE=1 -DWITH_
PERFSCHEMA_STORAGE_ENGINE=1 -DCOMPILATION_COMMENT="binghe edition" -DDOWNLOAD_BOOST=1  -DWITH_BOOST=
/data/mysql/tmp -DMYSQL_UNIX_ADDR=/data/mysql/run/mysql.sock -DMYSQL_TCP_PORT=3306 -DSYSCONFDIR=
/data/mysql/conf -DWITH_READLINE=1 -DFORCE_INSOURCE_BUILD=1 -DWITH_SSL=system -DWITH_ZLIB=system
-DCMAKE_CXX_COMPILER=/usr/local/gcc-9.2.0/bin/g++ -DCMAKE_C_COMPILER=/usr/local/gcc-9.2.0/bin/gcc
gmake -j $(nproc)
gmake install -j $(nproc)
```

注意：MySQL 的编译和安装使用的是 gmake 命令。同时，编译时间比较长，读者耐心等待编译完成即可。另外，使用 cmake 命令预编译 MySQL 环境时的参数比较多，需要读者耐心配置 cmake 预编译 MySQL 环境的参数。

编译完成后，可以在/usr/local/mysql 目录下查看 MySQL 的目录结构。

```
[root@binghe150 ~]# cd /usr/local/mysql/
[root@binghe mysql]# ll
total 956
drwxr-xr-x  2 mysql mysql   4096 Nov 23 02:15 bin
drwxr-xr-x  2 mysql mysql   4096 Nov 23 02:15 docs
drwxr-xr-x  3 mysql mysql   4096 Nov 23 02:14 include
drwxr-xr-x  6 mysql mysql   4096 Nov 23 02:15 lib
-rw-r--r--  1 mysql mysql 408918 Sep 20 16:30 LICENSE
-rw-r--r--  1 mysql mysql 102977 Sep 20 16:30 LICENSE.router
-rw-r--r--  1 mysql mysql 408918 Sep 20 16:30 LICENSE-test
drwxr-xr-x  4 mysql mysql   4096 Nov 23 02:15 man
drwxr-xr-x 10 mysql mysql   4096 Nov 23 02:15 mysql-test
-rw-r--r--  1 mysql mysql    687 Sep 20 16:30 README
-rw-r--r--  1 mysql mysql    700 Sep 20 16:30 README.router
-rw-r--r--  1 mysql mysql    687 Sep 20 16:30 README-test
drwxrwxr-x  2 mysql mysql   4096 Nov 23 02:15 run
drwxr-xr-x 28 mysql mysql   4096 Nov 23 02:15 share
drwxr-xr-x  2 mysql mysql   4096 Nov 23 02:15 support-files
drwxr-xr-x  3 mysql mysql   4096 Nov 23 02:15 var
[root@binghe mysql]#
```

可以看到，MySQL 服务被成功安装到/usr/local/mysql 目录下，说明 MySQL 源码编译安装成功。

6.6.5　配置 MySQL

配置 MySQL，包括修改 CentOS 6.8 服务器的系统配置、配置 MySQL 环境等，具体的配置步骤如下：

（1）在 CentOS 6.8 的 limits.conf 文件中配置 MySQL 用户的系统参数。

```
[root@binghe150 ~]# vim /etc/security/limits.conf
mysql soft nproc 65536
mysql hard nproc 65536
mysql soft nofile 65536
mysql hard nofile 65536
```

（2）配置 MySQL 系统环境变量，之前配置了 gmp、mpfr、mpc 等安装目录的系统环境变量，此时，配置 MySQL 系统环境变量后的/etc/profile 文件如下：

```
MYSQL_HOME=/usr/local/mysql
MPC_HOME=/usr/local/mpc-1.1.0
GMP_HOME=/usr/local/gmp-6.1.2
MPFR_HOME=/usr/local/mpfr-4.0.2
LD_LIBRARY_PATH=$MPC_LIB_HOME/lib:$GMP_HOME/lib:$MPFR_HOME/lib:$LD_LIBRARY_PATH
PATH=$MYSQL_HOME/bin:$PATH
export MYSQL_HOME MPC_LIB_HOME GMP_HOME MPFR_HOME LD_LIBRARY_PATH PATH
```

（3）将 MySQL 安装目录下的 lib 目录配置到 CentOS 6.8 服务器的/etc/ld.so.conf 目录下。

```
echo /usr/local/mysql/lib >> /etc/ld.so.conf
ldconfig
```

（4）复制 MySQL 的启动文件。

```
cp /usr/local/mysql/support-files/mysql.server /etc/init.d/mysqld
chmod 700 /etc/init.d/mysqld
```

（5）配置 MySQL 服务开机自启动。

```
chkconfig --level 35 mysqld on
```

（6）配置 MySQL 的 my.cnf 配置文件，在使用 cmake 预编译 MySQL 源码时，配置了如下参数：

```
-DSYSCONFDIR=/data/mysql/conf
```

所以，需要将 MySQL 的 my.cnf 文件放到/data/mysql/conf 目录下。将命令行当前目录切换到/data/mysql/conf 目录下，并使用 vim 命令创建 my.cnf 文件。

```
cd /data/mysql/conf
vim my.cnf
```

其中，编辑后的 my.cnf 文件的内容如下：

```
[client]
port = 3306
socket = /data/mysql/run/mysql.sock
default-character-set = utf8mb4
 [mysqld]
port = 3306
user = mysql
socket = /data/mysql/run/mysql.sock
pid_file = /data/mysql/run/mysqld.pid
basedir = /usr/local/mysql
datadir = /data/mysql/data
tmpdir = /data/mysql/tmp
open_files_limit = 65535
explicit_defaults_for_timestamp
server_id = 1
lower_case_table_names = 1
character_set_server = utf8mb4
safe_user_create
max_connections = 3000
max_user_connections=2980
secure_file_priv=/data/mysql/tmp
```

```
max_connect_errors = 100000
interactive_timeout = 86400
wait_timeout = 86400
sync_binlog=100
back_log=1024
max_binlog_cache_size=2147483648
max_binlog_size=524288000
default_storage_engine = InnoDB
log_slave_updates = 1

##########MySQL日志配置################
log_bin = /data/mysql/log/bin_log/mysql-bin
binlog_format= mixed
binlog_cache_size=32m
max_binlog_cache_size=64m
max_binlog_size=512m
long_query_time = 1
log_output = FILE
log_error = /data/mysql/log/error_log/mysql-error.log
slow_query_log = 1
slow_query_log_file = /data/mysql/log/query_log/slow_statement.log
log_queries_not_using_indexes=0
log_slave_updates=ON
log_slow_admin_statements=1
general_log = 0
general_log_file = /data/mysql/log/general_log/general_statement.log
binlog_expire_logs_seconds = 1728000
relay_log = /data/mysql/log/bin_log/relay-bin
relay_log_index = /data/mysql/log/bin_log/relay-bin.index
#****** MySQL Replication New Feature*********
master_info_repository=TABLE
relay-log-info-repository=TABLE
relay-log-recovery
#*********** INNODB存储引擎配置 ***********
innodb_buffer_pool_size = 4096M
transaction_isolation=REPEATABLE-READ
innodb_buffer_pool_instances = 8
innodb_file_per_table = 1
innodb_data_home_dir = /data/mysql/log/innodb_ts
innodb_data_file_path = ibdata1:2048M:autoextend
innodb_thread_concurrency = 8
innodb_log_buffer_size = 67108864
innodb_log_file_size = 1048576000
innodb_log_files_in_group = 4
innodb_max_undo_log_size=4G
innodb_undo_directory=/data/mysql/log/undo_space/

innodb_log_group_home_dir = /data/mysql/log/innodb_log/
innodb_adaptive_flushing=ON
innodb_flush_log_at_trx_commit = 2
innodb_max_dirty_pages_pct = 60
innodb_open_files=60000
innodb_purge_threads=1
innodb_read_io_threads=4
innodb_stats_on_metadata=OFF
```

```
innodb_flush_method=O_DIRECT
[mysql]
no-auto-rehash
default-character-set=utf8mb4
net-buffer-length=64K
unbuffered
max-allowed-packet = 2G
default-character-set = utf8mb4

[mysqldump]
quick
max_allowed_packet=2G
log_error=/data/mysql/log/error_log/mysql_dump_error.log
net_buffer_length=8k
```

编辑好 my.cnf 文件后，保存退出 vim 编辑器。

至此，MySQL 的配置工作就完成了。

6.6.6　初始化并启动 MySQL 服务

使用 mysqld 命令初始化 MySQL 数据。

```
mysqld --defaults-file=/data/mysql/conf/my.cnf --initialize --user=mysql
```

初始化完成后，可以在 CentOS 6.8 服务器的/data/mysql/data 目录下看到 MySQL 的数据文件。同时，MySQL 会为 root 账户自动生成一个临时密码，这个临时密码保存在 my.cnf 文件中的 log_error 属性配置的文件中。在 my.cnf 中配置了如下参数：

```
log_error = /data/mysql/log/error_log/mysql-error.log
```

所以，这里 MySQL 为 root 账户自动生成的临时密码保存在/data/mysql/log/error_log/mysql-error.log 文件中。

接下来查看 MySQL 为 root 账户自动生成的临时密码。

```
vim /data/mysql/log/error_log/mysql-error.log
```

在 mysql-error.log 文件中找到如下输出信息：

```
A temporary password is generated for root@localhost: ujbbqC?A+68%
```

可以看到，root 账户的临时密码为 ujbbqC?A+68%，这里记录下临时密码。

接下来可以输入如下命令启动 MySQL 服务。

```
service mysqld start
```

6.6.7　测试 MySQL

本节中测试 MySQL 的方式与 6.5.4 节中的内容基本相同，只是将 MySQL 的 root 账户的临时密码修改为 ujbbqC?A+68%即可，读者可参考 6.5.4 节的内容自己动手进行测试，这里不再赘述。

6.6.8 编译安装 MySQL 的 boost 源码

如果读者下载的 MySQL 源码包不是 mysql-8.0.18.tar.gz 文件，而是 mysql-boost-8.0.18.tar.gz 文件，如图 6-52 所示。

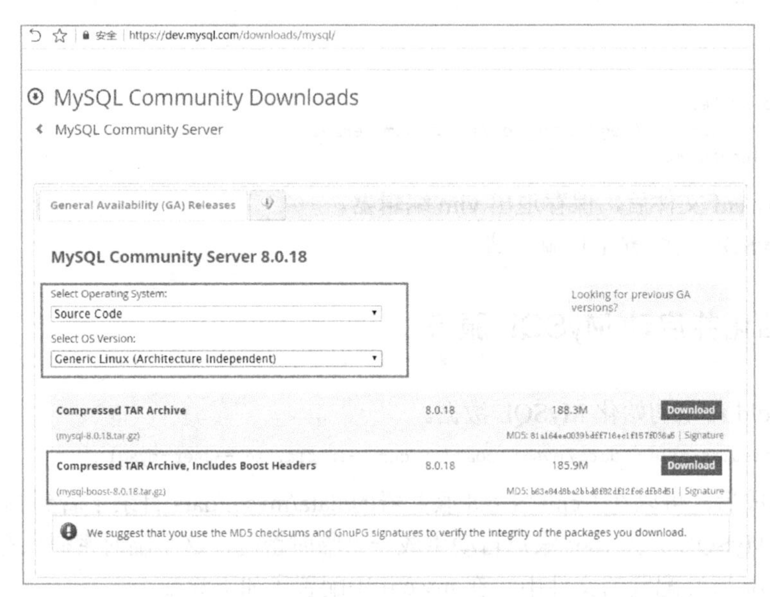

图 6-52　下载 MySQL 的 boost 源码包

因为 mysql-boost-8.0.18.tar.gz 源码包中自带了 boost 安装文件，并且 boost 安装文件在解压目录的 boost/boost_1_70_0 目录下，所以在使用 cmake 命令预编译 MySQL 时，就不需要自动下载 boost 文件了。此时，可以按照如下方式编译安装 MySQL。

```
cd /usr/local/src
tar -zxvf mysql-boost-8.0.18.tar.gz
cd mysql-8.0.18
cmake3 -DCMAKE_INSTALL_PREFIX=/usr/local/mysql/ -DMYSQL_DATADIR=/data/mysql/data -DDEFAULT_CHARSET=utf8mb4 -DDEFAULT_COLLATION=utf8mb4_general_ci -DEXTRA_CHARSETS=all -DENABLED_LOCAL_INFILE=ON -DWITH_INNODB_MEMCACHED=ON -DWITH_INNOBASE_STORAGE_ENGINE=1 -DWITH_FEDERATED_STORAGE_ENGINE=1 -DWITH_BLACKHOLE_STORAGE_ENGINE=1 -DWITH_ARCHIVE_STORAGE_ENGINE=1 -DWITHOUT_EXAMPLE_STORAGE_ENGINE=1 -DWITH_PERFSCHEMA_STORAGE_ENGINE=1 -DCOMPILATION_COMMENT="binghe edition" -DWITH_BOOST=/usr/local/src/mysql-8.0.18/boost/boost_1_70_0 -DMYSQL_UNIX_ADDR=/data/mysql/run/mysql.sock -DMYSQL_TCP_PORT=3306 -DSYSCONFDIR=/data/mysql/conf -DWITH_READLINE=1 -DFORCE_INSOURCE_BUILD=1 -DWITH_SSL=system -DWITH_ZLIB=system  -DCMAKE_CXX_COMPILER=/usr/local/gcc-9.2.0/bin/g++ -DCMAKE_C_COMPILER=/usr/local/gcc-9.2.0/bin/gcc
gmake -j $(nproc)
gmake install -j $(nproc)
```

与编译安装 mysql-8.0.18.tar.gz 源码包相比，在编译安装 mysql-boost-8.0.18.tar.gz 源码包时，使用 cmake 命令预编译时去掉了配置项-DDOWNLOAD_BOOST=1，并且将配置项-DWITH_BOOST=/data/mysql/tmp，修改为了-DWITH_BOOST=/usr/local/src/mysql-8.0.18/boost/

boost_1_70_0。

6.7　遇到的问题和解决方案

通常，在搭建 MySQL 环境时或多或少会遇到一些问题。本节针对搭建 MySQL 环境时经常遇到的一些问题和对应的解决方案进行相关的总结，供读者参考。

1．RPM方式安装MySQL报错

在使用 RPM 方式安装 mysql-community-server-8.0.18-1.el6.x86_64.rpm 包时报错，显示如下：

```
[root@binghe150 ~]# rpm -ivh mysql-community-server-8.0.18-1.el6.x86_64.rpm
warning: mysql-community-server-8.0.18-1.el6.x86_64.rpm: Header V3 DSA/SHA1 Signature, key ID 5072e1f5: NOKEY
error: Failed dependencies:
        libnuma.so.1()(64bit) is needed by mysql-community-server-8.0.18-1.el6.x86_64
        libnuma.so.1(libnuma_1.1)(64bit) is needed by mysql-community-server-8.0.18-1.el6.x86_64
        libnuma.so.1(libnuma_1.2)(64bit) is needed by mysql-community-server-8.0.18-1.el6.x86_64
```

解决方案为，在命令行执行如下命令安装 libnuma。

```
yum install numactl* -y
```

然后再次安装 mysql-community-server-8.0.18-1.el6.x86_64.rpm 即可。

```
[root@binghe150 ~]# rpm -ivh mysql-community-server-8.0.18-1.el6.x86_64.rpm
warning: mysql-community-server-8.0.18-1.el6.x86_64.rpm: Header V3 DSA/SHA1 Signature, key ID 5072e1f5:
NOKEY
Preparing...                ########################################### [100%]
   1:mysql-community-server ########################################### [100%]
```

2．编译MySQL源码时cmake版本过低

在以源码方式安装 MySQL 时，出现 cmake 版本过低的错误。

```
-- Running cmake version 2.8.12.2
CMake Warning at CMakeLists.txt:43 (MESSAGE):
  Please use cmake3 rather than cmake on this platform
-- Please install cmake3 (yum install cmake3)
CMake Error at CMakeLists.txt:73 (CMAKE_MINIMUM_REQUIRED):
  CMake 3.5.1 or higher is required.  You are running version 2.8.12.2
-- Configuring incomplete, errors occurred!
```

此时，按照 6.6.3 节中的内容，对 gcc 和 cmake 命令进行升级即可。

3．升级cmake后查看版本报错

错误信息如下：

```
[root@binghe150 ~]# cmake3 --version
CMake Error: Could not find CMAKE_ROOT!!!
CMake has most likely not been installed correctly.
Modules directory not found in
```

```
/usr/local/bin
Segmentation fault (core dumped)
```

解决方案为，先在命令行执行如下命令：

```
hash -r
```

再次查看 cmake 版本即可。

```
[root@binghe150 ~]# cmake3 --version
cmake version 3.15.2
CMake suite maintained and supported by Kitware (kitware.com/cmake).
[root@binghe150 ~]#
```

4．gcc编译MySQL源码报错

gcc 编译 MySQL 时出现错误，具体错误信息如下：

```
internal compiler error: Killed
```

导致这个问题的原因是内存不足，一种解决方案是增加服务器的内存；另一种方案是增加 swap 交换分区。增加 swap 交换分区可以按照如下方式进行。

首先，在命令行执行如下命令：

```
mkdir -p /var/cache/swap/
dd if=/dev/zero of=/var/cache/swap/swap0 bs=1M count=512
chmod 0600 /var/cache/swap/swap0
mkswap /var/cache/swap/swap0
swapon /var/cache/swap/swap0
```

接下来，使用 vim 编辑器修改/etc/fstab 文件。

```
vim /etc/fstab
```

最后，在/etc/fstab 文件中添加如下内容：

```
/var/cache/swap/swap0    none    swap    sw      0 0
```

6.8 本章总结

本章分别介绍了如何在 Windows 操作系统、Mac OS X 操作系统和 CentOS 操作系统上安装配置 MySQL 环境。其中，每种操作系统上分别介绍了 MySQL 的两种安装和配置方式。

值得注意的是，在 CentOS 操作系统上实现编译安装 MySQL 源码、编译安装 MySQL 源码的方式，能够根据当前服务器的环境，更加有效地利用服务器的资源，自定义 MySQL 的安装目录与数据存放目录。同时，编译安装 MySQL 源码，能够更好地根据当前服务器的资源提高 MySQL 性能。

下一章将正式进入 MySQL 的开发部分，将会介绍在 MySQL 中如何操作数据库。

第3篇 MySQL 开发

第 7 章　MySQL 操作数据库

从本章开始将正式进入 MySQL 的开发。本章将对 MySQL 如何操作数据库进行简单的介绍。

本章涉及的知识点有：

- 创建数据库；
- 查看数据库；
- 修改数据库名称；
- 数据库编码；
- 删除数据库。

注意：本书的后续章节均是在 CentOS 6.8 服务器上操作 MySQL 的。

7.1　创建数据库

在 MySQL 中创建数据库比较简单，使用的是 CREATE DATABASE 语句，本节简单介绍如何在 MySQL 中创建数据库。

7.1.1　使用 CREATE DATABASE 语句创建数据库

1. 语法格式

创建数据库的语法格式如下：

```
CREATE DATABASE database_name
```

2. 简单示例

首先，在 CentOS 6.8 服务器上登录 MySQL。

```
[root@binghe150 ~]# mysql -uroot -p
Enter password:
Welcome to the MySQL monitor.  Commands end with ; or \g.
Your MySQL connection id is 13
Server version: 8.0.18 binghe edition
Copyright (c) 2000, 2019, Oracle and/or its affiliates. All rights reserved.
```

```
Oracle is a registered trademark of Oracle Corporation and/or its
affiliates. Other names may be trademarks of their respective
owners.
Type 'help;' or '\h' for help. Type '\c' to clear the current input statement.
mysql>
```

接下来，在 MySQL 命令行中查看当前 MySQL 中存在的数据库。

```
mysql> SHOW DATABASES;
+--------------------+
| Database           |
+--------------------+
| information_schema |
| mysql              |
| performance_schema |
| sys                |
+--------------------+
4 rows in set (0.04 sec)
```

可以看到，此时只有 4 个 MySQL 自带的数据库，分别是 information_schema、mysql、performance_schema 和 sys。

在 MySQL 命令行中使用 CREATE DATABASE database_name 语句创建名称为 goods 的商品数据库。

```
mysql> CREATE DATABASE goods;
Query OK, 1 row affected (0.02 sec)
```

从 MySQL 输出的结果信息中可以看出，名称为 goods 的商品数据库创建成功。

此时，查看 MySQL 中存在的数据库。

```
mysql> SHOW DATABASES;
+--------------------+
| Database           |
+--------------------+
| goods              |
| information_schema |
| mysql              |
| performance_schema |
| sys                |
+--------------------+
5 rows in set (0.00 sec)
```

可以看到，此时 MySQL 中多了名称为 goods 的数据库。

7.1.2　使用 CREATE DATABASE IF NOT EXISTS 语句创建数据库

1. 语法格式

创建数据库的语法格式如下：

```
CREATE DATABASE IF NOT EXISTS database_name。
```

2．简单示例

如果数据库中已经存在名称为 goods 的数据库，再次使用 CREATE DATABASE database_name 语句创建名称为 goods 的数据库时会报错。

```
mysql> CREATE DATABASE goods;
ERROR 1007 (HY000): Can't create database 'goods'; database exists
```

错误信息为：不能创建数据库 goods，数据库已经存在。

此时可以使用 CREATE DATABASE IF NOT EXISTS database_name 语句创建数据库。

```
mysql> CREATE DATABASE IF NOT EXISTS goods;
Query OK, 1 row affected, 1 warning (0.00 sec)
```

这样，使用 CREATE DATABASE IF NOT EXISTS database_name 语句创建数据库时将不再报错。

CREATE DATABASE IF NOT EXISTS database_name 的语句的含义为：如果 MySQL 中不存在相关的数据库，则创建数据库；如果 MySQL 中已经存在相关的数据库，则忽略创建语句，不再创建数据库。

在实际工作中，建议使用 CREATE DATABASE IF NOT EXISTS database_name 语句创建数据库。

7.2　查看数据库

在 MySQL 中查看数据库包含：查看 MySQL 中存在的数据库、查看 MySQL 当前命令行所在的数据库、查看 MySQL 中具体某个数据库的创建信息等。

7.2.1　查看 MySQL 中存在的数据库

7.1 节中简单演示了如何查看 MySQL 中存在的数据库。

```
mysql> SHOW DATABASES;
+--------------------+
| Database           |
+--------------------+
| goods              |
| information_schema |
| mysql              |
| performance_schema |
| sys                |
+--------------------+
5 rows in set (0.00 sec)
```

可以看出，目前在 MySQL 中总共存在 5 个数据库，分别是 goods、information_schema、mysql、performance_schema 和 sys，其中 goods 数据库是在 7.1 节中创建的，其他 4 个数据库

是 MySQL 自带的数据库。

7.2.2　查看 MySQL 命令行所在的数据库

在 MySQL 命令行输入如下命令：

```
mysql> SELECT DATABASE();
+------------+
| DATABASE() |
+------------+
| goods      |
+------------+
1 row in set (0.00 sec)
```

MySQL 命令行当前所在的数据库为 goods。接下来将 MySQL 命令行所在的数据库切换为 mysql。

```
mysql> USE mysql;
Database changed
```

再次查看 MySQL 命令行所在的数据库。

```
mysql> SELECT DATABASE();
+------------+
| DATABASE() |
+------------+
| mysql      |
+------------+
1 row in set (0.00 sec)
```

此时 MySQL 命令行所在的数据库变为 mysql。

7.2.3　查看数据库的创建信息

1．语法格式

查看数据库的创建信息语法格式如下：

```
SHOW CREATE DATABASE database_name;
```

或者：

```
SHOW CREATE DATABASE database_name \G
```

在实际工作中，第二种语法格式比较常用。

2．简单示例

查看 goods 数据库的创建信息。

```
mysql> SHOW CREATE DATABASE goods;
+--------+---------------------------------------------------------------------------------+
|Database|Create Database                                                                  |
+--------+---------------------------------------------------------------------------------+
```

```
| goods   | CREATE DATABASE `goods` /*!40100 DEFAULT CHARACTER SET utf8mb4 COLLATE utf8mb4_0900_ai_ci
          */ /*!80016 DEFAULT ENCRYPTION='N' */                                                    |
+--------+------------------------------------------------------------------------------------------+
1 row in set (0.00 sec)
```

或者：

```
mysql> SHOW CREATE DATABASE goods \G
*************************** 1. row ***************************
       Database: goods
Create Database: CREATE DATABASE `goods` /*!40100 DEFAULT CHARACTER SET utf8mb4 COLLATE utf8mb4_
0900_ai_ci */ /*!80016 DEFAULT ENCRYPTION='N' */
1 row in set (0.00 sec)
```

可以看出，创建名称为goods的数据库时，使用的字符编码为utf8mb4，使用的校对规则为utf8mb4_0900_ai_ci，DEFAULT ENCRYPTION='N'表示默认没有使用MySQL的加密技术。

7.3　修改数据库名称

在MySQL 5.1.7版本中提供了修改数据库名称的SQL语句，语法格式如下：

```
RENAME DATABASE db_name TO new_db_name
```

但是从MySQL 5.1.23版本之后，就将此SQL语句去掉了，原因是此SQL语句可能会造成数据丢失。

虽然MySQL没有直接提供修改数据库名称的SQL语句，但是，可以通过其他方式达到修改MySQL数据库名称的效果。

7.3.1　通过重命名数据表修改数据库名称

（1）在MySQL中创建数据库test_old，并在test数据库中创建名称为table_test的数据表。

```
mysql> CREATE DATABASE IF NOT EXISTS test_old;
Query OK, 1 row affected (0.01 sec)

mysql> USE test_old;
Database changed
mysql> CREATE TABLE IF NOT EXISTS table_test(id int);
Query OK, 0 rows affected (0.01 sec)
```

注意：有关数据表和存储引擎的知识，在后续章节中会详细介绍，这里为了演示修改数据库的操作，先简单创建一个测试表。

（2）查看名称为test_old数据库下的数据表。

```
mysql> SHOW TABLES;
+--------------------+
| Tables_in_test_old |
+--------------------+
```

```
| table_test          |
+---------------------+
1 row in set (0.00 sec)
```

可以看到，test_old 数据库下存在 table_test 数据表，说明 table_test 数据表创建成功。

（3）在 MySQL 命令行创建 test_new 数据库。

```
mysql> CREATE DATABASE IF NOT EXISTS test_new;
Query OK, 1 row affected (0.01 sec)
```

（4）重命名数据表。将 test_old 数据库下的数据表重命名到 test_new 数据库下。

```
mysql> RENAME TABLE test_old.table_test TO test_new.table_test;
Query OK, 0 rows affected (0.00 sec)
```

（5）删除 test_old 数据库。

```
mysql> DROP TABLE IF EXISTS test_old;
Query OK, 0 rows affected, 1 warning (0.00 sec)
```

（6）查看 test_new 数据库下存在的数据表。

```
mysql> USE test_new;
Database changed
mysql> SHOW TABLES;
+---------------------+
| Tables_in_test_new |
+---------------------+
| table_test          |
+---------------------+
1 row in set (0.00 sec)
```

可以看到，table_test 数据表所在的数据库由原来的 test_old 变成了 test_new，达到了修改数据库名称的效果。

7.3.2　通过导入/导出数据修改数据库名称

本节同样以修改 test_old 数据库为 test_new 数据库为例讲解，test_old 数据库的创建与 7.3.1 节中讲解相同，不再赘述。

通过导入/导出数据来修改数据库名称的步骤如下：

（1）在 CentOS 6.8 服务器命令行使用 mysqldump 命令，将名称为 test_old 的数据库导出到当前所在的目录，并将导出文件命名为 test_old_dump.sql。

```
[root@binghe150 ~]# mysqldump -uroot -p test_old > test_old_dump.sql
Enter password:
```

（2）查看 CentOS 6.8 服务器命令行当前所在目录的文件信息。

```
[root@binghe150 ~]# ll
total 24
-rw-------. 1 root root 1186 Nov 24 09:50 anaconda-ks.cfg
-rw-r--r--. 1 root root 8837 Nov 24 09:50 install.log
-rw-r--r--. 1 root root 3384 Nov 24 09:49 install.log.syslog
-rw-r--r--  1 root root 1824 Nov 27 15:00 test_old_dump.sql
```

可以看到，当前目录下多了一个test_old_dump.sql文件，说明test_old数据库导出成功。

说明：有关mysqldump命令的知识，在本书的后续章节中会详细介绍。

（3）登录MySQL，在MySQL命令行创建test_new数据库。

```
mysql> CREATE DATABASE IF NOT EXISTS test_new;
Query OK, 1 row affected (0.00 sec)
```

（4）将test_old_dump.sql文件中的数据导入test_new数据库中。

```
mysql> source /root/test_old_dump.sql;
##########省略部分输出信息################
Query OK, 0 rows affected (0.00 sec)
```

接下来删除test_old数据库，并查看test_new数据库中的数据表。可以发现，table_test数据表所在的数据库已经由原来的test_old变成了test_new，达到了修改数据库名称的效果。

7.3.3　通过创建数据表修改数据库名称

本节同样将数据表table_test所在的数据库由test_old修改为test_new为例，达到修改数据库名称的效果。有关test_old数据库的创建，可以参考7.3.1节中的内容。

通过创建数据表修改数据库名称的步骤如下：

（1）登录MySQL，创建test_new数据库。

```
mysql> CREATE DATABASE IF NOT EXISTS test_new;
Query OK, 1 row affected (0.01 sec)
```

（2）在test_new数据库中创建table_test数据表，使其按照test_old数据库中的数据表进行创建。

```
mysql> CREATE TABLE IF NOT EXISTS test_new.table_test LIKE test_old.table_test;
Query OK, 0 rows affected (0.01 sec)
mysql> DROP DATABASE test_old;
mysql> USE test_new;
Database changed
mysql> SHOW TABLES;
+--------------------+
| Tables_in_test_new  |
+--------------------+
| table_test          |
+--------------------+
1 row in set (0.00 sec)
```

接下来删除test_old数据库，并查看test_new数据库中存在的数据表如下：

可以看到，table_test数据表所在的数据库已经由原来的test_old变成了test_new，达到了修改数据库名称的效果。

注意：MySQL 8.x版本中并没有直接提供重命名数据库名称的SQL语句，本节通过不同的方式达到了修改数据库名称的效果。当然，方式不仅仅局限于本节中所讲的三种方式，读者也可以自行思考其他实现方式。

7.4　数据库编码

在 MySQL 中，会为创建的每个数据库指定一个字符编码。如果在创建数据库时没有为数据库指定字符编码，则 MySQL 会为数据库指定一个默认的字符编码，这个默认的字符编码在 MySQL 的配置文件 my.cnf 中进行配置。

```
[client]
default-character-set = utf8mb4
[mysqld]
character_set_server = utf8mb4
[mysql]
default-character-set=utf8mb4
```

另外，创建数据库后也可以修改数据的字符编码。

7.4.1　创建数据库时指定字符编码

1．语法格式

创建数据库时指定字符编码的语法格式如下：

```
CREATE DATABASE [IF NOT EXISTS] database_name DEFAULT CHARACTER SET character_name COLLATE collate_name
[DEFAULT ENCRYPTION='N'];
```

2．简单示例

在 MySQL 命令行创建名称为 test_character 的数据库，并指定数据库的字符编码为 UTF-8，校验规则为 utf8_unicode_ci，不使用 MySQL 的加密技术。

```
mysql> CREATE DATABASE IF NOT EXISTS test_character DEFAULT CHARACTER SET utf8 COLLATE  utf8_unicode_ci
DEFAULT ENCRYPTION='N';
Query OK, 1 row affected, 2 warnings (0.09 sec)
```

可以看到，名称为 test_character 的数据库创建成功。

接下来，查看名称为 test_character 的数据库的字符编码。

```
mysql> SHOW CREATE DATABASE test_character \G
*************************** 1. row ***************************
       Database: test_character
Create Database: CREATE DATABASE `test_character` /*!40100 DEFAULT CHARACTER SET utf8 COLLATE utf8_
unicode_ci */ /*!80016 DEFAULT ENCRYPTION='N' */
1 row in set (0.00 sec)
```

创建的名称为 test_character 的数据库使用的字符编码为 UTF-8，校验规则为 utf8_unicode_ci，没有使用 MySQL 的加密技术。

创建名称为 goods 的数据库时没有指定字符编码，此时就会使用默认的字符编码

utf8mb4，读者可参见 7.2.3 节中的内容查看 goods 数据库的字符编码。

MySQL 中也提供了查看数据库默认字符编码的 SQL 语句。

```
mysql> SHOW VARIABLES LIKE '%character_set_database%';
+------------------------+---------+
| Variable_name          | Value   |
+------------------------+---------+
| character_set_database | utf8mb4 |
+------------------------+---------+
1 row in set (0.00 sec)
```

MySQL 中默认的数据库编码为 utf8mb4，与在 my.cnf 文件中配置的默认字符编码一致。

7.4.2　修改数据库的字符编码

1．语法格式

修改数据库的字符编码的语法格式如下：

```
ALTER DATABASE database_name CHARACTER SET character_name collate collate_name;
```

2．简单示例

将名称为 test_character 的数据库的字符编码修改为 utf8mb4，检验规则修改为 utf8mb4_0900_ai_ci。

```
mysql> ALTER DATABASE test_character CHARACTER SET utf8mb4 collate utf8mb4_0900_ai_ci;
Query OK, 1 row affected (0.00 sec)
```

接下来，查看 test_character 数据库的字符编码。

```
mysql> SHOW CREATE DATABASE test_character \G
*************************** 1. row ***************************
       Database: test_character
Create Database: CREATE DATABASE `test_character` /*!40100 DEFAULT CHARACTER SET utf8mb4 COLLATE
utf8mb4_0900_ai_ci */ /*!80016 DEFAULT ENCRYPTION='N' */
1 row in set (0.00 sec)
```

此时 test_character 数据库的字符编码为 utf8mb4，校验规则为 utf8mb4_0900_ai_ci。说明数据库的字符编码修改成功。

7.5　删除数据库

在 MySQL 中删除数据库的语法格式如下：

```
DROP DATABASE [IF EXISTS] database_name;
```

删除 MySQL 中名称为 goods 的数据库。

```
mysql> DROP DATABASE goods;
Query OK, 0 rows affected (0.00 sec)
```

此时，查看 MySQL 中存在的数据库。

```
mysql> SHOW DATABASES;
+--------------------+
| Database           |
+--------------------+
| information_schema |
| mysql              |
| performance_schema |
| sys                |
+--------------------+
4 rows in set (0.01 sec)
```

可以看到，名称为 goods 的数据库已经被删除。

当删除一个不存在的数据库时，DROP DATABASE database_name 语句会报错，这里再次删除不存在的 goods 数据库。

```
mysql> DROP DATABASE goods;
ERROR 1008 (HY000): Can't drop database 'goods'; database doesn't exist
```

MySQL 报错，报错信息为：不能删除数据库 goods，数据库不存在。

使用 DROP DATABASE IF EXISTS database_name 语句解决这个问题。

```
mysql> DROP DATABASE IF EXISTS goods;
Query OK, 0 rows affected, 1 warning (0.00 sec)
```

DROP DATABASE IF EXISTS database_name 语句表示的含义为：当 MySQL 中存在 database_name 数据库时，删除 database_name 数据库；当 MySQL 中不存在 database_name 数据库时，忽略删除语句。

注意：在实际工作中，建议使用 DROP DATABASE IF EXISTS database_name 语句删除数据库。

7.6　本章总结

本章主要介绍了 MySQL 中对数据库的一些操作，包括创建数据库、查看数据库、修改数据库名称、数据库编码和删除数据库。其中，MySQL 8.x 版本中并没有提供直接修改数据库名称的 SQL 语句，但可以通过其他方式变相实现修改数据库的名称，以达到修改数据库名称的效果。下一章将会对 MySQL 如何操作数据表进行简单的介绍。

第 8 章　MySQL 操作数据表

创建完数据库之后，接下来就是在数据库中创建数据表。在 MySQL 中，数据表以二维表格的形式展示，表格中的一行代表一条完整的数据记录，表格中的一列代表数据的某个特定属性。本章简单介绍如何在 MySQL 中操作数据表。

本章所涉及的知识点有：

- 创建数据表；
- 查看表结构；
- 修改数据表；
- 删除数据表；
- MySQL 中的临时表。

8.1　创建数据表

在 MySQL 中创建完数据库后，需要先使用“USE 数据库名”的形式指定在哪个数据库中进行操作，然后再执行创建数据表的 SQL 语句，或者直接使用“数据库名.数据表名”的形式创建数据表。

8.1.1　创建空数据表

MySQL 中创建数据表需要遵循一定的语法格式，这些语法格式为创建数据表提供了模板依据。同时，遵循一定的语法格式创建数据表，也降低了出错的概率。

1. 语法格式

在 MySQL 中创建表使用的是 CREATE TABLE 语句，语法格式如下：

```
CREATE TABLE [IF NOT EXISTS] 表名(
字段1, 数据类型 [约束条件] [默认值],
字段2, 数据类型 [约束条件] [默认值],
字段3, 数据类型 [约束条件] [默认值],
……
[表约束条件]
);
```

在创建数据表时，必须指定数据表的表名称，表名称在 Windows 操作系统上不区分大小写，在 Linux 操作系统上区分大小写。如果需要在 Linux 操作系统上不区分大小写，则需要在 MySQL 的配置文件 my.cnf 中添加一项配置。

```
lower_case_table_names=1
```

另外，在创建数据表时，还需要指定数据表中每一列的名称和数据类型，多个列之间需要以逗号进行分隔。

2. 简单示例

在第 7 章中创建的名称为 goods 的数据库中，创建名称为 t_goods_category1 的商品类别表。

名称为 t_goods_category1 的商品类别数据表的表结构如表 8-1 所示。

表 8-1　商品类别表结构

字 段 名 称	字 段 类 别	字 段 含 义
id	INT	商品类别表id
t_category	VARCHAR(30)	商品类别名称
t_remark	VARCHAR(100)	商品类别备注信息

首先，需要使用“USE 数据库名”的形式指定需要在哪个数据库下创建数据表。

```
mysql> USE goods;
Database changed
```

接下来，查看 goods 数据库中存在的所有数据表。

```
mysql> SHOW TABLES;
Empty set (0.03 sec)
```

目前 goods 数据库中不存在数据表。

在 goods 数据库中创建名称为 t_goods_category1 的数据表。

```
mysql> CREATE TABLE t_goods_category1(
    -> id INT(11),
    -> t_category VARCHAR(30),
    -> t_remark VARCHAR(100)
    -> );
Query OK, 0 rows affected, 1 warning (0.36 sec)
```

创建名称为 t_goods_category1 的数据表的 SQL 语句在 MySQL 命令行执行成功。

细心的读者可以发现，在执行创建 t_goods_category1 数据表的 SQL 语句时，MySQL 虽然没有报错，但是有一个警告信息。

```
1 warning (0.36 sec)
```

使用如下 SQL 语句查看 MySQL 的警告信息。

```
mysql> SHOW WARNINGS;
+--------+------+-------------------------------------------------------------------------------+
| Level  | Code |                                    Message                                    |
+--------+------+-------------------------------------------------------------------------------+
```

```
| Warning | 1681 | Integer display width is deprecated and will be removed in a future release. |
+---------+------+------------------------------------------------------------------------------+
1 row in set (0.00 sec)
```

在 MySQL 8.x 版本中，不再推荐为 INT 类型指定显示长度，并在未来的版本中可能去掉这样的语法。因此这里去掉 INT 类型的显示长度，重新创建名称为 t_goods_category1 的数据表。

```
mysql> CREATE TABLE t_goods_category1(
    -> id INT,
    -> t_category VARCHAR(30),
    -> t_remark VARCHAR(100)
    -> );
Query OK, 0 rows affected (0.01 sec)
```

此时 MySQL 不再显示警告信息。在 MySQL 8.x 版本中创建数据表时，建议读者不要再为 INT 类型指定显示长度。

接下来再次查看 goods 数据库中存在的数据表。

```
mysql> SHOW TABLES;
+-------------------+
| Tables_in_goods   |
+-------------------+
| t_goods_category1 |
+-------------------+
1 row in set (0.00 sec)
```

此时，goods 数据库中已经存在 t_goods_category1 数据表，说明商品类别数据表 t_goods_category1 创建成功。

当数据库中已经存在相关的数据表而再次使用“CREATE TABLE 数据表”的语法格式创建数据表时，会显示如下错误信息。

```
ERROR 1050 (42S01): Table 't_goods_category1' already exists
```

此时可以使用“CREATE TABLE IF NOT EXISTS 数据表名”的语法格式创建数据表。

```
mysql> CREATE TABLE IF NOT EXISTS t_goods_category1 (
    -> id INT,
    -> t_category VARCHAR(30),
    -> t_remark VARCHAR(100)
    -> );
Query OK, 0 rows affected (0.00 sec)
```

加上 IF NOT EXISTS 关键字后，即使数据库中已经存在要创建的数据表，MySQL 也不会抛出任何错误了。

在创建数据表时，如果加上了 IF NOT EXISTS 关键字，则表示的含义为：如果当前数据库中不存在要创建的数据表，则创建数据表；如果当前数据库中已经存在要创建的数据表，则忽略建表语句，不再创建数据表。

8.1.2　创建数据表时指定主键

在 MySQL 中创建数据表时，可以为数据表指定主键。主键又被称为主码，包含表中的一列或者多列，能够唯一标识表中的一行记录。同时，主键列的数据必须唯一，并且不能为空。主键可以分为单列主键和多列联合主键。

1．单列主键

单列主键只包含数据表中的一个字段，可以在定义数据列的同时指定主键，也可以在定义完数据表中的所有列之后指定主键。

（1）在定义列的同时指定主键。

语法格式如下：

```
字段 数据类型 PRIMARY KEY [默认值]
```

简单示例如下：

创建名称为 t_goods_category2 的数据表，将 id 字段指定为主键。

```
mysql> CREATE TABLE t_goods_category2 (
    -> id INT PRIMARY KEY,
    -> t_category VARCHAR(30),
    -> t_remark VARCHAR(100)
    -> );
Query OK, 0 rows affected (0.02 sec)
```

在创建数据表 t_goods_category2 时，定义 id 字段的同时将 id 字段指定为数据表的主键，此时，id 字段列的数据唯一并且不能为空，能够唯一标识 t_goods_category2 数据表中的一行记录。

（2）定义完数据表中的所有列之后指定主键。

语法格式如下：

```
[CONSTRAINT 约束条件名] PRIMARY KEY [字段名]
```

简单示例如下：

创建名称为 t_goods_category3 的数据表，在定义完表中的所有列之后，指定 id 字段为表的主键。

```
mysql> CREATE TABLE t_goods_category3 (
    -> id INT,
    -> t_category VARCHAR(30),
    -> t_remark VARCHAR(100),
    -> PRIMARY KEY(id)
    -> );
Query OK, 0 rows affected (0.10 sec)
```

2．多列联合主键

MySQL 中除了支持单列主键之外，还支持多个字段共同组成 MySQL 数据表的主键，也就是多列联合主键。多列联合主键只能在定义完数据表的所有列之后进行指定。

语法格式如下：

```
PRIMARY KEY [字段 1, 字段 2, 字段 3...., 字段 n]
```

简单示例如下：

在商城系统中，一个店铺往往有自己的商品类别信息，同时，系统中也会提供默认的商品类别信息，商家可以在自己的店铺中选择系统提供的默认类别信息，也可以根据自身店铺的需要，自定义商品类别信息。

这就要求商城系统在设计商家店铺相关的商品类别数据表时，合理设计数据表的主键。此时，一种设计方案就是将商品类别 id 和商家店铺 id 设置为联合主键。

在 MySQL 的 goods 数据库中，创建名称为 t_goods_category4 的商家店铺商品类别数据表，数据表结构如表 8-2 所示。

表 8-2　商家店铺商品类别数据表结构

字段名称	字段类型	字段含义	是否主键
t_category_id	INT	商品类别id	是
t_shop_id	INT	商家店铺id	是
t_category	VARCHAR(30)	商品类别名称	否
t_remark	VARCHAR(100)	商品类别备注信息	否

从表 8-2 中可以看出，名称为 t_goods_category4 的数据表的主键为 t_category_id 字段与 t_shop_id 字段组成的多列联合主键。

在 MySQL 中创建名称为 t_goods_category4 的数据表。

```
mysql> CREATE TABLE t_goods_category4 (
    -> t_category_id INT,
    -> t_shop_id INT,
    -> t_category VARCHAR(30),
    -> t_remark VARCHAR(100),
    -> PRIMARY KEY (t_category_id, t_shop_id)
    -> );
Query OK, 0 rows affected (0.02 sec)
```

由 SQL 语句的执行结果可以看出，创建名称为 t_goods_category4 的数据表时，成功将 t_category_id 字段与 t_shop_id 字段指定为数据表的联合主键。

8.1.3　创建数据表时指定外键

外键可以关联数据库中的两张表，其对应的是数据库中的参照完整性。一张表的外键可以为空，也可以不为空，当外键不为空时，则每一个外键的值必须等于另一张表的主键的某个值。一张表的外键可以不是本表的主键，但其对应着另一张表的主键。在一张表中定义了外键之后不允许删除另一张表中具有关联关系的行数据。

由外键引申出两个概念，分别是主表（父表）和从表（子表）。

- 主表（父表）：两个表具有关联关系时，关联字段中主键所在的表为主表（父表）。
- 从表（子表）：两个表具有关联关系时，关联字段中外键所在的表为从表（子表）。

1. 语法格式

创建外键的语法格式如下：

```
[CONSTRAINT 外键名] FOREIGN KEY 字段1 [, 字段2, 字段3, ...]
REFERENCES 主表名 主键列1 [, 主键列2, 主键列3, ...]
```

- 外键名：定义外键时为数据表指定的外键名称。在同一张数据表中，外键的名称必须唯一。也就是说，在同一张数据表中，不能有相同名称的外键名称。
- FOREIGN KEY：指定外键包含哪些字段，可以是一个字段，也可以是多个字段的组合。
- REFERENCES：指定关联的主表名称。
- 主表名：主键所在的表名称。
- 主键列：主表中定义的主键字段，可以是一个字段，也可以是多个字段的组合。

2. 简单示例

首先，按照表 8-1 的结构创建商品类别表 t_goods_category，并指定 id 为表的主键。

```
mysql> CREATE TABLE t_goods_category (
    -> id INT PRIMARY KEY,
    -> t_category VARCHAR(30),
    -> t_remark VARCHAR(100)
    -> );
Query OK, 0 rows affected (0.01 sec)
```

接下来创建商品信息表 t_goods，其中，商品信息表 t_goods 中的外键为 t_category_id 字段，表结构如表 8-3 所示。

表 8-3　商品信息表结构

字段名称	字段含义	数据类型	是否主键	是否外键
id	主键编号	INT	是	否
t_category_id	商品类别id	INT	否	是
t_category	商品类别	VARCHAR(30)	否	否
t_name	商品名称	VARCHAR(50)	否	否
t_price	商品价格	DECIMAL(10, 2)	否	否
t_stock	商品库存	INT	否	否
t_upper_time	上架时间	DATETIME	否	否

创建商品信息表 t_goods，使其 t_category_id 字段关联到 t_goods_category 表的主键 id。

```
mysql> CREATE TABLE t_goods(
    ->  id INT PRIMARY KEY,
    -> t_category_id INT,
    -> t_category VARCHAR(30),
    -> t_name VARCHAR(50),
    -> t_price DECIMAL(10,2),
    -> t_stock INT,
    -> t_upper_time DATETIME,
    -> CONSTRAINT foreign_category FOREIGN KEY(t_category_id) REFERENCES t_goods_category(id)
    -> );
Query OK, 0 rows affected (0.12 sec)
```

创建商品信息表 t_goods 时，将表 t_goods 的 t_category_id 字段作为外键关联到商品类别表 t_goods_category 的主键 id 上。

注意：一张表的外键与其关联的另一张表的主键的数据类型必须相同。

8.1.4　创建数据表时指定字段非空

在 MySQL 中，可以在创建数据表时指定数据表的某个字段或某些字段的值不能为空。如果将某个字段或某些字段设置为非空约束条件，则在向数据表插入数据时，必须为这些字段指定相应的值，否则 MySQL 会报错。

1. 语法格式

为字段设置为非空约束条件的语法格式如下：

```
字段名称 数据类型 NOT NULL
```

即在定义数据表字段后面加上 NOT NULL 关键字，即可将当前字段设置为非空约束条件。

2. 简单示例

创建商品类别表 t_goods_category5，并指定其类别名称字段 t_category 不能为空。

```
mysql> CREATE TABLE t_goods_category5(
    -> id INT PRIMARY KEY,
    -> t_category VARCHAR(30) NOT NULL,
    -> t_remark VARCHAR(100)
    -> );
Query OK, 0 rows affected (0.03 sec)
```

可以看到，SQL 语句执行成功，将表 t_goods_category 的 id 字段设置为主键，并将 t_category 字段设置为非空约束条件。

8.1.5　创建数据表时指定默认值

在 MySQL 中，创建数据表时可以为字段设置默认值。比如将 INT 类型的默认值可以设置为 0，将 VARCHAR 类型的默认值可以设置为空字符串，将 DATETIME 类型的默认值可以设置为系统当前时间等。如果为字段指定了默认值，则在向数据表插入数据时，如果没有为当前字段指定任何值，则 MySQL 会自动为该字段赋值为指定的默认值。

1. 语法格式

创建数据表时指定默认值的语法如下：

```
字段名称 数据类型 DEFAULT 默认值
```

定义字段时，在字段后面使用关键字 DEFAULT，后面跟默认值，即可为当前字段设置默认值。

2. 简单示例

创建商家店铺对应的商品类别信息表 t_goods_category9，并指定 t_shop_id 字段的默认值为 1。

```
mysql> CREATE TABLE t_goods_category9(
    -> t_category_id INT,
    -> t_shop_id INT DEFAULT 1,
    -> t_category VARCHAR(30) NOT NULL,
    -> t_remark VARCHAR(100)
    -> );
Query OK, 0 rows affected (0.02 sec)
```

可以看到，SQL 语句执行成功，此时在数据表 t_goods_category9 的 t_shop_id 字段上设置默认值为 1。当向表 t_goods_category9 中插入数据时，没有指定 t_shop_id 的值，则 MySQL 会为 t_shop_id 字段设置默认值 1。

8.1.6　创建数据表时指定主键默认递增

MySQL 支持将整数类型的主键设置为默认递增类型，这样在向数据表插入数据时，可以不用指定整数类型主键的值，MySQL 会将该表的整数类型的主键值自动加 1。

1. 语法格式

MySQL 中设置整数类型的主键值默认递增的语法格式如下：

```
字段名称 数据类型 AUTO_INCREMENT
```

可以看出，只需要在整数类型的主键字段后面加上 AUTO_INCREMENT 关键字，即可将当前整数类型的主键值设置为自动递增。

2. 简单示例

创建商品类别数据表 t_goods_category10，并指定商品类别 id 自动递增。

```
mysql> CREATE TABLE t_goods_category10(
    -> id INT PRIMARY KEY AUTO_INCREMENT,
    -> t_category VARCHAR(30),
    -> t_remark VARCHAR(100)
    -> );
Query OK, 0 rows affected (0.01 sec)
```

SQL 语句执行成功，此时，数据表 t_goods_category10 的主键 id 为自动递增类型。在向数据表 t_goods_category10 中插入数据时，主键 id 的值默认从 1 开始每次插入一条新数据时，id 字段的值会自动加 1。

8.1.7 创建数据表时指定存储引擎

MySQL 支持在创建数据表时为该数据表指定相应的存储引擎。同时，根据具体业务需求，一个数据库中可以包含不同存储引擎的数据表。

1. 语法格式

在 MySQL 中创建数据表时指定存储引擎的语法格式如下：

```
ENGINE=存储引擎名称
```

在创建表语句后面使用“ENGINE=存储引擎名称”即可为当前表指定相应的存储引擎。

2. 简单示例

创建商品类别信息表 t_goods_category11，并为数据表 t_goods_category11 指定 InnoDB 存储引擎。

```
mysql> CREATE TABLE t_goods_category11(
    -> id INT PRIMARY KEY AUTO_INCREMENT,
    -> t_category VARCHAR(30),
    -> t_remark VARCHAR(100)
    -> )ENGINE=InnoDB;
Query OK, 0 rows affected (0.01 sec)
```

在创建数据表 t_goods_category11 时，明确为数据表 t_goods_category11 指定了 InnoDB 存储引擎。

8.1.8 创建数据表时指定编码

MySQL 支持在创建数据表时为数据表指定编码格式，也可以在创建数据表后修改数据表的编码格式。

1. 语法格式

创建数据表时，为数据表指定编码格式的语法格式如下：

```
DEFAULT CHARACTER SET 编码 COLLATE 校对规则
```

也可以使用如下语法格式：

```
DEFAULT CHARSET=编码 COLLATE=校对规则
```

2. 简单示例

创建商品类别信息表 t_goods_category12，并明确指定数据表的编码格式为 utf8mb4，校对规则为 utf8mb4_0900_ai_ci。

```
mysql> CREATE TABLE t_goods_category12(
    -> id INT NOT NULL AUTO_INCREMENT,
    -> t_category VARCHAR(30),
    -> t_remark VARCHAR(100),
    -> PRIMARY KEY(id)
    -> )ENGINE=InnoDB DEFAULT CHARACTER SET utf8mb4 COLLATE utf8mb4_0900_ai_ci;
Query OK, 0 rows affected (0.01 sec)
```

也可以使用如下语句创建数据表：

```
mysql> CREATE TABLE t_goods_category12(
    -> id INT NOT NULL AUTO_INCREMENT,
    -> t_category VARCHAR(30),
    -> t_remark VARCHAR(100),
    -> PRIMARY KEY(id)
    -> ) ENGINE=InnoDB DEFAULT CHARSET=utf8mb4 COLLATE=utf8mb4_0900_ai_ci;
Query OK, 0 rows affected (0.02 sec)
```

SQL 语句执行成功，为数据表指定的编码格式为 utf8mb4，校对规则为 utf8mb4_0900_ai_ci。

8.2　查看数据表结构

在 MySQL 中创建好数据表之后，可以查看数据表的结构。MySQL 支持使用 DESCRIBE/DESC 语句查看数据表结构，也支持使用 SHOW CREATE TABLE 语句查看数据表结构。

8.2.1　使用 DESCRIBE/DESC 语句查看表结构

MySQL 中可以使用 DESCRIBE/DESC 语句查看数据表的结构信息，结构信息中包括字段名称、数据类型及是否是主键等信息。

1. 语法格式

使用 DESCRIBE 语句查看表结构的语法格式如下：

```
DESCRIBE 表名称
```

使用 DESC 语句查看表结构的语法格式如下：

```
DESC 表名称
```

2. 简单示例

查看商品类别表 t_goods_category 的表结构信息。

```
mysql> DESCRIBE t_goods_category;
+------------+--------------+------+-----+---------+-------+
| Field      | Type         | Null | Key | Default | Extra |
+------------+--------------+------+-----+---------+-------+
| id         | int(11)      | NO   | PRI | NULL    |       |
| t_category | varchar(30)  | YES  |     | NULL    |       |
| t_remark   | varchar(100) | YES  |     | NULL    |       |
+------------+--------------+------+-----+---------+-------+
3 rows in set (0.00 sec)
```

查看商品信息表 t_goods 的表结构信息。

```
mysql> DESC t_goods;
+---------------+---------------+------+-----+---------+-------+
| Field         | Type          | Null | Key | Default | Extra |
+---------------+---------------+------+-----+---------+-------+
| id            | int(11)       | NO   | PRI | NULL    |       |
| t_category_id | int(11)       | YES  | MUL | NULL    |       |
| t_category    | varchar(30)   | YES  |     | NULL    |       |
| t_name        | varchar(50)   | YES  |     | NULL    |       |
| t_price       | decimal(10,2) | YES  |     | NULL    |       |
| t_stock       | int(11)       | YES  |     | NULL    |       |
| t_upper_time  | datetime      | YES  |     | NULL    |       |
+---------------+---------------+------+-----+---------+-------+
7 rows in set (0.00 sec)
```

其中，每个字段的含义如下：

- Field：数据表中的每个字段。
- Type：数据表中字段的数据类型。
- Null：数据表中的当前字段值是否可以为 NULL。
- Key：数据表中的当前字段是否存在索引。PRI 表示当前列是主键列，或者是主键的一部分；UNI 表示当前列是 UNIQUE 标识的唯一索引列，或者是唯一索引列的一部分；MUL 表示在当前列中的某个值可以出现多次。
- Default：表示当前列是否有默认值，同时会显示当前列的默认值是多少。
- Extra：表示与当前列相关的附件信息。

8.2.2　使用 SHOW CREATE TABLE 语句查看表结构

MySQL 支持使用 SHOW CREATE TABLE 语句查看数据表的建表语句。通过 SHOW CREATE TABLE 语句，不仅可以查看创建数据表的 SQL 语句，还可以查看数据表的存储引擎和字符编码等信息。

1. 语法格式

使用 SHOW CREATE TABLE 语句查看表结构的语法格式如下：

```
SHOW CREATE TABLE 表名 \G
```

其中，\G 可以使输出结果信息更加美观，便于查看和阅读。

2. 简单示例

使用 SHOW CREATE TABLE 语句查看商品类别数据表 t_goods_category 的结构信息。

```
mysql> SHOW CREATE TABLE t_goods_category \G
*************************** 1. row ***************************
       Table: t_goods_category
Create Table: CREATE TABLE `t_goods_category` (
  `id` int(11) NOT NULL,
  `t_category` varchar(30) DEFAULT NULL,
  `t_remark` varchar(100) DEFAULT NULL,
  PRIMARY KEY (`id`)
) ENGINE=InnoDB DEFAULT CHARSET=utf8mb4 COLLATE=utf8mb4_0900_ai_ci
1 row in set (0.00 sec)
```

查看商品信息表 t_goods 的结构信息。

```
mysql> SHOW CREATE TABLE t_goods \G
*************************** 1. row ***************************
       Table: t_goods
Create Table: CREATE TABLE `t_goods` (
  `id` int(11) NOT NULL,
  `t_category_id` int(11) DEFAULT NULL,
  `t_category` varchar(30) DEFAULT NULL,
  `t_name` varchar(50) DEFAULT NULL,
  `t_price` decimal(10,2) DEFAULT NULL,
  `t_stock` int(11) DEFAULT NULL,
  `t_upper_time` datetime DEFAULT NULL,
  PRIMARY KEY (`id`),
  KEY `foreign_category` (`t_category_id`),
  CONSTRAINT `foreign_category` FOREIGN KEY (`t_category_id`) REFERENCES `t_goods_category` (`id`)
) ENGINE=InnoDB DEFAULT CHARSET=utf8mb4 COLLATE=utf8mb4_0900_ai_ci
1 row in set (0.00 sec)
```

使用 SHOW CREATE TABLE 语句查看数据表 t_goods_category 和数据表 t_goods 时，不仅能够查看数据表的详细建表语句，还能查看数据表的存储引擎和字符编码等信息。

8.3 修改数据表

MySQL 中支持创建数据表后对数据表的表结构进行修改。本节简单介绍在创建数据表后如何对数据表进行相应的修改。

8.3.1　修改数据表名称

1．语法格式

在 MySQL 中修改数据表名称，语法格式如下：

```
ALTER TABLE 原表名 RENAME [TO] 新表名
```

其中，TO 关键字可以省略。

2．简单示例

首先，在 MySQL 命令行查看 goods 数据库下存在的所有数据表。

```
mysql> USE goods;
Database changed
mysql> SHOW TABLES;
+------------------+
| Tables_in_goods  |
+------------------+
| t_goods          |
| t_goods_backup   |
| t_goods_category |
+------------------+
3 rows in set (0.01 sec)
```

可以看到，goods 数据库下存在 3 张数据表，分别是商品信息表 t_goods、商品信息备份表 t_goods_backup 和商品类别信息表 t_goods_category。

接下来，将商品信息备份表 t_goods_backup 的名称修改为 t_goods_tmp。

```
mysql> ALTER TABLE t_goods_backup RENAME TO t_goods_tmp;
Query OK, 0 rows affected (0.12 sec)
```

SQL 语句执行成功，此时再次查看 goods 数据库中存在的数据表。

```
mysql> SHOW TABLES;
+------------------+
| Tables_in_goods  |
+------------------+
| t_goods          |
| t_goods_category |
| t_goods_tmp      |
+------------------+
3 rows in set (0.00 sec)
```

可以看到，goods 数据库中的 t_goods_backup 数据表的名称已经被修改为 t_goods_tmp，并且数据表结构与 t_goods 数据表结构相同。

8.3.2　添加字段

1．语法格式

为数据表添加字段的语法格式如下：

```
ALTER TABLE 表名 ADD COLUMN 新字段名 数据类型 [NOT NULL DEFAULT 默认值]
```

2. 简单示例

为数据表 t_goods_tmp 添加一个名称为 t_create_time 的字段，数据类型为 DATETIME，默认值为 NULL。

```
mysql> ALTER TABLE t_goods_tmp ADD COLUMN t_create_time DATETIME DEFAULT NULL;
Query OK, 0 rows affected (0.01 sec)
Records: 0  Duplicates: 0  Warnings: 0
```

SQL 语句执行成功，再次查看表 t_goods_tmp 的表结构信息。

```
mysql> SHOW CREATE TABLE t_goods_tmp \G
*************************** 1. row ***************************
       Table: t_goods_tmp
Create Table: CREATE TABLE `t_goods_tmp` (
  `id` int(11) NOT NULL,
  `t_category_id` int(11) DEFAULT NULL,
  `t_category` varchar(30) DEFAULT NULL,
  `t_name` varchar(50) DEFAULT NULL,
  `t_price` decimal(10,2) DEFAULT NULL,
  `t_stock` int(11) DEFAULT NULL,
  `t_upper_time` datetime DEFAULT NULL,
  `t_create_time` datetime DEFAULT NULL,
  PRIMARY KEY (`id`)
) ENGINE=InnoDB DEFAULT CHARSET=utf8mb4 COLLATE=utf8mb4_0900_ai_ci
1 row in set (0.00 sec)
```

在数据表 t_goods_tmp 中多了一个字段 t_create_time，说明为数据表 t_goods_tmp 添加字段成功。

8.3.3　添加字段时指定位置

MySQL 中不仅支持为数据表添加字段，而且在添加字段时还能指定当前要添加的字段在数据表中的位置。添加字段时指定要添加字段的位置包括：在表的第一列添加字段和在指定字段的后面添加字段。

1. 在表的第一列添加字段

语法格式如下：

```
ALTER TABLE 表名 ADD COLUMN 新字段名 数据类型 [NOT NULL DEFAULT 默认值] FIRST
```

其中，FIRST 关键字指定当前要添加的字段位于当前表的第一个字段的位置。

简单示例如下：

为数据表 t_goods_tmp 添加修改时间字段 t_update_time，数据类型为 DATETIME，默认值为系统当前时间，并将字段 t_update_time 放在表 t_goods_tmp 中第一个字段的位置。

```
mysql> ALTER TABLE t_goods_tmp ADD COLUMN t_update_time DATETIME DEFAULT NOW() FIRST;
Query OK, 0 rows affected (0.31 sec)
```

```
Records: 0  Duplicates: 0  Warnings: 0
```

使用 SHOW CREATE TABLE 语句查看数据表 t_goods_tmp 的表结构信息。

```
mysql> SHOW CREATE TABLE t_goods_tmp \G
*************************** 1. row ***************************
       Table: t_goods_tmp
Create Table: CREATE TABLE `t_goods_tmp` (
  `t_update_time` datetime DEFAULT CURRENT_TIMESTAMP,
  `id` int(11) NOT NULL,
  `t_category_id` int(11) DEFAULT NULL,
  `t_category` varchar(30) DEFAULT NULL,
  `t_name` varchar(50) DEFAULT NULL,
  `t_price` decimal(10,2) DEFAULT NULL,
  `t_stock` int(11) DEFAULT NULL,
  `t_upper_time` datetime DEFAULT NULL,
  `t_create_time` datetime DEFAULT NULL,
  PRIMARY KEY (`id`)
) ENGINE=InnoDB DEFAULT CHARSET=utf8mb4 COLLATE=utf8mb4_0900_ai_ci
1 row in set (0.00 sec)
```

可以看到，在数据表 t_goods_tmp 中字段 t_update_time 添加成功，并位于数据表的第一个字段的位置。

2. 在指定字段的后面添加字段

语法格式如下：

```
ALTER TABLE 表名 ADD COLUMN 新字段名 数据类型 [NOT NULL DEFAULT 默认值] AFTER 原有字段名
```

其中，AFTER 关键字指定在数据表的原有字段名之后添加新字段。

简单示例如下：

为数据表 t_goods_tmp 添加区域字段 t_area，数据类型为 VARCHAR(100)，默认值为空字符串，并将 t_area 字段放在库存字段 t_stock 的后面。

```
mysql> ALTER TABLE t_goods_tmp ADD COLUMN t_area VARCHAR(100) NOT NULL DEFAULT '' AFTER t_stock;
Query OK, 0 rows affected (0.03 sec)
Records: 0  Duplicates: 0  Warnings: 0
```

SQL 语句执行成功。接下来，使用 SHOW CREATE TABLE 语句查看数据表 t_goods_tmp 的表结构信息。

```
mysql> SHOW CREATE TABLE t_goods_tmp \G
*************************** 1. row ***************************
       Table: t_goods_tmp
Create Table: CREATE TABLE `t_goods_tmp` (
  `t_update_time` datetime DEFAULT CURRENT_TIMESTAMP,
  `id` int(11) NOT NULL,
  `t_category_id` int(11) DEFAULT NULL,
  `t_category` varchar(30) DEFAULT NULL,
  `t_name` varchar(50) DEFAULT NULL,
  `t_price` decimal(10,2) DEFAULT NULL,
  `t_stock` int(11) DEFAULT NULL,
  `t_area` varchar(100) NOT NULL DEFAULT '',
  `t_upper_time` datetime DEFAULT NULL,
```

```
  `t_create_time` datetime DEFAULT NULL,
  PRIMARY KEY (`id`)
) ENGINE=InnoDB DEFAULT CHARSET=utf8mb4 COLLATE=utf8mb4_0900_ai_ci
1 row in set (0.00 sec)
```

在数据表 t_goods_tmp 中的库存字段 t_stock 后面多了一个商品区域 t_area 字段，说明表字段添加成功。

8.3.4　修改字段名称

MySQL 支持在创建数据表之后修改字段的名称。这就使开发人员或者数据库维护人员能够根据实际需要将数据库的字段名称修改为更有意义的名称。

1．语法格式

修改数据表字段名称的语法格式如下：

```
ALTER TABLE 表名 CHANGE 原有字段名 新字段名 新数据类型
```

在修改数据表字段名称时可以不修改数据类型，此时可以将新字段的数据类型设置成与原有字段的数据类型一样即可，但是新字段名称的数据类型不能为空。

2．简单示例

将数据表 t_goods_tmp 中的 t_update_time 字段的名称修改为 t_last_modified，数据类型保持不变。

```
mysql> ALTER TABLE t_goods_tmp CHANGE t_update_time t_last_modified DATETIME;
Query OK, 0 rows affected (0.04 sec)
Records: 0  Duplicates: 0  Warnings: 0
```

SQL 语句执行成功。接下来，使用 SHOW CREATE TABLE 语句查看数据表 t_goods_tmp 的表结构。

```
mysql> SHOW CREATE TABLE t_goods_tmp \G
*************************** 1. row ***************************
       Table: t_goods_tmp
Create Table: CREATE TABLE `t_goods_tmp` (
  `t_last_modified` datetime DEFAULT NULL,
  `id` int(11) NOT NULL,
  `t_category_id` int(11) DEFAULT NULL,
  `t_category` varchar(30) DEFAULT NULL,
  `t_name` varchar(50) DEFAULT NULL,
  `t_price` decimal(10,2) DEFAULT NULL,
  `t_stock` int(11) DEFAULT NULL,
  `t_area` varchar(100) NOT NULL DEFAULT '',
  `t_upper_time` datetime DEFAULT NULL,
  `t_create_time` datetime DEFAULT NULL,
  PRIMARY KEY (`id`)
) ENGINE=InnoDB DEFAULT CHARSET=utf8mb4 COLLATE=utf8mb4_0900_ai_ci
1 row in set (0.00 sec)
```

在数据表 t_goods_tmp 中，t_update_time 字段已经被修改为 t_last_modified 字段。

8.3.5　修改字段的数据类型

MySQL 支持将当前字段的数据类型修改成另外一种数据类型，修改数据类型也可以使用 ALTER TABLE 语句。

1．语法格式

修改数据类型的语法格式如下：

```
ALTER TABLE 表名 MODIFY 字段名 新数据类型 [DEFAULT 默认值]
```

使用 MODIFY 关键字指定字段的新数据类型即可。

2．简单示例

将数据表 t_goods_tmp 中的商品价格字段 t_price 的数据类型修改为 BIGINT 类型，存储价格信息时以分为单位进行存储，默认值为 0。

```
mysql> ALTER TABLE t_goods_tmp MODIFY t_price BIGINT DEFAULT 0;
Query OK, 0 rows affected (0.03 sec)
Records: 0  Duplicates: 0  Warnings: 0
```

SQL 语句执行成功。接下来使用 SHOW CREATE TABLE 语句查看数据表 t_goods_tmp 的表结构信息。

```
mysql> SHOW CREATE TABLE t_goods_tmp \G
*************************** 1. row ***************************
       Table: t_goods_tmp
Create Table: CREATE TABLE `t_goods_tmp` (
  `t_last_modified` datetime DEFAULT NULL,
  `id` int(11) NOT NULL,
  `t_category_id` int(11) DEFAULT NULL,
  `t_category` varchar(30) DEFAULT NULL,
  `t_name` varchar(50) DEFAULT NULL,
  `t_price` bigint(20) DEFAULT '0',
  `t_stock` int(11) DEFAULT NULL,
  `t_area` varchar(100) NOT NULL DEFAULT '',
  `t_upper_time` datetime DEFAULT NULL,
  `t_create_time` datetime DEFAULT NULL,
  PRIMARY KEY (`id`)
) ENGINE=InnoDB DEFAULT CHARSET=utf8mb4 COLLATE=utf8mb4_0900_ai_ci
1 row in set (0.00 sec)
```

数据表 t_goods_tmp 中的商品价格字段 t_price 的数据类型由原来的 DECIMAL(10,2)类型变成了 BIGINT 类型，说明修改字段的数据类型成功。

8.3.6　修改字段的位置

MySQL 不仅支持在添加字段时指定要添加的字段在数据表中的位置，还支持修改数据表中已经存在的字段在数据表中的位置，并且 MySQL 支持将字段的位置修改为数据库的第一个字段，以及将当前字段的位置修改到某个字段的后面。

1. 将字段的位置修改为数据库的第一个字段

语法格式如下：

```
ALTER TABLE 表名 MIDIFY 字段名 数据类型 FIRST
```

使用 FIRST 关键字标识将当前字段修改为数据表的第一个字段。

简单示例：

将数据表 t_goods_tmp 中的 id 字段的位置修改为表中的第一个字段位置。

```
mysql> ALTER TABLE t_goods_tmp MODIFY id int(11) NOT NULL FIRST;
Query OK, 0 rows affected, 1 warning (0.07 sec)
Records: 0  Duplicates: 0  Warnings: 1
```

SQL 语句执行成功，使用 SHOW CREATE TABLE 语句查看数据表 t_goods_tmp 的表结构信息。

```
mysql> SHOW CREATE TABLE t_goods_tmp \G
*************************** 1. row ***************************
       Table: t_goods_tmp
Create Table: CREATE TABLE `t_goods_tmp` (
  `id` int(11) NOT NULL,
  `t_last_modified` datetime DEFAULT NULL,
  `t_category_id` int(11) DEFAULT NULL,
  `t_category` varchar(30) DEFAULT NULL,
  `t_name` varchar(50) DEFAULT NULL,
  `t_price` bigint(20) DEFAULT '0',
  `t_stock` int(11) DEFAULT NULL,
  `t_area` varchar(100) NOT NULL DEFAULT '',
  `t_upper_time` datetime DEFAULT NULL,
  `t_create_time` datetime DEFAULT NULL,
  PRIMARY KEY (`id`)
) ENGINE=InnoDB DEFAULT CHARSET=utf8mb4 COLLATE=utf8mb4_0900_ai_ci
1 row in set (0.00 sec)
```

可以看到，此时 id 字段被修改为 t_goods_tmp 表中的第一个字段。

2. 将当前字段的位置修改到某个字段的后面

语法格式如下：

```
ALTER TABLE 表名 MODIFY 字段 1 名称  字段 1 的数据类型 AFTER 字段 2 名称
```

将字段 1 移动到字段 2 的后面。

简单示例：

将数据表 t_goods_tmp 中的 t_last_modified 字段修改到 t_create_time 字段的后面。

```
mysql> ALTER TABLE t_goods_tmp MODIFY t_last_modified datetime DEFAULT NULL AFTER t_create_time;
Query OK, 0 rows affected (0.13 sec)
Records: 0  Duplicates: 0  Warnings: 0
```

接下来查看表t_goods_tmp的表结构。

```
mysql> SHOW CREATE TABLE t_goods_tmp \G
*************************** 1. row ***************************
       Table: t_goods_tmp
Create Table: CREATE TABLE `t_goods_tmp` (
  `id` int(11) NOT NULL,
  `t_category_id` int(11) DEFAULT NULL,
  `t_category` varchar(30) DEFAULT NULL,
  `t_name` varchar(50) DEFAULT NULL,
  `t_price` bigint(20) DEFAULT '0',
  `t_stock` int(11) DEFAULT NULL,
  `t_area` varchar(100) NOT NULL DEFAULT '',
  `t_upper_time` datetime DEFAULT NULL,
  `t_create_time` datetime DEFAULT NULL,
  `t_last_modified` datetime DEFAULT NULL,
  PRIMARY KEY (`id`)
) ENGINE=InnoDB DEFAULT CHARSET=utf8mb4 COLLATE=utf8mb4_0900_ai_ci
1 row in set (0.00 sec)
```

此时t_last_modified字段已经被修改到t_create_time字段的后面了。

8.3.7 删除字段

MySQL支持删除数据表中某个字段的操作，删除字段同样使用ALTER TABLE语句。

1. 语法格式

删除表中某个字段的语法格式如下：

```
ALTER TABLE 表名 DROP 字段名
```

2. 简单示例

删除数据表t_goods_tmp中的t_area字段。

```
mysql> ALTER TABLE t_goods_tmp DROP t_area;
Query OK, 0 rows affected (0.03 sec)
Records: 0  Duplicates: 0  Warnings: 0
```

可以看到SQL语句执行成功。接下来查看数据表t_goods_tmp的表结构。

```
mysql> SHOW CREATE TABLE t_goods_tmp \G
*************************** 1. row ***************************
       Table: t_goods_tmp
Create Table: CREATE TABLE `t_goods_tmp` (
  `id` int(11) NOT NULL,
  `t_category_id` int(11) DEFAULT NULL,
  `t_category` varchar(30) DEFAULT NULL,
  `t_name` varchar(50) DEFAULT NULL,
  `t_price` bigint(20) DEFAULT '0',
  `t_stock` int(11) DEFAULT NULL,
  `t_upper_time` datetime DEFAULT NULL,
  `t_create_time` datetime DEFAULT NULL,
```

```
  `t_last_modified` datetime DEFAULT NULL,
  PRIMARY KEY (`id`)
) ENGINE=InnoDB DEFAULT CHARSET=utf8mb4 COLLATE=utf8mb4_0900_ai_ci
1 row in set (0.00 sec)
```

数据表 t_goods_tmp 中的 t_area 字段已经被删除。

8.3.8　修改已有表的存储引擎

MySQL 不仅支持在创建数据表的时候为数据表指定存储引擎，还支持修改已有表的存储引擎。

1. 语法格式

指定数据表的存储引擎，语法如下：

```
ALTER TABLE 表名 ENGINE=存储引擎名称
```

“ENGINE”关键字指定数据表的存储引擎。

2. 简单示例

由前面的章节可以知道，数据表 t_goods_tmp 使用的存储引擎为 InnoDB，将其修改为 MyISAM 存储引擎。

```
mysql> ALTER TABLE t_goods_tmp ENGINE=MyISAM;
Query OK, 0 rows affected (0.08 sec)
Records: 0  Duplicates: 0  Warnings: 0
```

SQL 语句执行成功。接下来查看数据表 t_goods_tmp 的表结构信息。

```
mysql> SHOW CREATE TABLE t_goods_tmp \G
*************************** 1. row ***************************
       Table: t_goods_tmp
Create Table: CREATE TABLE `t_goods_tmp` (
  `id` int(11) NOT NULL,
  `t_category_id` int(11) DEFAULT NULL,
  `t_category` varchar(30) DEFAULT NULL,
  `t_name` varchar(50) DEFAULT NULL,
  `t_price` bigint(20) DEFAULT '0',
  `t_stock` int(11) DEFAULT NULL,
  `t_upper_time` datetime DEFAULT NULL,
  `t_create_time` datetime DEFAULT NULL,
  `t_last_modified` datetime DEFAULT NULL,
  PRIMARY KEY (`id`)
) ENGINE=MyISAM DEFAULT CHARSET=utf8mb4 COLLATE=utf8mb4_0900_ai_ci
1 row in set (0.00 sec)
```

此时，数据表 t_goods_tmp 的存储引擎已经被修改为 MyISAM 了。

最后，将数据表 t_goods_tmp 的存储引擎再次修改为 InnoDB。

```
mysql> ALTER TABLE t_goods_tmp ENGINE=InnoDB;
Query OK, 0 rows affected (0.02 sec)
Records: 0  Duplicates: 0  Warnings: 0
```

8.3.9　取消数据表的外键约束

1．语法格式

取消数据表的外键约束的语法格式如下：

```
ALTER TABLE 表名 DROP FOREIGN KEY 外键名
```

使用 DROP FOREIGN KEY 关键字删除表中的外键。

2．简单示例

在 8.1.3 节中我们为商品信息表 t_goods 指定了一个名称为 foreign_category 的外键。接下来删除外键约束。

```
mysql> ALTER TABLE t_goods DROP FOREIGN KEY foreign_category;
Query OK, 0 rows affected (0.13 sec)
Records: 0  Duplicates: 0  Warnings: 0
```

SQL 语句执行成功，再次查看数据表 t_goods 的表结构信息。

```
mysql> SHOW CREATE TABLE t_goods \G
*************************** 1. row ***************************
       Table: t_goods
Create Table: CREATE TABLE `t_goods` (
  `id` int(11) NOT NULL,
  `t_category_id` int(11) DEFAULT NULL,
  `t_category` varchar(30) DEFAULT NULL,
  `t_name` varchar(50) DEFAULT NULL,
  `t_price` decimal(10,2) DEFAULT NULL,
  `t_stock` int(11) DEFAULT NULL,
  `t_upper_time` datetime DEFAULT NULL,
  PRIMARY KEY (`id`),
  KEY `foreign_category` (`t_category_id`)
) ENGINE=InnoDB DEFAULT CHARSET=utf8mb4 COLLATE=utf8mb4_0900_ai_ci
1 row in set (0.00 sec)
```

数据表 t_goods 的外键约束删除成功。

8.4　删除数据表

在 MySQL 中删除数据表时有两种情况：删除与其他表没有关联关系的数据表，以及删除有外键约束的主表。本节简单介绍两种情况下如何删除数据表。

8.4.1　删除没有关联关系的数据表

在 MySQL 中，当一张数据表没有与其他任何数据表形成关联关系时，可以将当前数据表直接删除。

1. 语法格式

删除没有关联关系的数据表的语法格式如下：

```
DROP TABLE [IF EXISTS] 数据表 1 [, 数据表 2, …, 数据表 n]
```

2. 简单示例

首先，查看商品数据库 goods 中的所有数据表。

```
mysql> SHOW TABLES;
+------------------+
| Tables_in_goods  |
+------------------+
| t_goods          |
| t_goods_category |
| t_goods_snapshot |
| t_goods_tmp      |
+------------------+
4 rows in set (0.01 sec)
```

接下来，删除数据表 t_goods_snapshot。

```
mysql> DROP TABLE t_goods_snapshot;
Query OK, 0 rows affected (0.01 sec)
```

再次查看商品数据库 goods 中的所有数据表。

```
mysql> SHOW TABLES;
+------------------+
| Tables_in_goods  |
+------------------+
| t_goods          |
| t_goods_category |
| t_goods_tmp      |
+------------------+
3 rows in set (0.00 sec)
```

数据表 t_goods_snapshot 已经被成功删除。

当数据库中不存在要删除的数据表时，使用“DROP TABLE 表名”的语法删除数据表时 MySQL 会报错。例如，再次删除商品数据库 goods 中的 t_goods_snapshot 数据表。

```
mysql> DROP TABLE t_goods_snapshot;
ERROR 1051 (42S02): Unknown table 'goods.t_goods_snapshot'
```

由于商品数据库 goods 中已经不存在 t_goods_snapshot 数据表，所以 MySQL 抛出未知的数据表错误。此时可以使用“DROP TABLE IF EXISTS 表名”的语法使 MySQL 不再抛出错误信息。

```
mysql> DROP TABLE IF EXISTS t_goods_snapshot;
Query OK, 0 rows affected, 0 warning (0.00 sec)
```

IF EXISTS 的含义为：如果当前数据库中存在相应的数据表，则删除数据表；如果当前数据库中不存在相应的数据表，则忽略删除语句，不再执行删除数据表的操作。

8.4.2　删除有外键约束的主表

删除有外键约束的主表时，如果直接删除主表，MySQL 会报错。此时，有两种方式删除有外键约束的主表，一种方式是先删除有外键约束的从表，再删除主表；另一种方式为先解除外键约束，再删除主表。

在大多数情况下，删除有外键约束的主表时需要保留从表，所以本节先简单介绍如何解除外键约束，然后再删除主表。另一种方式是先删除从表，再删除主表，这种方式比较简单，读者只需要按照顺序先删除从表，再删除主表即可。

在 8.1.3 节中，数据表 t_goods_category 与数据表 t_goods 具有外键约束，并且 t_goods_category 为主表，t_goods 为从表。此时，直接删除主表 t_goods_category，MySQL 会抛出错误信息。

```
mysql> DROP TABLE t_goods_category;
ERROR 3730 (HY000): Cannot drop table 't_goods_category' referenced by a foreign key constraint
'foreign_category' on table 't_goods'.
```

可以看到，直接删除主表 t_goods_category 时，MySQL 会抛出“不能删除表 t_goods_category，在 t_goods 中存在外键约束”。

接下来按照 8.3.9 节中的介绍，取消数据表 t_goods_category 与数据表 t_goods 的外键约束。

再次执行删除主表 t_goods_category 的 SQL 语句如下：

```
mysql> DROP TABLE t_goods_category;
Query OK, 0 rows affected (0.00 sec)
```

SQL 语句执行成功，再次查看商品数据库 goods 中的数据表。

```
mysql> SHOW TABLES;
+-----------------+
| Tables_in_goods |
+-----------------+
| t_goods         |
| t_goods_tmp     |
+-----------------+
2 rows in set (0.00 sec)
```

数据表 t_goods_category 已经被成功删除。

8.5　MySQL 中的临时表

当需要在数据库中保存一些临时数据时，临时表就显得非常有用了。MySQL 支持创建和删除临时表。本节简单介绍一下如何在 MySQL 中创建和删除临时表。

8.5.1　创建临时表

1. 语法格式

创建临时表的语法格式如下：

```
CREATE TEMPORARY TABLE [IF NOT EXISTS] 表名
```

创建临时表比创建普通的数据表只是多了一个 TEMPORARY 关键字。

2. 简单示例

在商品数据库 goods 中创建临时数据表 t_temporary_category。

```
mysql> CREATE TEMPORARY TABLE t_temporary_category (
    -> id INT NOT NULL PRIMARY KEY AUTO_INCREMENT,
    -> t_name VARCHAR(30)
    -> );
Query OK, 0 rows affected (0.01 sec)
```

接下来，查看临时数据表 t_temporary_category 的表结构信息。

```
mysql> SHOW CREATE TABLE t_temporary_category \G
*************************** 1. row ***************************
       Table: t_temporary_category
Create Table: CREATE TEMPORARY TABLE `t_temporary_category` (
  `id` int(11) NOT NULL AUTO_INCREMENT,
  `t_name` varchar(30) DEFAULT NULL,
  PRIMARY KEY (`id`)
) ENGINE=InnoDB DEFAULT CHARSET=utf8mb4 COLLATE=utf8mb4_0900_ai_ci
1 row in set (0.00 sec)
```

临时数据表 t_temporary_category 创建成功。

注意：在 MySQL 中，使用 CREATE TEMPORARY TABLE 语句创建临时表后，使用 SHOW TABLES 语句是无法查看到临时表的，此时可以通过 DESCRIBE/DESC 或者 SHOW CREATE TABLE 语句查看临时表的表结构，来确定临时数据表是否创建成功。如果能够正确查看临时数据表的表结构信息，说明临时数据表创建成功；如果 MySQL 抛出“数据表不存在”的错误，说明临时数据表创建失败。

8.5.2　删除临时表

1. 语法格式

删除临时表的语法格式与删除普通数据表的语法格式一样，具体如下：

```
DROP TABLE [IF EXISTS] 表名
```

2. 简单示例

删除商品数据库 goods 中的临时数据表 t_temporary_category。

```
mysql> DROP TABLE t_temporary_category;
Query OK, 0 rows affected (0.00 sec)
```

SQL 语句执行成功。接下来，再次查看临时数据表 t_temporary_category 的表结构信息。

```
mysql> SHOW CREATE TABLE t_temporary_category \G
ERROR 1146 (42S02): Table 'goods.t_temporary_category' doesn't exist
```

MySQL 抛出“不存在临时数据表 t_temporary_category”的错误，说明临时数据表 t_temporary_category 已经被成功删除。

8.6 本章总结

本章主要介绍了如何在 MySQL 中操作数据表，包括：创建数据表、查看数据表结构、修改数据表、删除数据表和在 MySQL 中创建并删除临时表。其中，详细介绍了创建数据表和修改数据表时的各种情况。下一章中将会详细介绍 MySQL 中的数据类型。

第 9 章　MySQL 数据类型

MySQL 支持丰富的数据类型，总体上可以分为数值类型、日期和时间类型、字符串类型。数值类型包括整数类型、浮点数类型和定点数类型；字符串类型包括文本字符串类型和二进制字符串类型。本章将对 MySQL 中的数据类型进行简单的介绍。

本章涉及的知识点有：

- 整数类型；
- 浮点数类型；
- 定点数类型；
- 日期和时间类型；
- 文本字符串类型；
- 二进制字符串类型。

9.1 数值类型

MySQL 中的数值类型包括整数类型、浮点数类型和定点数类型。本节就对 MySQL 中的数值类型进行简单的介绍。

9.1.1 整数类型

MySQL 中的整数类型包括 TINYINT、SMALLINT、MEDIUMINT、INT(INTEGER)和 BIGINT。不同的整数类型，其所需要的存储空间和数值范围不尽相同。

MySQL 中整数类型所需的存储空间如表 9-1 所示。

表 9-1　整数类型所需的存储空间

整 数 类 型	类 型 名 称	存 储 空 间
TINYINT	非常小的整数	1个字节
SMALLINT	小整数	2个字节
MEDIUMINT	中型大小的整数	3个字节
INT(INTEGER)	一般大小的整数	4个字节
BIGINT	很大的整数	8个字节

由表 9-1 可以看出，在 MySQL 中，不同的整数类型所需要的存储空间的大小也是不同的。其中，TINYINT 类型所占用的存储空间最小，为 1 个字节；BIGINT 类型占用的存储空间最大，为 8 个字节。在实际工作中，读者需要根据实际情况选择合适的整数类型。

不同的整数类型除了所需的存储空间不同外，所表示的数值范围也是不同的。不同的整数类型所表示的数值范围如表 9-2 所示。

表 9-2　整数类型表示的数值范围

整 数 类 型	是否有符号	最　小　值	最　大　值
TINYINT	有符号	-128	127
	无符号	0	255
SMALLINT	有符号	-32768	32767
	无符号	0	65535
MEDIUMINT	有符号	-8300608	8300607
	无符号	0	16777215
INT(INTEGER)	有符号	-2147483848	2147483647
	无符号	0	4294967295
BIGINT	有符号	-9223372036854775808	9223372036854775807
	无符号	0	18446744073709551615

由表 9-2 可以看出，不同的整数类型所表示的数值范围不同。同一种整数类型，有符号与无符号所表示的数值范围也不同。其中，有符号整数的最小值是一个负数，无符号整数的最小值是 0。

如果使用的数据类型超出了整数类型的范围，则 MySQL 会抛出相应的错误。因此在实际使用的时候，应该首先确认好数据的取值范围，然后根据确认的结果选择合适的整数类型。

接下来，在 MySQL 中创建数据表 t1，这个表中只有一个 INT 类型的字段 id。

```
mysql> CREATE TABLE t1(id INT);
Query OK, 0 rows affected (0.07 sec)
```

使用 SHOW CREATE TABLE 语句查看 t1 的创建信息。

```
mysql> SHOW CREATE TABLE t1 \G
*************************** 1. row ***************************
       Table: t1
Create Table: CREATE TABLE `t1` (
  `id` int(11) DEFAULT NULL
) ENGINE=InnoDB DEFAULT CHARSET=utf8mb4 COLLATE=utf8mb4_0900_ai_ci
1 row in set (0.09 sec)
```

实际上，MySQL 在执行建表语句时，将 id 字段的类型设置为 int(11)，这里的 11 实际上是 int 类型指定的显示宽度，默认的显示宽度为 11。也可以在创建数据表的时候指定数据的显示宽度。

创建数据表 t2，将 INT 类型的字段 id 的显示宽度设置为 6。

```
mysql> CREATE TABLE t2(id INT(6));
Query OK, 0 rows affected, 1 warning (0.10 sec)
```

查看 t2 表在 MySQL 内部的创建信息。

```
mysql> SHOW CREATE TABLE t2 \G
*************************** 1. row ***************************
       Table: t2
Create Table: CREATE TABLE `t2` (
  `id` int(6) DEFAULT NULL
) ENGINE=InnoDB DEFAULT CHARSET=utf8mb4 COLLATE=utf8mb4_0900_ai_ci
1 row in set (0.00 sec)
```

t2 表中 id 字段的显示宽度为 6。

注意：整数类型的显示宽度与数据类型的取值范围无关。显示宽度只是指定最大显示的数字个数，如果在数据表中插入了大于显示宽度，但是并没有超过整数类型的数值范围的数据，依然可以正确地插入数据，并且能够正确地显示。

接下来向数据表 t2 中插入两条数据，一条数据没有超出显示的宽度 6，另一条数据超出了显示的宽度 6。

```
mysql> INSERT INTO t2(id) VALUES (1), (1111111);
Query OK, 2 rows affected (0.00 sec)
Records: 2  Duplicates: 0  Warnings: 0
```

分别向 t2 表中插入了两条数据，一条数据为 1，另一条数据为 1111111，数字 1 并没有超出 id 字段的显示宽度，数字 1111111 超出了 id 字段的显示宽度。

查询 t2 表中的数据。

```
mysql> SELECT * FROM t2;
+---------+
| id      |
+---------+
|       1 |
| 1111111 |
+---------+
2 rows in set (0.01 sec)
```

虽然在创建数据表的时候设置了 id 字段的显示宽度为 6，但是数字 1111111 并没有超出 INT 类型表示的数值范围，因此依然能够正确地插入数据库中并显示。

整数类型的显示宽度能够配合 ZEROFILL 使用。ZEROFILL 表示在数字的显示位数不够时，可以用字符 0 进行填充。

创建数据表 t3，包含两个字段 id1 和 id2，id1 不指定显示宽度，id2 指定显示宽度为 6，并且两个字段指定当数字的显示位数不够时，使用字符 0 进行填充。

```
mysql> CREATE TABLE t3(id1 INT ZEROFILL, id2 INT(6) ZEROFILL);
Query OK, 0 rows affected, 3 warnings (0.02 sec)
```

向数据表 t3 中插入数据。

```
mysql> INSERT INTO t3(id1, id2) VALUES(1, 1);
Query OK, 1 row affected (0.00 sec)
```

查询 t3 表中的数据。

```
mysql> SELECT * FROM t3;
+------------+--------+
| id1        | id2    |
+------------+--------+
| 0000000001 | 000001 |
+------------+--------+
1 row in set (0.00 sec)
```

查询字段 id1 和字段 id2 时，当插入的数字小于设置的显示宽度时，使用字符 0 进行了填充。

当整数类型设置了显示宽度并且使用字符 0 填充时，如果向数据表中插入时超出了显示宽度，但是并没有超出整数类型范围的数字时，MySQL 也不会报错，原因是插入的数字超出了显示宽度，无须再用字符 0 进行填充。

再次向数据表 t3 中插入数据。

```
mysql> INSERT INTO t3(id1, id2) VALUES(1, 1111111);
Query OK, 1 row affected (0.00 sec)
```

为 id2 字段插入的数字 1111111 已经超出了字段的显示宽度，但是并没有超出 INT 类型的数值范围。此时，再次查询数据表 t3 中的数据。

```
mysql> SELECT * FROM t3;
+------------+---------+
| id1        | id2     |
+------------+---------+
| 0000000001 |  000001 |
| 0000000001 | 1111111 |
+------------+---------+
2 rows in set (0.00 sec)
```

当插入的数据超出了字段的显示宽度，但是并没有超出 INT 类型的数值范围时，能够正确插入与显示数据，并且不再使用字符 0 进行填充。也就是说，当插入的数据超出了字段的显示宽度，但是并没有超出 INT 类型的数值范围时，插入的数据并不会受显示宽度的限制。

所有的整数类型都有一个可选的属性 UNSIGNED（无符号属性），无符号整数类型的最小取值为 0。所以，如果需要在 MySQL 数据库中保存非负整数值时，可以将整数类型设置为无符号类型。特别地，如果在 MySQL 中创建数据表时，指定数据字段为 ZEROFILL，则 MySQL 会自动为当前列添加 UNSIGNED 属性。

查看 t3 表在 MySQL 中的建表信息。

```
mysql> SHOW CREATE TABLE t3 \G
*************************** 1. row ***************************
       Table: t3
Create Table: CREATE TABLE `t3` (
  `id1` int(10) unsigned zerofill DEFAULT NULL,
  `id2` int(6) unsigned zerofill DEFAULT NULL
) ENGINE=InnoDB DEFAULT CHARSET=utf8mb4 COLLATE=utf8mb4_0900_ai_ci
1 row in set (0.00 sec)
```

在创建数据表 t3 时并没有指定 id1 字段和 id2 字段的属性 UNSIGNED，而只是为 id1 字段和 id2 字段指定了 ZEROFILL，此时，MySQL 自动为 id1 和 id2 添加了 UNSIGNED 属性。

在 MySQL 中，整数类型还有一个属性是 AUTO_INCREMENT。AUTO_INCREMENT 的值一般从 1 开始，每行自动加 1。如果在标识为 AUTO_INCREMENT 的整数列中插入 NULL，则 MySQL 会在此列中插入一个比该列当前最大值大 1 的数值。

一个表中最多只能有一个列被设置为 AUTO_INCREMENT。设置为 AUTO_INCREMENT 的列需要定义为 NOT NULL，并且定义为 PRIMARY KEY，或者定义为 NOT NULL 并且定义为 UNIQUE。

可以使用如下语句创建数据表 t4。t4 表中存在两个字段，即 id 字段和 age 字段，其中 id 字段是 INT 类型的主键，并且设置为自动递增类型，age 字段是 INT 类型。

```
mysql> CREATE TABLE t4(
    -> id INT NOT NULL AUTO_INCREMENT PRIMARY KEY,
    -> age int
    -> );
Query OK, 0 rows affected (0.02 sec)
```

也可以使用如下语句创建数据表：

```
mysql> CREATE TABLE t4(
    -> id INT NOT NULL AUTO_INCREMENT,
    -> age int,
    -> PRIMARY KEY(id)
    -> );
Query OK, 0 rows affected (0.01 sec)
```

接下来向 t4 表中插入数据。

```
mysql> INSERT INTO t4 (age) values(18),(20),(16);
Query OK, 3 rows affected (0.00 sec)
Records: 3  Duplicates: 0  Warnings: 0
```

向数据表 t4 中插入了 3 条数据，age 字段的值分别为 18、20 和 14，并没有向 id 字段插入数据。

接下来查询数据表 t4 的数据。

```
mysql> SELECT * from t4;
+----+------+
| id | age  |
+----+------+
|  1 |   18 |
|  2 |   20 |
|  3 |   16 |
+----+------+
3 rows in set (0.00 sec)
```

MySQL 自动为 AUTO_INCREMENT 类型的整型列设置了自动递增的整数值。

也可以将设置为 AUTO_INCREMENT 的整型列定义为 UNIQUE，建立数据表 t5。

```
mysql> CREATE TABLE t5 (
    -> id INT NOT NULL AUTO_INCREMENT UNIQUE,
    -> age int
    -> );
Query OK, 0 rows affected (0.01 sec)
```

在数据表t5中并没有将id字段设置为主键，而是将id字段设置为唯一索引，此时向数据表t5中插入数据。

```
mysql> INSERT INTO t5 (age) values (16),(19),(13);
Query OK, 3 rows affected (0.00 sec)
Records: 3  Duplicates: 0  Warnings: 0
```

上面的命令向数据表t5中插入了3行数据，为age字段分别赋值16、19和13，但是并没有为id赋值。

查看数据表t5中的数据。

```
mysql> SELECT * from t5;
+----+------+
| id | age  |
+----+------+
|  1 |   16 |
|  2 |   19 |
|  3 |   13 |
+----+------+
3 rows in set (0.00 sec)
```

在数据表t5中，MySQL同样为设置为AUTO_INCREMENT的整型列id设置了自动递增的整数值。

注意：其他整数类型的用法与INT类型相同，笔者以INT类型为例进行了介绍，读者可以用其他整数类型进行验证，这里不再赘述。

9.1.2 浮点数类型

浮点数类型主要有两种：单精度浮点数FLOAT和双精度浮点数DOUBLE。浮点数类型所需的存储空间如表9-3所示。

表9-3 浮点数所需的存储空间

浮点数类型	类型名称	存储空间
FLOAT	单精度浮点数	4个字节
DOUBLE	双精度浮点数	8个字节

由表9-3可以看出，单精度浮点数FLOAT类型占用4个字节的存储空间，双精度浮点数DOUBLE类型占用8个字节的存储空间。

对于浮点数来说，有符号与无符号所表示的数值范围也是不同的，浮点数表示的数值范围如表9-4所示。

表 9-4　浮点数表示的数值范围

浮点数类型	是否有符号	最　小　值	最　大　值
FLOAT	有符号	−3.402823466E+38	−1.175494351E-38
	无符号	0和1.175494351E-38	3.402823466E+38
DOUBLE	有符号	−1.7976931348623157E+308	−2.2250738585072014E-308
	无符号	0和2.2250738585072014E-308	1.7976931348623157E+308

由表 9-4 可以看出，不同类型的浮点数的取值范围不同，相同类型的浮点数，有符号与无符号时，取值范围也是不同的。

浮点数类型中的 FLOAT 和 DOUBLE 类型在不指定数据精度时，默认会按照实际的计算机硬件和操作系统决定的数据精度进行显示。如果用户指定的精度超出了浮点数类型的数据精度，则 MySQL 会自动进行四舍五入操作。

创建数据表 t6，t6 表中包含两个字段 f 和 d，f 字段是 FLOAT 类型，d 字段是 DOUBLE 类型。

```
mysql> CREATE TABLE t6 (f FLOAT, d DOUBLE);
Query OK, 0 rows affected (0.01 sec)
```

接下来向数据表 t6 中插入数据。

```
mysql> INSERT INTO t6 (f, d) VALUES (3.14, 5.98);
Query OK, 1 row affected (0.00 sec)
```

查看 t6 表中的数据。

```
mysql> SELECT * FROM t6;
+------+------+
| f    | d    |
+------+------+
| 3.14 | 5.98 |
+------+------+
1 row in set (0.00 sec)
```

可以看出，能够正确地插入并显示数据。接下来再次向 t6 表中插入数据。

```
mysql> INSERT INTO t6 (f, d) VALUES (3.144444444444444, 5.98999999999999999999999);
Query OK, 1 row affected (0.00 sec)
```

此时，再次查看 t6 表中的数据。

```
mysql> SELECT * FROM t6;
+---------+------+
| f       | d    |
+---------+------+
|    3.14 | 5.98 |
| 3.14444 | 5.99 |
+---------+------+
2 rows in set (0.00 sec)
```

可以看到，为 FLOAT 类型和 DOUBLE 类型插入超出数据类型精度的数据时，MySQL 对插入的数据进行了四舍五入处理。

对于浮点数来说，可以使用(M, D)的方式进行表示，(M, D)表示当前数值包含整数位和小数位一共会显示M位数字，其中，小数点后会显示D位数字，M又被称为精度，D又被称为标度。

创建数据表t7，t7表中包含FLOAT类型的字段f和DOUBLE类型的字段d，并为两个字段设置精度和标度。

```
mysql> CREATE TABLE t7 (
    -> f FLOAT(5,2),
    -> d DOUBLE(5,2)
    -> );
Query OK, 0 rows affected, 2 warnings (0.11 sec)
```

接下来分别向f字段和d字段插入数值3.14。

```
mysql> INSERT INTO t7 (f, d) VALUES (3.14, 3.14);
Query OK, 1 row affected (0.01 sec)
```

查看t7表中的数据。

```
mysql> SELECT * FROM t7;
+------+------+
| f    | d    |
+------+------+
| 3.14 | 3.14 |
+------+------+
1 row in set (0.00 sec)
```

可以发现，能够正确地插入并显示数据。

再次向t7表中插入数据，此时在f字段中插入数值3.141，在d字段中插入数值3.14。执行命令如下：

```
mysql> INSERT INTO t7 (f, d) VALUES (3.141, 3.14);
Query OK, 1 row affected (0.00 sec)
```

查看t7表中的数据。

```
mysql> SELECT * FROM t7;
+------+------+
| f    | d    |
+------+------+
| 3.14 | 3.14 |
| 3.14 | 3.14 |
+------+------+
2 rows in set (0.00 sec)
```

FLOAT类型的字段f，由于标度的长度限制，最后一位数字被舍弃了，最终插入数据库中的数值为3.14。

接下来再次向t7表中插入数据，此时，在f字段中插入数值3.14，d字段中插入数值3.141。

```
mysql> INSERT INTO t7 (f, d) VALUES (3.14, 3.141);
Query OK, 1 row affected (0.16 sec)
```

再次查看t7表中的数据。

```
mysql> SELECT * FROM t7;
+------+------+
```

```
| f    | d    |
+------+------+
| 3.14 | 3.14 |
| 3.14 | 3.14 |
| 3.14 | 3.14 |
+------+------+
3 rows in set (0.00 sec)
```

当双精度 DOUBLE 类型的数据设置了精度和标度时，由于标度的限制，同样会舍弃超出标度限制的数字。

综上所述，浮点数不写精度和标度时，会按照计算机硬件和操作系统决定的数据精度进行显示。如果用户指定的精度超出了浮点数类型的数据精度，则 MySQL 会自动进行四舍五入操作，数据能够插入 MySQL 中，并能够正常显示。

9.1.3　定点数类型

MySQL 中的定点数类型只有 DECIMAL 一种类型。DECIMAL 类型也可以使用(M, D)进行表示，其中，M 被称为精度，是数据的总位数；D 被称为标度，表示数据的小数部分所占的位数。定点数在 MySQL 内部是以字符串的形式进行存储的，它的精度比浮点数更加精确，适合存储表示金额等需要高精度的数据。

DECIMAL(M, D)类型的数据的最大取值范围与 DOUBLE 类型一样，但是有效的数据范围是由 M 和 D 决定的。而 DECIMAL 的存储空间并不是固定的，由精度值 M 决定，总共占用的存储空间为 M+2 个字节。

使用定点数类型表示数据时，当数据的精度超出了定点数类型的精度范围时，则 MySQL 同样会进行四舍五入处理。

当 DECIMAL 类型不指定精度和标度时，其默认为 DECIMAL(10, 0)。

创建数据表 t8，在 t8 数据表中包含两个字段，即 d1 和 d2，两个字段的类型分别为 DECIMAL 和 DECIMAL(5, 2)。也就是说，d1 字段使用默认的精度和标度，d2 字段的精度为 5，标度为 2。

```
mysql> CREATE TABLE t8 (
    -> d1 DECIMAL,
    -> d2 DECIMAL(5, 2)
    -> );
Query OK, 0 rows affected (0.56 sec)
```

接下来，查看 t8 数据表的建表信息。

```
mysql> SHOW CREATE TABLE t8 \G
*************************** 1. row ***************************
       Table: t8
Create Table: CREATE TABLE `t8` (
  `d1` decimal(10,0) DEFAULT NULL,
  `d2` decimal(5,2) DEFAULT NULL
) ENGINE=InnoDB DEFAULT CHARSET=utf8mb4 COLLATE=utf8mb4_0900_ai_ci
1 row in set (0.00 sec)
```

在创建数据表 t8 时并没有为 d1 字段设置精度和标度，此时，MySQL 会自动为 d1 字段设置精度为 10, 标度为 0。

向 t8 表中插入数据。

```
mysql> INSERT INTO t8 (d1, d2) VALUES (3.14, 3.14);
Query OK, 1 row affected, 1 warning (0.00 sec)
```

此时，MySQL 并没有报错，只是会显示一个警告，接下来查看警告信息。

```
mysql> SHOW WARNINGS;
+-------+------+----------------------------------------+
| Level | Code | Message                                |
+-------+------+----------------------------------------+
| Note  | 1265 | Data truncated for column 'd1' at row 1 |
+-------+------+----------------------------------------+
1 row in set (0.01 sec)
```

MySQL 的警告信息中显示 d1 字段的值被截断了。接下来查看 t8 表中的数据。

```
mysql> SELECT * FROM t8;
+------+------+
| d1   | d2   |
+------+------+
|    3 | 3.14 |
+------+------+
1 row in set (0.00 sec)
```

在插入数据时，d1 字段的值为 3，d2 字段的值为 3.14，再次证明了当创建数据表时，如果不给 DECIMAL 类型的字段设置精度和标度，则 DECIMAL 默认的精度为 10，标度为 0。此时，向数据表中插入数据会舍弃所有小数部分。

再次向 t8 表中插入数据。

```
mysql> INSERT INTO t8 (d1, d2) VALUES (1, 3.141);
Query OK, 1 row affected, 1 warning (0.00 sec)
```

此时，向 d1 字段插入数值 1，t2 字段插入数据 3.141。查看 t8 表中的数据。

```
mysql> SELECT * FROM t8;
+------+------+
| d1   | d2   |
+------+------+
|    3 | 3.14 |
|    1 | 3.14 |
+------+------+
2 rows in set (0.00 sec)
```

d2 字段中的值，由于精度和标度的限制也被截断了。也就是说，在定点数类型中，如果小数位数超出了标度的限制，则会被截断处理。

接下来再次向 t8 表中插入数据。

```
mysql> INSERT INTO t8 (d1, d2) VALUES (11111111111, 3.14);
ERROR 1264 (22003): Out of range value for column 'd1' at row 1
```

此时，向 t8 表的 d1 字段中插入一个超出了精度和标度的数值，MySQL 报错了。

对比浮点数类型和定点数类型，可以总结出如下不同之处：

- 浮点数类型中的 FLOAT 类型和 DOUBLE 类型在不指定精度时，默认会按照计算机硬件和操作系统决定的精度进行表示；而定点数类型中的 DECIMAL 类型不指定精度时，默认为 DECIMAL(10, 0)。
- 当数据类型的长度一定时，浮点数能够表示的数据范围更大，但是浮点数会引起精度问题，不适合存储高精度类型的数据。

9.2　日期和时间类型

MySQL 提供了表示日期和时间的数据类型，主要有 YEAR 类型、TIME 类型、DATE 类型、DATETIME 类型和 TIMESTAMP 类型。

- DATE 类型通常用来表示年月日；
- DATETIME 类型通常用来表示年、月、日、时、分、秒；
- TIME 类型通常用来表示时、分、秒。

日期和时间类型占用的存储空间如表 9-5 所示。

表 9-5　日期和时间类型占用的存储空间

日期/时间类型	类 型 名 称	存 储 需 求
YEAR	年	1个字节
TIME	时间	3个字节
DATE	日期	3个字节
DATETIME	日期时间	8个字节
TIMESTAMP	日期时间	4个字节

由表 9-5 可以看出，在日期和时间类型中，占用存储空间最小的是 YEAR 类型，总共占用 1 个字节的存储空间；占用存储空间最大的是 DATETIME 类型，总共占用 8 个字节的存储空间。

日期和时间类型表示的范围如表 9-6 所示。

表 9-6　日期和时间类型表示的范围

日期/时间类型	日 期 格 式	日期最小值	日期最大值
YEAR	YYYY	1901	2155
TIME	HH:MM:SS	-838:59:59	838:59:59
DATE	YYYY-MM-DD	1000-01-01	9999-12-03
DATETIME	YYYY-MM-DD HH:MM:SS	1000-01-01 00:00:00	9999-12-31 23:59:59
TIMESTAMP	YYYY-MM-DD HH:MM:SS	1970-01-01 00:00:01 UTC	2038-01-19 03:14:07 UTC

每种日期和时间类型都有一个有效值范围，如果超出这个有效值范围，则会以 0 进行存

储，每种日期和时间类型的零值表示如表 9-7 所示。

表 9-7　日期和时间类型的零值表示

日期/时间类型	零 值 表 示
YEAR	0000
TIME	00:00:00
DATE	0000-00-00
DATETIME	0000-00-00 00:00:00
TIMESTAMP	0000-00-00 00:00:00

日期和时间类型的零值格式符合每种日期和时间类型定义的格式。

9.2.1　YEAR 类型

YEAR 类型用来表示年份，在所有的日期时间类型中所占用的存储空间最小，只需要 1 个字节的存储空间。

在 MySQL 中，YEAR 有以下几种存储格式：

- 以 4 位字符串或数字格式表示 YEAR 类型，其格式为 YYYY，最小值为 1901，最大值为 2155。
- 以 2 位字符串格式表示 YEAR 类型，最小值为 00，最大值为 99。其中，当取值为 00 到 69 时，表示 2000 到 2069；当取值为 70 到 99 时，表示 1970 到 1999。如果插入的数据超出了取值范围，则 MySQL 会将值自动转换为 2000。
- 以 2 位数字格式表示 YEAR 类型，最小值为 1，最大值为 99。其中，当取值为 1 到 69 时，表示 2001 到 2069，当取值为 70 到 99 时，表示 1970 到 1999。

注意：当使用两位数字格式表示 YEAR 类型时，数值 0 将被转化为 0000。

创建数据表 t9，包含一个 YEAR 类型的字段 y。

```
mysql> CREATE TABLE t9 (
    -> y YEAR
    -> );
Query OK, 0 rows affected (0.12 sec)
```

向 t9 表中插入两条数据，分别为数字 2020 和字符串 2020。

```
mysql> INSERT INTO t9 (y) VALUES (2020), ('2020');
Query OK, 2 rows affected (0.01 sec)
Records: 2  Duplicates: 0  Warnings: 0
```

查看 t9 表中的数据。

```
mysql> SELECT * FROM t9;
+------+
| y    |
```

```
+------+
| 2020 |
| 2020 |
+------+
2 rows in set (0.00 sec)
```

此时，当向数据表中插入 4 位数字或字符串表示的 YEAR 类型时，都能够正确地插入数据表中。

向数据表中插入字符串表示的年份 2156。

```
mysql> INSERT INTO t9 (y) VALUES ('2156');
ERROR 1264 (22003): Out of range value for column 'y' at row 1
```

此时，MySQL 抛出超出范围的错误，数据不能被正确地插入数据表中。

接下来清空数据表 t9 中的数据。

```
mysql> DELETE FROM t9;
Query OK, 2 rows affected (0.00 sec)
```

再次向数据表中插入两位字符串表示的 YEAR 类型的数据，分别为 0、00、88、20。

```
mysql> INSERT INTO t9 (y) VALUES ('0'),('00'), ('88'), ('20');
Query OK, 4 rows affected (0.00 sec)
Records: 4  Duplicates: 0  Warnings: 0
```

数据插入成功，查看 t9 表中的数据。

```
mysql> SELECT * FROM t9;
+------+
| y    |
+------+
| 2000 |
| 2000 |
| 1988 |
| 2020 |
+------+
4 rows in set (0.00 sec)
```

0 和 00 被转化为了 2000，88 被转化为了 1988，20 被转化为了 2020。

接下来，再次清空数据表 t9 中的数据。

```
mysql> DELETE FROM t9;
Query OK, 4 rows affected (0.00 sec)
```

向 t9 表中插入两位数字表示的 YEAR 类型的数据，分别为 0、00、88、20。

```
mysql> INSERT INTO t9 (y) VALUES (0), (00), (88), (20);
Query OK, 4 rows affected (0.00 sec)
Records: 4  Duplicates: 0  Warnings: 0
```

查看 t9 表中的数据。

```
mysql> SELECT * FROM t9;
+------+
| y    |
+------+
| 0000 |
| 0000 |
```

```
| 1988 |
| 2020 |
+------+
4 rows in set (0.00 sec)
```

数字 0 和 00 被转化为了 0000，88 被转化为了 1988，20 被转化为了 2020。

再次清空数据表 t9 中的数据，向数据表中插入数字 100。

```
mysql> DELETE FROM t9;
Query OK, 4 rows affected (0.00 sec)
mysql> INSERT INTO t9 (y) VALUES (100);
ERROR 1264 (22003): Out of range value for column 'y' at row 1
```

可以看到，由于 100 已经超出了 0 到 99 的范围，MySQL 抛出超出范围的错误，数据不能被正确地插入数据表中。

9.2.2 TIME 类型

TIME 类型用来表示时间，不包含日期部分。在 MySQL 中，需要 3 个字节的存储空间来存储 TIME 类型的数据，可以使用“HH:MM:SS”格式来表示 TIME 类型，其中，HH 表示小时，MM 表示分钟，SS 表示秒。

在 MySQL 中，向 TIME 类型的字段插入数据时，也可以使用几种不同的格式。

（1）可以使用带有冒号的字符串，比如 D HH:MM:SS、HH:MM:SS、HH:MM、D HH:MM、D HH 或 SS 格式，都能被正确地插入 TIME 类型的字段中。其中 D 表示天，其最小值为 0，最大值为 34。如果使用带有 D 格式的字符串插入 TIME 类型的字段时，D 会被转化为小时，计算格式为 D * 24 + HH。

（2）可以使用不带有冒号的字符串或者数字，格式为"HHMMSS"或者 HHMMSS。如果插入一个不合法的字符串或者数字，MySQL 在存储数据时，会将其自动转化为 00:00:00 进行存储。

（3）使用 CURRENT_TIME 或者 NOW()，会插入当前系统的时间。

注意：当使用带有冒号并且不带 D 的字符串表示时间时，表示当天的时间，比如 12:10 表示 12:10:00，而不是 00:12:10；当使用不带冒号的字符串或数字表示时间时，MySQL 会将最右边的两位解析成秒，比如 1210，表示 00:12:10，而不是 12:10:00。

创建数据表 t10，t10 表中包含一个 TIME 类型的字段 t。

```
mysql> CREATE TABLE t10 (
    -> t TIME
    -> );
Query OK, 0 rows affected (0.02 sec)
```

向 t10 表中插入数据，分别为 2 12:30:29、12:35:29、12:40、2 12:40、45。

```
mysql> INSERT INTO t10 (t) VALUES ('2 12:30:29'), ('12:35:29'), ('12:40'), ('2 12:40'), ('45');
Query OK, 5 rows affected (0.00 sec)
Records: 5  Duplicates: 0  Warnings: 0
```

数据成功插入数据表，接下来查看 t10 表中的数据。

```
mysql> SELECT * FROM t10;
+----------+
| t        |
+----------+
| 60:30:29 |
| 12:35:29 |
| 12:40:00 |
| 60:40:00 |
| 00:00:45 |
+----------+
5 rows in set (0.00 sec)
```

MySQL 在存储数据时，将 2 12:30:29 转化为了 60:30:29，将 12:40 转化为了 12:40:00，将 2 12:40 转化为了 60:40:00，将 45 转化为了 00:00:45。

清空 t10 表的数据。

```
mysql> DELETE FROM t10;
Query OK, 5 rows affected (0.00 sec)
```

向 t10 表中插入数据 1:1:1。

```
mysql> INSERT INTO t10 (t) VALUES ('1:1:1');
Query OK, 1 row affected (0.00 sec)
```

查看 t10 表中的数据。

```
mysql> SELECT * FROM t10;
+----------+
| t        |
+----------+
| 01:01:01 |
+----------+
1 row in set (0.00 sec)
```

MySQL 会自动补齐 0。

再次清空表 t10 中的数据，并插入 123520、124011 和 0。

```
mysql> DELETE FROM t10;
Query OK, 1 row affected (0.00 sec)
mysql> INSERT INTO t10 (t) VALUES ('123520'), (124011), ('0');
Query OK, 3 rows affected (0.01 sec)
Records: 3  Duplicates: 0  Warnings: 0
```

数据插入成功，查看 t10 表中的数据。

```
mysql> SELECT * FROM t10;
+----------+
| t        |
+----------+
| 12:35:20 |
| 12:40:11 |
| 00:00:00 |
+----------+
3 rows in set (0.00 sec)
```

123520 被转化为了 12:35:20，124011 被转化为了 12:40:11，0 被转化为了 00:00:00。

再次向表中插入 126110。

```
mysql> INSERT INTO t10 (t) VALUES (126110);
ERROR 1292 (22007): Incorrect time value: '126110' for column 't' at row 1
```

MySQL 抛出了不正确的时间数值的错误。

再次清空 t10 表中的数据，使用 MySQL 自带的时间函数向 t10 表中插入数据。

```
mysql> INSERT INTO t10 (t) VALUES (NOW()), (CURRENT_TIME);
Query OK, 2 rows affected (0.00 sec)
Records: 2  Duplicates: 0  Warnings: 0
```

在 MySQL 中，函数 NOW()和 CURRENT_TIME 都能够获取系统的当前时间，通过时间函数向 t10 表中插入数据成功。

查询 t10 表中的数据。

```
mysql> SELECT * FROM t10;
+----------+
| t        |
+----------+
| 22:28:03 |
| 22:28:03 |
+----------+
2 rows in set (0.00 sec)
```

使用时间函数能够向 TIME 类型的字段值正确地插入系统的当前时间。

9.2.3　DATE 类型

DATE 类型表示日期，没有时间部分，格式为 YYYY-MM-DD，其中，YYYY 表示年份，MM 表示月份，DD 表示日期。需要 3 个字节的存储空间。在向 DATE 类型的字段插入数据时，同样需要满足一定的格式条件。

- 以 YYYY-MM-DD 格式或者 YYYYMMDD 格式表示的字符串日期，其最小取值为 1000-01-01，最大取值为 9999-12-03。
- 以 YY-MM-DD 格式或者 YYMMDD 格式表示的字符串日期，此格式中，年份为两位数值或字符串满足 YEAR 类型的格式条件为：当年份取值为 00 到 69 时，会被转化为 2000 到 2069；当年份取值为 70 到 99 时，会被转化为 1970 到 1999。
- 以 YYYYMMDD 格式表示的数字日期，能够被转化为 YYYY-MM-DD 格式。
- 以 YYMMDD 格式表示的数字日期，同样满足年份为两位数值或字符串 YEAR 类型的格式条件为：当年份取值为 00 到 69 时，会被转化为 2000 到 2069；当年份取值为 70 到 99 时，会被转化为 1970 到 1999。
- 使用 CURRENT_DATE 或者 NOW()函数，会插入当前系统的日期。

创建数据表 t11，t11 表中只包含一个 DATE 类型的字段 d。

```
mysql> CREATE TABLE t11 (
    -> d DATE
    -> );
Query OK, 0 rows affected (0.13 sec)
```

接下来向 t11 表中插入 YYYY-MM-DD 格式和 YYYYMMDD 格式的字符串日期 2020-10-01 和 20201001。

```
mysql> INSERT INTO t11 (d) VALUES ('2020-10-01'), ('20201001');
Query OK, 2 rows affected (0.00 sec)
Records: 2  Duplicates: 0  Warnings: 0
```

可以看到，符合 DATE 格式要求的字符串日期能够正确地插入数据表中。

查看 t11 表中的数据。

```
mysql> SELECT * FROM t11;
+------------+
| d          |
+------------+
| 2020-10-01 |
| 2020-10-01 |
+------------+
2 rows in set (0.00 sec)
```

清空 t11 表中的数据，并向 t11 表中插入符合 YYYYMMDD 格式的数字日期 20201001。

```
mysql> DELETE FROM t11;
Query OK, 2 rows affected (0.00 sec)
mysql> INSERT INTO t11 (d) VALUES  (20201001);
Query OK, 1 row affected (0.00 sec)
```

向数据表中插入数据成功。接下来查看数据表 t11 中的数据。

```
mysql> SELECT * FROM t11;
+------------+
| d          |
+------------+
| 2020-10-01 |
+------------+
1 row in set (0.00 sec)
```

数字格式的日期 20201001 被正确转化为 2020-10-01。

删除 t11 表中的数据，并向 t11 表中插入 YYYY-MM-DD 和 YYYYMMDD 字符串日期格式的数据 00-01-01、000101、69-10-01、691001、70-01-01、700101、99-01-01 和 990101。

```
mysql> DELETE FROM t11;
Query OK, 1 row affected (0.00 sec)

mysql> INSERT INTO t11 (d) VALUES ('00-01-01'), ('000101'), ('69-10-01'), ('691001'), ('70-01-01'),
('700101'), ('99-01-01'), ('990101');
Query OK, 8 rows affected (0.00 sec)
Records: 8  Duplicates: 0  Warnings: 0
```

数据被正确插入数据表中，接下来查看数据表 t11 中的数据。

```
mysql> SELECT * FROM t11;
+------------+
| d          |
```

```
+------------+
| 2000-01-01 |
| 2000-01-01 |
| 2069-10-01 |
| 2069-10-01 |
| 1970-01-01 |
| 1970-01-01 |
| 1999-01-01 |
| 1999-01-01 |
+------------+
8 rows in set (0.00 sec)
```

00-01-01 和 000101 被转化为了 2000-01-01，69-10-01 和 691001 被转化为了 2069-10-01，70-01-01 和 700101 被转化为了 1970-01-01，99-01-01 和 990101 被转化为了 1999-01-01。

再次删除 t11 表中的数据，并向 t11 表中插入 YYYYMMDD 格式的数字日期 000101、691001、700101 和 990101。

```
mysql> DELETE FROM t11;
Query OK, 8 rows affected (0.00 sec)
mysql> INSERT INTO t11 (d) VALUES (000101), (691001), (700101), (990101);
Query OK, 4 rows affected (0.00 sec)
Records: 4  Duplicates: 0  Warnings: 0
```

查看 t11 表中的数据。

```
mysql> SELECT * FROM t11;
+------------+
| d          |
+------------+
| 2000-01-01 |
| 2069-10-01 |
| 1970-01-01 |
| 1999-01-01 |
+------------+
4 rows in set (0.00 sec)
```

可以看到，向数据表 t11 中正确插入了数据。

接下来再次删除 t11 表中的数据，使用函数 CURRENT_DATE()和 NOW()向数据表中插入数据。

```
mysql> DELETE FROM t11;
Query OK, 4 rows affected (0.00 sec)
mysql> INSERT INTO t11 (d) VALUES (CURRENT_DATE()), (NOW());
Query OK, 2 rows affected, 1 warning (0.00 sec)
Records: 2  Duplicates: 0  Warnings: 1
```

查看 t11 表中的数据。

```
mysql> SELECT * FROm t11;
+------------+
| d          |
+------------+
| 2019-12-06 |
| 2019-12-06 |
+------------+
2 rows in set (0.00 sec)
```

使用函数 CURRENT_DATE()和 NOW()成功向数据表 t11 中正确插入了系统的当前日期。

9.2.4 DATETIME 类型

DATETIME 类型在所有的日期时间类型中占用的存储空间最大，总共需要 8 个字节的存储空间。在格式上为 DATE 类型和 TIME 类型的组合，可以表示为 YYYY-MM-DD HH:MM:SS，其中 YYYY 表示年份，MM 表示月份，DD 表示日期，HH 表示小时，MM 表示分钟，SS 表示秒。

在向 DATETIME 类型的字段插入数据时，同样需要满足一定的格式条件。

- 以 YYYY-MM-DD HH:MM:SS 格式或者 YYYYMMDDHHMMSS 格式的字符串插入 DATETIME 类型的字段时，最小值为 10000-01-01 00:00:00，最大值为 9999-12-03 23:59:59。
- 以 YY-MM-DD HH:MM:SS 格式或者 YYMMDDHHMMSS 格式的字符串插入 DATETIME 类型的字段时，两位数的年份规则符合 YEAR 类型的规则，00 到 69 表示 2000 到 2069；70 到 99 表示 1970 到 1999。
- 以 YYYYMMDDHHMMSS 格式的数字插入 DATETIME 类型的字段时，会被转化为 YYYY-MM-DD HH:MM:SS 格式。
- 以 YYMMDDHHMMSS 格式的数字插入 DATETIME 类型的字段时，两位数的年份规则符合 YEAR 类型的规则，00 到 69 表示 2000 到 2069；70 到 99 表示 1970 到 1999。
- 使用函数 CURRENT_TIMESTAMP()和 NOW()，可以向 DATETIME 类型的字段插入系统的当前日期和时间。

创建数据表 t12，数据表 t12 中包含一个 DATETIME 类型的字段 dt。

```
mysql> CREATE TABLE t12 (
    -> dt DATETIME
    -> );
Query OK, 0 rows affected (0.02 sec)
```

向数据表 t12 中插入满足 YYYY-MM-DD HH:MM:SS 格式和 YYYYMMDDHHMMSS 格式的字符串时间 2020-01-01 00:00:00 和 20200101000000。

```
mysql> INSERT INTO t12 (dt) VALUES ('2020-01-01 00:00:00'), ('20200101000000');
Query OK, 2 rows affected (0.00 sec)
Records: 2  Duplicates: 0  Warnings: 0
```

向数据表中插入数据成功。接下来查看 t12 数据表中的数据。

```
mysql> SELECT * FROM t12;
+---------------------+
| dt                  |
+---------------------+
| 2020-01-01 00:00:00 |
| 2020-01-01 00:00:00 |
+---------------------+
2 rows in set (0.00 sec)
```

可以看到，数据表t12中已经正确插入了数据。

接下来，清空数据表t12中的数据，向t12表中插入满足YY-MM-DD HH:MM:SS格式和YYMMDDHHMMSS格式的字符串时间99-01-01 00:00:00、990101000000、20-01-01 00:00:00和200101000000。

```
mysql> DELETE FROM t12;
Query OK, 2 rows affected (0.00 sec)

mysql> INSERT INTO t12 (dt) VALUES ('99-01-01 00:00:00'), ('990101000000'), ('20-01-01 00:00:00'),
('200101000000');
Query OK, 4 rows affected (0.00 sec)
Records: 4  Duplicates: 0  Warnings: 0
```

查看t12表中的数据。

```
mysql> SELECT * FROM t12;
+---------------------+
| dt                  |
+---------------------+
| 1999-01-01 00:00:00 |
| 1999-01-01 00:00:00 |
| 2020-01-01 00:00:00 |
| 2020-01-01 00:00:00 |
+---------------------+
4 rows in set (0.00 sec)
```

99-01-01 00:00:00和990101000000被转化为了1999-01-01 00:00:00；20-01-01 00:00:00和200101000000被转化为了2020-01-01 00:00:00。

清空t12表中的数据，并向t12表中插入满足YYYYMMDDHHMMSS格式和YYMMDD-HHMMSS格式的数字时间20200101000000、200101000000、19990101000000、990101000000。

```
mysql> DELETE FROM t12;
Query OK, 4 rows affected (0.00 sec)

mysql> INSERT INTO t12 (dt) VALUES (20200101000000), (200101000000), (19990101000000), (990101000000);
Query OK, 4 rows affected (0.00 sec)
Records: 4  Duplicates: 0  Warnings: 0
```

向数据表t12中插入数据成功。接下来查看数据表t12中的数据。

```
mysql> SELECT * FROM t12;
+---------------------+
| dt                  |
+---------------------+
| 2020-01-01 00:00:00 |
| 2020-01-01 00:00:00 |
| 1999-01-01 00:00:00 |
| 1999-01-01 00:00:00 |
+---------------------+
4 rows in set (0.00 sec)
```

20200101000000和200101000000被转化为了2020-01-01 00:00:00；19990101000000和990101000000被转化为了1999-01-01 00:00:00。

再次清空 t12 表中的数据，使用函数 CURRENT_TIMESTAMP()和 NOW()向数据表 t12 中插入数据。

```
mysql> INSERT INTO t12 (dt) VALUES (CURRENT_TIMESTAMP()), (NOW());
Query OK, 2 rows affected (0.01 sec)
Records: 2  Duplicates: 0  Warnings: 0
```

已经向 t12 表中成功插入了数据。接下来查看数据表 t12 中的数据。

```
mysql> SELECT * FROM t12;
+---------------------+
| dt                  |
+---------------------+
| 2019-12-06 11:59:12 |
| 2019-12-06 11:59:12 |
+---------------------+
2 rows in set (0.00 sec)
```

可以看到，使用函数 CURRENT_TIMESTAMP()和 NOW()向 t12 表中正确插入了系统的当前时间。

9.2.5 TIMESTAMP 类型

TIMESTAMP 类型也可以表示日期时间，其显示格式与 DATETIME 类型相同，都是 YYYY-MM-DD HH:MM:SS，需要 4 个字节的存储空间。但是 TIMESTAMP 存储的时间范围比 DATETIME 要小很多，只能存储“1970-01-01 00:00:01 UTC”到“2038-01-19 03:14:07 UTC”之间的时间。其中，UTC 表示世界统一时间，也叫作世界标准时间。

如果向 TIMESTAMP 类型的字段插入的时间超出了 TIMESTAMP 类型的范围，则 MySQL 会抛出错误信息。

创建数据表 t13，t13 表中包含一个 TIMESTAMP 类型的字段 ts。

```
mysql> CREATE TABLE t13 (
    -> ts TIMESTAMP
    -> );
Query OK, 0 rows affected (0.01 sec)
```

向 t13 数据表中插入数据 1999-01-01 00:00:00、19990101000000、99-01-01 00:00:00、990101000000、20-01-01 00:00:00 和 200101000000。

```
mysql> INSERT INTO t13 (ts) VALUES ('1999-01-01 00:00:00'), ('19990101000000'), ('99-01-01 00:00:00'),
('990101000000'), ('20-01-01 00:00:00'), ('200101000000');
Query OK, 6 rows affected (0.00 sec)
Records: 6  Duplicates: 0  Warnings: 0
```

查看 t13 表中的数据。

```
mysql> SELECT * FROM t13;
+---------------------+
| ts                  |
+---------------------+
| 1999-01-01 00:00:00 |
```

```
| 1999-01-01 00:00:00 |
| 1999-01-01 00:00:00 |
| 1999-01-01 00:00:00 |
| 2020-01-01 00:00:00 |
| 2020-01-01 00:00:00 |
+---------------------+
6 rows in set (0.00 sec)
```

向TIMESTAMP类型的字段插入数据时，当插入的数据格式满足YY-MM-DD HH:MM:SS和YYMMDDHHMMSS时，两位数值的年份同样符合YEAR类型的规则条件，只不过表示的时间范围要小很多。

清空t13表中的数据，并向表中插入以@符号分隔的字符串日期2020@01@01@00@00@00，和20@01@01@00@00@00。

```
mysql> DELETE FROM t13;
Query OK, 6 rows affected (0.00 sec)

mysql> INSERT INTO t13 VALUES ('2020@01@01@00@00@00'), ('20@01@01@00@00@00');
Query OK, 2 rows affected (0.00 sec)
Records: 2  Duplicates: 0  Warnings: 0
```

数据插入成功。接下来，查看数据表t13中的数据。

```
mysql> SELECT * FROM t13;
+---------------------+
| ts                  |
+---------------------+
| 2020-01-01 00:00:00 |
| 2020-01-01 00:00:00 |
+---------------------+
2 rows in set (0.00 sec)
```

MySQL将以@符号分隔的字符串日期2020@01@01@00@00@00和20@01@01@00@00@00，正确地转化为了2020-01-01 00:00:00。

清空t13表数据，使用函数CURRENT_TIMESTAMP()和NOW()向t13表中插入数据。

```
mysql> DELETE FROM t13;
Query OK, 2 rows affected (0.00 sec)
mysql> INSERT INTO t13 (ts) VALUES (CURRENT_TIMESTAMP()), (NOW());
Query OK, 2 rows affected (0.00 sec)
Records: 2  Duplicates: 0  Warnings: 0
```

查看t13表中的数据。

```
mysql> SELECT * FROM t13;
+---------------------+
| ts                  |
+---------------------+
| 2019-12-06 16:45:14 |
| 2019-12-06 16:45:14 |
+---------------------+
2 rows in set (0.00 sec)
```

由此可以证明，使用函数CURRENT_TIMESTAMP()和NOW()可以向TIMESTAMP类型的字段插入系统的当前时间。

实际上，TIMESTAMP 在存储数据的时候是以 UTC（世界统一时间，也叫作世界标准时间）格式进行存储的，存储数据的时候需要对当前时间所在的时区进行转换，查询数据的时候再将时间转换回当前的时区。因此，使用 TIMESTAMP 存储的同一个时间值，在不同的时区查询时会显示不同的时间。

创建数据表 t14，t14 表中包含两个 TIMESTAMP 类型的字段 ts1 和 ts2，其中，ts1 字段不为空并且默认为 CURRENT_TIMESTAMP。

```
mysql> CREATE TABLE t14 (
    -> ts1 TIMESTAMP NOT NULL DEFAULT CURRENT_TIMESTAMP,
    -> ts2 TIMESTAMP
    -> );
Query OK, 0 rows affected (0.02 sec)
```

查看当前所在的时区。

```
mysql> SHOW VARIABLES LIKE 'time_zone';
+---------------+--------+
| Variable_name | Value  |
+---------------+--------+
| time_zone     | SYSTEM |
+---------------+--------+
1 row in set (0.00 sec)
```

time_zone 时区的值为 SYSTEM，也就是服务器所在的东八区。

使用 NOW()函数插入系统的当前时间。

```
mysql> INSERT INTO t14 (ts2) VALUES (NOW());
Query OK, 1 row affected (0.00 sec)
```

查看 t14 表中的数据。

```
mysql> SELECT * FROM t14;
+---------------------+---------------------+
| ts1                 | ts2                 |
+---------------------+---------------------+
| 2019-12-06 17:20:01 | 2019-12-06 17:20:01 |
+---------------------+---------------------+
1 row in set (0.00 sec)
```

ts1 字段和 ts2 字段插入的数据相同。

修改当前系统的时区，将时区修改为东 6 区。

```
mysql> SET time_zone = '+6:00';
Query OK, 0 rows affected (0.00 sec)
```

设置成功，再次查看当前系统所在的时区。

```
mysql> SHOW VARIABLES LIKE 'time_zone';
+---------------+--------+
| Variable_name | Value  |
+---------------+--------+
| time_zone     | +06:00 |
+---------------+--------+
1 row in set (0.01 sec)
```

当前系统的时区已经被修改为东 6 区了。

再次查看 t14 表中的数据。

```
mysql> SELECT * FROM t14;
+---------------------+---------------------+
| ts1                 | ts2                 |
+---------------------+---------------------+
| 2019-12-06 15:20:01 | 2019-12-06 15:20:01 |
+---------------------+---------------------+
1 row in set (0.00 sec)
```

东 8 区的时间会比东 6 区的时间快 2 个小时，同时，时区不同，从 TIMESTAMP 字段中查询出的时间也不相同。

清空 t14 表的数据，向 t14 表中的 ts2 字段插入一个超出范围的时间值。

```
mysql> INSERT INTO t14 (ts2) VALUES ('2038-01-20 00:00:00');
ERROR 1292 (22007): Incorrect datetime value: '2038-01-20 00:00:00' for column 'ts2' at row 1
```

当向 TIMESTAMP 字段插入超出范围的时间时，MySQL 会抛出错误，不能插入数据。

9.3　文本字符串类型

在 MySQL 中，字符串类型可以存储文本字符串数据，也可以存储一些图片、音频和视频数据，也就是二进制数据。因此在 MySQL 中，字符串类型可以分为文本字符串类型和二进制字符串类型。本节就对 MySQL 中支持的文本字符串类型进行简单的介绍。

9.3.1　文本字符串类型概述

MySQL 中，文本字符串总体上分为 CHAR、VARCHAR、TINYTEXT、TEXT、MEDIUMTEXT、LONGTEXT、ENUM、SET 和 JSON 等类型，每种存储类型所占的存储空间如表 9-8 所示。

表 9-8　文本字符串类型所占用的存储空间

文本字符串类型	值 的 长 度	长 度 范 围	占用的存储空间
CHAR(M)	M	0 <= M <= 255	M个字节
VARCHAR(M)	M	0 <= M <= 65535	M+1个字节
TINYTEXT	L	0 <= L <= 255	L+2个字节
TEXT	L	0 <= L <= 65535	L+2个字节
MEDIUMTEXT	L	0 <= L <= 16777215	L+3个字节
LONGTEXT	L	0 <= L <= 4294967295	L+4个字节
ENUM	L	1 <= L <= 65535	1或2个字节
SET	L	0 <= L <= 64	1,2,3,4或8个字节

不同的文本字符串类型，其值的长度、长度范围和占用的存储空间都是不同的。在使用文本字符串类型存储数据时，需要综合考虑文本字符串类型的长度和存储空间，再决定使用哪些合适的数据类型。

9.3.2　CHAR 与 VARCHAR 类型

CHAR 和 VARCHAR 类型都可以存储比较短的字符串。

CHAR 类型的字段长度是固定的，为创建表时声明的字段长度，最小取值为 0，最大取值为 255。如果保存时，数据的实际长度比 CHAR 类型声明的长度小，则会在右侧填充空格以达到指定的长度。当 MySQL 检索 CHAR 类型的数据时，CHAR 类型的字段会去除尾部的空格。对于 CHAR 类型的数据来说，定义 CHAR 类型字段时，声明的字段长度即为 CHAR 类型字段所占的存储空间的字节数。

VARCHAR 类型修饰的字符串是一个可变长的字符串，长度的最小值为 0，最大值为 65535。检索 VARCHAR 类型的字段数据时，会保留数据尾部的空格。VARCHAR 类型的字段所占用的存储空间为字符串实际长度加 1 个字节。

创建数据表 t15，在 t15 表中包含两个字段，分别为 vc 和 c，其中字段 vc 的数据类型为 VARCHAR(4)，字段 c 的数据类型 CHAR(4)。

```
mysql> CREATE TABLE t15 (
    -> vc VARCHAR(4),
    -> c CHAR(4)
    -> );
Query OK, 0 rows affected (0.09 sec)
```

分别向 vc 字段和 c 字段插入字符串 abc。

```
mysql> INSERT INTO t15 (vc, c) VALUES ('abc', 'abc');
Query OK, 1 row affected (0.22 sec)
```

查看 t15 表中的数据。

```
mysql> SELECT * FROM t15;
+------+------+
| vc   | c    |
+------+------+
| abc  | abc  |
+------+------+
1 row in set (0.00 sec)
```

向 t15 表中正确插入了数据。接下来查看 t15 数据表中 vc 字段和 c 字段的长度。

```
mysql> SELECT LENGTH(vc), LENGTH(c) FROM t15;
+------------+-----------+
| LENGTH(vc) | LENGTH(c) |
+------------+-----------+
|          3 |         3 |
+------------+-----------+
1 row in set (0.00 sec)
```

此时vc字段和c字段的长度都是3。

接下来清空t15表中的数据，并向t15表中的vc字段和c字段插入字符串“a ”（注意a后面有两个空格）。

```
mysql> DELETE FROM t15;
Query OK, 1 row affected (0.00 sec)
mysql> INSERT INTO t15 (vc, c) VALUES ('a  ', 'a  ');
Query OK, 1 row affected (0.00 sec)
```

查看t15表中的数据。

```
mysql> SELECT * FROM t15;
+------+------+
| vc   | c    |
+------+------+
| a    | a    |
+------+------+
1 row in set (0.00 sec)
```

此时看不出太大的差别。接下来再次查看字段vc和字段c的长度。

```
mysql> SELECT LENGTH(vc), LENGTH(c) FROM t15;
+------------+-----------+
| LENGTH(vc) | LENGTH(c) |
+------------+-----------+
|          3 |         1 |
+------------+-----------+
1 row in set (0.01 sec)
```

通过查看vc字段和c字段的长度可以发现，此时vc字段的长度为3，c字段的长度为1。这是因为MySQL在检索CHAR类型的字段时，会去除尾部的空格；而在检索VARCHAR类型的字段时，则不会去除尾部的空格。因此，当向CHAR类型的字段和VARCHAR类型的字段插入尾部带有空格的相同字符串时，其检索出的数据长度是不同的。

接下来，查询t15表的数据时，为字段vc和字段c后面追加一个字符b。

```
mysql> SELECT CONCAT(vc, 'b'), CONCAT(c, 'b') FROM t15;
+-----------------+----------------+
| CONCAT(vc, 'b') | CONCAT(c, 'b') |
+-----------------+----------------+
| a  b            | ab             |
+-----------------+----------------+
1 row in set (0.00 sec)
```

可以看到，VARCHAR类型的字段vc保留了尾部的空格，而CHAR类型的字段c则去除了尾部的空格。

9.3.3 TEXT类型

在MySQL中，Text用来保存文本类型的字符串，总共包含4种类型，分别为TINYTEXT、TEXT、MEDIUMTEXT和LONGTEXT类型。在向TEXT类型的字段保存和查询数据时，不会删除数据尾部的空格，这一点和VARCHAR类型相同。其中，每种TEXT类型保存的数据长度和所占用的存储空间不同，具体如表 9-8 所示。

创建数据表 t16，t16 数据表中包含一个 TEXT 类型的字段 t。

```
mysql> CREATE TABLE t16 (
    -> t TEXT
    -> );
Query OK, 0 rows affected (0.03 sec)
```

向 t16 表中的 t 字段插入数据“a　”，注意 a 后面有两个空格。

```
mysql> INSERT INTO t16 (t) VALUES ('a  ');
Query OK, 1 row affected (0.22 sec)
```

接下来，查看 t16 表中的数据长度。

```
mysql> SELECT LENGTH(t) FROM t16;
+-----------+
| LENGTH(t) |
+-----------+
|         3 |
+-----------+
1 row in set (0.00 sec)
```

数据长度为 3。接下来，查询数据时在后面追加字符 b。

```
mysql> SELECT CONCAT(t, 'b') FROM t16;
+----------------+
| CONCAT(t, 'b') |
+----------------+
| a  b           |
+----------------+
1 row in set (0.00 sec)
```

可以看到，在保存和查询数据时，并没有删除 TEXT 类型的数据尾部的空格。

9.3.4 ENUM 类型

ENUM 类型也叫作枚举类型，ENUM 类型的取值范围需要在定义字段时进行指定，其所需要的存储空间由定义 ENUM 类型时指定的成员个数决定。当 ENUM 类型包含 1～255 个成员时，需要 1 个字节的存储空间；当 ENUM 类型包含 256～65535 个成员时，需要 2 个字节的存储空间。ENUM 类型的成员个数的上限为 65535 个。

创建数据表 t17，t17 数据表中含有一个 ENUM 类型的字段 e，ENUM 类型的成员为 A、B、C。

```
mysql> CREATE TABLE t17 (
    -> e ENUM ('A', 'B', 'C')
    -> );
Query OK, 0 rows affected (0.04 sec)
```

接下来，向 t17 表中插入 A 和 B。

```
mysql> INSERT INTO t17 (e) VALUES ('A'), ('B');
Query OK, 2 rows affected (0.00 sec)
Records: 2  Duplicates: 0  Warnings: 0
```

查看t17表中的数据。

```
mysql> SELECT * FROM t17;
+------+
| e    |
+------+
| A    |
| B    |
+------+
2 rows in set (0.00 sec)
```

正确插入并显示了A和B。

清空t17表中的数据，并向t17表中插入a和b。

```
mysql> DELETE FROM t17;
Query OK, 2 rows affected (0.00 sec)
mysql> INSERT INTO t17 (e) VALUES ('a'), ('b');
Query OK, 2 rows affected (0.01 sec)
Records: 2  Duplicates: 0  Warnings: 0
```

接下来，查看t17表中的数据。

```
mysql> SELECT * FROM t17;
+------+
| e    |
+------+
| A    |
| B    |
+------+
2 rows in set (0.00 sec)
```

定义e字段时，ENUM类型的成员被定义为大写的A、B、C当插入小写的a和b时，MySQL会将其自动转化为大写的A和B进行存储。

再次清空t17表中的数据，并向t17表中插入字符1和2。

```
mysql> INSERT INTO t17 (e) VALUES ('1'), ('2');
Query OK, 2 rows affected (0.00 sec)
Records: 2  Duplicates: 0  Warnings: 0
```

再次查看t17表中的数据。

```
mysql> SELECT * FROM t17;
+------+
| e    |
+------+
| A    |
| B    |
+------+
2 rows in set (0.00 sec)
```

当向t17表中插入字符1和2时，查询数据时会显示A和B，也就是说在ENUM类型中，第一个成员的下标为1，第二个成员的下标为2，以此类推。

接下来，再次清空t17表中的数据，向表中插入NULL。

```
mysql> DELETE FROM t17;
Query OK, 2 rows affected (0.01 sec)
```

```
mysql> INSERT INTO t17 (e) VALUES (NULL);
Query OK, 1 row affected (0.00 sec)
```

查询表中的数据。

```
mysql> SELECT * FROM t17;
+------+
| e    |
+------+
| NULL |
+------+
1 row in set (0.00 sec)
```

当 ENUM 类型的字段没有声明为 NOT NULL 时，插入 NULL 也是有效的。

注意：在定义字段时，如果将 ENUM 类型的字段声明为 NULL 时，NULL 为有效值，默认值为 NULL；如果将 ENUM 类型的字段声明为 NOT NULL 时，NULL 为无效的值，默认值为 ENUM 类型成员的第一个成员。另外，ENUM 类型只允许从成员中选取单个值，不能一次选取多个值。

9.3.5　SET 类型

SET 表示一个字符串对象，可以包含 0 个或多个成员，但成员个数的上限为 64。当 SET 类型包含的成员个数不同时，其所占用的存储空间也是不同的，具体如表 9-9 所示。

表 9-9　SET类型所占用的存储空间

成员个数范围（L表示实际成员个数）	占用存储空间
1 <= L <= 8	1个字节
9 <= L <= 16	2个字节
17 <= L <= 24	3个字节
25 <= L <= 32	4个字节
33 <= L <= 64	8个字节

SET 类型在存储数据时一定程度上，成员个数越多，其占用的存储空间越大。

注意：SET 类型在选取成员时，可以一次选择多个成员，这一点与 ENUM 类型不同。

创建数据表 t18，t18 数据表中包含一个 SET 类型的字段 s，SET 类型的成员为 A、B 和 C。

```
mysql> CREATE TABLE t18 (
    -> s SET ('A', 'B', 'C')
    -> );
Query OK, 0 rows affected (0.01 sec)
```

向 t18 表中插入数据 A、A,B。

```
mysql> INSERT INTO t18 (s) VALUES ('A'), ('A,B');
Query OK, 2 rows affected (0.00 sec)
Records: 2  Duplicates: 0  Warnings: 0
```

查看t18表中的数据。

```
mysql> SELECT * FROM t18;
+------+
| s    |
+------+
| A    |
| A,B  |
+------+
2 rows in set (0.00 sec)
```

可以向SET类型的字段中插入多个以逗号分隔的有效成员值。

清空t18表中的数据，并向t18表中插入数据A,B,C,A。

```
mysql> DELETE FROM t18;
Query OK, 2 rows affected (0.00 sec)
mysql> INSERT INTO t18 (s) VALUES ('A,B,C,A');
Query OK, 1 row affected (0.00 sec)
```

查看t18表中的数据。

```
mysql> SELECT * FROM t18;
+-------+
| s     |
+-------+
| A,B,C |
+-------+
1 row in set (0.00 sec)
```

当向t18表中的SET类型的字段s插入重复的SET类型成员时，MySQL会自动删除重复的成员。

向t18表中插入A,B,C,D。

```
mysql> INSERT INTO t18 (s) VALUES ('A,B,C,D');
ERROR 1265 (01000): Data truncated for column 's' at row 1
```

当向SET类型的字段插入SET成员中不存在的值时，MySQL会抛出错误。

9.3.6 JSON类型

在MySQL 5.7中，就已经支持JSON数据类型。在MySQL 8.x版本中，JSON类型提供了可以进行自动验证的JSON文档和优化的存储结构，使得在MySQL中存储和读取JSON类型的数据更加方便和高效。

创建数据表t19，t19表中包含一个JSON类型的字段j。

```
mysql> CREATE TABLE t19 (
    -> j JSON
    -> );
Query OK, 0 rows affected (0.01 sec)
```

向 t19 表中插入 JSON 数据。

```
mysql> INSERT INTO t19 (j) VALUES ('{"name":"binghe", "age":18, "address":{"province":"sichuan",
"city":"chengdu"}}');
Query OK, 1 row affected (0.00 sec)
```

查询 t19 表中的数据。

```
mysql> SELECT * FROM t19;
+----------------------------------------------------------------------------------+
| j                                                                                |
+----------------------------------------------------------------------------------+
| {"age": 18, "name": "binghe", "address": {"city": "chengdu", "province": "sichuan"}} |
+----------------------------------------------------------------------------------+
1 row in set (0.00 sec)
```

当需要检索 JSON 类型的字段中数据的某个具体值时，可以使用“->”和“->>”符号。

```
mysql> SELECT j->'$.name' AS name, j->'$.address.province' AS province, j->'$.address.city' AS city FROM
t19;
+----------+-----------+-----------+
| name     | province  | city      |
+----------+-----------+-----------+
| "binghe" | "sichuan " | "chengdu" |
+----------+-----------+-----------+
1 row in set (0.01 sec)
```

通过“->”和“->>”符号，从 JSON 字段中正确查询出了指定的 JSON 数据的值。

9.4　二进制字符串类型

MySQL 中的二进制字符串类型主要存储一些二进制数据，比如可以存储图片、音频和视频等二进制数据，本节就简单介绍下 MySQL 支持的二进制字符串类型。

9.4.1　二进制字符串类型概述

MySQL中支持的二进制字符串类型主要包括BIT、BINARY、VARBINARY、TINYBLOB、BLOB、MEDIUMBLOB 和 LONGBLOB 类型。每种类型的长度和存储空间如表 9-10 所示。

表 9-10　二进制字符串类型长度与占用空间

二进制字符串类型	值的长度	长度范围	占用空间
BIT(M)	M	1 <= M <=64	约为(M+7)/8个字节
BINARY(M)	M		M个字节
VARVINARY(M)	M		M+1个字节
TINYBLOB	L	0 <= L <= 255	L+1个字节
BLOB	L	0 <= L <= 65535	L+2个字节

（续）

二进制字符串类型	值的长度	长度范围	占用空间
MEDIUMBLOB	L	0 <= L <= 16777215	L+3个字节
LONGBLOB	L	0 <=L <= 4294967295	L+4个字节

每种二进制字符串类型所占用的存储空间也是不同的。

9.4.2 BIT类型

BIT类型中，每个值的位数最小值为1，最大值为64，默认的位数为1。BIT类型中存储的是二进制值。

创建数据表t20，t20数据表中包含一个BIT类型的字段b。

```
mysql> CREATE TABLE t20 (
    -> b BIT(5)
    -> );
Query OK, 0 rows affected (0.02 sec)
```

向t20表中插入数据2、8、16。

```
mysql> INSERT INTO t20 (b) VALUES (2), (8), (16);
Query OK, 3 rows affected (0.00 sec)
Records: 3  Duplicates: 0  Warnings: 0
```

查看t20表中的数据。

```
mysql> SELECT * FROM t20;
+------+
| b    |
+------+
|      |
|      |
|      |
+------+
3 rows in set (0.00 sec)
```

使用SELECT * FROM t20语句查询出的数据无法查看，这是因为BIT类型存储的是二进制数据。

使用如下语句查询t20表中的数据。

```
mysql> SELECT BIN(b+0) FROM t20;
+----------+
| BIN(b+0) |
+----------+
| 10       |
| 1000     |
| 10000    |
+----------+
3 rows in set (0.00 sec)
```

可以看出，已经正确查询出2、8、16的二进制值。其中，查询语句中的b+0（b表示定义的字段名称 b）表示将存储的二进制值的结果转化为对应的二进制数字的值。BIN()函数将数字转化为了二进制。

也可以使用如下语句查询 t20 表中存储的数据。

```
mysql> SELECT b+0 FROM t20;
+------+
| b+0  |
+------+
|    2 |
|    8 |
|   16 |
+------+
3 rows in set (0.00 sec)
```

可以看到，使用 b+0 查询数据时，可以直接查询出存储的十进制数据的值。

注意：在向 BIT 类型的字段中插入数据时，一定要确保插入的数据在 BIT 类型支持的范围内。

9.4.3　BINARY 与 VARBINARY 类型

BINARY 类型为定长的二进制类型，当插入的数据未达到指定的长度时，将会在数据后面填充“\0”字符，以达到指定的长度。同时 BINARY 类型的字段的存储空间也为固定的值。

VARBINARY 类型为变长的二进制类型，长度的最小值为 0，最大值为定义 VARBINARY 类型的字段时指定的长度值，其存储空间为数据的实际长度值加 1。

创建数据表 t21，t21 表中有一个 BINARY 类型的字段 b 及一个 VARBINARY 类型的字段 vb。

```
mysql> CREATE TABLE t21 (
    -> b BINARY(10),
    -> vb VARBINARY(10)
    -> );
Query OK, 0 rows affected (0.02 sec)
```

其中，b 字段与 vb 字段指定的长度均为 10。

向 t21 表中插入数据。

```
mysql> INSERT INTO t21 (b ,vb) VALUES (10, 10);
Query OK, 1 row affected (0.01 sec)
```

查询 t21 表中数据的长度。

```
mysql> SELECT LENGTH(b), LENGTH(vb) FROM t21;
+-----------+------------+
| LENGTH(b) | LENGTH(vb) |
+-----------+------------+
|        10 |          2 |
+-----------+------------+
1 row in set (0.00 sec)
```

可以看到，b字段数据的长度为10，vb字段的数据长度为2。说明BINARY类型的字段长度为固定值，为定义字段时指定的字段长度，而VARBINARY类型的字段长度的值是可变的。

9.4.4　BLOB类型

MySQL中的BLOB类型包括TINYBLOB、BLOB、MEDIUMBLOB和LONGBLOB 4种类型，可以存储一个二进制的大对象，比如图片、音频和视频等。

需要注意的是，在实际工作中，往往不会在MySQL数据库中使用BLOB类型存储大对象数据，通常会将图片、音频和视频文件存储到服务器的磁盘上，并将图片、音频和视频的访问路径存储到MySQL中。

9.5　本章总结

本章主要对MySQL支持的数据类型进行了简单的介绍。MySQL支持的数据类型总体上可以分为数值类型、日期和时间类型及字符串类型，而数值类型又分为整数类型、浮点数类型和定点数类型；字符串类型又分为文本字符串类型和二进制字符串类型。本章中分别对每种数据类型进行了简单的介绍，并提供了简单的示例来说明每种数据类型的特性。下一章将简单介绍MySQL中支持的运算符。

第 10 章　MySQL 运算符

MySQL 中支持多种类型的运算符。这些运算符总体上可以分为算术运算符、比较运算符、逻辑运算符和位运算符。本章将对 MySQL 中支持的运算符进行简单的介绍。

本章涉及的知识点有：

- 算术运算符；
- 比较运算符；
- 逻辑运算符；
- 位运算符；
- 运算符的优先级。

10.1　算术运算符

算术运算符主要用于数学运算，其可以连接运算符前后的两个数值或表达式，对数值或表达式进行加（+）、减（-）、乘（*）、除（/）和求模运算。

10.1.1　MySQL 支持的算术运算符

算术运算符是MySQL中支持的一种最简单的运算符，MySQL支持的算术运算符如表10-1所示。

表 10-1　MySQL支持的算术运算符

运　算　符	名　　称	作　　用	示　　例
+	加法运算符	计算两个值或表达式的和	SELECT A + B
-	减法运算符	计算两个值或表达式的差	SELECT A - B
*	乘法运算符	计算两个值或表达式的乘积	SELECT A * B
/或DIV	除法运算符	计算两个值或表达式的商	SELECT A / B 或者 SELECT A DIV B
%或MOD	求模（求余）运算符	计算两个值或表达式的余数	SELECT A % B 或者 SELECT A MOD B

10.1.2　算术运算符简单示例

创建数据表 t22，t22 表中含有一个 INT 类型的字段 i。

```
mysql> CREATE TABLE t22 (
    -> i INT
    -> );
Query OK, 0 rows affected (0.14 sec)
```

向 t22 数据表中插入数字 100。

```
mysql> INSERT INTO t22 (i) VALUES (100);
Query OK, 1 row affected (0.19 sec)
```

接下来对数据表 t22 中的字段 i 进行算术运算符。

1．加法与减法运算符

对 t22 表中的字段进行加法和减法运算。

```
mysql> SELECT i, i + 0, i - 0, i + 50, i - 50, i + 50 -30, i - 30 + 50, i + 35.5, i - 35.5 FROM t22;
+------+-------+-------+--------+--------+------------+-------------+----------+----------+
| i    | i + 0 | i - 0 | i + 50 | i - 50 | i + 50 -30 | i - 30 + 50 | i + 35.5 | i - 35.5 |
+------+-------+-------+--------+--------+------------+-------------+----------+----------+
|  100 |  100  |  100  |  150   |   50   |     120    |     120     |  135.5   |  64.5    |
+------+-------+-------+--------+--------+------------+-------------+----------+----------+
1 row in set (0.00 sec)
```

由运算结果可以得出如下结论：

- 一个整数类型的值对整数进行加法和减法操作，结果还是一个整数；
- 一个整数类型的值对浮点数进行加法和减法操作，结果是一个浮点数；
- 加法和减法的优先级相同，进行先加后减操作与进行先减后加操作的结果是一样的；
- 一个数加上 0 和减去 0 后仍得原数。

2．乘法与除法运算符

对 t22 表中的字段 i 进行乘法和除法运算。

```
mysql> SELECT i,i * 1, i / 1, i * 1.0, i / 1.0, i * 2, i / 2, i * 5 / 2, i / 2 * 5, i /3, i DIV 2.5
FROM t22;
+-----+------+----------+--------+---------+------+--------+---------+---------+-------+-------+
| i   | i * 1 | i / 1   | i * 1.0 | i / 1.0 | i * 2 | i / 2 | i * 5 / 2 | i / 2 * 5 | i /3 | i DIV2.5 |
+-----+------+----------+--------+---------+------+--------+---------+---------+-------+-------+
| 100 | 100  | 100.0000|  100.0 |100.0000|  200 | 50.0000 |250.0000 |250.0000 |33.3333|40.0000|
+-----+------+----------+--------+---------+------+--------+---------+---------+-------+-------+
1 row in set (0.00 sec)
```

由运算结果可以得出如下结论：

- 一个数乘以整数 1 和除以整数 1 后仍得原数；
- 一个数乘以浮点数 1 和除以浮点数 1 后变成浮点数，数值与原数相等；

- 一个数除以整数后，不管是否能除尽，结果都为一个浮点数；
- 一个数除以另一个数，除不尽时，结果为一个浮点数，并保留到小数点后 4 位；
- 乘法和除法的优先级相同，进行先乘后除操作与先除后乘操作，得出的结果相同。

在数学运算中，0 不能用作除数，在 MySQL 中，一个数除以 0 为 NULL。

```
mysql> SELECT i / 0 FROM t22;
+-------+
| i / 0 |
+-------+
|  NULL |
+-------+
1 row in set, 1 warning (0.00 sec)
```

3. 求模（求余）运算符

将 t22 表中的字段 i 对 3 和 5 进行求模（求余）运算。

```
mysql> SELECT i % 3, i MOD 5 FROM t22;
+-------+---------+
| i % 3 | i MOD 5 |
+-------+---------+
|     1 |       0 |
+-------+---------+
1 row in set (0.00 sec)
```

可以看到，100 对 3 求模后的结果为 3，对 5 求模后的结果为 0。

10.2　比较运算符

比较运算符用来对表达式左边的操作数和右边的操作数进行比较，比较的结果为真则返回 1，比较的结果为假则返回 0，其他情况则返回 NULL。

10.2.1　MySQL 支持的比较运算符

比较运算符经常被用来作为 SELECT 查询语句的条件来使用，返回符合条件的结果记录，MySQL 中支持的比较运算符如表 10-2 所示。

表 10-2　MySQL支持的比较运算符

运 算 符	名　　称	作　　用	示　　例
=	等于运算符	判断两个值、字符串或表达式是否相等	SELECT C FROM TABLE WHERE A = B
<=>	安全等于运算符	安全地判断两个值、字符串或表达式是否相等	SELECT C FROM TABLE WHERE A <=> B

（续）

运 算 符	名　　称	作　　用	示　　例
<>(!=)	不等于运算符	判断两个值、字符串或表达式是否不相等	SELECT C FROM TABLE WHERE A <> B SELECT C FROM TABLE WHERE A != B
<	小于运算符	判断前面的值、字符串或表达式是否小于后面的值、字符串或表达式	SELECT C FROM TABLE WHERE A < B
<=	小于等于运算符	判断前面的值、字符串或表达式是否小于等于后面的值、字符串或表达式	SELECT C FROM TABLE WHERE A <= B
>	大于运算符	判断前面的值、字符串或表达式是否大于后面的值、字符串或表达式	SELECT C FROM TABLE WHERE A > B
>=	大于等于运算符	判断前面的值、字符串或表达式是否大于等于后面的值、字符串或表达式	SELECT C FROM TABLE WHERE A >= B
IS NULL	为空运算符	判断值、字符串或表达式是否为空	SELECT B FROM TABLE WHERE A IS NULL
IS NOT NULL	不为空运算符	判断值、字符串或表达式是否不为空	SELECT B FROM TABLE WHERE A IS NOT NULL
LEAST	最小值运算符	在多个值中返回最小值	SELECT D FROM TABLE WHERE C LEAST(A, B)
GREATEST	最大值运算符	在多个值中返回最大值	SELECT D FROM TABLE WHERE C GREATEST(A, B)
BETWEEN AND	两值之间的运算符	判断一个值是否在两个值之间	SELECT D FROM TABLE WHERE C BETWEEN A AND B
ISNULL	为空运算符	判断一个值、字符串或表达式是否为空	SELECT B FROM TABLE WHERE A ISNULL
IN	属于运算符	判断一个值是否为列表中的任意一个值	SELECT D FROM TABLE WHERE C IN (A, B)
NOT IN	不属于运算符	判断一个值是否不是一个列表中的任意一个值	SELECT D FROM TABLE WHERE C NOT IN (A, B)
LIKE	模糊匹配运算符	判断一个值是否符合模糊匹配规则	SELECT C FROM TABLE WHERE A LIKE B
REGEXP	正则表达式运算符	判断一个值是否符合正则表达式的规则	SELECT C FROM TABLE WHERE A REGEXP B
RLIKE	正则表达式运算符	判断一个值是否符合正则表达式的规则	SELECT C FROM TABLE WHERE A RLIKE B

10.2.2　比较运算符简单示例

1. 等号运算符

等号运算符（=）判断等号两边的值、字符串或表达式是否相等，如果相等则返回 1，不相等则返回 0。

在使用等号运算符时，遵循如下规则：

- 如果等号两边的值、字符串或表达式中有一个为 NULL，则比较结果为 NULL；
- 如果等号两边的值、字符串或表达式都为字符串，则 MySQL 会按照字符串进行比较，其比较的是每个字符串中字符的 ANSI 编码是否相等。
- 如果等号两边的值都是整数，则 MySQL 会按照整数来比较两个值的大小。
- 如果等号两边的值一个是整数，另一个是字符串，则 MySQL 会将字符串转化为数字进行比较。

使用等号（=）进行判断两个值是否相等。

```
mysql> SELECT 1 = 1, 1 = '1', 1 = 0, 'a' = 'a', (5 + 3) = (2 + 6), '' = NULL , NULL = NULL;
+-------+---------+-------+-----------+-------------------+-----------+-------------+
| 1 = 1 | 1 = '1' | 1 = 0 | 'a' = 'a' | (5 + 3) = (2 + 6) | '' = NULL | NULL = NULL |
+-------+---------+-------+-----------+-------------------+-----------+-------------+
|    1  |      1  |   0   |       1   |                 1 |    NULL   |        NULL |
+-------+---------+-------+-----------+-------------------+-----------+-------------+
1 row in set (0.00 sec)
```

可以看到，等号两边的值相等会返回 1。如果等号两边的值一个是数字，另一个是字符串，则会将字符串转化为数字进行比较，因此 1='1'返回 1。如果等号两边的值有任意一个为 NULL，或者等号两边的值都为 NULL，则结果为 NULL。

2. 安全等于运算符

安全等于运算符（<=>）与等于运算符（=）的操作相同，但是安全等于运算符（<=>）能够比较 NULL 值。如果进行比较的两个值都为 NULL，则结果返回 1。

SQL 语句示例如下：

```
mysql> SELECT 1 <=> 1, 1 <=> '1', 1 <=> 0, 'a' <=> 'a', (5 + 3) <=> (2 + 6), '' <=> NULL , NULL <=>
NULL;
+---------+-----------+---------+-------------+---------------------+-------------+---------------+
| 1 <=> 1 | 1 <=> '1' | 1 <=> 0 | 'a' <=> 'a' | (5 + 3) <=> (2 + 6) | '' <=> NULL | NULL <=> NULL |
+---------+-----------+---------+-------------+---------------------+-------------+---------------+
|       1 |         1 |       0 |           1 |                   1 |           0 |             1 |
+---------+-----------+---------+-------------+---------------------+-------------+---------------+
1 row in set (0.00 sec)
```

可以看到，使用安全等于运算符时，两边的操作数的值都为 NULL 时，返回的结果为 1 而不是 NULL，其他返回结果与等于运算符相同。

3. 不等于运算符

不等于运算符（<>和!=）用于判断两边的数字、字符串或者表达式的值是否不相等，如果不相等则返回1，相等则返回0。不等于运算符不能判断NULL值。如果两边的值有任意一个为NULL，或两边都为NULL，则结果为NULL。

SQL语句示例如下：

```
mysql> SELECT 1 <> 1, 1 != 2, 'a' != 'b', (3+4) <> (2+6), 'a' != NULL, NULL <> NULL;
+--------+--------+------------+----------------+-------------+--------------+
| 1 <> 1 | 1 != 2 | 'a' != 'b' | (3+4) <> (2+6) | 'a' != NULL | NULL <> NULL |
+--------+--------+------------+----------------+-------------+--------------+
|      0 |  1     |     1      |              1 |    NULL     |         NULL |
+--------+--------+------------+----------------+-------------+--------------+
1 row in set (0.00 sec)
```

可以看到，两边的值相等时返回0，不相等时返回1。但是不等于运算符（<>和!=）不能用于判断NULL，如果两边有任意值为NULL，则返回的结果为NULL。

4. 小于运算符

小于运算符（<）用于判断左边的值、表达式或字符串是否小于右边的值、表达式或字符串，如果小于则返回1，否则返回0。不能用于NULL值判断。如果两边的值有任意一个为NULL，或两边都为NULL，则结果为NULL。

SQL语句示例如下：

```
mysql> SELECT 1 < 2, 1 < 0, 'a' < 'b', 'a' < NULL, NULL < 'a', NULL < NULL;
+-------+-------+-----------+------------+------------+-------------+
| 1 < 2 | 1 < 0 | 'a' < 'b' | 'a' < NULL | NULL < 'a' | NULL < NULL |
+-------+-------+-----------+------------+------------+-------------+
|     1 |   0   |     1     |    NULL    |    NULL    |        NULL |
+-------+-------+-----------+------------+------------+-------------+
1 row in set (0.00 sec)
```

5. 小于或等于运算符

小于或等于运算符（<=）用来判断左边的值、表达式或字符串是否小于或等于右边的值、表达式或字符串。如果小于或者等于则返回1，否则返回0。小于或等于运算符不能判断NULL值。如果两边的值有任意一个为NULL，或两边都为NULL，则结果为NULL。

SQL语句示例如下：

```
mysql> SELECT 1 <= 2, 1 <= 0, 'a' <= 'b', 'a' <= NULL, NULL <= 'a', NULL <= NULL;
+--------+--------+------------+-------------+-------------+--------------+
| 1 <= 2 | 1 <= 0 | 'a' <= 'b' | 'a' <= NULL | NULL <= 'a' | NULL <= NULL |
+--------+--------+------------+-------------+-------------+--------------+
|     1  |     0  |      1     |    NULL     |       NULL  |         NULL |
+--------+--------+------------+-------------+-------------+--------------+
1 row in set (0.00 sec)
```

6．大于运算符

大于运算符（>）用于判断左边的值、表达式或字符串是否大于右边的值、表达式或字符串。如果大于则返回 1，否则返回 0。大于运算符不能判断 NULL 值。如果两边的值有任意一个为 NULL，或两边都为 NULL，则结果为 NULL。

SQL 语句示例如下：

```
mysql> SELECT 1 > 0, 1 > 1, 'a' > 'b', 'a' > NULL, NULL > 'a', NULL > NULL;
+-------+-------+-----------+------------+------------+-------------+
| 1 > 0 | 1 > 1 | 'a' > 'b' | 'a' > NULL | NULL > 'a' | NULL > NULL |
+-------+-------+-----------+------------+------------+-------------+
|     1 |   0   |     0     |    NULL    |    NULL    |        NULL |
+-------+-------+-----------+------------+------------+-------------+
1 row in set (0.00 sec)
```

7．大于或等于运算符

大于或等于运算符（>=）用于判断左边的值、表达式或字符串是否大于或等于右边的值、表达式或字符串。如果大于或等于则返回 1，否则返回 0。大于或等于运算符不能判断 NULL 值。如果两边的值有任意一个为 NULL，或者两边都为 NULL，则结果为 NULL。

SQL 语句示例如下：

```
mysql> SELECT 1 >= 0, 1 >= 1, 'a' >= 'b', 'a' >= NULL, NULL >= 'a', NULL >= NULL;
+--------+--------+------------+-------------+-------------+--------------+
| 1 >= 0 | 1 >= 1 | 'a' >= 'b' | 'a' >= NULL | NULL >= 'a' | NULL >= NULL |
+--------+--------+------------+-------------+-------------+--------------+
|    1   |      1 |      0     |     NULL    |     NULL    |         NULL |
+--------+--------+------------+-------------+-------------+--------------+
1 row in set (0.00 sec)
```

8．空运算符

空运算符（IS NULL 或者 ISNULL）判断一个值是否为 NULL，如果为 NULL 则返回 1，否则返回 0。

SQL 语句示例如下：

```
mysql> SELECT NULL IS NULL, ISNULL(NULL), ISNULL('a'), 1 IS NULL;
+--------------+--------------+-------------+-----------+
| NULL IS NULL | ISNULL(NULL) | ISNULL('a') | 1 IS NULL |
+--------------+--------------+-------------+-----------+
|            1 |            1 |           0 |         0 |
+--------------+--------------+-------------+-----------+
1 row in set (0.00 sec)
```

9．非空运算符

非空运算符（IS NOT NULL）判断一个值是否不为 NULL，如果不为 NULL 则返回 1，否则返回 0。

SQL 语句示例如下：

```
mysql> SELECT NULL IS NOT NULL, 'a' IS NOT NULL,  1 IS NOT NULL;
+------------------+-----------------+---------------+
| NULL IS NOT NULL | 'a' IS NOT NULL | 1 IS NOT NULL |
+------------------+-----------------+---------------+
|                0 |               1 |             1 |
+------------------+-----------------+---------------+
1 row in set (0.01 sec)
```

10. 最小值运算符

最小值运算符（LEAST）用于获取参数列表中的最小值，如果参数列表中有任意一个值为 NULL，则结果返回 NULL。

SQL 语句示例如下：

```
mysql> SELECT LEAST (1,0,2), LEAST('b','a','c'), LEAST(1,NULL,2);
+---------------+--------------------+-----------------+
| LEAST (1,0,2) | LEAST('b','a','c') | LEAST(1,NULL,2) |
+---------------+--------------------+-----------------+
|             0 | a                  |            NULL |
+---------------+--------------------+-----------------+
1 row in set (0.00 sec)
```

11. 最大值运算符

最大值运算符（GREATEST）用于获取参数列表中的最大值，如果参数列表中有任意一个值为 NULL，则结果返回 NULL。

SQL 语句示例如下：

```
mysql> SELECT GREATEST(1,0,2), GREATEST('b','a','c'), GREATEST(1,NULL,2);
+-----------------+-----------------------+--------------------+
| GREATEST(1,0,2) | GREATEST('b','a','c') | GREATEST(1,NULL,2) |
+-----------------+-----------------------+--------------------+
|               2 | c                     |               NULL |
+-----------------+-----------------------+--------------------+
1 row in set (0.00 sec)
```

12. BETWEEN AND运算符

BETWEEN运算符使用的格式通常为SELECT D FROM TABLE WHERE C BETWEEN A AND B ，此时，当 C 大于或等于 A，并且 C 小于或等于 B 时，结果为 1，否则结果为 0。

```
mysql> SELECT 1 BETWEEN 0 AND 1, 10 BETWEEN 11 AND 12, 'b' BETWEEN 'a' AND 'c';
+-------------------+----------------------+-------------------------+
| 1 BETWEEN 0 AND 1 | 10 BETWEEN 11 AND 12 | 'b' BETWEEN 'a' AND 'c' |
+-------------------+----------------------+-------------------------+
|                 1 |                    0 |                       1 |
+-------------------+----------------------+-------------------------+
1 row in set (0.00 sec)
```

13. IN运算符

IN 运算符用于判断给定的值是否是 IN 列表中的一个值，如果是则返回 1，否则返回 0。如果给定的值为 NULL，或者 IN 列表中存在 NULL，则结果为 NULL。

SQL 语句示例如下：

```
mysql> SELECT 'a' IN ('a','b','c'), 1 IN (2,3), NULL IN ('a','b'), 'a' IN ('a', NULL);
+----------------------+------------+-------------------+--------------------+
| 'a' IN ('a','b','c') | 1 IN (2,3) | NULL IN ('a','b') | 'a' IN ('a', NULL) |
+----------------------+------------+-------------------+--------------------+
|          1           |     0      |       NULL        |          1         |
+----------------------+------------+-------------------+--------------------+
1 row in set (0.00 sec)
```

14. NOT IN运算符

NOT IN 运算符用于判断给定的值是否不是 IN 列表中的一个值，如果不是 IN 列表中的一个值，则返回 1，否则返回 0。

SQL 语句示例如下：

```
mysql> SELECT 'a' NOT IN ('a','b','c'), 1 NOT IN (2,3);
+--------------------------+----------------+
| 'a' NOT IN ('a','b','c') | 1 NOT IN (2,3) |
+--------------------------+----------------+
|            0             |          1     |
+--------------------------+----------------+
1 row in set (0.00 sec)
```

15. LIKE运算符

LIKE 运算符主要用来匹配字符串，通常用于模糊匹配，如果满足条件则返回 1，否则返回 0。如果给定的值或者匹配条件为 NULL，则返回结果为 NULL。

LIKE 运算符通常使用如下通配符。

- “%”：匹配 0 个或多个字符。
- “_”：只能匹配一个字符。

SQL 语句示例如下：

```
mysql> SELECT 'binghe' LIKE 'b%', 'binghe' LIKE 'bingh_', 'binghe' LIKE '%e', 'binghe' LIKE '_inghe';
+--------------------+-----------------------+-------------------+-----------------------+
| 'binghe' LIKE 'b%' | 'binghe' LIKE 'bingh_' | 'binghe' LIKE '%e' | 'binghe' LIKE '_inghe' |
+--------------------+-----------------------+-------------------+-----------------------+
|         1          |                  1    |            1      |                  1    |
+--------------------+-----------------------+-------------------+-----------------------+
1 row in set (0.00 sec)

mysql> SELECT NULL LIKE 'abc', 'abc' LIKE NULL;
+-----------------+-----------------+
| NULL LIKE 'abc' | 'abc' LIKE NULL |
+-----------------+-----------------+
|         NULL    |         NULL    |
+-----------------+-----------------+
1 row in set (0.00 sec)
```

16. REGEXP运算符

REGEXP 运算符用于匹配字符串，通常与正则表达式一起使用。如果满足条件则返回 1，否则返回 0。如果给定的值或者匹配条件为 NULL，则结果返回 NULL。

REGEXP 运算符常用的匹配规则如下：

- 匹配以“^”后面的字符开头的字符串；
- 匹配以“$”前面的字符结尾的字符串；
- “.”匹配任意一个单字符；
- “[...]”匹配方括号内的任意字符；
- 匹配零个或多个在“*”前面的字符。

SQL 语句示例如下：

```
mysql> SELECT 'binghe' REGEXP '^b', 'binghe' REGEXP 'e$', 'binghe' REGEXp 'bing';
+----------------------+----------------------+------------------------+
| 'binghe' REGEXP '^b' | 'binghe' REGEXP 'e$' | 'binghe' REGEXp 'bing' |
+----------------------+----------------------+------------------------+
|                    1 |                    1 |                      1 |
+----------------------+----------------------+------------------------+
1 row in set (0.37 sec)
```

10.3　逻辑运算符

逻辑运算符主要用来判断表达式的真假，在 MySQL 中，逻辑运算符的返回结果为 1、0 或者 NULL。

10.3.1　MySQL 支持的逻辑运算符

MySQL 中支持 4 种逻辑运算符，如表 10-3 所示。

表 10-3　MySQL支持的逻辑运算符

运　算　符	作　　用	示　　例
NOT 或 !	逻辑非	SELECT NOT A
AND 或 &&	逻辑与	SELECT A AND B SELECT A && B
OR 或 ||	逻辑或	SELECT A OR B SELECT A || B
XOR	逻辑异或	SELECT A XOR B

10.3.2　逻辑运算符简单示例

1．逻辑非运算符

逻辑非（NOT 或!）运算符表示当给定的值为 0 时返回 1；当给定的值为非 0 值时返回 0；

当给定的值为 NULL 时，返回 NULL。

SQL 语句示例如下：

```
mysql> SELECT NOT 1, NOT 0, NOT(1+1), NOT !1, NOT NULL;
+-------+-------+----------+--------+----------+
| NOT 1 | NOT 0 | NOT(1+1) | NOT !1 | NOT NULL |
+-------+-------+----------+--------+----------+
|     0 |     1 |        0 |      1 |     NULL |
+-------+-------+----------+--------+----------+
1 row in set, 1 warning (0.00 sec)
```

2. 逻辑与运算符

逻辑与（AND 或&&）运算符是当给定的所有值均为非 0 值，并且都不为 NULL 时，返回 1；当给定的一个值或者多个值为 0 时则返回 0；否则返回 NULL。

SQL 语句示例如下：

```
mysql> SELECT 1 AND -1, 0 AND 1, 0 AND NULL, 1 AND NULL;
+----------+---------+------------+------------+
| 1 AND -1 | 0 AND 1 | 0 AND NULL | 1 AND NULL |
+----------+---------+------------+------------+
|        1 |       0 |          0 |       NULL |
+----------+---------+------------+------------+
1 row in set (0.00 sec)
```

3. 逻辑或运算符

逻辑或（OR 或 ||）运算符是当给定的值都不为 NULL，并且任何一个值为非 0 值时，则返回 1，否则返回 0；当一个值为 NULL，并且另一个值为非 0 值时，返回 1，否则返回 NULL；当两个值都为 NULL 时，返回 NULL。

SQL 语句示例如下：

```
mysql> SELECT 1 OR -1, 1 OR 0, 1 OR NULL, 0 || NULL, NULL || NULL;
+---------+--------+-----------+-----------+--------------+
| 1 OR -1 | 1 OR 0 | 1 OR NULL | 0 || NULL | NULL || NULL |
+---------+--------+-----------+-----------+--------------+
|       1 |      1 |         1 |   NULL    |      NULL    |
+---------+--------+-----------+-----------+--------------+
1 row in set, 2 warnings (0.00 sec)
```

4. 逻辑异或运算符

逻辑异或（XOR）运算符是当给定的值中任意一个值为 NULL 时，则返回 NULL；如果两个非 NULL 的值都是 0 或者都不等于 0 时，则返回 0；如果一个值为 0，另一个值不为 0 时，则返回 1。

SQL 语句示例如下：

```
mysql> SELECT 1 XOR -1, 1 XOR 0, 0 XOR 0, 1 XOR NULL, 1 XOR 1 XOR 1, 0 XOR 0 XOR 0;
+----------+---------+---------+------------+---------------+---------------+
| 1 XOR -1 | 1 XOR 0 | 0 XOR 0 | 1 XOR NULL | 1 XOR 1 XOR 1 | 0 XOR 0 XOR 0 |
+----------+---------+---------+------------+---------------+---------------+
```

```
|        0 |        1 |        0 |        NULL |              1 |              0 |
+----------+---------+---------+------------+--------------+---------------+
1 row in set (0.00 sec)
```

10.4 位运算符

位运算符主要是操作二进制字节中的位，对二进制字节中的位进行逻辑运算，最终得出相应的结果数据。

10.4.1 MySQL 支持的位运算符

MySQL 支持的位运算符如表 10-4 所示。

表 10-4　MySQL支持的位运算符

运　算　符	作　　用	示　　例
&	按位与（位AND）	SELECT A & B
|	按位或（位OR）	SELECT A | B
^	按位异或（位XOR）	SELECT A ^ B
~	按位取反	SELECT ~ A
>>	按位右移	SELECT A >> 2
<<	按位左移	SELECT B << 2

10.4.2 位运算符简单示例

1. 按位与运算符

按位与（&）运算符将给定值对应的二进制数逐位进行逻辑与运算。当给定值对应的二进制位的数值都为 1 时，则该位返回 1，否则返回 0。

SQL 语句示例如下：

```
mysql> SELECT 1 & 10, 20 & 30;
+--------+---------+
| 1 & 10 | 20 & 30 |
+--------+---------+
|      0 |      20 |
+--------+---------+
1 row in set (0.00 sec)
```

1 的二进制数为 0001， 10 的二进制数为 1010，所以 1 & 10 的结果为 0000，对应的十进制数为 0。20 的二进制数为 10100，30 的二进制数为 11110，所以 20 & 30 的结果为 10100，对应的十进制数为 20。

2．按位或运算符

按位或（|）运算符将给定的值对应的二进制数逐位进行逻辑或运算。当给定值对应的二进制位的数值有一个或两个为 1 时，则该位返回 1，否则返回 0。

SQL 语句示例如下：

```
mysql> SELECT 1 | 10, 20 | 30;
+--------+---------+
| 1 | 10 | 20 | 30 |
+--------+---------+
|     11 |      30 |
+--------+---------+
1 row in set (0.00 sec)
```

1 的二进制数为 0001，10 的二进制数为 1010，所以 1 | 10 的结果为 1011，对应的十进制数为 11。20 的二进制数为 10100，30 的二进制数为 11110，所以 20 | 30 的结果为 11110，对应的十进制数为 30。

3．按位异或运算符

按位异或（^）运算符将给定的值对应的二进制数逐位进行逻辑异或运算。当给定值对应的二进制位的数值不同时，则该位返回 1，否则返回 0。

SQL 语句示例如下：

```
mysql> SELECT 1 ^ 10, 20 ^ 30;
+--------+---------+
| 1 ^ 10 | 20 ^ 30 |
+--------+---------+
|     11 |      10 |
+--------+---------+
1 row in set (0.00 sec)
```

1 的二进制数为 0001，10 的二进制数为 1010，所以 1 ^ 10 的结果为 1011，对应的十进制数为 11。20 的二进制数为 10100，30 的二进制数为 11110，所以 20 ^ 30 的结果为 01010，对应的十进制数为 10。

4．按位取反运算符

按位取反（~）运算符将给定的值的二进制数逐位进行取反操作，即将 1 变为 0，将 0 变为 1。

SQL 语句示例如下：

```
mysql> SELECT 10 & ~1;
+---------+
| 10 & ~1 |
+---------+
|      10 |
+---------+
1 row in set (0.00 sec)
```

由于按位取反（~）运算符的优先级高于按位与（&）运算符的优先级，所以 10 & ~1，首先，对数字 1 进行按位取反操作，结果除了最低位为 0，其他位都为 1，然后与 10 进行按位与操作，结果为 10。

5. 按位右移运算符

按位右移（>>）运算符将给定的值的二进制数的所有位右移指定的位数。右移指定的位数后，右边低位的数值被移出并丢弃，左边高位空出的位置用 0 补齐。

SQL 语句示例如下：

```
mysql> SELECT 1 >> 2, 4 >> 2;
+--------+--------+
| 1 >> 2 | 4 >> 2 |
+--------+--------+
|      0 |      1 |
+--------+--------+
1 row in set (0.00 sec)
```

1 的二进制数为 0000 0001，右移 2 位为 0000 0000，对应的十进制数为 0。4 的二进制数为 0000 0100，右移 2 位为 0000 0001，对应的十进制数为 1。

6. 按位左移运算符

按位左移（<<）运算符将给定的值的二进制数的所有位左移指定的位数。左移指定的位数后，左边高位的数值被移出并丢弃，右边低位空出的位置用 0 补齐。

SQL 语句示例如下：

```
mysql> SELECT 1 << 2, 4 << 2;
+--------+--------+
| 1 << 2 | 4 << 2 |
+--------+--------+
|      4 |     16 |
+--------+--------+
1 row in set (0.00 sec)
```

1 的二进制数为 0000 0001，左移两位为 0000 0100，对应的十进制数为 4。4 的二进制数为 0000 0100，左移两位为 0001 0000，对应的十进制数为 16。

10.5　运算符的优先级

MySQL 中支持的运算符的优先级可以总结为表 10-5 所示。

表 10-5　运算符的优先级

优　先　级	运　算　符
1	:=，=（赋值）

（续）

优 先 级	运 算 符
2	||，OR，XOR
3	&&，AND
4	NOT
5	BETWEEN，CASE，WHEN，THEN 和 ELSE
6	=（比较运算符），<=>，>=，>，<=，<，<>，!=，IS，LIKE，REGEXP和IN
7	|
8	&
9	<<与>>
10	-和+
11	*，/，DIV，%和MOD
12	^
13	-（负号）和~（按位取反）
14	!
15	()

表 10-5 中，数字编号越大，优先级越高，优先级高的运算符先进行计算。可以看到，赋值运算符的优先级最低，使用“()”括起来的表达式的优先级最高。

10.6 本章总结

本章简单介绍了 MySQL 中支持的运算符，对算术运算符、比较运算符、逻辑运算符和位运算符进行了简单的说明，并简单列出了各个运算符的优先级。下一章将会对 MySQL 中的函数进行简单的归纳和总结。

第 11 章　MySQL 函数

在 MySQL 中提供了大量的系统函数，这些系统函数不仅使 MySQL 的功能更加强大，而且能够帮助开发人员更好地进行数据的维护和管理。本章将对 MySQL 中提供的函数进行简单的介绍。

本章涉及的知识点有：

- MySQL 函数简介；
- 数学函数；
- 字符串函数；
- 日期和时间函数；
- 流程处理函数；
- 加密与解密函数；
- 聚合函数；
- 获取 MySQL 信息函数；
- 加锁与解锁函数；
- JSON 函数；
- 窗口函数；
- MySQL 的其他函数。

11.1　MySQL 函数简介

MySQL 提供了丰富的内置函数，这些函数使得数据的维护与管理更加方便，能够更好地提供数据的分析与统计功能，在一定程度上提高了开发人员进行数据分析与统计的效率。同时，使用 MySQL 内置函数，在一定程度上不用编写复杂的查询和分析逻辑，通过 SELECT 查询语句并结合 MySQL 提供的函数，便可以完成相应的数据分析与统计。

MySQL 提供的内置函数从实现的功能角度可以分为数学函数、字符串函数、日期和时间函数、流程处理函数、加密与解密函数、聚合函数、获取 MySQL 信息函数等。下面分别对 MySQL 内置的各个函数进行简单的介绍。

11.2　数学函数

MySQL 内置的数学函数主要对数字进行处理，主要分为绝对值函数、圆周率函数、获取整数的函数、返回列表中的最大值与最小值函数、角度与弧度互换函数、三角函数、乘方与开方函数、对数函数、随机函数、四舍五入与数字截取函数、符号函数、数学运算函数。本节将对 MySQL 中提供的数学函数进行简单的介绍。

11.2.1　绝对值函数

函数 ABS(X)获取 X 的绝对值，当 X 的值大于或等于 0 时，返回 X 本身的值；当 X 的值小于 0 时，返回 X 的绝对值。

使用绝对值函数 ABS(X)求 1、-1、0、3.14、-3.14 的绝对值。

```
mysql> SELECT ABS(1), ABS(-1), ABS(0), ABS(3.14), ABS(-3.14);
+--------+---------+--------+-----------+------------+
| ABS(1) | ABS(-1) | ABS(0) | ABS(3.14) | ABS(-3.14) |
+--------+---------+--------+-----------+------------+
|      1 |       1 |      0 |      3.14 |       3.14 |
+--------+---------+--------+-----------+------------+
1 row in set (0.00 sec)
```

可以看到，无论是整数还是浮点数，使用 ABS(X)函数求绝对值时，只要 X 的值大于或等于 0 时，返回 X 本身的值；只要 X 的值小于 0 时，返回 X 的绝对值。返回的结果数据总是一个大于或等于 0 的值。

11.2.2　圆周率函数

MySQL 中的 PI()函数用来获取圆周率的值，例如查看并返回圆周率 PI 的值。

```
mysql> SELECT PI();
+----------+
| PI()     |
+----------+
| 3.141593 |
+----------+
1 row in set (0.00 sec)
```

可以看到，MySQL 中默认将 PI 的值保留到小数点后 6 位。

11.2.3　获取整数的函数

1．CEIL(X)函数与CEILING(X)函数

CEIL(X)函数与 CEILING(X)函数都可以获取大于或等于某个值的最小整数。例如获取大

于或等于 1、-1、3.14 和-3.14 的最小整数值。

```
mysql> SELECT CEIL(1), CEIL(-1), CEILING(3.14), CEILING(-3.14);
+---------+----------+---------------+----------------+
| CEIL(1) | CEIL(-1) | CEILING(3.14) | CEILING(-3.14) |
+---------+----------+---------------+----------------+
|       1 |       -1 |             4 |             -3 |
+---------+----------+---------------+----------------+
1 row in set (0.00 sec)
```

可以看到，大于或等 1 的最小整数为 1，大于或等于-1 的最小整数为-1，大于或等于 3.14 的最小整数为 4，大于或等于-3.14 的最小整数为-3。

2. FLOOR(X)函数

FLOOR(X)函数主要用来获取小于或等于某个值的最大整数，例如获取小于或等于 1、-1、3.14 和-3.14 的最大整数值。

```
mysql> SELECT FLOOR(1), FLOOR(-1), FLOOR(3.14), FLOOR(-3.14);
+----------+-----------+-------------+--------------+
| FLOOR(1) | FLOOR(-1) | FLOOR(3.14) | FLOOR(-3.14) |
+----------+-----------+-------------+--------------+
|        1 |        -1 |           3 |           -4 |
+----------+-----------+-------------+--------------+
1 row in set (0.00 sec)
```

可以看到，小于或等于 1 的最大整数值为 1，小于或等于-1 的最大整数值为-1，小于或等于 3.14 的最大整数值为 3，小于或等于-3.14 的最大整数为-4。

11.2.4　返回列表中的最大值与最小值函数

1. LEAST(e1,e2,e3…)函数

LEAST(e1,e2,e3…)函数用于获取列表中的最小值，列表中的数据可以由数字组成，也可以由字符串组成。使用示例如下：

```
mysql> SELECT LEAST(2,3),LEAST(3.15, 2.16), LEAST('hello', 'world'), LEAST('a', 1);
+------------+-------------------+-------------------------+---------------+
| LEAST(2,3) | LEAST(3.15, 2.16) | LEAST('hello', 'world') | LEAST('a', 1) |
+------------+-------------------+-------------------------+---------------+
|          2 |              2.16 | hello                   | 1             |
+------------+-------------------+-------------------------+---------------+
1 row in set (0.01 sec)
```

2. GREATEST(e1,e2,e3…)函数

GREATEST(e1,e2,e3…)函数用于获取列表中的最大值，列表中的数据可以由数字组成，也可以由字符串组成。使用示例如下：

```
mysql> SELECT GREATEST(2,3), GREATEST(3.15, 2.16), GREATEST('hello', 'world'), GREATEST('a', 1);
+---------------+----------------------+----------------------------+------------------+
| GREATEST(2,3) | GREATEST(3.15, 2.16) | GREATEST('hello', 'world') | GREATEST('a', 1) |
+---------------+----------------------+----------------------------+------------------+
|             3 |                 3.15 | world                      | a                |
+---------------+----------------------+----------------------------+------------------+
1 row in set (0.00 sec)
```

注意：当列表中包含字符串时，比较的是字符串中每个字符的 ANSI 码。

11.2.5　角度与弧度互换函数

1. RADIANS(X)函数

RADIANS(X)函数用于将角度转化为弧度，其中，参数 X 为角度值。使用示例如下：

```
mysql> SELECT RADIANS(90),RADIANS(180),RADIANS(270);
+--------------------+-------------------+------------------+
| RADIANS(90)        | RADIANS(180)      | RADIANS(270)     |
+--------------------+-------------------+------------------+
| 1.5707963267948966 | 3.141592653589793 | 4.71238898038469 |
+--------------------+-------------------+------------------+
1 row in set (0.00 sec)
```

可以看到，90°角对应的弧度值为 1.5707963267948966，180°角对应的弧度值为 3.141592653589793，也就是π的值，270° 角对应的弧度值为 4.71238898038469。

2. DEGREES(X)函数

DEGREES(X)函数可将弧度转化为角度，其中，参数 X 为弧度值。使用示例如下：

```
mysql> SELECT DEGREES(1.5707963267948966),DEGREES(3.141592653589793), DEGREES(4.71238898038469);
+-----------------------------+----------------------------+---------------------------+
| DEGREES(1.5707963267948966) | DEGREES(3.141592653589793) | DEGREES(4.71238898038469) |
+-----------------------------+----------------------------+---------------------------+
|                          90 |                        180 |                       270 |
+-----------------------------+----------------------------+---------------------------+
1 row in set (0.00 sec)
```

11.2.6　三角函数

1. SIN(X)函数

SIN(X)函数返回 X 的正弦值，其中，参数 X 为弧度值。使用示例如下：

```
mysql> SELECT SIN(1), SIN(0), SIN(-1), SIN(PI());
+--------------------+--------+---------------------+------------------------+
| SIN(1)             | SIN(0) | SIN(-1)             | SIN(PI())              |
+--------------------+--------+---------------------+------------------------+
```

```
| 0.8414709848078965 |       0 | -0.8414709848078965 | 1.2246467991473532e-16 |
+--------------------+---------+---------------------+------------------------+
1 row in set (0.10 sec)
```

2．ASIN(X)函数

ASIN(X)函数返回 X 的反正弦值，即获取正弦为 X 的值，如果 X 的值不在-1 到 1 之间，则结果返回 NULL。使用示例如下：

```
mysql> SELECT ASIN(0.8414709848078965), ASIN(0), ASIN(-0.8414709848078965);
+--------------------------+---------+---------------------------+
| ASIN(0.8414709848078965) | ASIN(0) | ASIN(-0.8414709848078965) |
+--------------------------+---------+---------------------------+
|                        1 |       0 |                        -1 |
+--------------------------+---------+---------------------------+
1 row in set (0.00 sec)
```

由结果可以看出，SIN(X)函数与 ASIN(X)函数互为反函数。

3．COS(X)函数

COS(X)函数返回 X 的余弦值，其中，参数 X 为弧度值，使用示例如下：

```
mysql> SELECT COS(1), COS(0), COS(PI());
+--------------------+--------+-----------+
| COS(1)             | COS(0) | COS(PI()) |
+--------------------+--------+-----------+
| 0.5403023058681398 |      1 |        -1 |
+--------------------+--------+-----------+
1 row in set (0.00 sec)
```

4．ACOS(X)函数

ACOS(X)函数返回 X 的反余弦值，即返回余弦值为 X 的值，如果 X 的值不在-1 到 1 之间，则返回 NULL。使用示例如下：

```
mysql> SELECT ACOS(0.5403023058681398), ACOS(1), ACOS(-1);
+--------------------------+---------+-------------------+
| ACOS(0.5403023058681398) | ACOS(1) | ACOS(-1)          |
+--------------------------+---------+-------------------+
|                        1 |       0 | 3.141592653589793 |
+--------------------------+---------+-------------------+
1 row in set (0.00 sec)
```

可以看到，COS(X)函数与 ACOS(X)函数互为反函数。

5．TAN(X)函数

TAN(X)函数返回 X 的正切值，其中，参数 X 为弧度值。使用示例如下：

```
mysql> SELECT TAN(1), TAN(0), TAN(0.5);
+--------------------+--------+--------------------+
| TAN(1)             | TAN(0) | TAN(0.5)           |
+--------------------+--------+--------------------+
| 1.5574077246549023 |      0 | 0.5463024898437905 |
```

```
+--------------------+--------+--------------------+
1   row in set (0.00 sec)
```

6. ATAN(X)函数

ATAN(X)函数返回 X 的反正切值，即返回正切值为 X 的值。使用示例如下：

```
mysql> SELECT ATAN(1.5574077246549023), ATAN(0), ATAN(0.5463024898437905);
+--------------------------+---------+--------------------------+
| ATAN(1.5574077246549023) | ATAN(0) | ATAN(0.5463024898437905) |
+--------------------------+---------+--------------------------+
|                        1 |       0 |                      0.5 |
+--------------------------+---------+--------------------------+
1 row in set (0.00 sec)
```

由结果数据可以看出，TAN(X)函数与 ATAN(X)函数互为反函数。

7. ATAN2(M, N)函数

ATAN2(M, N)函数返回两个参数的反正切值。

与 ATAN(X)函数相比，ATAN2(M,N)需要两个参数，例如有两个点 point(x1, y1)和 point(x2, y2)，使用 ATAN(X)函数计算反正切值为 ATAN((y2-y1) / (x2-x1))，使用 ATAN2(M, N)计算反正切值则为 ATAN2(y2-y1, x2-x1)。由使用方式可以看出，当 x2-x1 等于 0 时，ATAN(X)函数会报错，而 ATAN2(M, N)函数则仍然可以计算。

ATAN2(M, N)函数的使用示例如下：

```
mysql> SELECT ATAN2(-0.8 ,1), ATAN2(1, 2);
+---------------------+--------------------+
| ATAN2(-0.8 ,1)      | ATAN2(1, 2)        |
+---------------------+--------------------+
| -0.6747409422235527 | 0.4636476090008061 |
+---------------------+--------------------+
1   row in set (0.00 sec)
```

8. COT(X)函数

COT(X)函数返回 X 的余切值，其中，X 为弧度值。使用示例如下：

```
mysql> SELECT COT(1), COT(PI());
+--------------------+-----------------------+
| COT(1)             | COT(PI())             |
+--------------------+-----------------------+
| 0.6420926159343306 | -8.165619676597685e15 |
+--------------------+-----------------------+
1 row in set (0.00 sec)
```

11.2.7　乘方与开方函数

1. POW(X, Y)函数

POW(X, Y)函数返回 X 的 Y 次方，使用示例如下：

```
mysql> SELECT POW(2, 4);
+-----------+
| POW(2, 4) |
+-----------+
|        16 |
+-----------+
1   row in set (0.00 sec)
```

2．POWER(X, Y)函数

POWER(X, Y)函数的作用与 POW(X, Y)函数相同，不再赘述。

3．EXP(X)函数

EXP(X)函数返回 e 的 X 次方，其中 e 是一个常数，在 MySQL 中这个常数 e 的值为 2.718281828459045。使用示例如下：

```
mysql> SELECT EXP(2), EXP(5);
+-----------------+------------------+
| EXP(2)          | EXP(5)           |
+-----------------+------------------+
| 7.38905609893065 | 148.4131591025766 |
+-----------------+------------------+
1   row in set (0.00 sec)
```

4．SQRT(X)的函数

SQRT(X)函数返回 X 的平方根，当 X 的值为负数时，返回 NULL。使用示例如下：

```
mysql> SELECT SQRT(16), SQRT(0), SQRT(-16);
+----------+---------+-----------+
| SQRT(16) | SQRT(0) | SQRT(-16) |
+----------+---------+-----------+
|        4 |       0 |      NULL |
+----------+---------+-----------+
1 row in set (0.00 sec)
```

11.2.8　对数函数

1．LN(X)函数

LN(X)函数返回以 e 为底的 X 的对数，当 X 的值小于或者等于 0 时，返回的结果为 NULL。使用示例如下：

```
mysql> SELECT LN(100), LN(1), LN(0), LN(-1);
+-------------------+-------+-------+--------+
| LN(100)           | LN(1) | LN(0) | LN(-1) |
+-------------------+-------+-------+--------+
| 4.605170185988092 |     0 | NULL  |   NULL |
+-------------------+-------+-------+--------+
1   row in set, 2 warnings (0.00 sec)
```

2. LOG(X)函数

LOG(X)函数的作用与 LN(X)函数相同，不再赘述。

3. LOG10(X)函数

LOG10(X)函数返回以 10 为底的 X 的对数，当 X 的值小于或者等于 0 时，返回的结果为 NULL。使用示例如下：

```
mysql> SELECT LOG10(100), LOG10(1), LOG10(0), LOG10(-1);
+------------+----------+----------+-----------+
| LOG10(100) | LOG10(1) | LOG10(0) | LOG10(-1) |
+------------+----------+----------+-----------+
|          2 |        0 |     NULL |      NULL |
+------------+----------+----------+-----------+
1   row in set, 2 warnings (0.00 sec)
```

4. LOG2(X)函数

LOG2(X)函数返回以 2 为底的 X 的对数，当 X 的值小于或等于 0 时，返回 NULL。使用示例如下：

```
mysql> SELECT LOG2(100), LOG2(1), LOG2(0), LOG2(-1);
+-------------------+---------+---------+----------+
| LOG2(100)         | LOG2(1) | LOG2(0) | LOG2(-1) |
+-------------------+---------+---------+----------+
| 6.643856189774724 |       0 |    NULL |     NULL |
+-------------------+---------+---------+----------+
1 row in set, 2 warnings (0.00 sec)
```

11.2.9　随机函数

1. RAND()函数

RAND()函数返回一个 0 到 1 之间的随机数。使用示例如下：

```
mysql> SELECT RAND(), RAND(), RAND();
+---------------------+--------------------+--------------------+
| RAND()              | RAND()             | RAND()             |
+---------------------+--------------------+--------------------+
| 0.14092314908366943 | 0.6300797272753713 | 0.7276292198594931 |
+---------------------+--------------------+--------------------+
1 row in set (0.00 sec)

mysql> SELECT RAND(), RAND(), RAND();
+--------------------+--------------------+--------------------+
| RAND()             | RAND()             | RAND()             |
+--------------------+--------------------+--------------------+
| 0.7479069482049969 | 0.5566471121801502 | 0.5395147470194053 |
+--------------------+--------------------+--------------------+
1 row in set (0.00 sec)
```

可以看到，每次执行的结果数据都不同，范围在0到1之间。

2. RAND(X)函数

RAND(X)函数返回一个范围在0到1之间的随机数，其中X的值用作种子值，相同的X值会产生重复的随机数。使用示例如下：

```
mysql> SELECT RAND(10),RAND(10),RAND(0), RAND(-10);
+--------------------+--------------------+---------------------+--------------------+
| RAND(10)           | RAND(10)           | RAND(0)             | RAND(-10)          |
+--------------------+--------------------+---------------------+--------------------+
| 0.6570515219653505 | 0.6570515219653505 | 0.15522042769493574 | 0.6533893371498113 |
+--------------------+--------------------+---------------------+--------------------+
1   row in set (0.00 sec)
```

11.2.10 四舍五入与数字截取函数

1. ROUND(X)函数

ROUND(X)函数返回一个对X的值进行四舍五入后，最接近于X的整数。使用示例如下：

```
mysql> SELECT ROUND(3.4), ROUND(3.5);
+------------+------------+
| ROUND(3.4) | ROUND(3.5) |
+------------+------------+
|          3 |          4 |
+------------+------------+
1 row in set (0.00 sec)
```

2. ROUND(X, Y)函数

ROUND(X, Y)函数返回一个对X的值进行四舍五入后最接近X的值，并保留到小数点后面Y位。如果Y的值为0，作用与ROUND(X)函数相同，如果Y的值为负数，则保留到小数点左边Y位。使用示例如下：

```
mysql> SELECT ROUND(3.145,2), ROUND(3.145, 0), ROUND(1308.789, -2);
+----------------+-----------------+---------------------+
| ROUND(3.145,2) | ROUND(3.145, 0) | ROUND(1308.789, -2) |
+----------------+-----------------+---------------------+
|           3.15 |               3 |                1300 |
+----------------+-----------------+---------------------+
1   row in set (0.00 sec)
```

3. TRUNCATE(X, Y)函数

TRUNCATE(X, Y)函数对X的值进行截断处理，保留到小数点后Y位。如果Y的值为0，则保留整数部分，如果Y的值为负数，则保留到小数点左边Y位。使用示例如下：

```
mysql> SELECT TRUNCATE(156.1516, 3), TRUNCATE(156.1516, 0), TRUNCATE(156.1516, -2);
+-----------------------+-----------------------+------------------------+
```

```
| TRUNCATE(156.1516, 3) | TRUNCATE(156.1516, 0) | TRUNCATE(156.1516, -2) |
+-----------------------+-----------------------+------------------------+
|               156.151 |                   156 |                    100 |
+-----------------------+-----------------------+------------------------+
1 row in set (0.00 sec)
```

注意：ROUND(X, Y)函数与 TRUNCATE(X, Y)函数的区别如下。

- ROUND(X, Y)函数对 X 的值进行四舍五入操作，结果保留到小数点后 Y 位。如果 Y 的值为 0，则保留整数部分，如果 Y 的值为负数，则保留到小数点左边 Y 位。
- TRUNCATE(X, Y)函数直接截断 X 的值，不进行四舍五入操作，结果保留到小数点后 Y 位。如果 Y 的值为 0，则保留整数部分，如果 Y 的值为负数，则保留到小数点左边 Y 位。

11.2.11 符号函数

SIGN(X)函数将返回 X 的符号。如果 X 的值是一个正数，则结果返回 1；如果 X 的值为 0，则结果返回 0；如果 X 的值是一个负数，则结果返回-1。使用示例如下：

```
mysql> SELECT SIGN(100), SIGN(0), SIGN(-100);
+-----------+---------+------------+
| SIGN(100) | SIGN(0) | SIGN(-100) |
+-----------+---------+------------+
|         1 |       0 |         -1 |
+-----------+---------+------------+
1 row in set (0.00 sec)

mysql> SELECT SIGN(5), SIGN(0), SIGN(-200);
+---------+---------+------------+
| SIGN(5) | SIGN(0) | SIGN(-200) |
+---------+---------+------------+
|       1 |       0 |         -1 |
+---------+---------+------------+
1 row in set (0.00 sec)
```

11.2.12 数学运算函数

1.DIV函数

DIV 函数的使用方式为 M DIV N，表示的含义为获取 M 除以 N 的整数结果值，当 N 为 0 时，将返回 NULL。使用示例如下：

```
mysql> SELECT 16 DIV 5, 16 DIV -2, 16 DIV 0;
+----------+-----------+----------+
| 16 DIV 5 | 16 DIV -2 | 16 DIV 0 |
+----------+-----------+----------+
|        3 |        -8 |     NULL |
+----------+-----------+----------+
1   row in set, 1 warning (0.00 sec)
```

2. MOD(X, Y)函数

MOD(X, Y)函数返回 X 除以 Y 后的余数。当 X 能被 Y 整除时，返回 0；当 Y 的值为 0 时，返回 NULL。使用示例如下：

```
mysql> SELECT MOD(6, 4), MOD(6, 3), MOD(6, 0);
+-----------+-----------+-----------+
| MOD(6, 4) | MOD(6, 3) | MOD(6, 0) |
+-----------+-----------+-----------+
|         2 |         0 |      NULL |
+-----------+-----------+-----------+
1 row in set, 1 warning (0.00 sec)
```

11.3　字符串函数

字符串函数主要用于处理数据库中的字符串数据，MySQL 内置提供了丰富的字符串函数，极大方便了开发人员对于字符串的处理。下面分别介绍 MySQL 内置的这些字符串函数。

11.3.1　ASCII(S)函数

ASCII(S)函数返回字符串 S 中的第一个字符的 ASCII 码值。例如查看字符串 abc 和 binghe 的第一个字符的 ASCII 码。使用示例如下：

```
mysql> SELECT ASCII('abc'), ASCII('binghe');
+--------------+-----------------+
| ASCII('abc') | ASCII('binghe') |
+--------------+-----------------+
|           97 |              98 |
+--------------+-----------------+
1 row in set (0.00 sec)
```

可以看到，字符 a 的 ASCII 码为 97，字符 b 的 ASCII 码为 98。

11.3.2　CHAR_LENGTH(S)函数

CHAR_LENGTH(S)函数返回字符串 S 中的字符个数。使用示例如下：

```
mysql> SELECT CHAR_LENGTH('hello'), CHAR_LENGTH('你好'), CHAR_LENGTH(' ');
+----------------------+----------------------+------------------+
| CHAR_LENGTH('hello') | CHAR_LENGTH('你好')   | CHAR_LENGTH(' ') |
+----------------------+----------------------+------------------+
|                    5 |                    2 |                1 |
+----------------------+----------------------+------------------+
1 row in set (0.00 sec)
```

可以看到，一个字母、汉字和空格的字符个数都是 1。

CHARACTER_LENGTH(S)函数的作用与 CHAR_LENGTH(S)函数相同，不再赘述。

11.3.3　LENGTH(S)函数

LENGTH(S)函数返回字符串 S 的长度，这里的长度指的是字节数。使用示例如下：

```
mysql> SELECT LENGTH('hello'), LENGTH('你好'), LENGTH(' ');
+-----------------+------------------+-------------+
| LENGTH('hello') | LENGTH('你好')   | LENGTH(' ') |
+-----------------+------------------+-------------+
|               5 |                6 |           1 |
+-----------------+------------------+-------------+
1 row in set (0.00 sec)
```

可以看到，当 MySQL 使用 UTF-8 编码或 utf8mb4 编码时，一个字母占用的长度为 1 个字节、一个汉字占用的长度为 3 个字节、一个空格占用的长度为 1 个字节。

11.3.4　CONCAT(S1,S2,…,Sn)函数

CONCAT(S1,S2,…Sn)函数将字符串 S1,S2,…,Sn 合并为一个字符串。使用示例如下：

```
mysql> SELECT CONCAT('hello', ' ', 'world');
+-------------------------------+
| CONCAT('hello', ' ', 'world') |
+-------------------------------+
| hello world                   |
+-------------------------------+
1 row in set (0.00 sec)
```

当函数中的任何一个字符串为 NULL 时，结果返回 NULL。使用示例如下：

```
mysql> SELECT CONCAT('hello', NULL, 'world');
+--------------------------------+
| CONCAT('hello', NULL, 'world') |
+--------------------------------+
| NULL                           |
+--------------------------------+
1 row in set (0.00 sec)
```

11.3.5　CONCAT_WS(X, S1,S2,…,Sn)函数

CONCAT_WS(X, S1,S2,…,Sn)函数将字符串 S1,S2,…,Sn 拼接成一个以 X 分隔的字符串，其中，X 可以是一个字符串，也可以是其他合法的参数。

```
mysql> SELECT CONCAT_WS(',','a','b');
+------------------------+
| CONCAT_WS(',','a','b') |
+------------------------+
| a,b                    |
```

```
+------------------------+
1 row in set (0.00 sec)
```

如果分隔符 X 为 NULL，则结果返回 NULL。

```
mysql> SELECT CONCAT_WS(NULL, 'a','b');
+--------------------------+
| CONCAT_WS(NULL, 'a','b') |
+--------------------------+
| NULL                     |
+--------------------------+
1 row in set (0.00 sec)
```

如果字符串 S1,S2,…,Sn 中的任何一个字符串为 NULL，则函数会忽略为 NULL 的字符串。

```
mysql> SELECT  CONCAT_WS(',','a',NULL,'b');
+-----------------------------+
| CONCAT_WS(',','a',NULL,'b') |
+-----------------------------+
| a,b                         |
+-----------------------------+
1 row in set (0.00 sec)
```

11.3.6　INSERT(oldstr, x, y, replacestr)函数

INSERT(oldstr, x, y, replacestr)函数将字符串 oldstr 从第 x 位置开始的 y 个字符长度的子字符串替换为 replacestr。

将字符串 hello world 中的 hello 替换为 hi。

```
mysql> SELECT INSERT('hello world',1,5,'hi');
+--------------------------------+
| INSERT('hello world',1,5,'hi') |
+--------------------------------+
| hi world                       |
+--------------------------------+
1 row in set (0.00 sec)
```

11.3.7　LOWER(S)函数

LOWER(S)函数将字符串 S 转化为小写。使用示例如下：

```
mysql> SELECT LOWER('HELLO WORLD'), LOWER('Hello World');
+----------------------+----------------------+
| LOWER('HELLO WORLD') | LOWER('Hello World') |
+----------------------+----------------------+
| hello world          | hello world          |
+----------------------+----------------------+
1 row in set (0.00 sec)
```

LCASE(S)函数的作用与 LOWER(S)函数相同。使用示例如下：

```
mysql> SELECT LCASE('HELLO WORLD'), LCASE('Hello World');
+----------------------+----------------------+
| LCASE('HELLO WORLD') | LCASE('Hello World') |
+----------------------+----------------------+
| hello world          | hello world          |
+----------------------+----------------------+
1 row in set (0.00 sec)
```

可以看到，结果数据与 LOWER(S)函数完全相同。

11.3.8　UPPER(S)函数

UPPER(S)函数将字符串 S 转化为大写。使用示例如下：

```
mysql> SELECT UPPER('hello world'), UPPER('Hello World');
+----------------------+----------------------+
| UPPER('hello world') | UPPER('Hello World') |
+----------------------+----------------------+
| HELLO WORLD          | HELLO WORLD          |
+----------------------+----------------------+
1 row in set (0.00 sec)
```

11.3.9　LEFT(str, x)函数

LEFT(str, x)函数返回字符串 str 最左边的 x 个字符组成的字符串，如果 x 的值为 NULL，则返回 NULL。使用示例如下：

```
mysql> SELECT LEFT('hello world', 5), LEFT('hello world', NULL);
+------------------------+---------------------------+
| LEFT('hello world', 5) | LEFT('hello world', NULL) |
+------------------------+---------------------------+
| hello                  | NULL                      |
+------------------------+---------------------------+
1 row in set (0.00 sec)
```

11.3.10　RIGHT(str, x)函数

RIGHT(str, x)函数返回字符串 str 最右边的 x 个字符组成的字符串，如果 x 的值为 NULL，则返回 NULL。使用示例如下：

```
mysql> SELECT RIGHT('hello world', 5), RIGHT('hello world', NULL);
+-------------------------+----------------------------+
| RIGHT('hello world', 5) | RIGHT('hello world', NULL) |
+-------------------------+----------------------------+
| world                   | NULL                       |
+-------------------------+----------------------------+
1 row in set (0.00 sec)
```

11.3.11 LPAD(str, n pstr)函数

LPAD(str, n pstr)函数使用字符串 pstr 对字符串 str 最左边进行填充，直到 str 字符串的长度达到 n 为止。使用示例如下：

```
mysql> SELECT LPAD('world', 11, 'hello ');
+-----------------------------+
| LPAD('world', 11, 'hello ') |
+-----------------------------+
| hello world                 |
+-----------------------------+
1 row in set (0.00 sec)
```

11.3.12 RPAD(str, n, pstr)函数

RPAD(str, n, pstr)函数使用字符串 pstr 对字符串 str 最右边进行填充，直到 str 字符串的长度达到 n 为止。使用示例如下：

```
mysql> SELECT RPAD('hello', 11, ' world');
+-----------------------------+
| RPAD('hello', 11, ' world') |
+-----------------------------+
| hello world                 |
+-----------------------------+
1 row in set (0.02 sec)
```

11.3.13 LTRIM(S)函数

LTRIM(S)函数用于去除字符串 S 左边的空格。使用示例如下：

```
mysql> SELECT LTRIM(' binghe');
+------------------+
| LTRIM(' binghe') |
+------------------+
| binghe           |
+------------------+
1 row in set (0.00 sec)
```

11.3.14 RTRIM(S)函数

RTRIM(S)函数用于去除字符串 S 右边的空格。使用示例如下：

```
mysql> SELECT RTRIM('binghe ');
+------------------+
| RTRIM('binghe ') |
+------------------+
| binghe           |
```

```
+-------------------+
1 row in set (0.00 sec)
```

11.3.15　TRIM(S)函数

TRIM(S)函数用于去除字符串 S 两边的空格。使用示例如下：

```
mysql> SELECT TRIM('  binghe  ');
+--------------------+
| TRIM('  binghe  ') |
+--------------------+
| binghe             |
+--------------------+
1  row in set (0.00 sec)
```

11.3.16　TRIM(substr FROM str)函数

TRIM(substr FROM str)函数用于删除字符串 str 首尾的子字符串 substr，如果未指定 substr，则默认删除空格。使用示例如下：

```
mysql> SELECT TRIM('hi' FROM 'hibinghehi'), TRIM(' binghe  ');
+------------------------------+-------------------+
| TRIM('hi' FROM 'hibinghehi') | TRIM(' binghe  ') |
+------------------------------+-------------------+
| binghe                       | binghe            |
+------------------------------+-------------------+
1  row in set (0.00 sec)
```

11.3.17　REPEAT(str, x)函数

REPEAT(str, x)函数用于返回重复 x 次 str 的结果数据。使用示例如下：

```
mysql>  SELECT REPEAT('binghe ', 4);
+------------------------------+
| REPEAT('binghe ', 4)         |
+------------------------------+
| binghe binghe binghe binghe  |
+------------------------------+
1  row in set (0.00 sec)
```

11.3.18　REPLACE(S,A,B)函数

REPLACE(S,A,B)函数用字符串 B 替换字符串 S 中出现的所有字符串 A，并返回替换后的字符串。使用示例如下：

```
mysql> SELECT REPLACE('hello world, hello mysql', 'hello', 'hi');
+----------------------------------------------------+
| REPLACE('hello world, hello mysql', 'hello', 'hi') |
```

```
+---------------------------------------------------+
| hi world, hi mysql                                |
+---------------------------------------------------+
1   row in set (0.00 sec)
```

11.3.19 STRCMP(S1, S2)函数

STRCMP(S1, S2)函数用于比较字符串S1和字符串S2的ASCII码值的大小。如果S1的ASCII码值比S2的ASCII码值小，则返回-1；如果S1的ASCII码值与S2的ASCII码值相等，则返回0；如果S1的ASCII码值大于S2的ASCII码值，则返回1。使用示例如下：

```
mysql> SELECT STRCMP('a', 'b'), STRCMP('c', 'b'), STRCMP('a','a');
+------------------+------------------+-----------------+
| STRCMP('a', 'b') | STRCMP('c', 'b') | STRCMP('a','a') |
+------------------+------------------+-----------------+
|               -1 |                1 |               0 |
+------------------+------------------+-----------------+
1   row in set (0.00 sec)
```

11.3.20 SUBSTR(S, X, Y)函数

SUBSTR(S, X, Y)函数返回从字符串S中从第X个位置开始，长度为Y的子字符串。当X的值小于0时，则将距离S结尾的第X个字符作为起始位置。使用示例如下：

```
mysql> SELECT SUBSTR('binghe',1,4), SUBSTR('binghe',1,6), SUBSTR('binghe', -2, 2);
+----------------------+----------------------+-------------------------+
| SUBSTR('binghe',1,4) | SUBSTR('binghe',1,6) | SUBSTR('binghe', -2, 2) |
+----------------------+----------------------+-------------------------+
| bing                 | binghe               | he                      |
+----------------------+----------------------+-------------------------+
1 row in set (0.00 sec)
mysql> SELECT SUBSTR('binghe',0,2), SUBSTR('binghe',7,2), SUBSTR('binghe',1,0);
+----------------------+----------------------+----------------------+
| SUBSTR('binghe',0,2) | SUBSTR('binghe',7,2) | SUBSTR('binghe',1,0) |
+----------------------+----------------------+----------------------+
|                      |                      |                      |
+----------------------+----------------------+----------------------+
1 row in set (0.00 sec)
```

SUBSTRING(S, X, Y)函数的作用与SUBSTR(S, X, Y)函数相同，不再赘述。

11.3.21 MID(S, X, Y)函数

MID(S, X, Y)函数的作用与SUBSTRING(S, X, Y)函数相同。使用示例如下：

```
mysql> SELECT MID('binghe',1,4), MID('binghe',1,6), MID('binghe', -2, 2);
+-------------------+-------------------+----------------------+
| MID('binghe',1,4) | MID('binghe',1,6) | MID('binghe', -2, 2) |
+-------------------+-------------------+----------------------+
| bing              | binghe            | he                   |
```

```
+-------------------+-------------------+----------------------+
1 row in set (0.00 sec)
mysql> SELECT MID('binghe',0,2), MID('binghe',7,2), MID('binghe',1,0);
+-------------------+-------------------+-------------------+
| MID('binghe',0,2) | MID('binghe',7,2) | MID('binghe',1,0) |
+-------------------+-------------------+-------------------+
|                   |                   |                   |
+-------------------+-------------------+-------------------+
1 row in set (0.00 sec)
```

可以看到，结果与 SUBSTRING(S, X, Y)函数的结果相同。

11.3.22　SPACE(X)函数

SPACE(X)函数返回一个由 X 个空格组成的字符串。使用示例如下：

```
mysql> SELECT CONCAT('*', SPACE(6), '*');
+----------------------------+
| CONCAT('*', SPACE(6), '*') |
+----------------------------+
| *      *                   |
+----------------------------+
1 row in set (0.00 sec)
```

可以看到，SPACE(6)返回了一个由 6 个空格组成的字符串。

11.3.23　LOCATE(substr, str)函数

LOCATE(substr, str)函数返回字符串 substr 在字符串 str 中的位置。使用示例如下：

```
mysql> SELECT LOCATE('he', 'binghe');
+------------------------+
| LOCATE('he', 'binghe') |
+------------------------+
|                      5 |
+------------------------+
1 row in set (0.00 sec)
```

注意：MySQL 中，字符串的位置是从 1 开始的。

POSITION(substr IN str)函数作用与 LOCATE(substr, str)函数相同，返回字符串 substr 在字符串 str 中的位置。使用示例如下：

```
mysql> SELECT POSITION('he' IN 'binghe');
+----------------------------+
| POSITION('he' IN 'binghe') |
+----------------------------+
|                          5 |
+----------------------------+
1 row in set (0.00 sec)
```

INSTR(str, substr)函数的作用与 LOCATE(substr, str)函数相同，返回字符串 substr 在字符

串 str 中的位置。使用示例如下：

```
mysql> SELECT INSTR('binghe','he');
+----------------------+
| INSTR('binghe','he') |
+----------------------+
|                    5 |
+----------------------+
1 row in set (0.00 sec)
```

11.3.24　ELT(M, S1, S2, …, Sn)函数

ELT(M, S1, S2, …, Sn)函数返回指定指定位置的字符串，如果 M=1，则返回 S1，如果 M=2，则返回 S2，如果 M=n，则返回 Sn。使用示例如下：

```
mysql> SELECT ELT(2, 'hello', 'mysql');
+--------------------------+
| ELT(2, 'hello', 'mysql') |
+--------------------------+
| mysql                    |
+--------------------------+
1   row in set (0.00 sec)
```

11.3.25　FIELD(S,S1,S2,…,Sn)函数

FIELD(S,S1,S2,…,Sn)函数返回字符串 S 在字符串列表中第一次出现的位置。当字符串列表中不存在 S 时，则返回 0；当 S 为 NULL 时，则返回 0。使用示例如下：

```
mysql> SELECT FIELD('l', 'hello', 'world'), FIELD('a', 'hello', 'world'), FIELD(NULL, 'hello', 'world');
+------------------------------+------------------------------+-------------------------------+
| FIELD('l', 'hello', 'world') | FIELD('a', 'hello', 'world') | FIELD(NULL, 'hello', 'world') |
+------------------------------+------------------------------+-------------------------------+
|                            0 |                            0 |                             0 |
+------------------------------+------------------------------+-------------------------------+
1 row in set (0.00 sec)
```

11.3.26　FIND_IN_SET(S1, S2)函数

FIND_IN_SET(S1, S2)函数返回字符串 S1 在字符串 S2 中出现的位置。其中，字符串 S2 是一个以逗号分隔的字符串。如果 S1 不在 S2 中，或者 S2 为空字符串，则返回 0。当 S1 或 S2 为 NULL 时，返回 NULL。使用示例如下：

```
mysql> SELECT FIND_IN_SET('bing', 'binghe,he,bing');
+---------------------------------------+
| FIND_IN_SET('bing', 'binghe,he,bing') |
+---------------------------------------+
|                                     3 |
+---------------------------------------+
1 row in set (0.01 sec)
```

```
mysql> SELECT FIND_IN_SET('bing', 'binghe,hello,world'), FIND_IN_SET('binghe','');
+------------------------------------------+--------------------------+
| FIND_IN_SET('bing', 'binghe,hello,world') | FIND_IN_SET('binghe','') |
+------------------------------------------+--------------------------+
|                                        0 |                        0 |
+------------------------------------------+--------------------------+
1 row in set (0.00 sec)
mysql> SELECT FIND_IN_SET(NULL, 'binghe,hello,world'), FIND_IN_SET('binghe',NULL);
+----------------------------------------+----------------------------+
| FIND_IN_SET(NULL, 'binghe,hello,world') | FIND_IN_SET('binghe',NULL) |
+----------------------------------------+----------------------------+
|                                   NULL |                       NULL |
+----------------------------------------+----------------------------+
1 row in set (0.00 sec)
```

11.3.27 REVERSE(S)函数

REVERSE(S)函数返回与字符串 S 顺序完全相反的字符串，即将字符串 S 反转。使用示例如下：

```
mysql> SELECT REVERSE('binghe');
+-------------------+
| REVERSE('binghe') |
+-------------------+
| ehgnib            |
+-------------------+
1 row in set (0.00 sec)
```

11.3.28 NULLIF(value1, value2)函数

NULLIF(value1, value2)函数用于比较两个字符串，如果 value1 与 value2 相等，则返回 NULL，否则返回 value1。使用示例如下：

```
mysql> SELECT NULLIF('mysql','mysql'),NULLIF('mysql', '');
+-------------------------+---------------------+
| NULLIF('mysql','mysql') | NULLIF('mysql', '') |
+-------------------------+---------------------+
| NULL                    | mysql               |
+-------------------------+---------------------+
1 row in set (0.00 sec)
```

11.4 日期和时间函数

MySQL 中内置了大量的日期和时间函数，能够灵活、方便地处理日期和时间数据，本节就简单介绍一下 MySQL 中内置的日期和时间函数。

11.4.1　CURDATE()函数

CURDATE()函数用于返回当前日期，只包含年、月、日部分，格式为 YYYY-MM-DD。使用示例如下：

```
mysql> SELECT CURDATE();
+------------+
| CURDATE()  |
+------------+
| 2019-12-11 |
+------------+
1 row in set (0.00 sec)
```

CURRENT_DATE()函数的作用与 CURDATE()函数相同，不再赘述。

11.4.2　CURTIME()函数

CURTIME()函数用于返回当前时间，只包含时、分、秒部分，格式为 HH:MM:SS。使用示例如下：

```
mysql> SELECT CURTIME();
+-----------+
| CURTIME() |
+-----------+
| 11:27:44  |
+-----------+
1 row in set (0.00 sec)
```

CURRENT_TIME()函数的作用与 CURTIME 函数相同，不再赘述。

11.4.3　NOW()函数

NOW()函数用于返回当前日期和时间，包含年、月、日、时、分、秒，格式为 YYYY-MM-DD HH:MM:SS。使用示例如下：

```
mysql> SELECT NOW();
+---------------------+
| NOW()               |
+---------------------+
| 2019-12-15 11:29:22 |
+---------------------+
1 row in set (0.00 sec)
```

CURRENT_TIMESTAMP()函数、LOCALTIME()函数、LOCALTIMESTAMP()函数、SYSDATE()函数的作用与 NOW()函数相同，不再赘述。

11.4.4　UNIX_TIMESTAMP(date)函数

将 date 转化为 UNIX 时间戳。使用示例如下：

```
mysql> SELECT UNIX_TIMESTAMP(now());
+-----------------------+
| UNIX_TIMESTAMP(now()) |
+-----------------------+
|            1576380910 |
+-----------------------+
1 row in set (0.01 sec)
mysql> SELECT UNIX_TIMESTAMP(CURDATE());
+---------------------------+
| UNIX_TIMESTAMP(CURDATE()) |
+---------------------------+
|                1576339200 |
+---------------------------+
1 row in set (0.00 sec)
mysql> SELECT UNIX_TIMESTAMP(CURTIME());
+---------------------------+
| UNIX_TIMESTAMP(CURTIME()) |
+---------------------------+
|                1576380969 |
+---------------------------+
1 row in set (0.00 sec)
```

11.4.5　FROM_UNIXTIME(timestamp)函数

FROM_UNIXTIME(timestamp)函数将 UNIX 时间戳转化为日期时间，格式为 YYYY-MM-DD HH:MM:SS，与 UNIX_TIMESTAMP(date)函数互为反函数。使用示例如下：

```
mysql> SELECT FROM_UNIXTIME(1576380910);
+---------------------------+
| FROM_UNIXTIME(1576380910) |
+---------------------------+
| 2019-12-15 11:35:10       |
+---------------------------+
1 row in set (0.00 sec)
```

11.4.6　UTC_DATE()函数

UTC_DATE()函数用于返回 UTC 日期。使用示例如下：

```
mysql> SELECT UTC_DATE();
+------------+
| UTC_DATE() |
+------------+
| 2019-12-15 |
+------------+
1 row in set (0.00 sec)
```

也可以返回YYYYMMDD格式的日期。使用示例如下：

```
mysql> SELECT UTC_DATE()+0;
+--------------+
| UTC_DATE()+0 |
+--------------+
|     20191215 |
+--------------+
1 row in set (0.00 sec)
```

11.4.7　UTC_TIME()函数

UTC_TIME()函数用于返回UTC时间。使用示例如下：

```
mysql> SELECT UTC_TIME();
+------------+
| UTC_TIME() |
+------------+
| 06:39:00   |
+------------+
1  row in set (0.00 sec)
```

11.4.8　YEAR(date)函数

YEAR(date)函数用于返回日期所在的年份，取值返回为1970～2069。使用示例如下：

```
mysql> SELECT YEAR(NOW());
+-------------+
| YEAR(NOW()) |
+-------------+
|        2019 |
+-------------+
1 row in set (0.00 sec)
```

注意：00～69会被转化为2000～2069，70～99会被转化为1970～1999。

11.4.9　MONTH(date)函数

MONTH(date)函数用于返回日期对应的月份，取值返回为1～12。使用示例如下：

```
mysql> SELECT MONTH(NOW());
+--------------+
| MONTH(NOW()) |
+--------------+
|           12 |
+--------------+
1 row in set (0.00 sec)
```

11.4.10　MONTHNAME(date)函数

MONTHNAME(date)函数用于返回日期所在月份的英文名称。使用示例如下：

```
mysql> SELECT MONTHNAME(NOW());
+------------------+
| MONTHNAME(NOW()) |
+------------------+
| December         |
+------------------+
1 row in set (0.00 sec)
```

11.4.11　DAY(date)函数

DAY(date)函数只返回日期。使用示例如下：

```
mysql> SELECT DAY(NOW());
+------------+
| DAY(NOW()) |
+------------+
|         15 |
+------------+
1 row in set (0.00 sec)
```

11.4.12　DAYNAME(date)函数

DAYNAME(date)函数用于返回日期对应星期的英文名称。使用示例如下：

```
mysql> SELECT DAYNAME(NOW());
+----------------+
| DAYNAME(NOW()) |
+----------------+
| Sunday         |
+----------------+
1 row in set (0.00 sec)
mysql> SELECT DAYNAME('2020-01-01');
+-----------------------+
| DAYNAME('2020-01-01') |
+-----------------------+
| Wednesday             |
+-----------------------+
1 row in set (0.00 sec)
```

11.4.13　DAYOFWEEK(date)函数

DAYOFWEEK(date)函数用于返回日期对应的一周中的索引值。1 表示星期日，2 表示星期一，以此类推。使用示例如下：

```
mysql> SELECT DAYOFWEEK(NOW());
+-------------------+
| DAYOFWEEK(NOW())  |
+-------------------+
|                 1 |
+-------------------+
1 row in set (0.00 sec)
mysql> SELECT DAYOFWEEK('2020-01-01');
+-------------------------+
| DAYOFWEEK('2020-01-01') |
+-------------------------+
|                       4 |
+-------------------------+
1 row in set (0.00 sec)
```

11.4.14 WEEKDAY(date)函数

WEEKDAY(date)函数返回日期对应的一周中的索引值。0 表示星期一，1 表示星期二，以此类推。使用示例如下：

```
mysql> SELECT WEEKDAY(NOW());
+----------------+
| WEEKDAY(NOW()) |
+----------------+
|              6 |
+----------------+
1 row in set (0.00 sec)
mysql> SELECT WEEKDAY('2020-01-01');
+-----------------------+
| WEEKDAY('2020-01-01') |
+-----------------------+
|                     2 |
+-----------------------+
1 row in set (0.00 sec)
```

11.4.15 WEEK(date)函数

WEEK(date)函数返回给定日期是一年中的第几周。使用示例如下：

```
mysql> SELECT WEEK(NOW());
+-------------+
| WEEK(NOW()) |
+-------------+
|          50 |
+-------------+
1 row in set (0.00 sec)
```

11.4.16 WEEKOFYEAR(date)函数

WEEKOFYEAR(date)函数返回日期位于一年中的第几周。使用示例如下：

```
mysql> SELECT WEEKOFYEAR(NOW());
+-------------------+
| WEEKOFYEAR(NOW()) |
+-------------------+
|                50 |
+-------------------+
1 row in set (0.00 sec)
```

11.4.17　DAYOFYEAR(date)函数

DAYOFYEAR(date)函数返回日期是一年中的第几天。使用示例如下：

```
mysql> SELECT DAYOFYEAR(NOW());
+------------------+
| DAYOFYEAR(NOW()) |
+------------------+
|              349 |
+------------------+
1 row in set (0.00 sec)
```

11.4.18　DAYOFMONTH(date)函数

DAYOFMONTH(date)函数返回日期位于所在月份的第几天。使用示例如下：

```
mysql> SELECT DAYOFMONTH(NOW());
+-------------------+
| DAYOFMONTH(NOW()) |
+-------------------+
|                15 |
+-------------------+
1 row in set (0.00 sec)
```

11.4.19　QUARTER(date)函数

QUARTER(date)函数返回日期对应的季度，范围为 1～4。使用示例如下：

```
mysql> SELECT QUARTER(NOW());
+----------------+
| QUARTER(NOW()) |
+----------------+
|              4 |
+----------------+
1 row in set (0.00 sec)
```

11.4.20　HOUR(time)函数

HOUR(time)函数返回指定时间的小时。使用示例如下：

```
mysql> SELECT HOUR(NOW());
+-------------+
| HOUR(NOW()) |
```

```
+-------------+
|          11 |
+-------------+
1 row in set (0.00 sec)
```

11.4.21　MINUTE(time)函数

MINUTE(time)函数返回指定时间的分钟，取值范围 0～59。使用示例如下：

```
mysql> SELECT MINUTE(NOW());
+---------------+
| MINUTE(NOW()) |
+---------------+
|            45 |
+---------------+
1 row in set (0.00 sec)
```

11.4.22　SECOND(time)函数

SECOND(time)函数返回指定时间的秒数，取值范围 0～59。使用示例如下：

```
mysql> SELECT SECOND(NOW());
+---------------+
| SECOND(NOW()) |
+---------------+
|            22 |
+---------------+
1 row in set (0.00 sec)
```

11.4.23　EXTRACT(type FROM date)函数

EXTRACT(type FROM date)函数返回指定日期中特定的部分，type 指定返回的值。其中，type 的取值如表 11-1 所示。

表 11-1　EXTRACT(type FROM date)函数中type的取值与含义

type取值	含　义
MICROSECOND	返回毫秒数
SECOND	返回秒数
MINUTE	返回分钟数
HOUR	返回小时数
DAY	返回天数
WEEK	返回日期在一年中的第几个星期
MONTH	返回日期在一年中的第几个月
QUARTER	返回日期在一年中的第几个季度

（续）

type取值	含　义
YEAR	返回日期的年份
SECOND_MICROSECOND	返回秒和毫秒值
MINUTE_MICROSECOND	返回分钟和毫秒值
MINUTE_SECOND	返回分钟和秒值
HOUR_MICROSECOND	返回小时和毫秒值
HOUR_SECOND	返回小时和秒值
HOUR_MINUTE	返回小时和分钟值
DAY_MICROSECOND	返回天和毫秒值
DAY_SECOND	返回天和秒值
DAY_MINUTE	返回天和分钟值
DAY_HOUR	返回天和小时
YEAR_MONTH	返回年和月

注意：当 EXTRACT(type FROM date)函数中的 type 取值为 MINUTE_SECOND 时，表示返回分钟和秒值，当 date 中的分钟为 12，秒为 12 时，返回的结果为 1212。也就是说，将分钟后面直接拼接上秒值。type 取值为其他带有下划线的值时，也遵循同样的规律。

使用示例如下：

```
mysql> SELECT EXTRACT(HOUR_MINUTE FROM NOW());
+---------------------------------+
| EXTRACT(HOUR_MINUTE FROM NOW()) |
+---------------------------------+
|                            2142 |
+---------------------------------+
1 row in set (0.00 sec)
```

11.4.24　TIME_TO_SEC(time)函数

TIME_TO_SEC(time)函数将 time 转化为秒并返回结果值。转化的公式为：小时*3600+分钟*60+秒。使用示例如下：

```
mysql> SELECT TIME_TO_SEC(NOW());
+--------------------+
| TIME_TO_SEC(NOW()) |
+--------------------+
|              78774 |
+--------------------+
1 row in set (0.00 sec)
```

11.4.25　SEC_TO_TIME(seconds)函数

SEC_TO_TIME(seconds)函数将 seconds 描述转化为包含小时、分钟和秒的时间。使用示例如下：

```
mysql> SELECT SEC_TO_TIME(78774);
+--------------------+
| SEC_TO_TIME(78774) |
+--------------------+
| 21:52:54           |
+--------------------+
1 row in set (0.12 sec)
```

11.4.26　DATE_ADD(date, INTERVAL expr type)函数

DATE_ADD(date, INTERVAL expr type)函数返回与 date 相差 INTERVAL 时间间隔的日期，本质上是日期的加操作。该函数中的 type 是间隔的类型，间隔类型如表 11-2 所示。

表 11-2　DATE_ADD(date, INTERVAL expr type)函数中type的取值

间 隔 类 型	含　义
HOUR	小时
MINUTE	分钟
SECOND	秒
YEAR	年
MONTH	月
DAY	日
YEAR_MONTH	年和月
DAY_HOUR	日和小时
DAY_MINUTE	日和分钟
DAY_SECOND	日和秒
HOUR_MINUTE	小时和分钟
HOUR_SECOND	小时和秒
MINUTE_SECOND	分钟和秒

使用示例如下：

```
mysql> SELECT DATE_ADD(NOW(), INTERVAL 1 DAY);
+---------------------------------+
| DATE_ADD(NOW(), INTERVAL 1 DAY) |
+---------------------------------+
| 2019-12-16 22:04:36             |
+---------------------------------+
1 row in set (0.00 sec)
```

ADDDATE(date, INTERVAL expr type)函数与 DATE_ADD(date, INTERVAL expr type)函数的作用相同，不再赘述。

11.4.27 DATE_SUB(date, INTERVAL expr type)函数

DATE_SUB(date, INTERVAL expr type)函数返回与 date 相差 INTERVAL 时间间隔的日期，本质上是日期的减操作，其中 type 的取值见表 11-2。使用示例如下：

```
mysql> SELECT DATE_SUB(NOW(), INTERVAL 1 DAY);
+---------------------------------+
| DATE_SUB(NOW(), INTERVAL 1 DAY) |
+---------------------------------+
| 2019-12-14 22:09:10             |
+---------------------------------+
1 row in set (0.00 sec)
```

SUBDATE(date, INTERVAL expr type)函数与 DATE_SUB(date, INTERVAL expr type)函数作用相同，不再赘述。

注意：DATE_ADD、ADDDATE、DATE_SUB 和 SUBDATE 这 4 个函数均可以指定负值。

11.4.28 ADDTIME(time1, time2)函数

ADDTIME(time1, time2)函数返回 time1 加上 time2 的时间。其中，time2 是一个表达式，也可以是一个数字，当 time2 为一个数字时，代表的是秒。使用示例如下：

```
mysql> SELECT ADDTIME(NOW(), 50);
+---------------------+
| ADDTIME(NOW(), 50)  |
+---------------------+
| 2019-12-15 22:17:47 |
+---------------------+
1 row in set (0.00 sec)
mysql> SELECT ADDTIME(NOW(), '1:1:1');
+-------------------------+
| ADDTIME(NOW(), '1:1:1') |
+-------------------------+
| 2019-12-15 23:18:46     |
+-------------------------+
1 row in set (0.00 sec)
```

ADDTIME(NOW(), '1:1:1')表示的含义为返回为当前时间加上 1 小时 1 分 1 秒之后的时间。

ADDTIME(time1, time2)函数中的 time2 的值也可以为负值。

```
mysql> SELECT ADDTIME(NOW(), '-1:-1:-1');
+----------------------------+
| ADDTIME(NOW(), '-1:-1:-1') |
+----------------------------+
| 2019-12-15 22:19:29        |
```

```
+----------------------------+
1 row in set, 1 warning (0.01 sec)
```

ADDTIME(NOW(), '-1:-1:-1')表示的含义为返回当前时间减去 1 小时 1 分 1 秒之后的时间。

11.4.29　SUBTIME(time1, time2)函数

SUBTIME(time1, time2)函数返回 time1 减去 time2 后的时间。其中，time2 是一个表达式，也可以是一个数字，当 time2 为一个数字时，代表的是秒。使用示例如下：

```
mysql> SELECT SUBTIME(NOW(), 50);
+---------------------+
| SUBTIME(NOW(), 50)  |
+---------------------+
| 2019-12-15 22:23:35 |
+---------------------+
1 row in set (0.00 sec)
mysql> SELECT SUBTIME(NOW(), '1:1:1');
+-------------------------+
| SUBTIME(NOW(), '1:1:1') |
+-------------------------+
| 2019-12-15 21:23:50     |
+-------------------------+
1 row in set (0.00 sec)
mysql> SELECT SUBTIME(NOW(), '-1:-1:-1');
+----------------------------+
| SUBTIME(NOW(), '-1:-1:-1') |
+----------------------------+
| 2019-12-15 22:25:11        |
+----------------------------+
1 row in set, 1 warning (0.00 sec)
```

11.4.30　DATEDIFF(date1, date2)函数

DATEDIFF(date1, date2)函数计算两个日期之间相差的天数。使用示例如下：

```
mysql> SELECT DATEDIFF(NOW(), '1970-01-01');
+-------------------------------+
| DATEDIFF(NOW(), '1970-01-01') |
+-------------------------------+
|                         18245 |
+-------------------------------+
1 row in set (0.00 sec)
```

11.4.31　FROM_DAYS(N)函数

FROM_DAYS(N)函数返回从 0000 年 1 月 1 日起，N 天以后的日期。使用示例如下：

```
mysql> SELECT FROM_DAYS(366);
+----------------+
| FROM_DAYS(366) |
```

```
+----------------+
| 0001-01-01     |
+----------------+
1 row in set (0.00 sec)
```

11.4.32　LAST_DAY(date)函数

LAST_DAY(date)函数返回 date 所在月份的最后一天的日期。使用示例如下：

```
mysql> SELECT LAST_DAY(NOW());
+-----------------+
| LAST_DAY(NOW()) |
+-----------------+
| 2019-12-31      |
+-----------------+
1 row in set (0.00 sec)
```

11.4.33　MAKEDATE(year, n)函数

MAKEDATE(year, n)函数针对给定年份与所在年份中的天数返回一个日期。使用示例如下：

```
mysql> SELECT MAKEDATE(2020,1);
+------------------+
| MAKEDATE(2020,1) |
+------------------+
| 2020-01-01       |
+------------------+
1 row in set (0.00 sec)
mysql> SELECT MAKEDATE(2020,32);
+-------------------+
| MAKEDATE(2020,32) |
+-------------------+
| 2020-02-01        |
+-------------------+
1 row in set (0.00 sec)
```

11.4.34　MAKETIME(hour, minute, second)函数

将给定的小时、分钟和秒组合成时间并返回。使用示例如下：

```
mysql> SELECT MAKETIME(1,1,1);
+-----------------+
| MAKETIME(1,1,1) |
+-----------------+
| 01:01:01        |
+-----------------+
1 row in set (0.00 sec)
```

11.4.35　PERIOD_ADD(time, n)函数

PERIOD_ADD(time, n)函数返回 time 加上 n 后的时间。使用示例如下：

```
mysql> SELECT PERIOD_ADD(20200101010101,1);
+------------------------------+
| PERIOD_ADD(20200101010101,1) |
+------------------------------+
|               20200101010102 |
+------------------------------+
1 row in set (0.00 sec)
```

11.4.36　TO_DAYS(date)函数

TO_DAYS(date)函数返回日期 date 距离 0000 年 1 月 1 日的天数。使用示例如下：

```
mysql> SELECT TO_DAYS(NOW());
+----------------+
| TO_DAYS(NOW()) |
+----------------+
|         737773 |
+----------------+
1 row in set (0.00 sec)
```

11.4.37　DATE_FORMAT(date, format)函数

DATE_FORMAT(date, format)函数按照指定的格式 format 来格式化日期 date。其中，format 常用的格式符如表 11-3 所示。

表 11-3　DATE_FORMAT(date, format)函数中format常用的格式符

格　式	含　义
%a	缩写星期名
%b	缩写月名
%c	月，数值
%D	带有英文前缀的月中的天
%d	月的天，数值(00-31)
%e	月的天，数值(0-31)
%f	微秒
%H	小时（00-23)
%h	小时（01-12)
%I	小时（01-12)
%i	分钟，数值(00-59)

（续）

格　式	含　义
%j	年的天 (001-366)
%k	小时 (0-23)
%l	小时 (1-12)
%M	月名
%m	月，数值(00-12)
%p	AM或PM
%r	时间，12-小时（hh:mm:ss AM 或 PM）
%S	秒(00-59)
%s	秒(00-59)
%T	时间, 24-小时 (hh:mm:ss)
%U	周 (00-53) 星期日是一周的第一天
%u	周 (00-53) 星期一是一周的第一天
%V	周 (01-53) 星期日是一周的第一天，与%X使用
%v	周 (01-53) 星期一是一周的第一天，与%x使用
%W	星期名
%w	周的天 （0=星期日, 6=星期六）
%X	年，其中的星期日是周的第一天，4位，与%V使用
%x	年，其中的星期一是周的第一天，4位，与%v使用
%Y	年，4位
%y	年，2位

使用示例如下：

```
mysql> SELECT DATE_FORMAT(NOW(), '%H:%i:%s');
+--------------------------------+
| DATE_FORMAT(NOW(), '%H:%i:%s') |
+--------------------------------+
| 22:57:34                       |
+--------------------------------+
1 row in set (0.00 sec)
```

11.4.38　TIME_FORMAT(time, format)函数

TIME_FORMAT(time, format)函数按照指定的格式 format 来格式化日期 date。其中，format 常用的格式符见表 11-3。使用示例如下：

```
mysql> SELECT TIME_FORMAT(NOW(), '%H:%i:%s');
+--------------------------------+
| TIME_FORMAT(NOW(), '%H:%i:%s') |
+--------------------------------+
```

```
| 22:59:40                       |
+--------------------------------+
1 row in set (0.00 sec)
```

11.4.39　GET_FORMAT(date_type, format_type)函数

GET_FORMAT(date_type, format_type)函数返回日期字符串的显示格式，其中 date_type 表示日期类型，format_type 表示格式化类型。日期类型与格式化类型的取值如表 11-4 所示。

表 11-4　GET_FORMAT函数返回的格式化字符串

日 期 类 型	格式化类型	返回的格式化字符串
DATE	USA	%m.%d.%Y
DATE	JIS	%Y-%m-%d
DATE	ISO	%Y-%m-%d
DATE	EUR	%d.%m.%Y
DATE	INTERNAL	%Y%m%d
TIME	USA	%h:%i:%s %p
TIME	JIS	%H:%i:%s
TIME	ISO	%H:%i:%s
TIME	EUR	%H.%i.%s
TIME	INTERNAL	%H%i%s
DATETIME	USA	%Y-%m-%d %H.%i.%s
DATETIME	JIS	%Y-%m-%d %H:%i:%s
DATETIME	ISO	%Y-%m-%d %H:%i:%s
DATETIME	EUR	%Y-%m-%d %H.%i.%s
DATETIME	INTERNAL	%Y%m%d%H%i%s

使用示例如下：

```
mysql> SELECT GET_FORMAT(DATE, 'USA');
+-------------------------+
| GET_FORMAT(DATE, 'USA') |
+-------------------------+
| %m.%d.%Y                |
+-------------------------+
1 row in set (0.00 sec)
```

11.4.40　STR_TO_DATE(str, format)函数

STR_TO_DATE(str, format)函数将字符串 str 按照 format 格式转化为日期或时间。其中，format 的取值见表 11-3。使用示例如下：

```
mysql> SELECT STR_TO_DATE('2020-01-01 00:00:00','%Y-%m-%d');
+-----------------------------------------------+
| STR_TO_DATE('2020-01-01 00:00:00','%Y-%m-%d') |
+-----------------------------------------------+
| 2020-01-01                                    |
+-----------------------------------------------+
1 row in set, 1 warning (0.00 sec)
```

11.5　流程处理函数

流程处理函数可以根据不同的条件，执行不同的处理流程，可以在 SQL 语句中实现不同的条件选择。MySQL 中的流程处理函数主要包括 IF()、IFNULL()和 CASE()函数。

11.5.1　IF(value, value1,value2)函数

如果 value 的值为 TRUE，则 IF()函数返回 value1，否则返回 value2。使用示例如下：

```
mysql> SELECT IF(1<2, 1, 0), IF(1 > 2, 'yes', 'no');
+---------------+------------------------+
| IF(1<2, 1, 0) | IF(1 > 2, 'yes', 'no') |
+---------------+------------------------+
|             1 | no                     |
+---------------+------------------------+
1 row in set (0.00 sec)
```

11.5.2　IFNULL(value1, value2)函数

如果 value1 不为 NULL，则 IFNULL()函数返回 value1，否则返回 value2。使用示例如下：

```
mysql> SELECT IFNULL('hello', 'mysql'), IFNULL(NULL, 'mysql'), IFNULL(10/0, 'mysql');
+--------------------------+-----------------------+-----------------------+
| IFNULL('hello', 'mysql') | IFNULL(NULL, 'mysql') | IFNULL(10/0, 'mysql') |
+--------------------------+-----------------------+-----------------------+
| hello                    | mysql                 | mysql                 |
+--------------------------+-----------------------+-----------------------+
1 row in set, 1 warning (0.00 sec)
```

在数学运算中，0 不能当作除数。在 MySQL 中，0 当作除数时，结果返回 NULL，所以，IFNULL(10/0, 'mysql')返回 mysql。

11.5.3　CASE WHEN THEN 函数

对于 CASE WHEN value1 THEN result1 [WHEN value2 THEN result2...] ELSE default END，如果 WHEN 后面的某个 value 值为 TRUE，则返回当前 WHEN 条件对应的 THEN 语句后面的结果值；如果所有 WHEN 后面的 value 值都为 FALSE，则返回 ELSE 后面的结果值。

使用示例如下：

```
mysql> SELECT CASE WHEN 1 > 0 THEN 'yes' WHEN 1 <= 0 THEN 'no' ELSE 'unknown' END;
+---------------------------------------------------------------------+
| CASE WHEN 1 > 0 THEN 'yes' WHEN 1 <= 0 THEN 'no' ELSE 'unknown' END |
+---------------------------------------------------------------------+
| yes                                                                 |
+---------------------------------------------------------------------+
1 row in set (0.00 sec)

mysql> SELECT CASE WHEN 1 < 0 THEN 'yes' WHEN 1 = 0 THEN 'no' ELSE 'unknown' END;
+--------------------------------------------------------------------+
| CASE WHEN 1 < 0 THEN 'yes' WHEN 1 = 0 THEN 'no' ELSE 'unknown' END |
+--------------------------------------------------------------------+
| unknown                                                            |
+--------------------------------------------------------------------+
1 row in set (0.00 sec)
```

11.5.4 CASE expr WHEN 函数

对于 CASE expr WHEN value1 THEN result1 [WHEN value2 THEN result2…] ELSE default END，如果 expr 的值与某个 WHEN 后面的值相等，则返回对应 THEN 后面的结果；如果 expr 的值与所有 WHEN 后面的值都不相等，则返回 ELSE 后面的结果。使用示例如下：

```
mysql> SELECT CASE 1 WHEN 0 THEN 0 WHEN 1 THEN 1 ELSE -1 END;
+------------------------------------------------+
| CASE 1 WHEN 0 THEN 0 WHEN 1 THEN 1 ELSE -1 END |
+------------------------------------------------+
|                                              1 |
+------------------------------------------------+
1 row in set (0.00 sec)

mysql> SELECT CASE -1 WHEN 0 THEN 0 WHEN 1 THEN 1 ELSE -1 END;
+-------------------------------------------------+
| CASE -1 WHEN 0 THEN 0 WHEN 1 THEN 1 ELSE -1 END |
+-------------------------------------------------+
|                                              -1 |
+-------------------------------------------------+
1 row in set (0.00 sec)
```

11.6 加密与解密函数

加密与解密函数主要用于对数据库中的数据进行加密和解密处理，以防止数据被他人窃取。MySQL 中提供了内置的数据加密和解密函数，主要包括 PASSWORD(value)函数、MD5(value)函数、ENCODE(value, password-seed)函数和 DECODE(value, password-seed)函数。

11.6.1　PASSWORD(value)函数

PASSWORD(value)函数将明文密码 value 的值进行加密，返回加密后的密码字符串。如果 value 的值为 NULL，则返回的结果为空。加密结果是单向、不可逆的。使用示例如下：

```
mysql> SELECT PASSWORD('mysql'), PASSWORD(NULL);
+-------------------------------------------+----------------+
| PASSWORD('mysql')                         | PASSWORD(NULL) |
+-------------------------------------------+----------------+
| *E74858DB86EBA20BC33D0AECAE8A8108C56B17FA |                |
+-------------------------------------------+----------------+
1 row in set, 1 warning (0.00 sec)
```

11.6.2　MD5(value)函数

MD5(value)函数返回对 value 进行 MD5 加密后的结果值。如果 value 的值为 NULL，则返回 NULL。使用示例如下：

```
mysql> SELECT MD5('mysql'), MD5(NULL);
+----------------------------------+-----------+
| MD5('mysql')                     | MD5(NULL) |
+----------------------------------+-----------+
| 81c3b080dad537de7e10e0987a4bf52e | NULL      |
+----------------------------------+-----------+
1 row in set (0.00 sec)
```

11.6.3　ENCODE(value, password_seed)函数

ENCODE(value, password_seed)函数返回使用 password_seed 作为密码加密 value 的结果值。使用示例如下：

```
mysql> SELECT ENCODE('mysql', 'mysql');
+--------------------------+
| ENCODE('mysql', 'mysql') |
+--------------------------+
| íg ¼ ìÉ                  |
+--------------------------+
1 row in set, 1 warning (0.01 sec)
```

11.6.4　DECODE(value, password_seed)函数

DECODE(value, password_seed)函数返回使用 password_seed 作为密码解密 value 的结果值。使用示例如下：

```
mysql> SELECT DECODE(ENCODE('mysql','mysql'),'mysql');
+-----------------------------------------+
```

```
| DECODE(ENCODE('mysql','mysql'),'mysql') |
+-----------------------------------------+
| mysql                                   |
+-----------------------------------------+
1 row in set, 2 warnings (0.00 sec)
```

可以看到，ENCODE(value, password_seed)函数与 DECODE(value, password_seed)函数互为反函数。

11.7 聚合函数

聚合函数是一类对数据库中的数据进行聚合统计的函数。MySQL 中提供的聚合函数主要包括 COUNT 函数、MAX 函数、MIN 函数、SUM 函数和 AVG 函数。

每个函数的作用不同,COUNT 函数可以用来计算符合条件的数据表中的记录条数,MAX 函数可以用来计算符合条件的最大值，MIN 函数可以用来计算符合条件的最小值，SUM 函数可以用来计算符合条件的记录的累加和，AVG 函数可以用来计算符合条件的记录的平均值。为了更好地理解每个函数的作用，接下来将会以示例的形式详细说明每种函数的用法。在此之前，需要创建用于测试的数据库和数据表。首先创建名称为 test 的数据库，并在 test 数据库下创建 employee 数据表。

```
mysql> CREATE DATABASE test;
Query OK, 1 row affected (0.10 sec)
mysql> CREATE TABLE employee (
    -> id INT NOT NULL PRIMARY KEY AUTO_INCREMENT,
    -> name VARCHAR(50) NOT NULL DEFAULT '',
    -> age INT NOT NULL DEFAULT 0
    -> );
Query OK, 0 rows affected (0.13 sec)
```

接下来，向 employee 数据表中插入数据。

```
mysql> INSERT INTO employee(name, age)
    -> VALUES('xiaoming', 20),
    -> ('binghe',18),
    -> ('xiaohong',25),
    -> ('xiaoli', 19),
    -> ('xiaogang', 29);
Query OK, 5 rows affected (0.01 sec)
Records: 5  Duplicates: 0  Warnings: 0
```

11.7.1 COUNT(*/字段名称)函数

COUNT(*/字段名称)函数的参数可以为“*”和数据表中的某个字段名称。使用示例如下：

```
mysql> SELECT COUNT(*), COUNT(id) FROM employee;
+----------+-----------+
| COUNT(*) | COUNT(id) |
```

```
+----------+-----------+
|        5 |         5 |
+----------+-----------+
1 row in set (0.06 sec)
```

11.7.2　MAX(字段名称)函数

MAX(字段名称)函数返回数据表中某列的最大值。使用示例如下：

```
mysql> SELECT MAX(age) FROM employee;
+----------+
| MAX(age) |
+----------+
|       29 |
+----------+
1 row in set (0.00 sec)
```

11.7.3　MIN(字段名称)函数

MIN(字段名称)函数返回数据表中某列的最小值。使用示例如下：

```
mysql> SELECT MIN(age) FROM employee;
+----------+
| MIN(age) |
+----------+
|       18 |
+----------+
1 row in set (0.00 sec)
```

11.7.4　SUM(字段名称)函数

SUM(字段名称)函数返回数据表中某列数据的求和结果。使用示例如下：

```
mysql> SELECT SUM(age) FROM employee;
+----------+
| SUM(age) |
+----------+
|      111 |
+----------+
1 row in set (0.00 sec)
```

11.7.5　AVG(字段名称)函数

AVG(字段名称)函数返回数据表中某列数据的平均值。使用示例如下：

```
mysql> SELECT AVG(age) FROM employee;
+----------+
| AVG(age) |
+----------+
```

```
|  22.2000 |
+----------+
1 row in set (0.00 sec)
```

使用聚合函数时需要注意以下几点：

- 每个聚合函数需要传递一个参数，这个参数为数据表中的字段名称或者表达式（COUNT()函数也可以传递“*”作为参数）。
- 统计的结果中默认会忽略字段为NULL的数据记录。
- 如果需要数据表中字段为NULL的记录参与聚合函数的计算，则需要使用IFNULL(value1, value2)函数对数据表中字段为NULL的数据进行数据转换。
- 聚合函数不能嵌套调用。比如不能出现类似“AVG(SUM(字段名称))”形式的调用。

11.8　获取MySQL信息函数

MySQL中内置了一些可以查询MySQL信息的函数，这些函数主要用于帮助数据库开发或运维人员更好地对数据库进行维护工作。

11.8.1　VERSION()函数

VERSION()函数返回当前MySQL的版本号。使用示例如下：

```
mysql> SELECT VERSION();
+-----------+
| VERSION() |
+-----------+
| 8.0.18    |
+-----------+
1 row in set (0.00 sec)
```

11.8.2　CONNECTION_ID()函数

CONNECTION_ID()函数返回当前MySQL服务器的连接数。使用示例如下：

```
mysql> SELECT CONNECTION_ID();
+-----------------+
| CONNECTION_ID() |
+-----------------+
|               8 |
+-----------------+
1 row in set (0.01 sec)
```

11.8.3　DATABASE()函数

DATABASE()函数返回MySQL命令行当前所在的数据库。使用示例如下：

```
mysql> SELECT DATABASE();
+------------+
| DATABASE() |
+------------+
| test       |
+------------+
1 row in set (0.00 sec)
```

SCHEMA()函数的作用与 DATABASE()函数相同。使用示例如下：

```
mysql> SELECT SCHEMA();
+----------+
| SCHEMA() |
+----------+
| test     |
+----------+
1 row in set (0.00 sec)
```

11.8.4　USER()函数

USER()函数返回当前连接 MySQL 的用户名，返回结果格式为“主机名@用户名”。使用示例如下：

```
mysql> SELECT USER();
+----------------+
| USER()         |
+----------------+
| root@localhost |
+----------------+
1 row in set (0.00 sec)
```

另外，获取当前连接 MySQL 用户名的函数还有 CURRENT_USER()、SYSTEM_USER()和 SESSION_USER()。作用与 USER()函数相同。使用示例如下：

```
mysql> SELECT USER(), CURRENT_USER(), SYSTEM_USER(),SESSION_USER();
+----------------+----------------+----------------+----------------+
| USER()         | CURRENT_USER() | SYSTEM_USER()  | SESSION_USER() |
+----------------+----------------+----------------+----------------+
| root@localhost | root@localhost | root@localhost | root@localhost |
+----------------+----------------+----------------+----------------+
1 row in set (0.00 sec)
```

11.8.5　LAST_INSERT_ID()函数

LAST_INSERT_ID()函数返回自增列最新的值。使用示例如下：

```
mysql> SELECT LAST_INSERT_ID();
+------------------+
| LAST_INSERT_ID() |
+------------------+
|                1 |
+------------------+
1 row in set (0.00 sec)
```

11.8.6　CHARSET(value)函数

CHARSET(value)函数用于查看 MySQL 使用的字符集。使用示例如下：

```
mysql> SELECT CHARSET('ABC');
+----------------+
| CHARSET('ABC') |
+----------------+
| utf8mb4        |
+----------------+
1 row in set (0.00 sec)
```

11.8.7　COLLATION(value)函数

COLLATION(value)函数用于返回字符串 value 的排序方式。使用示例如下：

```
mysql> SELECT COLLATION('ABC');
+--------------------+
| COLLATION('ABC')   |
+--------------------+
| utf8mb4_general_ci |
+--------------------+
1 row in set (0.00 sec)
```

11.9　加锁与解锁函数

MySQL 中提供了对数据进行加锁和解锁的函数，这些函数包括 GET_LOCK(value, timeout)、RELEASE_LOCK(value)、IS_FREE_LOCK(value)和 IS_USED_LOCK(value)函数。

11.9.1　GET_LOCK(value, timeout)函数

GET_LOCK(value, timeout)函数使用字符串 value 给定的名字获取锁，持续 timeout 秒。如果成功获取锁，则返回 1，如果获取锁超时，则返回 0，如果发生错误，则返回 NULL。使用 GET_LOCK(value, timeout)函数获取的锁，当执行 RELEASE_LOCK(value)或断开数据库连接（包括正常断开和非正常断开），锁都会被解除。使用示例如下：

```
mysql> SELECT GET_LOCK('mysql',1000);
+------------------------+
| GET_LOCK('mysql',1000) |
+------------------------+
|                      1 |
+------------------------+
1 row in set (0.00 sec)
```

获得一个名称为 mysql，持续时间为 1000s 的锁。

11.9.2　RELEASE_LOCK(value)函数

RELEASE_LOCK(value)函数将以 value 命名的锁解除。如果解除成功，则返回 1，如果线程还没有创建锁，则返回 0，如果以 value 命名的锁不存在，则返回 NULL。

```
mysql> SELECT RELEASE_LOCK('mysql');
+-----------------------+
| RELEASE_LOCK('mysql') |
+-----------------------+
|                     1 |
+-----------------------+
1 row in set (0.10 sec)
```

注意：锁不存在包括两种情况。

- 从未被 GET_LOCK(value, timeout)函数获取过。
- 锁已经被调用 RELEASE_LOCK(value)函数释放过。

11.9.3　IS_FREE_LOCK(value)函数

IS_FREE_LOCK(value)函数判断以 value 命名的锁是否可以被使用。如果可以被使用，则返回 1，如果不能使用，也就是说正在被使用，则返回 0，如果发生错误，则返回 NULL。使用示例如下：

```
mysql> SELECT IS_FREE_LOCK('mysql');
+-----------------------+
| IS_FREE_LOCK('mysql') |
+-----------------------+
|                     1 |
+-----------------------+
1 row in set (0.00 sec)
```

11.9.4　IS_USED_LOCK(value)函数

IS_USED_LOCK(value)函数判断以 value 命名的锁是否正在被使用，如果正在被使用，则返回使用该锁的数据库连接 ID，否则返回 NULL。使用示例如下：

```
mysql> SELECT IS_USED_LOCK('mysql'), IS_USED_LOCK('test');
+-----------------------+----------------------+
| IS_USED_LOCK('mysql') | IS_USED_LOCK('test') |
+-----------------------+----------------------+
|                  NULL |                    8 |
+-----------------------+----------------------+
1 row in set (0.00 sec)
```

11.10　JSON 函数

JSON 函数是对数据库中 JSON 数据类型的数据进行处理的函数，MySQL 中内置了一系列的 JSON 函数。本节就简单介绍一下 MySQL 中常用的 JSON 函数。

为了更好地理解 JSON 函数的用法和作用，我们将会以示例的形式详细介绍每种 JSON 函数的作用和用法。首先，在名称为 test 的数据库中创建数据表 test_json。

```
mysql> CREATE TABLE test_json (
    -> id INT NOT NULL PRIMARY KEY AUTO_INCREMENT,
    -> content JSON
    -> );
Query OK, 0 rows affected (0.01 sec)
```

接下来，向 test_json 数据表中插入数据。

```
mysql> INSERT INTO test_json (content) VALUES('{"name":"binghe", "age":18, "address":{"province":
"sichuan", "city":"chengdu"}}');
Query OK, 1 row affected (0.00 sec)
```

可以使用“->”和“->>”查询 JSON 数据中指定的内容。

```
mysql> SELECT content->'$.name' FROM test_json WHERE id = 1;
+-------------------+
| content->'$.name' |
+-------------------+
| "binghe"          |
+-------------------+
1 row in set (0.00 sec)
mysql> SELECT content->>'$.address.province' FROM test_json WHERE id = 1;
+--------------------------------+
| content->>'$.address.province' |
+--------------------------------+
| sichuan                        |
+--------------------------------+
1 row in set (0.00 sec)
```

11.10.1　JSON_CONTAINS(json_doc, value)函数

JSON_CONTAINS(json_doc, value)函数查询 JSON 类型的字段中是否包含 value 数据。如果包含则返回 1，否则返回 0。其中，json_doc 为 JSON 类型的数据，value 为要查找的数据。使用示例如下：

```
mysql> SELECT JSON_CONTAINS(content, '{"name":"binghe"}') FROM test_json WHERE id = 1;
+---------------------------------------------+
| JSON_CONTAINS(content, '{"name":"binghe"}') |
+---------------------------------------------+
|                                           1 |
+---------------------------------------------+
1 row in set (0.00 sec)
```

注意：value 必须是一个 JSON 字符串。

11.10.2　JSON_SEARCH(json_doc ->> '$[*].key', type, value)函数

JSON_SEARCH(json_doc ->> '$[*].key', type, value)函数在 JSON 类型的字段指定的 key 中，查找字符串 value。如果找到 value 值，则返回索引数据。使用示例如下：

```
mysql> SELECT JSON_SEARCH(content ->> '$.address', 'one', 'sichuan') FROM test_json WHERE id = 1;
+--------------------------------------------------------+
| JSON_SEARCH(content ->> '$.address', 'one', 'sichuan') |
+--------------------------------------------------------+
| "$.province"                                           |
+--------------------------------------------------------+
1 row in set (0.00 sec)
mysql> SELECT JSON_SEARCH(content ->> '$.address', 'all', 'sichuan') FROM test_json WHERE id = 1;
+--------------------------------------------------------+
| JSON_SEARCH(content ->> '$.address', 'all', 'sichuan') |
+--------------------------------------------------------+
| "$.province"                                           |
+--------------------------------------------------------+
1 row in set (0.00 sec)
```

注意：函数的第二个参数 type，取值可以是 one 或者 all。当取值为 one 时，如果找到 value 值，则返回 value 值的第一个索引数据；当取值为 all 时，如果找到 value 值，则返回 value 值的所有索引数据。

11.10.3　JSON_PRETTY(json_doc)函数

JSON_PRETTY(json_doc)函数以优雅的格式显示 JSON 数据。使用示例如下：

```
mysql> SELECT JSON_PRETTY(content) FROM test_json WHERE id = 1;
+--------------------------------------------------------------------+
| JSON_PRETTY(content)                                               |
+--------------------------------------------------------------------+
| {
  "age": 18,
  "name": "binghe",
  "address": {
    "city": "chengdu",
    "province": "sichuan"
  }
} |
+--------------------------------------------------------------------+
1 row in set (0.00 sec)
```

11.10.4　JSON_DEPTH(json_doc)函数

JSON_DEPTH(json_doc)函数返回 JSON 数据的最大深度。使用示例如下：

```
mysql> SELECT JSON_DEPTH(content) FROM test_json WHERE id = 1;
+---------------------+
| JSON_DEPTH(content) |
+---------------------+
|                   3 |
+---------------------+
1 row in set (0.05 sec)
```

11.10.5　JSON_LENGTH(json_doc[, path])函数

JSON_LENGTH(json_doc[, path])函数返回 JSON 数据的长度。使用示例如下：

```
mysql> SELECT JSON_LENGTH(content) FROM test_json WHERE id = 1;
+----------------------+
| JSON_LENGTH(content) |
+----------------------+
|                    3 |
+----------------------+
1 row in set (0.00 sec)
```

11.10.6　JSON_KEYS(json_doc[, path])函数

JSON_KEYS(json_doc[, path])函数返回 JSON 数据中顶层 key 组成的 JSON 数组。使用示例如下：

```
mysql> SELECT JSON_KEYS(content) FROM test_json WHERE id = 1;
+----------------------------+
| JSON_KEYS(content)         |
+----------------------------+
| ["age", "name", "address"] |
+----------------------------+
1 row in set (0.00 sec)
```

11.10.7　JSON_INSERT(json_doc, path, val[, path, val] ...)函数

JSON_INSERT(json_doc, path, val[, path, val] ...)函数用于向 JSON 数据中插入数据。使用示例如下：

```
mysql> SELECT JSON_INSERT(content, '$.address.zip_code','000000') FROM test_json WHERE id = 1;
+-----------------------------------------------------------------------------------------------------+
| JSON_INSERT(content, '$.address.zip_code','000000')                                                 |
+-----------------------------------------------------------------------------------------------------+
| {"age": 18, "name": "binghe", "address": {"city": "chengdu", "province": "sichuan", "zip_code": "000000"}} |
+-----------------------------------------------------------------------------------------------------+
1 row in set (0.00 sec)
```

接下来，查看 test_json 表中的数据。

```
mysql> SELECT JSON_PRETTY(content) FROM test_json WHERE id = 1;
+-----------------------------------------------------------------+
```

```
| JSON_PRETTY(content)                                                  |
+-----------------------------------------------------------------------+
| {
  "age": 18,
  "name": "binghe",
  "address": {
    "city": "chengdu",
    "province": "sichuan"
  }
} |
+-----------------------------------------------------------------------+
1 row in set (0.00 sec)
```

可以看到，JSON_INSERT()函数并没有更新数据表中的数据，只是修改了显示结果。

11.10.8　JSON_REMOVE(json_doc, path[, path] ...)函数

JSON_REMOVE(json_doc, path[, path] ...)函数用于移除 JSON 数据中指定 key 的数据。使用示例如下：

```
mysql> SELECT JSON_REMOVE(content, '$.address.city') FROM test_json WHERE id = 1;
+--------------------------------------------------------------------+
| JSON_REMOVE(content, '$.address.city')                             |
+--------------------------------------------------------------------+
| {"age": 18, "name": "binghe", "address": {"province": "sichuan"}} |
+--------------------------------------------------------------------+
1 row in set (0.00 sec)
```

接下来，查看 test_json 表中的数据。

```
mysql> SELECT JSON_PRETTY(content) FROM test_json WHERE id = 1;
+-----------------------------------------------------------------------+
| JSON_PRETTY(content)                                                  |
+-----------------------------------------------------------------------+
| {
  "age": 18,
  "name": "binghe",
  "address": {
    "city": "chengdu",
    "province": "sichuan"
  }
} |
+-----------------------------------------------------------------------+
1 row in set (0.00 sec)
```

可以看到，JSON_REMOVE()函数并没有更新数据表中的数据，只是修改了显示结果。

11.10.9　JSON_REPLACE(json_doc, path, val[, path, val] ...)函数

JSON_REPLACE(json_doc, path, val[, path, val] ...)函数用于更新 JSON 数据中指定 Key 的数据。使用示例如下：

```
mysql> SELECT JSON_REPLACE(content,'$.age',20) FROM test_json WHERE id = 1;
+----------------------------------------------------------------------------------+
| JSON_REPLACE(content,'$.age',20)                                                 |
+----------------------------------------------------------------------------------+
| {"age": 20, "name": "binghe", "address": {"city": "chengdu", "province": "sichuan"}} |
+----------------------------------------------------------------------------------+
1 row in set (0.00 sec)
```

接下来，查看test_json表中的数据。

```
mysql>  SELECT JSON_PRETTY(content) FROM test_json WHERE id = 1;
+-----------------------------------------------------------------------------------------------+
| JSON_PRETTY(content)
+-----------------------------------------------------------------------------------------------+
| {
  "age": 18,
  "name": "binghe",
  "address": {
    "city": "chengdu",
    "province": "sichuan"
  }
} |
+-----------------------------------------------------------------------------------------------+
1 row in set (0.00 sec)
```

可以看到，JSON_REPLACE()函数并没有更新数据表中的数据，只是修改了显示结果。

11.10.10　JSON_SET(json_doc, path, val[, path, val] ...)函数

JSON_SET(json_doc, path, val[, path, val] ...)函数用于向JSON数据中插入数据。使用示例如下：

```
mysql> SELECT JSON_SET(content, '$.address.street', 'xxx 街道') FROM test_json WHERE id = 1;
+-----------------------------------------------------------------------------------------------+
| JSON_SET(content, '$.address.street', 'xxx 街道')                                              |
+-----------------------------------------------------------------------------------------------+
| {"age": 18, "name": "binghe", "address": {"city": "chengdu", "street": "xxx 街道", "province": "sichuan"}} |
+-----------------------------------------------------------------------------------------------+
1 row in set (0.00 sec)
```

接下来，查看test_json表中的数据。

```
mysql> SELECT JSON_PRETTY(content) FROM test_json WHERE id = 1;
+-------------------------------------------------------------+
| JSON_PRETTY(content)                                        |
+-------------------------------------------------------------+
| {
  "age": 18,
  "name": "binghe",
  "address": {
    "city": "chengdu",
    "province": "sichuan"
  }
} |
+-------------------------------------------------------------+
1 row in set (0.00 sec)
```

11.10.11　JSON_TYPE(json_val)函数

JSON_TYPE(json_val)函数用于返回 JSON 数据的 JSON 类型，MySQL 中支持的 JSON 类型除了可以是 MySQL 中的数据类型外，还可以是 OBJECT 和 ARRAY 类型，其中 OBJECT 表示 JSON 对象，ARRAY 表示 JSON 数组。使用示例如下：

```
mysql> SELECT JSON_TYPE(content) FROM test_json WHERE id = 1;
+--------------------+
| JSON_TYPE(content) |
+--------------------+
| OBJECT             |
+--------------------+
1 row in set (0.00 sec)
```

11.10.12　JSON_VALID(value)函数

JSON_VALID(value)函数用于判断 value 的值是否是有效的 JSON 数据，如果是，则返回 1，否则返回 0，如果 value 的值为 NULL，则返回 NULL。使用示例如下：

```
mysql> SELECT JSON_VALID('{"name":"binghe"}'), JSON_VALID('name'), JSON_VALID(NULL);
+---------------------------------+--------------------+------------------+
| JSON_VALID('{"name":"binghe"}') | JSON_VALID('name') | JSON_VALID(NULL) |
+---------------------------------+--------------------+------------------+
|                               1 |                  0 |             NULL |
+---------------------------------+--------------------+------------------+
1 row in set (0.00 sec)
```

注意：读者也可以到链接 https://dev.mysql.com/doc/refman/8.0/en/json-function-reference.html 中了解更多关于 JSON 函数的知识。

11.11　窗口函数

MySQL 从 8.0 版本开始支持窗口函数，其中，窗口可以理解为数据的集合。窗口函数也就是在符合某种条件或者某些条件的记录集合中执行的函数，窗口函数会在每条记录上执行。窗口函数可以分为静态窗口函数和动态窗口函数，其中，静态窗口函数的窗口大小是固定的，不会因为记录的不同而不同；动态窗口函数的窗口大小会随着记录的不同而变化。

窗口函数总体上可以分为序号函数、分布函数、前后函数、首尾函数和其他函数，如表 11-5 所示。

表11-5 MySQL窗口函数分类

函数分类	函数	函数说明
序号函数	ROW_NUMBER()	顺序排序
	RANK()	并列排序，会跳过重复的序号，比如序号为1、1、3
	DENSE_RANK()	并列排序，不会跳过重复的序号，比如序号为1、1、2
分布函数	PERCENT_RANK()	等级值百分比
	CUME_DIST()	累积分布值
前后函数	LAG(expr, n)	返回当前行的前n行的expr的值
	LEAD(expr, n)	返回当前行的后n行的expr的值
首尾函数	FIRST_VALUE(expr)	返回第一个expr的值
	LAST_VALUE(expr)	返回最后一个expr的值
其他函数	NTH_VALUE(expr, n)	返回第n个expr的值
	NTILE(n)	将分区中的有序数据分为n个桶，记录桶编号

窗口函数的基本用法格式如下：

```
函数名 ([expr]) over 子句
```

over关键字指定函数窗口的范围，如果省略后面括号中的内容，则窗口会包含满足WHERE条件的所有记录，窗口函数会基于所有满足WHERE条件的记录进行计算。如果over关键字后面的括号不为空，则可以使用如下语法设置窗口。

- window_name：为窗口设置一个别名，用来标识窗口。
- PARTITION BY子句：指定窗口函数按照哪些字段进行分组。分组后，窗口函数可以在每个分组中分别执行。
- ORDER BY子句：指定窗口函数按照哪些字段进行排序。执行排序操作使窗口函数按照排序后的数据记录的顺序进行编号。
- FRAME子句：为分区中的某个子集定义规则，可以用来作为滑动窗口使用。

以第8章中创建的t_goods数据表为例，向t_goods数据表中插入数据。

```
mysql> INSERT INTO t_goods (t_category_id, t_category, t_name, t_price, t_stock, t_upper_time) VALUES
    -> (1, '女装/女士精品', 'T恤', 39.90, 1000, '2020-11-10 00:00:00'),
    -> (1, '女装/女士精品', '连衣裙', 79.90, 2500, '2020-11-10 00:00:00'),
    -> (1, '女装/女士精品', '卫衣', 89.90, 1500, '2020-11-10 00:00:00'),
    -> (1, '女装/女士精品', '牛仔裤', 89.90, 3500, '2020-11-10 00:00:00'),
    -> (1, '女装/女士精品', '百褶裙', 29.90, 500, '2020-11-10 00:00:00'),
    -> (1, '女装/女士精品', '呢绒外套', 399.90, 1200, '2020-11-10 00:00:00'),
    -> (2, '户外运动', '自行车', 399.90, 1000, '2020-11-10 00:00:00'),
    -> (2, '户外运动', '山地自行车', 1399.90, 2500, '2020-11-10 00:00:00'),
    -> (2, '户外运动', '登山杖', 59.90, 1500, '2020-11-10 00:00:00'),
    -> (2, '户外运动', '骑行装备', 399.90, 3500, '2020-11-10 00:00:00'),
    -> (2, '户外运动', '运动外套', 799.90, 500, '2020-11-10 00:00:00'),
    -> (2, '户外运动', '滑板', 499.90, 1200, '2020-11-10 00:00:00');
Query OK, 12 rows affected (0.01 sec)
Records: 12  Duplicates: 0  Warnings: 0
```

下面针对 t_goods 表中的数据来验证每个窗口函数的功能。

11.11.1　序号函数

1．ROW_NUMBER()函数

ROW_NUMBER()函数能够对数据中的序号进行顺序显示。

例如，查询 t_goods 数据表中每个商品分类下价格最高的 3 种商品信息。

```
mysql> SELECT * FROM
    -> (
    -> SELECT
    -> ROW_NUMBER() OVER(PARTITION BY t_category_id ORDER BY t_price DESC) AS row_num,
    -> id, t_category_id, t_category, t_name, t_price, t_stock
    -> FROM t_goods) t
    -> WHERE row_num <= 3;
+---------+----+---------------+---------------------+-----------------+---------+---------+
| row_num | id | t_category_id | t_category          | t_name          | t_price | t_stock |
+---------+----+---------------+---------------------+-----------------+---------+---------+
|       1 |  6 |             1 | 女装/女士精品       | 呢绒外套        |  399.90 |    1200 |
|       2 |  3 |             1 | 女装/女士精品       | 卫衣            |   89.90 |    1500 |
|       3 |  4 |             1 | 女装/女士精品       | 牛仔裤          |   89.90 |    3500 |
|       1 |  8 |             2 | 户外运动            | 山地自行车      | 1399.90 |    2500 |
|       2 | 11 |             2 | 户外运动            | 运动外套        |  799.90 |     500 |
|       3 | 12 |             2 | 户外运动            | 滑板            |  499.90 |    1200 |
+---------+----+---------------+---------------------+-----------------+---------+---------+
6 rows in set (0.00 sec)
```

在名称为“女装/女士精品”的商品类别中，有两款商品的价格为 89.90 元，分别是卫衣和牛仔裤。两款商品的序号都应该为 2，而不是一个为 2，另一个为 3。此时，可以使用 RANK()函数和 DENSE_RANK()函数解决。

2．RANK()函数

使用 RANK()函数能够对序号进行并列排序，并且会跳过重复的序号，比如序号为 1、1、3。

例如，使用 RANK()函数获取 t_goods 数据表中类别为“女装/女士精品”的价格最高的 4 款商品信息。

```
mysql> SELECT * FROM
    -> (
    -> SELECT
    -> RANK() OVER(PARTITION BY t_category_id ORDER BY t_price DESC) AS row_num,
    -> id, t_category_id, t_category, t_name, t_price, t_stock
    -> FROM t_goods) t
    -> WHERE t_category_id = 1 AND row_num <= 4;
+---------+----+---------------+---------------------+--------------+---------+---------+
| row_num | id | t_category_id | t_category          | t_name       | t_price | t_stock |
+---------+----+---------------+---------------------+--------------+---------+---------+
|       1 |  6 |             1 | 女装/女士精品       | 呢绒外套     |  399.90 |    1200 |
|       2 |  3 |             1 | 女装/女士精品       | 卫衣         |   89.90 |    1500 |
```

```
|        2 |  4 |              1 | 女装/女士精品        | 牛仔裤        |   89.90 |    3500 |
|        4 |  2 |              1 | 女装/女士精品        | 连衣裙        |   79.90 |    2500 |
+---------+----+---------------+--------------------+-------------+---------+---------+
4 rows in set (0.00 sec)
```

可以看到，使用 RANK()函数得出的序号为 1、2、2、4，相同价格的商品序号相同，后面的商品序号是不连续的，跳过了重复的序号。

3. DENSE_RANK()函数

DENSE_RANK()函数对序号进行并列排序，并且不会跳过重复的序号，比如序号为 1、1、2。

例如，使用 DENSE_RANK()函数获取 t_goods 数据表中类别为“女装/女士精品”的价格最高的 4 款商品信息。

```
mysql> SELECT * FROM
-> (
    -> SELECT
    -> DENSE_RANK() OVER(PARTITION BY t_category_id ORDER BY t_price DESC) AS row_num,
    -> id, t_category_id, t_category, t_name, t_price, t_stock
    -> FROM t_goods) t
    -> WHERE t_category_id = 1 AND row_num <= 3;
+---------+----+---------------+--------------------+-------------+---------+---------+
| row_num | id | t_category_id | t_category         | t_name      | t_price | t_stock |
+---------+----+---------------+--------------------+-------------+---------+---------+
|       1 |  6 |             1 | 女装/女士精品        | 呢绒外套      |  399.90 |    1200 |
|       2 |  3 |             1 | 女装/女士精品        | 卫衣          |   89.90 |    1500 |
|       2 |  4 |             1 | 女装/女士精品        | 牛仔裤        |   89.90 |    3500 |
|       3 |  2 |             1 | 女装/女士精品        | 连衣裙        |   79.90 |    2500 |
+---------+----+---------------+--------------------+-------------+---------+---------+
4 rows in set (0.00 sec)
```

可以看到，使用 DENSE_RANK()函数得出的行号为 1、2、2、3，相同价格的商品序号相同，后面的商品序号是连续的，并且没有跳过重复的序号。

11.11.2 分布函数

1. PERCENT_RANK()函数

PERCENT_RANK()函数是等级值百分比函数。按照如下方式进行计算。

```
(rank - 1) / (rows - 1)
```

其中，rank 的值为使用 RANK()函数产生的序号，rows 的值为当前窗口的总记录数。

例如，计算 t_goods 数据表中名称为“女装/女士精品”的类别下的商品的 PERCENT_RANK 值。

```
mysql> SELECT
    -> RANK() OVER w AS r,
    -> PERCENT_RANK() OVER w AS pr,
    -> id, t_category_id, t_category, t_name, t_price, t_stock
```

```
    -> FROM t_goods
    -> WHERE t_category_id = 1
    -> WINDOW w AS (PARTITION BY t_category_id ORDER BY t_price DESC);
+---+-----+----+---------------+--------------------+--------------+---------+---------+
| r | pr  | id | t_category_id | t_category         | t_name       | t_price | t_stock |
+---+-----+----+---------------+--------------------+--------------+---------+---------+
| 1 |   0 |  6 |             1 | 女装/女士精品      | 呢绒外套     |  399.90 | 1200    |
| 2 | 0.2 |  3 |             1 | 女装/女士精品      | 卫衣         |   89.90 | 1500    |
| 2 | 0.2 |  4 |             1 | 女装/女士精品      | 牛仔裤       |   89.90 | 3500    |
| 4 | 0.6 |  2 |             1 | 女装/女士精品      | 连衣裙       |   79.90 | 2500    |
| 5 | 0.8 |  1 |             1 | 女装/女士精品      | T 恤         |   39.90 | 1000    |
| 6 |   1 |  5 |             1 | 女装/女士精品      | 百褶裙       |   29.90 |  500    |
+---+-----+----+---------------+--------------------+--------------+---------+---------+
6 rows in set (0.00 sec)
```

2. CUME_DIST()函数

CUME_DIST()函数主要用于查询小于或等于某个值的比例。

例如，查询 t_goods 数据表中小于或等于当前价格的比例。

```
mysql> SELECT
    -> CUME_DIST() OVER(PARTITION BY t_category_id ORDER BY t_price DESC) AS cd,
    -> id, t_category, t_name, t_price
    -> FROM t_goods;
+---------------------+----+--------------------+----------------+---------+
| cd                  | id | t_category         | t_name         | t_price |
+---------------------+----+--------------------+----------------+---------+
| 0.16666666666666666 |  6 | 女装/女士精品      | 呢绒外套       |  399.90 |
|                 0.5 |  3 | 女装/女士精品      | 卫衣           |   89.90 |
|                 0.5 |  4 | 女装/女士精品      | 牛仔裤         |   89.90 |
|  0.6666666666666666 |  2 | 女装/女士精品      | 连衣裙         |   79.90 |
|  0.8333333333333334 |  1 | 女装/女士精品      | T 恤           |   39.90 |
|                   1 |  5 | 女装/女士精品      | 百褶裙         |   29.90 |
| 0.16666666666666666 |  8 | 户外运动           | 山地自行车     | 1399.90 |
|  0.3333333333333333 | 11 | 户外运动           | 运动外套       |  799.90 |
|                 0.5 | 12 | 户外运动           | 滑板           |  499.90 |
|  0.8333333333333334 |  7 | 户外运动           | 自行车         |  399.90 |
|  0.8333333333333334 | 10 | 户外运动           | 骑行装备       |  399.90 |
|                   1 |  9 | 户外运动           | 登山杖         |   59.90 |
+---------------------+----+--------------------+----------------+---------+
12 rows in set (0.01 sec)
```

11.11.3 前后函数

1. LAG(expr, n)函数

LAG(expr, n)函数返回当前行的前 n 行的 expr 的值。

例如，查询 t_goods 数据表中前一个商品价格与当前商品价格的差值。

```
mysql> SELECT id, t_category, t_name, t_price, pre_price,
    -> t_price - pre_price AS diff_price
```

```
    -> FROM (
    -> SELECT  id, t_category, t_name, t_price,
    -> LAG(t_price,1) OVER w AS pre_price
    -> FROM t_goods
    -> WINDOW w AS (PARTITION BY t_category_id ORDER BY t_price)) t;
+----+---------------------+-----------------+---------+-----------+------------+
| id | t_category          | t_name          | t_price | pre_price | diff_price |
+----+---------------------+-----------------+---------+-----------+------------+
|  5 | 女装/女士精品       | 百褶裙          |   29.90 |   NULL    |    NULL    |
|  1 | 女装/女士精品       | T 恤            |   39.90 |     29.90 |      10.00 |
|  2 | 女装/女士精品       | 连衣裙          |   79.90 |     39.90 |      40.00 |
|  3 | 女装/女士精品       | 卫衣            |   89.90 |     79.90 |      10.00 |
|  4 | 女装/女士精品       | 牛仔裤          |   89.90 |     89.90 |       0.00 |
|  6 | 女装/女士精品       | 呢绒外套        |  399.90 |     89.90 |     310.00 |
|  9 | 户外运动            | 登山杖          |   59.90 |   NULL    |    NULL    |
|  7 | 户外运动            | 自行车          |  399.90 |     59.90 |     340.00 |
| 10 | 户外运动            | 骑行装备        |  399.90 |    399.90 |       0.00 |
| 12 | 户外运动            | 滑板            |  499.90 |    399.90 |     100.00 |
| 11 | 户外运动            | 运动外套        |  799.90 |    499.90 |     300.00 |
|  8 | 户外运动            | 山地自行车      | 1399.90 |    799.90 |     600.00 |
+----+---------------------+-----------------+---------+-----------+------------+
12 rows in set (0.00 sec)
```

2．LEAD(expr, n)函数

LEAD(expr, n)函数返回当前行的后 n 行的 expr 的值。

例如，查询 t_goods 数据表中后一个商品价格与当前商品价格的差值。

```
mysql> SELECT id, t_category, t_name, behind_price, t_price,
    -> behind_price - t_price AS diff_price
    -> FROM(
    -> SELECT  id, t_category, t_name, t_price,
    -> LEAD(t_price, 1) OVER w AS behind_price
    -> FROM t_goods
    -> WINDOW w AS (PARTITION BY t_category_id ORDER BY t_price)) t;
+----+---------------------+-----------------+--------------+---------+------------+
| id | t_category          | t_name          | behind_price | t_price | diff_price |
+----+---------------------+-----------------+--------------+---------+------------+
|  5 | 女装/女士精品       | 百褶裙          |        39.90 |   29.90 |      10.00 |
|  1 | 女装/女士精品       | T 恤            |        79.90 |   39.90 |      40.00 |
|  2 | 女装/女士精品       | 连衣裙          |        89.90 |   79.90 |      10.00 |
|  3 | 女装/女士精品       | 卫衣            |        89.90 |   89.90 |       0.00 |
|  4 | 女装/女士精品       | 牛仔裤          |       399.90 |   89.90 |     310.00 |
|  6 | 女装/女士精品       | 呢绒外套        |         NULL |  399.90 |       NULL |
|  9 | 户外运动            | 登山杖          |       399.90 |   59.90 |     340.00 |
|  7 | 户外运动            | 自行车          |       399.90 |  399.90 |       0.00 |
| 10 | 户外运动            | 骑行装备        |       499.90 |  399.90 |     100.00 |
| 12 | 户外运动            | 滑板            |       799.90 |  499.90 |     300.00 |
| 11 | 户外运动            | 运动外套        |      1399.90 |  799.90 |     600.00 |
|  8 | 户外运动            | 山地自行车      |         NULL | 1399.90 |       NULL |
+----+---------------------+-----------------+--------------+---------+------------+
12 rows in set (0.00 sec)
```

11.11.4　首尾函数

1. FIRST_VALUE(expr)函数

FIRST_VALUE(expr)函数返回第一个 expr 的值。

例如，按照价格排序，查询第 1 个商品的价格信息。

```
mysql> SELECT id, t_category, t_name, t_price, t_stock,
    -> FIRST_VALUE(t_price) OVER w AS first_price
    -> FROM t_goods
    -> WINDOW w AS (PARTITION BY t_category_id ORDER BY t_price);
+----+---------------------+----------------+---------+---------+-------------+
| id | t_category          | t_name         | t_price | t_stock | first_price |
+----+---------------------+----------------+---------+---------+-------------+
|  5 | 女装/女士精品       | 百褶裙         |   29.90 |     500 |       29.90 |
|  1 | 女装/女士精品       | T 恤           |   39.90 |    1000 |       29.90 |
|  2 | 女装/女士精品       | 连衣裙         |   79.90 |    2500 |       29.90 |
|  3 | 女装/女士精品       | 卫衣           |   89.90 |    1500 |       29.90 |
|  4 | 女装/女士精品       | 牛仔裤         |   89.90 |    3500 |       29.90 |
|  6 | 女装/女士精品       | 呢绒外套       |  399.90 |    1200 |       29.90 |
|  9 | 户外运动            | 登山杖         |   59.90 |    1500 |       59.90 |
|  7 | 户外运动            | 自行车         |  399.90 |    1000 |       59.90 |
| 10 | 户外运动            | 骑行装备       |  399.90 |    3500 |       59.90 |
| 12 | 户外运动            | 滑板           |  499.90 |    1200 |       59.90 |
| 11 | 户外运动            | 运动外套       |  799.90 |     500 |       59.90 |
|  8 | 户外运动            | 山地自行车     | 1399.90 |    2500 |       59.90 |
+----+---------------------+----------------+---------+---------+-------------+
12 rows in set (0.00 sec)
```

2. LAST_VALUE(expr)函数

LAST_VALUE(expr)函数返回最后一个 expr 的值。

例如，按照价格排序，查询最后一个商品的价格信息。

```
mysql> SELECT id, t_category, t_name, t_price, t_stock,
    -> LAST_VALUE(t_price) OVER w AS last_price
    -> FROM t_goods
    -> WINDOW w AS (PARTITION BY t_category_id ORDER BY t_price);
+----+---------------------+----------------+---------+---------+------------+
| id | t_category          | t_name         | t_price | t_stock | last_price |
+----+---------------------+----------------+---------+---------+------------+
|  5 | 女装/女士精品       | 百褶裙         |   29.90 |     500 |      29.90 |
|  1 | 女装/女士精品       | T 恤           |   39.90 |    1000 |      39.90 |
|  2 | 女装/女士精品       | 连衣裙         |   79.90 |    2500 |      79.90 |
|  3 | 女装/女士精品       | 卫衣           |   89.90 |    1500 |      89.90 |
|  4 | 女装/女士精品       | 牛仔裤         |   89.90 |    3500 |      89.90 |
|  6 | 女装/女士精品       | 呢绒外套       |  399.90 |    1200 |     399.90 |
|  9 | 户外运动            | 登山杖         |   59.90 |    1500 |      59.90 |
|  7 | 户外运动            | 自行车         |  399.90 |    1000 |     399.90 |
| 10 | 户外运动            | 骑行装备       |  399.90 |    3500 |     399.90 |
```

```
| 12 | 户外运动             | 滑板            |  499.90 |    1200 |     499.90 |
| 11 | 户外运动             | 运动外套        |  799.90 |     500 |     799.90 |
|  8 | 户外运动             | 山地自行车      | 1399.90 |    2500 |    1399.90 |
+----+---------------------+-----------------+---------+---------+------------+
12 rows in set (0.00 sec)
```

11.11.5 其他函数

1. NTH_VALUE(expr, n)函数

NTH_VALUE(expr, n)函数返回第 n 个 expr 的值。

例如，查询 t_goods 数据表中排名第 3 和第 4 的价格信息。

```
mysql> SELECT id, t_category, t_name, t_price,
    -> NTH_VALUE(t_price,2) OVER w AS second_price,
    -> NTH_VALUE(t_price,3) OVER w AS third_price
    -> FROM t_goods
    -> WINDOW w AS (PARTITION BY t_category_id ORDER BY t_price);
+----+---------------------+-----------------+---------+--------------+-------------+
| id | t_category          | t_name          | t_price | second_price | third_price |
+----+---------------------+-----------------+---------+--------------+-------------+
|  5 | 女装/女士精品        | 百褶裙          |   29.90 |         NULL |        NULL |
|  1 | 女装/女士精品        | T 恤            |   39.90 |        39.90 |        NULL |
|  2 | 女装/女士精品        | 连衣裙          |   79.90 |        39.90 |       79.90 |
|  3 | 女装/女士精品        | 卫衣            |   89.90 |        39.90 |       79.90 |
|  4 | 女装/女士精品        | 牛仔裤          |   89.90 |        39.90 |       79.90 |
|  6 | 女装/女士精品        | 呢绒外套        |  399.90 |        39.90 |       79.90 |
|  9 | 户外运动             | 登山杖          |   59.90 |         NULL |        NULL |
|  7 | 户外运动             | 自行车          |  399.90 |       399.90 |      399.90 |
| 10 | 户外运动             | 骑行装备        |  399.90 |       399.90 |      399.90 |
| 12 | 户外运动             | 滑板            |  499.90 |       399.90 |      399.90 |
| 11 | 户外运动             | 运动外套        |  799.90 |       399.90 |      399.90 |
|  8 | 户外运动             | 山地自行车      | 1399.90 |       399.90 |      399.90 |
+----+---------------------+-----------------+---------+--------------+-------------+
12 rows in set (0.00 sec)
```

2. NTILE(n)函数

NTILE(n)函数将分区中的有序数据分为 n 个桶，记录桶编号。

例如，将 t_goods 表中的商品按照价格分为 3 组。

```
mysql> SELECT
    -> NTILE(3) OVER w AS nt,
    -> id, t_category, t_name, t_price
    -> FROM t_goods
    -> WINDOW w AS (PARTITION BY t_category_id ORDER BY t_price);
+------+----+---------------------+-----------------+---------+
| nt   | id | t_category          | t_name          | t_price |
+------+----+---------------------+-----------------+---------+
|    1 |  5 | 女装/女士精品        | 百褶裙          |   29.90 |
|    1 |  1 | 女装/女士精品        | T 恤            |   39.90 |
```

```
|    2 |  2 | 女装/女士精品          | 连衣裙          |   79.90 |
|    2 |  3 | 女装/女士精品          | 卫衣            |   89.90 |
|    3 |  4 | 女装/女士精品          | 牛仔裤          |   89.90 |
|    3 |  6 | 女装/女士精品          | 呢绒外套        |  399.90 |
|    1 |  9 | 户外运动              | 登山杖          |   59.90 |
|    1 |  7 | 户外运动              | 自行车          |  399.90 |
|    2 | 10 | 户外运动              | 骑行装备        |  399.90 |
|    2 | 12 | 户外运动              | 滑板            |  499.90 |
|    3 | 11 | 户外运动              | 运动外套        |  799.90 |
|    3 |  8 | 户外运动              | 山地自行车      | 1399.90 |
+------+----+--------------------+----------------+---------+
12 rows in set (0.00 sec)
```

注意：读者也可以到 MySQL 官方网站了解窗口函数的使用，MySQL 官方网站窗口函数的网址为 https://dev.mysql.com/doc/refman/8.0/en/window-function-descriptions.html#function_row-number。

11.12　MySQL 的其他函数

MySQL 中有些函数无法对其进行具体的分类，但是这些函数在 MySQL 的开发和运维过程中也是不容忽视的，本节就简单介绍一下 MySQL 中无法对其进行具体分类的函数。

11.12.1　FORMAT(value, n)函数

FORMAT(value, n)函数返回对数字 value 进行格式化后的结果数据，其中 n 表示四舍五入后保留到小数点后 n 位。如果 n 的值小于或者等于 0，则只保留整数部分。

```
mysql> SELECT FORMAT(123.123, 2), FORMAT(123.523, 0), FORMAT(123.123, -2);
+--------------------+--------------------+---------------------+
| FORMAT(123.123, 2) | FORMAT(123.523, 0) | FORMAT(123.123, -2) |
+--------------------+--------------------+---------------------+
| 123.12             | 124                | 123                 |
+--------------------+--------------------+---------------------+
1 row in set (0.00 sec)
```

11.12.2　CONV(value, from, to)函数

CONV(value, from, to)函数将 value 的值进行不同进制之间的转换，value 是一个整数，如果任意一个参数为 NULL，则结果返回 NULL。使用示例如下：

```
mysql> SELECT CONV(16, 10, 2), CONV(8888,10,16), CONV(NULL, 10, 2);
+-----------------+------------------+-------------------+
| CONV(16, 10, 2) | CONV(8888,10,16) | CONV(NULL, 10, 2) |
```

```
+-----------------+------------------+-------------------+
| 10000           | 22B8             | NULL              |
+-----------------+------------------+-------------------+
1 row in set (0.00 sec)
```

11.12.3　INET_ATON(value)函数

INET_ATON(value)函数将以点分隔的 IP 地址转化为一个数字表示，其中，value 为以点表示的 IP 地址。使用示例如下：

```
mysql> SELECT INET_ATON('192.168.1.100');
+----------------------------+
| INET_ATON('192.168.1.100') |
+----------------------------+
|                 3232235876 |
+----------------------------+
1 row in set (0.00 sec)
```

以“192.168.1.100”为例，计算方式为 192 乘以 256 的 3 次方，加上 168 乘以 256 的 2 次方，加上 1 乘以 256，再加上 100。

11.12.4　INET_NTOA(value)函数

INET_NTOA(value)函数将数字形式的 IP 地址转化为以点分隔的 IP 地址。使用示例如下：

```
mysql> SELECT INET_NTOA(3232235876);
+-----------------------+
| INET_NTOA(3232235876) |
+-----------------------+
| 192.168.1.100         |
+-----------------------+
1 row in set (0.00 sec)
```

可以看到，INET_ATON(value)函数与 INET_NTOA(value)函数互为反函数。

11.12.5　BENCHMARK(n, expr)函数

BENCHMARK(n, expr)函数将表达式 expr 重复执行 n 次，主要用于测试 MySQL 处理 expr 表达式所耗费的时间。使用示例如下：

```
mysql> SELECT BENCHMARK(1, MD5('mysql'));
+----------------------------+
| BENCHMARK(1, MD5('mysql')) |
+----------------------------+
|                          0 |
+----------------------------+
1 row in set (0.00 sec)
```

可以看到，对字符串 mysql 执行 1 次 MD5 加密几乎没有耗时。

```
mysql> SELECT BENCHMARK(1000000, MD5('mysql'));
+----------------------------------+
| BENCHMARK(1000000, MD5('mysql')) |
+----------------------------------+
|                                0 |
+----------------------------------+
1 row in set (0.20 sec)
```

可以看到，对字符串 mysql 执行 1000000 次 MD5 加密耗时 0.20s。

11.12.6　CAST(value AS type)函数

CAST(value AS type)函数将 value 转换为 type 类型的值，其中 type 的取值如表 11-6 所示。

表 11-6　CAST(value AS type)函数中type可取的值

数 据 类 型	含　义
BINARY	二进制数据类型
CHAR(n)	字符型
DATE	日期
TIME	时间
DATETIME	日期时间
DECIMAL	定点数
SIGNED	有符号整数
UNSIGNED	无符号整数

使用示例如下：

```
mysql> SELECT CAST('123' AS SIGNED);
+-----------------------+
| CAST('123' AS SIGNED) |
+-----------------------+
|                   123 |
+-----------------------+
1 row in set (0.00 sec)
```

CONVERT(value, type)函数的作用与 CAST(value AS type)函数相同，不再赘述。

11.12.7　CONVERT(value USING char_code)函数

将 value 所使用的字符编码修改为 char_code，使用示例如下：

```
mysql> SELECT CHARSET('mysql'), CHARSET(CONVERT('mysql' USING 'utf8'));
+------------------+----------------------------------------+
| CHARSET('mysql') | CHARSET(CONVERT('mysql' USING 'utf8')) |
+------------------+----------------------------------------+
| utf8mb4          | utf8                                   |
```

```
+-----------------+--------------------------------------+
1 row in set, 1 warning (0.00 sec)
```

可以看到，MySQL 对字符串默认使用的字符编码为 utf8mb4，可以使用 CONVERT(value USING char_code)函数将其修改为 UTF-8。

11.13　本章总结

本章对 MySQL 中的内置函数进行了系统介绍，其中重点介绍了 MySQL 的 JSON 函数和窗口函数，MySQL 的窗口函数是 MySQL 8.0 版本以后新增的函数。由于篇幅限制，有些 MySQL 函数并未介绍，读者可以到 MySQL 的官方网站 https://dev.mysql.com/doc/refman/8.0/en/functions.html 上了解更多有关 MySQL 函数的知识。

第 12 章　MySQL 数据变更

MySQL 数据变更主要体现在对数据的插入、更新和删除上，插入数据使用 INSERT 语句，更新数据使用 UPDATE 语句，删除数据则使用 DELETE 语句。本章将对如何变更 MySQL 数据表中的数据进行简单的介绍。

本章涉及的知识点有：

- 数据插入；
- 数据更新；
- 数据删除。

12.1　数 据 插 入

MySQL 向数据表中插入数据使用 INSERT 语句。可以向数据表中插入完整的行记录，为特定的字段插入数据，也可以使用一条 INSERT 语句向数据表中一次插入多行记录，还可以将一个数据表的查询结果插入另一个数据表中。

12.1.1　数据插入规则

使用 INSERT 语句向 MySQL 数据表中插入数据记录时，可以指定向表中的哪些列或字段插入数据，也可以不指定，规则如下：

- 当需要向数据表中插入完整的行记录，并且没有指定需要插入数据的列或字段时，MySQL 默认会向所有列或字段中插入数据，这就要求插入数据的值列表必须对应数据表中所有的列或字段。
- 当需要向数据表中插入完整的行记录，并且需要指定插入数据的列或字段时，必须指定所有的列或字段插入数据（整数类型并且标识为 AUTO_INCREMENT 的自增主键列或字段除外）。
- 当未指定插入数据的列或字段时，插入数据的值列表必须对应数据表中的所有列或字段，并且插入值列表的顺序必须和数据表中定义字段的顺序保持一致。
- 当指定了插入数据的列或字段时，插入数据的值列表必须对应列或字段列表，不需要按照表定义的列或字段的顺序插入，只需要保证插入的值列表的顺序与列或字段的列表顺序一致即可。

- 当指定了插入数据的列或字段时，可以向数据表中插入完整的行记录，也可以只向部分字段中插入数据。

12.1.2　插入完整的行记录

向 MySQL 的数据表中插入数据时，可以指定需要插入数据的列或字段，也可以不指定。本节就简单地介绍一下如何向 MySQL 的数据表中插入完整的行记录。

1．语法格式

向 MySQL 数据表中插入完整的行记录，根据是否指定列或字段有以下两种语法格式：

```
INSERT INTO table_name
VALUES
(value1 [, value2, … , valuen])
```

或者

```
INSERT INTO table_name
(column1 [, column2, …, columnn])
VALUES
(value1 [,value2, …, valuen])
```

其中：table_name 为数据表的名称；column1 [, column2, …, column]为列或字段列表，可以指定列或字段列表，也可以不指定；value1 [, value2, … , valuen]为数据值列表。

2．简单示例

以第 8 章中创建的名称为 t_goods 的数据表为例，向数据表中插入数据。首先，查看 t_goods 数据表中的数据。

```
mysql> SELECT * FROM t_goods;
Empty set (0.00 sec)
```

结果显示 t_goods 数据表中的数据为空。接下来，不指定需要插入数据的字段或列，向 t_goods 表中插入数据。

```
mysql> INSERT INTO t_goods VALUES (1, 1, '女装/女士精品', 'T恤', 39.90, 1000, '2020-11-10 00:00:00');
Query OK, 1 row affected (0.00 sec)
```

SQL 语句执行结果显示插入数据成功。

查看数据表中的数据。

```
mysql> SELECT * FROM t_goods;
+----+---------------+---------------------+--------+---------+---------+---------------------+
| id | t_category_id | t_category          | t_name | t_price | t_stock | t_upper_time        |
+----+---------------+---------------------+--------+---------+---------+---------------------+
|  1 |             1 | 女装/女士精品       | T恤    | 39.90   |    1000 | 2020-11-10 00:00:00 |
+----+---------------+---------------------+--------+---------+---------+---------------------+
1 row in set (0.00 sec)
```

可以看到，t_goods 数据表中插入了一行完整的数据记录，说明插入数据成功。

指定需要插入数据的字段或列，向 t_goods 数据表中插入数据。

```
mysql> INSERT INTO t_goods (t_category_id, t_category, t_name, t_price, t_stock, t_upper_time)
    -> VALUES
    -> (1, '女装/女士精品', '连衣裙', 79.90, 2500, '2020-11-10 00:00:00');
Query OK, 1 row affected (0.00 sec)
```

此时，指定了向 t_goods 数据表中的哪些字段插入数据，由于数据表中的 id 列是整数类型并且是 AUTO_INCREMENT 自增类型的，所以可以不用指定 id 列进行数据插入。SQL 执行结果显示成功，接下来再次查看 t_goods 数据表中的数据。

```
mysql> SELECT * FROM t_goods;
+----+---------------+--------------------+-----------+---------+---------+-------------------+
| id | t_category_id | t_category         | t_name    | t_price | t_stock | t_upper_time      |
+----+---------------+--------------------+-----------+---------+---------+-------------------+
|  1 |             1 | 女装/女士精品      | T恤       |   39.90 |   1000  |2020-11-10 00:00:00|
|  2 |             1 | 女装/女士精品      | 连衣裙    |   79.90 |   2500  |2020-11-10 00:00:00|
+----+---------------+--------------------+-----------+---------+---------+-------------------+
2 rows in set (0.00 sec)
```

可以看到，t_goods 数据表中已经存在两条数据，说明数据插入成功。

指定需要插入数据的字段或列时，不需要按照表定义字段的顺序插入，只需要保证值列表的顺序与字段列表的顺序一致即可。

```
mysql> INSERT INTO t_goods (t_category_id, t_name, t_price, t_upper_time, t_stock, t_category)
    -> VALUES
    -> (1, '卫衣', 79.90, '2020-11-10 00:00:00', 1500, '女装/女士精品');
Query OK, 1 row affected (0.00 sec)
```

SQL 语句执行成功，再次查看 t_goods 数据表中的数据。

```
mysql> SELECT * FROM t_goods;
+----+---------------+--------------------+-----------+---------+---------+-------------------+
| id | t_category_id | t_category         | t_name    | t_price | t_stock | t_upper_time      |
+----+---------------+--------------------+-----------+---------+---------+-------------------+
|  1 |             1 | 女装/女士精品      | T恤       |  39.90  |   1000  |2020-11-10 00:00:00|
|  2 |             1 | 女装/女士精品      | 连衣裙    |  79.90  |   2500  |2020-11-10 00:00:00|
|  3 |             1 | 女装/女士精品      | 卫衣      |  79.90  |   1500  |2020-11-10 00:00:00|
+----+---------------+--------------------+-----------+---------+---------+-------------------+
3 rows in set (0.00 sec)
```

可以看到，数据插入成功。

注意：如果向数据表中插入数据时未指定需要插入数据的列或字段，则插入的值列表必须和数据的列或字段一一对应，同时顺序也必须相同。此时，如果表结构发生变化，则以这种方式插入数据会出现值列表与字段列表不匹配的错误，所以在实际开发过程中，建议读者在向数据表中插入数据时，指定需要插入数据的列或字段。

12.1.3 指定字段插入数据

MySQL 支持向部分字段插入数据，未插入数据的字段会按照创建数据表时定义字段的默认值插入数据。

1．语法格式

语法格式如下：

```
INSERT INTO table_name
(column1 [, column2, ..., columnn])
VALUES
(value1 [,value2, ..., valuen])
```

其中：table_name 为数据表的名称；column1 [, column2, ..., column]为列或字段列表，可以指定列或字段列表，也可以不指定；value1 [, value2, ... , valuen]为数据值列表。

2．简单示例

向 t_goods 数据表中插入一条数据，t_category_id 字段为 1，t_category 字段的数据为“女装/女士精品”，t_name 字段的数据为“牛仔裤”，其他字段不插入数据，使用创建数据表时定义的默认值。

```
mysql> INSERT INTO t_goods(t_category_id, t_category, t_name)
    -> VALUES
    -> (1, '女装/女士精品', '牛仔裤');
Query OK, 1 row affected (0.65 sec)
```

SQL 语句执行成功，查看 t_goods 数据表中的数据。

```
mysql> SELECT * FROM t_goods;
+----+---------------+--------------------+-----------+---------+---------+-------------------+
| id | t_category_id | t_category         | t_name    | t_price | t_stock | t_upper_time      |
+----+---------------+--------------------+-----------+---------+---------+-------------------+
|  1 |             1 | 女装/女士精品      | T恤       |   39.90 |    1000 |2020-11-10 00:00:00|
|  2 |             1 | 女装/女士精品      | 连衣裙    |   79.90 |    2500 |2020-11-10 00:00:00|
|  3 |             1 | 女装/女士精品      | 卫衣      |   79.90 |    1500 |2020-11-10 00:00:00|
|  4 |             1 | 女装/女士精品      | 牛仔裤    |    0.00 |       0 |NULL               |
+----+---------------+--------------------+-----------+---------+---------+-------------------+
4 rows in set (0.00 sec)
```

可以看到，id 为 4 的记录中，t_category_id 字段、t_category 字段、t_name 字段中插入了指定的数据，而 t_price 字段、t_stock 字段和 t_upper_time 字段未指定插入的数据，插入了定义数据表时指定的默认值，即 t_price 字段插入了默认值 0.00，t_stock 字段插入了默认值 0，t_upper_time 字段插入了默认值 NULL。

12.1.4　一次插入多条数据记录

MySQL 支持使用 INSERT 语句向数据表中一次插入多条数据记录，只需要在插入数据时指定多个值列表，每个值列表之间以逗号分隔即可。

1．语法格式

一次插入多条记录时，可以指定需要插入数据的字段，也可以不指定。语法格式如下：

```
INSERT INTO table_name
VALUES
(value1 [,value2, ..., valuen]),
(value1 [,value2, ..., valuen]),
......
(value1 [,value2, ..., valuen])
```

或者

```
INSERT INTO table_name
(column1 [, column2, ..., columnn])
VALUES
(value1 [,value2, ..., valuen]),
(value1 [,value2, ..., valuen]),
......
(value1 [,value2, ..., valuen])
```

从语法格式上看，使用 INSERT 语句一次插入多条数据记录时，一个字段列表对应多个值列表即可。

2．简单示例

不指定插入数据的字段，向 t_goods 数据表中一次插入多条数据记录。

```
mysql> INSERT INTO t_goods
    -> VALUES
    -> (5, 1, '女装/女士精品', '百褶裙', 29.90, 500, '2020-11-10 00:00:00'),
    -> (6, 1, '女装/女士精品', '呢绒外套', 399.90, 1200, '2020-11-10 00:00:00');
Query OK, 2 rows affected (0.00 sec)
Records: 2  Duplicates: 0  Warnings: 0
```

可以看到，SQL 语句执行成功，查看 t_goods 数据表中的数据。

```
mysql> SELECT * FROM t_goods;
+----+---------------+---------------+-----------+---------+---------+---------------------+
| id | t_category_id | t_category    | t_name    | t_price | t_stock |    t_upper_time     |
+----+---------------+---------------+-----------+---------+---------+---------------------+
|  1 |             1 | 女装/女士精品 | T恤       |   39.90 |   1000  | 2020-11-10 00:00:00 |
|  2 |             1 | 女装/女士精品 | 连衣裙    |   79.90 |  2500   | 2020-11-10 00:00:00 |
|  3 |             1 | 女装/女士精品 | 卫衣      |   79.90 |  1500   | 2020-11-10 00:00:00 |
|  4 |             1 | 女装/女士精品 | 牛仔裤    |    0.00 |      0  | NULL                |
|  5 |             1 | 女装/女士精品 | 百褶裙    |   29.90 |   500   | 2020-11-10 00:00:00 |
|  6 |             1 | 女装/女士精品 | 呢绒外套  |  399.90 |  1200   | 2020-11-10 00:00:00 |
+----+---------------+---------------+-----------+---------+---------+---------------------+
6 rows in set (0.00 sec)
```

可以看到，t_goods 数据表中多了两条 id 为 5 和 6 的数据，说明数据插入成功。

注意：向 MySQL 数据表中插入多条数据记录且不指定插入数据的字段时，插入数据的值列表同样需要与数据表中的字段类型和字段顺序保持一致，并且值列表需要对应数据表中的所有字段。

指定插入数据的字段，向 t_goods 数据表中一次插入多条数据记录。

```
mysql> INSERT INTO t_goods
    -> (t_category_id, t_category, t_name, t_price, t_stock, t_upper_time)
```

```
    -> VALUES
    -> (2, '户外运动', '自行车', 399.90, 1000, '2020-11-10 00:00:00'),
    -> (2, '户外运动', '山地自行车', 1399.90, 2500, '2020-11-10 00:00:00'),
    -> (2, '户外运动', '登山杖', 59.90, 1500, '2020-11-10 00:00:00'),
    -> (2, '户外运动', '骑行装备', 399.90, 3500, '2020-11-10 00:00:00'),
    -> (2, '户外运动', '运动外套', 799.90, 500, '2020-11-10 00:00:00'),
    -> (2, '户外运动', '滑板', 499.90, 1200, '2020-11-10 00:00:00');
Query OK, 6 rows affected (0.01 sec)
Records: 6  Duplicates: 0  Warnings: 0
```

SQL 语句执行成功，查看 t_goods 数据表中的数据。

```
mysql> SELECT * FROM t_goods;
+----+---------------+----------------+------------+---------+---------+---------------------+
| id | t_category_id | t_category     | t_name     | t_price | t_stock |    t_upper_time     |
+----+---------------+----------------+------------+---------+---------+---------------------+
|  1 |             1 | 女装/女士精品  | T恤        |   39.90 |  1000   | 2020-11-10 00:00:00 |
|  2 |             1 | 女装/女士精品  | 连衣裙     |   79.90 |  2500   | 2020-11-10 00:00:00 |
|  3 |             1 | 女装/女士精品  | 卫衣       |   79.90 |  1500   | 2020-11-10 00:00:00 |
|  4 |             1 | 女装/女士精品  | 牛仔裤     |    0.00 |     0   | NULL                |
|  5 |             1 | 女装/女士精品  | 百褶裙     |   29.90 |   500   | 2020-11-10 00:00:00 |
|  6 |             1 | 女装/女士精品  | 呢绒外套   |  399.90 |  1200   | 2020-11-10 00:00:00 |
|  7 |             2 | 户外运动       | 自行车     |  399.90 |  1000   | 2020-11-10 00:00:00 |
|  8 |             2 | 户外运动       | 山地自行车 | 1399.90 |  2500   | 2020-11-10 00:00:00 |
|  9 |             2 | 户外运动       | 登山杖     |   59.90 |  1500   | 2020-11-10 00:00:00 |
| 10 |             2 | 户外运动       | 骑行装备   |  399.90 |  3500   | 2020-11-10 00:00:00 |
| 11 |             2 | 户外运动       | 运动外套   |  799.90 |   500   | 2020-11-10 00:00:00 |
| 12 |             2 | 户外运动       | 滑板       |  499.90 |  1200   | 2020-11-10 00:00:00 |
+----+---------------+----------------+------------+---------+---------+---------------------+
12 rows in set (0.00 sec)
```

从查询结果中可以看到，数据插入成功。

12.1.5 将查询结果插入另一个表中

INSERT 语句不仅支持向数据表中直接插入数据，还可以支持向数据表中插入 SELECT 语句的查询结果。

1. 语法格式

语法格式如下：

```
INSERT INTO target_table
(tar_column1 [, tar_column2, …, tar_columnn])
SELECT
(src_column1 [, src_column2, …, src_columnn])
FROM source_table
[WHERE condition]
```

语法格式说明如下：

- target_table：需要插入数据的目标表。
- tar_column1 [, tar_column2, …, tar_columnn]：需要插入数据的目标表中的字段列表。

- source_table：使用 SELECT 语句查询数据的来源表。
- src_column1 [, src_column2, …, src_columnn]：数据来源表中的字段列表。
- condition：使用 SELECT 语句查询数据的条件限制。

2. 简单示例

首先，创建名称为 t_goods_target 的数据表，作为插入数据的目标表。t_goods_target 数据表中包含的数据字段有 id、t_category、t_name 和 t_price，在 MySQL 命令行执行创建 t_goods_target 数据表的 SQL 语句。

```
mysql> CREATE TABLE t_goods_target (
    -> id int NOT NULL AUTO_INCREMENT COMMENT '商品记录 id',
    -> t_category varchar(30) CHARACTER SET utf8mb4 COLLATE utf8mb4_0900_ai_ci DEFAULT '' COMMENT '
商品类别名称',
    -> t_name varchar(50) CHARACTER SET utf8mb4 COLLATE utf8mb4_0900_ai_ci DEFAULT '' COMMENT '商品
名称',
    -> t_price decimal(10,2) DEFAULT '0.00' COMMENT '商品价格',
    -> PRIMARY KEY (id)
    -> );
Query OK, 0 rows affected (0.41 sec)
```

创建数据表成功。查询 t_goods_target 数据表中的数据。

```
mysql> SELECT * FROM t_goods_target;
Empty set (0.00 sec)
```

可以看到，新创建的 t_goods_target 数据表中的数据为空。

接下来，将从 t_goods 数据表中查询出来的数据插入 t_goods_target 数据表中。

```
mysql> INSERT INTO t_goods_target
    -> (t_category, t_name, t_price)
    -> SELECT
    -> t_category, t_name, t_price
    -> FROM t_goods
    -> WHERE id = 1;
Query OK, 1 row affected (0.11 sec)
Records: 1  Duplicates: 0  Warnings: 0
```

SQL 语句执行成功，再次查看 t_goods_target 数据表中的数据。

```
mysql> SELECT * FROM t_goods_target;
+----+---------------------+--------+---------+
| id | t_category          | t_name | t_price |
+----+---------------------+--------+---------+
|  1 | 女装/女士精品       | T恤    |   39.90 |
+----+---------------------+--------+---------+
1 row in set (0.00 sec)
```

结果显示数据已经成功插入 t_goods_target 数据表中。

当要插入数据的目标表与查询数据的源数据表结构完全相同时，可以不指定插入数据的目标表的字段列表。

使用 CREATE…LIKE…语句创建名称为 t_goods_backup 的数据表，t_goods_backup 数据

表的结构与 t_goods 数据表的结构完全相同。

```
mysql> CREATE TABLE t_goods_backup LIKE t_goods;
Query OK, 0 rows affected (0.02 sec)
```

数据表创建成功。查询 t_goods_backup 数据表中的数据。

```
mysql> SELECT * FROM t_goods_backup;
Empty set (0.00 sec)
```

可以看到，新创建的 t_goods_backup 数据表中的数据为空。

查询 t_goods 数据表中的数据并将数据插入 t_goods_backup 数据表中。

```
mysql> INSERT INTO t_goods_backup
    -> SELECT * FROM t_goods;
Query OK, 12 rows affected (0.00 sec)
Records: 12  Duplicates: 0  Warnings: 0
```

SQL 结果显示执行成功。再次查看 t_goods_backup 数据表中的数据。

```
mysql> SELECT * FROM t_goods_backup;
+----+---------------+---------------+-----------+---------+---------+---------------------+
| id | t_category_id | t_category    | t_name    | t_price | t_stock |    t_upper_time     |
+----+---------------+---------------+-----------+---------+---------+---------------------+
|  1 |             1 | 女装/女士精品 | T恤       |   39.90 |  1000   | 2020-11-10 00:00:00 |
|  2 |             1 | 女装/女士精品 | 连衣裙    |   79.90 |  2500   | 2020-11-10 00:00:00 |
|  3 |             1 | 女装/女士精品 | 卫衣      |   79.90 |  1500   | 2020-11-10 00:00:00 |
|  4 |             1 | 女装/女士精品 | 牛仔裤    |    0.00 |     0   | NULL                |
|  5 |             1 | 女装/女士精品 | 百褶裙    |   29.90 |   500   | 2020-11-10 00:00:00 |
|  6 |             1 | 女装/女士精品 | 呢绒外套  |  399.90 |  1200   | 2020-11-10 00:00:00 |
|  7 |             2 | 户外运动      | 自行车    |  399.90 |  1000   | 2020-11-10 00:00:00 |
|  8 |             2 | 户外运动      | 山地自行车| 1399.90 |  2500   | 2020-11-10 00:00:00 |
|  9 |             2 | 户外运动      | 登山杖    |   59.90 |  1500   | 2020-11-10 00:00:00 |
| 10 |             2 | 户外运动      | 骑行装备  |  399.90 |  3500   | 2020-11-10 00:00:00 |
| 11 |             2 | 户外运动      | 运动外套  |  799.90 |   500   | 2020-11-10 00:00:00 |
| 12 |             2 | 户外运动      | 滑板      |  499.90 |  1200   | 2020-11-10 00:00:00 |
+----+---------------+---------------+-----------+---------+---------+---------------------+
12 rows in set (0.00 sec)
```

结果显示已经将 t_goods 数据表中的数据成功插入了 t_goods_backup 数据表中。

12.2　数据更新

MySQL 支持对数据表中的数据进行更新操作，使用 UPDATE 语句来更新数据表中的数据记录。可以更新数据表中的所有记录，也可以指定更新条件来更新数据表中的特定记录。

更新数据的语法格式如下：

```
UPDATE table_name
SET column1=value1, column2=value2, … , column=valuen
[WHERE condition]
```

语法格式说明如下：

- table_name：需要更新数据的表名称。

- column1，column2, … ,columnn：需要更新的字段名称。
- value1, value2, … , valuen：字段的更新值。
- condition：更新的记录需要满足的条件限制。

其中，WHERE 条件语句可以省略，当省略 WHERE 条件语句时，更新数据表中的全部数据。

12.2.1　更新数据表中的所有记录

更新数据表中的所有记录，只需要将 UPDATE 语句的 WHERE 条件省略即可。

例如，将 t_goods 数据表中的 t_upper_time 字段统一更新为“2020-12-12 00:00:00”。

```
mysql> UPDATE t_goods SET t_upper_time = '2020-12-12 00:00:00';
Query OK, 12 rows affected (0.11 sec)
Rows matched: 12  Changed: 12  Warnings: 0
```

SQL 语句执行成功，接下来查看 t_goods 数据表中的数据。

```
mysql> SELECT * FROM t_goods;
+----+---------------+-----------------+------------+---------+---------+---------------------+
| id | t_category_id | t_category      | t_name     | t_price | t_stock |    t_upper_time     |
+----+---------------+-----------------+------------+---------+---------+---------------------+
|  1 |             1 | 女装/女士精品   | T恤        |   39.90 |    1000 | 2020-12-12 00:00:00 |
|  2 |             1 | 女装/女士精品   | 连衣裙     |   79.90 |    2500 | 2020-12-12 00:00:00 |
|  3 |             1 | 女装/女士精品   | 卫衣       |   79.90 |    1500 | 2020-12-12 00:00:00 |
|  4 |             1 | 女装/女士精品   | 牛仔裤     |    0.00 |       0 | 2020-12-12 00:00:00 |
|  5 |             1 | 女装/女士精品   | 百褶裙     |   29.90 |     500 | 2020-12-12 00:00:00 |
|  6 |             1 | 女装/女士精品   | 呢绒外套   |  399.90 |    1200 | 2020-12-12 00:00:00 |
|  7 |             2 | 户外运动        | 自行车     |  399.90 |    1000 | 2020-12-12 00:00:00 |
|  8 |             2 | 户外运动        | 山地自行车 | 1399.90 |    2500 | 2020-12-12 00:00:00 |
|  9 |             2 | 户外运动        | 登山杖     |   59.90 |    1500 | 2020-12-12 00:00:00 |
| 10 |             2 | 户外运动        | 骑行装备   |  399.90 |    3500 | 2020-12-12 00:00:00 |
| 11 |             2 | 户外运动        | 运动外套   |  799.90 |     500 | 2020-12-12 00:00:00 |
| 12 |             2 | 户外运动        | 滑板       |  499.90 |    1200 | 2020-12-12 00:00:00 |
+----+---------------+-----------------+------------+---------+---------+---------------------+
12 rows in set (0.00 sec)
```

t_goods 数据表中的 t_upper_time 字段的数据被统一修改为“2020-12-12 00:00:00”，说明数据更新成功。

12.2.2　更新表中特定的数据行

MySQL 支持更新表中特定的数据行，此时，需要添加 WHERE 条件对更新的数据记录进行限制。

例如，将 t_goods 数据表中 id 为 2 的数据记录的商品名称修改为“牛油果绿连衣裙”。首先，查看 t_goods 数据表中 id 为 2 的数据。

```
mysql> SELECT * FROM t_goods WHERE id = 2;
+----+---------------+--------------------+-----------+---------+---------+-------------------+
| id | t_category_id | t_category         |  t_name   | t_price | t_stock |   t_upper_time    |
+----+---------------+--------------------+-----------+---------+---------+-------------------+
|  2 |             1 | 女装/女士精品      |  连衣裙   |  79.90  |   2500  |2020-12-12 00:00:00|
+----+---------------+--------------------+-----------+---------+---------+-------------------+
1 row in set (0.00 sec)
```

可以看到，修改数据之前 id 为 2 的记录的商品名称为“连衣裙”。执行更新数据的 SQL 语句。

```
mysql> UPDATE t_goods SET t_name = '牛油果绿连衣裙' WHERE id = 2;
Query OK, 1 row affected (0.38 sec)
Rows matched: 1  Changed: 1  Warnings: 0
```

SQL 语句执行成功，再次查看 t_goods 数据表中 id 为 2 的数据记录。

```
mysql> SELECT * FROM t_goods WHERE id = 2;
+----+---------------+---------------+----------------+---------+---------+-------------------+
| id | t_category_id |  t_category   | t_name         | t_price | t_stock |   t_upper_time    |
+----+---------------+---------------+----------------+---------+---------+-------------------+
|  2 |             1 | 女装/女士精品 | 牛油果绿连衣裙 |   79.90 |2500     |2020-12-12 00:00:00|
+----+---------------+-------- ------+----------------+---------+---------+-------------------+
1 row in set (0.00 sec)
```

数据已经被修改为“牛油果绿连衣裙”，说明数据修改成功。

12.2.3　更新某个范围内的数据

MySQL 支持更新某个范围内的数据，可以通过 BETWEEN…AND 语句或者“>”“>=”“<”“<=”“<>”“!=”等运算符，或者 LIKE、IN、NOT　IN 等语句实现。

1. 使用BETWEEN…AND语句更新数据

例如，将 t_goods 数据表中 id 为 1～6 的数据记录的 t_upper_time 字段的值更新为“2020-11-11 00:00:00”。

```
mysql> UPDATE t_goods SET t_upper_time = '2020-11-11 00:00:00' WHERE id BETWEEN 1 AND 6;
Query OK, 6 rows affected (0.00 sec)
Rows matched: 6  Changed: 6  Warnings: 0
```

SQL 语句执行成功，接下来查看 t_goods 数据表中的记录。

```
mysql> SELECT * FROM t_goods;
+----+---------------+---------------+----------------+---------+---------+--------------------+
| id | t_category_id |  t_category   | t_name         | t_price | t_stock |    t_upper_time    |
+----+---------------+---------------+----------------+---------+---------+--------------------+
|  1 |             1 | 女装/女士精品 | T 恤           |   39.90 |    1000 | 2020-11-11 00:00:00|
|  2 |             1 | 女装/女士精品 | 牛油果绿连衣裙 |   79.90 |    2500 | 2020-11-11 00:00:00|
|  3 |             1 | 女装/女士精品 | 卫衣           |   79.90 |    1500 | 2020-11-11 00:00:00|
|  4 |             1 | 女装/女士精品 | 牛仔裤         |    0.00 |       0 | 2020-11-11 00:00:00|
|  5 |             1 | 女装/女士精品 | 百褶裙         |   29.90 |     500 | 2020-11-11 00:00:00|
|  6 |             1 | 女装/女士精品 | 呢绒外套       |  399.90 |    1200 | 2020-11-11 00:00:00|
|  7 |             2 | 户外运动      | 自行车         |  399.90 |    1000 | 2020-12-12 00:00:00|
```

```
|  8 |              2 | 户外运动      | 山地自行车      | 1399.90 |    2500  | 2020-12-12 00:00:00|
|  9 |              2 | 户外运动      | 登山杖          |   59.90 |    1500  | 2020-12-12 00:00:00|
| 10 |              2 | 户外运动      | 骑行装备        |  399.90 |    3500  | 2020-12-12 00:00:00|
| 11 |              2 | 户外运动      | 运动外套        |  799.90 |     500  | 2020-12-12 00:00:00|
| 12 |              2 | 户外运动      | 滑板            |  499.90 |    1200  | 2020-12-12 00:00:00|
+----+---------------+---------------+----------------+---------+---------+---------------------+
12 rows in set (0.01 sec)
```

id 为 1~6 的数据记录的 t_upper_time 字段的数据被成功修改为“2020-11-11 00:00:00”。

2．使用运算符更新数据

例如，将商品价格大于或者等于 399.90 元，小于或者等于 799.90 元的商品的上架时间修改为“2020-06-18 00:00:00”。

```
mysql> UPDATE t_goods SET
    -> t_upper_time = '2020-06-18 00:00:00'
    -> WHERE
    -> t_price >= 399.90 AND t_price <= 799.90;
Query OK, 5 rows affected (0.00 sec)
Rows matched: 5  Changed: 5  Warnings: 0
```

SQL 语句执行成功，查看 t_goods 数据表中的数据。

```
mysql> SELECT * FROM t_goods;
+----+---------------+---------------+----------------+---------+---------+---------------------+
| id | t_category_id |  t_category   | t_name         | t_price | t_stock |    t_upper_time     |
+----+---------------+---------------+----------------+---------+---------+---------------------+
|  1 |             1 | 女装/女士精品 | T恤            |   39.90 |    1000 | 2020-11-11 0:00:00  |
|  2 |             1 | 女装/女士精品 | 牛油果绿连衣裙 |   79.90 |    2500 | 2020-11-11 00:00:00 |
|  3 |             1 | 女装/女士精品 | 卫衣           |   79.90 |    1500 | 2020-11-11 00:00:00 |
|  4 |             1 | 女装/女士精品 | 牛仔裤         |    0.00 |       0 | 2020-11-11 00:00:00 |
|  5 |             1 | 女装/女士精品 | 百褶裙         |   29.90 |     500 | 2020-11-11 00:00:00 |
|  6 |             1 | 女装/女士精品 | 呢绒外套       |  399.90 |    1200 | 2020-06-18 00:00:00 |
|  7 |             2 | 户外运动      | 自行车         |  399.90 |    1000 | 2020-06-18 00:00:00 |
|  8 |             2 | 户外运动      | 山地自行车     | 1399.90 |    2500 | 2020-12-12 00:00:00 |
|  9 |             2 | 户外运动      | 登山杖         |   59.90 |    1500 | 2020-12-12 00:00:00 |
| 10 |             2 | 户外运动      | 骑行装备       |  399.90 |    3500 | 2020-06-18 00:00:00 |
| 11 |             2 | 户外运动      | 运动外套       |  799.90 |     500 | 2020-06-18 00:00:00 |
| 12 |             2 | 户外运动      | 滑板           |  499.90 |    1200 | 2020-06-18 00:00:00 |
+----+---------------+---------------+----------------+---------+---------+---------------------+
12 rows in set (0.00 sec)
```

价格在 399.90~799.90 的商品的上架时间被修改为“2020-06-18 00:00:00”，说明数据修改成功。

注意：在更新数据时，其他运算符的使用方式相同，不再赘述。

3．使用LIKE语句更新数据

例如，将 t_goods 数据表中商品名称包含“牛”字的商品上架时间修改为“2020-03-08 00:00:00”。

```
mysql> UPDATE t_goods SET
    -> t_upper_time = '2020-03-08 00:00:00'
    -> WHERE t_name LIKE '%牛%';
Query OK, 2 rows affected (0.00 sec)
Rows matched: 2  Changed: 2  Warnings: 0
```

SQL 语句执行成功，查看 t_goods 数据表中的数据。

```
mysql> SELECT * FROM t_goods;
+----+---------------+---------------+---------------+----------+---------+---------------------+
| id | t_category_id |  t_category   | t_name        | t_price  | t_stock |    t_upper_time     |
+----+---------------+---------------+---------------+----------+---------+---------------------+
|  1 |             1 | 女装/女士精品 | T恤           |    39.90 |    1000 | 2020-11-11 00:00:00 |
|  2 |             1 | 女装/女士精品 | 牛油果绿连衣裙|    79.90 |    2500 | 2020-03-08 00:00:00 |
|  3 |             1 | 女装/女士精品 | 卫衣          |    79.90 |    1500 | 2020-11-11 00:00:00 |
|  4 |             1 | 女装/女士精品 | 牛仔          |     0.00 |       0 | 2020-03-08 00:00:00 |
|  5 |             1 | 女装/女士精品 | 百褶裙        |    29.90 |     500 | 2020-11-11 00:00:00 |
|  6 |             1 | 女装/女士精品 | 呢绒外套      |   399.90 |    1200 | 2020-06-18 00:00:00 |
|  7 |             2 | 户外运动      | 自行车        |   399.90 |    1000 | 2020-06-18 00:00:00 |
|  8 |             2 | 户外运动      | 山地自行车    |  1399.90 |    2500 | 2020-12-12 00:00:00 |
|  9 |             2 | 户外运动      | 登山杖        |    59.90 |    1500 | 2020-12-12 00:00:00 |
| 10 |             2 | 户外运动      | 骑行装备      |   399.90 |    3500 | 2020-06-18 00:00:00 |
| 11 |             2 | 户外运动      | 运动外套      |   799.90 |     500 | 2020-06-18 00:00:00 |
| 12 |             2 | 户外运动      | 滑板          |   499.90 |    1200 | 2020-06-18 00:00:00 |
+----+---------------+---------------+---------------+----------+---------+---------------------+
12 rows in set (0.00 sec)
```

商品名称为“牛油果绿连衣裙”和“牛仔裤”的上架时间被修改为“2020-03-08 00:00:00”，说明数据修改成功。

4. 使用IN语句更新数据

例如，将 t_goods 数据表中 id 为 7~12 的商品数据的上架时间更新为“2020-10-01 00:00:00”。

```
mysql> UPDATE t_goods SET
    -> t_upper_time = '2020-10-01 00:00:00'
    -> WHERE id IN (7, 8, 9, 10, 11, 12);
Query OK, 6 rows affected (0.00 sec)
Rows matched: 6  Changed: 6  Warnings: 0
```

SQL 语句执行成功，查看 t_goods 数据表中的数据。

```
mysql> SELECT * FROM t_goods;
+----+---------------+---------------+---------------+----------+---------+---------------------+
| id | t_category_id |  t_category   | t_name        | t_price  | t_stock |    t_upper_time     |
+----+---------------+---------------+---------------+----------+---------+---------------------+
|  1 |             1 | 女装/女士精品 | T恤           |    39.90 |    1000 | 2020-11-11 00:00:00 |
|  2 |             1 | 女装/女士精品 | 牛油果绿连衣裙|    79.90 |    2500 | 2020-03-08 00:00:00 |
|  3 |             1 | 女装/女士精品 | 卫衣          |    79.90 |    1500 | 2020-11-11 00:00:00 |
|  4 |             1 | 女装/女士精品 | 牛仔裤        |     0.00 |       0 | 2020-03-08 00:00:00 |
|  5 |             1 | 女装/女士精品 | 百褶裙        |    29.90 |     500 | 2020-11-11 00:00:00 |
|  6 |             1 | 女装/女士精品 | 呢绒外套      |   399.90 |    1200 | 2020-06-18 00:00:00 |
|  7 |             2 | 户外运动      | 自行车        |   399.90 |    1000 | 2020-10-01 00:00:00 |
|  8 |             2 | 户外运动      | 山地自行车    |  1399.90 |    2500 | 2020-10-01 00:00:00 |
|  9 |             2 | 户外运动      | 登山杖        |    59.90 |    1500 | 2020-10-01 00:00:00 |
| 10 |             2 | 户外运动      | 骑行装备      |   399.90 |    3500 | 2020-10-01 00:00:00 |
```

```
| 11 |              2 | 户外运动       | 运动外套       |  799.90 |      500 | 2020-10-01 00:00:00 |
| 12 |              2 | 户外运动       | 滑板           |  499.90 |     1200 | 2020-10-01 00:00:00 |
+----+---------------+--------------+--------------+---------+---------+---------------------+
12 rows in set (0.00 sec)
```

t_goods 数据表中 id 为 7~12 的商品数据的上架时间被修改为“2020-10-01 00:00:00”，说明数据修改成功。

注意：NOT IN 语句更新数据的使用方式与 IN 语句相同，只不过 IN 语句是更新某个字段的值包含在值列表中的数据，NOT IN 语句是更新某个字段的值不包含在值列表中的数据，不再赘述。

12.2.4　更新符合正则表达式的数据

MySQL 中匹配正则表达式需要使用关键字 REGEXP，在 REGEXP 关键字后面跟上正则表达式的规则即可。

例如，将 t_goods 数据表中商品名称以“裙”结尾的商品记录的上架时间，修改为“2020-08-08 00:00:00”。

```
mysql> UPDATE t_goods SET
    -> t_upper_time = '2020-08-08 00:00:00'
    -> WHERE t_name REGEXP '裙$';
Query OK, 2 rows affected (0.21 sec)
Rows matched: 2  Changed: 2  Warnings: 0
```

SQL 语句执行成功，查看 t_goods 数据表中的数据。

```
mysql> SELECT * FROM t_goods;
+----+---------------+--------------+--------------+---------+---------+---------------------+
| id | t_category_id |  t_category  | t_name       | t_price | t_stock |    t_upper_time     |
+----+---------------+--------------+--------------+---------+---------+---------------------+
|  1 |             1 | 女装/女士精品 | T恤          |   39.90 |    1000 | 2020-11-11 00:00:00 |
|  2 |             1 | 女装/女士精品 | 牛油果绿连衣裙 |   79.90 |    2500 | 2020-08-08 00:00:00 |
|  3 |             1 | 女装/女士精品 | 卫衣          |   79.90 |    1500 | 2020-11-11 00:00:00 |
|  4 |             1 | 女装/女士精品 | 牛仔裤        |    0.00 |       0 | 2020-03-08 00:00:00 |
|  5 |             1 | 女装/女士精品 | 百褶裙        |   29.90 |     500 | 2020-08-08 00:00:00 |
|  6 |             1 | 女装/女士精品 | 呢绒外套      |  399.90 |    1200 | 2020-06-18 00:00:00 |
|  7 |             2 | 户外运动       | 自行车        |  399.90 |    1000 | 2020-10-01 00:00:00 |
|  8 |             2 | 户外运动       | 山地自行车    | 1399.90 |    2500 | 2020-10-01 00:00:00 |
|  9 |             2 | 户外运动       | 登山杖        |   59.90 |    1500 | 2020-10-01 00:00:00 |
| 10 |             2 | 户外运动       | 骑行装备      |  399.90 |    3500 | 2020-10-01 00:00:00 |
| 11 |             2 | 户外运动       | 运动外套      |  799.90 |     500 | 2020-10-01 00:00:00 |
| 12 |             2 | 户外运动       | 滑板          |  499.90 |    1200 | 2020-10-01 00:00:00 |
+----+---------------+--------------+--------------+---------+---------+---------------------+
12 rows in set (0.00 sec)
```

商品名称为“牛油果绿连衣裙”和“百褶裙”的数据记录的上架时间被修改为“2020-08-08 00:00:00”，说明数据修改成功。

注意：有关正则表达式的知识，读者可以参考相关的学习资料，不再赘述。

12.3　数据删除

MySQL 中使用 DELETE 语句删除数据。使用 DELETE 语句删除数据时，可以使用 WHERE 子句增加删除数据的条件限制。语法格式如下：

```
DELETE FROM table_name [WHERE condition]
```

语法格式说明如下：

- table_name：需要删除数据的表名称。
- condition：WHERE 子句的条件。

其中，WHERE 子句可以省略，当省略 WHERE 子句时，将删除数据表中的所有数据。

12.3.1　删除数据表中特定的数据

MySQL 支持删除数据表中特定的某一条数据记录，只需要在 DELETE 语句中使用 WHERE 子句限制删除某条特定的数据记录即可。

例如，删除 t_goods 数据表中 id 为 12 的数据记录。

```
mysql> DELETE FROM t_goods WHERE id = 12;
Query OK, 1 row affected (0.00 sec)
```

SQL 语句执行成功，查看 t_goods 数据表中的数据。

```
mysql> SELECT * FROM t_goods;
+----+---------------+---------------+---------------+---------+---------+---------------------+
| id | t_category_id | t_category    | t_name        | t_price | t_stock | t_upper_time        |
+----+---------------+---------------+---------------+---------+---------+---------------------+
|  1 |             1 | 女装/女士精品 | T恤           |   39.90 |    1000 | 2020-11-11 00:00:00 |
|  2 |             1 | 女装/女士精品 | 牛油果绿连衣裙 |   79.90 |    2500 | 2020-08-08 00:00:00 |
|  3 |             1 | 女装/女士精品 | 卫衣          |   79.90 |    1500 | 2020-11-11 00:00:00 |
|  4 |             1 | 女装/女士精品 | 牛仔裤        |    0.00 |       0 | 2020-03-08 00:00:00 |
|  5 |             1 | 女装/女士精品 | 百褶裙        |   29.90 |     500 | 2020-08-08 00:00:00 |
|  6 |             1 | 女装/女士精品 | 呢绒外套      |  399.90 |    1200 | 2020-06-18 00:00:00 |
|  7 |             2 | 户外运动      | 自行车        |  399.90 |    1000 | 2020-10-01 00:00:00 |
|  8 |             2 | 户外运动      | 山地自行车    | 1399.90 |    2500 | 2020-10-01 00:00:00 |
|  9 |             2 | 户外运动      | 登山杖        |   59.90 |    1500 | 2020-10-01 00:00:00 |
| 10 |             2 | 户外运动      | 骑行装备      |  399.90 |    3500 | 2020-10-01 00:00:00 |
| 11 |             2 | 户外运动      | 运动外套      |  799.90 |     500 | 2020-10-01 00:00:00 |
+----+---------------+---------------+---------------+---------+---------+---------------------+
11 rows in set (0.00 sec)
```

t_goods 数据表中已经不存在 id 为 12 的数据记录，说明数据删除成功。

12.3.2　删除某个范围内的数据

MySQL 支持删除某个范围内的数据，同样可以通过 BETWEEN … AND 语句或者“>”

“>=”“<”“<=”“<>”“!=”等运算符，或者 LIKE、IN、NOT　IN 等语句实现。

1．使用BETWEEN…AND语句删除数据

例如，删除 t_goods 数据表中 id 范围在 10~11 的数据记录。

```
mysql> DELETE FROM t_goods WHERE id BETWEEN 10 AND 11;
Query OK, 2 rows affected (0.00 sec)
```

SQL 语句执行成功，查看 t_goods 数据表中的数据。

```
mysql> SELECT * FROM t_goods;
+----+---------------+--------------+---------------+---------+---------+---------------------+
| id | t_category_id |  t_category  | t_name        | t_price | t_stock |    t_upper_time     |
+----+---------------+--------------+---------------+---------+---------+---------------------+
|  1 |             1 | 女装/女士精品| T恤           |   39.90 |    1000 | 2020-11-11 00:00:00 |
|  2 |             1 | 女装/女士精品| 牛油果绿连衣裙 |   79.90 |    2500 | 2020-08-08 00:00:00 |
|  3 |             1 | 女装/女士精品| 卫衣          |   79.90 |    1500 | 2020-11-11 00:00:00 |
|  4 |             1 | 女装/女士精品| 牛仔裤        |    0.00 |       0 | 2020-03-08 00:00:00 |
|  5 |             1 | 女装/女士精品| 百褶裙        |   29.90 |     500 | 2020-08-08 00:00:00 |
|  6 |             1 | 女装/女士精品| 呢绒外套      |  399.90 |    1200 | 2020-06-18 00:00:00 |
|  7 |             2 | 户外运动     | 自行车        |  399.90 |    1000 | 2020-10-01 00:00:00 |
|  8 |             2 | 户外运动     | 山地自行车    | 1399.90 |    2500 | 2020-10-01 00:00:00 |
|  9 |             2 | 户外运动     | 登山杖        |   59.90 |    1500 | 2020-10-01 00:00:00 |
+----+---------------+--------------+---------------+---------+---------+---------------------+
9 rows in set (0.00 sec)
```

查询结果显示 t_goods 数据表中已经不存在 id 为 10 和 11 的数据记录，说明数据删除成功。

2．使用运算符删除数据

例如，删除 t_goods 数据表中 id 范围在 8~9 的数据记录。

```
mysql> DELETE FROM t_goods WHERE id >= 8 AND id <= 9;
Query OK, 2 rows affected (0.00 sec)
```

SQL 语句执行成功，再次查看 t_goods 数据表中的数据。

```
mysql> SELECT * FROM t_goods;
+----+---------------+--------------+---------------+---------+---------+---------------------+
| id | t_category_id |  t_category  | t_name        | t_price | t_stock |    t_upper_time     |
+----+---------------+--------------+---------------+---------+---------+---------------------+
|  1 |             1 | 女装/女士精品| T恤           |   39.90 |    1000 | 2020-11-11 00:00:00 |
|  2 |             1 | 女装/女士精品| 牛油果绿连衣裙 |   79.90 |    2500 | 2020-08-08 00:00:00 |
|  3 |             1 | 女装/女士精品| 卫衣          |   79.90 |    1500 | 2020-11-11 00:00:00 |
|  4 |             1 | 女装/女士精品| 牛仔裤        |    0.00 |       0 | 2020-03-08 00:00:00 |
|  5 |             1 | 女装/女士精品| 百褶裙        |   29.90 |     500 | 2020-08-08 00:00:00 |
|  6 |             1 | 女装/女士精品| 呢绒外套      |  399.90 |    1200 | 2020-06-18 00:00:00 |
|  7 |             2 | 户外运动     | 自行车        |  399.90 |    1000 | 2020-10-01 00:00:00 |
+----+---------------+--------------+---------------+---------+---------+---------------------+
7 rows in set (0.00 sec)
```

可以看到，此时 t_goods 数据表中只剩下 7 条数据，已经不存在 id 为 8 和 9 的数据记录，说明数据删除成功。

注意：在删除数据时，其他运算符的使用方式相同，不再赘述。

3. 使用LIKE语句删除数据

例如，删除 t_goods 数据表中名称包含“车”的数据记录。

```
mysql> DELETE FROM t_goods WHERE t_name LIKE '%车%';
Query OK, 1 row affected (0.09 sec)
```

SQL 语句执行成功，查看 t_goods 数据表中的数据。

```
mysql> SELECT * FROM t_goods;
+----+---------------+-------------+-------------+---------+---------+---------------------+
| id | t_category_id | t_category  | t_name      | t_price | t_stock |    t_upper_time     |
+----+---------------+-------------+-------------+---------+---------+---------------------+
|  1 |             1 | 女装/女士精品| T恤         |   39.90 |    1000 | 2020-11-11 00:00:00 |
|  2 |             1 | 女装/女士精品| 牛油果绿连衣裙|   79.90 |    2500 | 2020-08-08 00:00:00 |
|  3 |             1 | 女装/女士精品| 卫衣        |   79.90 |    1500 | 2020-11-11 00:00:00 |
|  4 |             1 | 女装/女士精品| 牛仔裤      |    0.00 |       0 | 2020-03-08 00:00:00 |
|  5 |             1 | 女装/女士精品| 百褶裙      |   29.90 |     500 | 2020-08-08 00:00:00 |
|  6 |             1 | 女装/女士精品| 呢绒外套    |  399.90 |    1200 | 2020-06-18 00:00:00 |
+----+---------------+-------------+-------------+---------+---------+---------------------+
6 rows in set (0.01 sec)
```

可以看到，名称为“自行车”的数据记录被成功删除。

4. 使用IN语句删除数据

例如，删除 t_goods 数据表中 id 为 1 和 6 的数据。

```
mysql> DELETE FROM t_goods WHERE id IN (1, 6);
Query OK, 2 rows affected (0.00 sec)
```

SQL 语句执行成功，查看 t_goods 表中的数据。

```
mysql> SELECT * FROM t_goods;
+----+---------------+-------------+-------------+---------+---------+---------------------+
| id | t_category_id | t_category  | t_name      | t_price | t_stock |    t_upper_time     |
+----+---------------+-------------+-------------+---------+---------+---------------------+
|  2 |             1 | 女装/女士精品| 牛油果绿连衣裙|   79.90 |    2500 | 2020-08-08 00:00:00 |
|  3 |             1 | 女装/女士精品| 卫衣        |   79.90 |    1500 | 2020-11-11 00:00:00 |
|  4 |             1 | 女装/女士精品| 牛仔裤      |    0.00 |       0 | 2020-03-08 00:00:00 |
|  5 |             1 | 女装/女士精品| 百褶裙      |   29.90 |     500 | 2020-08-08 00:00:00 |
+----+---------------+-------------+-------------+---------+---------+---------------------+
4 rows in set (0.00 sec)
```

t_goods 数据表中 id 为 1 和 6 的数据已经被成功删除。

注意：NOT IN 语句删除数据的使用方式与 IN 语句相同，只不过 IN 语句是删除某个字段的值包含在值列表中的数据，NOT IN 语句是删除某个字段的值不包含在值列表中的数据，不再赘述。

12.3.3　删除符合正则表达式的数据

MySQL 支持在 DELETE 语句中使用 WHERE 子句结合正则表达式来限制删除条件。例如，删除 t_goods 数据表中名称以“牛”开头的数据记录。

```
mysql> DELETE FROM t_goods WHERE t_name REGEXP '^牛';
Query OK, 2 rows affected (0.12 sec)
```

SQL 语句执行成功，再次查看 t_goods 数据表中的数据。

```
mysql> SELECT * FROM t_goods;
+----+---------------+-------------+---------------+---------+---------+---------------------+
| id | t_category_id |  t_category | t_name        | t_price | t_stock |    t_upper_time     |
+----+---------------+-------------+---------------+---------+---------+---------------------+
|  3 |             1 | 女装/女士精品| 卫衣          |   79.90 |    1500 | 2020-11-11 00:00:00 |
|  5 |             1 | 女装/女士精品| 百褶裙        |   29.90 |     500 | 2020-08-08 00:00:00 |
+----+---------------+-------------+---------------+---------+---------+---------------------+
2 rows in set (0.00 sec)
```

t_goods 数据表中名称为“牛油果绿连衣裙”和“牛仔裤”的数据记录已经被成功删除。

12.3.4　删除数据表中的所有数据

当需要删除 MySQL 数据表中的所有数据时，只需要省略 DELETE 语句中的 WHERE 子句即可。

例如，删除 t_goods 数据表中的所有数据。

```
mysql> DELETE FROM t_goods;
Query OK, 2 rows affected (0.00 sec)
```

SQL 语句执行成功，查看 t_goods 数据表中的数据。

```
mysql> SELECT * FROM t_goods;
Empty set (0.00 sec)
```

此时 t_goods 数据表中的数据为空，说明成功删除了 t_goods 数据表中的所有数据。

12.4　本 章 总 结

本章中的内容相对比较简单，主要介绍了如何通过 SQL 语句变更 MySQL 数据表中的记录，包括数据插入、数据更新和数据删除。在进行数据更新和数据删除时，简单介绍了使用正则表达式来更新和删除数据。有关正则表达式的知识，读者可以参考其他相关的资料进行学习。下一章，将会对如何在 MySQL 中进行数据查询进行简单的介绍。

第 13 章　MySQL 数据查询

数据库除了能够保存数据外，还提供了查询接口供业务系统进行数据查询，同时能够根据业务需求进行数据检索与格式显示。MySQL 提供了强大的查询语句来实现数据的查询功能。本章对 MySQL 中如何实现数据查询进行简单的介绍。

本章涉及的知识点有：

- 数据准备；
- SELECT 查询语句；
- WHERE 条件语句；
- 数据聚合查询；
- JOIN 语句；
- 子查询语句；
- UNION 语句；
- 使用别名查询数据；
- 使用正则表达式查询数据。

13.1　数据准备

以第 8 章中创建的名称为 t_goods_category 的数据表和 t_goods 数据表为例进行数据查询操作。

向 t_goods_category 数据表中插入数据。

```
mysql> INSERT INTO t_goods_category
    -> (id, t_category)
    -> VALUES
    -> (1, '女装/女士精品'),
    -> (2, '户外运动');
Query OK, 2 rows affected (0.01 sec)
Records: 2  Duplicates: 0  Warnings: 0
```

SQL 语句执行成功，向 t_goods 数据表中插入数据。

```
mysql> INSERT INTO t_goods
    -> (t_category_id, t_category, t_name, t_price, t_stock, t_upper_time)
    -> VALUES
    -> (1, '女装/女士精品', 'T恤', 39.90, 1000, '2020-11-10 00:00:00'),
    -> (1, '女装/女士精品', '连衣裙', 79.90, 2500, '2020-11-10 00:00:00'),
```

```
    -> (1, '女装/女士精品', '卫衣', 79.90, 1500, '2020-11-10 00:00:00'),
    -> (1, '女装/女士精品', '牛仔裤', 89.90, 3500, '2020-11-10 00:00:00'),
    -> (1, '女装/女士精品', '百褶裙', 29.90, 500, '2020-11-10 00:00:00'),
    -> (1, '女装/女士精品', '呢绒外套', 399.90, 1200, '2020-11-10 00:00:00'),
    -> (2, '户外运动', '自行车', 399.90, 1000, '2020-11-10 00:00:00'),
    -> (2, '户外运动', '山地自行车', 1399.90, 2500, '2020-11-10 00:00:00'),
    -> (2, '户外运动', '登山杖', 59.90, 1500, '2020-11-10 00:00:00'),
    -> (2, '户外运动', '骑行装备', 399.90, 3500, '2020-11-10 00:00:00'),
    -> (2, '户外运动', '户外运动外套', 799.90, 500, '2020-11-10 00:00:00'),
    -> (2, '户外运动', '滑板', 499.90, 1200, '2020-11-10 00:00:00');
Query OK, 12 rows affected (0.01 sec)
Records: 12  Duplicates: 0  Warnings: 0
```

结果显示 SQL 语句执行成功。至此，数据准备工作完成，本章后续章节将以 t_goods_category 数据表和 t_goods 数据表中的数据为例，使用 SELECT 语句对数据表中的数据进行各种查询操作。

注意：当 MySQL 数据表中存在外键关联关系时，应该首先向主表中插入数据，再向从表中插入数据。因此本节首先向 t_goods_category 数据表中插入数据，再向 t_goods 数据表中插入数据。

13.2　SELECT 查询语句

MySQL 中使用 SELECT 关键字进行数据查询。SELECT 语句提供了强大的查询功能，不仅能够查询数据表中的所有数据，还能够查询表中的单个列数据、指定列的数据，以及使用完全限定表名查询数据、使用别名查询数据。

13.2.1　查询表中所有字段的数据

MySQL 查询表中所有的数据可以通过“SELECT * 通配符”或者“SELECT 所有字段”实现。

1. 通过SELECT *通配符查询所有字段数据

语法格式如下：

```
SELECT * FROM table_name
```

语法格式说明如下：

- *：查询通配符，能够匹配数据表中的所有字段。
- table_name：数据表名称。

使用 SELECT *通配符查询 t_goods 数据表中的所有数据。

```
mysql> SELECT * FROM t_goods;
+----+---------------+-----------------+-------------+---------+---------+---------------------+
| id | t_category_id | t_category      | t_name      | t_price | t_stock | t_upper_time        |
+----+---------------+-----------------+-------------+---------+---------+---------------------+
|  1 |             1 | 女装/女士精品   | T恤         |   39.90 |  1000   | 2020-11-10 00:00:00 |
|  2 |             1 | 女装/女士精品   | 连衣裙      |   79.90 |  2500   | 2020-11-10 00:00:00 |
|  3 |             1 | 女装/女士精品   | 卫衣        |   79.90 |  1500   | 2020-11-10 00:00:00 |
|  4 |             1 | 女装/女士精品   | 牛仔裤      |   89.90 |  3500   | 2020-11-10 00:00:00 |
|  5 |             1 | 女装/女士精品   | 百褶裙      |   29.90 |   500   | 2020-11-10 00:00:00 |
|  6 |             1 | 女装/女士精品   | 呢绒外套    |  399.90 |  1200   | 2020-11-10 00:00:00 |
|  7 |             2 | 户外运动        | 自行车      |  399.90 |  1000   | 2020-11-10 00:00:00 |
|  8 |             2 | 户外运动        | 山地自行车  | 1399.90 |  2500   | 2020-11-10 00:00:00 |
|  9 |             2 | 户外运动        | 登山杖      |   59.90 |  1500   | 2020-11-10 00:00:00 |
| 10 |             2 | 户外运动        | 骑行装备    |  399.90 |  3500   | 2020-11-10 00:00:00 |
| 11 |             2 | 户外运动        | 户外运动外套 |  799.90 |   500   | 2020-11-10 00:00:00 |
| 12 |             2 | 户外运动        | 滑板        |  499.90 |  1200   | 2020-11-10 00:00:00 |
+----+---------------+-----------------+-------------+---------+---------+---------------------+
12 rows in set (0.00 sec)
```

查询结果显示，使用*通配符会返回数据表中的所有数据，并且返回数据中的字段顺序按照创建数据表时定义的字段顺序进行显示。

2. 通过SELECT所有字段查询数据表中的所有数据

语法格式如下：

```
SELECT column1 [,column2, … ,columnn] FROM table_name
```

语法格式说明如下：

- column1 [,column2, … ,columnn]：指定的查询字段列表。
- table_name：数据表名称。

通过指定所有字段查询 t_goods 数据表中的所有数据。

```
mysql> SELECT id, t_category_id, t_category, t_name, t_price, t_stock, t_upper_time FROM t_goods;
+----+---------------+-----------------+-------------+---------+---------+---------------------+
| id | t_category_id | t_category      | t_name      | t_price | t_stock | t_upper_time        |
+----+---------------+-----------------+-------------+---------+---------+---------------------+
|  1 |             1 | 女装/女士精品   | T恤         |   39.90 |  1000   | 2020-11-10 00:00:00 |
|  2 |             1 | 女装/女士精品   | 连衣裙      |   79.90 |  2500   | 2020-11-10 00:00:00 |
|  3 |             1 | 女装/女士精品   | 卫衣        |   79.90 |  1500   | 2020-11-10 00:00:00 |
|  4 |             1 | 女装/女士精品   | 牛仔裤      |   89.90 |  3500   | 2020-11-10 00:00:00 |
|  5 |             1 | 女装/女士精品   | 百褶裙      |   29.90 |   500   | 2020-11-10 00:00:00 |
|  6 |             1 | 女装/女士精品   | 呢绒外套    |  399.90 |  1200   | 2020-11-10 00:00:00 |
|  7 |             2 | 户外运动        | 自行车      |  399.90 |  1000   | 2020-11-10 00:00:00 |
|  8 |             2 | 户外运动        | 山地自行车  | 1399.90 |  2500   | 2020-11-10 00:00:00 |
|  9 |             2 | 户外运动        | 登山杖      |   59.90 |  1500   | 2020-11-10 00:00:00 |
| 10 |             2 | 户外运动        | 骑行装备    |  399.90 |  3500   | 2020-11-10 00:00:00 |
| 11 |             2 | 户外运动        | 户外运动外套 |  799.90 |   500   | 2020-11-10 00:00:00 |
| 12 |             2 | 户外运动        | 滑板        |  499.90 |  1200   | 2020-11-10 00:00:00 |
+----+---------------+-----------------+-------------+---------+---------+---------------------+
12 rows in set (0.00 sec)
```

由此可以看出，通过指定 t_goods 数据表中的所有字段，也能够查询出所有字段的数据。

当通过指定字段查询数据时，查询语句中的字段顺序可以与创建数据表时定义的字段顺序不同，只需要指定需要查询的字段即可，查询结果中的数据与查询语句中的字段顺序对应。再次查询 t_goods 数据表中的数据。

```
mysql> SELECT id, t_category_id, t_category, t_name, t_price,t_upper_time,t_stock FROM t_goods;
+----+---------------+---------------+------------+---------+---------------------+---------+
| id | t_category_id | t_category    | t_name     | t_price | t_upper_time        | t_stock |
+----+---------------+---------------+------------+---------+---------------------+---------+
|  1 |             1 | 女装/女士精品 | T恤        |   39.90 | 2020-11-10 00:00:00 |   1000  |
|  2 |             1 | 女装/女士精品 | 连衣裙     |   79.90 | 2020-11-10 00:00:00 |   2500  |
|  3 |             1 | 女装/女士精品 | 卫衣       |   79.90 | 2020-11-10 00:00:00 |   1500  |
|  4 |             1 | 女装/女士精品 | 牛仔裤     |   89.90 | 2020-11-10 00:00:00 |   3500  |
|  5 |             1 | 女装/女士精品 | 百褶裙     |   29.90 | 2020-11-10 00:00:00 |    500  |
|  6 |             1 | 女装/女士精品 | 呢绒外套   |  399.90 | 2020-11-10 00:00:00 |   1200  |
|  7 |             2 | 户外运动      | 自行车     |  399.90 | 2020-11-10 00:00:00 |   1000  |
|  8 |             2 | 户外运动      | 山地自行车 | 1399.90 | 2020-11-10 00:00:00 |   2500  |
|  9 |             2 | 户外运动      | 登山杖     |   59.90 | 2020-11-10 00:00:00 |   1500  |
| 10 |             2 | 户外运动      | 骑行装备   |  399.90 | 2020-11-10 00:00:00 |   3500  |
| 11 |             2 | 户外运动      | 户外运动外套 |  799.90 | 2020-11-10 00:00:00 |    500  |
| 12 |             2 | 户外运动      | 滑板       |  499.90 | 2020-11-10 00:00:00 |   1200  |
+----+---------------+---------------+------------+---------+---------------------+---------+
12 rows in set (0.00 sec)
```

在查询语句中，虽然 t_upper_time 字段与 t_stock 字段的顺序与创建 t_goods 数据表时定义的字段顺序不同，但是同样查询出了相应的数据。

注意： 在实际业务或数据库开发中，除非特殊需要，最好不要使用“SELECT *”查询数据。因为在实际业务或数据库开发中，往往不会查询一张数据表中的所有数据，而使用“SELECT *”会查询数据表中的所有字段数据，这样会降低查询的效率。

13.2.2　查询表中单个字段的数据

查询单个列的数据，也就是查询数据表中单个字段的数据，只需要在 SELECT 查询语句后面跟上指定的单一字段名称即可。语法格式如下：

```
SELECT single_column FROM table_name
```

语法格式说明如下：

- single_column：指定的单一字段的名称。
- table_name：数据表名称。

查询 t_goods 数据表中 t_name 字段的数据。

```
mysql> SELECT t_name FROM t_goods;
+-----------------+
| t_name          |
+-----------------+
| T恤             |
| 连衣裙          |
| 卫衣            |
```

```
| 牛仔裤           |
| 百褶裙           |
| 呢绒外套         |
| 自行车           |
| 山地自行车       |
| 登山杖           |
| 骑行装备         |
| 户外运动外套     |
| 滑板             |
+-----------------+
12 rows in set (0.00 sec)
```

查询结果中显示了 t_goods 数据表中 t_name 字段的所有数据。

13.2.3　查询表中指定字段的数据

查询表中指定字段的数据在本节中特指查询多个字段的数据。可以在 SELECT 关键字后面指定多个需要查询的字段名称，每个字段名称之间以逗号分隔即可。语法格式如下：

```
SELECT column1, column2, … , columnn FROM table_name
```

查询 t_goods 数据表中 t_name、t_price 和 t_stock 字段的数据。

```
mysql> SELECT t_name, t_price, t_stock FROM t_goods;
+-----------------+---------+---------+
| t_name          | t_price | t_stock |
+-----------------+---------+---------+
| T 恤            |   39.90 |    1000 |
| 连衣裙          |   79.90 |    2500 |
| 卫衣            |   79.90 |    1500 |
| 牛仔裤          |   89.90 |    3500 |
| 百褶裙          |   29.90 |     500 |
| 呢绒外套        |  399.90 |    1200 |
| 自行车          |  399.90 |    1000 |
| 山地自行车      | 1399.90 |    2500 |
| 登山杖          |   59.90 |    1500 |
| 骑行装备        |  399.90 |    3500 |
| 户外运动外套    |  799.90 |     500 |
| 滑板            |  499.90 |    1200 |
+-----------------+---------+---------+
12 rows in set (0.00 sec)
```

查询结果正确显示出了 3 个字段的所有数据。

13.2.4　使用完全限定字段名查询数据

限定列名指的是通过表名和字段名指定查询数据的字段，语法格式如下：

```
SELECT table_name.column1, table_name.column2, … , table_name.columnn
FROM table_name
```

通过语法格式可以看出，通过“表名.字段名”的形式可以限定字段名称。

使用限定字段名的形式查询 t_goods 数据表中的 t_category_id 字段和 t_category 字段。

```
mysql> SELECT t_goods.t_category_id, t_goods.t_category FROM t_goods;
+---------------+---------------------+
| t_category_id | t_category          |
+---------------+---------------------+
|             1 | 女装/女士精品       |
|             1 | 女装/女士精品       |
|             1 | 女装/女士精品       |
|             1 | 女装/女士精品       |
|             1 | 女装/女士精品       |
|             1 | 女装/女士精品       |
|             2 | 户外运动            |
|             2 | 户外运动            |
|             2 | 户外运动            |
|             2 | 户外运动            |
|             2 | 户外运动            |
|             2 | 户外运动            |
+---------------+---------------------+
12 rows in set (0.00 sec)
```

通过完全限定数据表中字段的名称，正确查询出了 t_category_id 字段和 t_category 字段的数据。

13.2.5　使用完全限定表名查询数据

限定表名指的是在查询语句中的数据表名称前指定数据库名称，表明当前查询的数据表属于哪个数据库，语法格式如下：

```
SELECT * FROM database_name.table_name
```

或者

```
SELECT column1 [, column2, ... , columnn]
FROM database_name.table_name
```

从语法格式可以看出，通过“数据库名.数据表名”的形式，能够限定数据表属于哪个数据库。

使用完全限定表名的形式查询 t_goods 数据表中 t_name 字段、t_price 字段与 t_upper_time 字段的数据。

```
mysql> SELECT t_name, t_price, t_upper_time FROM goods.t_goods;
+-----------------+---------+---------------------+
| t_name          | t_price | t_upper_time        |
+-----------------+---------+---------------------+
| T恤             |   39.90 | 2020-11-10 00:00:00 |
| 连衣裙          |   79.90 | 2020-11-10 00:00:00 |
| 卫衣            |   79.90 | 2020-11-10 00:00:00 |
| 牛仔裤          |   89.90 | 2020-11-10 00:00:00 |
| 百褶裙          |   29.90 | 2020-11-10 00:00:00 |
| 呢绒外套        |  399.90 | 2020-11-10 00:00:00 |
| 自行车          |  399.90 | 2020-11-10 00:00:00 |
```

```
| 山地自行车        | 1399.90 | 2020-11-10 00:00:00 |
| 登山杖            |   59.90 | 2020-11-10 00:00:00 |
| 骑行装备          |  399.90 | 2020-11-10 00:00:00 |
| 户外运动外套      |  799.90 | 2020-11-10 00:00:00 |
| 滑板              |  499.90 | 2020-11-10 00:00:00 |
+------------------+---------+---------------------+
12 rows in set (0.00 sec)
```

结果显示，正确查询出了 t_goods 数据表中 t_name 字段、t_price 字段与 t_upper_time 字段的数据。

13.3　WHERE 条件语句

在实际的业务场景中，数据表中会含有大量的业务数据，因此往往不会查询数据表中的全部数据。此时就需要根据具体的业务需求，利用某种条件限制，查询数据表中符合条件限制的数据记录。

13.3.1　WHERE 语句语法格式

WHERE 语句指定查询语句的条件限制，通过 WHERE 语句能够查询出数据表中特定的数据记录。

语法格式如下：

```
SELECT *
FROM table_name
WHERE condition
```

或者

```
SELECT column1 [, column2, ... , columnn]
FROM table_name
WHERE condition
```

其中，condition 表示 WHERE 子句的查询条件，包含 MySQL 支持的各种条件限制。

13.3.2　查询单一的特定数据

查询单一数据往往是根据数据表中的主键 id 或其他字段查询数据表中的单一数据记录，一般使用“=”运算符来实现查询单一的数据记录。

例如，查询 t_goods 数据表中 id 为 1 的数据记录。

```
mysql> SELECT * FROM t_goods WHERE id = 1;
+----+---------------+-----------------+-------------+---------+---------+---------------------+
| id | t_category_id | t_category      | t_name      | t_price | t_stock | t_upper_time        |
+----+---------------+-----------------+-------------+---------+---------+---------------------+
```

```
|  1 |              1 | 女装/女士精品    | T恤          |   39.90 |   1000  | 2020-11-10 00:00:00 |
+----+----------------+------------------+--------------+---------+---------+---------------------+
1 row in set (0.00 sec)
```

首先通过指定 t_goods 数据表的 id 字段的值为 1，查询出 t_goods 数据表中唯一的一条数据记录。

然后查询 t_goods 数据表中 t_name 字段为“连衣裙”的数据记录。

```
mysql> SELECT * FROM t_goods WHERE t_name = '连衣裙';
+----+----------------+------------------+--------------+---------+---------+---------------------+
| id | t_category_id | t_category       | t_name       | t_price | t_stock | t_upper_time        |
+----+----------------+------------------+--------------+---------+---------+---------------------+
|  2 |              1 | 女装/女士精品    | 连衣裙       |   79.90 |   2500  | 2020-11-10 00:00:00 |
+----+----------------+------------------+--------------+---------+---------+---------------------+
1 row in set (0.00 sec)
```

通过指定 t_goods 数据表中的 t_name 字段值，同样能够查询出特定的数据记录。

13.3.3　查询某个范围内的数据

查询数据表中某个范围内的数据可以使用“>”“>=”“<”“<=”“<>”“!=”等比较运算符来实现。

例如，查询 t_goods 数据表中 id 大于 3 的数据记录。

```
mysql> SELECT * FROM t_goods WHERE id > 3;
+----+----------------+------------------+--------------+---------+---------+---------------------+
| id | t_category_id | t_category       | t_name       | t_price | t_stock | t_upper_time        |
+----+----------------+------------------+--------------+---------+---------+---------------------+
|  4 |              1 | 女装/女士精品    | 牛仔裤       |   89.90 |   3500  | 2020-11-10 00:00:00 |
|  5 |              1 | 女装/女士精品    | 百褶裙       |   29.90 |    500  | 2020-11-10 00:00:00 |
|  6 |              1 | 女装/女士精品    | 呢绒外套     |  399.90 |   1200  | 2020-11-10 00:00:00 |
|  7 |              2 | 户外运动         | 自行车       |  399.90 |   1000  | 2020-11-10 00:00:00 |
|  8 |              2 | 户外运动         | 山地自行车   | 1399.90 |   2500  | 2020-11-10 00:00:00 |
|  9 |              2 | 户外运动         | 登山杖       |   59.90 |   1500  | 2020-11-10 00:00:00 |
| 10 |              2 | 户外运动         | 骑行装备     |  399.90 |   3500  | 2020-11-10 00:00:00 |
| 11 |              2 | 户外运动         | 户外运动外套 |  799.90 |    500  | 2020-11-10 00:00:00 |
| 12 |              2 | 户外运动         | 滑板         |  499.90 |   1200  | 2020-11-10 00:00:00 |
+----+----------------+------------------+--------------+---------+---------+---------------------+
9 rows in set (0.00 sec)
```

其他运算符的使用方式与“>”运算符相同，不再赘述。

13.3.4　IN 和 NOT IN 条件语句

IN 条件语句可以查询数据表中某个字段的值在 IN 指定的数据列表中的数据记录，并返回相应的数据。

例如，查询 t_goods 数据表中 id 为 1、3、6、7、10、12 的数据。

```
mysql> SELECT * FROM t_goods WHERE id IN (1, 3, 6, 7, 10, 12);
```

```
+----+---------------+----------------+-------------+---------+---------+---------------------+
| id | t_category_id | t_category     | t_name      | t_price | t_stock | t_upper_time        |
+----+---------------+----------------+-------------+---------+---------+---------------------+
|  1 |             1 | 女装/女士精品  | T恤         |   39.90 |   1000  | 2020-11-10 00:00:00 |
|  3 |             1 | 女装/女士精品  | 卫衣        |   79.90 |   1500  | 2020-11-10 00:00:00 |
|  6 |             1 | 女装/女士精品  | 呢绒外套    |  399.90 |   1200  | 2020-11-10 00:00:00 |
|  7 |             2 | 户外运动       | 自行车      |  399.90 |   1000  | 2020-11-10 00:00:00 |
| 10 |             2 | 户外运动       | 骑行装备    |  399.90 |   3500  | 2020-11-10 00:00:00 |
| 12 |             2 | 户外运动       | 滑板        |  499.90 |   1200  | 2020-11-10 00:00:00 |
+----+---------------+----------------+-------------+---------+---------+---------------------+
6 rows in set (0.00 sec)
```

NOT IN 条件语句可以查询数据不在某个条件范围内的记录。

例如，查询 t_goods 数据表中 id 不是 1、3、6、7、10、12 的数据。

```
mysql> SELECT * FROM t_goods WHERE id NOT IN (1, 3, 6, 7, 10, 12);
+----+---------------+----------------+-------------+---------+---------+---------------------+
| id | t_category_id | t_category     | t_name      | t_price | t_stock | t_upper_time        |
+----+---------------+----------------+-------------+---------+---------+---------------------+
|  2 |             1 | 女装/女士精品  | 连衣裙      |   79.90 |   2500  | 2020-11-10 00:00:00 |
|  4 |             1 | 女装/女士精品  | 牛仔裤      |   89.90 |   3500  | 2020-11-10 00:00:00 |
|  5 |             1 | 女装/女士精品  | 百褶裙      |   29.90 |    500  | 2020-11-10 00:00:00 |
|  8 |             2 | 户外运动       | 山地自行车  | 1399.90 |   2500  | 2020-11-10 00:00:00 |
|  9 |             2 | 户外运动       | 登山杖      |   59.90 |   1500  | 2020-11-10 00:00:00 |
| 11 |             2 | 户外运动       | 户外运动外套 |  799.90 |    500  | 2020-11-10 00:00:00 |
+----+---------------+----------------+-------------+---------+---------+---------------------+
6 rows in set (0.00 sec)
```

对比两次查询结果可以看出，IN 条件语句和 NOT IN 条件语句正好相反，IN 条件语句查询符合某个条件的记录，而 NOT IN 条件语句查询不符合某个条件的数据记录。

13.3.5　BETWEEN AND 条件语句

BETWEEN AND 语句可以用来查询符合某个范围条件的数据，BETWEEN 关键字后面紧跟范围的开始值，AND 关键字后面紧跟范围的结束值。使用 BETWEEN AND 语句查询出来的数据包含范围的开始数据和结束数据。

例如，查询 t_goods 数据表中 id 范围在 6~8 的数据记录。

```
mysql> SELECT * FROM t_goods WHERE id BETWEEN 6 AND 8;
+----+---------------+----------------+-------------+---------+---------+---------------------+
| id | t_category_id | t_category     | t_name      | t_price | t_stock | t_upper_time        |
+----+---------------+----------------+-------------+---------+---------+---------------------+
|  6 |             1 | 女装/女士精品  | 呢绒外套    |  399.90 |   1200  | 2020-11-10 00:00:00 |
|  7 |             2 | 户外运动       | 自行车      |  399.90 |   1000  | 2020-11-10 00:00:00 |
|  8 |             2 | 户外运动       | 山地自行车  | 1399.90 |   2500  | 2020-11-10 00:00:00 |
+----+---------------+----------------+-------------+---------+---------+---------------------+
3 rows in set (0.00 sec)
```

成功查询出 id 值为 6~8 的数据记录，说明使用 BETWEEN AND 条件语句查询出来的数据包含范围的开始数据和范围的结束数据。

13.3.6　LIKE 条件语句

MySQL 中支持使用 LIKE 条件语句进行模糊匹配，通常 LIKE 语句会和通配符“%”与“_”一起使用。其中，对通配符的说明如下：

- %：通常称为百分号通配符，能够匹配任意长度的字符，甚至是零字符。
- _：通常称为下划线通配符，只能匹配任意单个字符，如果要匹配多个字符，则需要使用多个“_”进行匹配。

1. 使用%查询数据

例如，查询 t_goods 商品数据表中名称以“裙”结尾的数据记录。

```
mysql> SELECT id, t_name, t_price FROM t_goods WHERE t_name LIKE '%裙';
+----+-------------+---------+
| id | t_name      | t_price |
+----+-------------+---------+
|  2 | 连衣裙      |   79.90 |
|  5 | 百褶裙      |   29.90 |
+----+-------------+---------+
2 rows in set (0.00 sec)
```

符合条件的有名称为“连衣裙”和“百褶裙”的数据记录，不管“裙”字前面有多少个字符，都能被查询出来。

在条件查询语句中，“%”通配符可以放在查询条件的不同位置。例如，查询 t_goods 数据表中名称包含“山”的数据记录。

```
mysql> SELECT id, t_name, t_price FROM t_goods WHERE t_name LIKE '%山%';
+----+-------------+---------+
| id | t_name      | t_price |
+----+-------------+---------+
|  8 | 山地自行车  | 1399.90 |
|  9 | 登山杖      |   59.90 |
+----+-------------+---------+
2 rows in set (0.00 sec)
```

符合条件的有名称为“山地自行车”和“山杖”的数据记录，不管“山”字前后有多少个字符，都能被 SQL 语句查询出来。

“%”通配符还能查询以某个字符开头并以某个字符结尾的数据。例如，查询 t_goods 数据表中类别名称以“女装”开头，并以“精品”结尾的数据记录。

```
mysql> SELECT id, t_category, t_name, t_price
    -> FROM t_goods
    -> WHERE t_category LIKE '女装%精品';
+----+-----------------+-------------+---------+
| id | t_category      | t_name      | t_price |
+----+-----------------+-------------+---------+
|  1 | 女装/女士精品   | T恤         |   39.90 |
|  2 | 女装/女士精品   | 连衣裙      |   79.90 |
```

```
|  3 | 女装/女士精品    | 卫衣        |   79.90 |
|  4 | 女装/女士精品    | 牛仔裤      |   89.90 |
|  5 | 女装/女士精品    | 百褶裙      |   29.90 |
|  6 | 女装/女士精品    | 呢绒外套    |  399.90 |
+----+-----------------+------------+---------+
6 rows in set (0.00 sec)
```

可以看出，百分号通配符“%”能够匹配指定位置任意长度的字符。

2. 使用_查询数据

例如，查询t_goods数据表中以名称“车”结尾，前面只有2个字的数据记录。

```
mysql> SELECT id, t_category, t_name, t_price
    -> FROM t_goods
    -> WHERE t_name LIKE '__车';
+----+-----------------+------------+---------+
| id | t_category      | t_name     | t_price |
+----+-----------------+------------+---------+
|  7 | 户外运动        | 自行车      |  399.90 |
+----+-----------------+------------+---------+
1 row in set (0.00 sec)
```

符合条件的只有名称为“自行车”的一行数据记录。

注意：当LIKE条件语句没有配合使用“%”或“_”通配符时，查询条件限制与“=”相同。

例如，查询t_goods数据表中名称为“T恤”的数据记录。

```
mysql> SELECT id, t_category, t_name, t_price
    -> FROM t_goods
    -> WHERE t_name LIKE 'T';
Empty set (0.00 sec)
```

当LIKE条件语句没有使用“%”或“_”通配符时，直接输入T无法查询出名称为“T恤”的数据记录。修改SQL语句，再次查询名称为“T恤”的数据记录。

```
mysql> SELECT id, t_category, t_name, t_price
    -> FROM t_goods
    -> WHERE t_name LIKE 'T恤';
+----+-----------------+------------+---------+
| id | t_category      | t_name     | t_price |
+----+-----------------+------------+---------+
|  1 | 女装/女士精品    | T恤        |   39.90 |
+----+-----------------+------------+---------+
1 row in set (0.00 sec)
```

查询完整的“T恤”名称时，显示正确查询出了结果数据，说明LIKE条件语句没有配合使用“%”或“_”通配符时，查询条件限制与“=”相同。

13.3.7　空值条件限制语句

MySQL中的空值包含NULL和空字符串。当匹配NULL值条件时，使用IS NULL和IS

NOT NULL，当匹配空字符串时，使用“=”“<>”“!=”。

向 t_goods 数据表中插入两条名称为空字符串，上架时间为 NULL 的数据记录。

```
mysql> INSERT INTO t_goods
    -> (t_category_id, t_category, t_name, t_price, t_stock, t_upper_time)
    -> VALUES
    -> (1, '女装/女士精品', '', 399.90, 1200, NULL),
    -> (2, '户外运动', '', 499.90, 1200, NULL);
Query OK, 2 rows affected (0.01 sec)
Records: 2  Duplicates: 0  Warnings: 0
```

SQL 语句执行成功。

1. 匹配NULL值

例如，查询 t_goods 数据表中上架时间为 NULL 的数据。

```
mysql> SELECT id, t_category, t_name, t_price
    -> FROM t_goods
    -> WHERE t_upper_time IS NULL;
+----+-----------------+-------------+---------+
| id | t_category      | t_name      | t_price |
+----+-----------------+-------------+---------+
| 13 | 女装/女士精品   |             |  399.90 |
| 14 | 户外运动        |             |  499.90 |
+----+-----------------+-------------+---------+
2 rows in set (0.00 sec)
```

IS NOT NULL 与 IS NULL 相反，用于查询数据表中某个字段的值不是 NULL 的数据记录。

例如，查询 t_goods 数据表中上架时间不为 NULL 的数据。

```
mysql> SELECT id, t_category, t_name, t_price
    -> FROM t_goods
    -> WHERE t_upper_time IS NOT NULL;
+----+---------------+-------------+---------+
| id | t_category    | t_name      | t_price |
+----+---------------+-------------+---------+
|  1 | 女装/女士精品 | T恤         |   39.90 |
|  2 | 女装/女士精品 | 连衣裙      |   79.90 |
|  3 | 女装/女士精品 | 卫衣        |   79.90 |
|  4 | 女装/女士精品 | 牛仔裤      |   89.90 |
|  5 | 女装/女士精品 | 百褶裙      |   29.90 |
|  6 | 女装/女士精品 | 呢绒外套    |  399.90 |
|  7 | 户外运动      | 自行车      |  399.90 |
|  8 | 户外运动      | 山地自行车  | 1399.90 |
|  9 | 户外运动      | 登山杖      |   59.90 |
| 10 | 户外运动      | 骑行装备    |  399.90 |
| 11 | 户外运动      | 户外运动外套 |  799.90 |
| 12 | 户外运动      | 滑板        |  499.90 |
+----+---------------+-------------+---------+
12 rows in set (0.00 sec)
```

2. 匹配空字符串

例如，查询 t_goods 数据表中名称为空字符串的数据。

```
mysql> SELECT id, t_category, t_name, t_price
    -> FROM t_goods
    -> WHERE t_name = '';
+----+----------------+-------------+---------+
| id | t_category     | t_name      | t_price |
+----+----------------+-------------+---------+
| 13 | 女装/女士精品  |             |  399.90 |
| 14 | 户外运动       |             |  499.90 |
+----+----------------+-------------+---------+
2 rows in set (0.00 sec)
```

使用“<>”或“!=”运算符能够查询数据表中某个字段的值不是空字符串的数据。例如，查询 t_goods 数据表中名称不是空字符串的数据。

```
mysql> SELECT id, t_category, t_name, t_price
    -> FROM t_goods
    -> WHERE t_name <> '';
+----+---------------+-------------+---------+
| id | t_category    | t_name      | t_price |
+----+---------------+-------------+---------+
|  1 | 女装/女士精品 | T 恤        |   39.90 |
|  2 | 女装/女士精品 | 连衣裙      |   79.90 |
|  3 | 女装/女士精品 | 卫衣        |   79.90 |
|  4 | 女装/女士精品 | 牛仔裤      |   89.90 |
|  5 | 女装/女士精品 | 百褶裙      |   29.90 |
|  6 | 女装/女士精品 | 呢绒外套    |  399.90 |
|  7 | 户外运动      | 自行车      |  399.90 |
|  8 | 户外运动      | 山地自行车  | 1399.90 |
|  9 | 户外运动      | 登山杖      |   59.90 |
| 10 | 户外运动      | 骑行装备    |  399.90 |
| 11 | 户外运动      | 户外运动外套 |  799.90 |
| 12 | 户外运动      | 滑板        |  499.90 |
+----+---------------+-------------+---------+
12 rows in set (0.00 sec)
```

13.3.8 AND 语句

AND 语句可以连接多个查询条件，只有当同时满足 AND 连接的多个查询条件时，记录才会被返回。

例如，查询 t_goods 数据表中名称包含“车”，并且 id 范围在 3~7 的数据记录。

```
mysql> SELECT id, t_category, t_name, t_price
    -> FROM t_goods
    -> WHERE t_name LIKE '%车%'
    -> AND id BETWEEN 3 AND 7;
+----+---------------+-------------+---------+
| id | t_category    | t_name      | t_price |
+----+---------------+-------------+---------+
```

```
|  7 | 户外运动        | 自行车       |  399.90 |
+----+----------------+-------------+---------+
1 row in set (0.00 sec)
```

在 t_goods 数据表中，同时满足名称中包含“车”，并且 id 范围在 3~7 的数据记录只有名称为“自行车”的一行数据记录。

13.3.9　OR 语句

OR 语句可以连接多个查询条件，只要满足 OR 语句连接的多个条件中的一个条件，数据记录即可被返回。

例如，查询 t_goods 数据表中名称包含“车”，或者 id 范围在 3~7 的数据记录。

```
mysql> SELECT id, t_category, t_name, t_price
    -> FROM t_goods
    -> WHERE t_name LIKE '%车%'
    -> OR id BETWEEN 3 AND 7;
+----+----------------+-------------+---------+
| id | t_category     | t_name      | t_price |
+----+----------------+-------------+---------+
|  3 | 女装/女士精品  | 卫衣         |   79.90 |
|  4 | 女装/女士精品  | 牛仔裤       |   89.00 |
|  5 | 女装/女士精品  | 百褶裙       |   29.90 |
|  6 | 女装/女士精品  | 呢绒外套     |  399.90 |
|  7 | 户外运动        | 自行车       |  399.90 |
|  8 | 户外运动        | 山地自行车   | 1399.90 |
+----+----------------+-------------+---------+
6 rows in set (0.00 sec)
```

13.3.10　DISTINCT 语句

DISTINCT 关键字可以对查询出的结果数据进行去重处理，语法格式如下：

```
SELECT DISTINCT column FROM table_name
```

例如，不使用 DISTINCT 关键字查询 t_goods 数据表中的商品类别信息。

```
mysql> SELECT t_category_id, t_category FROM t_goods;
+---------------+----------------+
| t_category_id | t_category     |
+---------------+----------------+
|             1 | 女装/女士精品  |
|             1 | 女装/女士精品  |
|             1 | 女装/女士精品  |
|             1 | 女装/女士精品  |
|             1 | 女装/女士精品  |
|             1 | 女装/女士精品  |
|             2 | 户外运动        |
|             2 | 户外运动        |
|             2 | 户外运动        |
|             2 | 户外运动        |
```

```
|             2 | 户外运动        |
|             2 | 户外运动        |
|             1 | 女装/女士精品   |
|             2 | 户外运动        |
+---------------+-----------------+
14 rows in set (0.00 sec)
```

商品类别信息数据有很多重复的数据行。

使用 DISTINCT 关键字进行去重处理。

```
mysql> SELECT DISTINCT t_category_id, t_category FROM t_goods;
+---------------+-----------------+
| t_category_id | t_category      |
+---------------+-----------------+
|             1 | 女装/女士精品   |
|             2 | 户外运动        |
+---------------+-----------------+
2 rows in set (0.00 sec)
```

使用 DISTINCT 关键字查询数据，可以去掉结果数据中重复的记录行。

13.3.11　ORDER BY 语句

MySQL 支持使用 ORDER BY 语句对查询结果集进行排序处理，使用 ORDER BY 语句不仅支持对单列数据的排序，还支持对数据表中多列数据的排序。

语法格式如下：

```
SELECT * | column1 [,column2, ... ,columnn] FROM table_name
[WHERE condition] ORDER BY column1 [ASC | DESC, column2 [ASC | DESC], ... ,
columnn [ASC | DESC]]
```

1. 对单列数据进行排序

例如，查询 t_goods 数据表中的数据，并按照 t_stock 字段进行升序排序。

```
mysql> SELECT id, t_category, t_name, t_price, t_stock
    -> FROM t_goods
    -> ORDER BY t_stock;
+----+---------------+--------------+---------+---------+
| id | t_category    | t_name       | t_price | t_stock |
+----+---------------+--------------+---------+---------+
|  5 | 女装/女士精品 | 百褶裙       |   29.90 |     500 |
| 11 | 户外运动      | 户外运动外套 |  799.90 |     500 |
|  1 | 女装/女士精品 | T恤          |   39.90 |    1000 |
|  7 | 户外运动      | 自行车       |  399.90 |    1000 |
|  6 | 女装/女士精品 | 呢绒外套     |  399.90 |    1200 |
| 12 | 户外运动      | 滑板         |  499.90 |    1200 |
|  3 | 女装/女士精品 | 卫衣         |   79.90 |    1500 |
|  9 | 户外运动      | 登山杖       |   59.90 |    1500 |
|  2 | 女装/女士精品 | 连衣裙       |   79.90 |    2500 |
|  8 | 户外运动      | 山地自行车   | 1399.90 |    2500 |
|  4 | 女装/女士精品 | 牛仔裤       |   89.90 |    3500 |
| 10 | 户外运动      | 骑行装备     |  399.90 |    3500 |
```

```
+----+----------------+-------------+---------+---------+
12 rows in set (0.00 sec)
```

由结果可知，结果数据按照 t_stock 字段进行了升序排序。

2. 对多列数据进行排序

例如，查询 t_goods 数据表中的数据，先按照 t_stock 字段排序，再按照 id 字段排序。

```
mysql> SELECT id, t_category, t_name, t_price, t_stock
    -> FROM t_goods
    -> ORDER BY t_stock, id;
+----+----------------+-------------+---------+---------+
| id | t_category     | t_name      | t_price | t_stock |
+----+----------------+-------------+---------+---------+
|  5 | 女装/女士精品   | 百褶裙       |   29.90 |     500 |
| 11 | 户外运动        | 户外运动外套 |  799.90 |     500 |
|  1 | 女装/女士精品   | T恤          |   39.90 |    1000 |
|  7 | 户外运动        | 自行车       |  399.90 |    1000 |
|  6 | 女装/女士精品   | 呢绒外套     |  399.90 |    1200 |
| 12 | 户外运动        | 滑板         |  499.90 |    1200 |
|  3 | 女装/女士精品   | 卫衣         |   79.90 |    1500 |
|  9 | 户外运动        | 登山杖       |   59.90 |    1500 |
|  2 | 女装/女士精品   | 连衣裙       |   79.90 |    2500 |
|  8 | 户外运动        | 山地自行车   | 1399.90 |    2500 |
|  4 | 女装/女士精品   | 牛仔裤       |   89.90 |    3500 |
| 10 | 户外运动        | 骑行装备     |  399.90 |    3500 |
+----+----------------+-------------+---------+---------+
```

注意：当在 MySQL 中使用 ORDER BY 对多列数据进行排序时，只有当第一列的数据相同时才会对第二列的数据进行排序。如果第一列的数据不同，则只会对第一列的数据进行排序，而不会对第二列的数据进行排序。如果 ORDER BY 后面有更多的表字段，依然遵循当前面字段相同时才会对后面的字段数据排序，否则不会对后面的字段数据排序的规则。

3. 排序时指定方向

ORDER BY 语句使用 ASC 按照字段的数据进行升序排列，使用 DESC 按照字段的数据进行降序排列。

例如，查询 t_goods 数据表中的数据，并按照 id 字段进行降序排列。

```
mysql> SELECT id, t_category, t_name, t_price, t_stock
    -> FROM t_goods
    -> ORDER BY id DESC;
+----+----------------+-------------+---------+---------+
| id | t_category     | t_name      | t_price | t_stock |
+----+----------------+-------------+---------+---------+
| 12 | 户外运动        | 滑板         |  499.90 |    1200 |
| 11 | 户外运动        | 户外运动外套 |  799.90 |     500 |
| 10 | 户外运动        | 骑行装备     |  399.90 |    3500 |
|  9 | 户外运动        | 登山杖       |   59.90 |    1500 |
```

```
|  8 | 户外运动        | 山地自行车   | 1399.90 |   2500  |
|  7 | 户外运动        | 自行车       |  399.90 |   1000  |
|  6 | 女装/女士精品   | 呢绒外套     |  399.90 |   1200  |
|  5 | 女装/女士精品   | 百褶裙       |   29.90 |    500  |
|  4 | 女装/女士精品   | 牛仔裤       |   89.90 |   3500  |
|  3 | 女装/女士精品   | 卫衣         |   79.90 |   1500  |
|  2 | 女装/女士精品   | 连衣裙       |   79.90 |   2500  |
|  1 | 女装/女士精品   | T恤          |   39.90 |   1000  |
+----+-----------------+--------------+---------+---------+
12 rows in set (0.00 sec)
```

可以看到，查询的结果数据按照id字段进行了降序排列。

ORDER BY语句支持对一个字段进行升序排列，同时对另一个字段进行降序排列。例如，查询t_goods数据表中的数据，按照t_stock字段进行升序排列，并且按照id字段进行降序排列。

```
mysql> SELECT id, t_category, t_name, t_price, t_stock
    -> FROM t_goods
    -> ORDER BY t_stock ASC, id DESC;
+----+-----------------+--------------+---------+---------+
| id | t_category      | t_name       | t_price | t_stock |
+----+-----------------+--------------+---------+---------+
| 11 | 户外运动        | 户外运动外套 |  799.90 |    500  |
|  5 | 女装/女士精品   | 百褶裙       |   29.90 |    500  |
|  7 | 户外运动        | 自行车       |  399.90 |   1000  |
|  1 | 女装/女士精品   | T恤          |   39.90 |   1000  |
| 12 | 户外运动        | 滑板         |  499.90 |   1200  |
|  6 | 女装/女士精品   | 呢绒外套     |  399.90 |   1200  |
|  9 | 户外运动        | 登山杖       |   59.90 |   1500  |
|  3 | 女装/女士精品   | 卫衣         |   79.90 |   1500  |
|  8 | 户外运动        | 山地自行车   | 1399.90 |   2500  |
|  2 | 女装/女士精品   | 连衣裙       |   79.90 |   2500  |
| 10 | 户外运动        | 骑行装备     |  399.90 |   3500  |
|  4 | 女装/女士精品   | 牛仔裤       |   89.90 |   3500  |
+----+-----------------+--------------+---------+---------+
12 rows in set (0.00 sec)
```

结果数据先按照t_stock字段进行升序排列，当t_stock字段相同时，按照id字段进行降序排列。

注意：直接使用ORDER BY语句后面跟上字段名称时，默认按照字段的数据进行升序排列。

13.3.12 GROUP BY语句

MySQL支持按照某个字段或者多个字段进行分组，并使用GROUP BY语句实现对结果数据的分组处理，语法格式如下：

```
SELECT * | column1 [,column2, ... ,columnn] FROM table_name
[WHERE condition] GROUP BY column
```

GROUP BY 语句通常和 COUNT()、MAX()、MIN()、SUM()及 AVG()函数一起使用。例如，对 t_goods 数据表中的数据按照商品类别进行分组，并查询每组类别中的商品数量。

```
mysql> SELECT t_category_id, COUNT(*)
    -> FROM t_goods
    -> GROUP BY t_category_id;
+---------------+----------+
| t_category_id | COUNT(*) |
+---------------+----------+
|             1 |        6 |
|             2 |        6 |
+---------------+----------+
2 rows in set (0.00 sec)
```

每个商品类别中包含 6 个商品。

可以使用 GROUP_CONCAT()函数结合 GROUP BY 分组，将每个商品分类中的商品名称显示出来。

```
mysql> SELECT t_category_id, GROUP_CONCAT(t_name)
    -> FROM t_goods
    -> GROUP BY t_category_id;
+---------------+----------------------------------------------------+
| t_category_id | GROUP_CONCAT(t_name)                               |
+---------------+----------------------------------------------------+
|       1       | T恤,连衣裙,卫衣,牛仔裤,百褶裙,呢绒外套              |
|       2       | 自行车,山地自行车,登山杖,骑行装备,户外运动外套,滑板 |
+---------------+----------------------------------------------------+
2 rows in set (0.00 sec)
```

由结果数据可以看出，使用 GROUP_CONCAT()函数结合 GROUP BY 分组能够将每个商品类别中的商品名称拼接到一起显示出来。

GROUP BY 语句还支持对多个字段进行分组。例如，查询 t_goods 数据表中的数据，并按照 t_category_id 字段和 t_name 字段进行分组。

```
mysql> SELECT t_category_id, t_name
    -> FROM t_goods
    -> GROUP BY t_category_id, t_name;
+---------------+--------------+
| t_category_id | t_name       |
+---------------+--------------+
|             1 | T恤          |
|             1 | 连衣裙       |
|             1 | 卫衣         |
|             1 | 牛仔裤       |
|             1 | 百褶裙       |
|             1 | 呢绒外套     |
|             2 | 自行车       |
|             2 | 山地自行车   |
|             2 | 登山杖       |
|             2 | 骑行装备     |
|             2 | 户外运动外套 |
|             2 | 滑板         |
+---------------+--------------+
12 rows in set (0.00 sec)
```

13.3.13　HAVING 语句

HAVING 语句主要对 GROUP BY 语句进行条件限制，在使用 GROUP BY 语句对查询数据进行分组时，只有满足 HAVING 条件的分组数据才会被显示。

例如，按照商品类别对 t_goods 数据表中的数据进行分组，并且显示总价格大于 1000 的分组数据。

```
mysql> SELECT t_category_id, GROUP_CONCAT(t_name)
    -> FROM t_goods
    -> GROUP BY t_category_id
    -> HAVING SUM(t_price) > 1000;
+---------------+------------------------------------------------+
| t_category_id | GROUP_CONCAT(t_name)                           |
+---------------+------------------------------------------------+
|             2 | 自行车,山地自行车,登山杖,骑行装备,户外运动外套,滑板|
+---------------+------------------------------------------------+
1 row in set (0.00 sec)
```

结果显示，满足 HAVING 条件的分组只有一个。

13.3.14　WITH ROLLUP 语句

WITH ROLLUP 语句通常在 GROUP BY 语句中使用，在 GROUP BY 语句中添加 WITH ROLLUP 语句后会在查询出的分组记录的最后显示一条记录，显示本次查询出的所有记录的总和信息。

例如，查询 t_goods 数据表中的数据，并按照 t_category_id 字段分组，同时显示查询出的结果记录的总和信息。

```
mysql> SELECT t_category_id, COUNT(*)
    -> FROM t_goods
    -> GROUP BY t_category_id
    -> WITH ROLLUP;
+---------------+----------+
| t_category_id | COUNT(*) |
+---------------+----------+
|             1 |        6 |
|             2 |        6 |
|          NULL |       12 |
+---------------+----------+
3 rows in set (0.00 sec)
```

由结果显示可以看出，最后一行 COUNT(*)列的值是上面所有记录数值的总和。

13.3.15　对数据同时进行分组与排序

MySQL 支持对数据进行分组的同时对数据进行排序操作，可以通过 GROUP BY 语句与

ORDER BY 语句一起使用来实现这个效果。

例如，查询 t_goods 数据表中的数据，按照 t_category_id 字段分组，并按照 t_category_id 字段进行降序排列。

```
mysql> SELECT t_category_id, GROUP_CONCAT(t_name)
    -> FROM t_goods
    -> GROUP BY t_category_id
    -> ORDER BY t_category_id DESC;
+---------------+---------------------------------------------------+
| t_category_id | GROUP_CONCAT(t_name)                              |
+---------------+---------------------------------------------------+
|             2 | 滑板,户外运动外套,骑行装备,登山杖,山地自行车,自行车|
|             1 | 呢绒外套,百褶裙,牛仔裤,卫衣,连衣裙,T 恤           |
+---------------+---------------------------------------------------+
2 rows in set (0.00 sec)
```

注意：在 GROUP BY 语句中，不能同时使用 WITH ROLLUP 语句和 ORDER BY 语句。

例如，分组查询 t_goods 数据表中的数据，并同时使用 WITH ROLLUP 语句和 ORDER BY 语句。

```
mysql> SELECT t_category_id, GROUP_CONCAT(t_name)
    -> FROM t_goods
    -> GROUP BY t_category_id
    -> ORDER BY t_category_id DESC
    -> WITH ROLLUP;
ERROR 1064 (42000): You have an error in your SQL syntax; check the manual that corresponds to your MySQL
server version for the right syntax to use near 'WITH ROLLUP' at line 5
```

可以看到，在 GROUP BY 语句中同时使用 ORDER BY 语句和 WITH ROLLUP 语句，MySQL 会抛出错误信息。

13.3.16　LIMIT 语句

LIMIT 语句可以限制返回结果的记录行数，也可以实现分页查询。语法格式如下：

```
LIMIT [m], n
```

语法格式说明如下：

- m：表示从哪一行开始显示，可以省略。如果省略，则表示从数据表的第一行开始显示。
- n：表示返回结果数据的行数。

例如，查询 t_goods 数据表中的前 3 行数据。

```
mysql> SELECT id, t_category, t_name, t_price, t_stock
    -> FROM t_goods
    -> LIMIT 3;
+----+---------------+-----------+---------+---------+
| id | t_category    | t_name    | t_price | t_stock |
+----+---------------+-----------+---------+---------+
```

```
|  1 | 女装/女士精品  | T恤        |   39.90 |    1000 |
|  2 | 女装/女士精品  | 连衣裙      |   79.90 |    2500 |
|  3 | 女装/女士精品  | 卫衣        |   79.90 |    1500 |
+----+---------------+------------+---------+---------+
3 rows in set (0.00 sec)
```

查询 t_goods 数据表中从第 6 条数据开始，行数为 4 的记录。

```
mysql> SELECT id, t_category, t_name, t_price, t_stock
    -> FROM t_goods
    -> LIMIT 6, 4;
+----+---------------+------------+---------+---------+
| id | t_category    | t_name     | t_price | t_stock |
+----+---------------+------------+---------+---------+
|  7 | 户外运动       | 自行车      |  399.90 |    1000 |
|  8 | 户外运动       | 山地自行车  | 1399.90 |    2500 |
|  9 | 户外运动       | 登山杖      |   59.90 |    1500 |
| 10 | 户外运动       | 骑行装备    |  399.90 |    3500 |
+----+---------------+------------+---------+---------+
4 rows in set (0.00 sec)
```

注意：如果明确指定开始记录，查询表中的第一行数据时使用 LIMIT 0, 1，而不是 LIMIT 1, 1。另外，LIMIT m, n 执行的效果与 LIMIT n OFFSET m 执行的效果相同。

查询 t_goods 数据表中从第 6 条数据开始，且行数为 4 的记录，也可以使用如下 SQL 语句执行：

```
mysql> SELECT id, t_category, t_name, t_price, t_stock
    -> FROM t_goods
    -> LIMIT 4 OFFSET 6;
+----+---------------+------------+---------+---------+
| id | t_category    | t_name     | t_price | t_stock |
+----+---------------+------------+---------+---------+
|  7 | 户外运动       | 自行车      |  399.90 |    1000 |
|  8 | 户外运动       | 山地自行车  | 1399.90 |    2500 |
|  9 | 户外运动       | 登山杖      |   59.90 |    1500 |
| 10 | 户外运动       | 骑行装备    |  399.90 |    3500 |
+----+---------------+------------+---------+---------+
4 rows in set (0.00 sec)
```

13.4　数据聚合查询

MySQL 支持查询数据的同时对数据进行聚合和统计，能够实现查询数据的总行数、某列数据的总和、最小值、最大值和平均值。

13.4.1　查询数据的总行数

MySQL 中可以使用 COUNT()函数实现查询数据的总行数。当使用 COUNT()函数查询数据时，有如下两种使用方法。

- COUNT(*)：计算数据表中数据的总行数，包括数据表中某列数据为空值的行。
- COUNT(column)：COUNT()函数参数为数据表中的某一个字段名称，计算指定列的总行数，当此列数据为空值时，MySQL 将忽略此列的空值记录进行统计。

例如，查询 t_goods 数据表中的总行数。

```
mysql> SELECT COUNT(*) FROM t_goods;
+----------+
| COUNT(*) |
+----------+
|       12 |
+----------+
1 row in set (0.06 sec)
```

也可以使用如下 SQL 语句查询 t_goods 数据表中的记录数。

```
mysql> SELECT COUNT(id) FROM t_goods;
+-----------+
| COUNT(id) |
+-----------+
|        12 |
+-----------+
1 row in set (0.00 sec)
```

前面章节中介绍过 COUNT()函数可以和 GROUP BY 语句一起使用，统计某个分组下的数据总记录数。例如，统计 t_goods 数据表中每个商品类别下的商品数量。

```
mysql> SELECT t_category_id, COUNT(*)
    -> FROM t_goods
    -> GROUP BY t_category_id;
+---------------+----------+
| t_category_id | COUNT(*) |
+---------------+----------+
|             1 |        6 |
|             2 |        6 |
+---------------+----------+
2 rows in set (0.00 sec)
```

13.4.2 查询某列数据的总和

MySQL 中使用 SUM()函数实现查询数据表中某列数据的总和。例如，查询 t_goods 数据表中所有商品的总价格。

```
mysql> SELECT SUM(t_price) FROM t_goods;
+--------------+
| SUM(t_price) |
+--------------+
|      4278.80 |
+--------------+
1 row in set (0.00 sec)
```

SUM()函数也可以和 GROUP BY 语句一起使用，用来统计每个分组下的某列数据的总和。例如，统计t_goods数据表中每个商品类别下的所有商品的总价格。

```
mysql> SELECT t_category_id, SUM(t_price)
    -> FROM t_goods
    -> GROUP BY t_category_id;
+---------------+--------------+
| t_category_id | SUM(t_price) |
+---------------+--------------+
|             1 |       719.40 |
|             2 |      3559.40 |
+---------------+--------------+
2 rows in set (0.00 sec)
```

13.4.3 查询某列数据的最小值

可以使用MIN()函数实现查询数据表中某列数据的最小值。例如，查询t_goods数据表中商品价格的最小值。

```
mysql> SELECT MIN(t_price) FROM t_goods;
+--------------+
| MIN(t_price) |
+--------------+
|        29.90 |
+--------------+
1 row in set (0.01 sec)
```

MIN()函数也可以和GROUP BY语句一起使用，用来查询数据表中每个分组下的某列数据的最小值。例如，查询t_goods数据表中每个商品类别下商品价格的最小值。

```
mysql> SELECT t_category_id, MIN(t_price)
    -> FROM t_goods
    -> GROUP BY t_category_id;
+---------------+--------------+
| t_category_id | MIN(t_price) |
+---------------+--------------+
|             1 |        29.90 |
|             2 |        59.90 |
+---------------+--------------+
2 rows in set (0.00 sec)
```

13.4.4 查询某列数据的最大值

MAX()函数能够实现查询数据表中某列数据的最大值。例如，查询t_goods数据表中商品价格的最大值。

```
mysql> SELECT MAX(t_price) FROM t_goods;
+--------------+
| MAX(t_price) |
+--------------+
|      1399.90 |
+--------------+
1 row in set (0.00 sec)
```

MAX()函数同样可以和 GROUP BY 语句一起使用，用来查询数据表中某个分组下的某列数据的最大值。例如，查询 t_goods 数据表中每个商品类别分组下的商品价格的最大值。

```
mysql> SELECT t_category_id, MAX(t_price)
    -> FROM t_goods
    -> GROUP BY t_category_id;
+---------------+--------------+
| t_category_id | MAX(t_price) |
+---------------+--------------+
|             1 |       399.90 |
|             2 |      1399.90 |
+---------------+--------------+
2 rows in set (0.00 sec)
```

13.4.5　查询某列数据的平均值

MySQL 中可以使用 AVG()函数实现查询数据表中某列数据的平均值。例如，查询 t_goods 数据表中商品价格的平均值。

```
mysql> SELECT AVG(t_price) FROM t_goods;
+--------------+
| AVG(t_price) |
+--------------+
|   356.566667 |
+--------------+
1 row in set (0.00 sec)
```

与其他数据聚合查询函数一样，AVG()函数也可以和 GROUP BY 语句一起使用，用来查询数据表中某个分组下的某列数据的平均值。例如，查询 t_goods 数据表中每个商品类别下的商品价格的平均值。

```
mysql> SELECT t_category_id, AVG(t_price)
    -> FROM t_goods
    -> GROUP BY t_category_id;
+---------------+--------------+
| t_category_id | AVG(t_price) |
+---------------+--------------+
|             1 |   119.900000 |
|             2 |   593.233333 |
+---------------+--------------+
2 rows in set (0.00 sec)
```

查询某列数据的平均值也可以使用 SUM()函数和 COUNT()函数来实现。例如，使用 SUM()函数和 COUNT()函数实现查询 t_goods 数据表中商品价格的平均值。

```
mysql> SELECT SUM(t_price) / COUNT(t_price) FROM t_goods;
+-------------------------------+
| SUM(t_price) / COUNT(t_price) |
+-------------------------------+
|                    356.566667 |
+-------------------------------+
1 row in set (0.00 sec)
```

结果显示与使用 AVG()函数统计的商品价格的平均值相同。

13.5　JOIN 语句

MySQL 中的 JOIN 语句为各种连接查询，主要用来连接 MySQL 中的两个表或多个表，实现两个表或多个表之间的连接查询。

13.5.1　INNER JOIN 语句

INNER JOIN 语句也叫作内连接语句，能够返回与连接条件相匹配的两个表或多个表中的数据。在内连接查询语句中，只有满足连接条件的数据记录才能被返回。

INNER JOIN 语句的语法格式如下：

```
SELECT table1.column, table2.column
FROM table1 INNER JOIN table2
ON table1.col = table2.col
```

例如，使用 INNER JOIN 语句查询 t_goods_category 数据表中的商品类别名称，查询 t_goods 数据表中的商品名称。

```
mysql> SELECT category.t_category, goods.t_name
    -> FROM t_goods_category category
    -> INNER JOIN t_goods goods
    -> ON category.id = goods.t_category_id;
+----------------+-------------+
| t_category     | t_name      |
+----------------+-------------+
| 女装/女士精品  | T恤         |
| 女装/女士精品  | 连衣裙      |
| 女装/女士精品  | 卫衣        |
| 女装/女士精品  | 牛仔裤      |
| 女装/女士精品  | 百褶裙      |
| 女装/女士精品  | 呢绒外套    |
| 户外运动       | 自行车      |
| 户外运动       | 山地自行车  |
| 户外运动       | 登山杖      |
| 户外运动       | 骑行装备    |
| 户外运动       | 户外运动外套 |
| 户外运动       | 滑板        |
+----------------+-------------+
12 rows in set (0.00 sec)
```

在使用连接查询时，在逻辑上连接的两张表在物理存储上可以是同一张表。例如，使用内连接查询 t_goods 数据表中的数据。

```
mysql> SELECT DISTINCT goods1.t_category, goods2.t_name
    -> FROM t_goods goods1
    -> INNER JOIN t_goods goods2
```

```
    -> ON goods1.t_category_id = goods2.t_category_id;
+----------------+-------------+
| t_category     | t_name      |
+----------------+-------------+
| 女装/女士精品  | T恤         |
| 女装/女士精品  | 连衣裙      |
| 女装/女士精品  | 卫衣        |
| 女装/女士精品  | 牛仔裤      |
| 女装/女士精品  | 百褶裙      |
| 女装/女士精品  | 呢绒外套    |
| 户外运动       | 自行车      |
| 户外运动       | 山地自行车  |
| 户外运动       | 登山杖      |
| 户外运动       | 骑行装备    |
| 户外运动       | 户外运动外套|
| 户外运动       | 滑板        |
+----------------+-------------+
12 rows in set (0.00 sec)
```

13.5.2　LEFT JOIN 语句

LEFT JOIN 语句又称为左连接语句，返回左表中的所有记录和右表中符合查询条件的记录。如果左表的某行记录在右表中没有对应的行，则当前结果行中有关右表的字段会返回 NULL。

LEFT JOIN 语句的语法格式如下：

```
SELECT table1.column, table2.column
FROM table1 LEFT JOIN table2
ON table1.col = table2.col
```

向 t_goods_category 数据表中插入两条数据。

```
mysql> INSERT INTO t_goods_category
    -> (id, t_category)
    -> VALUES
    -> (3, '男装'),
    -> (4, '童装');
Query OK, 2 rows affected (0.00 sec)
Records: 2  Duplicates: 0  Warnings: 0
```

使用 LEFT JOIN 语句查询 t_goods 和 t_goods_category 表中的数据：

```
mysql> SELECT category.t_category, goods.t_name
    -> FROM t_goods_category category
    -> LEFT JOIN t_goods goods
    -> ON category.id = goods.t_category_id;
+----------------+-------------+
| t_category     | t_name      |
+----------------+-------------+
| 女装/女士精品  | T恤         |
| 女装/女士精品  | 连衣裙      |
| 女装/女士精品  | 卫衣        |
| 女装/女士精品  | 牛仔裤      |
```

```
| 女装/女士精品   | 百褶裙       |
| 女装/女士精品   | 呢绒外套     |
| 户外运动        | 自行车       |
| 户外运动        | 山地自行车   |
| 户外运动        | 登山杖       |
| 户外运动        | 骑行装备     |
| 户外运动        | 户外运动外套 |
| 户外运动        | 滑板         |
| 男装            | NULL         |
| 童装            | NULL         |
+---------------+-------------+
14 rows in set (0.00 sec)
```

13.5.3　RIGHT JOIN 语句

RIGHT JOIN 语句又称为右连接语句，返回右表中所有的数据记录和左表中符合条件的数据记录。如果右表中的某行记录在左表中没有对应的行，则当前结果行中有关左表的字段会返回 NULL。

RIGHT JOIN 语句的语法格式如下：

```
SELECT table1.column, table2.column
FROM table1 RIGHT JOIN table2
ON table1.col = table2.col
```

向 t_goods 数据表中插入两条数据。

```
mysql> INSERT INTO t_goods
    -> (id, t_category_id, t_category, t_name, t_price, t_stock, t_upper_time)
    -> VALUES
    -> (13, 5, '水果', '葡萄', '49.90', '500', '2020-11-10 00:00:00'),
    -> (14, 5, '水果', '香蕉', '39.90', '1200', '2020-11-10 00:00:00');
Query OK, 2 rows affected (0.01 sec)
Records: 2  Duplicates: 0  Warnings: 0
```

使用 RIGHT JOIN 语句查询 t_goods 和 t_goods_category 表中的数据。

```
mysql> SELECT category.t_category, goods.t_name
    -> FROM t_goods_category category
    -> RIGHT JOIN t_goods goods
    -> ON category.id = goods.t_category_id;
+---------------+-------------+
| t_category    | t_name      |
+---------------+-------------+
| 女装/女士精品   | T恤         |
| 女装/女士精品   | 连衣裙       |
| 女装/女士精品   | 卫衣         |
| 女装/女士精品   | 牛仔裤       |
| 女装/女士精品   | 百褶裙       |
| 女装/女士精品   | 呢绒外套     |
| 户外运动        | 自行车       |
| 户外运动        | 山地自行车   |
| 户外运动        | 登山杖       |
| 户外运动        | 骑行装备     |
```

```
| 户外运动        | 户外运动外套 |
| 户外运动        | 滑板         |
| NULL            | 葡萄         |
| NULL            | 香蕉         |
+----------------+-------------+
14 rows in set (0.00 sec)
```

13.5.4　CROSS JOIN 语句

CROSS JOIN 语句又称为交叉连接，当没有使用连接条件时，使用 CROSS JOIN 语句连接的两张表，每张表中的每行数据都会与另一张表中的所有数据进行连接。当使用连接条件时，会输出符合连接条件的结果数据。

CROSS JOIN 语句的语法格式如下：

```
SELECT table1.column, table2.column
FROM table1 CROSS JOIN table2
ON table1.col = table2.col
```

使用 CROSS JOIN 语句查询 t_goods 和 t_goods_category 表中的数据。

```
mysql> SELECT category.t_category, goods.t_name
    -> FROM t_goods_category category
    -> CROSS JOIN t_goods goods
    -> ON category.id = goods.t_category_id;
+----------------+-------------+
| t_category     | t_name      |
+----------------+-------------+
| 女装/女士精品   | T 恤        |
| 女装/女士精品   | 连衣裙      |
| 女装/女士精品   | 卫衣        |
| 女装/女士精品   | 牛仔裤      |
| 女装/女士精品   | 百褶裙      |
| 女装/女士精品   | 呢绒外套    |
| 户外运动        | 自行车      |
| 户外运动        | 山地自行车  |
| 户外运动        | 登山杖      |
| 户外运动        | 骑行装备    |
| 户外运动        | 户外运动外套 |
| 户外运动        | 滑板        |
+----------------+-------------+
12 rows in set (0.00 sec)
```

13.5.5　使用复合连接条件查询数据

MySQL 中的 JOIN 语句支持使用多个连接条件查询数据，语句格式如下：

```
SELECT table1.column, table2.column
FROM table1 INNER | LEFT | RIGHT | CROSS JOIN table2
ON table1.col = table2.col
AND table1.col = value1
[AND table2.col = value2 ....]
```

例如，使用 LEFT JOIN 语句查询 t_goods 和 t_goods_category 表中商品类别 id 为 1 的数据：

```
mysql> SELECT category.t_category, goods.t_name
    -> FROM t_goods_category category
    -> LEFT JOIN t_goods goods
    -> ON category.id = goods.t_category_id
    -> AND category.id  = 1;
+----------------+-------------+
| t_category     | t_name      |
+----------------+-------------+
| 女装/女士精品  | T恤         |
| 女装/女士精品  | 连衣裙      |
| 女装/女士精品  | 卫衣        |
| 女装/女士精品  | 牛仔裤      |
| 女装/女士精品  | 百褶裙      |
| 女装/女士精品  | 呢绒外套    |
| 户外运动       | NULL        |
| 男装           | NULL        |
| 童装           | NULL        |
+----------------+-------------+
9 rows in set (0.00 sec)
```

注意：其他 JOIN 语句的复合条件查询与 LEFT JOIN 语句相同，不再赘述。

13.6　子查询语句

MySQL 支持将一个查询语句嵌套在另一个查询语句中，嵌套在另一个查询语句中的 SQL 语句就是子查询语句。子查询语句可以添加到 SELECT、UPDATE 和 DELETE 语句中，常用的操作符包括 ANY、SOME、ALL、EXISTS、NOT EXISTS、IN 和 NOT IN 等。

13.6.1　ANY 子查询

ANY 关键字表示如果与子查询返回的任何值相匹配，则返回 TRUE，否则返回 FALSE。

例如，查询 t_goods 数据表中 t_category_id 字段值大于 t_goods_category 数据表中任意一个 id 字段值的数据。

```
mysql> SELECT id, t_category_id, t_category, t_name, t_price
    -> FROM t_goods
    -> WHERE t_category_id > ANY (SELECT id FROM t_goods_category);
+----+---------------+---------------+------------+---------+
| id | t_category_id | t_category    | t_name     | t_price |
+----+---------------+---------------+------------+---------+
|  7 |             2 | 户外运动      | 自行车     |  399.90 |
|  8 |             2 | 户外运动      | 山地自行车 | 1399.90 |
|  9 |             2 | 户外运动      | 登山杖     |   59.90 |
| 10 |             2 | 户外运动      | 骑行装备   |  399.90 |
```

```
| 11 |              2 | 户外运动        | 运动外套     |  799.90 |
| 12 |              2 | 户外运动        | 滑板         |  499.90 |
| 13 |              5 | 水果            | 葡萄         |   49.90 |
| 14 |              5 | 水果            | 香蕉         |   39.90 |
+----+---------------+----------------+------------+---------+
8 rows in set (0.00 sec)
```

注意：SOME 子查询的作用与 ANY 子查询的作用相同，不再赘述。

13.6.2 ALL 子查询

ALL 关键字表示如果同时满足所有子查询的条件，则返回 TRUE，否则返回 FALSE。

例如，查询 t_goods 数据表中 t_category_id 字段值大于 t_goods_category 数据表中所有 id 字段值的数据。

```
mysql> SELECT id, t_category_id, t_category, t_name, t_price
    -> FROM t_goods
    -> WHERE t_category_id > ALL (SELECT id FROM t_goods_category);
+----+---------------+----------------+------------+---------+
| id | t_category_id | t_category     | t_name     | t_price |
+----+---------------+----------------+------------+---------+
| 13 |             5 | 水果           | 葡萄       |   49.90 |
| 14 |             5 | 水果           | 香蕉       |   39.90 |
+----+---------------+----------------+------------+---------+
2 rows in set (0.00 sec)
```

13.6.3 EXISTS 子查询

EXISTS 关键字表示如果存在某种条件，则返回 TRUE，否则返回 FALSE。

例如，查询 t_goods_category 数据表中是否存在 id 为 1 的数据，如果存在，则查询 t_goods 数据表中 t_category_id 为 1 的数据。

```
mysql> SELECT id, t_category_id, t_category, t_name, t_price
    -> FROM t_goods
    -> WHERE EXISTS (
    -> SELECT t_category
    -> FROM t_goods_category
    -> WHERE id = 1
    -> )
    -> AND t_category_id = 1;
+----+---------------+----------------+------------+---------+
| id | t_category_id | t_category     | t_name     | t_price |
+----+---------------+----------------+------------+---------+
|  1 |             1 | 女装/女士精品  | T恤        |   39.90 |
|  2 |             1 | 女装/女士精品  | 连衣裙     |   79.90 |
|  3 |             1 | 女装/女士精品  | 卫衣       |   79.90 |
|  4 |             1 | 女装/女士精品  | 牛仔裤     |   89.90 |
|  5 |             1 | 女装/女士精品  | 百褶裙     |   29.90 |
|  6 |             1 | 女装/女士精品  | 呢绒外套   |  399.90 |
+----+---------------+----------------+------------+---------+
```

```
6 rows in set (0.00 sec)
```

13.6.4 NOT EXISTS 子查询

NOT EXISTS 关键字表示如果不存在某种条件，则返回 TRUE，否则返回 FALSE。

例如，查询 t_goods_category 数据表中是否不存在 id 为 5 的数据，如果不存在，则查询 t_goods 数据表中 t_category_id 为 2 的数据。

```
mysql> SELECT id, t_category_id, t_category, t_name, t_price
    -> FROM t_goods
    -> WHERE NOT EXISTS (
    -> SELECT t_category
    -> FROM t_goods_category
    -> WHERE id = 5
    -> )
    -> AND t_category_id = 2;
+----+---------------+----------------+------------+---------+
| id | t_category_id | t_category     | t_name     | t_price |
+----+---------------+----------------+------------+---------+
|  7 |             2 | 户外运动       | 自行车     |  399.90 |
|  8 |             2 | 户外运动       | 山地自行车 | 1399.90 |
|  9 |             2 | 户外运动       | 登山杖     |   59.90 |
| 10 |             2 | 户外运动       | 骑行装备   |  399.90 |
| 11 |             2 | 户外运动       | 运动外套   |  799.90 |
| 12 |             2 | 户外运动       | 滑板       |  499.90 |
+----+---------------+----------------+------------+---------+
6 rows in set (0.00 sec)
```

13.6.5 IN 子查询

IN 关键字表示如果比较的数据在 IN 列表中，则返回 TRUE，否则返回 FALSE。

例如，查询 t_goods_category 数据表中名称为“女装/女士精品”的 id 数据，并根据查询出的 id 数据查询 t_goods 数据表中的数据。

```
mysql> SELECT id, t_category_id, t_category, t_name, t_price
    -> FROM t_goods
    -> WHERE t_category_id IN (
    -> SELECT id
    -> FROM t_goods_category
    -> WHERE t_category = '女装/女士精品'
    -> );
+----+---------------+----------------+------------+---------+
| id | t_category_id | t_category     | t_name     | t_price |
+----+---------------+----------------+------------+---------+
|  1 |             1 | 女装/女士精品  | T恤        |   39.90 |
|  2 |             1 | 女装/女士精品  | 连衣裙     |   79.90 |
|  3 |             1 | 女装/女士精品  | 卫衣       |   79.90 |
|  4 |             1 | 女装/女士精品  | 牛仔裤     |   89.90 |
|  5 |             1 | 女装/女士精品  | 百褶裙     |   29.90 |
|  6 |             1 | 女装/女士精品  | 呢绒外套   |  399.90 |
```

```
+----+---------------+----------------+------------+---------+
6 rows in set (0.00 sec)
```

13.6.6 NOT IN 子查询

NOT IN 关键字表示如果比较的数据不在 IN 列表中，则返回 TRUE，否则返回 FALSE。

例如，查询 t_goods_category 数据表中名称为“女装/女士精品”的 id 数据，并查询 t_goods 数据表中不在 id 列表中的数据。

```
mysql> SELECT id, t_category_id, t_category, t_name, t_price
    -> FROM t_goods
    -> WHERE t_category_id NOT IN (
    -> SELECT id
    -> FROM t_goods_category
    -> WHERE t_category = '女装/女士精品'
    -> );
+----+---------------+----------------+------------+---------+
| id | t_category_id | t_category     | t_name     | t_price |
+----+---------------+----------------+------------+---------+
|  7 |             2 | 户外运动       | 自行车     |  399.90 |
|  8 |             2 | 户外运动       | 山地自行车 | 1399.90 |
|  9 |             2 | 户外运动       | 登山杖     |   59.90 |
| 10 |             2 | 户外运动       | 骑行装备   |  399.90 |
| 11 |             2 | 户外运动       | 运动外套   |  799.90 |
| 12 |             2 | 户外运动       | 滑板       |  499.90 |
| 13 |             5 | 水果           | 葡萄       |   49.90 |
| 14 |             5 | 水果           | 香蕉       |   39.90 |
+----+---------------+----------------+------------+---------+
8 rows in set (0.00 sec)
```

13.6.7 子查询作为结果字段

MySQL 支持使用子查询的结果数据作为最终查询结果的某一列数据。

例如，查询 t_goods_category 数据表中的数据，并统计每个商品类别下的商品数量。

```
mysql> SELECT category.id, category.t_category,
    -> (SELECT COUNT(*)
    -> FROM t_goods goods
    -> WHERE goods.t_category_id = category.id)
    -> AS goods_count
    -> FROM t_goods_category category;
+------+---------------------+-------------+
| id   | t_category          | goods_count |
+------+---------------------+-------------+
|    1 | 女装/女士精品       |           6 |
|    2 | 户外运动            |           6 |
|    3 | 男装                |           0 |
|    4 | 童装                |           0 |
+------+---------------------+-------------+
4 rows in set (0.00 sec)
```

可以看到，使用子查询统计 t_goods_category 数据表中每个商品类别下的商品数量，并作为最终结果的 goods_count 字段的数据进行输出。

13.7 UNION 联合语句

UNION 语句可以对使用多个 SELECT 语句查询出的结果数据进行合并，合并查询结果数据时，要求每个 SELECT 语句查询出的数据的列数和数据类型必须相同，并且相互对应。

UNION 语句的语法格式如下：

```
SELECT col1 [,col2, ... , coln] FROM table1
UNION [ALL]
SELECT col1 [,col2, ... , coln] FROM table2
```

其中，ALL 关键字可以省略，当省略 ALL 关键字时，会删除重复的记录，返回的每行数据都是唯一的。当使用 ALL 关键字时，结果数据中会包含重复的数据记录。

13.7.1 UNION 语句

使用 UNION 语句查询 t_goods 数据表中价格小于 79.90 元且 t_category_id 字段的数据等于 1 的所有数据。

```
mysql> SELECT id, t_category_id, t_category, t_name, t_price
    -> FROM t_goods
    -> WHERE t_price < 79.90
    -> UNION
    -> SELECT id, t_category_id, t_category, t_name, t_price
    -> FROM t_goods
    -> WHERE t_category_id = 1;
+----+---------------+---------------------+-------------+---------+
| id | t_category_id | t_category          | t_name      | t_price |
+----+---------------+---------------------+-------------+---------+
|  1 |             1 | 女装/女士精品       | T恤         |   39.90 |
|  5 |             1 | 女装/女士精品       | 百褶裙      |   29.90 |
|  9 |             2 | 户外运动            | 登山杖      |   59.90 |
| 13 |             5 | 水果                | 葡萄        |   49.90 |
| 14 |             5 | 水果                | 香蕉        |   39.90 |
|  2 |             1 | 女装/女士精品       | 连衣裙      |   79.90 |
|  3 |             1 | 女装/女士精品       | 卫衣        |   79.90 |
|  4 |             1 | 女装/女士精品       | 牛仔裤      |   89.90 |
|  6 |             1 | 女装/女士精品       | 呢绒外套    |  399.90 |
+----+---------------+---------------------+-------------+---------+
9 rows in set (0.00 sec)
```

从输出结果可以看出，使用 UNION 合并查询结果时不存在重复的数据记录。

13.7.2　UNION ALL 语句

使用 UNION ALL 语句查询 t_goods 数据表中价格小于 79.90 元且 t_category_id 字段的数据等于 1 的所有数据。

```
mysql> SELECT id, t_category_id, t_category, t_name, t_price
    -> FROM t_goods
    -> WHERE t_price < 79.90
    -> UNION ALL
    -> SELECT id, t_category_id, t_category, t_name, t_price
    -> FROM t_goods
    -> WHERE t_category_id = 1;
+----+---------------+---------------------+--------------+---------+
| id | t_category_id | t_category          | t_name       | t_price |
+----+---------------+---------------------+--------------+---------+
|  1 |             1 | 女装/女士精品       | T恤          |   39.90 |
|  5 |             1 | 女装/女士精品       | 百褶裙       |   29.90 |
|  9 |             2 | 户外运动            | 登山杖       |   59.90 |
| 13 |             5 | 水果                | 葡萄         |   49.90 |
| 14 |             5 | 水果                | 香蕉         |   39.90 |
|  1 |             1 | 女装/女士精品       | T恤          |   39.90 |
|  2 |             1 | 女装/女士精品       | 连衣裙       |   79.90 |
|  3 |             1 | 女装/女士精品       | 卫衣         |   79.90 |
|  4 |             1 | 女装/女士精品       | 牛仔裤       |   89.90 |
|  5 |             1 | 女装/女士精品       | 百褶裙       |   29.90 |
|  6 |             1 | 女装/女士精品       | 呢绒外套     |  399.90 |
+----+---------------+---------------------+--------------+---------+
11 rows in set (0.00 sec)
```

可以看到，使用 UNION ALL 语句合并的结果数据并没有去重，存在重复记录，重复的记录是商品名称为“T 恤”和“百褶裙”的数据记录。

注意：执行 UNION ALL 语句时所需要的资源比 UNION 语句少。如果明确知道合并数据后的结果数据不存在重复数据，或者不需要去除重复的数据，则尽量使用 UNION ALL 语句，以提高数据查询的效率。

13.8　使用别名查询数据

MySQL 支持在查询数据时为字段名或表名指定别名，指定别名时可以使用 AS 关键字，也可以不使用。

13.8.1　为字段名指定别名

为字段名指定别名的语法格式如下：

```
SELECT column1 [AS] col1 [, column2 [AS] col2, … , columnn [AS] coln]
FROM table_name
```

其中，AS关键字可以省略。

查询t_goods数据表中t_category_id和t_category字段的数据。

```
mysql> SELECT t_category_id categoryId, t_category AS categoryName FROM t_goods;
+---------------+----------------+
| t_categoryId  | categoryName   |
+---------------+----------------+
|             1 | 女装/女士精品  |
|             1 | 女装/女士精品  |
|             1 | 女装/女士精品  |
|             1 | 女装/女士精品  |
|             1 | 女装/女士精品  |
|             1 | 女装/女士精品  |
|             2 | 户外运动       |
|             2 | 户外运动       |
|             2 | 户外运动       |
|             2 | 户外运动       |
|             2 | 户外运动       |
|             2 | 户外运动       |
+---------------+----------------+
12 rows in set (0.00 sec)
```

结果显示正确地查询出了数据。由此可见，使用AS关键字和不使用AS关键字都能为字段指定别名。当为字段指定别名时，查询的结果数据列表中的字段名称显示的是别名；否则显示的是字段名称。

13.8.2 为表名指定别名

为表名指定别名的语法格式如下：

```
SELECT * FROM table_name [AS] tableName
```

或者

```
SELECT column1 [, column2, … , columnn]
FROM table_name [AS] tableName
```

其中，AS关键字可以省略。

通过为数据表指定别名的方式查询t_goods数据表中t_name字段和t_stock字段的数据。

```
mysql> SELECT t_name, t_stock FROM t_goods goods;
+--------------+---------+
| t_name       | t_stock |
+--------------+---------+
| T恤          |    1000 |
| 连衣裙       |    2500 |
| 卫衣         |    1500 |
| 牛仔裤       |    3500 |
| 百褶裙       |     500 |
| 呢绒外套     |    1200 |
```

```
| 自行车       |    1000 |
| 山地自行车   |    2500 |
| 登山杖       |    1500 |
| 骑行装备     |    3500 |
| 户外运动外套 |     500 |
| 滑板         |    1200 |
+--------------+---------+
12 rows in set (0.00 sec)
```

13.8.3　同时为字段名和表名指定别名

同时为字段名和表名指定别名的语法格式如下：

```
SELECT column1 [AS] col1 [, column2 [AS] col2, … , columnn [AS] coln]
FROM table_name [AS] tableName
```

其中，AS 关键字可以省略。

查询 t_goods 数据表中 t_name 字段、t_price 字段和 t_upper_time 字段的数据。

```
mysql> SELECT
    -> t_name name, t_price AS price, t_upper_time upperTime
    -> FROM t_goods AS goods;
+-------------+---------+---------------------+
| name        | price   | uppertime           |
+-------------+---------+---------------------+
| T 恤        |   39.90 | 2020-11-10 00:00:00 |
| 连衣裙      |   79.90 | 2020-11-10 00:00:00 |
| 卫衣        |   79.90 | 2020-11-10 00:00:00 |
| 牛仔裤      |   89.90 | 2020-11-10 00:00:00 |
| 百褶裙      |   29.90 | 2020-11-10 00:00:00 |
| 呢绒外套    |  399.90 | 2020-11-10 00:00:00 |
| 自行车      |  399.90 | 2020-11-10 00:00:00 |
| 山地自行车  | 1399.90 | 2020-11-10 00:00:00 |
| 登山杖      |   59.90 | 2020-11-10 00:00:00 |
| 骑行装备    |  399.90 | 2020-11-10 00:00:00 |
| 户外运动外套 |  799.90 | 2020-11-10 00:00:00 |
| 滑板        |  499.90 | 2020-11-10 00:00:00 |
+-------------+---------+---------------------+
12 rows in set (0.00 sec)
```

注意：为字段或表指定别名，在多表关联查询时使用较多。

13.9　使用正则表达式查询数据

MySQL 中匹配正则表达式需要使用关键字 REGEXP，在 REGEXP 关键字后面跟上正则表达式的规则即可。因此，当需要使用正则表达式查询数据时，只需要在 WHERE 条件中使用 REGEXP 关键字匹配相应的正则表达式即可。

语法规则如下：

```
SELECT column_name1 [, column_name2, ... , column_namen]
FROM table_name
WHERE column REGEXP expr
```

- column_name1 [, column_name2, … , column_namen]：字段名列表。
- table_name：表名。
- expr：正则表达式规则。

例如，查询 t_goods 数据表中名称以“裙”字结尾的所有数据。

```
mysql> SELECT id, t_category_id, t_category, t_name, t_price
    -> FROM t_goods
    -> WHERE t_name REGEXP '裙$';
+----+---------------+-----------------+------------+---------+
| id | t_category_id | t_category      | t_name     | t_price |
+----+---------------+-----------------+------------+---------+
|  2 |             1 | 女装/女士精品   | 连衣裙     |   79.90 |
|  5 |             1 | 女装/女士精品   | 百褶裙     |   29.90 |
+----+---------------+-----------------+------------+---------+
2 rows in set (0.13 sec)
```

结果显示，存在两条符合条件的数据记录。

查询 t_goods 数据表中名称以“牛”开头的数据记录。

```
mysql> SELECT id, t_category_id, t_category, t_name, t_price
    -> FROM t_goods
    -> WHERE t_name REGEXP '^牛';
+----+---------------+-----------------+------------+---------+
| id | t_category_id | t_category      | t_name     | t_price |
+----+---------------+-----------------+------------+---------+
|  4 |             1 | 女装/女士精品   | 牛仔裤     |   89.90 |
+----+---------------+-----------------+------------+---------+
1 row in set (0.00 sec)
```

结果显示，只存在一条符合条件的数据记录。

注意：在 MySQL 中使用正则表达式匹配某种条件时，只需要在 WHERE 条件语句中使用 REGEXP 关键字指定需要匹配的正则表达式规则即可。有关正则表达式的知识，读者可以参考相关的学习资料，笔者不再赘述。

13.10 本章总结

本章主要对 MySQL 中的数据查询操作进行了系统介绍，主要包括 SELECT 查询语句、条件语句、数据聚合查询、JOIN 语句、子查询语句、UNION 语句、使用别名和正则表达式查询数据等。下一章将会对 MySQL 中的索引进行简单的介绍。

第 14 章　MySQL 索引

当数据表中的数据达到一定体量时，对于数据的查询操作会越来越慢，响应时间也会越来越长。此时，有一定经验的开发人员或数据库维护人员，就会想到为数据表添加索引来提高数据的查询性能。本节简单介绍如何在 MySQL 中进行索引操作。

本章涉及的知识点有：

- 索引简介；
- 索引的使用场景；
- 创建数据表时创建索引；
- 为已有数据表添加索引；
- 删除索引；
- 隐藏索引；
- 降序索引；
- 函数索引。

14.1　索引简介

数据库中的索引是一个排好序的数据结构，实际上索引记录了添加索引的列值与数据表中每行记录之间的一一对应关系。

举个通俗易懂的例子，索引就好比是一本书的目录，如果书籍没有编排目录，那么想要找到书籍中的某个知识点时，就只能逐页查看是否有自己想要的内容，这样就会花费大量的时间。如果为书籍编排好目录，那么只需要查看书籍的目录来定位某个知识点的页码，随后直接翻阅书籍中指定页码的内容即可，极大地节省了查找书籍内容的时间。数据库中的索引也是同样的道理。

14.1.1　MySQL 遍历表的方式

MySQL 通常以两种方式遍历数据表中的数据，分别是顺序遍历和索引遍历。

1. 顺序遍历

从数据表中的第一行数据开始，顺序扫描数据表中所有的数据，直到在数据表中找到匹配查询条件的目标数据。使用这种方式查询数据，数据量较小时无明显的性能问题。随着数据量越来越大，查询性能越来越低。当数据表中的数据达到百万级别甚至千万级别时，使用顺序遍历的方式查询数据，将会遍历数据表中的所有数据，花费的时间往往是不能容忍的。

2. 索引遍历

通过遍历索引找到索引后，根据索引直接定位到数据表中的记录行。使用索引遍历的前提就是需要在数据表中建立相应的索引，查询数据时，根据列上的索引定位数据记录行，能极大地提高数据查询的性能。

14.1.2　索引的优点与缺点

MySQL 中利用索引查询数据比没有使用索引查询数据有着明显的优势，但是索引也并不是没有缺点，本节就将 MySQL 中索引的优点与缺点总结如下。

1. 优点

- 所有的字段类型都可以添加索引。
- 可以为数据表中的一列或多列添加索引。
- 能够极大地提高数据的查询性能。
- 能够提高数据分组与排序的性能。

2. 缺点

- 索引本身需要占用一定的存储空间，如果大量地使用索引，则索引文件会占用大量的磁盘空间。
- 索引的创建与维护需要耗费一定的时间，随着数据量的不断增长，耗费的时间会越来越长。
- 对数据表中的数据进行增加、删除和修改操作时，MySQL 内部需要对索引进行动态维护，这也会消耗一定的维护时间。

14.1.3　索引的创建原则

在 MySQL 数据库中使用索引，虽然能够提高数据的查询性能，但是创建的索引并不是越多越好，而需要遵循一定的设计原则。

1. 尽量使用小的数据类型的列创建索引

数据类型越小，所占用的存储空间越小，不仅能够节省系统的存储空间，而且处理效率也会更高。例如，同样是整数类型，能够使用 TINYINT 类型时，就尽量不要使用 INT 类型。

2. 尽量使用简单的数据类型的列创建索引

处理简单的数据类型比复杂的数据类型，系统开销小，因为数据类型越复杂，执行数据的比较操作时采取的比较操作也就越复杂。例如，INT 类型与 VARCHAR 类型，INT 类型的数据互相比较时，使用比较运算符直接进行比较即可；而 VARCHAR 类型的数据互相比较时，需要将每个字符转化成对应的 ANSI 码，再进行比较。

3. 尽量不要在NULL值字段上创建索引

在 NULL 值字段上创建索引，会使索引、索引的统计信息和比较运算更加复杂。因此在创建数据表时，尽量不要使字段的默认值为 NULL，将字段设置为 NOT NULL，并赋予默认值。

14.2　索引的使用场景

在 MySQL 中，对于索引的使用有一定的适用场景。同样，并不是每个场景都适合使用索引。本节简单总结一下适合创建索引的场景和不适合创建索引的场景。

14.2.1　适合创建索引的场景

在 MySQL 的实际应用中，有一些使用场景适合在数据表中创建索引，总结如下：

- 必须为数据表中的主键和外键添加索引。
- 数据表中的数据达到一定量级时，应当为数据表适当添加索引。
- 与其他表进行关联的字段，并且经常进行关联查询时，应当为连接字段创建索引。
- 作为 WHERE 子句的条件判断字段，并且经常用来进行相等比较操作的字段，应当添加索引。
- 作为 ORDER BY 语句的字段，并且经常用来执行排序操作的字段，应当添加索引。
- 作为搜索一定范围内的字段，并且经常用来执行查询操作，应当添加索引。

注意：这里只是列举了几个适合为字段创建索引的典型场景，其他适合为字段创建索引的场景读者可自行总结，不再赘述。

14.2.2　不适合创建索引的场景

MySQL 中同样存在一些场景是不适合创建索引的，总结如下：

（1）在查询数据时很少使用的列或字段不适合创建索引。

（2）某个字段包含的数据很少，如标识用户性别的字段，不适合创建索引。

（3）大数据类型的字段，如定义为 TEXT、BLOB 和 BIT 等数据类型的字段，不适合创建索引。

（4）当在数据表中修改数据的性能远大于查询数据的性能时，不适合创建索引。

（5）查询数据时不会作为 WHERE 条件中的字段，并且不会作为 ORDER BY 语句和 GROUP BY 语句的字段，不适合创建索引。

注意：这里只列举了几个不适合创建索引的典型场景，其他不适合创建索引的场景，读者可自行总结，不再赘述。

14.3　创建数据表时创建索引

MySQL 支持在创建数据时创建索引，本节简单介绍一下 MySQL 中如何在创建数据的同时为字段创建索引。

14.3.1　语法格式

创建数据表时为字段创建索引的语法格式如下：

```
CREATE TABLE table_name
column_name1 data_type1 [, column_name2 data_type2, …, column_namen data_typen]
[PRIMARY | UNIQUE | FULLTEXT | SPATIAL] [INDEX | KEY]
[index_name] (column_name [length])
[ASC | DESC]
```

语法格式说明如下：

- CREATE TABLE：创建数据表语句。
- table_name：数据表名称。
- column_name1 data_type1 [, column_name2 data_type2, …, column_namen data_typen]：创建数据表时定义的字段列表。
- [PRIMARY | UNIQUE | FULLTEXT | SPATIAL]：索引的类型，分别表示唯一索引、全文索引和空间索引，创建数据表时，索引类型可以省略。
- [INDEX | KEY]：作用基本相同，指定在数据表中创建索引。

- [index_name]：创建的索引名称，名称可以省略。
- column_name：需要创建的索引列，可以是数据表中的单个列，也可以是数据表中的多个列。
- length：创建索引时，为索引指定的长度，参数可以省略。需要注意的是，只有字符串类型的字段才能为索引指定长度。
- [ASC | DESC]：指定以升序或者降序的方式来存储索引值，参数可省略。

14.3.2　创建普通索引

普通索引是所有索引类型中最基本的索引类型，没有唯一性等限制，能够加快数据的检索效率。

例如，创建名称为 t1 的数据表，t1 数据表中包含 id、t_name、t_birthday、t_department_id 和 t_create_time 等字段，为 t_department_id 创建普通索引。

```
mysql> CREATE TABLE t1 (
    -> id INT NOT NULL,
    -> t_name VARCHAR(30) NOT NULL DEFAULT '',
    -> t_birthday DATE,
    -> t_department_id INT NOT NULL DEFAULT 0,
    -> t_create_time DATETIME,
    -> INDEX department_id_index (t_department_id)
    -> );
Query OK, 0 rows affected (0.20 sec)
```

SQL 语句执行成功。创建索引后使用 SHOW CREATE TABLE 语句查看 t1 数据表的表结构。

```
mysql> SHOW CREATE TABLE t1 \G
*************************** 1. row ***************************
       Table: t1
Create Table: CREATE TABLE `t1` (
  `id` int(11) NOT NULL,
  `t_name` varchar(30) NOT NULL DEFAULT '',
  `t_birthday` date DEFAULT NULL,
  `t_department_id` int(11) NOT NULL DEFAULT '0',
  `t_create_time` datetime DEFAULT NULL,
  KEY `department_id_index` (`t_department_id`)
) ENGINE=InnoDB DEFAULT CHARSET=utf8mb4 COLLATE=utf8mb4_0900_ai_ci
1 row in set (0.16 sec)
```

可以看到，为 t_department_id 字段创建了一个名为 department_id_index 的索引。

当创建索引未指定索引名称时，MySQL 默认会以创建索引的字段名称来命名索引。例如，创建数据表 t2，t2 数据表的字段与 t1 数据表完全相同，在为字段 t_department_id 创建索引时，不指定索引的名称。

```
mysql> CREATE TABLE t2 (
    -> id INT NOT NULL,
    -> t_name VARCHAR(30) NOT NULL DEFAULT '',
```

```
    -> t_birthday DATE,
    -> t_department_id INT NOT NULL DEFAULT 0,
    -> t_create_time DATETIME,
    -> INDEX (t_department_id)
    -> );
Query OK, 0 rows affected (0.17 sec)
```

SQL 语句执行成功，查看 t2 数据表的表结构信息。

```
mysql> SHOW CREATE TABLE t2 \G
*************************** 1. row ***************************
       Table: t2
Create Table: CREATE TABLE `t2` (
  `id` int(11) NOT NULL,
  `t_name` varchar(30) NOT NULL DEFAULT '',
  `t_birthday` date DEFAULT NULL,
  `t_department_id` int(11) NOT NULL DEFAULT '0',
  `t_create_time` datetime DEFAULT NULL,
  KEY `t_department_id` (`t_department_id`)
) ENGINE=InnoDB DEFAULT CHARSET=utf8mb4 COLLATE=utf8mb4_0900_ai_ci
1 row in set (0.00 sec)
```

当没有为索引指定名称时，会使用字段的名称来命名索引。

14.3.3　创建唯一索引

创建唯一索引的列值必须唯一，但是允许值为空。如果创建的唯一索引中包含多个字段，也就是复合索引，则索引中包含的多个字段的值的组合必须唯一。

例如，创建名称为 t3 的数据表，并为其中的 t_id_card 字段创建唯一索引。

```
mysql> CREATE TABLE t3 (
    -> id INT NOT NULL,
    -> t_name VARCHAR(30) NOT NULL DEFAULT '',
    -> t_id_card VARCHAR(20),
    -> UNIQUE INDEX id_card_index (t_id_card)
    -> );
Query OK, 0 rows affected (0.16 sec)
```

SQL 语句执行成功，查看 t3 数据表的表结构信息。

```
mysql> SHOW CREATE TABLE t3 \G
*************************** 1. row ***************************
       Table: t3
Create Table: CREATE TABLE `t3` (
  `id` int(11) NOT NULL,
  `t_name` varchar(30) NOT NULL DEFAULT '',
  `t_id_card` varchar(20) DEFAULT NULL,
  UNIQUE KEY `id_card_index` (`t_id_card`)
) ENGINE=InnoDB DEFAULT CHARSET=utf8mb4 COLLATE=utf8mb4_0900_ai_ci
1 row in set (0.00 sec)
```

成功为 t3 数据表的 t_id_card 字段创建了一个名为 id_card_index 的唯一索引。

14.3.4　创建主键索引

主键索引是特殊类型的唯一索引，与唯一索引不同的是，主键索引不仅具有唯一性，而且不能为空，而唯一索引中的列的数据可能为空。

例如，创建数据表 t4，并为 t4 数据表中的 id 字段创建主键索引。

```
mysql> CREATE TABLE t4 (
    -> id INT NOT NULL PRIMARY KEY,
    -> t_name VARCHAR(30) NOT NULL DEFAULT ''
    -> );
Query OK, 0 rows affected (0.01 sec)
```

也可以使用如下方式创建 t4 数据表。

```
mysql> CREATE TABLE t4 (
    -> id INT NOT NULL,
    -> t_name VARCHAR(30) NOT NULL DEFAULT '',
    -> PRIMARY KEY(id)
    -> );
Query OK, 0 rows affected (0.01 sec)
```

SQL 语句执行成功，查看 t4 数据表的表结构信息。

```
mysql> SHOW CREATE TABLE t4 \G
*************************** 1. row ***************************
       Table: t4
Create Table: CREATE TABLE `t4` (
  `id` int(11) NOT NULL,
  `t_name` varchar(30) NOT NULL DEFAULT '',
  PRIMARY KEY (`id`)
) ENGINE=InnoDB DEFAULT CHARSET=utf8mb4 COLLATE=utf8mb4_0900_ai_ci
1 row in set (0.00 sec)
```

成功为 id 字段添加了主键索引。

14.3.5　创建单列索引

单列索引表示在创建的索引中，只包含数据表中的单个字段或列。MySQL 中，支持在一张数据表中创建多个单列索引。

例如，创建名称为 t5 的数据表，并为 id 字段创建单列索引。

```
mysql> CREATE TABLE t5 (
    -> id INT NOT NULL,
    -> t_name VARCHAR(30) NOT NULL DEFAULT '',
    -> INDEX id_index(id)
    -> );
Query OK, 0 rows affected (0.03 sec)
```

SQL 语句执行成功，查看 t5 数据表的表结构信息。

```
mysql> SHOW CREATE TABLE t5 \G
*************************** 1. row ***************************
```

```
       Table: t5
Create Table: CREATE TABLE `t5` (
  `id` int(11) NOT NULL,
  `t_name` varchar(30) NOT NULL DEFAULT '',
  KEY `id_index` (`id`)
) ENGINE=InnoDB DEFAULT CHARSET=utf8mb4 COLLATE=utf8mb4_0900_ai_ci
1 row in set (0.00 sec)
```

已经为 id 字段创建了索引。

14.3.6　创建组合索引

组合索引表示在创建的索引中，包含数据表中的多个字段或列。MySQL 中，同样支持在一张数据表中创建多个组合索引。在使用组合索引查询数据时，MySQL 支持最左匹配原则。

例如，创建数据表 t6，并为数据表中的 t_no、t_name 和 t_department_id 字段创建复合索引。

```
mysql> CREATE TABLE t6 (
    -> id INT NOT NULL,
    -> t_no VARCHAR(32) NOT NULL DEFAULT '',
    -> t_name VARCHAR(30) NOT NULL DEFAULT '',
    -> t_department_id INT NOT NULL DEFAULT 0,
    -> INDEX no_name_department_index(t_no, t_name, t_department_id)
    -> );
Query OK, 0 rows affected (0.12 sec)
```

SQL 语句执行成功，查看 t6 数据表的表结构信息。

```
mysql> SHOW CREATE TABLE t6 \G
*************************** 1. row ***************************
       Table: t6
Create Table: CREATE TABLE `t6` (
  `id` int(11) NOT NULL,
  `t_no` varchar(32) NOT NULL DEFAULT '',
  `t_name` varchar(30) NOT NULL DEFAULT '',
  `t_department_id` int(11) NOT NULL DEFAULT '0',
  KEY `no_name_department_index` (`t_no`,`t_name`,`t_department_id`)
) ENGINE=InnoDB DEFAULT CHARSET=utf8mb4 COLLATE=utf8mb4_0900_ai_ci
1 row in set (0.00 sec)
```

结果显示成功为 t6 数据表中的 t_no、t_name 和 t_department_id 字段创建了名称为 no_name_department_index 的复合索引。

名称为 no_name_department_index 的复合索引在进行存储时，是按照 t_no/t_name/t_department_id 的顺序进行存放的。根据索引的最左匹配原则，当在查询数据时，使用(t_no)、(t_no, t_name)和(t_no, t_name, t_department_id)中的一种进行查询时，MySQL 会使用索引。当使用(t_name)、(t_department_id)和(t_name, t_department_id)查询数据时，MySQL 不会使用索引。

下面使用 EXPALIN 查看 t6 数据表中索引的使用情况。

（1）使用 t_no 字段查询数据。

```
mysql> EXPLAIN SELECT * FROM t6 WHERE t_no = '001' \G
*************************** 1. row ***************************
           id: 1
  select_type: SIMPLE
        table: t6
   partitions: NULL
         type: ref
possible_keys: no_name_department_index
          key: no_name_department_index
      key_len: 130
          ref: const
         rows: 1
     filtered: 100.00
        Extra: NULL
1 row in set, 1 warning (0.00 sec)
```

MySQL 使用索引查询数据。

（2）使用 t_no 与 t_name 字段查询数据。

```
mysql> EXPLAIN SELECT * FROM t6 WHERE t_no = '001' AND t_name = 'binghe' \G
*************************** 1. row ***************************
           id: 1
  select_type: SIMPLE
        table: t6
   partitions: NULL
         type: ref
possible_keys: no_name_department_index
          key: no_name_department_index
      key_len: 252
          ref: const,const
         rows: 1
     filtered: 100.00
        Extra: NULL
1 row in set, 1 warning (0.00 sec)
```

MySQL 使用索引查询数据。

（3）使用 t_no, t_name, t_department_id 字段查询数据。

```
mysql> EXPLAIN SELECT * FROM t6 WHERE t_no = '001' AND t_name = 'binghe' AND  t_department_id=1 \G
*************************** 1. row ***************************
           id: 1
  select_type: SIMPLE
        table: t6
   partitions: NULL
         type: ref
possible_keys: no_name_department_index
          key: no_name_department_index
      key_len: 256
          ref: const,const,const
         rows: 1
     filtered: 100.00
        Extra: NULL
1 row in set, 1 warning (0.00 sec)
```

MySQL 查询数据时会使用索引。

（4）使用 t_name 字段查询数据。

```
mysql> EXPLAIN SELECT * FROM t6 WHERE t_name = 'binghe' \G
*************************** 1. row ***************************
           id: 1
  select_type: SIMPLE
        table: t6
   partitions: NULL
         type: ALL
possible_keys: NULL
          key: NULL
      key_len: NULL
          ref: NULL
         rows: 1
     filtered: 100.00
        Extra: Using where
1 row in set, 1 warning (0.00 sec)
```

MySQL 并没有使用索引查询数据。

（5）使用 t_department_id 字段查询数据。

```
mysql> EXPLAIN SELECT * FROM t6 WHERE t_department_id=1 \G
*************************** 1. row ***************************
           id: 1
  select_type: SIMPLE
        table: t6
   partitions: NULL
         type: ALL
possible_keys: NULL
          key: NULL
      key_len: NULL
          ref: NULL
         rows: 1
     filtered: 100.00
        Extra: Using where
1 row in set, 1 warning (0.00 sec)
```

MySQL 没有使用索引查询数据。

（6）使用 t_name 与 t_department_id 字段查询数据。

```
mysql> EXPLAIN SELECT * FROM t6 WHERE t_name = 'binghe' AND  t_department_id=1 \G
*************************** 1. row ***************************
           id: 1
  select_type: SIMPLE
        table: t6
   partitions: NULL
         type: ALL
possible_keys: NULL
          key: NULL
      key_len: NULL
          ref: NULL
         rows: 1
     filtered: 100.00
        Extra: Using where
1 row in set, 1 warning (0.00 sec)
```

MySQL 查询数据时并没有使用索引。

注意：关于 EXPLAIN 的具体使用和说明，会在后续的 MySQL 优化章节详细阐述，这里不再赘述。

14.3.7　创建全文索引

创建全文索引时，对列的数据类型有一定的限制，只能为定义为 CHAR、VARCHAR 和 TEXT 数据类型的列创建全文索引，全文索引不支持对列的局部进行索引。

例如，创建数据表 t7，并将字段 t_info 设置为全文索引。

```
mysql> CREATE TABLE t7 (
    -> id INT NOT NULL,
    -> t_name VARCHAR(30) NOT NULL DEFAULT '',
    -> t_info VARCHAR(200),
    -> FULLTEXT INDEX info_index (t_info)
    -> );
Query OK, 0 rows affected (0.28 sec)
```

查看 t7 数据表的表结构信息。

```
mysql> SHOW CREATE TABLE t7 \G
*************************** 1. row ***************************
       Table: t7
Create Table: CREATE TABLE `t7` (
  `id` int(11) NOT NULL,
  `t_name` varchar(30) NOT NULL DEFAULT '',
  `t_info` varchar(200) DEFAULT NULL,
  FULLTEXT KEY `info_index` (`t_info`)
) ENGINE=InnoDB DEFAULT CHARSET=utf8mb4 COLLATE=utf8mb4_0900_ai_ci
1 row in set (0.01 sec)
```

可以看出，已经为 t7 数据表的 t_info 字段创建了名称为 info_index 的全文索引。

注意：在 MySQL 5.7 之前的版本中，只有 MyISAM 存储类型的数据表支持全文索引。在 MySQL 5.7 的部分版本和 MySQL 8.x 版本中，InnoDB 存储引擎也支持创建全文索引。

使用 EXPLAIN 查看索引的使用情况。

```
mysql> EXPLAIN SELECT * FROM t7 WHERE MATCH (t_info) AGAINST ('abc')  \G
*************************** 1. row ***************************
           id: 1
  select_type: SIMPLE
        table: t7
   partitions: NULL
         type: fulltext
possible_keys: info_index
          key: info_index
      key_len: 0
          ref: const
         rows: 1
     filtered: 100.00
        Extra: Using where; Ft_hints: sorted
1 row in set, 1 warning (0.00 sec)
```

查询数据时，MySQL 使用了全文索引。

14.3.8　创建空间索引

MySQL 中支持在 GEOMETRY 数据类型的字段上创建空间索引。例如，创建名称为 t8 的数据表，并为 t8 数据表中的 t_location 字段创建空间索引。

```
mysql> CREATE TABLE t8 (
    -> id INT NOT NULL,
    -> t_location GEOMETRY NOT NULL,
    -> SPATIAL INDEX geo_index(t_location)
    -> );
Query OK, 0 rows affected, 1 warning (0.01 sec)
```

查看 t8 数据表的表结构信息。

```
mysql> SHOW CREATE TABLE t8 \G
*************************** 1. row ***************************
       Table: t8
Create Table: CREATE TABLE `t8` (
  `id` int(11) NOT NULL,
  `t_location` geometry NOT NULL,
  SPATIAL KEY `geo_index` (`t_location`)
) ENGINE=InnoDB DEFAULT CHARSET=utf8mb4 COLLATE=utf8mb4_0900_ai_ci
1 row in set (0.00 sec)
```

已经成功为 t8 数据表的 t_location 字段创建了名称为 geo_index 的空间索引。

14.4　为已有数据表添加索引

MySQL 支持为已经存在的数据表中的字段创建索引，可以使用 ALTER TABLE 语句和 CREATE INDEX 语句为表中的字段创建索引。

在正式介绍如何为已有数据表添加索引前，先创建名称为 tb_alter 和 tb_create 的数据表，作为本节的测试数据表。其中，tb_alter 数据表用于测试使用 ALTER TABLE 语句创建索引，tb_create 数据表用于测试使用 CREATE INDEX 语句创建索引，两张表的建表语句完全相同。tb_alter 数据表的创建语句如下：

```
mysql> CREATE TABLE tb_alter (
    -> id int(11) NOT NULL,
    -> t_category_id int(11) DEFAULT '0',
    -> t_category varchar(30) DEFAULT '',
    -> t_name varchar(50) DEFAULT '',
    -> t_price decimal(10,2) DEFAULT '0.00',
    -> t_stock int(11) DEFAULT '0',
    -> t_upper_time datetime DEFAULT NULL,
    -> t_location geometry NOT NULL
    -> );
Query OK, 0 rows affected, 3 warnings (0.02 sec)
```

本节将分别对 tb_alter 和 tb_create 数据表使用 ALTER TABLE 语句和 CREATE INDEX 语句创建相同的索引，使读者能够更加清晰地了解两种创建索引的 SQL 语句之间的差异。

14.4.1　语法格式

（1）ALTER TABLE 语句的语法格式如下：

```
ALTER TABLE table_name
ADD [PRIMARY | UNIQUE | FULLTEXT | SPATIAL] [INDEX | KEY]
[index_name] (column_name [length])
[ASC | DESC]
```

（2）CREATE INDEX 语句的语法格式如下：

```
CREATE [UNIQUE | FULLTEXT | SPATIAL]
INDEX index_name
ON table_name
(column_name [length])
[ASC | DESC]
```

14.4.2　创建普通索引

1. 使用CREATE TABLE语句创建普通索引

例如，为 tb_alter 数据表的 t_category_id 字段创建普通索引。

```
mysql> ALTER TABLE tb_alter ADD INDEX category_id_index (t_category_id);
Query OK, 0 rows affected (0.02 sec)
Records: 0  Duplicates: 0  Warnings: 0
```

SQL 语句执行成功，查看 tb_alter 数据表的表结构信息。

```
mysql> SHOW CREATE TABLE tb_alter \G
*************************** 1. row ***************************
       Table: tb_alter
Create Table: CREATE TABLE `tb_alter` (
  `id` int(11) NOT NULL,
  `t_category_id` int(11) DEFAULT '0',
  `t_category` varchar(30) DEFAULT '',
  `t_name` varchar(50) DEFAULT '',
  `t_price` decimal(10,2) DEFAULT '0.00',
  `t_stock` int(11) DEFAULT '0',
  `t_upper_time` datetime DEFAULT NULL,
  `t_location` geometry NOT NULL,
  KEY `category_id_index` (`t_category_id`)
) ENGINE=InnoDB DEFAULT CHARSET=utf8mb4 COLLATE=utf8mb4_0900_ai_ci
1 row in set (0.00 sec)
```

成功为 t_category_id 字段创建了名称为 category_id_index 的普通索引。

2. 使用CREATE INDEX语句创建普通索引

例如，为 tb_create 数据表的 t_category_id 字段创建普通索引。

```
mysql> CREATE INDEX category_id_index ON tb_create (t_category_id);
Query OK, 0 rows affected (0.01 sec)
Records: 0  Duplicates: 0  Warnings: 0
```

SQL 语句执行成功，查看 tb_create 数据表的表结构信息。

```
mysql> SHOW CREATE TABLE tb_create \G
*************************** 1. row ***************************
       Table: tb_create
Create Table: CREATE TABLE `tb_create` (
  `id` int(11) NOT NULL,
  `t_category_id` int(11) DEFAULT '0',
  `t_category` varchar(30) DEFAULT '',
  `t_name` varchar(50) DEFAULT '',
  `t_price` decimal(10,2) DEFAULT '0.00',
  `t_stock` int(11) DEFAULT '0',
  `t_upper_time` datetime DEFAULT NULL,
  KEY `category_id_index` (`t_category_id`)
) ENGINE=InnoDB DEFAULT CHARSET=utf8mb4 COLLATE=utf8mb4_0900_ai_ci
1 row in set (0.00 sec)
```

成功为 tb_create 数据表的 t_category_id 字段创建了索引。

14.4.3　创建唯一索引

1. 使用ALTER TABLE语句创建唯一索引

例如，为 tb_alter 数据表的 t_category 字段创建唯一索引。

```
mysql> ALTER TABLE tb_alter ADD UNIQUE INDEX category_index(t_category);
Query OK, 0 rows affected (0.02 sec)
Records: 0  Duplicates: 0  Warnings: 0
```

SQL 语句执行成功，查看 tb_alter 数据表的表结构信息。

```
mysql> SHOW CREATE TABLE tb_alter \G
*************************** 1. row ***************************
       Table: tb_alter
Create Table: CREATE TABLE `tb_alter` (
  `id` int(11) NOT NULL,
  `t_category_id` int(11) DEFAULT '0',
  `t_category` varchar(30) DEFAULT '',
  `t_name` varchar(50) DEFAULT '',
  `t_price` decimal(10,2) DEFAULT '0.00',
  `t_stock` int(11) DEFAULT '0',
  `t_upper_time` datetime DEFAULT NULL,
  `t_location` geometry NOT NULL,
  UNIQUE KEY `category_index` (`t_category`),
  KEY `category_id_index` (`t_category_id`)
) ENGINE=InnoDB DEFAULT CHARSET=utf8mb4 COLLATE=utf8mb4_0900_ai_ci
1 row in set (0.00 sec)
```

已经成功为 tb_alter 数据表的 t_category 字段创建了唯一索引。

2. 使用CREATE INDEX语句创建索引

例如，为 tb_create 数据表的 t_category 字段创建唯一索引。

```
mysql> CREATE UNIQUE INDEX category_index ON tb_create (t_category_id);
Query OK, 0 rows affected (0.37 sec)
Records: 0  Duplicates: 0  Warnings: 0
```

SQL 语句执行成功，查看 tb_create 数据表的表结构信息。

```
mysql> SHOW CREATE TABLE tb_create \G
*************************** 1. row ***************************
       Table: tb_create
Create Table: CREATE TABLE `tb_create` (
  `id` int(11) NOT NULL,
  `t_category_id` int(11) DEFAULT '0',
  `t_category` varchar(30) DEFAULT '',
  `t_name` varchar(50) DEFAULT '',
  `t_price` decimal(10,2) DEFAULT '0.00',
  `t_stock` int(11) DEFAULT '0',
  `t_upper_time` datetime DEFAULT NULL,
  `t_location` geometry NOT NULL,
  UNIQUE KEY `category_index` (`t_category_id`),
  KEY `category_id_index` (`t_category_id`)
) ENGINE=InnoDB DEFAULT CHARSET=utf8mb4 COLLATE=utf8mb4_0900_ai_ci
1 row in set (0.00 sec)
```

为 tb_create 数据表的 t_category 字段创建了唯一索引。

14.4.4 创建主键索引

例如，为 tb_alter 数据表的 id 字段添加主键索引。

```
mysql> ALTER TABLE tb_alter ADD PRIMARY KEY (id);
Query OK, 0 rows affected (0.23 sec)
Records: 0  Duplicates: 0  Warnings: 0
```

SQL 语句执行成功，查看 tb_alter 数据表的表结构信息。

```
mysql> SHOW CREATE TABLE tb_alter \G
*************************** 1. row ***************************
       Table: tb_alter
Create Table: CREATE TABLE `tb_alter` (
  `id` int(11) NOT NULL,
  `t_category_id` int(11) DEFAULT '0',
  `t_category` varchar(30) DEFAULT '',
  `t_name` varchar(50) DEFAULT '',
  `t_price` decimal(10,2) DEFAULT '0.00',
  `t_stock` int(11) DEFAULT '0',
  `t_upper_time` datetime DEFAULT NULL,
  `t_location` geometry NOT NULL,
  PRIMARY KEY (`id`),
  UNIQUE KEY `category_index` (`t_category`),
  KEY `category_id_index` (`t_category_id`)
```

```
) ENGINE=InnoDB DEFAULT CHARSET=utf8mb4 COLLATE=utf8mb4_0900_ai_ci
1 row in set (0.00 sec)
```

成功为 tb_alter 数据表的 id 字段添加了主键索引。

注意：MySQL 不支持使用 CREATE INDEX 语句创建主键索引。

14.4.5　创建单列索引

1. 使用ALTER TABLE语句创建单列索引

例如，为 tb_alter 数据表的 t_name 字段创建单例索引。

```
mysql> ALTER TABLE tb_alter ADD INDEX name_index (t_name);
Query OK, 0 rows affected (0.11 sec)
Records: 0  Duplicates: 0  Warnings: 0
```

使用 SHOW CREATE TABLE 语句查看 tb_alter 数据表的表结构信息。

```
mysql> SHOW CREATE TABLE tb_alter \G
*************************** 1. row ***************************
       Table: tb_alter
Create Table: CREATE TABLE `tb_alter` (
  `id` int(11) NOT NULL,
  `t_category_id` int(11) DEFAULT '0',
  `t_category` varchar(30) DEFAULT '',
  `t_name` varchar(50) DEFAULT '',
  `t_price` decimal(10,2) DEFAULT '0.00',
  `t_stock` int(11) DEFAULT '0',
  `t_upper_time` datetime DEFAULT NULL,
  `t_location` geometry NOT NULL,
  PRIMARY KEY (`id`),
  UNIQUE KEY `category_index` (`t_category`),
  KEY `category_id_index` (`t_category_id`),
  KEY `name_index` (`t_name`)
) ENGINE=InnoDB DEFAULT CHARSET=utf8mb4 COLLATE=utf8mb4_0900_ai_ci
1 row in set (0.00 sec)
```

可以看出，已经成功为 tb_alter 数据表的 t_name 字段创建了名称为 name_index 的单列索引。

2. 使用CREATE INDEX语句创建单列索引

例如，为 tb_create 数据表的 t_name 字段创建单列索引。

```
mysql> CREATE INDEX name_index ON tb_create(t_name);
Query OK, 0 rows affected (0.09 sec)
Records: 0  Duplicates: 0  Warnings: 0
```

查看 tb_create 数据表的表结构信息。

```
mysql> SHOW CREATE TABLE tb_create \G
*************************** 1. row ***************************
       Table: tb_create
```

```
Create Table: CREATE TABLE `tb_create` (
  `id` int(11) NOT NULL,
  `t_category_id` int(11) DEFAULT '0',
  `t_category` varchar(30) DEFAULT '',
  `t_name` varchar(50) DEFAULT '',
  `t_price` decimal(10,2) DEFAULT '0.00',
  `t_stock` int(11) DEFAULT '0',
  `t_upper_time` datetime DEFAULT NULL,
  `t_location` geometry NOT NULL,
  UNIQUE KEY `category_index` (`t_category_id`),
  KEY `category_id_index` (`t_category_id`),
  KEY `name_index` (`t_name`)
) ENGINE=InnoDB DEFAULT CHARSET=utf8mb4 COLLATE=utf8mb4_0900_ai_ci
1 row in set (0.00 sec)
```

可以看出，已经成功为 tb_create 数据表的 t_name 字段添加了名称为 name_index 的索引。

14.4.6　创建组合索引

1. 使用ALTER TABLE语句创建组合索引

例如，为 tb_alter 数据表的 t_category 和 t_name 字段创建组合索引。

```
mysql> ALTER TABLE tb_alter ADD INDEX category_name(t_category, t_name);
Query OK, 0 rows affected (0.04 sec)
Records: 0  Duplicates: 0  Warnings: 0
```

SQL 语句执行成功，查看 tb_alter 数据表的表结构信息。

```
mysql> SHOW CREATE TABLE tb_alter \G
*************************** 1. row ***************************
       Table: tb_alter
Create Table: CREATE TABLE `tb_alter` (
  `id` int(11) NOT NULL,
  `t_category_id` int(11) DEFAULT '0',
  `t_category` varchar(30) DEFAULT '',
  `t_name` varchar(50) DEFAULT '',
  `t_price` decimal(10,2) DEFAULT '0.00',
  `t_stock` int(11) DEFAULT '0',
  `t_upper_time` datetime DEFAULT NULL,
  `t_location` geometry NOT NULL,
  PRIMARY KEY (`id`),
  UNIQUE KEY `category_index` (`t_category`),
  KEY `category_id_index` (`t_category_id`),
  KEY `name_index` (`t_name`),
  KEY `category_name` (`t_category`,`t_name`)
) ENGINE=InnoDB DEFAULT CHARSET=utf8mb4 COLLATE=utf8mb4_0900_ai_ci
1 row in set (0.00 sec)
```

可以看出，已经成功为 tb_alter 数据表的 t_category 和 t_name 字段创建了组合索引。

2. 使用CREATE INDEX语句创建组合索引

例如，为 tb_create 数据表的 t_category 和 t_name 字段创建组合索引。

```
mysql> CREATE INDEX category_name ON tb_create (t_category, t_name);
Query OK, 0 rows affected (0.02 sec)
Records: 0  Duplicates: 0  Warnings: 0
```

查看 tb_create 数据表的表结构信息。

```
mysql> SHOW CREATE TABLE tb_create \G
*************************** 1. row ***************************
       Table: tb_create
Create Table: CREATE TABLE `tb_create` (
  `id` int(11) NOT NULL,
  `t_category_id` int(11) DEFAULT '0',
  `t_category` varchar(30) DEFAULT '',
  `t_name` varchar(50) DEFAULT '',
  `t_price` decimal(10,2) DEFAULT '0.00',
  `t_stock` int(11) DEFAULT '0',
  `t_upper_time` datetime DEFAULT NULL,
  `t_location` geometry NOT NULL,
  UNIQUE KEY `category_index` (`t_category_id`),
  KEY `category_id_index` (`t_category_id`),
  KEY `name_index` (`t_name`),
  KEY `category_name` (`t_category`,`t_name`)
) ENGINE=InnoDB DEFAULT CHARSET=utf8mb4 COLLATE=utf8mb4_0900_ai_ci
1 row in set (0.00 sec)
```

可以看到，已经成功为 tb_create 数据表的 t_category 和 t_name 字段创建了组合索引。

14.4.7　创建全文索引

1. 使用ALTER TABLE语句创建全文索引

例如，为 tb_alter 数据表的 t_name 字段创建全文索引。

```
mysql> ALTER TABLE tb_alter ADD FULLTEXT INDEX name_fulltext (t_name);
Query OK, 0 rows affected, 1 warning (0.13 sec)
Records: 0  Duplicates: 0  Warnings: 1
```

查看 tb_alter 数据表的表结构信息。

```
mysql> SHOW CREATE TABLE tb_alter \G
*************************** 1. row ***************************
       Table: tb_alter
Create Table: CREATE TABLE `tb_alter` (
  `id` int(11) NOT NULL,
  `t_category_id` int(11) DEFAULT '0',
  `t_category` varchar(30) DEFAULT '',
  `t_name` varchar(50) DEFAULT '',
  `t_price` decimal(10,2) DEFAULT '0.00',
  `t_stock` int(11) DEFAULT '0',
  `t_upper_time` datetime DEFAULT NULL,
  `t_location` geometry NOT NULL,
  PRIMARY KEY (`id`),
  UNIQUE KEY `category_index` (`t_category`),
  KEY `category_id_index` (`t_category_id`),
  KEY `name_index` (`t_name`),
```

```
  KEY `category_name` (`t_category`,`t_name`),
  FULLTEXT KEY `name_fulltext` (`t_name`)
) ENGINE=InnoDB DEFAULT CHARSET=utf8mb4 COLLATE=utf8mb4_0900_ai_ci
1 row in set (0.00 sec)
```

可以看到，已经成功为 tb_alter 数据表的 t_name 字段添加了名称为 name_fulltext 的全文索引。

2. 使用CREATE INDEX语句创建全文索引

例如，为 tb_create 数据表的 t_name 字段创建全文索引。

```
mysql> CREATE INDEX name_fulltext ON tb_create (t_name);
Query OK, 0 rows affected, 1 warning (0.01 sec)
Records: 0  Duplicates: 0  Warnings: 1
```

查看 tb_create 数据表的表结构信息。

```
mysql> SHOW CREATE TABLE tb_create \G
*************************** 1. row ***************************
       Table: tb_create
Create Table: CREATE TABLE `tb_create` (
  `id` int(11) NOT NULL,
  `t_category_id` int(11) DEFAULT '0',
  `t_category` varchar(30) DEFAULT '',
  `t_name` varchar(50) DEFAULT '',
  `t_price` decimal(10,2) DEFAULT '0.00',
  `t_stock` int(11) DEFAULT '0',
  `t_upper_time` datetime DEFAULT NULL,
  `t_location` geometry NOT NULL,
  UNIQUE KEY `category_index` (`t_category_id`),
  KEY `category_id_index` (`t_category_id`),
  KEY `name_index` (`t_name`),
  KEY `category_name` (`t_category`,`t_name`),
  KEY `name_fulltext` (`t_name`)
) ENGINE=InnoDB DEFAULT CHARSET=utf8mb4 COLLATE=utf8mb4_0900_ai_ci
1 row in set (0.00 sec)
```

可以看到，已经成功为 tb_create 数据表的 t_name 字段添加了名称为 name_fulltext 的全文索引。

14.4.8　创建空间索引

1. 使用ALTER TABLE语句创建空间索引

例如，为 tb_alter 数据表的 t_location 字段创建全文索引。

```
mysql> ALTER TABLE tb_alter ADD SPATIAL INDEX location_index (t_location);
Query OK, 0 rows affected, 1 warning (0.02 sec)
Records: 0  Duplicates: 0  Warnings: 1
```

查看 tb_alter 数据表的表结构信息。

```
mysql> SHOW CREATE TABLE tb_alter \G
*************************** 1. row ***************************
```

```
       Table: tb_alter
Create Table: CREATE TABLE `tb_alter` (
  `id` int(11) NOT NULL,
  `t_category_id` int(11) DEFAULT '0',
  `t_category` varchar(30) DEFAULT '',
  `t_name` varchar(50) DEFAULT '',
  `t_price` decimal(10,2) DEFAULT '0.00',
  `t_stock` int(11) DEFAULT '0',
  `t_upper_time` datetime DEFAULT NULL,
  `t_location` geometry NOT NULL,
  PRIMARY KEY (`id`),
  UNIQUE KEY `category_index` (`t_category`),
  KEY `category_id_index` (`t_category_id`),
  KEY `name_index` (`t_name`),
  KEY `category_name` (`t_category`,`t_name`),
  SPATIAL KEY `location_index` (`t_location`),
  FULLTEXT KEY `name_fulltext` (`t_name`)
) ENGINE=InnoDB DEFAULT CHARSET=utf8mb4 COLLATE=utf8mb4_0900_ai_ci
1 row in set (0.00 sec)
```

可以看到，已经成功为 tb_alter 数据表的 t_location 字段创建了名称为 location_index 的空间索引。

2. 使用CREATE INDEX语句创建空间索引

例如，为 tb_create 数据表的 t_location 字段创建空间索引。

```
mysql> CREATE SPATIAL INDEX location_index ON tb_create (t_location);
Query OK, 0 rows affected, 1 warning (0.05 sec)
Records: 0  Duplicates: 0  Warnings: 1
```

查看 t_create 数据表的表结构信息。

```
mysql> SHOW CREATE TABLE tb_create \G
*************************** 1. row ***************************
       Table: tb_create
Create Table: CREATE TABLE `tb_create` (
  `id` int(11) NOT NULL,
  `t_category_id` int(11) DEFAULT '0',
  `t_category` varchar(30) DEFAULT '',
  `t_name` varchar(50) DEFAULT '',
  `t_price` decimal(10,2) DEFAULT '0.00',
  `t_stock` int(11) DEFAULT '0',
  `t_upper_time` datetime DEFAULT NULL,
  `t_location` geometry NOT NULL,
  UNIQUE KEY `category_index` (`t_category_id`),
  KEY `category_id_index` (`t_category_id`),
  KEY `name_index` (`t_name`),
  KEY `category_name` (`t_category`,`t_name`),
  KEY `name_fulltext` (`t_name`),
  SPATIAL KEY `location_index` (`t_location`)
) ENGINE=InnoDB DEFAULT CHARSET=utf8mb4 COLLATE=utf8mb4_0900_ai_ci
1 row in set (0.00 sec)
```

已经成功为 tb_create 数据表的 t_location 字段创建了名称为 location_index 的空间索引。

注意：本节中，为了演示使用 ALTER TABLE 语句和 CREATE INDEX 语句两种方式创建索引，在数据表的多个字段上分别创建了不同的索引。在实际工作中，需要根据具体的业务与表优化选项，并依据索引的创建原则和适用场景来创建索引。

14.5 删除索引

MySQL 中可以使用 ALTER TABLE 语句和 DROP INDEX 语句删除索引，本节就简单介绍一下如何在 MySQL 中删除索引。

14.5.1 语法格式

（1）ALTER TABLE 语句的语法格式如下：

```
ALTER TABLE table_name
DROP INDEX index_name
```

（2）DROP INDEX 语句的语法格式如下：

```
DROP INDEX index_name
ON table_name
```

14.5.2 删除索引方式

1．使用ALTER TABLE语句删除索引

例如，删除 tb_alter 数据表中名称为 name_index 的普通索引。

```
mysql> ALTER TABLE tb_alter DROP INDEX name_index;
Query OK, 0 rows affected (0.01 sec)
Records: 0  Duplicates: 0  Warnings: 0
```

SQL 语句执行成功，查看 tb_alter 数据表的表结构信息。

```
mysql> SHOW CREATE TABLE tb_alter \G
*************************** 1. row ***************************
       Table: tb_alter
Create Table: CREATE TABLE `tb_alter` (
  `id` int(11) NOT NULL,
  `t_category_id` int(11) DEFAULT '0',
  `t_category` varchar(30) DEFAULT '',
  `t_name` varchar(50) DEFAULT '',
  `t_price` decimal(10,2) DEFAULT '0.00',
  `t_stock` int(11) DEFAULT '0',
  `t_upper_time` datetime DEFAULT NULL,
  `t_location` geometry NOT NULL,
  PRIMARY KEY (`id`),
```

```
  UNIQUE KEY `category_index` (`t_category`),
  KEY `category_id_index` (`t_category_id`),
  KEY `category_name` (`t_category`,`t_name`),
  SPATIAL KEY `location_index` (`t_location`),
  FULLTEXT KEY `name_fulltext` (`t_name`)
) ENGINE=InnoDB DEFAULT CHARSET=utf8mb4 COLLATE=utf8mb4_0900_ai_ci
1 row in set (0.00 sec)
```

可以看到，tb_alter数据表中的名称为name_index的索引已经被成功删除。

2. 使用DROP INDEX语句删除索引

例如，删除tb_create数据表中名称为name_index的普通索引。

```
mysql> DROP INDEX name_index ON tb_create;
Query OK, 0 rows affected (0.01 sec)
Records: 0  Duplicates: 0  Warnings: 0
```

SQL语句执行成功，查看tb_create数据表的表结构信息。

```
mysql> SHOW CREATE TABLE tb_create \G
*************************** 1. row ***************************
       Table: tb_create
Create Table: CREATE TABLE `tb_create` (
  `id` int(11) NOT NULL,
  `t_category_id` int(11) DEFAULT '0',
  `t_category` varchar(30) DEFAULT '',
  `t_name` varchar(50) DEFAULT '',
  `t_price` decimal(10,2) DEFAULT '0.00',
  `t_stock` int(11) DEFAULT '0',
  `t_upper_time` datetime DEFAULT NULL,
  `t_location` geometry NOT NULL,
  UNIQUE KEY `category_index` (`t_category_id`),
  KEY `category_id_index` (`t_category_id`),
  KEY `category_name` (`t_category`,`t_name`),
  KEY `name_fulltext` (`t_name`),
  SPATIAL KEY `location_index` (`t_location`)
) ENGINE=InnoDB DEFAULT CHARSET=utf8mb4 COLLATE=utf8mb4_0900_ai_ci
1 row in set (0.00 sec)
```

可以看到，已经成功删除了tb_create数据表中名称为name_index的索引。

注意：删除其他索引的方式与删除普通索引的方式相同，不再赘述。

在MySQL 8.x版本中，新增了隐藏索引、降序索引和函数索引的新特性，接下来就简单介绍一下MySQL 8.x版本中的隐藏索引、降序索引和函数索引。

14.6 隐藏索引

MySQL 8.x开始支持隐藏索引，隐藏索引不会被优化器使用，但是仍然需要维护。隐藏索引通常会在软删除和灰度发布的场景中使用。

14.6.1　隐藏索引概述

在 MySQL 5.7 版本之前，只能通过显式的方式删除索引，此时，如果发现删除索引后出现错误，又只能通过显式创建索引的方式将删除的索引创建回来。如果数据表中的数据量非常大，或者数据表本身比较大，这种操作就会消耗系统过多的资源，操作成本非常高。

从 MySQL 8.x 开始支持隐藏索引，只需要将待删除的索引设置为隐藏索引，使查询优化器不再使用这个索引，确认将索引设置为隐藏索引后系统不受任何响应，就可以彻底删除索引。这种通过先将索引设置为隐藏索引，再删除索引的方式就是软删除。

创建索引时，将索引设置为隐藏索引，通过修改查询优化器的开关，使隐藏索引对查询优化器可见，通过 EXPLAIN 对索引进行测试，确认新创建的隐藏索引有效，再将其设置为可见索引。这种方式就是灰度发布。

14.6.2　语法格式

创建隐藏索引同样可以使用 ALTER TABLE 和 CREATE INDEX 两种方式，语法格式如下：

```
ALTER TABLE table_name
ADD INDEX
[index_name] (column_name [length])
INVISIBLE
```

或者：

```
CREATE INDEX index_name
ON table_name (column_name [length])
INVISIBLE
```

可以看到，创建隐藏索引比创建普通索引多一个关键字 INVISIBLE，这个关键字就决定了当前的索引为隐藏索引。

14.6.3　创建测试表

创建一张名称为 invisible_index_test 的数据表，数据表中只有两个 INT 类型的字段 visible_column 和 invisible_column 字段。

```
mysql> CREATE TABLE invisible_index_test (
    -> visible_column INT,
    -> invisible_column INT
    -> );
Query OK, 0 rows affected (0.02 sec)
```

SQL 语句执行成功，说明数据表创建成功。

14.6.4 索引操作

（1）在 visible_column 字段上创建普通索引。

```
mysql> CREATE INDEX visible_column_index ON invisible_index_test (visible_column);
Query OK, 0 rows affected (0.01 sec)
Records: 0  Duplicates: 0  Warnings: 0
```

（2）在 invisible_column 字段上创建隐藏索引。

```
mysql> CREATE INDEX invisible_column_index ON invisible_index_test (invisible_column) INVISIBLE;
Query OK, 0 rows affected (0.01 sec)
Records: 0  Duplicates: 0  Warnings: 0
```

SQL语句执行成功，说明两个索引创建成功。接下来，可以使用 SHOW CREATE TABLE 语句和 SHOW INDEX FROM 语句查看数据表中使用的索引。

（3）使用 SHOW CREATE TABLE 语句查看 invisible_index_test 数据表中的索引。

```
mysql> SHOW CREATE TABLE invisible_index_test \G
*************************** 1. row ***************************
       Table: invisible_index_test
Create Table: CREATE TABLE `invisible_index_test` (
  `visible_column` int(11) DEFAULT NULL,
  `invisible_column` int(11) DEFAULT NULL,
  KEY `visible_column_index` (`visible_column`),
  KEY `invisible_column_index` (`invisible_column`) /*!80000 INVISIBLE */
) ENGINE=InnoDB DEFAULT CHARSET=utf8mb4 COLLATE=utf8mb4_0900_ai_ci
1 row in set (0.00 sec)
```

结果显示，invisible_index_test 数据表中存在名称为 visible_column_index 和名称为 invisible_column_index 的两个索引，其中，名称为 invisible_column_index 的索引后面有一个标识 /*!80000 INVISIBLE */，说明名称为 invisible_column_index 的索引为隐藏索引。

（4）使用 SHOW INDEX FROM 语句查看 invisible_index_test 数据表中的索引。

```
mysql> SHOW INDEX FROM invisible_index_test \G
*************************** 1. row ***************************
        Table: invisible_index_test
   Non_unique: 1
     Key_name: visible_column_index
 Seq_in_index: 1
  Column_name: visible_column
    Collation: A
  Cardinality: 0
     Sub_part: NULL
       Packed: NULL
         Null: YES
   Index_type: BTREE
      Comment: 
Index_comment: 
      Visible: YES
   Expression: NULL
*************************** 2. row ***************************
        Table: invisible_index_test
```

```
     Non_unique: 1
       Key_name: invisible_column_index
   Seq_in_index: 1
    Column_name: invisible_column
      Collation: A
    Cardinality: 0
       Sub_part: NULL
         Packed: NULL
           Null: YES
     Index_type: BTREE
        Comment:
  Index_comment:
        Visible: NO
     Expression: NULL
2 rows in set (0.00 sec)
```

invisible_index_test 数据表中存在名称为 visible_column_index 和名称为 invisible_column_index 的两个索引。名称为 visible_column_index 的索引的 Visible 属性为 YES，说明是可见索引，也就是普通索引。名称为 invisible_column_index 的索引的 Visible 属性为 NO，说明是隐藏索引。

（5）使用 EXPAIN 查看查询优化器对索引的使用情况。首先，查看以字段 visible_column 作为查询条件时的索引使用情况。

```
mysql> EXPLAIN SELECT * FROM invisible_index_test WHERE visible_column = 1 \G
*************************** 1. row ***************************
           id: 1
  select_type: SIMPLE
        table: invisible_index_test
   partitions: NULL
         type: ref
possible_keys: visible_column_index
          key: visible_column_index
      key_len: 5
          ref: const
         rows: 1
     filtered: 100.00
        Extra: NULL
1 row in set, 1 warning (0.09 sec)
```

查询优化器在执行 SQL 语句时，会使用字段 visible_column 上创建的名称为 visible_column_index 的索引。

接下来，查看以字段 invisible_column 作为查询条件时的索引使用情况。

```
mysql> EXPLAIN SELECT * FROM invisible_index_test WHERE invisible_column = 1 \G
*************************** 1. row ***************************
           id: 1
  select_type: SIMPLE
        table: invisible_index_test
   partitions: NULL
         type: ALL
possible_keys: NULL
          key: NULL
      key_len: NULL
```

```
           ref: NULL
          rows: 1
      filtered: 100.00
         Extra: Using where
1 row in set, 1 warning (0.00 sec)
```

当使用 invisible_column 字段作为查询条件时，查询优化器不会使用 invisible_column 字段上创建的名称为 invisible_column_index 的隐藏索引，说明隐藏索引默认对查询优化器是不可见的。

（6）使隐藏索引对查询优化器可见。在 MySQL 8.x 版本中，为索引提供了一种新的测试方式，可以通过查询优化器的一个开关来打开某个设置，使隐藏索引对查询优化器可见。

在 MySQL 命令行执行如下命令查看查询优化器的开关设置。

```
mysql> select @@optimizer_switch \G
*************************** 1. row ***************************
@@optimizer_switch: index_merge=on,index_merge_union=on,index_merge_sort_union=on,index_merge_
intersection=on,engine_condition_pushdown=on,index_condition_pushdown=on,mrr=on,mrr_cost_based=on,
block_nested_loop=on,batched_key_access=off,materialization=on,semijoin=on,loosescan=on,firstmatch=
on,duplicateweedout=on,subquery_materialization_cost_based=on,use_index_extensions=on,condition_
fanout_filter=on,derived_merge=on,use_invisible_indexes=off,skip_scan=on,hash_join=on
1 row in set (0.00 sec)
```

在输出的结果信息中找到如下属性配置。

```
use_invisible_indexes=off
```

此属性配置值为 off，说明隐藏索引默认对查询优化器不可见。

接下来，使隐藏索引对查询优化器可见，需要在 MySQL 命令行执行如下命令：

```
mysql> set session optimizer_switch="use_invisible_indexes=on";
Query OK, 0 rows affected (0.00 sec)
```

SQL 语句执行成功，再次查看查询优化器的开关设置。

```
mysql>  select @@optimizer_switch \G
*************************** 1. row ***************************
@@optimizer_switch: index_merge=on,index_merge_union=on,index_merge_sort_union=on,index_merge_
intersection=on,engine_condition_pushdown=on,index_condition_pushdown=on,mrr=on,mrr_cost_based=on,
block_nested_loop=on,batched_key_access=off,materialization=on,semijoin=on,loosescan=on,firstmatch=
on,duplicateweedout=on,subquery_materialization_cost_based=on,use_index_extensions=on,condition_
fanout_filter=on,derived_merge=on,use_invisible_indexes=on,skip_scan=on,hash_join=on
1 row in set (0.00 sec)
```

此时，在输出结果中可以看到如下属性配置。

```
use_invisible_indexes=on
```

use_invisible_indexes 属性的值为 on，说明此时隐藏索引对查询优化器可见。

（7）再次使用 EXPLAIN 查看以字段 invisible_column 作为查询条件时的索引使用情况。

```
mysql> EXPLAIN SELECT * FROM invisible_index_test WHERE invisible_column = 1 \G
*************************** 1. row ***************************
           id: 1
  select_type: SIMPLE
        table: invisible_index_test
   partitions: NULL
```

```
         type: ref
possible_keys: invisible_column_index
          key: invisible_column_index
      key_len: 5
          ref: const
         rows: 1
     filtered: 100.00
        Extra: NULL
1 row in set, 1 warning (0.00 sec)
```

查询优化器会使用隐藏索引来查询数据。

（8）如果需要使隐藏索引对查询优化器不可见，则只需要执行如下命令即可。

```
mysql> set session optimizer_switch="use_invisible_indexes=off";
Query OK, 0 rows affected (0.00 sec)
```

再次查看查询优化器的开关设置。

```
mysql> select @@optimizer_switch \G
*************************** 1. row ***************************
@@optimizer_switch: index_merge=on,index_merge_union=on,index_merge_sort_union=on,index_merge_
intersection=on,engine_condition_pushdown=on,index_condition_pushdown=on,mrr=on,mrr_cost_based=on,
block_nested_loop=on,batched_key_access=off,materialization=on,semijoin=on,loosescan=on,firstmatch=
on,duplicateweedout=on,subquery_materialization_cost_based=on,use_index_extensions=on,condition_
fanout_filter=on,derived_merge=on,use_invisible_indexes=off,skip_scan=on,hash_join=on
1 row in set (0.00 sec)
```

此时，use_invisible_indexes 属性的值已经被设置为“off”。

（9）可以将一个普通索引设置为隐藏索引，例如，将 visible_column 字段的索引修改为隐藏索引。

```
mysql> ALTER TABLE invisible_index_test ALTER INDEX visible_column_index INVISIBLE;
Query OK, 0 rows affected (0.01 sec)
Records: 0  Duplicates: 0  Warnings: 0
```

SQL 语句执行成功，使用 SHOW INDEX FROM 语句查看 invisible_index_test 数据表的索引。

```
mysql> SHOW INDEX FROM invisible_index_test \G
*************************** 1. row ***************************
        Table: invisible_index_test
   Non_unique: 1
     Key_name: visible_column_index
 Seq_in_index: 1
  Column_name: visible_column
    Collation: A
  Cardinality: 0
     Sub_part: NULL
       Packed: NULL
         Null: YES
   Index_type: BTREE
      Comment:
Index_comment:
      Visible: NO
   Expression: NULL
*************************** 2. row ***************************
```

```
        Table: invisible_index_test
   Non_unique: 1
     Key_name: invisible_column_index
 Seq_in_index: 1
  Column_name: invisible_column
    Collation: A
  Cardinality: 0
     Sub_part: NULL
       Packed: NULL
         Null: YES
   Index_type: BTREE
      Comment:
Index_comment:
      Visible: NO
   Expression: NULL
2 rows in set (0.00 sec)
```

visible_column 字段的索引的 Visible 属性为“NO”，说明索引被修改为隐藏索引。

（10）MySQL 同样支持将一个隐藏索引修改为普通索引，例如，将 visible_column 字段的索引修改为可见索引。

```
mysql> ALTER TABLE invisible_index_test ALTER INDEX visible_column_index VISIBLE;
Query OK, 0 rows affected (0.01 sec)
Records: 0  Duplicates: 0  Warnings: 0
```

SQL 语句执行成功，查看 invisible_index_test 数据表的索引。

```
mysql> SHOW INDEX FROM invisible_index_test \G
*************************** 1. row ***************************
        Table: invisible_index_test
   Non_unique: 1
     Key_name: visible_column_index
 Seq_in_index: 1
  Column_name: visible_column
    Collation: A
  Cardinality: 0
     Sub_part: NULL
       Packed: NULL
         Null: YES
   Index_type: BTREE
      Comment:
Index_comment:
      Visible: YES
   Expression: NULL
*************************** 2. row ***************************
        Table: invisible_index_test
   Non_unique: 1
     Key_name: invisible_column_index
 Seq_in_index: 1
  Column_name: invisible_column
    Collation: A
  Cardinality: 0
     Sub_part: NULL
       Packed: NULL
         Null: YES
   Index_type: BTREE
```

```
       Comment:
Index_comment:
       Visible: NO
    Expression: NULL
2 rows in set (0.00 sec)
```

visible_column 字段的索引已经被成功修改为可见索引。

注意：MySQL 中不能将主键设置为隐藏索引。例如，新建数据表 t。

```
mysql> CREATE TABLE t(
    -> id INT NOT NULL
    -> );
Query OK, 0 rows affected (0.01 sec)
```

在 t 数据表的 id 字段上创建一个隐藏索引。

```
mysql> ALTER TABLE t ADD PRIMARY KEY id_key(id) INVISIBLE;
ERROR 3522 (HY000): A primary key index cannot be invisible
```

结果显示主键不能被隐藏，也就是说，不能将主键设置为隐藏索引。

14.7　降序索引

从 MySQL 4 版本开始就已经支持降序索引的语法了，但是直到 MySQL 8.x 版本才开始真正支持降序索引。本节就对比 MySQL 5.7 与 MySQL 8.x 中对降序索引的处理来介绍 MySQL 8.x 中的降序索引特性。

14.7.1　降序索引概述

MySQL 8.x 版本中另一项重要的新特性就是真正开始支持降序索引，但是只有 MySQL 的 InnoDB 存储引擎支持降序索引，同时，只有 BTREE 索引支持降序索引。另外，在 MySQL 8.x 版本中，不再对 GROUP BY 语句进行隐式排序。

14.7.2　降序索引操作

1. 创建表并指定降序索引

（1）在 MySQL 5.7 版本上创建数据库 test，并在 test 数据库中创建 test_desc 数据表，并为 test_desc 数据表创建组合索引 idx，包含的字段为 c1 和 c2，同时 c1 字段按照升序排列，c2 字段按照降序排列。

```
mysql> CREATE DATABASE testdb;
Query OK, 1 row affected (0.00 sec)
```

```
mysql> USE testdb;
Database changed
mysql> CREATE TABLE test_desc (
    -> c1 INT,
    -> c2 INT,
    -> INDEX idx(c1 asc, c2 desc)
    -> );
Query OK, 0 rows affected (0.24 sec)
```

SQL 语句执行成功，查看 test_desc 的表结构信息。

```
mysql> SHOW CREATE TABLE test_desc \G
*************************** 1. row ***************************
       Table: test_desc
Create Table: CREATE TABLE `test_desc` (
  `c1` int(11) DEFAULT NULL,
  `c2` int(11) DEFAULT NULL,
  KEY `idx` (`c1`,`c2`)
) ENGINE=InnoDB DEFAULT CHARSET=utf8mb4
1 row in set (0.01 sec)
```

结果显示，MySQL 5.7 中，尽管在创建数据表时，将名称为 idx 的组合索引中的 c1 字段设置为升序，将 c2 字段设置为降序，但是在查看表结构信息时，c1 和 c2 字段在组合索引中还是以默认的升序进行排列。

（2）在 MySQL 8.x 版本上执行 MySQL 5.7 上的操作，查看 test_desc 数据表的表结构信息如下：

```
mysql> SHOW CREATE TABLE test_desc \G
*************************** 1. row ***************************
       Table: test_desc
Create Table: CREATE TABLE `test_desc` (
  `c1` int(11) DEFAULT NULL,
  `c2` int(11) DEFAULT NULL,
  KEY `idx` (`c1`,`c2` DESC)
) ENGINE=InnoDB DEFAULT CHARSET=utf8mb4 COLLATE=utf8mb4_0900_ai_ci
1 row in set (0.00 sec)
```

在 MySQL 8.x 版本中，组合索引中的 c1 字段按照升序排列，c2 字段按照降序排列，说明 MySQL 8.x 版本开始真正支持降序索引。

2. 查看索引的使用情况

（1）在 MySQL 5.7 版本中，使用 EXPLAIN 查看查询优化器对降序索引的使用情况。

```
mysql> EXPLAIN SELECT * FROM test_desc ORDER BY c1, c2 DESC \G
*************************** 1. row ***************************
           id: 1
  select_type: SIMPLE
        table: test_desc
   partitions: NULL
         type: index
possible_keys: NULL
          key: idx
      key_len: 10
          ref: NULL
```

```
          rows: 1
      filtered: 100.00
         Extra: Using index; Using filesort
1 row in set, 1 warning (0.17 sec)
```

从输出的结果信息可以看出，在 MySQL 5.7 中，按照 test_desc 数据表的 c1 字段进行升序，同时按照 c2 字段进行降序查询的结果为 MySQL 并没有使用 c2 字段上的降序索引。

（2）在 MySQL 8.x 版本中，使用 EXPLAIN 查看查询优化器对降序索引的使用情况。

```
mysql> EXPLAIN SELECT * FROM test_desc ORDER BY c1, c2 DESC \G
*************************** 1. row ***************************
           id: 1
  select_type: SIMPLE
        table: test_desc
   partitions: NULL
         type: index
possible_keys: NULL
          key: idx
      key_len: 10
          ref: NULL
         rows: 1
     filtered: 100.00
        Extra: Using index
1 row in set, 1 warning (0.00 sec)
```

在 MySQL 8.x 中，按照 c2 字段进行降序排序，使用了索引。

查询 test_desc 数据表中的数据时，按照 c1 字段进行降序，按照 c2 字段进行升序。

```
mysql>  EXPLAIN SELECT * FROM test_desc ORDER BY c1 DESC, c2 \G
*************************** 1. row ***************************
           id: 1
  select_type: SIMPLE
        table: test_desc
   partitions: NULL
         type: index
possible_keys: NULL
          key: idx
      key_len: 10
          ref: NULL
         rows: 1
     filtered: 100.00
        Extra: Backward index scan; Using index
1 row in set, 1 warning (0.00 sec)
```

在 MySQL 8.x 中按照 c1 字段和 c2 字段进行反向排序时仍然使用了索引，此时会使用索引的反向扫描。

3. 对GROUP语句的处理

MySQL 8.x 中不再对 GROUP BY 语句进行隐式排序，下面分别在 MySQL 5.7 和 MySQL 8.x 版本的命令行执行命令，为 test_desc 数据表插入测试数据。

```
mysql> INSERT INTO test_desc VALUES (1, 100), (2, 200), (3, 150), (4, 50);
Query OK, 4 rows affected (0.00 sec)
Records: 4  Duplicates: 0  Warnings: 0
```

接下来对比MySQL 5.7版本与MySQL 8.x版本对GROUP BY语句的隐式排序处理情况。

（1）在 MySQL 5.7 版本中，查询 test_desc 数据表中的数据，按照 c2 字段进行分组，并查询每个分组中的记录条数。

```
mysql> SELECT c2, COUNT(*) FROM test_desc GROUP BY c2;
+------+----------+
| c2   | COUNT(*) |
+------+----------+
|   50 |        1 |
|  100 |        1 |
|  150 |        1 |
|  200 |        1 |
+------+----------+
4 rows in set (0.40 sec)
```

c2 数据列会按照升序进行排序，这是因为在 MySQL 5.7 版本中会对 GROUP BY 字段的数据进行隐式的排序操作。

（2）在 MySQL 8.x 版本中执行相同的操作。

```
mysql> SELECT c2, COUNT(*) FROM test_desc GROUP BY c2;
+------+----------+
| c2   | COUNT(*) |
+------+----------+
|  100 |        1 |
|  200 |        1 |
|  150 |        1 |
|   50 |        1 |
+------+----------+
4 rows in set (0.00 sec)
```

由结果可知，MySQL 8.x 版本中并没有对 c2 字段的数据列进行排序操作。在 MySQL 8.x 版本中如果需要对 c2 的数据列进行排序，需要显式地使用 ORDER BY 语句明确指定排序规则。

```
mysql> SELECT c2, COUNT(*) FROM test_desc GROUP BY c2 ORDER BY c2;
+------+----------+
| c2   | COUNT(*) |
+------+----------+
|   50 |        1 |
|  100 |        1 |
|  150 |        1 |
|  200 |        1 |
+------+----------+
4 rows in set (0.00 sec)
```

注意：上面简单对比了 MySQL 5.7 与 MySQL 8.x 中关于降序索引的使用情况，关于其他版本中降序索引的不同点，读者可以自行总结，不再赘述。

14.8　函数索引

函数索引是 MySQL 8.x 版本开始支持的另一大索引特性，本节就简单探讨一下 MySQL 8.x 版本中的函数索引。

14.8.1　函数索引概述

从 MySQL 8.0.13 版本开始支持在索引中使用函数或者表达式的值，也就是在索引中可以包含函数或者表达式。函数索引中支持降序索引，同时，MySQL 8.x 版本支持对 JSON 类型的数据添加函数索引。函数索引可以基于虚拟列功能实现。

14.8.2　函数索引操作

（1）创建数据表 func_index。

```
mysql> CREATE TABLE func_index (
    -> c1 VARCHAR(10),
    -> c2 VARCHAR(10)
    -> );
Query OK, 0 rows affected (0.02 sec)
```

SQL 语句执行成功。

（2）为 fun_index 数据表的 c1 字段创建普通索引。

```
mysql> CREATE INDEX c1_index ON func_index (c1);
Query OK, 0 rows affected (0.02 sec)
Records: 0  Duplicates: 0  Warnings: 0
```

（3）为 func_index 数据表的 c2 字段创建一个将字段值转化为大写的函数索引。

```
mysql> CREATE INDEX c2_index ON func_index ((UPPER(c2)));
Query OK, 0 rows affected (0.01 sec)
Records: 0  Duplicates: 0  Warnings: 0
```

SQL 语句执行成功，可以看到，在创建名称为 c2_index 的索引时，将 UPPER(c2)函数指定为了索引的内容。

（4）查看 func_index 数据表中的索引。

```
mysql> SHOW INDEX FROM func_index \G
*************************** 1. row ***************************
        Table: func_index
   Non_unique: 1
     Key_name: c1_index
 Seq_in_index: 1
  Column_name: c1
    Collation: A
```

```
  Cardinality: 0
     Sub_part: NULL
       Packed: NULL
         Null: YES
   Index_type: BTREE
      Comment:
Index_comment:
      Visible: YES
   Expression: NULL
*************************** 2. row ***************************
        Table: func_index
   Non_unique: 1
     Key_name: c2_index
 Seq_in_index: 1
  Column_name: NULL
    Collation: A
  Cardinality: 0
     Sub_part: NULL
       Packed: NULL
         Null: YES
   Index_type: BTREE
      Comment:
Index_comment:
      Visible: YES
   Expression: upper(`c2`)
2 rows in set (0.01 sec)
```

func_index 数据表中存在名称为 c1_index 和 c2_index 的索引，并且 c2_index 的索引的 Expression 属性为 upper(`c2`)。说明名称为 c2_index 的索引为函数索引，使用的函数表达式为 UPPER()。

（5）查看 c1 字段的大写值是否等于某个特定值时，查询优化器对索引的使用情况。

```
mysql> EXPLAIN SELECT * FROM func_index WHERE UPPER(c1) = 'ABC' \G
*************************** 1. row ***************************
           id: 1
  select_type: SIMPLE
        table: func_index
   partitions: NULL
         type: ALL
possible_keys: NULL
          key: NULL
      key_len: NULL
          ref: NULL
         rows: 1
     filtered: 100.00
        Extra: Using where
1 row in set, 1 warning (0.00 sec)
```

结果显示优化器并没有使用索引，而是进行了全表扫描操作。

接下来查看 c2 字段的大写值是否等于某个特定的值时，查询优化器对索引的使用情况。

```
mysql> EXPLAIN SELECT * FROM func_index WHERE UPPER(c2) = 'ABC' \G
*************************** 1. row ***************************
           id: 1
  select_type: SIMPLE
```

```
        table: func_index
   partitions: NULL
         type: ref
possible_keys: c2_index
          key: c2_index
      key_len: 43
          ref: const
         rows: 1
     filtered: 100.00
        Extra: NULL
1 row in set, 1 warning (0.00 sec)
```

由结果可知，MySQL 使用了 c2 字段上的函数索引。

（6）MySQL 8.x 版本支持对 JSON 类型的数据添加函数索引。创建数据表 func_json。

```
mysql> CREATE TABLE func_json (
    -> data JSON,
    -> INDEX((CAST(data->>'$.name' AS CHAR(30))))
    -> );
Query OK, 0 rows affected (0.15 sec)
```

SQL 语句执行成功，对上述 SQL 语句的解释如下：

- 当 JSON 数据长度不固定时，如果直接对 JSON 数据进行索引，可能会超出索引长度，通常只截取 JSON 数据的一部分进行索引。
- CAST()类型转换函数把数据转化为 CHAR(30)类型。使用方式为 CAST(数据 AS 数据类型)。
- data ->> '$.name'表示 JSON 的运算符。

可以将 func_json 数据表中的索引理解为获取 JSON 数据中 name 节点的值，并将其转化为 CHAR(30)类型。

查看 func_json 数据表中的索引。

```
mysql> SHOW INDEX FROM func_json \G
*************************** 1. row ***************************
        Table: func_json
   Non_unique: 1
     Key_name: functional_index
 Seq_in_index: 1
  Column_name: NULL
    Collation: A
  Cardinality: 0
     Sub_part: NULL
       Packed: NULL
         Null: YES
   Index_type: BTREE
      Comment:
Index_comment:
      Visible: YES
   Expression: cast(json_unquote(json_extract(`data`,_utf8mb4\'$.name\')) as char(30) charset utf8mb4)
1 row in set (0.01 sec)
```

可以看出，已经为 func_json 数据表的 data 字段成功添加了函数索引。

（7）在 MySQL 8.x 版本中，函数索引可以基于虚拟列进行实现。查看 func_index 数据表的信息。

```
mysql> SHOW CREATE TABLE func_index \G
*************************** 1. row ***************************
       Table: func_index
Create Table: CREATE TABLE `func_index` (
  `c1` varchar(10) DEFAULT NULL,
  `c2` varchar(10) DEFAULT NULL,
  KEY `c1_index` (`c1`),
  KEY `c2_index` ((upper(`c2`)))
) ENGINE=InnoDB DEFAULT CHARSET=utf8mb4 COLLATE=utf8mb4_0900_ai_ci
1 row in set (0.00 sec)
```

可以看出，在 c1 字段上创建了普通索引，在 c2 字段上创建了函数索引。

接下来，在 func_index 数据表中添加一个名称为 c3 的字段，模拟 c2 字段上的函数索引。

```
mysql> ALTER TABLE func_index ADD COLUMN
    -> c3 VARCHAR(10)
    -> GENERATED ALWAYS AS (UPPER(c1));
Query OK, 0 rows affected (0.04 sec)
Records: 0  Duplicates: 0  Warnings: 0
```

由执行的 SQL 语句可以看出，c3 字段是一个计算列，c3 字段的值总是使用 c1 字段转化为大写后的结果数据。

向 func_index 数据表中插入一行数据，因为 c3 字段是一个计算列，值总是使用 c1 字段转化为大写的结果数据，所以在向 func_index 数据表中插入数据时，不需要为 c3 字段插入数据。

```
mysql> INSERT INTO func_index(c1, c2) VALUES ('mysql', 'hello');
Query OK, 1 row affected (0.00 sec)
```

SQL 语句执行成功，查看 func_index 数据表中的数据。

```
mysql> SELECT * FROM func_index;
+-------+-------+-------+
| c1    | c2    | c3    |
+-------+-------+-------+
| mysql | hello | MYSQL |
+-------+-------+-------+
1 row in set (0.00 sec)
```

结果显示，不需要为 c3 字段添加数据，c3 字段的数据为 c1 字段的数据转化为大写后的结果数据。

（8）如果想在 c3 字段上模拟函数索引的效果，则可以在 c3 字段上添加索引。

```
mysql> CREATE INDEX c3_index ON func_index (c3);
Query OK, 0 rows affected (0.12 sec)
Records: 0  Duplicates: 0  Warnings: 0
```

再次查看 c1 字段的大写值是否等于某个特定的值时，查询优化器对索引的使用情况。

```
mysql> EXPLAIN SELECT * FROM func_index WHERE UPPER(c1) = 'ABC' \G
*************************** 1. row ***************************
           id: 1
  select_type: SIMPLE
```

```
         table: func_index
    partitions: NULL
          type: ref
 possible_keys: c3_index
           key: c3_index
       key_len: 43
           ref: const
          rows: 1
      filtered: 100.00
         Extra: NULL
1 row in set, 1 warning (0.00 sec)
```

此时 MySQL 使用了 c1 字段上的索引，说明 MySQL 中的函数索引可以通过虚拟列进行模拟实现。

注意：这里在简单介绍函数索引时，在索引中使用了 UPPER()函数进行说明，读者也可以使用 MySQL 中支持的其他函数进行实现，不再赘述。

14.9 本章总结

本章主要对 MySQL 中的索引进行了简单的介绍，包括 MySQL 遍历表的方式、索引的优缺点、创建原则和使用场景，并介绍了如何在创建数据表时创建索引，如何为已有的数据表添加索引，以及如何删除数据表中的索引。

MySQL 8.x 版本中关于索引实现了三大特性，分别是隐藏索引、降序索引和函数索引，本章分别对这三种索引进行了简单的介绍。读者也可以参考 MySQL 的官方文档（网址是 https://dev.mysql.com/doc/refman/8.0/en/）来学习更多有关 MySQL 8.x 版本的索引知识。下一章，将会对 MySQL 中的视图进行简单的介绍。

第 15 章　MySQL 视图

视图本质上是一个虚拟表，它可以由数据库中的一张表或者多张表组合而成，视图从结构上也包含行和列。本章将简单介绍 MySQL 中的视图。

本章涉及的知识点有：

- 视图概述；
- 创建视图；
- 查看视图；
- 修改视图的结构；
- 更新视图的数据；
- 删除视图。

15.1 视图概述

MySQL 从 5.0 版本开始支持视图。视图能够方便开发人员对数据进行增、删、改、查等操作。不仅如此，访问视图能够根据相应的权限来限制用户直接访问数据库中的数据表，在一定程度上，能够保障数据库的安全性。

15.1.1 视图的概念

视图可以由数据库中的一张表或者多张表生成，在结构上与数据表类似，但是视图本质上是一张虚拟表，视图中的数据也是由一张表或多张表中的数据组合而成。可以对视图中的数据进行增加、删除、修改、查看等操作，也可以对视图的结构进行修改。

在数据库中，视图不会保存数据，数据真正保存在数据表中。当对视图中的数据进行增加、删除和修改操作时，数据表中的数据会相应地发生变化；反之亦然。也就是说，不管是视图中的数据发生变化，还是数据表中的数据发生变化，另一方的数据也会相应地变化。

15.1.2 视图的优点

在数据库中使用视图存在诸多优点，这里列举几个使用视图相对于使用数据表的优势。

1．操作简单

将经常使用的查询操作定义为视图，可以使开发人员不需要关心视图对应的数据表的结构、表与表之间的关联关系，也不需要关心数据表之间的业务逻辑和查询条件，而只需要简单地操作视图即可，极大简化了开发人员对数据库的操作。

2．数据安全

MySQL 根据权限将用户对数据的访问限制在某些数据的结果集上，而这些数据的结果集可以使用视图来实现。因此，可以根据权限将用户对数据的访问限制在某些视图上，而不必直接查询或操作数据表，这在一定程度上保障了数据表中数据的安全性。

3．数据独立

视图创建完成后，视图的结构就被确定了，当数据表的结构发生变化时不会影响视图的结构。当数据表的字段名称发生变化时，只需要简单地修改视图的查询语句即可，而不会影响用户对数据的查询操作。

4．适应灵活多变的需求

当业务系统的需求发生变化后，如果需要改动数据表的结构，则工作量相对较大，可以使用视图来减少改动的工作量。这种方式在实际工作中使用得比较多。

5．能够分解复杂的查询逻辑

数据库中如果存在复杂的查询逻辑，则可以将问题进行分解，创建多个视图获取数据，再将创建的多个视图结合起来，完成复杂的查询逻辑。

15.2　创建视图

MySQL 中使用 CREATE VIEW 语句创建视图。本节简单介绍如何在 MySQL 中创建视图。

注意：本章中使用的测试表为第 8 章中创建的 t_goods 数据表和 t_goods_category 数据表。

15.2.1　语法格式

MySQL 中可以使用 CREATE VIEW 语句创建视图，创建视图的语法格式如下：

```
CREATE
    [OR REPLACE]
    [ALGORITHM = {UNDEFINED | MERGE | TEMPTABLE}]
```

```
[DEFINER = user]
[SQL SECURITY { DEFINER | INVOKER }]
VIEW view_name [(column_list)]
AS select_statement
[WITH [CASCADED | LOCAL] CHECK OPTION]
```

语法格式说明如下：

- CREATE：新建视图。
- REPLACE：替换已经存在的视图。
- ALGORITHM：标识视图使用的算法。
- {UNDEFINED | MERGE | TEMPTABLE}：视图使用的算法。其中，UNDEFINED 表示 MySQL 会自动选择算法；MERGE 表示将引用视图的语句与视图定义进行合并；TEMPTABLE 表示将视图的结果放置到临时表中，接下来使用临时表执行相应的 SQL 语句。
- DEFINER：定义视图的用户。
- SQL SECURITY：安全级别。DEFINER 表示只有创建视图的用户才能访问视图；INVOKER 表示具有相应权限的用户能够访问视图。
- view_name：创建的视图名称。
- column_list：视图中包含的字段名称列表。
- select_statement：SELECT 语句。
- [WITH [CASCADED | LOCAL] CHECK OPTION]：保证在视图的权限范围内更新视图。

15.2.2　创建单表视图

例如，基于 t_goods 数据表创建一个名称为 view_name_price 的视图，视图中的字段只包含 t_goods 数据表中的 t_name 字段和 t_price 字段。

```
mysql> CREATE VIEW view_name_price
    -> AS
    -> SELECT t_name, t_price FROM t_goods;
Query OK, 0 rows affected (0.13 sec)
```

结果显示 SQL 语句执行成功。

查看 view_name_price 视图中的数据。

```
mysql> SELECT * FROM view_name_price;
+-----------------+---------+
| t_name          | t_price |
+-----------------+---------+
| T恤             |   39.90 |
| 连衣裙          |   79.90 |
| 卫衣            |   79.90 |
| 牛仔裤          |   89.90 |
```

```
| 百褶裙          |   29.90 |
| 呢绒外套        |  399.90 |
| 自行车          |  399.90 |
| 山地自行车      | 1399.90 |
| 登山杖          |   59.90 |
| 骑行装备        |  399.90 |
| 运动外套        |  799.90 |
| 滑板            |  499.90 |
| 葡萄            |   49.90 |
| 香蕉            |   39.90 |
+----------------+---------+
14 rows in set (0.00 sec)
```

view_name_price 视图中只包含 t_goods 数据表的 t_name 字段和 t_price 字段，查询出的结果列字段名称与 t_goods 数据表的字段名称一样。

也可以在创建视图时，将数据表的所有字段都包含在视图中。例如，创建名称为 view_all_price 的视图，其中包含 t_goods 数据表中的所有字段。

```
mysql> CREATE VIEW view_all_price
    -> AS
    -> SELECT * FROM t_goods;
Query OK, 0 rows affected (0.00 sec)
```

查询 view_all_price 视图中的数据。

```
mysql> SELECT * FROM view_all_price;
+----+---------------+----------------+-------------+---------+---------+---------------------+
| id | t_category_id | t_category     | t_name      | t_price | t_stock |    t_upper_time     |
+----+---------------+----------------+-------------+---------+---------+---------------------+
|  1 |             1 | 女装/女士精品   | T恤         |   39.90 |  1000   | 2020-11-10 00:00:00 |
|  2 |             1 | 女装/女士精品   | 连衣裙      |   79.90 |  2500   | 2020-11-10 00:00:00 |
|  3 |             1 | 女装/女士精品   | 卫衣        |   79.90 |  1500   | 2020-11-10 00:00:00 |
|  4 |             1 | 女装/女士精品   | 牛仔裤      |   89.90 |  3500   | 2020-11-10 00:00:00 |
|  5 |             1 | 女装/女士精品   | 百褶裙      |   29.90 |   500   | 2020-11-10 00:00:00 |
|  6 |             1 | 女装/女士精品   | 呢绒外套    |  399.90 |  1200   | 2020-11-10 00:00:00 |
|  7 |             2 | 户外运动        | 自行车      |  399.90 |  1000   | 2020-11-10 00:00:00 |
|  8 |             2 | 户外运动        | 山地自行车  | 1399.90 |  2500   | 2020-11-10 00:00:00 |
|  9 |             2 | 户外运动        | 登山杖      |   59.90 |  1500   | 2020-11-10 00:00:00 |
| 10 |             2 | 户外运动        | 骑行装备    |  399.90 |  3500   | 2020-11-10 00:00:00 |
| 11 |             2 | 户外运动        | 运动外套    |  799.90 |   500   | 2020-11-10 00:00:00 |
| 12 |             2 | 户外运动        | 滑板        |  499.90 |  1200   | 2020-11-10 00:00:00 |
| 13 |             5 | 水果            | 葡萄        |   49.90 |   500   | 2020-11-10 00:00:00 |
| 14 |             5 | 水果            | 香蕉        |   39.90 |  1200   | 2020-11-10 00:00:00 |
+----+---------------+----------------+-------------+---------+---------+---------------------+
14 rows in set (0.00 sec)
```

view_all_price 视图的结构与 t_goods 数据表结构一样，同时包含 t_goods 数据表中的所有数据。

默认情况下，创建的视图的字段名称和数据表的字段名称一样，也可以在创建视图时为视图指定字段名称。例如创建一个名称为 view_name_price_tag 的视图，并指定视图中的两个字段名称为 name 和 price。

```
mysql> CREATE VIEW view_name_price_tag
    -> (name, price)
```

```
    -> AS
    -> SELECT t_name, t_price FROM t_goods;
Query OK, 0 rows affected (0.00 sec)
```

查询 view_name_price_tag 视图中的数据。

```
mysql> SELECT * FROM view_name_price_tag;
+-------------+---------+
| name        | price   |
+-------------+---------+
| T恤         |   39.90 |
| 连衣裙      |   79.90 |
| 卫衣        |   79.90 |
| 牛仔裤      |   89.90 |
| 百褶裙      |   29.90 |
| 呢绒外套    |  399.90 |
| 自行车      |  399.90 |
| 山地自行车  | 1399.90 |
| 登山杖      |   59.90 |
| 骑行装备    |  399.90 |
| 运动外套    |  799.90 |
| 滑板        |  499.90 |
| 葡萄        |   49.90 |
| 香蕉        |   39.90 |
+-------------+---------+
14 rows in set (0.00 sec)
```

查询结果列的名称为创建视图时为视图指定的字段名称。

MySQL 支持在创建视图时为 SELECT 语句设置查询条件，当设置查询条件时，只有符合查询条件的数据才能在视图中出现。例如，创建名称为 view_goods_consition 的视图并指定查询条件。

```
mysql> CREATE VIEW view_goods_consition
    -> (name, price)
    -> AS
    -> SELECT t_name, t_price FROM t_goods
    -> WHERE id = 1;
Query OK, 0 rows affected (0.01 sec)
```

创建视图时，为 SELECT 语句指定的查询条件为 id=1，此时，视图中只会包含 t_goods 数据表中 id 值为 1 的数据。查看 view_goods_consition 视图中的数据。

```
mysql> SELECT * FROM view_goods_consition;
+-------------+---------+
| name        | price   |
+-------------+---------+
| T恤         |   39.90 |
+-------------+---------+
1 row in set (0.00 sec)
```

view_goods_consition 视图中只包含 id 为 1 的商品的名称和价格。

15.2.3　创建多表联合视图

MySQL 支持在多张数据表上创建联合视图，例如，在 t_goods_category 数据表和 t_goods 数据表上创建一个名称为 view_category_goods 的视图。

```
mysql> CREATE VIEW view_category_goods
    -> (category, name, price)
    -> AS
    -> SELECT category.t_category, goods.t_name, goods.t_price
    -> FROM t_goods_category category, t_goods goods
    -> WHERE category.id = goods.t_category_id;
Query OK, 0 rows affected (0.00 sec)
```

查看 view_category_goods 视图中的数据。

```
mysql> SELECT * FROM view_category_goods;
+-----------------+-------------+---------+
| category        | name        | price   |
+-----------------+-------------+---------+
| 女装/女士精品   | T恤         |   39.90 |
| 女装/女士精品   | 连衣裙      |   79.90 |
| 女装/女士精品   | 卫衣        |   79.90 |
| 女装/女士精品   | 牛仔裤      |   89.90 |
| 女装/女士精品   | 百褶裙      |   29.90 |
| 女装/女士精品   | 呢绒外套    |  399.90 |
| 户外运动        | 自行车      |  399.90 |
| 户外运动        | 山地自行车  | 1399.90 |
| 户外运动        | 登山杖      |   59.90 |
| 户外运动        | 骑行装备    |  399.90 |
| 户外运动        | 运动外套    |  799.90 |
| 户外运动        | 滑板        |  499.90 |
+-----------------+-------------+---------+
12 rows in set (0.00 sec)
```

在 view_category_goods 视图中，caregory 字段中的数据是从 t_goods_category 数据表中获取的，name 字段和 price 字段中的数据是从 t_goods 数据表中获取的。

也可以使用 JOIN 语句进行多表之间的关联。例如创建一个名称为 view_category_join_goods 的视图，结构与 view_category_goods 视图相同。

```
mysql> CREATE VIEW view_category_join_goods
    -> (category, name, price)
    -> AS
    -> SELECT category.t_category, goods.t_name, goods.t_price
    -> FROM  t_goods_category category
    -> INNER JOIN t_goods goods
    -> ON category.id = goods.t_category_id;
Query OK, 0 rows affected (0.01 sec)
```

查看 view_category_join_goods 视图中的数据。

```
mysql> SELECT * FROM view_category_join_goods;
+-----------------+-------------+---------+
| category        | name        | price   |
```

```
+-----------------+------------+---------+
| 女装/女士精品    | T 恤        |   39.90 |
| 女装/女士精品    | 连衣裙      |   79.90 |
| 女装/女士精品    | 卫衣        |   79.90 |
| 女装/女士精品    | 牛仔裤      |   89.90 |
| 女装/女士精品    | 百褶裙      |   29.90 |
| 女装/女士精品    | 呢绒外套    |  399.90 |
| 户外运动         | 自行车      |  399.90 |
| 户外运动         | 山地自行车  | 1399.90 |
| 户外运动         | 登山杖      |   59.90 |
| 户外运动         | 骑行装备    |  399.90 |
| 户外运动         | 运动外套    |  799.90 |
| 户外运动         | 滑板        |  499.90 |
+-----------------+------------+---------+
12 rows in set (0.00 sec)
```

view_category_join_goods 视图的结构和数据与 view_category_goods 视图的结构和数据相同。

15.3 查看视图

MySQL 中查看视图可以使用 SHOW TABLES 语句、DESCRIBE/DESC 语句、SHOW TABLE STATUS 语句和 SHOW CREATE VIEW 语句。本节就简单介绍一下如何在 MySQL 中查看视图。

15.3.1 使用 SHOW TABLES 语句查看视图

从 MySQL 5.1 版本开始，SHOW TABLES 语句不仅能够显示当前数据库中数据表的名称，还能够显示出当前数据库中的视图名称。

例如，使用 SHOW TABLES 语句查看当前数据库下的数据表和视图。

```
mysql> SHOW TABLES;
+--------------------------+
| Tables_in_goods          |
+--------------------------+
| t_goods                  |
| t_goods_category         |
| vew_all_price            |
| view_category_goods      |
| view_category_join_goods |
| view_goods_consition     |
| view_name_price          |
| view_name_price_tag      |
+--------------------------+
8 rows in set (0.00 sec)
```

可以看到，SHOW TABLE 语句同时显示出了当前数据库中数据表的名称和视图的名称。

注意：MySQL 中不支持使用 SHOW VIEWS 语句查看视图，示例如下：

```
mysql> SHOW VIEWS;
ERROR 1064 (42000): You have an error in your SQL syntax; check the manual that corresponds to your
MySQL server version for the right syntax to use near 'VIEWS' at line 1
```

结果显示，当使用 SHOW VIEWS 语句查看视图时，MySQL 报错。

15.3.2　使用 DESCRIBE/DESC 语句查看视图

使用 DESCRIBE/DESC 语句查看视图的语法格式如下：

```
DESCRIBE view_name
```

或者：

```
DESC view_name
```

其中，view_name 为视图的名称。

例如，使用 DESCRIBE 语句查看 view_category_goods 视图的信息。

```
mysql> DESCRIBE view_category_goods;
+----------+---------------+------+-----+---------+-------+
| Field    | Type          | Null | Key | Default | Extra |
+----------+---------------+------+-----+---------+-------+
| category | varchar(30)   | NO   |     |         |       |
| name     | varchar(50)   | YES  |     |         |       |
| price    | decimal(10,2) | YES  |     | 0.00    |       |
+----------+---------------+------+-----+---------+-------+
3 rows in set (0.00 sec)
```

使用 DESCRIBE 语句能够查看视图中的字段，以及字段所使用的数据类型，字段中的数据是否允许为 NULL，字段是否是主键或者外键，字段中是否有默认值，是否有附加信息等。

DESC 语句的作用与 DESCRIBE 语句的作用完全相同，使用 DESC 语句查看 view_category_goods 视图的信息。

```
mysql> DESC view_category_goods;
+----------+---------------+------+-----+---------+-------+
| Field    | Type          | Null | Key | Default | Extra |
+----------+---------------+------+-----+---------+-------+
| category | varchar(30)   | NO   |     |         |       |
| name     | varchar(50)   | YES  |     |         |       |
| price    | decimal(10,2) | YES  |     | 0.00    |       |
+----------+---------------+------+-----+---------+-------+
3 rows in set (0.00 sec)
```

可以看到，与 DESCRIBE 语句查看的结果信息完全相同。

15.3.3　使用 SHOW TABLE STATUS 语句查看视图

使用 SHOW TABLE STATUS 语句查看视图，语法格式如下：

```
SHOW TABLE STATUS LIKE 'view_name'
```

其中，view_name 表示视图的名称。

查看 view_category_goods 视图的信息。

```
mysql> SHOW TABLE STATUS LIKE 'view_category_goods' \G
*************************** 1. row ***************************
           Name: view_category_goods
         Engine: NULL
        Version: NULL
     Row_format: NULL
           Rows: NULL
 Avg_row_length: NULL
    Data_length: NULL
Max_data_length: NULL
   Index_length: NULL
      Data_free: NULL
 Auto_increment: NULL
    Create_time: 2019-12-26 13:38:08
    Update_time: NULL
     Check_time: NULL
      Collation: NULL
       Checksum: NULL
 Create_options: NULL
        Comment: VIEW
1 row in set (0.00 sec)
```

Comment 属性的值为 VIEW，说明 view_category_goods 为视图，其他信息为 NULL，说明视图是一张虚拟表。为了更好地对比数据表的信息，接下来，使用 SHOW TABLE STATUS 语句查看 t_goods_category 数据表的信息。

```
mysql> SHOW TABLE STATUS LIKE 't_goods_category' \G
*************************** 1. row ***************************
           Name: t_goods_category
         Engine: InnoDB
        Version: 10
     Row_format: Dynamic
           Rows: 4
 Avg_row_length: 4096
    Data_length: 16384
Max_data_length: 0
   Index_length: 0
      Data_free: 0
 Auto_increment: 4
    Create_time: 2019-12-20 21:36:46
    Update_time: NULL
     Check_time: NULL
      Collation: utf8mb4_0900_ai_ci
       Checksum: NULL
 Create_options:
        Comment:
1 row in set (0.00 sec)
```

使用 SHOW TABLE STATUS 语句查看数据的信息时，会显示数据表的存储引擎、版本、数据行数和数据大小等信息。

15.3.4 使用 SHOW CREATE VIEW 语句查看视图

使用 SHOW CREATE VIEW 语句查看视图，语法格式如下：

```
SHOW CREATE VIEW 'view_name'
```

其中，view_name 为视图的名称。

例如，查看 view_category_goods 视图的信息。

```
mysql> SHOW CREATE VIEW view_category_goods \G
*************************** 1. row ***************************
                View: view_category_goods
         Create View: CREATE ALGORITHM=UNDEFINED DEFINER=`root`@`localhost` SQL SECURITY DEFINER VIEW
`view_category_goods` (`category`,`name`,`price`) AS select `category`.`t_category` AS `t_category`,
`goods`.`t_name` AS `t_name`,`goods`.`t_price` AS `t_price` from (`t_goods_category` `category` join
`t_goods` `goods`) where (`category`.`id` = `goods`.`t_category_id`)
character_set_client: utf8mb4
collation_connection: utf8mb4_general_ci
1 row in set (0.00 sec)
```

可以看到，视图的名称和 MySQL 底层执行创建视图的完整 SQL 语句的信息。

15.3.5 查看 views 数据表中的视图信息

MySQL 中会将视图的信息存储到 information_schema 数据库下的 views 数据表中，可以查看 views 数据表来查看视图的信息。

```
mysql> SELECT * FROM information_schema.views \G
###############此处省略 n 行数据########################
       TABLE_CATALOG: def
        TABLE_SCHEMA: goods
          TABLE_NAME: view_category_goods
     VIEW_DEFINITION: select `category`.`t_category` AS `t_category`,`goods`.`t_name` AS `t_name`,
`goods`.`t_price` AS `t_price` from `goods`.`t_goods_category` `category` join `goods`.`t_goods`
`goods` where (`category`.`id` = `goods`.`t_category_id`)
        CHECK_OPTION: NONE
        IS_UPDATABLE: YES
             DEFINER: root@localhost
       SECURITY_TYPE: DEFINER
CHARACTER_SET_CLIENT: utf8mb4
COLLATION_CONNECTION: utf8mb4_general_ci
*************************** 106. row ***************************
       TABLE_CATALOG: def
        TABLE_SCHEMA: goods
          TABLE_NAME: view_category_join_goods
     VIEW_DEFINITION: select `category`.`t_category` AS `t_category`,`goods`.`t_name` AS `t_name`,
`goods`.`t_price` AS `t_price` from (`goods`.`t_goods_category` `category` join `goods`.`t_goods`
`goods` on((`category`.`id` = `goods`.`t_category_id`)))
        CHECK_OPTION: NONE
        IS_UPDATABLE: YES
             DEFINER: root@localhost
```

```
        SECURITY_TYPE: DEFINER
CHARACTER_SET_CLIENT: utf8mb4
COLLATION_CONNECTION: utf8mb4_general_ci
106 rows in set (0.00 sec)
```

结果会显示在数据库中创建的所有视图的信息。

15.4　修改视图的结构

MySQL 中支持使用 CREATE OR REPLACE VIEW 语句和 ALTER 语句来修改视图的结构信息，本节将简单介绍如何修改视图的结构信息。

15.4.1　使用 CREATE OR REPLACE VIEW 语句修改视图结构

使用 CREATE OR REPLACE VIEW 语句修改视图结构，语法格式如下：

```
CREATE
    [OR REPLACE]
    [ALGORITHM = {UNDEFINED | MERGE | TEMPTABLE}]
    [DEFINER = user]
    [SQL SECURITY { DEFINER | INVOKER }]
    VIEW view_name [(column_list)]
    AS select_statement
    [WITH [CASCADED | LOCAL] CHECK OPTION]
```

语法格式与创建视图的语法格式相同，不再赘述。

CREATE OR REPLACE VIEW 语句的含义为如果视图不存在，则创建视图；如果视图存在则更新视图。

例如，创建名称为 view_create_replace 的视图，视图中包含的字段为 t_goods_category 数据表中的 id 字段和 t_category 字段。

```
mysql> CREATE VIEW view_create_replace
    -> (id, category)
    -> AS
    -> SELECT id, t_category FROM t_goods_category;
Query OK, 0 rows affected (0.01 sec)
```

SQL 语句执行成功。使用 DESC 语句查看 view_create_replace 视图的信息。

```
mysql> DESC view_create_replace;
+----------+-------------+------+-----+---------+-------+
| Field    | Type        | Null | Key | Default | Extra |
+----------+-------------+------+-----+---------+-------+
| id       | int(11)     | NO   |     | 0       |       |
| category | varchar(30) | NO   |     |         |       |
+----------+-------------+------+-----+---------+-------+
2 rows in set (0.00 sec)
```

结果显示出了 view_create_replace 视图的字段信息。

创建名称为 view_name_price 的视图，由于之前创建过 view_name_price 视图，因此，使用 CREATE OR REPLACE VIEW 语句会修改 view_name_price 视图的结构。首先，查看 view_name_price 视图的信息。

```
mysql> DESC view_name_price;
+---------+---------------+------+-----+---------+-------+
| Field   | Type          | Null | Key | Default | Extra |
+---------+---------------+------+-----+---------+-------+
| t_name  | varchar(50)   | YES  |     |         |       |
| t_price | decimal(10,2) | YES  |     | 0.00    |       |
+---------+---------------+------+-----+---------+-------+
2 rows in set (0.00 sec)
```

此时，view_name_price 视图中只包含 t_name 和 t_price 两个字段。

使用 CREATE OR REPLACE VIEW 语句修改 view_name_price 视图的结构。

```
mysql> CREATE OR REPLACE VIEW view_name_price
    -> (category, name,  price)
    -> AS
    -> SELECT category.t_category, goods.t_name, goods.t_price
    -> FROM t_goods_category category
    -> INNER JOIN
    -> t_goods goods
    -> ON category.id = goods.t_category_id;
Query OK, 0 rows affected (0.00 sec)
```

SQL 语句执行成功。再次查看 view_name_price 视图的结构。

```
mysql> DESC view_name_price;
+----------+---------------+------+-----+---------+-------+
| Field    | Type          | Null | Key | Default | Extra |
+----------+---------------+------+-----+---------+-------+
| category | varchar(30)   | NO   |     |         |       |
| name     | varchar(50)   | YES  |     |         |       |
| price    | decimal(10,2) | YES  |     | 0.00    |       |
+----------+---------------+------+-----+---------+-------+
3 rows in set (0.00 sec)
```

此时，view_name_price 视图中包含 category、name 和 price 三个字段，说明成功修改了 view_name_price 视图的结构。

15.4.2 使用 ALTER 语句修改视图结构

使用 ALTER 语句修改视图结构，语法格式如下：

```
ALTER
    [ALGORITHM = {UNDEFINED | MERGE | TEMPTABLE}]
    [DEFINER = user]
    [SQL SECURITY { DEFINER | INVOKER }]
    VIEW view_name [(column_list)]
    AS select_statement
    [WITH [CASCADED | LOCAL] CHECK OPTION]
```

从语法格式上看，除了 ALTER 语句外，其他信息与创建视图时的语法格式相同，不再赘述。

例如，使用 ALTER 语句修改 view_goods_consition 视图的结构。首先，查看 view_goods_consition 视图的结构。

```
mysql> DESC view_goods_consition;
+----------+---------------+------+-----+---------+-------+
| Field    | Type          | Null | Key | Default | Extra |
+----------+---------------+------+-----+---------+-------+
| name     | varchar(50)   | YES  |     |         |       |
| price    | decimal(10,2) | YES  |     | 0.00    |       |
+----------+---------------+------+-----+---------+-------+
2 rows in set (0.00 sec)
```

此时，view_goods_consition 视图中存在 name 和 price 两个字段。使用 ALTER 语句修改 view_goods_consition 视图的结构。

```
mysql> ALTER VIEW view_goods_consition AS
    -> SELECT * FROM t_goods
    -> WHERE id BETWEEN 1 AND 3;
Query OK, 0 rows affected (0.01 sec)
```

SQL 语句执行成功，查看 view_goods_consition 视图的结构。

```
mysql> DESC view_goods_consition;
+---------------+---------------+------+-----+---------+-------+
| Field         | Type          | Null | Key | Default | Extra |
+---------------+---------------+------+-----+---------+-------+
| id            | int(11)       | NO   |     | 0       |       |
| t_category_id | int(11)       | YES  |     | 0       |       |
| t_category    | varchar(30)   | YES  |     |         |       |
| t_name        | varchar(50)   | YES  |     |         |       |
| t_price       | decimal(10,2) | YES  |     | 0.00    |       |
| t_stock       | int(11)       | YES  |     | 0       |       |
| t_upper_time  | datetime      | YES  |     | NULL    |       |
+---------------+---------------+------+-----+---------+-------+
7 rows in set (0.01 sec)
```

view_goods_consition 视图的结构已经发生变化，说明使用 ALTER 语句成功修改了视图的结构信息。

15.5　更新视图的数据

MySQL 支持使用 INSERT、UPDATE 和 DELETE 语句对视图中的数据进行插入、更新和删除操作。当视图中的数据发生变化时，数据表中的数据也会发生变化，反之亦然。

15.5.1　直接更新视图数据

创建名为 view_category 的视图。

```
mysql> CREATE VIEW view_category
    -> AS
    -> SELECT * FROM t_goods_category;
Query OK, 0 rows affected (0.00 sec)
```

查看 view_category 视图中的数据。

```
mysql> SELECT * FROM view_category;
+----+---------------------+
| id | t_category          |
+----+---------------------+
|  1 | 女装/女士精品       |
|  2 | 户外运动            |
|  3 | 男装                |
|  4 | 童装                |
+----+---------------------+
4 rows in set (0.00 sec)
```

查看 t_goods_category 数据表中的数据。

```
mysql> SELECT * FROM t_goods_category;
+----+---------------------+
| id | t_category          |
+----+---------------------+
|  1 | 女装/女士精品       |
|  2 | 户外运动            |
|  3 | 男装                |
|  4 | 童装                |
+----+---------------------+
4 rows in set (0.00 sec)
```

通过 INSERT、UPDATE 和 DELETE 语句对 view_category 视图中的数据进行了插入、更新和删除操作。

1. 向视图中插入数据

向 view_category 视图中插入数据。

```
mysql> INSERT INTO view_category(id, t_category) VALUES (5, '水果');
Query OK, 1 row affected (0.01 sec)
```

SQL 语句执行成功，查看 view_category 视图中的数据。

```
mysql> SELECT * FROM view_category;
+----+---------------------+
| id | t_category          |
+----+---------------------+
|  1 | 女装/女士精品       |
|  2 | 户外运动            |
|  3 | 男装                |
|  4 | 童装                |
|  5 | 水果                |
+----+---------------------+
5 rows in set (0.00 sec)
```

此时，view_category 视图中新增了一条 id 为 5 的数据。

查看t_goods_category数据表中的数据。

```
mysql> SELECT * FROM t_goods_category;
+----+---------------------+
| id | t_category          |
+----+---------------------+
|  1 | 女装/女士精品       |
|  2 | 户外运动            |
|  3 | 男装                |
|  4 | 童装                |
|  5 | 水果                |
+----+---------------------+
5 rows in set (0.00 sec)
```

此时，t_goods_catcgory数据表中同步添加了一条id为5的数据。

2. 更新视图中的数据

例如，将view_category视图中id为5的数据的t_category字段值更新为“图书”。

```
mysql> UPDATE view_category SET t_category = '图书' WHERE id = 5;
Query OK, 1 row affected (0.00 sec)
Rows matched: 1  Changed: 1  Warnings: 0
```

查看view_category视图中的数据。

```
mysql> SELECT * FROM view_category;
+----+---------------------+
| id | t_category          |
+----+---------------------+
|  1 | 女装/女士精品       |
|  2 | 户外运动            |
|  3 | 男装                |
|  4 | 童装                |
|  5 | 图书                |
+----+---------------------+
5 rows in set (0.00 sec)
```

view_category视图中id为5的数据被更新为“图书”类别。
查看t_goods_category数据表中的数据。

```
mysql> SELECT * FROM t_goods_category;
+----+---------------------+
| id | t_category          |
+----+---------------------+
|  1 | 女装/女士精品       |
|  2 | 户外运动            |
|  3 | 男装                |
|  4 | 童装                |
|  5 | 图书                |
+----+---------------------+
5 rows in set (0.00 sec)
```

此时，t_goods_category数据表中id为5的数据已经同步修改为“图书”。

3．删除视图中的数据

例如，删除 view_category 视图中 id 为 5 的数据。

```
mysql> DELETE FROM view_category WHERE id = 5;
Query OK, 1 row affected (0.00 sec)
```

SQL 语句执行成功。查看 view_category 视图中的数据。

```
mysql> SELECT * FROM view_category;
+----+---------------------+
| id | t_category          |
+----+---------------------+
|  1 | 女装/女士精品       |
|  2 | 户外运动            |
|  3 | 男装                |
|  4 | 童装                |
+----+---------------------+
4 rows in set (0.00 sec)
```

此时，view_category 视图中 id 为 5 的数据已经被删除。

查看 t_goods_category 数据表中的数据。

```
mysql> SELECT * FROM t_goods_category;
+----+---------------------+
| id | t_category          |
+----+---------------------+
|  1 | 女装/女士精品       |
|  2 | 户外运动            |
|  3 | 男装                |
|  4 | 童装                |
+----+---------------------+
4 rows in set (0.00 sec)
```

可以看到，t_goods_category 数据表中 id 为 5 的数据已经被同步删除。

15.5.2　间接更新视图数据

间接更新视图数据就是通过更新数据表的数据达到更新视图数据的目的。

1．向数据表中插入数据

例如，向 t_goods_category 数据表中插入一条 id 为 5、t_category 为“电子设备”的记录。

```
mysql> INSERT INTO t_goods_category(id, t_category) VALUES (5, '电子设备');
Query OK, 1 row affected (0.00 sec)
```

SQL 语句执行成功。查看 t_goods_category 数据表中的数据。

```
mysql> SELECT * FROM t_goods_category;
+----+---------------------+
| id | t_category          |
+----+---------------------+
|  1 | 女装/女士精品       |
```

```
|   2 | 户外运动            |
|   3 | 男装                |
|   4 | 童装                |
|   5 | 电子设备            |
+----+---------------------+
5 rows in set (0.00 sec)
```

此时，t_goods_category 数据表中成功插入了一条 id 为 5 的数据记录。

查看 view_category 视图中的数据。

```
mysql> SELECT * FROM view_category;
+----+---------------------+
| id | t_category          |
+----+---------------------+
|  1 | 女装/女士精品       |
|  2 | 户外运动            |
|  3 | 男装                |
|  4 | 童装                |
|  5 | 电子设备            |
+----+---------------------+
5 rows in set (0.00 sec)
```

可以看到，view_category 视图中同步添加了 id 为 5 的数据记录。

2. 更新数据表中的数据

例如，将 t_goods_category 数据表中 id 为 5 的数据更新为“车辆配件”。

```
mysql> UPDATE t_goods_category SET t_category = '车辆配件' WHERE id = 5;
Query OK, 1 row affected (0.00 sec)
Rows matched: 1  Changed: 1  Warnings: 0
```

SQL 语句执行成功。查看 t_goods_category 数据表中的数据。

```
mysql> SELECT * FROM t_goods_category;
+----+---------------------+
| id | t_category          |
+----+---------------------+
|  1 | 女装/女士精品       |
|  2 | 户外运动            |
|  3 | 男装                |
|  4 | 童装                |
|  5 | 车辆配件            |
+----+---------------------+
5 rows in set (0.00 sec)
```

此时，t_goods_category 数据表中 id 为 5 的数据被修改为“车辆配件”。

查看 view_category 视图中的数据。

```
mysql> SELECT * FROM view_category;
+----+---------------------+
| id | t_category          |
+----+---------------------+
|  1 | 女装/女士精品       |
|  2 | 户外运动            |
|  3 | 男装                |
```

```
|  4 | 童装                |
|  5 | 车辆配件            |
+----+---------------------+
5 rows in set (0.00 sec)
```

可以看到，view_category 视图中 id 为 5 的数据被同步修改为“车辆配件”。

3. 删除数据表中的数据

删除 t_goods_category 数据表中 id 为 5 的数据。

```
mysql> DELETE FROM t_goods_category WHERE id = 5;
Query OK, 1 row affected (0.00 sec)
```

SQL 语句执行成功。查看 t_goods_category 数据表中的数据。

```
mysql> SELECT * FROM t_goods_category;
+----+---------------------+
| id | t_category          |
+----+---------------------+
|  1 | 女装/女士精品       |
|  2 | 户外运动            |
|  3 | 男装                |
|  4 | 童装                |
+----+---------------------+
4 rows in set (0.00 sec)
```

此时，t_goods_category 数据表中 id 为 5 的数据已经被删除。

查看 view_category 视图中的数据。

```
mysql> SELECT * FROM view_category;
+----+---------------------+
| id | t_category          |
+----+---------------------+
|  1 | 女装/女士精品       |
|  2 | 户外运动            |
|  3 | 男装                |
|  4 | 童装                |
+----+---------------------+
4 rows in set (0.00 sec)
```

可以看到，view_category 视图中 id 为 5 的数据已经被同步删除。

15.6　删除视图

当数据库不再需要视图时，就可以将视图删除。删除视图的语法格式如下：

```
DROP VIEW [IF EXISTS]
    view_name [, view_name] ...
    [RESTRICT | CASCADE]
```

例如，删除名称为 view_category 的视图。

```
mysql> DROP VIEW view_category;
```

```
Query OK, 0 rows affected (0.00 sec)
```

查看 view_category 视图的结构。

```
mysql> DESC view_category;
ERROR 1146 (42S02): Table 'goods.view_category' doesn't exist
```

MySQL 报错，提示 view_category 不存在。说明已经成功将 view_category 视图删除。

15.7　本章总结

本章主要介绍了 MySQL 中的视图，包括视图概述、创建视图、查看视图、修改视图的结构、更新视图的数据和删除视图。下一章，将会对 MySQL 中的存储过程和函数进行简单介绍。

第 16 章　存储过程和函数

MySQL 从 5.0 版本开始支持存储过程和函数。存储过程和函数能够将复杂的 SQL 逻辑封装在一起，应用程序无须关注存储过程和函数内部复杂的 SQL 逻辑，而只需要简单地调用存储过程和函数即可。

本章将对 MySQL 数据库中的存储过程和函数进行简单的介绍。本章所涉及的知识点如下：

- 存储过程和函数简介；
- 创建存储过程和函数；
- 查看存储过程和函数；
- 修改存储过程和函数；
- 调用存储过程和函数；
- 删除存储过程和函数；
- MySQL 中使用变量与案例；
- 定义条件和处理程序与案例；
- MySQL 中游标的使用与案例；
- MySQL 中控制流程的使用。

16.1　存储过程和函数简介

存储过程和函数不仅能够简化开发人员开发应用程序的工作量，而且对于存储过程和函数中 SQL 语句的变动，无须修改上层应用程序的代码，这也大大简化了后期对于应用程序维护的复杂度。

16.1.1　什么是存储过程和函数

在 MySQL 数据库中，存储程序可以分为存储过程和存储函数。存储过程和存储函数都是一系列 SQL 语句的集合，这些 SQL 语句被封装到一起组成一个存储过程或者存储函数保存到数据库中。应用程序调用存储过程只需要通过 CALL 关键字并指定存储过程的名称和参数即可；同样，应用程序调用存储函数只需要通过 SELECT 关键字并指定存储函数的名称和参数即可。

存储过程和存储函数是有一定区别的，存储函数必须有返回值，而存储过程没有。另外，存储过程的参数类型可以是 IN、OUT 和 INOUT，而存储函数的参数类型只能是 IN。

16.1.2　存储过程和函数的使用场景

在实际的企业项目开发过程中，往往不会只编写针对一个或多个表的单条 SQL 语句，而经常会编写一些复杂的业务逻辑，这些业务逻辑往往需要多条 SQL 语句的配合才能完成。

在实际工作中，可以单独编写每条 SQL 语句，根据 SQL 语句执行的先后顺序和结果条件，依次执行其他 SQL 语句。不过，在每个需要处理这些逻辑的地方，都需要编写这些复杂的业务逻辑来保证业务流程的正确性。

例如，在笔者主导开发的电商系统中，一个典型的场景就是用户提交订单的流程。在用户提交订单时，系统中会包含如下几种行为：

- 当用户直接下单时，必须校验商品的库存信息；
- 当用户从购物车下单时，必须校验商品的有效状态（是否被下架）和库存信息；
- 如果商品有效并存在库存，则锁定相关商品，并减少对应商品的库存信息，以保证正确的库存量；
- 如果商品无效（商品已下架），则需要通知用户该商品已经被下架，无法生成订单；
- 如果商品库存不足，需要通知库存进货，并需要与供应商进行交互；
- 还需要通知用户哪些商品可以直接发货，哪些商品需要取消订单。

注意：这里只列举出了笔者主导开发的电商系统下单逻辑的部分流程。

如果将用户下单时系统包含的这些行为单独编写每条 SQL 语句，之后根据 SQL 语句执行的先后顺序和结果条件，依次执行其他 SQL 语句，不仅增加了开发应用程序的业务逻辑复杂性，而且在每个需要处理订单逻辑的地方都需要编写这些 SQL 语句，SQL 语句的变动也会导致应用程序中业务逻辑的变动，这无疑增加了系统后期维护与升级的复杂度。

此时，可以编写存储过程和函数，按照特定的执行顺序和结果条件，将相应的 SQL 语句封装成特定的业务逻辑，应用程序只需要调用编写的存储过程和函数进行相应的处理，而无须关注 SQL 语句实现的细节。同时，在后期应用程序的维护过程中修改了存储过程和函数内部的 SQL 语句，无须修改上层应用程序的业务逻辑。

16.1.3　存储过程和函数的优点

在实际项目开发过程中，使用存储过程和函数能够为项目开发和维护带来诸多好处，现就存储过程和函数的典型优点总结如下：

1. 具有良好的封装性

存储过程和函数将一系列的 SQL 语句进行封装，经过编译后保存到 MySQL 数据库中，可以供应用程序反复调用，而无须关注 SQL 逻辑的实现细节。

2. 应用程序与SQL逻辑分离

存储过程和函数中的 SQL 语句发生变动时，在一定程度上无须修改上层应用程序的业务逻辑，大大简化了应用程序开发和维护的复杂度。

3. 让SQL具备处理能力

存储过程和函数支持流程控制处理，能够增强 SQL 语句的灵活性，而且使用流程控制能够完成复杂的逻辑判断和相关的运算处理。

4. 减少网络交互

单独编写 SQL 语句在应用程序中处理业务逻辑时，需要通过 SQL 语句反复从数据库中查询数据并进行逻辑处理。每次查询数据时，都会在应用程序和数据库之间产生数据交互，增加了不必要的网络流量。使用存储过程和函数时，将 SQL 逻辑封装在一起并保存到数据库中，应用程序调用存储过程和函数，在应用程序和函数之间只需要产生一次数据交互即可，大大减少了不必要的网络带宽流量。

5. 能够提高系统性能

由于存储过程和函数是经过编译后保存到 MySQL 数据库中的，首次执行存储过程和函数后，存储过程和函数会被保存到相关的内存区域中。反复调用存储过程和函数时，只需要从对应的内存区域中执行存储过程和函数即可，大大提高了系统处理业务的效率和性能。

6. 降低数据出错的概率

在实际的系统开发过程中，业务逻辑处理的步骤越多，出错的概率往往越大。存储过程和函数统一封装 SQL 逻辑，对外提供统一的调用入口，能够大大降低数据出错的概率。

7. 保证数据的一致性和完整性

通过降低数据出错的概率，能够保证数据的一致性和完整性。

8. 保证数据的安全性

在实际的系统开发过程中，需要对数据库划分严格的权限。部分人员不能直接访问数据表，但是可以为其赋予存储过程和函数的访问权限，使其通过存储过程和函数来操作数据表中的数据，从而提升数据库中数据的安全性。

接下来介绍存储过程和函数中各项技术的使用方式。

注意：在本章中，存储过程和函数的处理逻辑依托于第 8 章中建立的商品信息表 t_goods。关于商品信息表 t_goods 的详细信息，这里不再赘述。

16.2　创建存储过程和函数

介绍完存储过程和函数的基础知识后，接下来介绍如何在 MySQL 数据库中创建存储过程和函数。

16.2.1　创建存储过程

1．创建存储过程的语法说明

创建存储过程需要使用 CREATE PROCEDURE 语句，语法格式如下：

```
CREATE PROCEDURE sp_name ([proc_parameter[,...]])
    [characteristic ...] routine_body
```

语法格式说明：

- CREATE PROCEDURE：创建存储过程必须使用的关键字；
- sp_name：创建存储过程时指定的存储过程名称；
- proc_parameter：创建存储过程时指定的参数列表，参数列表可以省略；
- characteristic：创建存储过程时指定的对存储过程的约束；
- routine_body：存储过程的 SQL 执行体，使用 BEGIN…END 来封装存储过程需要执行的 SQL 语句。

2．参数详细说明

在创建存储过程的语法中，有两个参数需要特别说明，一个参数是 proc_parameter，另一个参数是 characteristic。

（1）proc_parameter：表示在创建存储过程时指定的参数列表。其列表形式如下：

```
[ IN | OUT | INOUT ] param_name type
```

各项说明如下：

- IN：当前参数为输入参数，也就是表示入参；
- OUT：当前参数为输出参数，也就是表示出参；
- INOUT：当前参数即可以为输入参数，也可以为输出参数，也就是即可以表示入参，也可以表示出参；

- param_name：当前存储过程中参数的名称；
- type：当前存储过程中参数的类型，此类型可以是 MySQL 数据库中支持的任意数据类型。

（2）characteristic：表示创建存储过程时指定的对存储过程的约束条件，其取值信息如下：

```
  LANGUAGE SQL
| [NOT] DETERMINISTIC
| { CONTAINS SQL | NO SQL | READS SQL DATA | MODIFIES SQL DATA }
| SQL SECURITY { DEFINER | INVOKER }
| COMMENT 'string'
```

各项说明如下：

- LANGUAGE SQL：存储过程的 SQL 执行体部分（存储过程语法格式中的 routine_body 部分）是由 SQL 语句组成的。
- [NOT] DETERMINISTIC：执行当前存储过程后，得出的结果数据是否确定。其中，DETERMINISTIC 表示执行当前存储过程后得出的结果数据是确定的，即对于当前存储过程来说，每次输入相同的数据时，都会得到相同的输出结果。NOT DETERMINISTIC 表示执行当前存储过程后，得出的结果数据是不确定的，即对于当前存储过程来说，每次输入相同的数据时，得出的输出结果可能不同。如果没有设置执行值，则 MySQL 默认为 NOT DETERMINISTIC。
- { CONTAINS SQL | NO SQL | READS SQL DATA | MODIFIES SQL DATA }：存储过程中的子程序使用 SQL 语句的约束限制。其中，CONTAINS SQL 表示当前存储过程的子程序包含 SQL 语句，但是并不包含读写数据的 SQL 语句；NO SQL 表示当前存储过程的子程序中不包含任何 SQL 语句；READS SQL DATA 表示当前存储过程的子程序中包含读数据的 SQL 语句；MODIFIES SQL DATA 表示当前存储过程的子程序中包含写数据的 SQL 语句。如果没有设置相关的值，则 MySQL 默认指定值为 CONTAINS SQL。
- SQL SECURITY { DEFINER | INVOKER }：执行当前存储过程的权限，即指明哪些用户能够执行当前存储过程。DEFINER 表示只有当前存储过程的创建者或者定义者才能执行当前存储过程；INVOKER 表示拥有当前存储过程的访问权限的用户能够执行当前存储过程。如果没有设置相关的值，则 MySQL 默认指定值为 DEFINER。
- COMMENT 'string'：表示当前存储过程的注释信息，解释说明当前存储过程的含义。

注意：在 MySQL 的存储过程中允许包含 DDL 的 SQL 语句，允许执行 Commit（提交）操作，也允许执行 Rollback（回滚）操作，但是不允许执行 LOAD DATA INFILE 语句。在当前存储过程中，可以调用其他存储过程或者函数。

3. 创建存储过程的简单示例

下面的 SQL 代码创建了一个名为 SelectAllData 的存储过程，这个存储过程比较简单，就是返回 t_goods 表中的所有数据，在 MySQL 命令行创建名为 SelectAllData 的存储过程。

```
mysql> DELIMITER $$
mysql> CREATE PROCEDURE SelectAllData()
    -> BEGIN
    -> SELECT * FROM t_goods
    -> END $$
Query OK, 0 rows affected (0.00 sec)
mysql> DELIMITER ;
```

此时，名为 SelectAllData 的存储过程创建成功。

当用 MySQL 的命令行创建存储过程时，首先需要使用“DELIMITER $$”语句将 MySQL 数据库的语句结束符设置为“$$”。因为 MySQL 数据库默认的语句结束符为分号（;），如果不设置 MySQL 数据库的语句结束符，则存储过程中的 SQL 语句的结束符会与 MySQL 数据库默认的语句结束符相冲突。在创建存储过程的结尾使用“END $$”来结束存储过程。当整个存储过程创建完毕后，再使用“DELIMITER ;”语句将 MySQL 数据库的语句结束符恢复成默认的分号（;）。

用 MySQL 命令行创建存储过程时，也可以使用 DELIMITER 语句指定其他符号为语句结束符，而不一定是“$$”符号。

16.2.2 创建存储函数

1. 创建存储函数的语法说明

在 MySQL 数据库中创建存储函数时需要使用 CREATE FUNCTION 语句。创建存储函数的语法格式如下：

```
CREATE FUNCTION func_name ([func_parameter[,...]])
    RETURNS type
    [characteristic ...] routine_body
```

语法格式说明：

- CREATE FUNCTION：创建函数必须使用的关键字；
- func_name：创建函数时指定的函数名称；
- func_parameter：创建函数时指定的参数列表，参数列表可以省略；
- RETURNS type：创建函数时指定的返回数据类型；
- characteristic：创建函数时指定的对函数的约束；
- routine_body：函数的 SQL 执行体。

2. 参数详细说明

（1）对于参数列表而言，存储过程的参数类型可以是 IN、OUT 和 INOUT 类型，而存储函数的参数类型只能是 IN 类型。

（2）创建函数时对 characteristic 参数的说明与创建存储过程时对 characteristic 参数的说明相同，笔者不再赘述。

3. 创建函数的简单示例

下面的 SQL 代码创建了一个名为 SelectNameById 的函数。这个函数比较简单，就是返回 t_goods 数据表中 id 为 1000001 的名称信息。在 MySQL 命令行中创建名为 SelectNameById 的函数。

```
mysql> DELIMITER $$
mysql> CREATE FUNCTION SelectNameById()
    -> RETURNS varchar(30)
    -> RETURN (SELECT t_name FROM t_goods WHERE id = 1000001);
    -> $$
Query OK, 0 rows affected (0.00 sec)

mysql> DELIMITER ;
```

此时，名为 SelectNameById 的函数创建成功。

16.3　查看存储过程和函数

当在 MySQL 数据库中创建了存储过程和函数时，这些存储过程和函数就会被存储在 MySQL 数据库中，应用程序可以重复调用这些存储过程和函数。同时，MySQL 数据库提供了 3 种方式来查看存储过程和函数，分别为使用 SHOW CREATE 语句查看存储过程和函数的创建信息；使用 SHOW STATUS 语句查看存储过程和函数的状态信息；从 information_schema 数据库中查看存储过程和函数的信息。

16.3.1　查看存储过程和函数的创建或定义信息

1. 语法说明

使用 SHOW CREATE 语句查看存储过程和函数的创建信息，语法格式如下：

```
SHOW CREATE {PROCEDURE | FUNCTION} sp_name
```

语法格式说明：

- SHOW CREATE：查看存储过程和函数信息的关键字。
- {PROCEDURE | FUNCTION}：指定当前语句查看的是存储过程还是函数。PROCEDURE 表示当前语句查看的是存储过程；FUNCTION 表示当前语句查看的是函数。
- sp_name：存储过程或者函数的名称。

2. 简单示例

（1）查看名为 SelectAllData 的存储过程的信息，在 MySQL 命令行中执行命令。

```
mysql> SHOW CREATE PROCEDURE SelectAllData \G
*************************** 1. row ***************************
           Procedure: SelectAllData
            sql_mode: STRICT_TRANS_TABLES,NO_ZERO_IN_DATE,NO_ZERO_DATE,ERROR_FOR_DIVISION_BY_ZERO,
NO_AUTO_CREATE_USER,NO_ENGINE_SUBSTITUTION
    Create Procedure: CREATE DEFINER=`root`@`localhost` PROCEDURE `SelectAllData`()
BEGIN
SELECT * FROM t_goods
END
character_set_client: utf8mb4
collation_connection: utf8mb4_general_ci
  Database Collation: utf8mb4_general_ci
1 row in set (0.00 sec)
```

可以看到，结果数据中展示了名为 SelectAllData 的存储过程信息，以及 MySQL 数据库的一些设置信息。

（2）查看名为 SelectNameById 的函数信息，在 MySQL 命令行中执行命令。

```
mysql> SHOW CREATE FUNCTION SelectNameById \G
*************************** 1. row ***************************
            Function: SelectNameById
            sql_mode: STRICT_TRANS_TABLES,NO_ZERO_IN_DATE,NO_ZERO_DATE,ERROR_FOR_DIVISION_BY_ZERO,
NO_AUTO_CREATE_USER,NO_ENGINE_SUBSTITUTION
     Create Function: CREATE DEFINER=`root`@`localhost` FUNCTION `SelectNameById`() RETURNS
varchar(30) CHARSET utf8mb4
RETURN (SELECT t_name FROM t_goods WHERE id = 1000001)
character_set_client: utf8mb4
collation_connection: utf8mb4_general_ci
  Database Collation: utf8mb4_general_ci
1 row in set (0.00 sec)
```

可以看到，结果数据中展示了名为 SelectNameById 的函数的信息，以及 MySQL 数据库的一些设置信息。

16.3.2 查看存储过程和函数的状态信息

1. 语法说明

使用 SHOW STATUS 语句查看存储过程和函数的状态信息，语法格式如下：

```
SHOW {PROCEDURE | FUNCTION} STATUS [LIKE 'pattern']
```

语法格式说明：

- {PROCEDURE | FUNCTION}：指定当前语句查看的是存储过程还是函数。PROCEDURE 表示当前语句查看的是存储过程；FUNCTION 表示当前语句查看的是函数。
- [LIKE 'pattern']：匹配存储过程或函数的名称，可以省略。当省略不写时，会列出 MySQL

数据库中存在的所有存储过程或函数的信息。

2．简单示例

（1）查看名为 SelectAllData 的存储过程信息，在 MySQL 命令行中执行命令。

```
mysql> SHOW PROCEDURE STATUS LIKE 'SELECT%' \G
*************************** 1. row ***************************
                  Db: db_goods
                Name: SelectAllData
                Type: PROCEDURE
             Definer: root@localhost
            Modified: 2019-10-16 15:55:07
             Created: 2019-10-16 15:55:07
       Security_type: DEFINER
             Comment:
character_set_client: utf8mb4
collation_connection: utf8mb4_general_ci
  Database Collation: utf8mb4_general_ci
1 row in set (0.00 sec)
```

可以看到，输出结果中展示了当前存储过程所在的数据库为 db_goods，存储过程的名称为 SelectAllData，类型为存储过程，当前存储过程的所有者为 root 账户，并展示了当前存储过程的创建和修改时间，以及只有创建存储过程或者定义存储过程的用户才能执行该存储过程。另外，结果数据中还展示了 MySQL 数据库的一些设置信息。

（2）查看名为 SelectNameById 的函数信息，在 MySQL 命令行中执行命令。

```
mysql> SHOW FUNCTION STATUS LIKE 'SELECT%' \G
*************************** 1. row ***************************
                  Db: db_goods
                Name: SelectNameById
                Type: FUNCTION
             Definer: root@localhost
            Modified: 2019-10-16 16:44:36
             Created: 2019-10-16 16:44:36
       Security_type: DEFINER
             Comment:
character_set_client: utf8mb4
collation_connection: utf8mb4_general_ci
  Database Collation: utf8mb4_general_ci
1 row in set (0.00 sec)
```

可以看到，结果数据展示了当前函数所在的数据库为 db_goods，函数的名称为 SelectNameById，类型为函数，当前函数的所有者为 root 账户，并展示了当前函数的创建和修改时间，以及只有创建或者定义函数的用户才能执行该函数。另外，结果数据中还展示了 MySQL 数据库的一些设置信息。

16.3.3　从数据库中查看存储过程和函数的信息

MySQL 数据库会将创建的存储过程和函数的信息保存在 information_schema 数据库的

ROUTINES 数据表中。也就是说，可以通过查询 information_schema 数据库的 ROUTINES 数据表中的记录数据来查看存储过程和函数的信息。

1. 语法说明

从 information_schema 数据库中查看存储过程和函数的信息，语法格式如下：

```
SELECT * FROM information_schema.ROUTINES where ROUTINE_NAME = 'sp_name' [and ROUTINE_TYPE =
{'PROCEDURE|FUNCTION'}];
```

语法格式也可以表示成如下：

```
SELECT * FROM information_schema.ROUTINES where ROUTINE_NAME LIKE 'sp_name' [and ROUTINE_TYPE =
{'PROCEDURE|FUNCTION'}];
```

语法格式说明：

- sp_name：要查询的存储过程或函数的名称；
- [and ROUTINE_TYPE = 'PROCEDURE|FUNCTION']：指定 ROUTINE_TYPE 的查询条件，ROUTINE_TYPE 的取值可以为 PROCEDURE 或者 FUNCTION。当 ROUTINE_TYPE 的取值为 PROCEDURE 时，sp_name 表示要查询存储过程的名称；当 ROUTINE_TYPE 的取值为 FUNCTION 时，sp_name 表示要查询函数的名称。此查询条件可以省略，当省略此查询条件时，MySQL 会根据查询名称自动匹配查询的存储过程或者函数。

注意：如果在 MySQL 数据库中存在存储过程和函数名称相同的情况，最好指定 ROUTINE_TYPE 查询条件来指明查询的是存储过程还是函数。

2. 简单示例

（1）查询名为 SelectAllData 存储过程的信息，在 MySQL 命令行中执行命令。

```
mysql> SELECT * FROM information_schema.ROUTINES where ROUTINE_NAME = 'SelectAllData' and ROUTINE_TYPE
= 'PROCEDURE' \G
*************************** 1. row ***************************
           SPECIFIC_NAME: SelectAllData
         ROUTINE_CATALOG: def
          ROUTINE_SCHEMA: db_goods
            ROUTINE_NAME: SelectAllData
            ROUTINE_TYPE: PROCEDURE
               DATA_TYPE:
CHARACTER_MAXIMUM_LENGTH: NULL
  CHARACTER_OCTET_LENGTH: NULL
       NUMERIC_PRECISION: NULL
           NUMERIC_SCALE: NULL
      DATETIME_PRECISION: NULL
      CHARACTER_SET_NAME: NULL
          COLLATION_NAME: NULL
          DTD_IDENTIFIER: NULL
            ROUTINE_BODY: SQL
      ROUTINE_DEFINITION: BEGIN
SELECT * FROM t_goods
END
```

```
          EXTERNAL_NAME: NULL
      EXTERNAL_LANGUAGE: NULL
        PARAMETER_STYLE: SQL
       IS_DETERMINISTIC: NO
        SQL_DATA_ACCESS: CONTAINS SQL
               SQL_PATH: NULL
          SECURITY_TYPE: DEFINER
                CREATED: 2019-10-16 15:55:07
           LAST_ALTERED: 2019-10-16 15:55:07
               SQL_MODE: STRICT_TRANS_TABLES,NO_ZERO_IN_DATE,NO_ZERO_DATE,ERROR_FOR_DIVISION_BY_ZERO,
NO_AUTO_CREATE_USER,NO_ENGINE_SUBSTITUTION
        ROUTINE_COMMENT:
                DEFINER: root@localhost
   CHARACTER_SET_CLIENT: utf8mb4
   COLLATION_CONNECTION: utf8mb4_general_ci
     DATABASE_COLLATION: utf8mb4_general_ci
1 row in set (0.00 sec)
```

也可以表示如下：

```
SELECT * FROM information_schema.ROUTINES where ROUTINE_NAME LIKE 'Select%' and ROUTINE_TYPE =
 'PROCEDURE' \G
```

可以看到，在 information_schema 数据库的 ROUTINES 表中保存了存储过程的信息，通过查询 information_schema 数据库的 ROUTINES 表中的记录数据，可以获取存储过程的信息。

（2）查询名为 SelectNameById 的函数信息，在 MySQL 命令行中执行命令。

```
mysql> SELECT * FROM information_schema.ROUTINES where ROUTINE_NAME = 'SelectNameById' and ROUTINE_TYPE
= 'FUNCTION' \G
*************************** 1. row ***************************
          SPECIFIC_NAME: SelectNameById
        ROUTINE_CATALOG: def
         ROUTINE_SCHEMA: db_goods
           ROUTINE_NAME: SelectNameById
           ROUTINE_TYPE: FUNCTION
              DATA_TYPE: varchar
CHARACTER_MAXIMUM_LENGTH: 30
  CHARACTER_OCTET_LENGTH: 120
      NUMERIC_PRECISION: NULL
          NUMERIC_SCALE: NULL
     DATETIME_PRECISION: NULL
     CHARACTER_SET_NAME: utf8mb4
         COLLATION_NAME: utf8mb4_general_ci
         DTD_IDENTIFIER: varchar(30)
           ROUTINE_BODY: SQL
     ROUTINE_DEFINITION: RETURN (SELECT t_name FROM t_goods WHERE id = 1000001)
          EXTERNAL_NAME: NULL
      EXTERNAL_LANGUAGE: NULL
        PARAMETER_STYLE: SQL
       IS_DETERMINISTIC: NO
        SQL_DATA_ACCESS: CONTAINS SQL
               SQL_PATH: NULL
          SECURITY_TYPE: DEFINER
                CREATED: 2019-10-16 16:44:36
           LAST_ALTERED: 2019-10-16 16:44:36
               SQL_MODE: STRICT_TRANS_TABLES,NO_ZERO_IN_DATE,NO_ZERO_DATE,ERROR_FOR_DIVISION_BY_ZERO,
```

```
NO_AUTO_CREATE_USER,NO_ENGINE_SUBSTITUTION
         ROUTINE_COMMENT:
                 DEFINER: root@localhost
    CHARACTER_SET_CLIENT: utf8mb4
    COLLATION_CONNECTION: utf8mb4_general_ci
      DATABASE_COLLATION: utf8mb4_general_ci
1 row in set (0.00 sec)
```

也可以表示如下：

```
SELECT * FROM information_schema.ROUTINES where ROUTINE_NAME LIKE 'Select%' and ROUTINE_TYPE =
'FUNCTION' \G
```

在 information_schema 数据库的 ROUTINES 表中保存了函数信息，通过查询 information_schema 数据库的 ROUTINES 表中的记录数据，可以获取函数信息。

16.4　修改存储过程和函数

创建存储过程和函数后，可以通过 ALTER 语句修改存储过程和函数的某些特性。本节介绍如何修改存储过程和函数。

16.4.1　修改存储过程

1. 语法说明

修改存储过程的语法格式如下：

```
ALTER PROCEDURE sp_name [characteristic ...]
```

语法格式说明：

- ALTER PROCEDURE：修改存储过程必须使用的关键字；
- sp_name：需要修改的存储过程的名称；
- characteristic：存储过程修改后的特性。

2. 参数说明

characteristic 参数在修改存储过程时表示存储过程修改后的特性，其取值信息与创建存储过程时的取值信息略有不同。

characteristic 参数在修改存储过程时的取值信息如下：

```
    { CONTAINS SQL | NO SQL | READS SQL DATA | MODIFIES SQL DATA }
  | SQL SECURITY { DEFINER | INVOKER }
  | COMMENT 'string'
```

其中，每个参数的含义与 16.2.1 节中的 characteristic 参数含义相同，不再赘述。

3. 简单示例

（1）修改存储过程 SelectAllData 的定义，将读写权限修改为 READS SQL DATA，同时加上注释信息 Select All Data。在 MySQL 命令行中执行命令。

```
mysql> ALTER PROCEDURE SelectAllData
    -> READS SQL DATA
    -> COMMENT 'Select All Data';
Query OK, 0 rows affected (0.00 sec)
```

可以看到，成功执行 SQL 语句。

（2）通过查询 information_schema 数据库的 ROUTINES 数据表中的记录数据来查看存储过程 SelectAllData 的信息。

```
mysql> SELECT * FROM information_schema.ROUTINES where ROUTINE_NAME = 'SelectAllData' and ROUTINE_TYPE
= 'PROCEDURE' \G
*************************** 1. row ***************************
    SPECIFIC_NAME: SelectAllData
         ..........此处省略.........
         SQL_DATA_ACCESS: READS SQL DATA
         ..........此处省略.........
         ROUTINE_COMMENT: Select All Data
         ..........此处省略.........
1 row in set (0.01 sec)
```

在查询的结果信息中可以看到：名称为 SelectAllData 的存储过程的 SQL_DATA_ACCESS 字段信息被修改为 READS SQL DATA，同时加上了注释信息 ROUTINE_COMMENT: Select All Data。

16.4.2　修改存储函数

1. 语法说明

修改函数的语法格式如下：

```
ALTER FUNCTION func_name [characteristic ...]
```

语法格式说明：

- ALTER FUNCTION：修改函数必须使用的关键字；
- func_name：需要修改的函数名称；
- characteristic：函数修改后的特性。

characteristic 参数的详细说明与 16.4.1 节中 characteristic 参数的详细说明相同，不再赘述。

2. 简单示例

（1）修改函数 SelectNameById 的定义，将读写权限修改为 MODIFIES SQL DATA，同时

将调用权限修改为具有访问权限的用户可以调用并执行。在 MySQL 命令行中执行命令。

```
mysql> ALTER FUNCTION SelectNameById
    -> MODIFIES SQL DATA
    -> SQL SECURITY INVOKER;
Query OK, 0 rows affected (0.00 sec)
```

（2）通过查询 information_schema 数据库的 ROUTINES 数据表中的记录数据来查看函数 SelectNameById 的信息。

```
mysql> SELECT * FROM information_schema.ROUTINES where ROUTINE_NAME = 'SelectNameById' and ROUTINE_TYPE
= 'FUNCTION' \G
*************************** 1. row ***************************
           SPECIFIC_NAME: SelectNameById
         ..........此处省略.........
         SQL_DATA_ACCESS: MODIFIES SQL DATA
         ..........此处省略.........
           SECURITY_TYPE: INVOKER
         ..........此处省略.........
1 row in set (0.01 sec)
```

在查询的结果信息中可以看到：名称为 SelectNameById 的函数的 SQL_DATA_ACCESS 字段被修改为 MODIFIES SQL DATA，同时，SECURITY_TYPE 字段信息被修改为 INVOKER，说明此时名称为 SelectNameById 的函数的读写权限为 MODIFIES SQL DATA，调用权限为具有访问权限的用户才可以调用并执行。

16.5　调用存储过程和函数

调用存储过程和调用函数的方式稍有区别，调用存储过程使用的是 CALL 语句，而调用函数使用的是 SELECT 语句。

16.5.1　调用存储过程

1．语句说明

调用存储过程使用的是 CALL 语句，语法格式如下：

```
CALL proc_name ([parameter[,...]])
```

语法格式说明：

- CALL：调用存储过程的关键字；
- proc_name：调用存储过程的名称；
- parameter：存储过程定义的参数列表，当创建存储过程时没有定义参数列表，则参数列表为空。

2. 简单示例

调用名称为 SelectAllData 的存储过程，在 MySQL 命令行中执行命令。

```
mysql> CALL SelectAllData();
+---------+-----------+------------------+---------+---------+---------------------+
| id      | t_name    | t_category       | t_price | t_stock |     t_upper_time    |
+---------+-----------+------------------+---------+---------+---------------------+
| 1000001 | 连衣裙     | 女装/女士精品      |   49.90 |     500 | 2019-12-14 00:00:00 |
| 1000002 | 破洞女仔裤 | 女装/女士精品      |   79.90 |     550 | 2019-12-14 00:00:00 |
| 1000003 | T 恤      | 男装              |   59.90 |     680 | 2019-12-15 00:00:00 |
| 1000004 | 卫衣      | 男装              |   79.90 |    1000 | 2019-12-15 00:00:00 |
| 1000005 | 床单      | 居家用品          |   69.90 |     500 | 2019-12-16 00:00:00 |
| 1000006 | 枕头      | 居家用品          |   29.90 |     700 | 2019-12-16 00:00:00 |
| 1000007 | 项链      | 饰品              | 5999.90 |    2500 | 2019-12-17 00:00:00 |
| 1000008 | 戒指      | 饰品              | 4999.90 |    2000 | 2019-12-17 00:00:00 |
| 1000009 | 头灯      | 登山设备          |  129.90 |     200 | 2019-12-18 00:00:00 |
| 1000010 | 登山杖     | 登山设备          |  159.90 |     500 | 2019-12-18 00:00:00 |
+---------+-----------+------------------+---------+---------+---------------------+
10 rows in set (0.00 sec)

Query OK, 0 rows affected (0.00 sec)
```

可以看到，调用名称为 SelectAllData 的存储过程，能够查询出 t_goods 数据表中的所有数据信息。

16.5.2 调用存储函数

1. 语法说明

调用函数使用的是 SELECT 语句，语法格式如下：

```
SELECT func_name ([parameter[,...]])
```

语法格式说明：

- SELECT：调用函数的关键字，也是查询数据的关键字；
- func_name：调用的函数名称；
- parameter：调用函数的参数列表，当创建函数时没有定义参数列表，则参数列表为空。

2. 简单示例

调用名称为 SelectNameById 的函数，在 MySQL 命令行中执行命令。

```
mysql> SELECT SelectNameById();
+------------------+
| SelectNameById() |
+------------------+
| 连衣裙            |
+------------------+
1 row in set (0.00 sec)
```

可以看到，调用名称为 SelectNameById 的函数，能够查询出 t_goods 数据表中主键编号为“1000001”的商品名称，并且商品名称为“连衣裙”。

16.6　删除存储过程和函数

删除存储过程和函数可以使用 DROP 语句。本节简单介绍一下在 MySQL 数据库中如何删除存储过程和函数。

16.6.1　删除存储过程

1．语法说明

删除存储过程的语法格式如下：

```
DROP PROCEDURE [IF EXISTS] proc_name
```

语法格式说明：

- DROP PROCEDURE：删除存储过程必须使用的关键字；
- [IF EXISTS]：当需要删除的存储过程不存在时不会报错；
- proc_name：需要删除的存储过程的名称。

2．简单示例

（1）删除名称为 SelectAllData 的存储过程，在 MySQL 命令行中执行命令。

```
mysql> DROP PROCEDURE IF EXISTS SelectAllData;
Query OK, 0 rows affected (0.00 sec)
```

可以看到，SQL 语句执行成功。

（2）通过查询 information_schema 数据库的 ROUTINES 数据表中的记录数据来查看存储过程 SelectAllData 的信息。

```
mysql> SELECT * FROM information_schema.ROUTINES where ROUTINE_NAME = 'SelectAllData' and ROUTINE_TYPE
= 'PROCEDURE' \G
Empty set (0.00 sec)
```

可以看到，查询出的结果数据为空，说明名称为 SelectAllData 的存储过程已经被成功删除。

16.6.2　删除存储函数

1．语法说明

删除函数的语法格式如下：

```
DROP FUNCTION [IF EXISTS] func_name
```

语法格式说明：

- DROP FUNCTION：删除函数必须使用的关键字；
- [IF EXISTS]：当要删除的函数不存在时不会报错；
- func_name：需要删除的函数的名称。

2．简单示例

（1）删除名称为 SelectNameById 的函数，在 MySQL 命令行中执行命令。

```
mysql> DROP FUNCTION IF EXISTS SelectNameById;
Query OK, 0 rows affected (0.00 sec)
```

可以看到，SQL 语句执行成功。

（2）通过查询 information_schema 数据库的 ROUTINES 数据表中的记录数据，查看函数 SelectNameById 的信息。

```
mysql> SELECT * FROM information_schema.ROUTINES where ROUTINE_NAME = 'SelectNameById' and ROUTINE_TYPE
= 'FUNCTION' \G
Empty set (0.00 sec)
```

查询出的结果数据为空，说明名称为 SelectNameById 的函数已经被成功删除。

16.7　MySQL 中使用变量

在 MySQL 数据库的存储过程和函数中，可以使用变量来存储查询或计算的中间结果数据，或者输出最终的结果数据。本节简单介绍在 MySQL 数据库中如何使用变量。

16.7.1　定义变量

在 MySQL 数据库中，可以使用 DECLARE 语句定义一个局部变量，变量的作用域为 BEGIN…END 语句块，变量也可以被用在嵌套的语句块中。变量的定义需要写在复合语句的开始位置，并且需要在任何其他语句的前面。定义变量时，可以一次声明多个相同类型的变量，也可以使用 DEFAULT 为变量赋予默认值。

1．语法说明

定义变量的语法格式如下：

```
DECLARE var_name[,...] type [DEFAULT value]
```

语法格式说明：

- DECLARE：定义变量使用的关键字；
- var_name[,...]：定义的变量名称，可以一次声明多个相同类型的变量；

- type：定义变量的数据类型，此类型可以是 MySQL 数据库中支持的任意数据类型；
- [DEFAULT value]：定义变量的默认值，可以省略，如果没有为变量指定默认值，默认值为 NULL。

2．简单示例

定义一个名称为 totalprice 的变量，类型为 DECIMAL(10,2)，默认值为 0.00。

```
DECLARE totalprice DECIMAL(10,2) DEFAULT 0.00;
```

16.7.2　变量赋值

定义变量后，可以为变量进行赋值操作。变量可以直接赋值，也可以通过查询语句赋值。

1．直接赋值

可以使用 SET 语句为变量直接赋值，语法格式如下：

```
SET var_name = expr [, var_name = expr] ...
```

语法格式说明：

- SET：为变量赋值的关键字；
- var_name：变量名称；
- expr：变量的值，可以是一个常量，也可以是一个表达式。

使用 SET 语句为 16.7.1 节中定义的 totalprice 变量直接赋值。

```
SET totalprice = 2999.99;
```

或者可以使用类似于下面的 SQL 语句为 totalprice 变量赋值：

```
SET totalprice = (1999.99 * 12);
```

2．通过查询语句赋值

MySQL 数据库支持通过查询语句为变量赋值。当通过查询语句为变量赋值时，要求查询语句返回的结果数据必须只有一行，语法格式如下：

```
SELECT col_name[,...] INTO var_name[,...] table_expr
```

- SELECT：查询语句的关键字；
- col_name：数据表中字段的名称，可以同时查询数据表中多个字段的数据；
- var_name：定义的变量名称，可以为多个变量赋值；
- table_expr：查询表数据时使用的查询条件，查询条件中包含表名称和 WHERE 语句。

使用查询语句为 16.7.1 节中定义的 totalprice 变量赋值：

```
SELECT SUM(t_price) INTO totalprice FROM t_goods
```

16.8 MySQL 中使用变量案例

在 MySQL 数据库中，往往是在存储过程和函数中使用自定义变量。在了解了如何定义变量和为变量赋值后，本节介绍如何在存储过程和函数中使用变量。

16.8.1 在存储过程中使用变量

可以在存储过程和函数中使用变量，本节简单介绍一个在存储过程中使用变量的完整示例。

1. 需求描述

在 db_goods 数据库中创建名为 SelectCountAndPrice 的存储过程，在存储过程中定义 3 个变量，分别为 totalcount、totalprice 和 avgprice。其中，totalcount 为 INT 类型，默认值为 0；totalprice 和 avgprice 为 DECIMAL(10,2)类型，默认值为 0.00。查询 t_goods 表中的记录条数，并将其赋值给变量 totalcount，统计 t_goods 表中所有商品的总价格，将其赋值给变量 totalprice。接下来将 totalprice 除以 totalcount 得出的平均价格赋值给变量 avgprice。最后输出 totalprice、totalcount 和 avgprice 的值。

2. 代码实现

创建存储过程，在 MySQL 命令行中执行代码。

```
mysql> DELIMITER $$
mysql> CREATE PROCEDURE SelectCountAndPrice()
    -> BEGIN
    -> DECLARE totalcount INT DEFAULT 0;
    -> DECLARE totalprice, avgprice DECIMAL(10,2) DEFAULT 0.00;
    -> SELECT COUNT(*) INTO totalcount FROM t_goods
    -> SELECT SUM(t_price) INTO totalprice FROM t_goods
    -> SET avgprice = totalprice / totalcount;
    -> SELECT totalprice, totalcount, avgprice;
    -> END $$
Query OK, 0 rows affected (0.00 sec)

mysql> DELIMITER ;
```

可以看到，名为 SelectCountAndPrice 的存储过程创建成功。

3. 调用存储过程

在 MySQL 命令行中调用 SelectCountAndPrice 存储过程，并输出结果数据。

```
mysql> CALL SelectCountAndPrice();
+------------+------------+----------+
| totalprice | totalcount | avgprice |
```

```
+------------+------------+----------+
|   11659.00 |         10 |  1165.90 |
+------------+------------+----------+
1 row in set (0.00 sec)
Query OK, 0 rows affected (0.00 sec)
```

调用名为 SelectCountAndPrice 的存储过程，正确输出了变量 totalprice、totalcount 与 avgprice 的值。

16.8.2　在函数中使用变量

变量不仅可以在存储过程中使用，也可以在函数中使用。本节简单介绍如何在函数中使用变量。

1．需求描述

在 db_goods 数据库中创建名为 SelectCountAndStock 的函数，在函数中定义 3 个变量，分别为 totalcount、totalstock 和 avgstock，数据类型为 INT，默认值为 0。首先，查询 t_goods 数据表中所有的数据记录条数，并赋值给变量 totalcount；统计 t_goods 数据表中所有的库存总量，并赋值给变量 totalstock。然后，将 totalstock 除以 totalcount 得出的平均库存数量赋值给 avgstock 变量，最后，输出 avgstock 变量的值。

2．代码实现

创建函数，在 MySQL 命令行中执行代码。

```
mysql> DELIMITER $$
mysql> CREATE FUNCTION SelectCountAndStock()
    -> RETURNS INT
    -> BEGIN
    -> DECLARE totalcount, totalstock, avgstock INT DEFAULT 0;
    -> SELECT COUNT(*) INTO totalcount FROM t_goods
    -> SELECT SUM(t_stock) INTO totalstock FROM t_goods
    -> SET avgstock = totalstock / totalcount;
    -> RETURN avgstock;
    -> END $$
Query OK, 0 rows affected (0.00 sec)
mysql> DELIMITER ;
```

可以看到，名为 SelectCountAndStock 的函数创建成功。

3．调用函数

在 MySQL 命令行中调用 SelectCountAndStock()函数，输出结果数据。

```
mysql> SELECT SelectCountAndStock();
+-----------------------+
| SelectCountAndStock() |
+-----------------------+
|                   913 |
```

```
+-----------------------+
1 row in set (0.00 sec)
```

可以看到，调用名称为 SelectCountAndStock 的函数，成功输出了结果数据。

16.9　定义条件和处理程序

MySQL 数据库支持定义条件和处理程序。定义条件就是提前将程序执行过程中遇到的问题及对应的状态等信息定义出来，在程序执行过程中遇到问题时，可以返回提前定义好的条件信息。处理程序能够定义在程序执行过程中遇到问题时应该采取何种处理方式来保证程序能够继续执行。

16.9.1　定义条件

1．语法说明

定义条件可以使用 DECLARE 语句，语法格式如下：

```
DECLARE condition_name CONDITION FOR condition_value
```

语法格式说明：

- condition_name：定义的条件名称；
- condition_value：定义的条件类型。

2．参数详细说明

condition_value 的取值如下：

```
SQLSTATE [VALUE] sqlstate_value | mysql_error_code
```

参数说明：

- sqlstate_value：长度为 5 的字符串类型的错误信息；
- mysql_error_code：数值类型的错误代码。

3．简单示例

定义“ERROR 2199(48000)”错误条件，名称为 exec_ refused。此时，可以使用两种方式进行定义。

（1）使用 sqlstate_value 进行定义。

```
DECLARE exec_ refused CONDITION FOR SQLSTATE '48000';
```

（2）使用 mysql_error_code 进行定义。

```
DECLARE exec_refused CONDITION FOR 2199;
```

16.9.2　定义处理程序

1．语法说明

定义处理程序也可以使用 DECLARE 语句，语法格式如下：

```
DECLARE handler_type HANDLER FOR condition_value[,...] sp_statement
```

语法格式说明：

- handler_type：定义的错误处理方式；
- condition_value：定义的错误类型；
- sp_statement：当遇到定义的错误时，需要执行的存储过程或函数。

2．参数详细说明

在定义处理程序的语法中，需要对 handler_type 参数和 condition_value 参数进行详细说明。

（1）handler_type 参数的取值如下：

```
CONTINUE | EXIT | UNDO
```

参数说明：

- CONTINUE：遇到错误时，不进行处理，继续向后执行；
- EXIT：遇到错误时，立刻退出程序；
- UNDO：遇到错误时，撤回之前的操作。

注意：目前 MySQL 数据库还不支持 UNDO 操作。

（2）condition_value 参数的取值如下：

```
SQLSTATE [VALUE] sqlstate_value
  | condition_name
  | SQLWARNING
  | NOT FOUND
  | SQLEXCEPTION
  | mysql_error_code
```

参数说明：

- SQLSTATE [VALUE] sqlstate_value：长度为 5 的字符串类型的错误信息；
- condition_name：定义的条件名称；
- SQLWARNING：所有以 01 开头的 SQLSTATE 错误代码；
- NOT FOUND：所有以 02 开头的 SQLSTATE 错误代码；
- SQLEXCEPTION：所有没有被 SQLWARNING 或 NOT FOUND 捕获的 SQLSTATE 错误代码；
- mysql_error_code：数值类型的错误代码。

3．简单示例

（1）定义处理程序捕获 sqlstate_value 值，当遇到 sqlstate_value 值为 29011 时，执行 CONTINUE 操作，并且输出 DATABASE NOT FOUND 信息。

```
DECLARE CONTINUE HANDLER FOR SQLSTATE '29011' SET @log=' DATABASE NOT FOUND';
```

（2）定义处理程序捕获 mysql_error_code 的值，当遇到 mysql_error_code 的值为 1162 时，执行 CONTINUE 操作，并且输出 SEARCH FAILED 信息。

```
DECLARE CONTINUE HANDLER FOR 1162 SET @log=' SEARCH FAILED';
```

（3）先定义 search_failed 条件，捕获 mysql_error_code 的值，当遇到 mysql_error_code 的值为 1162 时，执行 CONTINUE 操作。接下来定义处理程序，调用 search_failed 条件，并输出 SEARCH FAILED 信息。

```
DECLARE search_failed CONDITION FOR 1162;
DECLARE CONTINUE HANDLER FOR search_failed SET @log=' SEARCH FAILED';
```

（4）使用 SQLWARNING 捕获所有以 01 开头的 sqlstate_value 错误代码，执行 CONTINUE 操作，并输出 SQLWARNING 信息。

```
DECLARE CONTINUE HANDLER FOR SQLWARNING SET @log=' SQLWARNING';
```

（5）使用 NOT FOUND 捕获所有以 02 开头的 sqlstate_value 错误代码，执行 EXIT 操作，并输出 SQL EXIT 信息。

```
DECLARE EXIT HANDLER FOR NOT FOUND SET @log=' SQL EXIT';
```

（6）使用 SQLEXCEPTION 捕获所有没有被 SQLWARNING 或 NOT FOUND 捕获的 sqlstate_value 错误代码，执行 EXIT 操作，并输出 SQLEXCEPTION 信息。

```
DECLARE EXIT HANDLER FOR SQLEXCEPTION SET @log=' SQLEXCEPTION';
```

注意：带有@符号的变量（比如@log）是用户变量，可以使用 SET 语句进行赋值，用户变量与 MySQL 的连接有关。在一个客户端的连接会话中定义的用户变量，只能在此连接会话中可见并使用，当此连接会话关闭时，该连接会话中创建的所有变量都会被自动释放。

16.10　定义条件和处理程序案例

在了解了如何定义条件和处理程序后，本节将分别介绍在存储过程或函数中未定义或已定义条件和处理程序的案例，通过未定义和已定义条件和处理程序的对比，使读者能够更加深入地理解定义条件和处理程序对存储过程和函数所起到的作用。

16.10.1　在存储过程中未定义条件和处理程序

1. 创建存储过程

创建一个名称为 InsertDataNoCondition 的存储过程，此存储过程的功能比较简单，首先为@x 变量赋值 1；然后向 t_goods 表中插入一条主键编号为 1000011 的数据，并将@x 变量的值修改为 2；最后再次向 t_goods 表中插入一条主键编号为 1000010 的数据，并将@x 变量的值修改为 3。

创建名称为 InsertDataNoCondition 的存储过程，在 MySQL 命令行中执行代码。

```
mysql> DELIMITER $$
mysql> CREATE PROCEDURE InsertDataNoCondition()
    -> BEGIN
    -> SET @x = 1;
    -> INSERT INTO db_goods.t_goods (id, t_name, t_category, t_price, t_stock, t_upper_time) VALUES
('1000011', '耐克运动鞋', '男鞋', '1399.90', '500', '2019-12-18 00:00:00');
    -> SET @x = 2;
    -> INSERT INTO db_goods.t_goods (id, t_name, t_category, t_price, t_stock, t_upper_time) VALUES
('1000010', '登山杖', '登山设备', '159.90', '500', '2019-12-18 00:00:00');
    -> SET @x = 3;
    -> END $$
Query OK, 0 rows affected (0.00 sec)

mysql> DELIMITER ;
```

可以看到，名为 InsertDataNoCondition 的存储过程创建成功。

2. 调用存储过程

在 MySQL 命令行中调用存储过程。

```
mysql> CALL InsertDataNoCondition();
ERROR 1062 (23000): Duplicate entry '1000010' for key 'PRIMARY'
```

可以看到，MySQL 数据库报错，主键为 1000010 的记录已经存在。

此时，查看@x 命令的值。

```
mysql> SELECT @x;
+------+
| @x   |
+------+
|    2 |
+------+
1 row in set (0.00 sec)
```

可以看到，此时@x 变量的值为 2。

结合创建存储过程的 SQL 语句代码可以得出：在存储过程中未定义条件和处理程序，且当存储过程中执行的 SQL 语句报错时，MySQL 数据库会抛出错误，并退出当前 SQL 逻辑，不再向下继续执行。

16.10.2　在存储过程中定义条件和处理程序

1. 创建存储过程

创建一个名称为 InsertDataWithCondition 的存储过程，在存储过程中，定义处理程序，捕获 sqlstate_value 值，当遇到 sqlstate_value 值为 23000 时，执行 CONTINUE 操作，并且将@proc_value 的值设置为 1。

接下来，将@x 变量的值设置为 1，向 t_goods 表中插入一条主键编号为 1000011 的数据，并将@x 变量的值修改为 2；随后，再次向 t_goods 表中插入一条主键编号为 1000010 的数据，并将@x 变量的值修改为 3。

创建名称为 InsertDataWithCondition 的存储过程，在 MySQL 命令行中执行代码。

```
mysql> DELIMITER $$
mysql> CREATE PROCEDURE InsertDataWithCondition()
    -> BEGIN
    -> DECLARE CONTINUE HANDLER FOR SQLSTATE '23000' SET @proc_value=1;
    -> SET @x = 1;
    -> INSERT INTO db_goods.t_goods (id, t_name, t_category, t_price, t_stock, t_upper_time) VALUES
('1000011', '耐克运动鞋', '男鞋', '1399.90', '500', '2019-12-18 00:00:00');
    -> SET @x = 2;
    -> INSERT INTO db_goods.t_goods (id, t_name, t_category, t_price, t_stock, t_upper_time) VALUES
('1000010', '登山杖', '登山设备', '159.90', '500', '2019-12-18 00:00:00');
    -> SET @x = 3;
    -> END $$
Query OK, 0 rows affected (0.13 sec)

mysql> DELIMITER ;
```

可以看到，名为 InsertDataWithCondition 的存储过程创建成功。

另外，此时创建的名称为 InsertDataWithCondition 的存储过程与 16.10.1 节中创建的名称为 InsertDataNoCondition 的存储过程基本相同，只是多了一行定义处理程序的代码。

```
DECLARE CONTINUE HANDLER FOR SQLSTATE '23000' SET @proc_value=1;
```

2. 调用存储过程

在 MySQL 命令行中调用存储过程。

```
mysql> CALL InsertDataWithCondition();
Query OK, 0 rows affected (0.00 sec)
```

可以看到，正确执行了存储过程。

接下来，查询@proc_value 变量的值和@x 变量的值。

```
mysql> SELECT @proc_value, @x;
+-------------+------+
| @proc_value | @x   |
```

```
+-------------+------+
|           1 |    3 |
+-------------+------+
1 row in set (0.00 sec)
```

名称为 InsertDataWithCondition 的存储过程执行了定义处理程序的代码，将@proc_value 的值设置为 1。同时，定义的处理程序捕获到 SQL 语句抛出的异常，并继续向下执行，最后将@x 的值设置为 3。

16.10.3　在函数中未定义条件和处理程序

1．创建函数

创建名称为 InsertDataNoCondition 的函数，函数的返回类型为 INT。在函数中，先将@x 变量的值设置为 1，向 t_goods 表中插入一条主键编号为 1000011 的数据，并将@x 变量的值修改为 2；随后再次向 t_goods 表中插入一条主键编号为 1000010 的数据，并将@x 变量的值修改为 3。

创建函数，在 MySQL 命令行中执行代码。

```
mysql> DELIMITER $$
mysql> CREATE FUNCTION InsertDataNoCondition()
    -> RETURNS INT
    -> BEGIN
    -> SET @x = 1;
    -> INSERT INTO db_goods.t_goods (id, t_name, t_category, t_price, t_stock, t_upper_time) VALUES
('1000011', '耐克运动鞋', '男鞋', '1399.90', '500', '2019-12-18 00:00:00');
    -> SET @x = 2;
    -> INSERT INTO db_goods.t_goods (id, t_name, t_category, t_price, t_stock, t_upper_time) VALUES
('1000010', '登山杖', '登山设备', '159.90', '500', '2019-12-18 00:00:00');
    -> SET @x = 3;
    -> RETURN @x;
    -> END $$
Query OK, 0 rows affected (0.00 sec)

mysql> DELIMITER ;
```

可以看到，名称为 InsertDataNoCondition 的函数创建成功。

2．调用函数

在 MySQL 命令行中调用 InsertDataNoCondition()函数。

```
mysql> SELECT InsertDataNoCondition();
ERROR 1062 (23000): Duplicate entry '1000010' for key 'PRIMARY'
```

MySQL 抛出错误信息，主键编号为 1000010 的数据已经存在。

此时，查询@x 的变量信息。

```
mysql> SELECT @x;
+------+
| @x   |
```

```
+------+
|    2 |
+------+
1 row in set (0.00 sec)
```

@x 变量的值为 2。同样说明，在函数中未定义条件和处理程序，且当 SQL 语句抛出错误时，MySQL 会退出当前 SQL 逻辑，不会向下继续执行。

16.10.4　在函数中定义条件和处理程序

1．创建函数

创建名称为 InsertDataWithCondition 的函数，函数的返回类型为 INT。在函数中定义处理程序，捕获 sqlstate_value 值，当遇到 sqlstate_value 值为 23000 时，执行 CONTINUE 操作，并将@func_value 的值设置为 1。

首先将@x 变量的值设置为 1，向 t_goods 表中插入一条主键编号为 1000011 的数据，并将@x 变量的值修改为 2；然后再次向 t_goods 表中插入一条主键编号为 1000010 的数据，并将@x 变量的值修改为 3。

创建函数，在 MySQL 命令行中执行代码。

```
mysql> DELIMITER $$
mysql> CREATE FUNCTION InsertDataWithCondition()
    -> RETURNS INT
    -> BEGIN
    -> DECLARE CONTINUE HANDLER FOR SQLSTATE '23000' SET @func_value=1;
    -> SET @x = 1;
    -> INSERT INTO db_goods.t_goods (id, t_name, t_category, t_price, t_stock, t_upper_time) VALUES
('1000011', '耐克运动鞋', '男鞋', '1399.90', '500', '2019-12-18 00:00:00');
    -> SET @x = 2;
    -> INSERT INTO db_goods.t_goods (id, t_name, t_category, t_price, t_stock, t_upper_time) VALUES
('1000010', '登山杖', '登山设备', '159.90', '500', '2019-12-18 00:00:00');
    -> SET @x = 3;
    -> RETURN @x;
    -> END $$
Query OK, 0 rows affected (0.00 sec)
mysql> DELIMITER ;
```

可以看到，SQL 语句执行成功，名称为 InsertDataWithCondition 的函数创建成功。

2．调用函数

在 MySQL 命令行调用名称为 InsertDataWithCondition 的函数。

```
mysql> SELECT InsertDataWithCondition();
+---------------------------+
| InsertDataWithCondition() |
+---------------------------+
|                         3 |
+---------------------------+
1 row in set (0.00 sec)
```

函数的返回值为3。说明在名称为InsertDataWithCondition的函数中成功执行了定义条件和处理程序的代码，捕获到SQL语句抛出的错误，并向下继续执行代码，最终将@x变量的值设置为3，并返回@x变量的值。

16.11　MySQL中游标的使用

如果在存储过程和函数中查询的数据量非常大，可以使用游标对结果集进行循环处理。MySQL中游标的使用包括声明游标、打开游标、使用游标和关闭游标。

16.11.1　声明游标

1．语法说明

可以使用DECLARE语句声明游标，语法格式如下：

```
DECLARE cursor_name CURSOR FOR select_statement
```

语法格式说明：

- cursor_name：声明的游标名称；
- select_statement：SELECT查询语句的内容，返回一个创建游标结果数据的集合。

2．简单示例

创建一个名称为cursor_proc_func的游标，从表t_goods中查询出商品名称、商品价格和商品库存信息，代码如下：

```
DECLARE cursor_proc_func CURSOR FOR SELECT t_name, t_price, t_stock FROM t_goods
```

16.11.2　打开游标

1．语法说明

可以使用OPEN语句打开之前声明的游标，语法格式如下：

```
OPEN cursor_name;
```

语法格式说明：

- cursor_name：声明的游标名称。

2．简单示例

打开之前创建名称为cursor_proc_func的游标。

```
OPEN cursor_proc_func;
```

16.11.3　使用游标

1．语法说明

可以使用 FETCH 语句使用之前打开的游标，语法格式如下：

```
FETCH cursor_name INTO var_name [, var_name] ...
```

语法格式说明：

- cursor_name：之前声明的游标名称；
- var_name：接收创建游标时定义的查询语句的结果数据，可以定义多个 var_name。

注意：var_name 必须在声明游标之前定义好。

2．简单示例

使用名称为 cursor_proc_func 的游标，将查询出来的结果数据分别存入 name、price 和 stock 这 3 个变量中。

```
FETCH cursor_proc_func INTO name, price, stock;
```

注意：name、price 和 stock 这 3 个变量必须提前定义好。

16.11.4　关闭游标

1．语法说明

可以使用 CLOSE 语句关闭之前打开的游标，语法格式如下：

```
CLOSE cursor_name
```

语法格式说明：

- cursor_name：之前打开的游标名称。

2．简单示例

关闭名称为 cursor_proc_func 的游标：

```
CLOSE cursor_proc_func;
```

注意：游标必须在声明处理程序之前被声明，并且变量和条件必须在声明游标或处理程序之前被声明。游标只能用在存储过程和函数中。

16.12　MySQL 中游标的使用案例

了解了游标在 MySQL 数据库中的基本使用方法后，本节简单介绍如何在 MySQL 数据库的存储过程和函数中使用游标。

16.12.1　在存储过程中使用游标

1. 创建带有游标的存储过程

创建一个名称为 StatisticsPrice 的存储过程，该存储过程接收一个 DECIMAL(10,2)类型的输出参数 totalprice，使用游标对 t_goods 表中查询出的价格数据进行循环处理，累加商品价格信息到 totalprice 变量。判断循环结束的条件是捕获 NOT FOUND 状态，当游标找不到下一条记录时，程序会关闭游标并退出存储过程。

创建存储过程，在 MySQL 命令行中执行代码。

```
mysql> DELIMITER $$
mysql> CREATE PROCEDURE StatisticsPrice(OUT totalprice DECIMAL(10,2))
    -> BEGIN
    -> DECLARE price DECIMAL(10,2) DEFAULT 0.00;
    -> DECLARE cursor_price CURSOR FOR SELECT t_price FROM t_goods
    -> DECLARE EXIT HANDLER FOR NOT FOUND CLOSE cursor_price;
    -> SET totalprice = 0.00;
    -> OPEN cursor_price;
    -> REPEAT
    -> FETCH cursor_price INTO price;
    -> SET totalprice = totalprice + price;
    -> UNTIL 0 END REPEAT;
    -> CLOSE cursor_price;
    -> END $$
Query OK, 0 rows affected (0.00 sec)
mysql> DELIMITER ;
```

名为 StatisticsPrice 的存储过程创建成功。

2. 调用存储过程

在 MySQL 命令行中调用名称为 StatisticsPrice 的存储过程。

```
mysql> CALL StatisticsPrice(@x);
Query OK, 0 rows affected (0.00 sec)
```

此时，查询@x 变量的值。

```
mysql> SELECT @x;
+----------+
| @x       |
+----------+
```

```
| 11659.00 |
+----------+
1 row in set (0.00 sec)
```

名称为 StatisticsPrice 的存储过程使用游标正确地统计出了 t_goods 数据表中的商品价格信息，并将统计出的商品总价格赋值给了输出参数。

16.12.2　在函数中使用游标

1．创建带有游标的函数

创建一个名称为 StatisticsStock 的函数，在函数中定义两个 INT 类型的变量 stock 和 totalstock，使用游标对 t_goods 表中查询出的商品库存数据进行循环处理，累加商品库存信息到 totalstock 变量。判断循环结束的条件是捕获 NOT FOUND 状态，当游标找不到下一条记录时，程序会继续向下执行并返回 totalstock 变量的值。

创建函数，在 MySQL 命令行中执行代码。

```
mysql> DELIMITER $$
mysql> CREATE FUNCTION StatisticsStock()
    -> RETURNS INT
    -> BEGIN
    -> DECLARE stock, totalstock INT DEFAULT 0;
    -> DECLARE cursor_stock CURSOR FOR SELECT t_stock FROM t_goods
    -> DECLARE CONTINUE HANDLER FOR NOT FOUND RETURN totalstock ;
    -> OPEN cursor_stock;
    -> REPEAT
    -> FETCH cursor_stock INTO stock;
    -> SET totalstock = totalstock + stock;
    -> UNTIL 0 END REPEAT;
    -> CLOSE cursor_stock;
    -> RETURN totalstock;
    -> END $$
Query OK, 0 rows affected (0.00 sec)

mysql> DELIMITER ;
```

名称为 StatisticsStock 的函数创建成功。

2．调用函数

在 MySQL 命令行中调用名称为 StatisticsStock 的函数。

```
mysql> SELECT StatisticsStock();
+-------------------+
| StatisticsStock() |
+-------------------+
|              9130 |
+-------------------+
1 row in set (0.00 sec)
```

可以看到，名称为 StatisticsStock 的函数使用游标正确地统计出了 t_goods 数据表中的商品库存信息，并返回商品库存总量。

16.13　MySQL中控制流程的使用

MySQL数据库支持使用IF语句、CASE语句、LOOP语句、LEAVE语句、ITERATE语句、REPEAT语句和WHILE语句进行流程的控制。本节简单介绍如何使用这些语句进行流程控制。

16.13.1　使用IF语句控制流程

1．语法说明

IF语句能够根据条件判断的结果为TRUE或者FALSE来执行相应的逻辑。IF语句的语法格式如下：

```
IF search_condition THEN statement_list
    [ELSEIF search_condition THEN statement_list] ...
    [ELSE statement_list]
END IF
```

如果相应的search_condition条件为TRUE，则对应的statement_list语句将被执行；否则执行ELSE语句对应的statement_list语句。

2．简单示例

（1）创建一个名称为CompareNumber的存储过程，在存储过程中定义一个INT类型的变量x，并为变量x赋值100。接下来，使用IF语句对x的值进行判断，如果x的值小于100，则输出“x < 100”；如果x的值等于100，则输出“x = 100”；如果x的值大于100，则输出“x > 100”。

创建存储过程，在MySQL命令行中执行代码。

```
mysql> DELIMITER $$
mysql> CREATE PROCEDURE CompareNumber()
    -> BEGIN
    -> DECLARE x INT DEFAULT 0;
    -> SET x = 100;
    -> IF x < 100 THEN
    -> SELECT 'x < 100';
    -> ELSEIF x = 100 THEN
    -> SELECT 'x = 100';
    -> ELSE
    -> SELECT 'x > 100';
    -> END IF;
    -> END $$
```

```
Query OK, 0 rows affected (0.00 sec)
mysql> DELIMITER ;
```

存储过程创建成功。

（2）在 MySQL 命令行中调用名称为 CompareNumber 的存储过程。

```
mysql> CALL CompareNumber();
+---------+
| x = 100 |
+---------+
| x = 100 |
+---------+
1 row in set (0.00 sec)
Query OK, 0 rows affected (0.00 sec)
```

在名称为 CompareNumber 的存储过程中，为变量 x 赋值 100，根据 IF 语句的判断逻辑，输出了“x = 100”的信息。

16.13.2　使用 CASE 语句控制流程

1．语法说明

CASE 语句有两种语法格式。

（1）语法格式 1。

```
CASE case_value
    WHEN when_value THEN statement_list
    [WHEN when_value THEN statement_list] ...
    [ELSE statement_list]
END CASE
```

其中，case_value 表示条件表达式，根据 case_value 的值，执行相应的 WHEN 语句。when_value 为 case_value 可能的值，如果某个 when_value 的值与 case_value 的值相同，则会执行当前 when_value 对应的 THEN 后面的 statement_list 语句；如果没有 when_value 的值与 case_value 的值相同，则执行 ELSE 语句对应的 statement_list 语句。

（2）语法格式 2。

```
CASE
    WHEN search_condition THEN statement_list
    [WHEN search_condition THEN statement_list] ...
    [ELSE statement_list]
END CASE
```

其中，search_condition 为条件判断语句，当某个 search_condition 语句为 TRUE 时，执行对应的 THEN 后面的 statement_list 语句；如果 search_condition 语句都为 FALSE，则执行 ELSE 对应的 statement_list 语句。

2．简单示例

（1）创建名称为 CompareNumberWithCaseValue 的存储过程，使用 CASE 语句语法格式 1，

对变量 x 的值进行判断，并输出相应的信息。创建存储过程，在 MySQL 命令行中执行代码。

```
mysql> DELIMITER $$
mysql> CREATE PROCEDURE CompareNumberWithCaseValue()
    -> BEGIN
    -> DECLARE x INT DEFAULT 0;
    -> SET x = 100;
    -> CASE x
    -> WHEN 0 THEN SELECT 'x = 0';
    -> WHEN 100 THEN SELECT 'x = 100';
    -> ELSE SELECT 'x <> 0 and x <> 100';
    -> END CASE;
    -> END $$
Query OK, 0 rows affected (0.00 sec)
mysql> DELIMITER ;
```

名称为 CompareNumberWithCaseValue 的存储过程创建成功。

接下来，在 MySQL 命令行中调用名称为 CompareNumberWithCaseValue 的存储过程。

```
mysql> CALL CompareNumberWithCaseValue();
+---------+
| x = 100 |
+---------+
| x = 100 |
+---------+
1 row in set (0.00 sec)
Query OK, 0 rows affected (0.00 sec)
```

在存储过程 CompareNumberWithCaseValue 中，将变量 x 设置为 100，根据 CASE 语句条件的判断，输出了“x = 100”的信息。

（2）创建名称为 CompareNumberWithCase 的存储过程，使用 CASE 语句语法格式 2，对变量 x 的值进行判断并输出相应的信息。创建存储过程，在 MySQL 命令行中执行代码。

```
mysql> DELIMITER $$
mysql> CREATE PROCEDURE CompareNumberWithCase()
    -> BEGIN
    -> DECLARE x INT DEFAULT 0;
    -> SET x = 100;
    -> CASE
    -> WHEN x < 100 THEN SELECT 'x < 100';
    -> WHEN x = 100 THEN SELECT 'x = 100';
    -> WHEN x > 100 THEN SELECT 'x > 100';
    -> ELSE SELECT 'x NOT FOUND';
    -> END CASE;
    -> END $$
Query OK, 0 rows affected (0.00 sec)
mysql> DELIMITER ;
```

名称为 CompareNumberWithCase 的存储过程创建成功。

在 MySQL 命令行中调用名称为 CompareNumberWithCase 的存储过程。

```
mysql> CALL CompareNumberWithCase();
+---------+
| x = 100 |
+---------+
```

```
| x = 100 |
+---------+
1 row in set (0.00 sec)
Query OK, 0 rows affected (0.00 sec)
```

名称为 CompareNumberWithCase 的存储过程同样输出了“x = 100”的信息。

16.13.3　使用 LOOP 语句控制流程

LOOP 语句能够循环执行某些语句，而不进行条件判断，可以使用 LEAVE 语句退出 LOOP 循环。

1. 语法说明

LOOP 语句的语法格式如下：

```
[begin_label:] LOOP
   statement_list
END LOOP [end_label]
```

其中，begin_label 和 end_label 都是 LOOP 语句的标注名称，该参数可以省略。如果 begin_label 和 end_label 两者都出现，则它们必须是相同的。

2. 简单示例

（1）创建名称为 HandlerDataWithLoop 的存储过程，在存储过程中定义 INT 类型的变量 x，默认值为 0，使用 LOOP 语句为 x 变量循环加 1，当 x 变量的值大于等于 100 时，退出 LOOP 循环，最后输出 x 的值。创建存储过程，在 MySQL 命令行中执行代码。

```
mysql> DELIMITER $$
mysql> CREATE PROCEDURE HandlerDataWithLoop()
    -> BEGIN
    -> DECLARE x INT DEFAULT 0;
    -> x_loop: LOOP
    -> SET x = x + 1;
    -> IF x >= 100 THEN
    -> LEAVE x_loop;
    -> END IF;
    -> END LOOP x_loop;
    -> SELECT x;
    -> END $$
Query OK, 0 rows affected (0.01 sec)
mysql> DELIMITER ;
```

名称为 HandlerDataWithLoop 的存储过程创建成功。

（2）在 MySQL 命令行中调用名称为 HandlerDataWithLoop 的存储过程。

```
mysql> CALL HandlerDataWithLoop();
+------+
| x    |
+------+
|  100 |
```

```
+------+
1 row in set (0.00 sec)

Query OK, 0 rows affected (0.00 sec)
```

存储过程正确地输出了 x 变量的值。

16.13.4　使用 LEAVE 语句控制流程

1．语法说明

LEAVE 语句能够从被标注的流程结果中退出，语法结构如下：

```
LEAVE label
```

其中，label 表示被标注的流程标志。

2．简单示例

参见 16.13.3 节中的简单示例，这里不再赘述。

16.13.5　使用 ITERATE 语句控制流程

1．语法说明

ITERATE 语句表示跳过本次循环，而执行下次循环操作。语法格式如下：

```
ITERATE label
```

其中，label 表示被标注的流程标志。

注意：ITERATE 只可以出现在 LOOP、REPEAT 和 WHILE 语句内。

2．简单示例

（1）创建名称为 HandlerDataWithIterate 的存储过程，在存储过程中定义 INT 类型的变量 x，默认值为 0。接下来，在 LOOP 循环中为变量 x 加 1，当 x 的值小于 5 时，执行 ITERATE 操作；当 x 的值大于等于 10 时，退出 LOOP 循环；其他情况，打印 x 变量的值。创建存储过程，在 MySQL 命令行中执行代码。

```
mysql> DELIMITER $$
mysql> CREATE PROCEDURE HandlerDataWithIterate()
    -> BEGIN
    -> DECLARE x INT DEFAULT 0;
    -> x_loop: LOOP
    -> SET x = x + 1;
    -> IF x < 5 THEN ITERATE x_loop;
```

```
    -> ELSEIF x >= 10 THEN LEAVE x_loop;
    -> END IF;
    -> SELECT x;
    -> END LOOP x_loop;
    -> END $$
Query OK, 0 rows affected (0.00 sec)
mysql> DELIMITER ;
```

（2）在 MySQL 命令行中调用名称为 HandlerDataWithIterate 的存储过程。

```
mysql> CALL HandlerDataWithIterate();
+------+
| x    |
+------+
|    5 |
+------+
1 row in set (0.00 sec)

+------+
| x    |
+------+
|    6 |
+------+
1 row in set (0.00 sec)

+------+
| x    |
+------+
|    7 |
+------+
1 row in set (0.00 sec)

+------+
| x    |
+------+
|    8 |
+------+
1 row in set (0.00 sec)

+------+
| x    |
+------+
|    9 |
+------+
1 row in set (0.00 sec)
Query OK, 0 rows affected (0.00 sec)
```

当 x 变量的值大于等于 5 且小于 10 时，输出了 x 变量的值。

16.13.6　使用 REPEAT 语句控制流程

1．语法说明

REPEAT 语句会创建一个带有条件判断的循环语句，每次执行循环体时，都会对条件进

行判断，如果条件判断为TRUE，则退出循环，否则继续执行循环体，语法格式如下：

```
[begin_label:] REPEAT
    statement_list
UNTIL search_condition
END REPEAT [end_label]
```

其中，begin_label和end_label为循环的标志，二者可以省略，如果二者同时出现，则必须相同。当search_condition条件判断为TRUE时，退出循环。

2. 简单示例

（1）创建名称为HandlerDataWithRepeat的存储过程，在存储过程中定义INT类型的变量x，默认值为0。在REPEAT循环中为x变量加1，如果x变量的值大于等于10，则退出REPEAT循环，最后打印x变量的值。创建存储过程，在MySQL命令行中执行代码。

```
mysql> DELIMITER $$
mysql> CREATE PROCEDURE HandlerDataWithRepeat()
    -> BEGIN
    -> DECLARE x INT DEFAULT 0;
    -> x_repeat: REPEAT
    -> SET x = x + 1;
    -> UNTIL x >= 10
    -> END REPEAT x_repeat;
    -> SELECT x;
    -> END $$
Query OK, 0 rows affected (0.00 sec)
mysql> DELIMITER ;
```

（2）在MySQL命令行中调用名称为HandlerDataWithRepeat的存储过程。

```
mysql> CALL HandlerDataWithRepeat();
+------+
| x    |
+------+
|   10 |
+------+
1 row in set (0.00 sec)
Query OK, 0 rows affected (0.00 sec)
```

存储过程通过REPEAT循环处理，正确地输出了x变量的值。

16.13.7　使用WHILE语句控制流程

1. 语法说明

WHILE语句同样可以创建一个带有条件判断的循环语句。与REPEAT语句不同，WHILE语句的条件判断为TRUE时，继续执行循环体。语法格式如下：

```
[begin_label:] WHILE search_condition DO
    statement_list
END WHILE [end_label]
```

其中，begin_label 和 end_label 为循环的标志，二者可以省略，如果二者同时出现，则必须相同。当 search_condition 条件判断为 TRUE 时，继续执行循环体。

2. 简单示例

（1）创建一个名称为 HandlerDataWithWhile 的存储过程，在存储过程中定义一个 INT 类型的变量 x，默认值为 0。当 x 的值小于 10 时，使用 WHILE 循环对 x 变量的值加 1，最后打印 x 变量的值。创建存储过程，在 MySQL 命令行中执行代码。

```
mysql> DELIMITER $$
mysql> CREATE PROCEDURE HandlerDataWithWhile()
    -> BEGIN
    -> DECLARE x INT DEFAULT 0;
    -> x_while: WHILE x < 10 DO
    -> SET x = x + 1;
    -> END WHILE x_while;
    -> SELECT x;
    -> END $$
Query OK, 0 rows affected (0.00 sec)
mysql> DELIMITER ;
```

名称为 HandlerDataWithWhile 的存储过程创建成功。

（2）在 MySQL 命令行中调用名称为 HandlerDataWithWhile 的存储过程。

```
mysql> CALL HandlerDataWithWhile();
+------+
| x    |
+------+
|   10 |
+------+
1 row in set (0.00 sec)
Query OK, 0 rows affected (0.00 sec)
```

在存储过程中通过 WHILE 循环对 x 变量的值进行处理，并正确输出了 x 变量的值。

16.14 本章总结

本章首先对存储过程和函数的一些基本知识进行了简单的介绍，主要包括对存储过程和函数进行创建、查看、修改、调用和删除操作。然后介绍了如何在 MySQL 中使用变量、定义条件和处理程序。最后介绍了 MySQL 中游标的使用和控制流程的使用。下一章将对 MySQL 中的触发器进行简单的介绍。

第 17 章　MySQL 触发器

MySQL 从 5.0.2 版本开始支持触发器。MySQL 中的触发器需要满足一定的条件才能执行，比如，在对某个数据表进行更新操作前首先需要验证数据的合法性，此时就可以使用触发器来执行。在 MySQL 中定义触发器能够在一定程度上保证数据的完整性。本章简单介绍一下 MySQL 中的触发器。

本章涉及的知识点有：

- 创建触发器；
- 查看触发器；
- 删除触发器。

17.1　创建触发器

MySQL 中创建触发器可以使用 CREATE TRIGGER 语句。MySQL 中的触发器可以包含一条执行语句，也可以包含多条执行语句。

17.1.1　语法格式

创建触发器的语法格式如下：

```
CREATE
    [DEFINER = user]
    TRIGGER trigger_name
    trigger_time trigger_event
    ON tbl_name FOR EACH ROW
    [trigger_order]
    trigger_body
```

语法格式说明如下：

- trigger_name：创建的触发器的名称。
- trigger_time：标识什么时候执行触发器，支持两个选项，分别为 BEFORE 和 AFTER。其中，BEFORE 表示在某个事件之前触发，AFTER 表示在某个事件之后触发。
- trigger_event：触发的事件，支持 INSERT、UPDATE 和 DELETE 操作。
- tbl_name：数据表名称，表示在哪张数据表上创建触发器。

- trigger_body：触发器中执行的 SQL 语句，可以有一条 SQL 语句，也可以是多条 SQL 语句。

17.1.2　创建触发器示例

触发器可以在某个事件发生之前触发，也可以在某个事件发生之后触发。

1. 创建测试数据表

创建数据表 test_trigger 和 test_trigger_log。

```
mysql> CREATE TABLE test_trigger (
    -> id INT NOT NULL PRIMARY KEY AUTO_INCREMENT,
    -> t_note VARCHAR(30)
    -> );
Query OK, 0 rows affected (0.12 sec)
mysql> CREATE TABLE test_trigger_log (
    -> id INT NOT NULL PRIMARY KEY AUTO_INCREMENT,
    -> t_log VARCHAR(30)
    -> );
Query OK, 0 rows affected (0.01 sec)
```

SQL 语句执行成功，接下来对 test_trigger 数据表进行增加、删除和修改操作，使用触发器将 test_trigger 数据表中的数据变化日志写入 test_trigger_log 数据表中。

2. BEFORE INSERT触发器

例如，创建名称为 before_insert 的触发器，向 test_trigger 数据表插入数据之前，向 test_trigger_log 数据表中插入 before_insert 的日志信息。

```
mysql> DELIMITER $$
mysql> CREATE TRIGGER before_insert
    -> BEFORE INSERT ON test_trigger
    -> FOR EACH ROW
    -> INSERT INTO test_trigger_log
    -> (t_log)
    -> VALUES
    -> ('before_insert')
    -> ;
    -> $$
Query OK, 0 rows affected (0.16 sec)
mysql> DELIMITER ;
```

SQL 语句执行成功，向 test_trigger 数据表中插入数据。

```
mysql> INSERT INTO test_trigger (t_note) VALUES ('测试 BEFORE INSERT 触发器');
Query OK, 1 row affected (0.00 sec)
```

SQL 语句执行成功，查看 test_trigger 数据表中的数据。

```
mysql> SELECT * FROM test_trigger;
+----+--------------------------------+
| id | t_note                         |
```

```
+----+--------------------------------+
|  1 | 测试 BEFORE INSERT 触发器      |
+----+--------------------------------+
1 row in set (0.01 sec)
```

向 test_trigger 数据表中成功插入了一条数据。

查看 test_trigger_log 数据表中的数据。

```
mysql> SELECT * FROM test_trigger_log;
+----+---------------+
| id | t_log         |
+----+---------------+
|  1 | before_insert |
+----+---------------+
1 row in set (0.00 sec)
```

向 test_trigger 数据表插入数据之前，执行触发器向 test_trigger_log 数据表中插入了 before_insert 信息。

3. 创建AFTER INSERT触发器

例如，创建名称为 after_insert 的触发器，向 test_trigger 数据表插入数据之后，向 test_trigger_log 数据表中插入 after_insert 的日志信息。

```
mysql> DELIMITER $$
mysql> CREATE TRIGGER after_insert
    -> AFTER INSERT ON test_trigger
    -> FOR EACH ROW
    -> BEGIN
    -> INSERT INTO test_trigger_log
    -> (t_log)
    -> VALUES
    -> ('after_insert');
    -> END;
    -> $$
Query OK, 0 rows affected (0.00 sec)
mysql> DELIMITER ;
```

向 test_trigger 数据表中插入数据。

```
mysql> INSERT INTO test_trigger (t_note) VALUES ('测试 AFTER INSERT 触发器');
Query OK, 1 row affected (0.00 sec)
```

SQL 语句执行成功，查看 test_trigger 数据表中的数据。

```
mysql> SELECT * FROM test_trigger;
+----+--------------------------------+
| id | t_note                         |
+----+--------------------------------+
|  1 | 测试 BEFORE INSERT 触发器      |
|  2 | 测试 AFTER INSERT 触发器       |
+----+--------------------------------+
2 rows in set (0.00 sec)
```

查看 test_trigger_log 数据表中的数据。

```
mysql> SELECT * FROM test_trigger_log;
+----+---------------+
| id | t_log         |
+----+---------------+
|  1 | before_insert |
|  2 | before_insert |
|  3 | after_insert  |
+----+---------------+
3 rows in set (0.00 sec)
```

test_trigger_log 数据表中插入了一条 before_insert 信息和一条 after_insert 信息，这是因为此时的数据库中存在 before_insert 触发器和 after_insert 触发器，当向 test_trigger 数据表中插入数据时，会先执行 before_insert 触发器向 test_trigger_log 数据表中插入数据，再执行 after_insert 触发器向 test_trigger_log 数据表中插入数据，所以会向 test_trigger_log 数据表中插入两条数据。

注意： BEFORE/AFTER UPDATE 触发器和 BEFORE/AFTER DELETE 触发器的创建方式与 BEFORE/AFTER INSERT 触发器的创建方式相同，此处不再赘述。

17.2　查看触发器

MySQL 中支持使用 SHOW TRIGGERS 和 SHOW CREATE TRIGGER 语句查看触发器的信息。同时，在 MySQL 中会将触发器的信息存储在 information_schema 数据库中的 triggers 数据表中，所以也可以在 trigger 数据表中查看触发器的信息。

17.2.1　使用 SHOW TRIGGERS 语句查看触发器的信息

使用 SHOW TRIGGERS 语句查看触发器的信息，语法格式如下：

```
SHOW TRIGGERS
    [{FROM | IN} db_name]
    [LIKE 'pattern' | WHERE expr]
```

- SHOW TRIGGERS：查看触发器的信息的 SQL 关键字。
- [{FROM | IN} db_name]：{FROM | IN}表示从哪个数据库中查看触发器。db_name 表示数据库名称；此项可以省略，当省略时，查看的是当前 MySQL 命令行所在的数据库的触发器信息。
- [LIKE 'pattern' | WHERE expr]：查看触发器时匹配的条件语句。

例如，查看当前 MySQL 命令行所在数据库下的触发器信息。

```
mysql> SHOW TRIGGERS \G
*************************** 1. row ***************************
             Trigger: before_insert
               Event: INSERT
               Table: test_trigger
```

```
           Statement: INSERT INTO test_trigger_log
(t_log)
VALUES
('before_insert')
              Timing: BEFORE
             Created: 2019-12-26 22:30:44.31
            sql_mode: ONLY_FULL_GROUP_BY,STRICT_TRANS_TABLES,NO_ZERO_IN_DATE,NO_ZERO_DATE,ERROR_FOR_
DIVISION_BY_ZERO,NO_ENGINE_SUBSTITUTION
             Definer: root@localhost
character_set_client: utf8mb4
collation_connection: utf8mb4_general_ci
  Database Collation: utf8mb4_0900_ai_ci
*************************** 2. row ***************************
             Trigger: after_insert
               Event: INSERT
               Table: test_trigger
           Statement: BEGIN
INSERT INTO test_trigger_log
(t_log)
VALUES
('after_insert');
END
              Timing: AFTER
             Created: 2019-12-26 22:41:57.51
            sql_mode: ONLY_FULL_GROUP_BY,STRICT_TRANS_TABLES,NO_ZERO_IN_DATE,NO_ZERO_DATE,ERROR_FOR_
DIVISION_BY_ZERO,NO_ENGINE_SUBSTITUTION
             Definer: root@localhost
character_set_client: utf8mb4
collation_connection: utf8mb4_general_ci
  Database Collation: utf8mb4_0900_ai_ci

################此处省略 n 行代码##########################

6 rows in set (0.00 sec)
```

结果显示出了 MySQL 命令行当前数据库下的所有触发器信息，并显示了每个触发器的名称、事件、触发器所在的数据表和触发器执行时触发的 SQL 语句等信息。

17.2.2　使用 SHOW CREATE TRIGGER 语句查看触发器的信息

使用 SHOW CREATE TRIGGER 语句查看触发器的信息，语法格式如下：

```
SHOW CREATE TRIGGER trigger_name
```

其中，trigger_name 表示触发器的名称。

例如，查看名称为 before_insert 触发器的信息。

```
mysql> SHOW CREATE TRIGGER before_insert \G
*************************** 1. row ***************************
               Trigger: before_insert
              sql_mode: ONLY_FULL_GROUP_BY,STRICT_TRANS_TABLES,NO_ZERO_IN_DATE,NO_ZERO_DATE,ERROR_
FOR_DIVISION_BY_ZERO,NO_ENGINE_SUBSTITUTION
SQL Original Statement: CREATE DEFINER=`root`@`localhost` TRIGGER `before_insert` BEFORE INSERT ON
`test_trigger` FOR EACH ROW INSERT INTO test_trigger_log
```

```
(t_log)
VALUES
('before_insert')
  character_set_client: utf8mb4
  collation_connection: utf8mb4_general_ci
    Database Collation: utf8mb4_0900_ai_ci
               Created: 2019-12-26 22:30:44.31
1 row in set (0.44 sec)
```

查看结果中显示了触发器的名称、执行触发器时触发的 SQL 语句。

17.2.3　通过查看 triggers 数据表中的数据查看触发器的信息

在 MySQL 中，会将触发器的信息存储到 information_schema 数据库中的 triggers 数据表中。可以通过查看 information_schema 数据库中 triggers 数据表中的数据来查看触发器的信息。

语法格式如下：

```
SELECT * FROM information_schema.triggers
WHERE condition
```

例如，查看名称为 before_insert 的触发器信息。

```
mysql> SELECT * FROM information_schema.triggers WHERE trigger_name = 'before_insert' \G
*************************** 1. row ***************************
           TRIGGER_CATALOG: def
            TRIGGER_SCHEMA: goods
              TRIGGER_NAME: before_insert
        EVENT_MANIPULATION: INSERT
      EVENT_OBJECT_CATALOG: def
       EVENT_OBJECT_SCHEMA: goods
        EVENT_OBJECT_TABLE: test_trigger
              ACTION_ORDER: 1
          ACTION_CONDITION: NULL
          ACTION_STATEMENT: INSERT INTO test_trigger_log
(t_log)
VALUES
('before_insert')
        ACTION_ORIENTATION: ROW
             ACTION_TIMING: BEFORE
ACTION_REFERENCE_OLD_TABLE: NULL
ACTION_REFERENCE_NEW_TABLE: NULL
  ACTION_REFERENCE_OLD_ROW: OLD
  ACTION_REFERENCE_NEW_ROW: NEW
                   CREATED: 2019-12-26 22:30:44.31
                  SQL_MODE: ONLY_FULL_GROUP_BY,STRICT_TRANS_TABLES,NO_ZERO_IN_DATE,NO_ZERO_DATE,ERROR_
FOR_DIVISION_BY_ZERO,NO_ENGINE_SUBSTITUTION
                   DEFINER: root@localhost
      CHARACTER_SET_CLIENT: utf8mb4
      COLLATION_CONNECTION: utf8mb4_general_ci
        DATABASE_COLLATION: utf8mb4_0900_ai_ci
1 row in set (0.00 sec)
```

查看结果中显示了 before_insert 触发器所在的数据库、数据表、触发器名称、事件类型和执行触发器时触发的 SQL 语句等信息。

当不指定条件时，会查询所有的触发器信息。

```
mysql> SELECT * FROM information_schema.triggers \G
*************************** 1. row ***************************
           TRIGGER_CATALOG: def
            TRIGGER_SCHEMA: sys
              TRIGGER_NAME: sys_config_insert_set_user
        EVENT_MANIPULATION: INSERT
      EVENT_OBJECT_CATALOG: def
       EVENT_OBJECT_SCHEMA: sys
        EVENT_OBJECT_TABLE: sys_config
              ACTION_ORDER: 1
          ACTION_CONDITION: NULL
          ACTION_STATEMENT: BEGIN
    IF @sys.ignore_sys_config_triggers != true AND NEW.set_by IS NULL THEN
        SET NEW.set_by = USER();
    END IF;
END
        ACTION_ORIENTATION: ROW
             ACTION_TIMING: BEFORE
ACTION_REFERENCE_OLD_TABLE: NULL
ACTION_REFERENCE_NEW_TABLE: NULL
  ACTION_REFERENCE_OLD_ROW: OLD
  ACTION_REFERENCE_NEW_ROW: NEW
                   CREATED: 2019-11-24 12:46:55.84
                  SQL_MODE: ONLY_FULL_GROUP_BY,STRICT_TRANS_TABLES,NO_ZERO_IN_DATE,NO_ZERO_DATE,ERROR_
FOR_DIVISION_BY_ZERO,NO_ENGINE_SUBSTITUTION
                   DEFINER: mysql.sys@localhost
      CHARACTER_SET_CLIENT: utf8mb4
      COLLATION_CONNECTION: utf8mb4_0900_ai_ci
        DATABASE_COLLATION: utf8mb4_0900_ai_ci
############此处省略 n 行数据######################
*************************** 8. row ***************************
           TRIGGER_CATALOG: def
            TRIGGER_SCHEMA: goods
              TRIGGER_NAME: after_delete
        EVENT_MANIPULATION: DELETE
      EVENT_OBJECT_CATALOG: def
       EVENT_OBJECT_SCHEMA: goods
        EVENT_OBJECT_TABLE: test_trigger
              ACTION_ORDER: 1
          ACTION_CONDITION: NULL
          ACTION_STATEMENT: BEGIN
INSERT INTO test_trigger_log
(t_log)
VALUES
('after_delete')
;
END
        ACTION_ORIENTATION: ROW
             ACTION_TIMING: AFTER
ACTION_REFERENCE_OLD_TABLE: NULL
ACTION_REFERENCE_NEW_TABLE: NULL
  ACTION_REFERENCE_OLD_ROW: OLD
  ACTION_REFERENCE_NEW_ROW: NEW
                   CREATED: 2019-12-26 23:35:19.34
```

```
                SQL_MODE: ONLY_FULL_GROUP_BY,STRICT_TRANS_TABLES,NO_ZERO_IN_DATE,NO_ZERO_DATE,ERROR_
FOR_DIVISION_BY_ZERO,NO_ENGINE_SUBSTITUTION
                 DEFINER: root@localhost
    CHARACTER_SET_CLIENT: utf8mb4
    COLLATION_CONNECTION: utf8mb4_general_ci
      DATABASE_COLLATION: utf8mb4_0900_ai_ci
8 rows in set (0.00 sec)
```

17.3　删除触发器

当在数据库中确认某个触发器不再使用时，就可以将不再使用的触发器删除，在 MySQL 中，使用 DROP TRIGGER 语句删除触发器。

17.3.1　语法格式

删除触发器的语法格式如下：

```
DROP TRIGGER [IF EXISTS] [schema_name.]trigger_name
```

语法格式说明如下：

- DROP TRIGGER：删除触发器的 SQL 关键字。
- schema_name：触发器所在的数据库名称，可以省略。当省略时，会删除 MySQL 命令行所在的数据库下的触发器。
- trigger_name：触发器的名称。

17.3.2　删除触发器示例

例如，删除名称为 after_delete 的触发器。

```
mysql> DROP TRIGGER after_delete;
Query OK, 0 rows affected (0.11 sec)
```

SQL 语句执行成功，查看 alter_delete 触发器的信息。

```
mysql> SHOW CREATE TRIGGER after_delete \G
ERROR 1360 (HY000): Trigger does not exist
```

结果显示，MySQL 报错，不存在 alter_delete 触发器，说明 alter_delete 触发器已经被成功删除。

17.4　本 章 小 结

本章主要对 MySQL 中如何操作触发器进行了简单的介绍，包括触发器的创建、查看和删除。下一章将对如何在 MySQL 中进行分区进行简单的介绍。

第 18 章　MySQL 分区

MySQL 从 5.1 版本开始支持分区操作。对 MySQL 使用分区操作不仅能够存储更多的数据，而且在数据查询效率和数据吞吐量方面，也能够得到显著的提升。本章将简单介绍如何在 MySQL 中实现数据的分区存储。

本章涉及的知识点有：

- 分区介绍；
- RANGE 分区；
- LIST 分区；
- COLUMNS 分区；
- HASH 分区；
- KEY 分区；
- 子分区；
- 分区中的 NULL 值处理。

18.1　分 区 介 绍

分区是指将一张表中的数据和索引分散存储到同一台计算机或不同计算机磁盘上的多个文件中。分区操作对于上层访问是透明的，用户访问 MySQL 中的分区表时，不必关心当前访问的数据存储到数据表的哪个分区中。对 MySQL 中的数据表进行分区也不会影响上层的业务逻辑。

18.1.1　不同版本 MySQL 的分区

在 MySQL 5.6 以下的版本中，可以使用 SHOW VARIABLES 语句来查看当前 MySQL 是否支持分区操作。

```
mysql> SHOW VARIABLES LIKE '%partition%';
+--------------------------+-----------------+
| Variable_name            |      Value      |
+--------------------------+-----------------+
| have_partition_engine    |      YES        |
+--------------------------+-----------------+
```

```
1 row in set (0.00 sec)
```

输出结果显示当前 MySQL 支持分区操作，如果输出的结果数据为空，或者 have_partition_engine 的值不为 YES，则表示当前 MySQL 不支持分区操作。

在 MySQL 5.6 及 5.6 以上的版本中，需要使用 SHOW PLUGINS 语句查看是否支持分区操作。比如，查看 MySQL 5.7 版本是否支持分区操作：

```
mysql> SHOW PLUGINS;
+--------------------------+----------+-----------------+---------+---------+
| Name                     | Status   | Type            | Library | License |
+--------------------------+----------+-----------------+---------+---------+
| binlog                   | ACTIVE   | STORAGE ENGINE  | NULL    |  GPL    |
| mysql_native_password    | ACTIVE   | AUTHENTICATION  | NULL    |  GPL    |
| sha256_password          | ACTIVE   | AUTHENTICATION  | NULL    |  GPL    |
| CSV                      | ACTIVE   | STORAGE ENGINE  | NULL    |  GPL    |
| MEMORY                   | ACTIVE   | STORAGE ENGINE  | NULL    |  GPL    |
################################此处省略 n 行数据
| partition                | ACTIVE   | STORAGE ENGINE  | NULL    |  GPL    |
+--------------------------+----------+-----------------+---------+---------+
44 rows in set (0.14 sec)
```

从输出结果中可以看到下面一行信息：

```
| partition                | ACTIVE   | STORAGE ENGINE     | NULL    | GPL     |
```

说明当前 MySQL 支持分区操作。

在 MySQL 5.7 及以下的版本中，支持使用大部分存储引擎创建分区表，例如可以使用 MyISAM、InnoDB 和 Memory 等存储引擎创建分区表，其他诸如 MERGE、CSV 等存储引擎不支持创建分区表。

例如，在 MySQL 5.7 中基于 InnoDB 存储引擎创建分区表。

```
mysql> CREATE TABLE tbl_partition_innodb(
    -> id INT NOT NULL,
    -> name VARCHAR(30)
    -> )ENGINE=InnoDB
    -> PARTITION BY HASH(id)
    -> PARTITIONS 5;
Query OK, 0 rows affected (1.27 sec)
```

创建分区表成功，接下来基于 MERGE 存储引擎创建分区表。

```
mysql> CREATE TABLE tbl_partition1(
    -> id INT NOT NULL,
    -> name VARCHAR(30)
    -> )ENGINE=MERGE
    -> PARTITION BY HASH(id)
    -> PARTITIONS 5;
ERROR 1572 (HY000): Engine cannot be used in partitioned tables
```

创建分区表失败，MySQL 报错信息为“存储引擎不能用于分区表”。

在 MySQL 5.1 版本中，同一张数据表的所有分区必须使用同一个存储引擎，即一张数据表中不能对一个分区使用一种存储引擎，而对另一个分区使用其他存储引擎。但是可以在不同的数据库中，对不同的数据表使用不同的存储引擎。

值得注意的是，在 MySQL 8.x 版本中，MyISAM 存储引擎已经不允许再创建分区表了，只能为实现了本地分区策略的存储引擎创建分区表，截至 MySQL 8.0.18 版本，只有 InnoDB 和 NDB 存储引擎支持创建分区表。

比如，在 MySQL 8.0.18 版本中为 MyISAM 存储引擎创建分区表。

```
mysql> CREATE TABLE tbl_partition_myisam(
    -> id INT NOT NULL
    -> ) ENGINE=MyISAM
    -> PARTITION BY HASH(id)
    -> PARTITIONS 5;
ERROR 1178 (42000): The storage engine for the table doesn't support native partitioning
```

MySQL 报错，报错信息为“存储引擎不支持本地分区策略”。

18.1.2 分区的优势

对数据表进行分区有诸多优点，下面列举几个典型的优点。

1. 存储更多的数据

MySQL 中的数据表能够存储更多的数据。当没有使用分区时，同一个 MySQL 实例中的同一个数据表中的数据，只能存储到同一台计算机的同一磁盘的同一个数据文件中。使用分区后，同一个 MySQL 实例中的同一张数据表中的数据，能够存储到同一台计算机或不同计算机的不同磁盘上的不同的数据文件中，相比没有分区时，能够分散存储更多的数据。

2. 优化查询

分区后，在 WHERE 条件语句中包含分区条件时，能够只扫描符合条件的一个或多个分区来查询数据，而不必扫描整个数据表中的数据，从而提高了数据查询的效率。

3. 并行处理

当查询语句中涉及 SUM()、COUNT()、AVG()、MAX()和 MIN()等聚合函数时，可以在每个分区上进行并行处理，再统计汇总每个分区得出的结果，从而得出最终的汇总结果数据，整体上提高了数据查询与统计的效率。

4. 快速删除数据

如果数据表中的数据已经过期，或者不需要再存储到数据表中，可以通过删除分区的方式快速删除数据表中的数据。删除分区比删除数据表中的数据在效率上要高得多。

5. 更大的数据吞吐量

分区后，能够跨多个磁盘分散数据查询，每个查询之间可以并行进行，能够获得更大的查询吞吐量，提升数据查询的性能。

18.1.3　分区类型

MySQL 的分区在总体上可以分为 RANGE 分区、LIST 分区、HASH 分区和 KEY 分区，在此基础上又派生出了 COLUMNS 分区和子分区。

- RANGE 分区：根据一个连续的区间范围，将数据分散存储于不同的分区，支持对字段名或表达式进行分区。
- LIST 分区：根据给定的值列表，将数据分散存储到不同的分区，支持对字段名或表达式进行分区。
- HASH 分区：根据给定的分区个数，结合一定的 HASH 算法，将数据分散存储到不同的分区，可以使用用户自定义的函数。
- KEY 分区：与 HASH 分区类似，但是只能使用 MySQL 自带的 HASH 函数。
- COLUMNS 分区：为解决 MySQL 5.5 版本之前 RANGE 分区和 LIST 分区只支持整数分区而在 MySQL 5.5 版本新引入的分区类型。
- 子分区：对数据表中的每个分区再次进行分区。

注意：RANGE 分区与 LIST 分区有一定的相似性，RANGE 分区是基于一个连续的区间范围分区，而 LIST 分区是基于一个给定的值列表进行分区；HASH 分区与 KEY 分区类似，HASH 分区既可以使用 MySQL 本身提供的 HASH 函数进行分区，也可以使用用户自定义的表达式分区，而 KEY 分区只能使用 MySQL 本身提供的函数进行分区。

在 MySQL 所有的分区类型中，进行分区的数据表可以不存在主键或者唯一键；如果存在主键或者唯一键，则不能使用主键或唯一键之外的其他字段进行分区操作。

例如，数据表 tbl_partition_test 和 id 为主键，使用 year 字段进行 RANGE 分区。

```
mysql> CREATE TABLE tbl_partition_test(
    -> id INT NOT NULL PRIMARY KEY,
    -> year INT
    -> )ENGINE=InnoDB
    -> PARTITION BY RANGE(year)(
    -> PARTITION part0 VALUES LESS THAN (2010),
    -> PARTITION part1 VALUES LESS THAN (2020),
    -> PARTITION part3 VALUES LESS THAN (2030)
    -> );
ERROR 1503 (HY000): A PRIMARY KEY must include all columns in the table's partitioning function
```

以主键之外的其他字段进行分区，MySQL 会报错，此时去除主键约束。

```
mysql> CREATE TABLE tbl_partition_test(
    -> id INT NOT NULL,
    -> year INT
    -> )ENGINE=InnoDB
```

```
    -> PARTITION BY RANGE(year)(
    -> PARTITION part0 VALUES LESS THAN (2010),
    -> PARTITION part1 VALUES LESS THAN (2020),
    -> PARTITION part3 VALUES LESS THAN (2030)
    -> );
Query OK, 0 rows affected (0.13 sec)
```

结果显示分区数据表创建成功。

18.2 RANGE 分区

RANGE 分区是根据连续不间断的取值范围进行分区，并且每个分区中的取值范围不能重叠，可以使用 VALUES LESS THAN 语句定义分区区间。

18.2.1 创建分区表

例如，创建一个成员信息表 t_members，并以 group_id 字段进行分区。

```
mysql> CREATE TABLE t_members (
    -> id INT NOT NULL,
    -> first_name VARCHAR(30),
    -> last_name VARCHAR(30),
    -> join_date DATE NOT NULL DEFAULT '2020-01-01',
    -> first_login_date DATE NOT NULL DEFAULT '2020-01-01',
    -> group_code INT NOT NULL,
    -> group_id INT NOT NULL
    -> )
    -> PARTITION BY RANGE (group_id)(
    -> PARTITION part0 VALUES LESS THAN (10),
    -> PARTITION part1 VALUES LESS THAN (20),
    -> PARTITION part2 VALUES LESS THAN (30),
    -> PARTITION part3 VALUES LESS THAN (40)
    -> );
Query OK, 0 rows affected (0.03 sec)
```

SQL 语句执行成功，此时将 t_members 数据表分为 4 个分区，group_id 范围在 1～9 的成员信息保存在 part0 分区中，group_id 范围在 10~19 的成员信息保存在 part1 分区中，以此类推。

在 MySQL 中，可以通过查看 information_schema 数据库的 partitions 数据表来查看分区表的数据分布。例如，查看 t_members 数据表中的数据分布。

```
mysql> SELECT
    -> partition_name part,
    -> partition_expression expr,
    -> partition_description part_desc,
    -> table_rows
    -> FROM
    -> information_schema.partitions
```

```
    -> WHERE
    -> table_schema = schema()
    -> AND table_name = 't_members';
+-------+------------+-----------+------------+
| part  | expr       | part_desc | TABLE_ROWS |
+-------+------------+-----------+------------+
| part0 | `group_id` | 10        |          0 |
| part1 | `group_id` | 20        |          0 |
| part2 | `group_id` | 30        |          0 |
| part3 | `group_id` | 40        |          0 |
+-------+------------+-----------+------------+
4 rows in set (0.22 sec)
```

此时，每个 t_members 数据表的每个分区中的数据记录都为 0。

向 t_members 数据表中插入一条 group_id 为 15 的数据记录。

```
mysql> INSERT INTO t_members
    -> (id, first_name, last_name, join_date, first_login_date,group_code, group_id)
    -> VALUES
    -> (1,'binghe', 'binghe', '2020-01-01', '2020-01-02', 10001, 15);
Query OK, 1 row affected (0.00 sec)
```

SQL 语句执行成功，再次查看 t_members 数据表的数据分布。

```
mysql> SELECT
    -> partition_name part,
    -> partition_expression expr,
    -> partition_description part_desc,
    -> table_rows
    -> FROM
    -> information_schema.partitions
    -> WHERE
    -> table_schema = schema()
    -> AND table_name = 't_members';
+-------+------------+-----------+------------+
| part  | expr       | part_desc | TABLE_ROWS |
+-------+------------+-----------+------------+
| part0 | `group_id` | 10        |          0 |
| part1 | `group_id` | 20        |          1 |
| part2 | `group_id` | 30        |          0 |
| part3 | `group_id` | 40        |          0 |
+-------+------------+-----------+------------+
4 rows in set (0.00 sec)
```

part1 分区中的数据记录条数为 1，这是因为 group_id 为 15 满足 10～19 的范围条件，所以 group_id 为 15 的数据会被分配到 part1 分区中。

在创建的 t_members 数据表中，group_id 字段的最大值为 39，当插入的 group_id 字段的值大于 39 时，MySQL 会报错，原因是 MySQL 无法确定将 group_id 的值大于 39 的数据存储到哪个分区。

例如，向 t_members 数据表插入一条 group_id 为 40 的数据记录。

```
mysql> INSERT INTO t_members
-> (id, first_name, last_name, join_date, first_login_date,group_code, group_id)
-> VALUES
```

```
    -> (2, 'xiaoming', 'xiaoming', '2020-01-01', '2020-01-03', 10002, 40);
ERROR 1526 (HY000): Table has no partition for value 40
```

结果显示 MySQL 报错，报错信息为“数据表中没有存储 40 的分区”。在后续章节中会解决这个问题。

MySQL 中支持在 VALUES LESS THAN 语句中使用表达式，例如，创建 t_members_year 数据表，以 join_date 字段中的年份进行分区。

```
mysql> CREATE TABLE t_members_year (
    -> id INT NOT NULL,
    -> first_name VARCHAR(30),
    -> last_name VARCHAR(30),
    -> join_date DATE NOT NULL DEFAULT '2020-01-01',
    -> first_login_date DATE NOT NULL DEFAULT '2020-01-01',
    -> group_code INT NOT NULL,
    -> group_id INT NOT NULL
    -> )
    -> PARTITION BY RANGE (YEAR(join_date))(
    -> PARTITION part0 VALUES LESS THAN(2010),
    -> PARTITION part1 VALUES LESS THAN(2020),
    -> PARTITION part2 VALUES LESS THAN(2030)
    -> );
Query OK, 0 rows affected (0.13 sec)
```

MySQL 中的 RANGE 分区只支持对整数类型的字段进行分区，如果分区的字段不是整数类型，则需要使用函数进行转换，将非整数类型的字段值转化为整数类型。

注意：MySQL 中分区的名称是不区分大小写的。例如，下面创建分区表的语句会报错。

```
mysql> CREATE TABLE partition_test (
    -> id INT NOT NULL,
    -> group_id INT NOT NULL
    -> )
    -> PARTITION BY RANGE (group_id)(
    -> PARTITION part0 VALUES LESS THAN (10),
    -> PARTITION PART0 VALUES LESS THAN (20)
    -> );
ERROR 1517 (HY000): Duplicate partition name PART0
```

如果分区字段包含在 WHERE 条件语句中，MySQL 会快速确定需要扫描的分区，从需要扫描的分区中查询数据，而不必扫描数据表中的所有数据。例如，查询 t_members 数据表中 group_id 为 30 的数据，MySQL 只需要扫描 part3 分区。

```
mysql> EXPLAIN SELECT * FROM t_members WHERE group_id = 30 \G
*************************** 1. row ***************************
           id: 1
  select_type: SIMPLE
        table: t_members
   partitions: part3
         type: ALL
possible_keys: NULL
          key: NULL
      key_len: NULL
          ref: NULL
```

```
         rows: 1
     filtered: 100.00
        Extra: Using where
1 row in set, 1 warning (0.17 sec)
```

18.2.2　添加分区

MySQL 中可以使用 ALTER TABLE ADD PARTITION 语句为数据表添加 RANGE 分区。在 18.2.1 节中的 t_members 数据表中，插入 group_id 大于 39 的数据时，MySQL 会报错，无法为 group_id 大于 39 的数据指定存储的分区。此时，可以在设置 RANGE 分区的时候使用 VALUES LESS THAN MAXVALUE 语句，为所有大于某个明确的最高值的值指定存储的分区。

例如，为 t_members 数据表添加 part4 分区，将 group_id 大于 39 的数据都存储到 part4 分区中。

```
mysql> ALTER TABLE t_members
    -> ADD PARTITION (
    -> PARTITION part4 VALUES LESS THAN MAXVALUE
    -> );
Query OK, 0 rows affected (0.16 sec)
Records: 0  Duplicates: 0  Warnings: 0
```

查看 t_members 数据表的表结构信息。

```
mysql> SHOW CREATE TABLE t_members \G
*************************** 1. row ***************************
       Table: t_members
Create Table: CREATE TABLE `t_members` (
  `id` int(11) NOT NULL,
  `first_name` varchar(30) DEFAULT NULL,
  `last_name` varchar(30) DEFAULT NULL,
  `join_date` date NOT NULL DEFAULT '2020-01-01',
  `first_login_date` date NOT NULL DEFAULT '2020-01-01',
  `group_code` int(11) NOT NULL,
  `group_id` int(11) NOT NULL
) ENGINE=InnoDB DEFAULT CHARSET=utf8mb4 COLLATE=utf8mb4_0900_ai_ci
/*!50100 PARTITION BY RANGE (`group_id`)
(PARTITION part0 VALUES LESS THAN (10) ENGINE = InnoDB,
 PARTITION part1 VALUES LESS THAN (20) ENGINE = InnoDB,
 PARTITION part2 VALUES LESS THAN (30) ENGINE = InnoDB,
 PARTITION part3 VALUES LESS THAN (40) ENGINE = InnoDB,
 PARTITION part4 VALUES LESS THAN MAXVALUE ENGINE = InnoDB) */
1 row in set (0.00 sec)
```

t_members 数据表中存在 part4 分区，说明分区添加成功。再次向 t_members 数据表中插入 group_id 为 40 的数据。

```
mysql> INSERT INTO t_members
    -> (id, first_name, last_name, join_date, first_login_date,group_code, group_id)
    -> VALUES
    -> (2, 'xiaoming', 'xiaoming', '2020-01-01', '2020-01-03', 10002, 40);
Query OK, 1 row affected (0.00 sec)
```

SQL 语句执行成功，查看 group_id 为 40 的数据被添加到 t_members 数据表的哪个分区。

```
mysql> SELECT
    -> partition_name part,
    -> partition_expression expr,
    -> partition_description part_desc,
    -> table_rows
    -> FROM
    -> information_schema.partitions
    -> WHERE
    -> table_schema = schema()
    -> AND table_name = 't_members';
+-------+------------+-----------+------------+
| part  | expr       | part_desc | TABLE_ROWS |
+-------+------------+-----------+------------+
| part0 | `group_id` | 10        |          0 |
| part1 | `group_id` | 20        |          1 |
| part2 | `group_id` | 30        |          0 |
| part3 | `group_id` | 40        |          0 |
| part4 | `group_id` | MAXVALUE  |          1 |
+-------+------------+-----------+------------+
```

group_id 为 40 的数据已经被成功分配到 t_members 数据表的 part4 分区。

接下来，为 t_members_year 数据表添加 part3 分区，存储 2030~2039 年的数据。

```
mysql> ALTER TABLE t_members_year
    -> ADD PARTITION (
    -> PARTITION part3 VALUES LESS THAN(2040)
    -> );
Query OK, 0 rows affected (0.02 sec)
Records: 0  Duplicates: 0  Warnings: 0
```

SQL 语句执行成功，为 t_members_year 数据表添加 part3 分区成功。

注意：为数据表添加 RANGE 分区时，只能从分区字段的最大端增加分区，否则会报错。例如：

```
mysql> ALTER TABLE t_members_year
    -> ADD PARTITION (
    -> PARTITION part4 VALUES LESS THAN(2000)
    -> );
ERROR 1493 (HY000): VALUES LESS THAN value must be strictly increasing for each partition
```

18.2.3　删除分区

MySQL 中支持使用 ALTER TABLE DROP PARTITION 语句删除 RANGE 分区，删除分区时，也会将当前分区中的数据一同删除。

例如，以 t_members_year 数据表为例，向 t_members_year 数据表中插入测试数据。

```
mysql> INSERT INTO t_members_year
    -> (id, first_name, last_name, join_date, first_login_date, group_code, group_id)
    -> VALUES
    -> (1, 'binghe', 'binghe', '2009-01-01', '2009-01-01', 10001, 1),
```

```
    -> (2, 'jim', 'green', '2015-01-01', '2015-01-01', 10002, 1),
    -> (3, 'tom', 'tom', '2027-01-01', '2027-01-01', 10003, 2),
    -> (4, 'xiaoming', 'xiaoming', '2038-01-01', '2038-01-01', 10004, 2);
Query OK, 4 rows affected (0.00 sec)
Records: 4  Duplicates: 0  Warnings: 0
```

数据插入成功，查看 t_members_year 数据表中的数据分布。

```
mysql> SELECT
    -> partition_name part,
    -> partition_expression expr,
    -> partition_description part_desc,
    -> table_rows
    -> FROM
    -> information_schema.partitions
    -> WHERE
    -> table_schema = schema()
    -> AND table_name = 't_members_year';
+-------+-------------------+-----------+------------+
| part  | expr              | part_desc | TABLE_ROWS |
+-------+-------------------+-----------+------------+
| part0 | year(`join_date`) | 2010      |          1 |
| part1 | year(`join_date`) | 2020      |          1 |
| part2 | year(`join_date`) | 2030      |          1 |
| part3 | year(`join_date`) | 2040      |          1 |
+-------+-------------------+-----------+------------+
4 rows in set (0.00 sec)
```

结果显示，t_members_year 数据表中的每个分区中存在一条数据。查看 part2 分区中的数据。

```
mysql> SELECT * FROM t_members_year
    -> WHERE join_date
    -> BETWEEN '2020-01-01' AND '2029-12-31';
+----+------------+-----------+------------+------------------+------------+----------+
| id | first_name | last_name | join_date  | first_login_date | group_code | group_id |
+----+------------+-----------+------------+------------------+------------+----------+
|  3 | tom        | tom       | 2027-01-01 | 2027-01-01       |      10003 |        2 |
+----+------------+-----------+------------+------------------+------------+----------+
1 row in set (0.00 sec)
```

删除 part2 分区。

```
mysql> ALTER TABLE t_members_year DROP PARTITION part2;
Query OK, 0 rows affected (0.01 sec)
Records: 0  Duplicates: 0  Warnings: 0
```

SQL 语句执行成功。查看 t_members_year 数据表的表结构信息。

```
mysql> SHOW CREATE TABLE t_members_year \G
*************************** 1. row ***************************
       Table: t_members_year
Create Table: CREATE TABLE `t_members_year` (
  `id` int(11) NOT NULL,
  `first_name` varchar(30) DEFAULT NULL,
  `last_name` varchar(30) DEFAULT NULL,
  `join_date` date NOT NULL DEFAULT '2020-01-01',
  `first_login_date` date NOT NULL DEFAULT '2020-01-01',
```

```
  `group_code` int(11) NOT NULL,
  `group_id` int(11) NOT NULL
) ENGINE=InnoDB DEFAULT CHARSET=utf8mb4 COLLATE=utf8mb4_0900_ai_ci
/*!50100 PARTITION BY RANGE (year(`join_date`))
(PARTITION part0 VALUES LESS THAN (2010) ENGINE = InnoDB,
 PARTITION part1 VALUES LESS THAN (2020) ENGINE = InnoDB,
 PARTITION part3 VALUES LESS THAN (2040) ENGINE = InnoDB) */
1 row in set (0.16 sec)
```

结果显示 part2 分区已经被删除。再次查询 part2 分区中的数据。

```
mysql> SELECT * FROM t_members_year
    -> WHERE join_date
    -> BETWEEN '2020-01-01' AND '2029-12-31';
Empty set (0.01 sec)
```

part2 分区删除后，part2 分区中的数据也被一同删除了。

接下来，再次向 t_members_year 数据表中插入一条 join_date 日期为“2027-01-01”的数据。

```
mysql> INSERT INTO t_members_year
    -> (id, first_name, last_name, join_date, first_login_date, group_code, group_id)
    -> VALUES
    -> (3, 'tom', 'tom', '2027-01-01', '2027-01-01', 10003, 2);
Query OK, 1 row affected (0.00 sec)
```

SQL 语句执行成功，再次查看 t_members_year 数据表中的数据分布。

```
mysql> SELECT
    -> partition_name part,
    -> partition_expression expr,
    -> partition_description part_desc,
    -> table_rows
    -> FROM
    -> information_schema.partitions
    -> WHERE
    -> table_schema = schema()
    -> AND table_name = 't_members_year';
+-------+-------------------+-----------+------------+
| part  | expr              | part_desc | TABLE_ROWS |
+-------+-------------------+-----------+------------+
| part0 | year(`join_date`) | 2010      |          1 |
| part1 | year(`join_date`) | 2020      |          1 |
| part3 | year(`join_date`) | 2040      |          2 |
+-------+-------------------+-----------+------------+
3 rows in set (0.00 sec)
```

当 part2 分区删除后，原本插入 part2 分区中的数据会被插入 part3 分区中。

18.2.4　重定义分区

MySQL 支持在不丢失数据的情况下，使用 ALTER TABLE REORGANIZE PARTITION INTO 语句重定义数据表的分区，可以将数据表中的一个分区拆分为多个分区。

例如，t_members_year 数据表目前包含 3 个分区，分别为 part0、part1 和 part3，将 part3

分区（年份范围为 2020～2039）拆分为 part2 分区（年份范围为 2020～2029）和 part3 分区（年份范围为 2030～2039），重定义分区的语句如下所示。

```
mysql> ALTER TABLE t_members_year
    -> REORGANIZE PARTITION part3 INTO (
    -> PARTITION part2 VALUES LESS THAN (2030),
    -> PARTITION part3 VALUES LESS THAN (2040)
    -> );
Query OK, 0 rows affected (0.15 sec)
Records: 0  Duplicates: 0  Warnings: 0
```

SQL 语句执行成功，查看 t_members_year 数据表的表结构信息。

```
mysql> SHOW CREATE TABLE t_members_year \G
*************************** 1. row ***************************
       Table: t_members_year
Create Table: CREATE TABLE `t_members_year` (
  `id` int(11) NOT NULL,
  `first_name` varchar(30) DEFAULT NULL,
  `last_name` varchar(30) DEFAULT NULL,
  `join_date` date NOT NULL DEFAULT '2020-01-01',
  `first_login_date` date NOT NULL DEFAULT '2020-01-01',
  `group_code` int(11) NOT NULL,
  `group_id` int(11) NOT NULL
) ENGINE=InnoDB DEFAULT CHARSET=utf8mb4 COLLATE=utf8mb4_0900_ai_ci
/*!50100 PARTITION BY RANGE (year(`join_date`))
(PARTITION part0 VALUES LESS THAN (2010) ENGINE = InnoDB,
 PARTITION part1 VALUES LESS THAN (2020) ENGINE = InnoDB,
 PARTITION part2 VALUES LESS THAN (2030) ENGINE = InnoDB,
 PARTITION part3 VALUES LESS THAN (2040) ENGINE = InnoDB) */
1 row in set (0.00 sec)
```

t_members_year 数据表已经存在 4 个分区，说明重定义分区成功。

重定义分区也可以将多个分区合并为一个分区，例如，将 t_members_year 数据表中的 part0 分区和 part1 分区合并为一个 part1 分区。

```
mysql> ALTER TABLE t_members_year
    -> REORGANIZE PARTITION part0, part1 INTO (
    -> PARTITION part1 VALUES LESS THAN (2020)
    -> );
Query OK, 0 rows affected (0.03 sec)
Records: 0  Duplicates: 0  Warnings: 0
```

查看 t_members_year 数据表的表结构信息。

```
mysql> SHOW CREATE TABLE t_members_year \G
*************************** 1. row ***************************
       Table: t_members_year
Create Table: CREATE TABLE `t_members_year` (
  `id` int(11) NOT NULL,
  `first_name` varchar(30) DEFAULT NULL,
  `last_name` varchar(30) DEFAULT NULL,
  `join_date` date NOT NULL DEFAULT '2020-01-01',
  `first_login_date` date NOT NULL DEFAULT '2020-01-01',
  `group_code` int(11) NOT NULL,
  `group_id` int(11) NOT NULL
```

```
) ENGINE=InnoDB DEFAULT CHARSET=utf8mb4 COLLATE=utf8mb4_0900_ai_ci
/*!50100 PARTITION BY RANGE (year(`join_date`))
(PARTITION part1 VALUES LESS THAN (2020) ENGINE = InnoDB,
 PARTITION part2 VALUES LESS THAN (2030) ENGINE = InnoDB,
 PARTITION part3 VALUES LESS THAN (2040) ENGINE = InnoDB) */
1 row in set (0.00 sec)
```

此时已经成功将 t_members_year 数据表的 part0 分区和 part1 分区合并为 part1 分区。

注意：使用 ALTER TABLE DROP PARTITION 语句删除分区时，会一同删除分区中的数据，使用 ALTER TABLE REORGANIZE PARTITION INTO 语句重定义分区，不会删除数据。重定义 RANGE 分区时，只能重定义范围相邻的分区，重定义后的分区需要与原分区的区间相同，同时，MySQL 不支持使用重定义分区修改表分区的类型。

18.3　LIST 分区

LIST 分区可以使用 PARTITION BY LIST 语句实现，然后通过 VALUES IN (list)语句来定义分区，其中，在 MySQL 5.5 之前的版本中，list 是一个逗号分隔的整数列表，不必按照某种顺序进行排列。在 MySQL 5.5 版本之后，支持对非整数类型进行 LIST 分区。

18.3.1　创建分区表

在 MySQL 5.5 之前的版本中，创建 t_members_list 数据表，并按照 group_id 进行 List 分区。

```
mysql> CREATE TABLE t_members_list (
    -> id INT NOT NULL,
    -> t_name VARCHAR(30) NOT NULL,
    -> group_id INT NOT NULL
    -> ) PARTITION BY LIST (group_id)(
    -> PARTITION part0 VALUES IN (1, 3, 5),
    -> PARTITION part1 VALUES IN (2, 6),
    -> PARTITION part2 VALUES IN (4, 7, 9),
    -> PARTITION part3 VALUES IN (8, 10)
    -> );
Query OK, 0 rows affected (0.03 sec)
```

MySQL 5.5 版本之后，可以使用如下语句创建 LIST 分区表。

```
mysql> CREATE TABLE t_members_list_str (
    -> id INT NOT NULL,
    -> t_name VARCHAR(30) NOT NULL,
    -> group_id VARCHAR(30) NOT NULL
    -> ) PARTITION BY LIST (group_id)(
    -> PARTITION part0 VALUES IN (‘a’, ‘c’),
    -> PARTITION part1 VALUES IN (‘d’, ‘e’),
    -> PARTITION part2 VALUES IN (‘b’, ‘f’),
    -> PARTITION part3 VALUES IN (‘x’, ’y’, ’z’)
```

```
    -> );
Query OK, 0 rows affected (0.03 sec)
```

注意： 当插入的分区列的值或表达式的返回值不在分区值列表中时，MySQL 会报错。也就是说，向 LIST 分区表中插入数据时，分区列的值必须在分区值列表中存在，并且 LIST 分区不支持使用 MAXVALUE 等方式定义其他值。例如，向 t_members_list 数据表插入数据时，下面的 SQL 语句会报错。

```
mysql> INSERT INTO t_members_list
    -> (id, t_name, group_id)
    -> VALUES
    -> (1, 'binghe', 11);
ERROR 1526 (HY000): Table has no partition for value 11
```

18.3.2　添加分区

MySQL 中同样可以使用 ALTER TABLE ADD PARTITION 语句为数据表添加 LIST 分区，例如，为 t_members_list 数据表添加 part4 分区，分组 id 为 11 和 12。

```
mysql> ALTER TABLE t_members_list
    -> ADD PARTITION
-> (
-> PARTITION part4 VALUES IN (11, 12)
    -> );
Query OK, 0 rows affected (0.02 sec)
Records: 0  Duplicates: 0  Warnings: 0
```

SQL 语句执行成功。查看 t_members_list 数据表的表结构信息。

```
mysql> SHOW CREATE TABLE t_members_list \G
*************************** 1. row ***************************
       Table: t_members_list
Create Table: CREATE TABLE `t_members_list` (
  `id` int(11) NOT NULL,
  `t_name` varchar(30) NOT NULL,
  `group_id` int(11) NOT NULL
) ENGINE=InnoDB DEFAULT CHARSET=utf8mb4 COLLATE=utf8mb4_0900_ai_ci
/*!50100 PARTITION BY LIST (`group_id`)
(PARTITION part0 VALUES IN (1,3,5) ENGINE = InnoDB,
 PARTITION part1 VALUES IN (2,6) ENGINE = InnoDB,
 PARTITION part2 VALUES IN (4,7,9) ENGINE = InnoDB,
 PARTITION part3 VALUES IN (8,10) ENGINE = InnoDB,
 PARTITION part4 VALUES IN (11,12) ENGINE = InnoDB) */
1 row in set (0.00 sec)
```

结果显示已经成功为 t_members_list 数据表添加 part4 分区。

为数据表添加 LIST 分区时，需要注意的是，对于分区列表中的特定值，必须存在并且只能存在于一个分区中。例如，下面添加 LIST 分区的 SQL 语句会报错，原因是 8 已经在其他分区中存在了。

```
mysql> ALTER TABLE t_members_list
    -> ADD PARTITION
```

```
-> (
-> PARTITION part5 VALUES IN (8, 13)
    -> );
ERROR 1495 (HY000): Multiple definition of same constant in list partitioning
```

18.3.3　删除分区

删除LIST分区的方式与删除RANGE分区的方式完全相同，但需要注意的是，删除LIST分区后，包含在当前分区中的值列表也会被一同删除，如果后续向数据表中插入包含已经被删除的分区的值列表的数据，MySQL将会报错。

例如，删除t_mcmbers_list数据表中的part4分区。

```
mysql> ALTER TABLE t_members_list DROP PARTITION part4;
Query OK, 0 rows affected (0.02 sec)
Records: 0  Duplicates: 0  Warnings: 0
```

part4分区删除成功。向t_member_list数据包插入分组id为11的数据，MyQL会报错。

```
mysql> INSERT INTO t_members_list
    -> (id, t_name, group_id)
    -> VALUES
    -> (1, 'binghe', 11);
ERROR 1526 (HY000): Table has no partition for value 11
```

18.3.4　重定义分区

MySQL中同样支持使用ALTER TABLE REORGANIZE PARTITION INTO语句重定义数据表的LIST分区。只不过重定义LIST分区的过程与重定义RANGE分区的过程不太相同。

例如，查看t_members_list数据表的分区。

```
mysql> SHOW CREATE TABLE t_members_list \G
*************************** 1. row ***************************
       Table: t_members_list
Create Table: CREATE TABLE `t_members_list` (
  `id` int(11) NOT NULL,
  `t_name` varchar(30) NOT NULL,
  `group_id` int(11) NOT NULL
) ENGINE=InnoDB DEFAULT CHARSET=utf8mb4 COLLATE=utf8mb4_0900_ai_ci
/*!50100 PARTITION BY LIST (`group_id`)
(PARTITION part0 VALUES IN (1,3,5) ENGINE = InnoDB,
 PARTITION part1 VALUES IN (2,6) ENGINE = InnoDB,
 PARTITION part2 VALUES IN (4,7,9) ENGINE = InnoDB,
 PARTITION part3 VALUES IN (8,10) ENGINE = InnoDB) */
1 row in set (0.00 sec)
```

重定义part1分区，使其值列表包含2、6和12。此时，直接使用ALTER TABLE ADD PARTITION语句添加分区会报错。可以使用如下过程实现。

首先，为t_members_list数据表添加part4分区，值列表中包含12。

```
mysql> ALTER TABLE t_members_list
```

```
    -> ADD PARTITION
    -> (
    -> PARTITION part4 VALUES IN (12)
    -> );
Query OK, 0 rows affected (0.02 sec)
Records: 0  Duplicates: 0  Warnings: 0
```

接下来，重定义 part1、part2、part3 和 part4 分区，合并 part1 分区和 part4 分区为新的 part1 分区。

```
mysql> ALTER TABLE t_members_list
    -> REORGANIZE PARTITION part1, part2, part3, part4 INTO
    -> (
    -> PARTITION part1 VALUES IN (2, 6, 12),
    -> PARTITION part2 VALUES IN (4, 7, 9),
    -> PARTITION part3 VALUES IN (8,10)
    -> );
Query OK, 0 rows affected (0.05 sec)
Records: 0  Duplicates: 0  Warnings: 0
```

SQL 语句执行成功，再次查看 t_members_list 数据表中的分区。

```
mysql> SHOW CREATE TABLE t_members_list \G
*************************** 1. row ***************************
       Table: t_members_list
Create Table: CREATE TABLE `t_members_list` (
  `id` int(11) NOT NULL,
  `t_name` varchar(30) NOT NULL,
  `group_id` int(11) NOT NULL
) ENGINE=InnoDB DEFAULT CHARSET=utf8mb4 COLLATE=utf8mb4_0900_ai_ci
/*!50100 PARTITION BY LIST (`group_id`)
(PARTITION part0 VALUES IN (1,3,5) ENGINE = InnoDB,
 PARTITION part1 VALUES IN (2,6,12) ENGINE = InnoDB,
 PARTITION part2 VALUES IN (4,7,9) ENGINE = InnoDB,
 PARTITION part3 VALUES IN (8,10) ENGINE = InnoDB) */
1 row in set (0.00 sec)
```

t_members_list 数据表中的 part1 分区的值列表已经成功被修改为 2,6,12。

注意：重定义 LIST 分区时，只支持重定义相邻的分区，重定义后的分区区间必须与原分区区间范围相同，不支持使用重定义分区来修改表分区的类型，否则 MySQL 会报错。例如：

```
mysql> ALTER TABLE t_members_list
    -> REORGANIZE PARTITION part1, part3 INTO
    -> (
    -> PARTITION part1 VALUES IN (2, 6, 8, 10, 12)
    -> );
ERROR 1519 (HY000): When reorganizing a set of partitions they must be in consecutive order
```

18.4　COLUMNS 分区

COLUMNS 分区是 MySQL 5.5 版本引入的新的分区类型，能够解决 MySQL 之前的版本中 RANGE 分区和 LIST 分区只支持整数分区的问题。COLUMNS 分区可以分为 RANGE COLUMNS 分区和 LIST COLUMNS 分区。

RANGE COLUMNS 分区和 LIST COLUMNS 分区都支持整数类型、日期时间类型和字符串类型。

18.4.1　RANGE COLUMNS 分区

RANGE COLUMNS 不仅增加了支持的数据类型，而且还能够对数据表中的多个字段进行分区。例如，创建一个根据字段 group_id 和 group_code 分区的 t_members_range_columns 数据表。

```
mysql> CREATE TABLE t_members_range_columns(
    -> id INT NOT NULL,
    -> t_name VARCHAR(30) NOT NULL DEFAULT '',
    -> group_id INT NOT NULL,
    -> group_code INT NOT NULL
    -> )PARTITION BY RANGE COLUMNS (group_id, group_code) (
    -> PARTITION part0 VALUES LESS THAN (1, 10),
    -> PARTITION part1 VALUES LESS THAN (10, 20),
    -> PARTITION part2 VALUES LESS THAN (10, 30),
    -> PARTITION part3 VALUES LESS THAN (10, MAXVALUE),
    -> PARTITION part4 VALUES LESS THAN (MAXVALUE, MAXVALUE)
    -> );
Query OK, 0 rows affected (0.04 sec)
```

SQL 语句执行成功，说明分区表创建成功。

注意：向 RANGE COLUMNS 分区表中插入数据时，会按照字段组进行比较，如果插入的数据与字段组中的第一个字段值相同，则按照第二个字段值进行比较，直到确定数据插入哪个分区为止。

向 t_members_range_columns 数据表中插入 group_id 为 10，group_code 为 15 的数据。

```
mysql> INSERT INTO t_members_range_columns
    -> (id, t_name, group_id, group_code)
    -> VALUES
    -> (1, 'binghe', 10, 15);
Query OK, 1 row affected (0.00 sec)
```

查看 t_members_range_columns 数据表中数据的分布。

```
mysql> SELECT
    -> partition_name part,
    -> partition_expression expr,
    -> partition_description part_desc,
    -> table_rows
    -> FROM
    -> information_schema.partitions
    -> WHERE
    -> table_schema = schema()
    -> AND table_name = 't_members_range_columns';
```

```
+-------+-------------------------+-------------------+------------+
| part  | expr                    | part_desc         | TABLE_ROWS |
+-------+-------------------------+-------------------+------------+
| part0 | `group_id`,`group_code` | 1,10              |          0 |
| part1 | `group_id`,`group_code` | 10,20             |          1 |
| part2 | `group_id`,`group_code` | 10,30             |          0 |
| part3 | `group_id`,`group_code` | 10,MAXVALUE       |          0 |
| part4 | `group_id`,`group_code` | MAXVALUE,MAXVALUE |          0 |
+-------+-------------------------+-------------------+------------+
5 rows in set (0.00 sec)
```

数据被插入 part1 分区中。

注意：关于 RANGE COLUMNS 分区的添加、删除和重定义与 RANGE 分区差别不大，另外，注意事项也与 RANGE 分区一样，不再赘述。

18.4.2　LIST COLUMNS 分区

LIST COLUMNS 分区不仅具有 LIST 分区的特性，同样也可以支持对多个列进行分区。例如，创建一个根据 group_id 和 group_code 字段进行 LIST COLUMNS 分区的 t_member_list_columns 数据表。

```
mysql> CREATE TABLE t_member_list_columns(
    -> id INT NOT NULL,
    -> t_name VARCHAR(30) NOT NULL DEFAULT '',
    -> group_id INT NOT NULL,
    -> group_code INT NOT NULL
    -> )PARTITION BY LIST COLUMNS (group_id, group_code)(
    -> PARTITION part0 VALUES IN ((1,1), (1, 2), (1,3)),
    -> PARTITION part1 VALUES IN ((1,4), (2,1)),
    -> PARTITION part2 VALUES IN ((3,3), (3,5))
    -> );
Query OK, 0 rows affected (0.03 sec)
```

向 t_member_list_columns 数据表中插入两条数据，一条数据的 group_id 为 1，group_code 为 3，另一条数据的 group_id 为 1，group_code 为 4。

```
mysql> INSERT INTO t_member_list_columns
    -> (id, t_name, group_id, group_code)
    -> VALUES
    -> (1, 'binghe', 1, 3),
    -> (2, 'mysql', 1, 4);
Query OK, 2 rows affected (0.00 sec)
Records: 2  Duplicates: 0  Warnings: 0
```

查看 t_member_list_columns 数据表，数据的分布。

```
mysql> SELECT
    -> partition_name part,
    -> partition_expression expr,
    -> partition_description part_desc,
    -> table_rows
```

```
    -> FROM
    -> information_schema.partitions
    -> WHERE
    -> table_schema = schema()
    -> AND table_name = 't_member_list_columns';
+-------+-----------------------+-------------------+------------+
| part  | expr                  | part_desc         | TABLE_ROWS |
+-------+-----------------------+-------------------+------------+
| part0 | `group_id`,`group_code` | (1,1),(1,2),(1,3) |          1 |
| part1 | `group_id`,`group_code` | (1,4),(2,1)       |          1 |
| part2 | `group_id`,`group_code` | (3,3),(3,5)       |          0 |
+-------+-----------------------+-------------------+------------+
3 rows in set (0.00 sec)
```

数据被插入 t_member_list_columns 数据表的 part0 分区和 part1 分区。

注意：关于 LIST COLUMNS 分区的添加、删除和重定义，读者可以参见对 LIST 分区的操作和注意事项，不再赘述。

18.5 HASH 分区

HASH 能够分散数据库中的热点数据，能够在一定程度上保证分区中的数据尽可能平均分布。HASH 分区可以分为常规 HASH 分区和线性 HASH 分区。

18.5.1 创建分区表

可以使用 PARTITION BY HASH 语句创建 HASH 分区表，例如，创建一个以 group_id 字段进行 HASH 分区的 t_members_hash 数据表。

```
mysql> CREATE TABLE t_members_hash(
    -> id INT NOT NULL,
    -> t_name VARCHAR(30) NOT NULL DEFAULT '',
    -> group_id INT NOT NULL
    -> )PARTITION BY HASH (group_id)
    -> PARTITIONS 4;
Query OK, 0 rows affected (0.07 sec)
```

SQL 语句执行成功，对 group_id 字段进行 HASH，将 t_members_hash 数据表分为 4 个分区。

常规 HASH 分区，在插入数据时会对分区列的值进行求模运算，从而得出数据被插入哪个分区中。基本算法如下：

```
P = value % num
```

或者

```
P = MOD(value, num)
```

其中，P 为数据所在的分区；value 为插入数据时，分区列插入的数据值；num 为分区个数。

例如，group_id 为 3 的数据会被分配到 p3 分区中。代码如下：

```
mysql> EXPLAIN SELECT * FROM t_members_hash WHERE group_id = 3 \G
*************************** 1. row ***************************
           id: 1
  select_type: SIMPLE
        table: t_members_hash
   partitions: p3
         type: ALL
possible_keys: NULL
          key: NULL
      key_len: NULL
          ref: NULL
         rows: 1
     filtered: 100.00
        Extra: Using where
1 row in set, 1 warning (0.19 sec)
```

原因是 3 对 4 求模的结果为 3。

注意：在使用 HASH 分区时，当数据表中的数据发生变更时，每次都需要使用 HASH 算法计算一次，所以不推荐使用复杂的 HASH 算法，也不推荐对数据表中的多个字段进行 HASH 分区，否则会引起性能问题。

创建线性 HASH 分区表比创建常规 HASH 分区表多一个关键字 LINEAR，例如，创建 t_members_linear 数据表，并按照 group_code 字段进行线性 HASH 分区。

```
mysql> CREATE TABLE t_members_linear(
    -> id INT NOT NULL,
    -> t_name VARCHAR(30) NOT NULL DEFAULT '',
    -> group_code INT NOT NULL
    -> )PARTITION BY LINEAR HASH (group_code)
    -> PARTITIONS 4;
Query OK, 0 rows affected (0.17 sec)
```

18.5.2　添加分区

MySQL 支持使用 ALTER TABLE ADD PARTITION 语句为数据表增加 HASH 分区。例如，为 t_members_hash 数据表增加 HASH 分区。

```
mysql> ALTER TABLE t_members_hash
    -> ADD PARTITION PARTITIONS 11;
Query OK, 0 rows affected (0.29 sec)
Records: 0  Duplicates: 0  Warnings: 0
```

SQL 语句执行成功，查看 t_members_hash 数据表的表结构信息。

```
mysql> SHOW CREATE TABLE t_members_hash \G
*************************** 1. row ***************************
       Table: t_members_hash
```

```
Create Table: CREATE TABLE `t_members_hash` (
  `id` int(11) NOT NULL,
  `t_name` varchar(30) NOT NULL DEFAULT '',
  `group_id` int(11) NOT NULL
) ENGINE=InnoDB DEFAULT CHARSET=utf8mb4 COLLATE=utf8mb4_0900_ai_ci
/*!50100 PARTITION BY HASH (`group_id`)
PARTITIONS 15 */
1 row in set (0.00 sec)
```

t_members_hash 数据表中存在 15 个 HASH 分区，也就是说，使用 ALTER TABLE ADD PARTITION 语句为数据表增加 HASH 分区时，实际上是对原来的数据表新增 N 个分区，而不是增加分区后，分区总个数为 N。

18.5.3　合并分区

MySQL 中不支持使用 ALTER TABLE DROP PARTITION 语句删除 HASH 分区，但是可以通过 ALTER TABLE COALESCE PARTITION 语句对 HASH 分区进行合并。

例如，将 t_members_hash 数据表中的分区数量合并为 6 个分区。

```
mysql> ALTER TABLE t_members_hash
    -> COALESCE PARTITION 9;
Query OK, 0 rows affected (0.11 sec)
Records: 0  Duplicates: 0  Warnings: 0
```

SQL 语句执行成功，再次查看 t_members_hash 数据表的表结构信息。

```
mysql> SHOW CREATE TABLE t_members_hash \G
*************************** 1. row ***************************
       Table: t_members_hash
Create Table: CREATE TABLE `t_members_hash` (
  `id` int(11) NOT NULL,
  `t_name` varchar(30) NOT NULL DEFAULT '',
  `group_id` int(11) NOT NULL
) ENGINE=InnoDB DEFAULT CHARSET=utf8mb4 COLLATE=utf8mb4_0900_ai_ci
/*!50100 PARTITION BY HASH (`group_id`)
PARTITIONS 6 */
1 row in set (0.01 sec)
```

t_members_hash 数据表中目前只存在 6 个分区，说明分区合并成功。

注意：使用 ALTER TABLE COALESCE PARTITION 语句合并 HASH 分区时，PARTITION 关键字后面的数字是要减少的分区数目，而不是减少到的分区数。另外，不能使用 ALTER TABLE COALESCE PARTITION 语句来增加 HASH 分区的个数，否则 MySQL 会报错。例如：

```
mysql> ALTER TABLE t_members_hash
    -> COALESCE PARTITION 10;
ERROR 1508 (HY000): Cannot remove all partitions, use DROP TABLE instead
```

18.6　KEY 分区

MySQL 中的 KEY 分区在某种程度上与 HASH 分区类似，只不过 HASH 分区可以使用用户自定义的函数和表达式，而 KEY 分区不能；另外，HASH 分区只支持对整数类型的列进行分区，而 KEY 分区能够支持对除 BLOB 和 TEXT 数据类型以外的其他数据类型的列进行分区。

1. 创建分区表

创建数据表时可以使用 PARTITION BY KEY 语句指定 KEY 分区。与 HASH 分区不同的是，当数据表中存在主键时，可以不指定分区键，MySQL 默认使用主键作为 KEY 分区的分区键。

```
mysql> CREATE TABLE t_members_key_primary(
    -> id INT NOT NULL PRIMARY KEY,
    -> t_name VARCHAR(30),
    -> group_id INT NOT NULL
    -> ) PARTITION BY KEY() PARTITIONS 8;
Query OK, 0 rows affected (0.16 sec)
```

如果数据表中没有主键，则 MySQL 会自动选择非空并且唯一的列进行 KEY 分区。

```
mysql> CREATE TABLE t_members_key_unique (
    -> id INT NOT NULL,
    -> t_name VARCHAR(30),
    -> group_id INT NOT NULL,
    -> UNIQUE KEY (group_id)
    -> ) PARTITION BY KEY() PARTITIONS 6;
Query OK, 0 rows affected (0.04 sec)
```

如果唯一键没有指定为非空，则 MySQL 会报错。

```
mysql> CREATE TABLE t_members_key_unique_error (
    -> id INT NOT NULL,
    -> t_name VARCHAR(30),
    -> group_id INT,
    -> UNIQUE KEY (group_id)
    -> ) PARTITION BY KEY() PARTITIONS 2;
ERROR 1488 (HY000): Field in list of fields for partition function not found in table
```

在既没有指定主键，又没有指定非空唯一键时，则必须为 KEY 分区指定分区键。

```
mysql> CREATE TABLE t_members_key_unique_normal (
    -> id INT NOT NULL,
    -> t_name VARCHAR(30),
    -> group_id INT
    -> ) PARTITION BY KEY(group_id) PARTITIONS 4;
Query OK, 0 rows affected (0.04 sec)
```

2. 添加与合并分区

MySQL 中对 KEY 分区进行添加和合并的操作与 HASH 分区相同，不再赘述。

18.7 子 分 区

子分区表示可以对数据表中的 RANGE 分区和 LIST 分区再次进行子分区，形成复合分区，其中，子分区可以使用 HASH 分区，也可以使用 KEY 分区。

例如，创建 t_member_partitions 数据表的 SQL 语句如下：

```
mysql> CREATE TABLE t_member_partitions (
    -> id INT NOT NULL,
    -> t_name VARCHAR(30),
    -> group_id INT
    -> )PARTITION BY RANGE (group_id)
    -> SUBPARTITION BY HASH(group_id)
    -> SUBPARTITIONS 4
    -> (
    -> PARTITION part0 VALUES LESS THAN(10),
    -> PARTITION part1 VALUES LESS THAN(MAXVALUE)
    -> );
Query OK, 0 rows affected (0.06 sec)
```

如上面的 SQL 语句所示，t_member_partitions 数据表中存在 2 个 RANGE 分区，分别为 part0 分区和 part1 分区，每个 RANGE 分区又被进一步分成 4 个 HASH 子分区。所以，t_member_partitions 数据表中总共存在 8 个分区。

在向 t_member_partitions 数据表中插入数据时，group_id 列小于 10 的数据将会被插入 part0 分区的 HASH 子分区中，group_id 大于或者等于 10 的数据将会被插入 part1 分区的 HASH 子分区中。

18.8 分区中的 NULL 值处理

MySQL 中支持在分区中使用 NULL 值，每种分区中对 NULL 值的处理方式不尽相同，本节就简单介绍 MySQL 中每种分区是如何处理 NULL 值的。

18.8.1 RANGE 分区中的 NULL 值

在 RANGE 分区中，NULL 值会被当作最小值进行处理。例如，创建数据表 t_members_range_null，按照 group_id 进行 RANGE 分区。

```
mysql> CREATE TABLE t_members_range_null (
    -> id INT NOT NULL,
    -> name VARCHAR(30) NOT NULL DEFAULT '',
    -> group_id INT
    -> )PARTITION BY RANGE (group_id) (
    -> PARTITION part0 VALUES LESS THAN (5),
    -> PARTITION part1 VALUES LESS THAN (10),
    -> PARTITION part2 VALUES LESS THAN (15)
    -> );
Query OK, 0 rows affected (0.45 sec)
```

向 t_members_range_null 数据表中插入数据。

```
mysql> INSERT INTO t_members_range_null
    -> (id, name, group_id)
    -> VALUES
    -> (1, 'binghe', NULL);
Query OK, 1 row affected (0.10 sec)
```

查看 t_members_range_null 数据表的数据分布。

```
mysql> SELECT
    -> partition_name part,
    -> partition_expression expr,
    -> partition_description part_desc,
    -> table_rows
    -> FROM
    -> information_schema.partitions
    -> WHERE
    -> table_schema = schema()
    -> AND table_name = 't_members_range_null';
+-------+------------+-----------+------------+
| part  | expr       | part_desc | TABLE_ROWS |
+-------+------------+-----------+------------+
| part0 | `group_id` | 5         |          1 |
| part1 | `group_id` | 10        |          0 |
| part2 | `group_id` | 15        |          0 |
+-------+------------+-----------+------------+
3 rows in set (0.01 sec)
```

NULL 值在 RANGE 分区中被当作最小值处理，group_id 列为 NULL 的数据被插入 part0 分区。

18.8.2　LIST 分区中的 NULL 值

向 LIST 分区中写入 NULL 值时，LIST 分区的值列表中必须包含 NULL 值才能被成功写入，否则 MySQL 会报错。

```
mysql> CREATE TABLE t_members_list_null (
    -> id INT NOT NULL,
    -> t_name VARCHAR(30),
    -> group_code INT
    -> )PARTITION BY LIST (group_code) (
    -> PARTITION part0 VALUES IN (1, 2),
    -> PARTITION part1 VALUES IN (3, 4)
```

```
    -> );
Query OK, 0 rows affected (0.02 sec)

mysql> INSERT INTO t_members_list_null
    -> (id, t_name, group_code)
    -> VALUES
    -> (1, 'mysql', NULL);
ERROR 1526 (HY000): Table has no partition for value NULL
```

向 t_members_list_null 数据表中添加一个包含 NULL 值的 LIST 分区后，再次向 t_members_list_null 数据表中插入 group_code 为 NULL 的数据。

```
mysql> ALTER TABLE t_members_list_null
    -> ADD PARTITION
    -> (
    -> PARTITION part2 VALUES IN (NULL)
    -> );
Query OK, 0 rows affected (0.02 sec)
Records: 0  Duplicates: 0  Warnings: 0

mysql> INSERT INTO t_members_list_null
    -> (id, t_name, group_code)
    -> VALUES
    -> (1, 'mysql', NULL);
Query OK, 1 row affected (0.00 sec)
```

成功向 t_members_list_null 数据表中插入了数据，查看 t_members_list_null 数据表中数据的分布，如下所示，

```
mysql> SELECT
    -> partition_name part,
    -> partition_expression expr,
    -> partition_description part_desc,
    -> table_rows
    -> FROM
    -> information_schema.partitions
    -> WHERE
    -> table_schema = schema()
    -> AND table_name = 't_members_list_null';
+-------+------------+-----------+------------+
| part  | expr       | part_desc | TABLE_ROWS |
+-------+------------+-----------+------------+
| part0 | `group_id` | 1,2       |          0 |
| part1 | `group_id` | 3,4       |          0 |
| part2 | `group_id` | NULL      |          1 |
+-------+------------+-----------+------------+
3 rows in set (0.01 sec)
```

数据被插入 part2 分区中，原因是 part2 分区的分区键中包含 NULL 值。

18.8.3　HASH 分区与 KEY 分区中的 NULL 值

HASH 分区与 KEY 分区中处理 NULL 值的方式相同，就是将 NULL 值当作 0 进行处理。例如，创建 t_members_hash_null 数据表，按照 id 字段进行 HASH 分区。

```
mysql> CREATE TABLE t_members_hash_null (
    -> id INT,
    -> t_name VARCHAR(30),
    -> group_code INT
    -> ) PARTITION BY HASH (id)
    -> PARTITIONS 4;
Query OK, 0 rows affected (0.02 sec)
```

向 t_members_hash_null 数据表中插入 id 列为 NULL 的数据。

```
mysql> INSERT INTO t_members_hash_null
    -> (id, t_name, group_code)
    -> VALUES
    -> (NULL, 'mysql', 10001);
Query OK, 1 row affected (0.00 sec)
```

查看 t_members_hash_null 数据表的数据分布，数据会被插入 t_members_hash_null 数据表的 p0 分区中。

```
mysql> SELECT
    -> partition_name part,
    -> partition_expression expr,
    -> partition_description part_desc,
    -> table_rows
    -> FROM
    -> information_schema.partitions
    -> WHERE
    -> table_schema = schema()
    -> AND table_name = 't_members_hash_null';
+-------+-------+-----------+------------+
| part  | expr  | part_desc | TABLE_ROWS |
+-------+-------+-----------+------------+
| p0    | `id`  | NULL      |          1 |
| p1    | `id`  | NULL      |          0 |
| p2    | `id`  | NULL      |          0 |
| p3    | `id`  | NULL      |          0 |
+-------+-------+-----------+------------+
4 rows in set (0.00 sec)
```

18.9　本章总结

本章主要介绍了 MySQL 中的分区，对分区的优势和类型进行了简单的介绍，重点介绍了 MySQL 中每种类型的分区的创建、添加、删除和重定义操作，最后介绍了 MySQL 中的子分区和每种分区中对 NULL 值的处理方式。下一章将对 MySQL 8.x 版本中新增的公用表表达式和生成列进行简单的介绍。

第 19 章　MySQL 公用表表达式和生成列

公用表表达式和生成列是 MySQL 8.x 版本中新增的特性。本章将简单介绍 MySQL 8.x 版本中新增的公用表表达式和生成列。

本章涉及的知识点有：

- 公用表表达式的使用；
- 生成列的使用。

19.1　公用表表达式

从 MySQL 8.x 版本开始支持公用表表达式（简称为 CTE）。公用表表达式通过 WITH 语句实现，可以分为非递归公用表表达式和递归公用表表达式。

在常规的子查询中，派生表无法被引用两次，否则会引起 MySQL 的性能问题。如果使用 CTE 查询的话，子查询只会被引用一次，这也是使用 CTE 的一个重要原因。

19.1.1　非递归 CTE

MySQL 8.0 之前，想要进行数据表的复杂查询，需要借助子查询语句实现，但 SQL 语句的性能低下，而且子查询的派生表不能被多次引用。CTE 的出现极大地简化了复杂 SQL 的编写，提高了数据查询的性能。

非递归 CTE 的语法格式如下：

```
WITH
     cte_name [(col_name [, col_name] ...)] AS (subquery)
     [, cte_name [(col_name [, col_name] ...)] AS (subquery)] ...
SELECT [(col_name [, col_name] ...)] FROM cte_name;
```

可以对比子查询与 CTE 的查询来加深对 CTE 的理解。例如，在 MySQL 命令行中执行如下 SQL 语句来实现子查询的效果。

```
mysql> SELECT * FROM
    -> (SELECT YEAR(NOW())) AS year;
+-------------+
| YEAR(NOW()) |
+-------------+
```

```
|        2020 |
+-------------+
1 row in set (0.00 sec)
```

上面的 SQL 语句使用子查询实现了获取当前年份的信息。

使用 CTE 实现查询的效果如下：

```
mysql> WITH year AS
    -> (SELECT YEAR(NOW()))
    -> SELECT * FROM year;
+-------------+
| YEAR(NOW()) |
+-------------+
|        2020 |
+-------------+
1 row in set (0.00 sec)
```

通过两种查询的 SQL 语句对比可以发现，使用 CTE 查询能够使 SQL 语义更加清晰。也可以在 CTE 语句中定义多个查询字段，例如：

```
mysql> WITH cte_year_month (year, month) AS
    -> (SELECT YEAR(NOW()) AS year, MONTH(NOW()) AS month)
    -> SELECT * FROM cte_year_month;
+------+-------+
| year | month |
+------+-------+
| 2020 |     1 |
+------+-------+
1 row in set (0.00 sec)
```

CTE 可以重用上次的查询结果，多个 CTE 之间还可以相互引用，例如：

```
mysql> WITH cte1(cte1_year, cte1_month) AS
    -> (SELECT YEAR(NOW()) AS cte1_year, MONTH(NOW()) AS cte1_month),
    -> cte2(cte2_year, cte2_month) AS
    -> (SELECT (cte1_year+1) AS cte2_year, (cte1_month + 1) AS cte2_month FROM cte1)
    -> SELECT * FROM cte1 JOIN cte2;
+-----------+------------+-----------+------------+
| cte1_year | cte1_month | cte2_year | cte2_month |
+-----------+------------+-----------+------------+
|      2020 |          1 |      2021 |          2 |
+-----------+------------+-----------+------------+
1 row in set (0.00 sec)
```

上面的 SQL 语句中，在 cte2 的定义中引用了 cte1。

注意：在 SQL 语句中定义多个 CTE 时，每个 CTE 之间需要用逗号进行分隔。

19.1.2　递归 CTE

递归 CTE 的子查询可以引用自身，递归 CTE 的语法格式比非递归 CTE 的语法格式多一个关键字 RECURSIVE。

```
WITH RECURSIVE
     cte_name [(col_name [, col_name] ...)] AS (subquery)
```

```
    [, cte_name [(col_name [, col_name] ...)] AS (subquery)] ...
SELECT [(col_name [, col_name] ...)] FROM cte_name;
```

在递归 CTE 中，子查询包含两种：一种是种子查询（种子查询会初始化查询数据，并在查询中不会引用自身），一种是递归查询（递归查询是在种子查询的基础上，根据一定的规则引用自身的查询）。这两个查询之间会通过 UNION、UNION ALL 或者 UNION DISTINCT 语句连接起来。

例如，使用递归 CTE 在 MySQL 命令行中输出 1～10 的序列。

```
mysql> WITH RECURSIVE cte_num(num) AS
    -> (
    -> SELECT 1
    -> UNION ALL
    -> SELECT num + 1 FROM cte_num WHERE num < 10
    -> )
    -> SELECT * FROM cte_num;
+------+
| num  |
+------+
|    1 |
|    2 |
|    3 |
|    4 |
|    5 |
|    6 |
|    7 |
|    8 |
|    9 |
|   10 |
+------+
10 rows in set (0.00 sec)
```

递归 CTE 查询对于遍历有组织、有层级关系的数据时非常方便。例如，创建一张区域数据表 t_area，该数据表中包含省市区信息。

```
mysql> CREATE TABLE t_area(
    -> id INT NOT NULL,
    -> name VARCHAR(30),
    -> pid INT
    -> );
Query OK, 0 rows affected (0.01 sec)
```

向 t_area 数据表中插入测试数据。

```
mysql> INSERT INTO t_area
    -> (id, name, pid)
    -> VALUES
    -> (1, '四川省', NULL),
    -> (2, '成都市', 1),
    -> (3, '锦江区', 2),
    -> (4, '武侯区', 2),
    -> (5, '河北省', NULL),
    -> (6, '廊坊市', 5),
    -> (7, '安次区', 6);
```

```
Query OK, 7 rows affected (0.01 sec)
Records: 7  Duplicates: 0  Warnings: 0
```

SQL 语句执行成功，查询 t_area 数据表中的数据。

```
mysql> SELECT * FROM t_area;
+----+-----------+------+
| id | name      | pid  |
+----+-----------+------+
|  1 | 四川省    | NULL |
|  2 | 成都市    |    1 |
|  3 | 锦江区    |    2 |
|  4 | 武侯区    |    2 |
|  5 | 河北省    | NULL |
|  6 | 廊坊市    |    5 |
|  7 | 安次区    |    6 |
+----+-----------+------+
7 rows in set (0.00 sec)
```

接下来，使用递归 CTE 查询 t_area 数据表中的层级关系。

```
mysql> WITH RECURSIVE area_depth(id, name, path) AS
    -> (
    -> SELECT id, name, CAST(id AS CHAR(300))
    -> FROM t_area WHERE pid IS NULL
    -> UNION ALL
    -> SELECT a.id, a.name, CONCAT(ad.path, ',', a.id)
    -> FROM area_depth AS ad
    -> JOIN t_area AS a
    -> ON ad.id = a.pid
    -> )
    -> SELECT * FROM area_depth ORDER BY path;
+------+-----------+-------+
| id   | name      | path  |
+------+-----------+-------+
|    1 | 四川省    | 1     |
|    2 | 成都市    | 1,2   |
|    3 | 锦江区    | 1,2,3 |
|    4 | 武侯区    | 1,2,4 |
|    5 | 河北省    | 5     |
|    6 | 廊坊市    | 5,6   |
|    7 | 安次区    | 5,6,7 |
+------+-----------+-------+
7 rows in set (0.00 sec)
```

其中，path 列表示查询出的每条数据的层级关系。

19.1.3　递归 CTE 的限制

递归 CTE 的查询语句中需要包含一个终止递归查询的条件。当由于某种原因在递归 CTE 的查询语句中未设置终止条件时，MySQL 会根据相应的配置信息，自动终止查询并抛出相应的错误信息。在 MySQL 中默认提供了如下两个配置项来终止递归 CTE。

- cte_max_recursion_depth：如果在定义递归 CTE 时没有设置递归终止条件，当达到

cte_max_recursion_depth 参数设置的执行次数后，MySQL 会报错。

- max_execution_time：表示 SQL 语句执行的最长毫秒时间，当 SQL 语句的执行时间超过此参数设置的值时，MySQL 报错。

例如，如下未设置查询终止条件的递归 CTE，MySQL 会抛出错误信息并终止查询。

```
mysql> WITH RECURSIVE cte_num(num) AS
    -> (
    -> SELECT 1
    -> UNION ALL
    -> SELECT n+1 FROM cte_num
    -> )
    -> SELECT * FROM cte_num;
ERROR 3636 (HY000): Recursive query aborted after 1001 iterations. Try increasing @@cte_max_recursion_
depth to a larger value.
```

从输出结果可以看出，当没有为递归 CTE 设置终止条件时，MySQL 默认会在第 1001 次查询时抛出错误信息，并终止查询。

查看 cte_max_recursion_depth 参数的默认值。

```
mysql> SHOW VARIABLES LIKE 'cte_max%';
+-------------------------+-------+
| Variable_name           | Value |
+-------------------------+-------+
| cte_max_recursion_depth | 1000  |
+-------------------------+-------+
1 row in set (0.03 sec)
```

结果显示，cte_max_recursion_depth 参数的默认值为 1000，这也是 MySQL 默认会在第 1001 次查询时抛出错误并终止查询的原因。

接下来，验证 MySQL 是如何根据 max_execution_time 配置项终止递归 CTE。首先，为了演示 max_execution_time 参数的限制，需要将 cte_max_recursion_depth 参数设置为一个很大的数字，这里在 MySQL 的会话级别设置。

```
mysql> SET SESSION cte_max_recursion_depth=999999999;
Query OK, 0 rows affected (0.00 sec)

mysql> SHOW VARIABLES LIKE 'cte_max%';
+-------------------------+-----------+
| Variable_name           | Value     |
+-------------------------+-----------+
| cte_max_recursion_depth | 999999999 |
+-------------------------+-----------+
1 row in set (0.00 sec)
```

已经成功将 cte_max_recursion_depth 参数设置为 999999999。

查看 MySQL 中 max_execution_time 参数的默认值。

```
mysql> SHOW VARIABLES LIKE 'max_execution%';
+--------------------+-------+
| Variable_name      | Value |
+--------------------+-------+
| max_execution_time | 0     |
```

```
+--------------------+-------+
1 row in set (0.00 sec)
```

在 MySQL 中 max_execution_time 参数的值为毫秒值，默认为 0，也就是没有限制。这里，在 MySQL 会话级别将 max_execution_time 的值设置为 1s。

```
mysql> SET SESSION max_execution_time=1000;
Query OK, 0 rows affected (0.00 sec)

mysql> SHOW VARIABLES LIKE 'max_execution%';
+--------------------+-------+
| Variable_name      | Value |
+--------------------+-------+
| max_execution_time | 1000  |
+--------------------+-------+
1 row in set (0.01 sec)
```

已经成功将 max_execution_time 的值设置为 1s。

当 SQL 语句的执行时间超过 max_execution_time 设置的值时，MySQL 报错。

```
mysql> WITH RECURSIVE cte(n) AS
    -> (
    -> SELECT 1
    -> UNION ALL
    -> SELECT n+1 FROM CTE
    -> )
    -> SELECT * FROM cte;
ERROR 3024 (HY000): Query execution was interrupted, maximum statement execution time exceeded
```

MySQL 默认提供的终止递归的机制（cte_max_recursion_depth 和 max_execution_time 配置项），有效地预防了无限递归的问题。

注意：虽然 MySQL 默认提供了终止递归的机制，但是在使用 MySQL 的递归 CTE 时，建议还是根据实际的需求，自己在 CTE 的 SQL 语句中明确设置递归终止的条件。另外，CTE 支持 SELECT/INSERT/UPDATE/DELETE 等语句，这里只演示了 SELECT 语句，其他语句读者可以自行实现，不再赘述。

19.2 生成列

MySQL 中生成列的值是根据数据表中定义列时指定的表达式计算得出的，主要包含两种类型：VIRSUAL 生成列和 SORTED 生成列，其中 VIRSUAL 生成列是从数据表中查询记录时，计算该列的值；SORTED 生成列是向数据表中写入记录时，计算该列的值并将计算的结果数据作为常规列存储在数据表中。

通常，使用的比较多的是 VIRSUAL 生成列，原因是 VIRSUAL 生成列不占用存储空间。

19.2.1　创建表时指定生成列

例如，创建数据表 t_genearted_column，数据表中包含 DOUBLE 类型的字段 a、b 和 c，其中 c 字段是由 a 字段和 b 字段计算得出的。

```
mysql> CREATE TABLE t_genearted_column(
    -> a DOUBLE,
    -> b DOUBLE,
    -> c DOUBLE AS (a * a + b * b)
    -> );
Query OK, 0 rows affected (0.01 sec)
```

向 t_genearted_column 数据表中插入数据。

```
mysql> INSERT INTO t_genearted_column
    -> (a, b)
    -> VALUES
    -> (1, 1),
    -> (2, 2),
    -> (3, 3);
Query OK, 3 rows affected (0.00 sec)
Records: 3  Duplicates: 0  Warnings: 0
```

查询 t_genearted_column 数据表中的数据。

```
mysql> SELECT * FROM t_genearted_column;
+------+------+------+
| a    | b    | c    |
+------+------+------+
|    1 |    1 |    2 |
|    2 |    2 |    8 |
|    3 |    3 |   18 |
+------+------+------+
3 rows in set (0.00 sec)
```

结果显示，在向 t_genearted_column 数据表中插入数据时，并没有向 c 字段中插入数据，c 字段的值是由 a 字段的值和 b 字段的值计算得出的。

如果在向 t_genearted_column 数据表插入数据时包含 c 字段，则向 c 字段插入数据时，必须使用 DEFAULT，否则 MySQL 会报错。

```
mysql> INSERT INTO t_genearted_column
    -> (a, b, c)
    -> VALUES
    -> (4, 4, 32);
ERROR 3105 (HY000): The value specified for generated column 'c' in table 't_genearted_column' is not
allowed.
```

MySQL 报错，报错信息为不能为生成的列手动赋值。

使用 DEFAULT 关键字代替具体的值。

```
mysql> INSERT INTO t_genearted_column
    -> (a, b, c)
    -> VALUES
```

```
    -> (4, 4, DEFAULT);
Query OK, 1 row affected (0.00 sec)
```

SQL 语句执行成功，查询 t_genearted_column 数据表中的数据。

```
mysql> SELECT * FROM t_genearted_column;
+------+------+------+
| a    | b    | c    |
+------+------+------+
|    1 |    1 |    2 |
|    2 |    2 |    8 |
|    3 |    3 |   18 |
|    4 |    4 |   32 |
+------+------+------+
4 rows in set (0.00 sec)
```

已经成功为 c 字段赋值。

也可以在创建表时明确指定 VIRSUAL 生成列。

```
mysql> CREATE TABLE t_column_virsual (
    -> a DOUBLE,
    -> b DOUBLE,
    -> c DOUBLE GENERATED ALWAYS AS (a + b) VIRTUAL);
Query OK, 0 rows affected (0.02 sec)
```

向 t_column_virsual 数据表中插入数据并查询结果。

```
mysql> INSERT INTO t_column_virsual
    -> (a, b)
    -> VALUES
    -> (1, 1);
Query OK, 1 row affected (0.00 sec)

mysql> SELECT * FROM t_column_virsual;
+------+------+------+
| a    | b    | c    |
+------+------+------+
|    1 |    1 |    2 |
+------+------+------+
1 row in set (0.00 sec)
```

19.2.2　为已有表添加生成列

可以使用 ALTER TABLE ADD COLUMN 语句为已有的数据表添加生成列。例如，创建数据表 t_add_column。

```
mysql> CREATE TABLE t_add_column(
    -> a DOUBLE,
    -> b DOUBLE
    -> );
Query OK, 0 rows affected (0.01 sec)
```

向数据表中插入数据。

```
mysql> INSERT INTO t_add_column
    -> (a, b)
```

```
    -> VALUES
    -> (2, 2);
Query OK, 1 row affected (0.01 sec)
```

为 t_add_column 数据表添加生成列。

```
mysql> ALTER TABLE t_add_column ADD COLUMN c  DOUBLE GENERATED ALWAYS AS(a * a + b * b) STORED;
Query OK, 1 row affected (0.11 sec)
Records: 1  Duplicates: 0  Warnings: 0
```

SQL 语句执行成功，查询 t_add_column 数据表中的数据。

```
mysql> SELECT * FROM t_add_column;
+------+------+------+
| a    | b    | c    |
+------+------+------+
|    2 |    2 |    8 |
+------+------+------+
1 row in set (0.00 sec)
```

结果显示，当数据表中存在数据时，为数据表添加生成列，会自动根据已有的数据计算该列的值，并存储到该列中。

19.2.3　修改已有的生成列

例如，修改 t_add_column 数据表的生成列 c，将其计算规则修改为 a * b。

```
mysql> ALTER TABLE t_add_column
    -> MODIFY COLUMN c DOUBLE
    -> GENERATED ALWAYS AS (a * b)
    -> STORED;
Query OK, 2 rows affected (0.03 sec)
Records: 2  Duplicates: 0  Warnings: 0
```

查询 t_add_column 数据表中的数据。

```
mysql> SELECT * FROM t_add_column;
+------+------+------+
| a    | b    | c    |
+------+------+------+
|    2 |    2 |    4 |
|    1 |    1 |    1 |
+------+------+------+
2 rows in set (0.00 sec)
```

c 列的值此时已经被修改为 a 列的值乘以 b 列的值的结果数据。

19.2.4　删除生成列

删除生成列可以使用 ALTER TABLE DROP COLUMN 语句实现。例如，删除 t_add_column 数据表中的生成列 c。

```
mysql> ALTER TABLE t_add_column DROP COLUMN c;
Query OK, 0 rows affected (0.12 sec)
```

```
Records: 0  Duplicates: 0  Warnings: 0
```

SQL 语句执行成功，再次查看 t_add_column 数据表中的数据。

```
mysql> SELECT * FROM t_add_column;
+------+------+
| a    | b    |
+------+------+
|    2 |    2 |
|    1 |    1 |
+------+------+
2 rows in set (0.00 sec)
```

结果显示，生成列 c 已经被成功删除。

19.3 本章总结

公用表表达式和生成列是 MySQL 8.x 版本中新增的特性，本章简单介绍了有关公用表表达式和生成列的知识。读者也可以到 MySQL 官网查阅学习相关的文档，这里不再赘述。从下一章开始，将正式进入 MySQL 的优化篇章，在 MySQL 的优化篇章中，首先会对 MySQL 的查询优化进行简单的介绍。

第4篇 MySQL优化

第 20 章　MySQL 查询优化

从本章开始将正式进入 MySQL 的优化篇章。从某种程度上来说，MySQL 调优技术是一名合格的数据库开发或维护人员必备的技能。优化 MySQL 就是指从一定程度上减少 MySQL 的读写瓶颈，降低系统资源的浪费，并提升系统的性能。本章将简单介绍如何优化 MySQL 中的查询语句。

本章涉及的知识点有：

- SHOW STATUS 语句解析；
- EXPLAIN 语句解析；
- SHOW PROFILE 语句解析；
- pt-query-digest 分析查询；
- 优化子查询。

20.1　SHOW STATUS 语句解析

使用 SHOW STATUS 语句能够获取 MySQL 服务器的一些状态信息，这些状态信息主要是 MySQL 数据库的性能参数。SHOW STATUS 语句的语法格式如下：

```
SHOW [SESSION | GLOBAL] STATUS LIKE 'status_name';
```

其中，SESSION 表示获取当前会话级别的性能参数，GLOBAL 表示获取全局级别的性能参数，并且 SESSION 和 GLOBAL 可以省略，如果省略不写，默认为 SESSION。status_name 表示查询的参数值。熟练掌握这些参数的使用，能够更好地了解 SQL 语句的执行频率。SHOW STATUS 语句支持的参数值如表 20-1 所示。

表 20-1　SHOW STATUS语句支持的参数

参 数 值	参 数 说 明
Connections	连接MySQL服务器的次数
Uptime	MySQL服务器启动后连续工作的时间
Slow_queries	慢查询的次数
Com_insert	插入数据的次数，批量插入多条数据时，只累加1
Com_delete	删除数据的次数，每次累加1

（续）

参 数 值	参 数 说 明
Com_update	修改数据的次数，每次累加1
Com_select	查询数据的次数，一次查询操作累加1
Innodb_rows_read	查询数据时返回的数据行数
Innodb_rows_inserted	插入数据时返回的记录数
Innodb_rows_updated	更新数据时返回的记录数
Innodb_rows_deleted	删除数据时返回的记录数

其中，Comm_xxx 形式的参数表示 SQL 语句执行的次数，Innodb_rows_xxx 形式的参数表示在 InnoDB 存储引擎下，MySQL 执行增、删、改、查操作的次数。Connections、Uptime 和 Slow_queries 参数能够方便数据库开发和维护人员了解数据库的基本情况。

例如，使用 SHOW STATUS 语句查看连接 MySQL 服务器的次数。

```
mysql> SHOW STATUS LIKE 'Connections';
+---------------+---------+
| Variable_name | Value   |
+---------------+---------+
| Connections   |   738   |
+---------------+---------+
1 row in set (0.00 sec)
```

结果显示，MySQL 服务器的连接次数为 738 次。

查看 MySQL 服务器启动后连接工作的时间。

```
mysql> SHOW STATUS LIKE 'Uptime';
+---------------+----------+
| Variable_name | Value    |
+---------------+----------+
| Uptime        | 17670057 |
+---------------+----------+
1 row in set (0.00 sec)
```

MySQL 服务器从上次启动后，已经连续工作了 17670057s。

注意：SHOW STATUS 语句的使用比较简单，本节只演示了 Connections 参数和 Uptime 参数的使用，其他参数的使用方式与这两个参数的用法相同，读者可以自行在 MySQL 命令行进行验证，不再赘述。

20.2　EXPLAIN 语句解析

MySQL 中支持使用 EXPLAIN 语句来获取执行查询语句的信息，只需要将 EXPLAIN 关键字添加到查询语句的前面即可，此时 MySQL 不会真的查询数据，而是根据 EXPLAIN 模拟优化器执行 SQL 语句，并输出 SQL 语句在 MySQL 中的执行信息。

EXPLAIN 语句的语法格式如下：

```
EXPLAIN SELECT select_expr
```

语法格式说明：

- EXPLAIN：分析查询语句的关键字。
- SELECT：执行查询语句的关键字。
- select_expr：查询语句的查询选项。

例如，使用 EXPLAIN 语句分析查询 t_goods 数据表中的数据。

```
mysql> EXPLAIN SELECT goods.t_name, goods.t_price
    -> FROM t_goods goods LEFT JOIN t_goods_category category
    -> ON goods.t_category_id = category.id \G
*************************** 1. row ***************************
           id: 1
  select_type: SIMPLE
        table: goods
   partitions: NULL
         type: ALL
possible_keys: NULL
          key: NULL
      key_len: NULL
          ref: NULL
         rows: 14
     filtered: 100.00
        Extra: NULL
*************************** 2. row ***************************
           id: 1
  select_type: SIMPLE
        table: category
   partitions: NULL
         type: eq_ref
possible_keys: PRIMARY
          key: PRIMARY
      key_len: 4
          ref: goods.goods.t_category_id
         rows: 1
     filtered: 100.00
        Extra: Using index
2 rows in set, 1 warning (0.03 sec)
```

为了使输出结果更加美观，这里使用了“\G”来格式化输出信息。

接下来对 EXPLAIN 语句的输出结果进行简单的解释。

（1）id：表示 SELECT 语句的序列号，在 EXPLAIN 分析的结果信息中，有多少个 SELECT 语句就有多少个序列号。如果当前行的结果数据中引用了其他行的结果数据，则该值为 NULL。

（2）select_type：表示当前 SQL 语句的查询类型，可以表示当前 SQL 语句是简单查询语句还是复杂查询语句。select_type 常见的取值如下：

- SIMPLE：当前 SQL 语句是简单查询，不包含任何连接查询和子查询。
- PRIMARY：主查询或者包含子查询时最外层的查询语句。

- UNION：当前 SQL 语句是连接查询时，表示连接查询的第二个 SELECT 语句或者第二个后面的 SELECT 语句。
- DEPENDENT UNION：含义与 UNION 几乎相同，但是 DEPENDENT UNION 取决于外层的查询语句。
- UNION RESULT：表示连接查询的结果信息。
- SUBQUERY：表示子查询中的第一个查询语句。
- DEPENDENT SUBQUERY：含义与 SUBQUERY 几乎相同，但是 DEPENDENT SUBQUERY 取决于外层的查询语句。
- DERIVED：表示 FROM 子句中的子查询。
- MATERIALIZED：表示实例化子查询。
- UNCACHEABLE SUBQUERY：表示不缓存子查询的结果数据，重新计算外部查询的每一行数据。
- UNCACHEABLE UNION：表示不缓存连接查询的结果数据，每次执行连接查询时都会重新计算数据结果。

（3）table：当前查询（连接查询、子查询）所在的数据表。

（4）partitions：如果当前数据表是分区表，则表示查询结果匹配的分区。

（5）type：当前 SQL 语句所使用的关联类型或者访问类型，其取值从最优到最差依次为 system > const > eq_ref > ref > fulltext > ref_or_null > index_merge > unique_subquery > index_subquery > range > index > ALL。

- system：查询的数据表中只有一行数据，是 const 类型的特例。
- const：数据表中最多只有一行数据符合查询条件，当查询或连接的字段为主键或唯一索引时，则 type 的取值为 const。简单示例如下：

```
mysql> EXPLAIN SELECT * FROM t_goods WHERE id = 1\G
*************************** 1. row ***************************
           id: 1
  select_type: SIMPLE
        table: t_goods
   partitions: NULL
         type: const
possible_keys: PRIMARY
          key: PRIMARY
      key_len: 4
          ref: const
         rows: 1
     filtered: 100.00
        Extra: NULL
1 row in set, 1 warning (0.00 sec)
```

- eq_ref：如果查询语句中的连接条件或查询条件使用了主键或者非空唯一索引包含的全部字段，则 type 的取值为 eq_ref，典型的场景为使用“=”操作符比较带索引的列。简单示例如下：

```
mysql> EXPLAIN SELECT * FROM t_goods WHERE t_category_id IN (SELECT id FROM t_goods_category) \G
*************************** 1. row ***************************
           id: 1
  select_type: SIMPLE
        table: t_goods
   partitions: NULL
         type: ALL
possible_keys: t_category_id
          key: NULL
      key_len: NULL
          ref: NULL
         rows: 1
     filtered: 100.00
        Extra: Using where
*************************** 2. row ***************************
           id: 1
  select_type: SIMPLE
        table: t_goods_category
   partitions: NULL
         type: eq_ref
possible_keys: PRIMARY
          key: PRIMARY
      key_len: 4
          ref: goods.t_goods.t_category_id
         rows: 1
     filtered: 100.00
        Extra: Using index
2 rows in set, 1 warning (0.00 sec)
```

此时，t_goods 数据表的 t_category_id 字段上添加有唯一索引。

- ref：当查询语句中的连接条件或者查询条件使用的索引不是主键和非空唯一索引，或者只是一个索引的一部分，则 type 的取值为 ref，典型的场景为使用“=”或者“<=>”操作符比较带索引的列。简单示例如下：

```
mysql> EXPLAIN SELECT * FROM t_goods WHERE t_name = 'T恤'\G
*************************** 1. row ***************************
           id: 1
  select_type: SIMPLE
        table: t_goods
   partitions: NULL
         type: ref
possible_keys: t_name
          key: t_name
      key_len: 203
          ref: const
         rows: 1
     filtered: 100.00
        Extra: NULL
1 row in set, 1 warning (0.00 sec)
```

此时，t_goods 数据表的 t_name 字段上添加有普通索引。

- fulltext：当查询语句中的查询条件使用了全文索引时，type 的取值为 fulltext。
- ref_or_null：类似于 ref，但是当查询语句的连接条件或者查询条件包含的列有 NULL 值时，MySQL 会进行额外查询，经常被用于解析子查询。简单示例如下：

```
mysql> EXPLAIN SELECT * FROM t_goods WHERE t_name = 'T恤' OR t_name IS NULL\G
*************************** 1. row ***************************
           id: 1
  select_type: SIMPLE
        table: t_goods
   partitions: NULL
         type: ref_or_null
possible_keys: t_name
          key: t_name
      key_len: 203
          ref: const
         rows: 2
     filtered: 100.00
        Extra: Using index condition
1 row in set, 1 warning (0.00 sec)
```

此时，t_goods 数据表的 t_name 字段上添加有普通索引。

- index_merge：当查询语句使用索引合并优化时，type 的取值为 index_merge。此时，key 列会显示使用到的所有索引，key_len 显示使用到的索引的最长键长值。简单示例如下：

```
mysql> EXPLAIN SELECT * FROM t_goods WHERE id = 1 OR t_category_id = 1 \G
*************************** 1. row ***************************
           id: 1
  select_type: SIMPLE
        table: t_goods
   partitions: NULL
         type: index_merge
possible_keys: PRIMARY,t_category_id
          key: PRIMARY,t_category_id
      key_len: 4,5
          ref: NULL
         rows: 7
     filtered: 100.00
        Extra: Using union(PRIMARY,t_category_id); Using where
1 row in set, 1 warning (0.00 sec)
```

此时，t_category_id 字段上添加有唯一索引。

- unique_subquery：当查询语句的查询条件为 IN 的语句，并且 IN 语句中的查询字段为数据表的主键或者非空唯一索引字段时，type 的取值为 unique_subquery。
- index_subquery：与 unique_subquery 类似，但是 IN 语句中的查询字段为数据表中的非唯一索引字段。
- range：当查询语句的查询条件为使用索引检索数据表中的某个范围的记录时，type 的取值为 range。key 列会显示使用的索引，key_len 显示使用到的索引的最长键长值。典型的场景为使用=、<>、>、>=、<、<=、IS [NOT] NULL、 <=>、BETWEEN AND 或者 IN 操作符时，用常量比较关键字的列。简单示例如下：

```
mysql> EXPLAIN SELECT id FROM t_goods WHERE id > 100 AND id < 200 \G
*************************** 1. row ***************************
           id: 1
  select_type: SIMPLE
```

```
        table: t_goods
   partitions: NULL
         type: range
possible_keys: PRIMARY
          key: PRIMARY
      key_len: 4
          ref: NULL
         rows: 1
     filtered: 100.00
        Extra: Using where; Using index
1 row in set, 1 warning (0.00 sec)
```

- index：当查询语句中的查询条件使用的是覆盖索引，也就是说查询条件中的字段包含索引中的全部字段，并且按照索引中字段的顺序进行条件匹配，此时只需要扫描索引树即可。另外，当查询语句的条件只是按照索引顺序查找数据行时，也只需要扫描索引树即可。简单示例如下：

```
mysql> EXPLAIN SELECT id FROM t_goods \G
*************************** 1. row ***************************
           id: 1
  select_type: SIMPLE
        table: t_goods
   partitions: NULL
         type: index
possible_keys: NULL
          key: t_category_id
      key_len: 5
          ref: NULL
         rows: 3
     filtered: 100.00
        Extra: Using index
1 row in set, 1 warning (0.00 sec)
```

- ALL：每次进行连接查询时，都会进行完整的表扫描。这种类型的查询性能最差，一般情况下，需要添加索引来避免此类型的查询。简单示例如下：

```
mysql> EXPLAIN SELECT * FROM t_goods WHERE t_price > 500 \G
*************************** 1. row ***************************
           id: 1
  select_type: SIMPLE
        table: t_goods
   partitions: NULL
         type: ALL
possible_keys: NULL
          key: NULL
      key_len: NULL
          ref: NULL
         rows: 3
     filtered: 33.33
        Extra: Using where
1 row in set, 1 warning (0.00 sec)
```

（6）possible_keys：MySQL在执行查询语句时可能使用到的索引，但是在实际查询中未必会使用到。当此列为NULL时，说明MySQL没有可使用的索引，此时可以通过建立索引提高查询的性能。

（7）key：执行查询语句时 MySQL 实际会使用到的索引。如果 MySQL 实际没有使用索引，则此列为 NULL。可以通过在查询语句中使用 FORCE INDEX、USE INDEX 和 IGNORE INDEX 来强制 MySQL 使用或忽略 possible_keys 列中列出的索引。

（8）key_len：执行查询语句时 MySQL 实际会使用到的索引按照字节计算的长度值，可以通过此字段计算 MySQL 实际上使用了复合索引中的多少个字段。如果 key 列的值为 NULL，则 key_len 列的值也会为 NULL。

（9）ref：数据表中的哪个列或者哪个常量用来和 key 列中的索引做比较来检索数据。如果此列的值为 func，则说明使用了某些函数的结果数据与 key 列中的索引做比较来检索数据。

（10）rows：MySQL 查询数据时必须查找的数据行数，当数据表的存储引擎为 InnoDB 时，此值为 MySQL 的预估值。

（11）filtered：查询结果符合查询条件的百分比，最小值为 0，表示没有匹配条件的记录，最大值为 100，表示数据表中的所有行全部符合查询条件或者没有对数据行进行过滤。

（12）Extra：MySQL 在执行查询语句时额外的详细信息。

EXPLAIN 语句支持使用 JSON 格式输出结果信息，例如：

```
mysql> EXPLAIN FORMAT=JSON SELECT goods.t_name, goods.t_price
    -> FROM t_goods goods LEFT JOIN t_goods_category category
    -> ON goods.t_category_id = category.id \G
*************************** 1. row ***************************
EXPLAIN: {
  "query_block": {
    "select_id": 1,
    "cost_info": {
      "query_cost": "0.70"
    },
    "nested_loop": [
      {
        "table": {
          "table_name": "goods",
          "access_type": "ALL",
          "rows_examined_per_scan": 1,
          "rows_produced_per_join": 1,
          "filtered": "100.00",
          "cost_info": {
            "read_cost": "0.25",
            "eval_cost": "0.10",
            "prefix_cost": "0.35",
            "data_read_per_join": "352"
          },
          "used_columns": [
            "t_category_id",
            "t_name",
            "t_price"
          ]
        }
      },
      {
        "table": {
          "table_name": "category",
```

```
            "access_type": "eq_ref",
            "possible_keys": [
              "PRIMARY"
            ],
            "key": "PRIMARY",
            "used_key_parts": [
              "id"
            ],
            "key_length": "4",
            "ref": [
              "goods.goods.t_category_id"
            ],
            "rows_examined_per_scan": 1,
            "rows_produced_per_join": 1,
            "filtered": "100.00",
            "using_index": true,
            "cost_info": {
              "read_cost": "0.25",
              "eval_cost": "0.10",
              "prefix_cost": "0.70",
              "data_read_per_join": "128"
            },
            "used_columns": [
              "id"
            ]
          }
        }
      ]
    }
}
1 row in set, 1 warning (0.00 sec)
```

使用 EXPLAIN 还能分析其他正在运行的 MySQL 会话中执行的查询语句。首先需要在 MySQL 命令行中获取当前会话 ID。

```
mysql> SELECT CONNECTION_ID();
+-----------------+
| CONNECTION_ID() |
+-----------------+
|               8 |
+-----------------+
1 row in set (0.00 sec)
```

接下来使用 SQL 语句获取连接会话 ID 为 8 的 EXPLAIN 查询计划。

```
mysql> EXPLAIN FOR CONNECTION 8 \G;
*************************** 1. row ***************************
           id: 1
  select_type: SIMPLE
        table: t_goods
   partitions: NULL
         type: ALL
possible_keys: NULL
          key: NULL
      key_len: NULL
          ref: NULL
         rows: 3
```

```
     filtered: 33.33
        Extra: Using where
1 row in set, 1 warning (0.00 sec)
```

当需要查询的连接会话中没有运行任何的 SELECT/UPDATE/INSERT/DELETE/REPLACE 语句时，MySQL 会抛出错误信息，如下：

```
mysql> EXPLAIN FOR CONNECTION 8 \G;
ERROR 3012 (HY000): EXPLAIN FOR CONNECTION command is supported only for SELECT/UPDATE/INSERT/DELETE/
REPLACE
```

注意：在分析查询语句时，DESC 的作用与 EXPLAIN 的作用完全相同。关于 DESC 的使用，读者可自行验证，此处不再赘述。

20.3　SHOW PROFILE 语句解析

MySQL 从 5.0.37 版本开始支持 SHOW PROFILES 语句和 SHOW PROFILE 语句，可以通过如下语句查看 MySQL 是否支持 PROFILE。

```
mysql> SELECT @@have_profiling;
+------------------+
| @@have_profiling |
+------------------+
| YES              |
+------------------+
1 row in set, 1 warning (0.00 sec)
```

结果显示，当前 MySQL 支持 PROFILE。

MySQL 中默认 profiling 是关闭的，例如：

```
mysql> SELECT @@profiling;
+-------------+
| @@profiling |
+-------------+
|           0 |
+-------------+
1 row in set, 1 warning (0.00 sec)
```

可以通过 SET 语句开启 profiling，例如：

```
mysql> SET SESSION profiling = 1;
Query OK, 0 rows affected, 1 warning (0.00 sec)
```

再次查看 profiling 的状态，例如：

```
mysql> SELECT @@profiling;
+-------------+
| @@profiling |
+-------------+
|           1 |
+-------------+
1 row in set, 1 warning (0.00 sec)
```

profiling 状态已开启，如果需要关闭 profiling 的状态，在 MySQL 命令行中执行如下 SQL 语句即可。

```
mysql> SET SESSION profiling = 0;
Query OK, 0 rows affected, 1 warning (0.01 sec)
```

在 MySQL 中，使用 PROFILE 分析查询语句能够使数据库开发和维护人员更加清晰地了解 SQL 的执行过程。MyISAM 存储引擎的数据表存在数据表元数据的存储信息，对 MyISAM 数据表执行 COUNT()查询时不会消耗太多的资源，而 InnoDB 存储引擎的数据表不存在数据表元数据的存储信息，执行 COUNT()查询就会消耗一定的资源。

使用 PROFILE 分析 InnoDB 存储引擎，以及在 MyISAM 存储引擎的数据表中执行 COUNT()查询的资源消耗情况。

20.3.1　分析 InnoDB 数据表

首先，查看 t_goods 数据表的表结构信息。

```
mysql> SHOW CREATE TABLE t_goods \G
*************************** 1. row ***************************
       Table: t_goods
Create Table: CREATE TABLE `t_goods` (
  `id` int(11) NOT NULL AUTO_INCREMENT COMMENT '商品记录 id',
  `t_category_id` int(11) DEFAULT '0' COMMENT '商品类别 id',
  `t_category` varchar(30) CHARACTER SET utf8mb4 COLLATE utf8mb4_0900_ai_ci DEFAULT '' COMMENT '商品
类别名称',
  `t_name` varchar(50) CHARACTER SET utf8mb4 COLLATE utf8mb4_0900_ai_ci DEFAULT '' COMMENT '商品名称',
  `t_price` decimal(10,2) DEFAULT '0.00' COMMENT '商品价格',
  `t_stock` int(11) DEFAULT '0' COMMENT '商品库存',
  `t_upper_time` datetime DEFAULT NULL COMMENT '上架时间',
  PRIMARY KEY (`id`),
  UNIQUE KEY `t_name` (`t_name`) USING BTREE
) ENGINE=InnoDB AUTO_INCREMENT=19 DEFAULT CHARSET=utf8mb4 COLLATE=utf8mb4_0900_ai_ci COMMENT='商品
信息表'
1 row in set (0.00 sec)
```

t_goods 数据表的存储引擎为 InnoDB 存储引擎。接下来，查询 t_goods 数据表中的记录条数。

```
mysql> SELECT COUNT(*) FROM t_goods;
+----------+
| count(*) |
+----------+
|   106872 |
+----------+
1 row in set (0.15 sec)
```

查询完毕后，使用 SHOW PROFILES 语句查看 SQL 语句信息。

```
mysql> show profiles;
+----------+------------+---------------------------------------------------+
| Query_ID | Duration   | Query                                             |
+----------+------------+---------------------------------------------------+
```

```
|        1 | 0.00017200 | SELECT @@profiling                                  |
|        2 | 0.00021050 | SHOW CREATE TABLE t_goods                           |
|        3 | 0.15367575 | SELECT count(*) FROM t_goods                        |
+----------+------------+-----------------------------------------------------+
3 rows in set, 1 warning (0.00 sec)
```

查询记录条数的 SQL 语句的 Query ID 为 3。接下来，通过 SHOW PROFILE FOR QUERY 语句查看 SQL 语句执行过程中所在线程的具体信息。

```
mysql> SHOW PROFILE FOR QUERY 3;
+--------------------------------+----------+
| Status                         | Duration |
+--------------------------------+----------+
| starting                       | 0.000037 |
| Waiting for query cache lock   | 0.000012 |
| starting                       | 0.000009 |
| checking query cache for query | 0.000077 |
| checking permissions           | 0.000017 |
| Opening tables                 | 0.000031 |
| init                           | 0.000044 |
| System lock                    | 0.000023 |
| Waiting for query cache lock   | 0.000010 |
| System lock                    | 0.000042 |
| optimizing                     | 0.000019 |
| statistics                     | 0.000036 |
| preparing                      | 0.000039 |
| executing                      | 0.000010 |
| Sending data                   | 0.152798 |
| end                            | 0.000024 |
| query end                      | 0.000024 |
| closing tables                 | 0.000021 |
| freeing items                  | 0.000018 |
| Waiting for query cache lock   | 0.000011 |
| freeing items                  | 0.000260 |
| Waiting for query cache lock   | 0.000013 |
| freeing items                  | 0.000009 |
| storing result in query cache  | 0.000012 |
| cleaning up                    | 0.000083 |
+--------------------------------+----------+
25 rows in set, 1 warning (0.00 sec)
```

从输出的结果信息中可以看出，执行 SQL 语句的时间主要花费在 Sending data 上。SHOW PROFILE 语句支持选择 ALL、CPU、BLOCK IO、CONTEXT SWITCH 和 PAGE FAULTS 等来查看具体的明细信息。例如，查看 SQL 语句消耗的 BLOCK IO 资源。

```
mysql> SHOW PROFILE BLOCK IO FOR QUERY 3;
+--------------------------------+----------+--------------+---------------+
| Status                         | Duration | Block_ops_in | Block_ops_out |
+--------------------------------+----------+--------------+---------------+
| starting                       | 0.000037 |            0 |             0 |
| Waiting for query cache lock   | 0.000012 |            0 |             0 |
| starting                       | 0.000009 |            0 |             0 |
| checking query cache for query | 0.000077 |            0 |             0 |
| checking permissions           | 0.000017 |            0 |             0 |
| Opening tables                 | 0.000031 |            0 |             0 |
| init                           | 0.000044 |            0 |             0 |
```

```
| System lock                    | 0.000023 |             0 |             0 |
| Waiting for query cache lock   | 0.000010 |             0 |             0 |
| System lock                    | 0.000042 |             0 |             0 |
| optimizing                     | 0.000019 |             0 |             0 |
| statistics                     | 0.000036 |             0 |             0 |
| preparing                      | 0.000039 |             0 |             0 |
| executing                      | 0.000010 |             0 |             0 |
| Sending data                   | 0.152798 |          9504 |             0 |
| end                            | 0.000024 |             0 |             0 |
| query end                      | 0.000024 |             0 |             0 |
| closing tables                 | 0.000021 |             0 |             0 |
| freeing items                  | 0.000018 |             0 |             0 |
| Waiting for query cache lock   | 0.000011 |             0 |             0 |
| freeing items                  | 0.000260 |             0 |             0 |
| Waiting for query cache lock   | 0.000013 |             0 |             0 |
| freeing items                  | 0.000009 |             0 |             0 |
| storing result in query cache  | 0.000012 |             0 |             0 |
| cleaning up                    | 0.000083 |             0 |             0 |
+--------------------------------+----------+---------------+---------------+
25 rows in set, 1 warning (0.00 sec)
```

BLOCK IO 明细中最消耗资源的操作是 Sending data。

注意：其他选项的使用与 BLOCK IO 选项的使用方式相同，不再赘述。

20.3.2　分析 MyISAM 数据表

创建 t_goods_myisam 数据表。t_goods_myisam 数据表的存储引擎为 MyISAM 存储引擎，并将 t_goods 数据表的数据复制到 t_goods_myisam 数据表中。

```
mysql> CREATE TABLE t_goods_myisam LIKE t_goods;
Query OK, 0 rows affected (0.12 sec)
mysql> ALTER TABLE t_goods_myisam ENGINE = MyISAM;
Query OK, 0 rows affected (0.08 sec)
Records: 0  Duplicates: 0  Warnings: 0
mysql> INSERT INTO t_goods_myisam SELECT * FROM t_goods;
Query OK, 106872 rows affected (12.03 sec)
Records: 106872  Duplicates: 0  Warnings: 0
```

查询 t_goods_myisam 数据表中数据的记录条数。

```
mysql> SELECT COUNT(*) FROM t_goods_myisam;
+----------+
| COUNT(*) |
+----------+
|   106872 |
+----------+
1 row in set (0.00 sec)
```

使用 SHOW PROFILES 语句查看 SQL 语句的执行情况。

```
mysql> SHOW PROFILES;
+----------+------------+----------------------------------------------+
| Query_ID | Duration   | Query                                        |
+----------+------------+----------------------------------------------+
```

```
|        1 | 0.00017200 | SELECT @@profiling                            |
|        2 | 0.00021050 | SHOW CREATE TABLE t_goods                     |
|        3 | 0.15367575 | SELECT count(*) FROM t_goods                  |
|        4 | 0.39064450 | CREATE TABLE t_goods_myisam LIKE t_goods      |
|        5 | 0.27258600 | ALTER TABLE t_goods_myisam ENGINE = MyISAM    |
|        6 | 7.69977800 | INSERT INTO t_goods_myisam SELECT * FROM t_goods |
|        7 | 0.00019025 | SELECT COUNT(*) FROM t_goods_myisam           |
+----------+------------+-----------------------------------------------+
7 rows in set, 1 warning (0.00 sec)
```

结果显示，查询 t_goods_myisam 数据表中记录条数的 SQL 语句的 Query ID 为 7。接下来，通过 SHOW PROFILE FOR QUERY 语句查看 SQL 语句执行过程中所在线程的具体信息。

```
mysql> SHOW PROFILE FOR QUERY 7;
+--------------------------------+----------+
| Status                         | Duration |
+--------------------------------+----------+
| starting                       | 0.000054 |
| Executing hook on transaction  | 0.000004 |
| starting                       | 0.000006 |
| checking permissions           | 0.000005 |
| Opening tables                 | 0.000041 |
| init                           | 0.000004 |
| System lock                    | 0.000007 |
| optimizing                     | 0.000005 |
| executing                      | 0.000008 |
| end                            | 0.000002 |
| query end                      | 0.000005 |
| closing tables                 | 0.000005 |
| freeing items                  | 0.000024 |
| cleaning up                    | 0.000022 |
+--------------------------------+----------+
14 rows in set, 1 warning (0.00 sec)
```

从输出的结果信息中可以看出，MyISAM 存储引擎由于缓存了数据表的元数据信息，当查询数据表中的记录条数时，并不需要统计数据表中的记录条数，而是直接从缓存的元数据中获取即可，不需要消耗太多的资源。

20.3.3　分析 MySQL 源码

SHOW PROFILE 语句支持查看 SQL 语句执行时对应的 MySQL 源码文件信息。例如，使用 SHOW PROFILE 语句查看 Query ID 为 7 的 SQL 语句对应的 MySQL 源码文件，如下：

```
mysql> SHOW PROFILE SOURCE FOR QUERY 7 \G
*************************** 1. row ***************************
         Status: starting
       Duration: 0.000054
Source_function: NULL
    Source_file: NULL
    Source_line: NULL
*************************** 2. row ***************************
         Status: Executing hook on transaction
       Duration: 0.000004
Source_function: launch_hook_trans_begin
```

```
    Source_file: rpl_handler.cc
Source_line: 1119
###############此处省略 n 行代码#########################
14 rows in set, 1 warning (0.01 sec)
```

通过输出结果可以看出 SQL 语句执行过程中，每个步骤对应的源代码的文件名称，函数名，以及在源代码文件中的行数等信息。

20.4　pt-query-digest 分析查询

pt-query-digest 是 Percona 工具包的一部分，可以对数据查询进行分析。使用 pt-query-digest 分析查询之前，需要先安装 Percona 工具包。本节以 CentOS 6.8 服务器安装 Percona 工具包为例，介绍在 CentOS 6.8 服务器的命令行依次执行如下命令安装 Percona 工具包。

```
sudo yum install http://www.percona.com/downloads/percona-release/redhat/0.1-4/percona-release-0.1-4.noarch.rpm
sudo yum list | grep percona
sudo yum install percona-toolkit --nogpgcheck
```

pt-query-digest 支持对慢查询日志、通用查询日志、二进制日志、进程列表和 TCP 转储等进行分析。

1．分析慢查询日志

假设慢查询日志的位置为/home/logs/mysql/mysql-slow.log，则可以使用如下语句将分析结果写入 mysql-slow-digest.log 文件中。

```
sudo pt-query-digest /home/logs/mysql/mysql-slow.log > mysql-slow-digest.log
```

此时，mysql-slow-digest.log 文件中包含查询的校验和、平均时间、百分比时间和执行次数等信息。

2．分析通用查询日志

在 pt-query-digest 命令后传递--type genlog 参数可以分析 MySQL 的通用查询日志，格式如下：

```
sudo pt-query-digest --type genlog /home/logs/mysql/mysql-query.log > mysql-query-digest.log
```

注意：使用 pt-query-digest 命令分析通用查询日志时不会统计查询的次数。

3．分析二进制日志

使用 pt-query-digest 命令分析二进制日志时，需要先使用 mysqlbinlog 工具将二进制日志转换成文本文件，格式如下：

```
sudo mysqlbinlog /home/logs/mysql/mysql-bin > mysql-bin-degist
```

接下来使用 pt-query-digest 命令分析 mysql-bin-degist 文件，格式如下：

```
sudo pt-query-digest --type binlog mysql-bin-degist > mysql-bin-result
```

mysql-bin-result 文件中存储了最终的分析结果。

4．分析进程列表

pt-query-digest 命令支持从进程列表中读取查询信息，格式如下：

```
sudo pt-query-digest —processlist h=localhost --iterations --run-time 1m -uroot -p123456
```

其中，run-time 参数指定每次运行的时间。

5．分析TCP转储

pt-query-digest 命令支持分析从 tcpdump 发送过来的 TCP 流量数据。首先，使用 tcpdump 抓取端口 3306 的 TCP 流量信息，如下：

```
sudo tcpdump -s 65535 -x -nn -q -tttt -i any -c 1024 port 3306 > mysql-tcp.log
```

接下来使用 pt-query-digest 分析 mysql-tcp.log 文件中的数据。

```
sudo pt-query-digest --type tcpdump mysql-tcp.log > mysql-tcp-result.log
```

其中，mysql-tcp-result.log 文件存放了最终的分析结果。

20.5 优化子查询

MySQL 中的子查询虽然能够编写复杂的查询语句，但是执行效率并不高。执行子查询语句时，MySQL 需要生成一张临时表来存放子查询语句的结果数据。外层查询语句从临时表中查询数据时待所有数据查询完毕后，MySQL 再将生成的临时表删除，因此子查询的效率实际上并不高。如果需要查询的数据量非常大，查询效率就会更加低下。

在 MySQL 中有两种查询方式可以代替子查询：一种方式是使用 JOIN 连接查询来代替子查询，因为使用 JOIN 连接语句查询数据时不需要建立临时表，如果为 JOIN 连接语句创建合适的索引，查询效率会更加高效；另一种方式是使用公用表表达式来代替子查询。需要注意的是，公用表表达式是在 MySQL 8.x 版本中新增的特性，也就是说，如果使用的 MySQL 版本为 8.x，则可以使用公用表表达式来代替子查询。关于公用表表达式的知识，读者可以参阅第 19 章中的相关内容。

20.6 本章总结

本章主要介绍了在进行 MySQL 的查询优化时如何分析需要优化的查询语句，主要包括 SHOW STATUS 语句解析、EXPLAIN 语句解析、SHOW PROFILE 语句解析、使用 pt-query-digest 分析查询和如何优化子查询。下一章将会对如何优化 MySQL 中的索引进行简单的介绍。

第 21 章　MySQL 索引优化

为数据表添加索引是 MySQL 优化中最常使用的优化方式之一。如果数据表中没有索引，则查询数据时 MySQL 需要扫描整个表的数据来查找匹配查询条件的记录；如果在匹配查询条件的列上添加索引，则 MySQL 无须扫描整个表的数据即可快速定位到待查找的数据。本章简单介绍如何通过索引来优化 MySQL 中的数据查询操作。

本章涉及的知识点有：

- 索引的类型；
- 使用索引的场景；
- 无法使用索引的场景；
- 使用索引提示；
- 使用生成列为 JSON 建立索引。

21.1　索引的类型

MySQL 中的索引是在存储引擎层实现的。不同的存储引擎中支持的索引类型不同。即使是同一类型的索引，在不同的存储引擎中的实现方式或存储方式也不尽相同。

下面将 MySQL 支持的索引类型进行简单的总结。

- B-Tree 索引：最常见的索引类型，支持大部分存储引擎。
- B+Tree 索引：在 B-Tree 索引的基础上进行优化的结果，在 MySQL 中大部分存储引擎会支持 B+Tree 索引。如果没有为数据库或数据表显式地指定索引类型，则 MySQL 底层会默认使用 B+Tree 索引。
- Hash 索引：比较适合存储 Key-Value 型数据。查询 Key-Value 型数据时，会根据 Key 快速获取数据。但是 Hash 索引有一个弊端，即不适合根据某个数据范围来查询数据。
- R-Tree 索引：空间索引，对于地理空间类型的数据来说，通常会使用 R-Tree 索引。
- Full-Text 索引：主要用于全文检索。在 MySQL 5.6 版本之前，Full-Text 索引只支持 MyISAM 存储引擎。从 MySQL 5.6 版本开始，InnoDB 存储引擎开始支持 Full-Text 索引。

注意：在 MySQL 8.x 中新增了隐藏索引、降序索引和函数索引。读者可以参阅第 14 章的内容来学习相关知识。

21.2 使用索引的场景

MySQL 中存在一些使用索引进行数据查询的典型应用场景。本节简单介绍 MySQL 中有哪些场景使用索引。

21.2.1 全值匹配

全值匹配是指在 MySQL 的查询条件中包含索引中的所有列，并且针对索引中的每列进行等值判断。

例如，根据 t_goods 数据表的主键 id 查询数据。

```
mysql> EXPLAIN SELECT * FROM t_goods WHERE id = 1 \G
*************************** 1. row ***************************
           id: 1
  select_type: SIMPLE
        table: t_goods
   partitions: NULL
         type: const
possible_keys: PRIMARY
          key: PRIMARY
      key_len: 4
          ref: const
         rows: 1
     filtered: 100.00
        Extra: NULL
1 row in set, 1 warning (0.00 sec)
```

按照主键 id 查询数据使用了主键索引。

在 t_goods 数据表中建立一个名称为 category_name_index 的联合索引，索引中包含的字段为 t_category_id 和 t_name，并按照 t_category_id 和 t_name 字段查询数据。

```
mysql> ALTER TABLE t_goods
    -> ADD INDEX category_name_index (t_category_id, t_name);
Query OK, 0 rows affected (0.02 sec)
Records: 0  Duplicates: 0  Warnings: 0
mysql> EXPLAIN SELECT * FROM t_goods WHERE t_category_id = 1 AND t_name = 'T恤' \G
*************************** 1. row ***************************
           id: 1
  select_type: SIMPLE
        table: t_goods
   partitions: NULL
         type: ref
possible_keys: category_name_index
          key: category_name_index
      key_len: 208
          ref: const,const
         rows: 1
```

```
     filtered: 100.00
        Extra: NULL
1 row in set, 1 warning (0.00 sec)
```

MySQL 使用了 category_name_index 索引查询数据。

21.2.2　查询范围

MySQL 支持对索引的值进行范围查找。例如，按照 t_goods 数据表的主键进行范围查找。

```
mysql> EXPLAIN SELECT * FROM t_goods WHERE id >= 1 AND id <= 20 \G
*************************** 1. row ***************************
           id: 1
  select_type: SIMPLE
        table: t_goods
   partitions: NULL
         type: range
possible_keys: PRIMARY
          key: PRIMARY
      key_len: 4
          ref: NULL
         rows: 14
     filtered: 100.00
        Extra: Using where
1 row in set, 1 warning (0.00 sec)
```

从输出的结果数据可以看出，type 为 range，说明查询优化器根据主键索引范围进行查询。另外，Extra 为 Using Where，说明 MySQL 按照主键确定范围后再回表查询数据。

21.2.3　匹配最左前缀

MySQL 在使用联合索引查询数据时从联合索引中的最左边的列开始查询，并且不能跳过索引中的列。如果跳过索引中的列查询数据，则在后续的查询中将不再使用索引。

例如，一张数据表中存在一个联合索引，包含的字段为（column1、column2、column3），则下列形式的查询都会用到联合索引。

```
SELECT * FROM table_name WHERE column1 = xxx
SELECT * FROM table_name WHERE column1 = xxx AND column2 = yyy
SELECT * FROM table_name WHERE column1 = xxx AND column2 = yyy AND column3
```

下面形式的查询不会用到联合索引。

```
SELECT * FROM table_name WHERE column2 = xxx
SELECT * FROM table_name WHERE column3 = xxx
SELECT * FROM table_name WHERE column2 = xxx AND column3 = yyy
```

例如，在 t_goods 数据表中执行如下查询：

```
mysql> EXPLAIN SELECT * FROM t_goods WHERE t_category_id = 1 \G
*************************** 1. row ***************************
           id: 1
  select_type: SIMPLE
```

```
        table: t_goods
   partitions: NULL
         type: ref
possible_keys: category_name_index
          key: category_name_index
      key_len: 5
          ref: const
         rows: 6
     filtered: 100.00
        Extra: NULL
1 row in set, 1 warning (0.00 sec)
```

由输出结果可知，MySQL 使用了 category_name_index 索引来查询数据。

注意：关于索引匹配最左前缀的其他情况读者可自行测试，这里不再赘述。

21.2.4　查询索引列

MySQL 在查询包含索引的列或者查询的列都在索引中时，查询的效率比使用 SELECT * 或者查询没有索引的列的效率要高很多。例如，查询 t_goods 数据表中的 t_category_id 字段和 t_name 字段中的数据。

```
mysql> EXPLAIN SELECT t_category_id, t_name FROM t_goods WHERE t_category_id = 1 \G
*************************** 1. row ***************************
           id: 1
  select_type: SIMPLE
        table: t_goods
   partitions: NULL
         type: ref
possible_keys: category_name_index
          key: category_name_index
      key_len: 5
          ref: const
         rows: 6
     filtered: 100.00
        Extra: Using index
1 row in set, 1 warning (0.00 sec)
```

由于 t_category_id 字段和 t_name 字段都包含在索引中，查询 t_category_id 字段和 t_name 字段中的数据时，MySQL 不再使用 Using Where 回表查询数据，而是直接使用 Using Index 覆盖索引扫描即可。

21.2.5　匹配字段前缀

如果数据表中的字段存储的数据比较长，则在整个字段上添加索引会影响数据的写入性能，增加 MySQL 维护索引的负担。此时，可以在字段的开头部分添加索引，并按照此索引进行数据查询。

例如，在 t_goods 数据表的 t_category 字段的前 10 个字符上添加索引并查询数据。

```
mysql> CREATE INDEX category_part ON t_goods (t_category(10));
Query OK, 0 rows affected (0.02 sec)
Records: 0  Duplicates: 0  Warnings: 0
mysql> EXPLAIN SELECT * FROM t_goods WHERE t_category LIKE '女装%' \G
*************************** 1. row ***************************
           id: 1
  select_type: SIMPLE
        table: t_goods
   partitions: NULL
         type: range
possible_keys: category_part
          key: category_part
      key_len: 43
          ref: NULL
         rows: 6
     filtered: 100.00
        Extra: Using where
1 row in set, 1 warning (0.00 sec)
```

MySQL 查询数据时使用了 category_part 索引，并会回表查询数据。

21.2.6　精确与范围匹配索引

在查询数据时，可以同时精确匹配索引并按照另一个索引的范围进行数据查询。例如，查找 t_goods 数据表中 t_category_id 字段为指定值且 id 为一个数据范围的记录。

```
mysql> EXPLAIN SELECT * FROM t_goods WHERE t_category_id = 1 AND id >= 1 AND id <= 10 \G
*************************** 1. row ***************************
           id: 1
  select_type: SIMPLE
        table: t_goods
   partitions: NULL
         type: ref
possible_keys: PRIMARY,category_name_index
          key: category_name_index
      key_len: 5
          ref: const
         rows: 6
     filtered: 71.43
        Extra: Using index condition
1 row in set, 1 warning (0.00 sec)
```

MySQL 使用了 category_name_index 索引精确匹配数据并按照主键索引进行了范围查询。

21.2.7　匹配 NULL 值

在 MySQL 中，对一个添加了索引的字段判断是否为 NULL 时会使用索引进行查询。

```
mysql> EXPLAIN SELECT * FROM t_goods WHERE t_category_id IS NULL \G
*************************** 1. row ***************************
           id: 1
  select_type: SIMPLE
```

```
        table: t_goods
   partitions: NULL
         type: ref
possible_keys: category_name_index
          key: category_name_index
      key_len: 5
          ref: const
         rows: 1
     filtered: 100.00
        Extra: Using index condition
1 row in set, 1 warning (0.00 sec)
```

t_category_id 是联合索引 category_name_index 的最左边的列，判断 t_category_id 字段是否为空时 MySQL 使用了 category_name_index 索引。

21.2.8　连接查询匹配索引

使用 JOIN 连接语句查询多个数据表中的数据，并且当实现 JOIN 连接的字段上添加了索引时，MySQL 会使用索引查询数据。

```
mysql> EXPLAIN SELECT goods.t_name, category.t_category
    -> FROM t_goods goods JOIN t_goods_category category
    -> ON goods.t_category_id = category.id \G
*************************** 1. row ***************************
           id: 1
  select_type: SIMPLE
        table: category
   partitions: NULL
         type: ALL
possible_keys: PRIMARY
          key: NULL
      key_len: NULL
          ref: NULL
         rows: 4
     filtered: 100.00
        Extra: NULL
*************************** 2. row ***************************
           id: 1
  select_type: SIMPLE
        table: goods
   partitions: NULL
         type: ref
possible_keys: category_name_index
          key: category_name_index
      key_len: 5
          ref: goods.category.id
         rows: 4
     filtered: 100.00
        Extra: Using index
2 rows in set, 1 warning (0.00 sec)
```

连接查询时使用了 t_goods 数据表中的 category_name_index 索引。

21.2.9　LIKE 匹配索引

当 LIKE 语句中的查询条件不以通配符开始时，MySQL 会使用索引查询数据。

```
mysql> EXPLAIN SELECT * FROM t_goods WHERE t_category LIKE 'T%' \G
*************************** 1. row ***************************
           id: 1
  select_type: SIMPLE
        table: t_goods
   partitions: NULL
         type: range
possible_keys: category_part
          key: category_part
      key_len: 43
          ref: NULL
         rows: 1
     filtered: 100.00
        Extra: Using where
1 row in set, 1 warning (0.00 sec)
```

21.3　无法使用索引的场景

在数据表中即使创建了索引，有时 MySQL 也无法使用数据表中的索引来查询数据。本节将简单介绍 MySQL 中无法使用索引的场景。

21.3.1　以通配符开始的 LIKE 语句

当使用以通配符开始的 LIKE 语句查询数据时，MySQL 不会使用索引。

```
mysql> EXPLAIN SELECT * FROM t_goods WHERE t_category LIKE '%T%' \G
*************************** 1. row ***************************
           id: 1
  select_type: SIMPLE
        table: t_goods
   partitions: NULL
         type: ALL
possible_keys: NULL
          key: NULL
      key_len: NULL
          ref: NULL
         rows: 14
     filtered: 11.11
        Extra: Using where
1 row in set, 1 warning (0.00 sec)
```

MySQL 并未使用 t_category 字段上的索引查询数据。读者可对比 21.2.9 节的示例。

21.3.2　数据类型转换

当查询的字段数据进行了数据类型转换时，MySQL 不会使用索引查询数据。例如，按照字符串类型的字段查询数据时，匹配的条件值没有带引号。

```
mysql> EXPLAIN SELECT * FROM t_goods WHERE t_category = 0 \G
*************************** 1. row ***************************
           id: 1
  select_type: SIMPLE
        table: t_goods
   partitions: NULL
         type: ALL
possible_keys: category_part
          key: NULL
      key_len: NULL
          ref: NULL
         rows: 14
     filtered: 10.00
        Extra: Using where
1 row in set, 3 warnings (0.00 sec)
```

按照 t_category 字段查询数据时，匹配的条件值没有带引号，则结果显示的 type 类型为 ALL，说明 MySQL 进行了全表扫描操作。

21.3.3　联合索引未匹配最左列

当数据表中创建了联合索引，如果在查询数据时，查询条件不包含联合索引中最左边的列或者最左边列的开始部分，即不满足最左前缀匹配规则，那么 MySQL 不会使用索引。

```
mysql> EXPLAIN SELECT * FROM t_goods WHERE t_name = '牛仔裤' \G
*************************** 1. row ***************************
           id: 1
  select_type: SIMPLE
        table: t_goods
   partitions: NULL
         type: ALL
possible_keys: NULL
          key: NULL
      key_len: NULL
          ref: NULL
         rows: 14
     filtered: 10.00
        Extra: Using where
1 row in set, 1 warning (0.00 sec)
```

在 t_goods 数据表中，t_name 字段是 category_name_index 索引中的第二个字段，按照 t_name 字段查询数据时 MySQL 并没有使用索引。

21.3.4　OR 语句

查询语句中使用 OR 来连接多个查询条件时，只要查询条件中存在未创建索引的字段，MySQL 就不会使用索引。

```
mysql> EXPLAIN SELECT * FROM t_goods WHERE t_category_id = 1 OR t_stock = 2 \G
*************************** 1. row ***************************
           id: 1
  select_type: SIMPLE
        table: t_goods
   partitions: NULL
         type: ALL
possible_keys: category_name_index
          key: NULL
      key_len: NULL
          ref: NULL
         rows: 14
     filtered: 40.00
        Extra: Using where
1 row in set, 1 warning (0.00 sec)
```

在 t_goods 数据表中，t_stock 字段上并没有创建索引，即使 t_category_id 字段能够匹配索引的最左前缀原则，MySQL 在查询数据时也不会使用索引。

21.3.5　计算索引列

查询数据时对查询条件的字段添加了索引，而且在查询数据时对字段进行了计算或者使用了函数，此时 MySQL 不会使用索引。

```
mysql> EXPLAIN SELECT * FROM t_goods WHERE LEFT(t_category, 3) = '女装' \G;
*************************** 1. row ***************************
           id: 1
  select_type: SIMPLE
        table: t_goods
   partitions: NULL
         type: ALL
possible_keys: NULL
          key: NULL
      key_len: NULL
          ref: NULL
         rows: 14
     filtered: 100.00
        Extra: Using where
1 row in set, 1 warning (0.00 sec)
```

对 t_category 字段使用了 LEFT()函数，此时 MySQL 查询数据时并没有使用索引。

21.3.6　范围条件右侧的列无法使用索引

使用联合索引查询数据时，如果按照联合索引中字段的某个范围查询数据，则此字段后面的列无法使用索引，会进行全表扫描。

```
mysql> EXPLAIN SELECT * FROM t_goods WHERE t_category_id > 1 AND t_name = '卫衣' \G
*************************** 1. row ***************************
           id: 1
  select_type: SIMPLE
        table: t_goods
   partitions: NULL
         type: ALL
possible_keys: category_name_index
          key: NULL
      key_len: NULL
          ref: NULL
         rows: 14
     filtered: 7.14
        Extra: Using where
1 row in set, 1 warning (0.01 sec)
```

21.3.7　使用<>或!=操作符匹配查询条件

在 MySQL 中，使用<>或!=操作符匹配查询条件时不会使用索引。

```
mysql> EXPLAIN SELECT * FROM t_goods WHERE t_category <> '女装' \G
*************************** 1. row ***************************
           id: 1
  select_type: SIMPLE
        table: t_goods
   partitions: NULL
         type: ALL
possible_keys: category_part
          key: NULL
      key_len: NULL
          ref: NULL
         rows: 14
     filtered: 100.00
        Extra: Using where
1 row in set, 1 warning (0.00 sec)
```

即使在 t_category 字段上创建了索引，当使用<>或!=操作符进行条件匹配时，MySQL 也不会使用索引查询数据，而是进行全表扫描操作。

21.3.8　匹配 NOT NULL 值

在 MySQL 中使用 IS NULL 判断某个字段是否为 NULL 时，会使用该字段的索引。相反，如果使用 NOT NULL 来验证某个字段不为 NULL 时，会进行全表扫描操作。

```
mysql>  EXPLAIN SELECT * FROM t_goods WHERE t_category_id IS NOT NULL \G
*************************** 1. row ***************************
           id: 1
  select_type: SIMPLE
        table: t_goods
   partitions: NULL
         type: ALL
possible_keys: category_name_index
          key: NULL
      key_len: NULL
          ref: NULL
         rows: 14
     filtered: 100.00
        Extra: Using where
1 row in set, 1 warning (0.00 sec)
```

注意：读者可对比 21.2.7 节中匹配 NULL 值的示例。

21.3.9　索引耗时

在某些场景下，如果 MySQL 评估使用索引比使用全表扫描查询数据性能更低，则不会使用索引来查询数据，而会进行全表扫描。

21.4　使用索引提示

MySQL 中的查询优化器能够根据索引提示使用或忽略相应的索引，这有助于更好地优化数据库中的索引。本节简单介绍在 MySQL 中如何使用索引提示。常见的索引提示主要包括 USE INDEX、IGNORE INDEX 和 FORCE INDEX。

21.4.1　使用索引

USE INDEX 紧跟在查询语句中的数据表名后面。使用 USE INDEX 能够提示查询优化器使用指定的索引，从而不再评估是否使用其他索引。

```
mysql> EXPLAIN SELECT * FROM t_goods USE INDEX (category_name_index, category_part)
    -> WHERE t_category_id = 1 OR t_category = '女装' \G
*************************** 1. row ***************************
           id: 1
  select_type: SIMPLE
        table: t_goods
   partitions: NULL
         type: index_merge
possible_keys: category_name_index,category_part
          key: category_name_index,category_part
      key_len: 5,43
```

```
          ref: NULL
         rows: 7
     filtered: 100.00
        Extra: Using sort_union(category_name_index,category_part); Using where
1 row in set, 1 warning (0.01 sec)
```

21.4.2　忽略索引

使用 IGNORE INDEX 可以提示查询优化器在进行数据查询操作时，忽略某个或某些索引。

```
mysql> EXPLAIN SELECT * FROM t_goods IGNORE INDEX (category_name_index)
    -> WHERE t_category_id = 1  \G
*************************** 1. row ***************************
           id: 1
  select_type: SIMPLE
        table: t_goods
   partitions: NULL
         type: ALL
possible_keys: NULL
          key: NULL
      key_len: NULL
          ref: NULL
         rows: 14
     filtered: 33.33
        Extra: Using where
1 row in set, 1 warning (0.00 sec)
```

当忽略 category_name_index 索引查询数据时，MySQL 不再使用 t_category_id 字段上的索引，而是进行全面扫描操作。

21.4.3　强制使用索引

MySQL 支持在查询数据时强制使用某个索引来检索数据，此时可以使用 FORCE INDEX 实现。

```
mysql> EXPLAIN SELECT * FROM t_goods FORCE INDEX (category_name_index)
    -> WHERE t_category_id IN (11, 22) \G ;
*************************** 1. row ***************************
           id: 1
  select_type: SIMPLE
        table: t_goods
   partitions: NULL
         type: range
possible_keys: category_name_index
          key: category_name_index
      key_len: 5
          ref: NULL
         rows: 2
     filtered: 100.00
        Extra: Using index condition
1 row in set, 1 warning (0.00 sec)
```

21.5　使用生成列为 JSON 建立索引

MySQL 不支持在 JSON 列上直接建立索引，此时可以通过创建生成列，并在生成列上创建索引来提取 JSON 列的数据。例如，创建 t_test_json 数据表，t_test_json 数据表中存在一个 INT 类型的 id 字段和 JSON 类型的 t_json 字段。

```
mysql> CREATE TABLE t_test_json(
    -> id INT NOT NULL PRIMARY KEY AUTO_INCREMENT,
    -> t_json JSON NOT NULL
    -> );
Query OK, 0 rows affected (0.13 sec)
```

向 t_test_json 数据表中插入测试数据。

```
mysql> INSERT INTO t_test_json
    -> (t_json)
    -> VALUES
    -> ('{"name":"binghe", "sex": "男", "age": 18}');
Query OK, 1 row affected (0.01 sec)
```

例如，查询姓名为 binghe 的数据。

```
mysql> EXPLAIN SELECT * FROM t_test_json
    -> WHERE t_json ->> '$.name' = 'binghe' \G
*************************** 1. row ***************************
           id: 1
  select_type: SIMPLE
        table: t_test_json
   partitions: NULL
         type: ALL
possible_keys: NULL
          key: NULL
      key_len: NULL
          ref: NULL
         rows: 1
     filtered: 100.00
        Extra: Using where
1 row in set, 1 warning (0.00 sec)
```

MySQL 会使用全表扫描的方式来查询数据。

可以将姓名作为 t_test_json 数据表的虚拟列，并在虚拟列上添加索引。

```
mysql> ALTER TABLE t_test_json
    -> ADD COLUMN t_name VARCHAR(30) AS (t_json ->> '$.name'),
    -> ADD INDEX name_index (t_name);
Query OK, 0 rows affected (0.12 sec)
Records: 0  Duplicates: 0  Warnings: 0
```

SQL 语句成功执行，再次查询姓名为 binghe 的数据。

```
mysql> EXPLAIN SELECT * FROM t_test_json
    -> WHERE t_json ->> '$.name' = 'binghe' \G
*************************** 1. row ***************************
```

```
           id: 1
  select_type: SIMPLE
        table: t_test_json
   partitions: NULL
         type: ref
possible_keys: name_index
          key: name_index
      key_len: 123
          ref: const
         rows: 1
     filtered: 100.00
        Extra: NULL
1 row in set, 1 warning (0.00 sec)
```

此时 MySQL 会使用 name_index 索引查询数据。

21.6　本章总结

本章主要对 MySQL 中的索引优化进行了简单的介绍。例如，索引的类型有哪些，哪些场景下 MySQL 会使用索引查询数据，哪些场景下 MySQL 不会使用索引查询数据，以及如何使用索引提示来告知查询优化器使用索引、忽略索引和强制使用索引。最后简单介绍了如何建立虚拟列和索引来提取 JSON 数据。下一章将对 MySQL 中的 SQL 语句优化进行简单的介绍。

第 22 章　SQL 语句优化

在 MySQL 的优化过程中，大部分优化是针对 SQL 语句的优化。优化 SQL 语句，不仅仅需要优化 SELECT 查询语句，而且对于 INSERT、DELETE、ORDER BY、GROUP BY 和分页等 SQL 语句，也需要进行优化。本章将简单介绍如何优化 SQL 语句，以提升 MySQL 数据交互的性能。

本章涉及的知识点有：

- 嵌套查询的优化；
- OR 条件语句的优化；
- ORDER BY 语句的优化；
- GROUP BY 语句的优化；
- 分页查询的优化；
- 插入数据的优化；
- 删除数据的优化。

22.1　嵌套查询的优化

当 SQL 语句存在嵌套查询时，MySQL 会生成临时表来存储子查询的结果数据，外层查询会从临时表中读取数据，待整个查询完毕后，会删除临时表，整个过程比较耗时。此时，可以使用 JOIN 语句代替嵌套查询来提升数据库的查询性能。

例如，查询 t_goods 数据表中 t_category 字段不在 t_goods_category 数据表中的数据，使用嵌套查询如下：

```
mysql> EXPLAIN SELECT * FROM t_goods
    -> WHERE t_category NOT IN
    -> (SELECT t_category FROM t_goods_category) \G
*************************** 1. row ***************************
           id: 1
  select_type: PRIMARY
        table: t_goods
   partitions: NULL
         type: ALL
possible_keys: NULL
          key: NULL
      key_len: NULL
```

```
           ref: NULL
          rows: 14
      filtered: 100.00
         Extra: Using where
*************************** 2. row ***************************
            id: 2
   select_type: SUBQUERY
         table: t_goods_category
    partitions: NULL
          type: ALL
possible_keys: NULL
           key: NULL
       key_len: NULL
           ref: NULL
          rows: 4
      filtered: 100.00
         Extra: NULL
2 rows in set, 1 warning (0.01 sec)
```

当使用 JOIN 连接语句查询数据时，MySQL 的查询性能会提升很多。

```
mysql> EXPLAIN SELECT * FROM t_goods goods
    -> LEFT JOIN t_goods_category category
    -> ON goods.t_category_id = category.id
    -> WHERE category.t_category IS NULL\G
*************************** 1. row ***************************
            id: 1
   select_type: SIMPLE
         table: goods
    partitions: NULL
          type: ALL
possible_keys: NULL
           key: NULL
       key_len: NULL
           ref: NULL
          rows: 14
      filtered: 100.00
         Extra: NULL
*************************** 2. row ***************************
            id: 1
   select_type: SIMPLE
         table: category
    partitions: NULL
          type: eq_ref
possible_keys: PRIMARY
           key: PRIMARY
       key_len: 4
           ref: goods.goods.t_category_id
          rows: 1
      filtered: 25.00
         Extra: Using where; Not exists
2 rows in set, 1 warning (0.00 sec)
```

使用 JOIN 连接查询会比嵌套子查询效率更高，当查询的数据量非常大时，这种查询效率的效果会更加明显。

22.2　OR 条件语句的优化

当查询语句中的多个查询条件使用 OR 关键字进行连接时，只要 OR 连接的条件中有一个查询条件没有使用索引，MySQL 就不会使用索引，而是对数据表进行全表扫描。也就是说，使用 OR 连接多个查询条件，且每个查询条件必须使用索引时，MySQL 才会使用索引查询数据。

例如，查看 t_goods 数据表存在的索引信息。

```
mysql> SHOW CREATE TABLE t_goods \G
*************************** 1. row ***************************
       Table: t_goods
Create Table: CREATE TABLE `t_goods` (
  `id` int(11) NOT NULL AUTO_INCREMENT COMMENT '商品记录 id',
  `t_category_id` int(11) DEFAULT '0' COMMENT '商品类别 id',
  `t_category` varchar(30) CHARACTER SET utf8mb4 COLLATE utf8mb4_0900_ai_ci DEFAULT '' COMMENT '商品类别名称',
  `t_name` varchar(50) CHARACTER SET utf8mb4 COLLATE utf8mb4_0900_ai_ci DEFAULT '' COMMENT '商品名称',
  `t_price` decimal(10,2) DEFAULT '0.00' COMMENT '商品价格',
  `t_stock` int(11) DEFAULT '0' COMMENT '商品库存',
  `t_upper_time` datetime DEFAULT NULL COMMENT '上架时间',
  PRIMARY KEY (`id`),
  KEY `t_category_id` (`t_category_id`),
  KEY `name_price` (`t_name`,`t_price`) USING BTREE
) ENGINE=InnoDB AUTO_INCREMENT=19 DEFAULT CHARSET=utf8mb4 COLLATE=utf8mb4_0900_ai_ci COMMENT='商品信息表'
1 row in set (0.00 sec)
```

t_goods 数据表中存在两个独立的索引，分别是 id 字段上的主键索引和 t_category_id 字段上的索引。另外，t_goods 中还存在一个复合索引 name_price，包含的字段有 t_name 和 t_price。

使用 OR 连接 id 和 t_category 查询数据。

```
mysql> EXPLAIN SELECT * FROM t_goods WHERE id = 1 OR t_category_id = 1 \G
*************************** 1. row ***************************
           id: 1
  select_type: SIMPLE
        table: t_goods
   partitions: NULL
         type: index_merge
possible_keys: PRIMARY,t_category_id
          key: PRIMARY,t_category_id
      key_len: 4,5
          ref: NULL
         rows: 7
     filtered: 100.00
        Extra: Using union(PRIMARY,t_category_id); Using where
1 row in set, 1 warning (0.00 sec)
```

OR 连接的查询条件都存在索引时，MySQL 会根据索引查询数据。

接下来，使用复合索引 name_price 中的 t_name 和 t_price 字段查询数据，MySQL 不能正确地使用索引来查询数据。

```
mysql> EXPLAIN SELECT * FROM t_goods WHERE t_name = '卫衣' OR t_price = 79.99 \G
*************************** 1. row ***************************
           id: 1
  select_type: SIMPLE
        table: t_goods
   partitions: NULL
         type: ALL
possible_keys: name_price
          key: NULL
      key_len: NULL
          ref: NULL
         rows: 14
     filtered: 16.43
        Extra: Using where
1 row in set, 1 warning (0.00 sec)
```

22.3　ORDER BY 语句的优化

在查询语句中使用 ORDER BY 进行排序时，尽量保证 ORDER BY 子句的字段上存在索引。例如，查询 t_goods 数据表中的数据，并按照 t_stock 字段进行排序。

```
mysql> EXPLAIN SELECT id FROM t_goods  ORDER BY t_stock \G
*************************** 1. row ***************************
           id: 1
  select_type: SIMPLE
        table: t_goods
   partitions: NULL
         type: ALL
possible_keys: NULL
          key: NULL
      key_len: NULL
          ref: NULL
         rows: 14
     filtered: 100.00
        Extra: Using filesort
1 row in set, 1 warning (0.00 sec)
```

当 t_stock 字段上不存在索引时，MySQL 会对结果进行 filesort 排序。

在 t_stock 字段上添加索引后，再次按照 t_stock 排序，MySQL 将会使用索引对数据进行排序操作，输出如下：

```
mysql> ALTER TABLE t_goods ADD INDEX stock_index(t_stock);
Query OK, 0 rows affected (0.02 sec)
Records: 0  Duplicates: 0  Warnings: 0
mysql> EXPLAIN SELECT id FROM t_goods  ORDER BY t_stock \G
*************************** 1. row ***************************
           id: 1
  select_type: SIMPLE
```

```
        table: t_goods
   partitions: NULL
         type: index
possible_keys: NULL
          key: stock_index
      key_len: 5
          ref: NULL
         rows: 14
     filtered: 100.00
        Extra: Using index
1 row in set, 1 warning (0.00 sec)
```

22.4　GROUP BY 语句的优化

在 MySQL 8.0 之间的版本中，使用 GROUP BY 语句对数据进行分组时，默认会根据 GROUP BY 子句的字段进行排序，如果 GROUP BY 子句的字段上不存在索引时，会比较耗费性能。此时，可以指定 ORDER BY NULL 禁止排序来减少 ORDER BY 子句带来的性能消耗。

例如，如下查询语句根据 t_category 分组时，在 MySQL 8.0 之前的版本中会默认根据 t_category 排序。

```
mysql> EXPLAIN SELECT t_category, count(*) FROM t_goods GROUP BY t_category \G
*************************** 1. row ***************************
           id: 1
  select_type: SIMPLE
        table: t_goods
   partitions: NULL
         type: ALL
possible_keys: NULL
          key: NULL
      key_len: NULL
          ref: NULL
         rows: 14
     filtered: 100.00
        Extra: Using temporary; using filesort
1 row in set, 1 warning (0.00 sec)
```

使用 ORDER BY NULL 禁止排序后，会显著提升数据查询性能，例如：

```
mysql> EXPLAIN SELECT t_category, count(*) FROM t_goods GROUP BY t_category ORDER BY NULL \G
*************************** 1. row ***************************
           id: 1
  select_type: SIMPLE
        table: t_goods
   partitions: NULL
         type: ALL
possible_keys: NULL
          key: NULL
      key_len: NULL
          ref: NULL
         rows: 14
     filtered: 100.00
```

```
        Extra: Using temporary
1 row in set, 1 warning (0.00 sec)
```

此时，MySQL 不需要再对结果数据进行 filesort 排序操作。

22.5　分页查询的优化

MySQL 中使用“LIMIT m, n”语句实现分页查询，如果只是单纯地使用“LIMIT m, n”语句的话，MySQL 默认需要排序出数据表中的前 *m*+*n* 条数据，然后将前 *m* 条数据舍弃，返回第 *m*+1 到 *m*+*n* 的数据记录，这是非常耗费性能的。

22.5.1　回表查询优化分页

例如，按照 t_upper_time 排序分页查询 t_goods 数据表中的数据。

```
mysql> EXPLAIN SELECT id, t_price FROM t_goods ORDER BY t_upper_time LIMIT 10000, 10 \G
*************************** 1. row ***************************
           id: 1
  select_type: SIMPLE
        table: t_goods
   partitions: NULL
         type: ALL
possible_keys: NULL
          key: NULL
      key_len: NULL
          ref: NULL
         rows: 14
     filtered: 100.00
        Extra: Using filesort
1 row in set, 1 warning (0.00 sec)
```

直接使用 LIMIT 语句进行分页时，MySQL 会进行全表扫描并对查询的结果数据使用 filesort 方式进行排序。

接下来，按照索引分页并回表查询数据，改写后的 SQL 语句如下：

```
mysql> EXPLAIN SELECT g1.id, g1.t_price FROM t_goods g1
    -> INNER JOIN (SELECT id FROM t_goods ORDER BY t_upper_time LIMIT 10000, 10) g2
    -> ON g1.id = g2.id \G
*************************** 1. row ***************************
           id: 1
  select_type: PRIMARY
        table: <derived2>
   partitions: NULL
         type: ALL
possible_keys: NULL
          key: NULL
      key_len: NULL
          ref: NULL
         rows: 14
```

```
     filtered: 100.00
        Extra: NULL
*************************** 2. row ***************************
           id: 1
  select_type: PRIMARY
        table: g1
   partitions: NULL
         type: eq_ref
possible_keys: PRIMARY
          key: PRIMARY
      key_len: 4
          ref: g2.id
         rows: 1
     filtered: 100.00
        Extra: NULL
*************************** 3. row ***************************
           id: 2
  select_type: DERIVED
        table: t_goods
   partitions: NULL
         type: index
possible_keys: NULL
          key: t_upper_time
      key_len: 6
          ref: NULL
         rows: 14
     filtered: 100.00
        Extra: Using index
3 rows in set, 1 warning (0.00 sec)
```

使用回表查询方式来优化分页，能够让 MySQL 扫描更少的分页数据，达到提升分页查询性能的目的，比直接使用 LIMITm,n 进行区分的性能更高。

22.5.2　记录数据标识优化分页

当数据表中的数据量非常大时，可以记录当前分页数据的最后一条数据的 id 值，当查询下一页数据时，只需要查询 id 值大于记录的 id 值的 *n* 条数据即可。

例如，分页查询 t_goods 中的数据，每页查询 10 条记录，第 100 页最后一条记录的 id 为 1000，则查询 101 页的数据，可以使用如下语句。

```
mysql> EXPLAIN  SELECT id, t_price FROM t_goods WHERE id > 1000
    -> ORDER BY t_upper_time LIMIT 10 \G
*************************** 1. row ***************************
           id: 1
  select_type: SIMPLE
        table: t_goods
   partitions: NULL
         type: index
possible_keys: PRIMARY
          key: t_upper_time
      key_len: 6
          ref: NULL
```

```
        rows: 14
    filtered: 7.14
       Extra: Using where
1 row in set, 1 warning (0.00 sec)
```

注意：这种优化分页的方式只能限定在排序字段的值不会重复的特定环境下，如果排序字段存在重复值，则可能会丢失部分数据。

22.6　插入数据的优化

向数据表中插入数据时，如果数据表中存在索引、唯一性校验时，会影响插入数据的效率。优化数据的插入效率可以针对 MyISAM 数据表和 InnoDB 数据表分别进行优化。

22.6.1　MyISAM 数据表插入数据的优化

向 MyISAM 数据表插入数据时，可以通过禁用索引、禁用唯一性检查、批量插入数据和批量导入数据的方式进行优化。

1. 禁用索引

插入大数据量的数据时，数据表中存在索引会降低数据插入的性能，可以在插入数据前禁用索引，待数据插入完毕后，再开启索引。禁用与开启索引的 SQL 语句分别如下：

```
#禁用索引
ALTER TABLE t_table_name DISABLE KEYS;
#开启索引
ALTER TABLE t_table_name ENABLE KEYS;
```

其中，t_table_name 表示数据表的名称。

2. 禁用唯一性检查

向数据表中插入数据时，对数据进行唯一性检查也会降低数据的插入性能，同样可以在插入数据前禁用对数据表中的数据的唯一性检查，待插入数据完毕后，再开启。禁用与开启唯一性检查的 SQL 语句如下：

```
#禁用唯一性检查
SET UNIQUE_CHECKS = 0;
#开启唯一性检查
SET UNIQUE_CHECKS = 1;
```

3. 禁用外键检查

可以在插入数据之前禁用数据表对外键的检查操作，待插入数据完毕后再开启。禁用与开启外键检查的 SQL 语句如下：

```
#禁用外键检查
SET foreign_key_checks = 0;
#开启外键检查
SET foreign_key_checks = 1;
```

4．批量插入数据

当向数据表中插入多条数据时，使用INSERT语句一次插入多条数据比每次插入一条数据的性能要高很多。INSERT语句一次插入多条数据的SQL语句如下：

```
INSERT INTO table_name
(column1 [,column2, … , columnn])
VALUES
(value1 [, value2, …, valuen]),
(value1 [, value2, …, valuen]),
(value1 [, value2, …, valuen]),
########省略n行代码###############
```

5．批量导入数据

使用LOAD DATA INFILE语句向数据表中导入数据比使用INSERT语句的性能高，如果需要批量导入的数据量很大时，可以使用LOAD DATA INFILE语句。

```
LOAD DATA INFILE 'data_file_path' INTO TABLE table_name;
```

其中，data_file_path表示数据文件在服务器磁盘的绝对路径；table_name表示数据表的名称。

22.6.2　InnoDB数据表插入数据的优化

向MyISAM数据表中插入数据的优化方案同样适用于InnoDB数据表，但是需要注意的是，在使用LOAD DATA INFILE语句向InnoDB数据表批量导入数据时，被导入的文件中的数据记录最好是按照主键顺序排列的，这样可以提高导入数据的效率。

另外，InnoDB数据表是支持事务的，可以在插入数据之前禁用MySQL自动提交事务，待插入数据完毕后，再开启事务的自动提交，这样可以提高数据的插入性能。禁用和开启事务自动提交的SQL语句如下：

```
#禁用事务自动提交
SET autocommit = 0;
#开启事务自动提交
SET autocommit = 1;
```

22.7　删除数据的优化

如果数据表是分区表，删除数据表中的数据时，如果待删除的数据正好是数据表中某个分区的所有数据时，可以通过删除分区的方式删除数据，这样比使用 DELETE 语句删除数据性能要高很多。MySQL 中删除分区的 SQL 语句如下：

```
ALTER TABLE table_name DROP PARTITION partition_name;
```

其中，table_name 为数据表的名称；partition_name 为待删除的分区名称。

注意：通过删除分区的方式删除数据只适用于 RANGE 分区、LIST 分区、RANGE COLUMNS 分区和 LIST COLUMNS 分区。

22.8　本章总结

本章主要介绍了如何对 MySQL 中的 SQL 语句进行优化，总体上包括对查询数据的优化、插入数据的优化和删除数据的优化。其中，对查询数据的优化包括嵌套查询的优化、OR 条件语句的优化、ORDER BY 语句的优化和 GROUP BY 语句的优化，以及对分页查询的优化。下一章将会对数据库的优化进行简单的介绍。

第 23 章　数据库优化

数据库中使用了不当的数据类型或者表结构设计不合理等都会造成数据库性能低下。本章将简单介绍如何优化数据库以提升数据库的性能。

本章涉及的知识点有：

- 优化数据类型；
- 删除重复索引和冗余索引；
- 反范式化设计；
- 增加中间表；
- 分析数据表；
- 检查数据表；
- 优化数据表；
- 拆分数据表。

23.1　优化数据类型

MySQL 中不同的数据类型长度不同，在磁盘上所需要的存储空间不同，如果数据库中使用了不合理的数据类型，不仅会造成存储空间的浪费，而且在数据插入与读取时，还会造成 MySQL 性能低下。所以在设计数据表时，尽量使用合理的数据类型。

23.1.1　使用数据类型的基本原则

选择 MySQL 的数据类型时，通常有一定的原则可供参考。

1．更小的数据类型更好

如果没有特殊情况，尽量使用可以正确保存数据的最小数据类型，因为更小的数据类型会在插入与读取数据时更快，占用的内存空间和磁盘空间更小，CPU 处理数据的周期也更短。例如，如果数据表中的数据能够使用 TINYINT 类型存储数据，就不要使用 INT 类型。

2. 使用简单的数据类型

在设计数据表时，尽量为字段设计简单的数据类型。例如，如果能用整数类型存储数据时，就尽量不要使用字符串类型。因为字符串的比较规则比整数复杂，比较字符串时，需要将字符串的每一个字符转化成 ANSI 码后再进行比较，这无疑提高了比较的成本；而整数类型的比较则可以直接比较两个整数的大小。例如，尽量使用整数类型存储 IP 地址，而不是字符串类型。

3. 尽量避免使用NULL

如果没有特殊情况，尽量将字段的数据类型设置为 NOT NULL。如果字段允许为 NULL，会使得索引、插入与更新数据变得复杂。当允许为 NULL 的列建立索引时，每个索引记录都会使用一个额外的空间来记录索引列是否为 NULL。另外，在 InnoDB 存储引擎中，需要单独使用一个字节的存储空间来存储 NULL 值。

所以，尽量在设计数据表中的字段时将字段设计为 NOT NULL，并赋予默认值。例如，将字符串类型设计为 NOT NULL，默认值为空字符串，将数值类型设计为 NOT NULL，默认值为 0 等。

23.1.2 优化表中的数据类型

MySQL 中支持使用 PROCEDURE ANALYSE()语句对当前数据表进行分析，该语句能够对数据表中的字段使用的数据类型提出优化建议。

使用 PROCEDURE ANALYSE()语句的语法格式如下：

```
SELECT * FROM table_name PROCEDURE ANALYSE();
SELECT * FROM table_name PROCEDURE ANALYSE(m, n);
```

其中，PROCEDURE ANALYSE(m, n)表示不要为包含的值对 m 个字节或者 n 个字节的 ENUM 类型进行优化，如果不设置这样的限制，输出信息会很长。

例如，使用 PROCEDURE ANALYSE()语句分析 t_goods 数据表中的数据类型，首先查看 t_goods 数据表的表结构信息。

```
mysql> SHOW CREATE TABLE t_goods \G
*************************** 1. row ***************************
       Table: t_goods
Create Table: CREATE TABLE `t_goods` (
  `id` int(11) NOT NULL AUTO_INCREMENT COMMENT '商品记录 id',
  `t_category_id` int(11) DEFAULT '0' COMMENT '商品类别 id',
  `t_category` varchar(30) DEFAULT '' COMMENT '商品类别名称',
  `t_name` varchar(50) DEFAULT '' COMMENT '商品名称',
  `t_price` decimal(10,2) DEFAULT '0.00' COMMENT '商品价格',
  `t_stock` int(11) DEFAULT NULL,
  `t_upper_time` datetime DEFAULT NULL COMMENT '上架时间',
  PRIMARY KEY (`id`),
```

```
) ENGINE=InnoDB AUTO_INCREMENT=19 DEFAULT CHARSET=utf8mb4 COMMENT='商品信息表'
1 row in set (0.00 sec)
```

可以看到，此时 t_stock 字段的数据类型为 INT(11)。

PROCEDURE ANALYSE()语句分析 t_goods 数据表中的数据类型，示例如下：

```
mysql> SELECT * FROM t_goods PROCEDURE ANALYSE() \G
#########省略 n 行代码###############
*************************** 6. row ***************************
             Field_name: goods.t_goods.t_stock
              Min_value: 500
              Max_value: 3500
             Min_length: 3
             Max_length: 4
       Empties_or_zeros: 0
                  Nulls: 0
Avg_value_or_avg_length: 1578.5714
                    Std: 988.6344
      Optimal_fieldtype: ENUM('500','1000','1200','1500','2500','3500') NOT NULL
#########省略 n 行代码###############
7 rows in set, 1 warning (0.00 sec)
```

从输出的结果信息中可以看出，goods 数据库的 t_goods 数据表中的 t_stock 字段的最小值为 500，最大值为 3500，最小长度为 3，最大长度为 4。所以可以将 t_stock 字段的数据类型更新为 INT(5)。

根据 PROCEDURE ANALYSE()语句输出的统计信息，修改 t_stock 字段的数据类型长度。

```
mysql> ALTER TABLE t_goods MODIFY t_stock INT(5);
Query OK, 0 rows affected (0.18 sec)
Records: 0  Duplicates: 0  Warnings: 0
```

再次查看 t_goods 数据表的表结构信息。

```
mysql> SHOW CREATE TABLE t_goods \G
*************************** 1. row ***************************
       Table: t_goods
Create Table: CREATE TABLE `t_goods` (
  `id` int(11) NOT NULL AUTO_INCREMENT COMMENT '商品记录 id',
  `t_category_id` int(11) DEFAULT '0' COMMENT '商品类别 id',
  `t_category` varchar(30) DEFAULT '' COMMENT '商品类别名称',
  `t_name` varchar(50) DEFAULT '' COMMENT '商品名称',
  `t_price` decimal(10,2) DEFAULT '0.00' COMMENT '商品价格',
  `t_stock` int(5) DEFAULT NULL,
  `t_upper_time` datetime DEFAULT NULL COMMENT '上架时间',
  PRIMARY KEY (`id`),
) ENGINE=InnoDB AUTO_INCREMENT=19 DEFAULT CHARSET=utf8mb4 COMMENT='商品信息表'
1 row in set (0.00 sec)
```

从输出的结果信息中可以看出，此时 t_stock 字段的数据类型已经被优化为 INT(5)类型。

注意：在 MySQL 8.x 版本中已经不支持 PROCEDURE ANALYSE()语句。

23.2 删除重复索引和冗余索引

重复索引是指索引具有相同的字段、相同的字段顺序；冗余索引是指索引最左边的部分列是重复的。重复索引和冗余索引在数据表中基本没什么作用，如果在数据表中创建了重复索引和冗余索引，会降低数据表中数据的插入和更新效率。此时，就需要删除数据表中的重复索引和冗余索引。

23.2.1 创建测试索引

首先，在 t_goods 数据表中创建几个测试的索引。

```
mysql> ALTER TABLE t_goods ADD INDEX name_index (t_name);
Query OK, 0 rows affected (0.03 sec)
Records: 0  Duplicates: 0  Warnings: 0
mysql> ALTER TABLE t_goods ADD INDEX category_name_index (t_category, t_name);
Query OK, 0 rows affected (0.02 sec)
Records: 0  Duplicates: 0  Warnings: 0
mysql> ALTER TABLE t_goods ADD INDEX category_name_index2 (t_category, t_name);
Query OK, 0 rows affected, 1 warning (0.02 sec)
Records: 0  Duplicates: 0  Warnings: 1
mysql> ALTER TABLE t_goods ADD INDEX name_stock_index (t_name, t_stock);
Query OK, 0 rows affected (0.02 sec)
Records: 0  Duplicates: 0  Warnings: 0
mysql> ALTER TABLE t_goods ADD INDEX category_name_index3 (t_category DESC, t_name);
Query OK, 0 rows affected (0.17 sec)
Records: 0  Duplicates: 0  Warnings: 0
```

其中，category_name_index 索引和 category_name_index2 索引是重复索引；name_index 索引和 name_stock_index 索引是冗余索引。由于 category_name_index3 索引的 t_category 字段的顺序不同，所以 category_name_index3 索引与 category_name_index 索引和 category_name_index2 索引不是重复索引。

23.2.2 使用 pt-duplicate-key-checker 删除重复索引和冗余索引

可以使用 pt-duplicate-key-checker 工具查出数据表中的重复索引，pt-duplicate-key-checker 工具是 Percona 工具包中的一部分，关于 Percona 工具包的安装，参见 20.4 节中的相关内容。

pt-duplicate-key-checker 工具的使用方式如下：

```
pt-duplicate-key-checker -u <username> -p <password>
```

username 为连接数据库的用户名，password 为连接数据库的密码。

要检查某个数据库的重复索引，可以增加--databases <database>选项，具体方法如下：

```
pt-duplicate-key-checker -u <username> -p <password> --databases <database>
```

database 为数据库的名称。

要检查某个数据库下特定数据表的索引，可以使用如下语句。

```
pt-duplicate-key-checker -u <username> -p <password> --databases <database> --table<tbl_name>
```

tbl_name 为数据表的名称。

如果需要忽略重复的聚簇索引，可以使用如下语句。

```
pt-duplicate-key-checker -u <username> -p <password> --databases <database> --table<tbl_name>
--noclustered
```

如果要删除索引键，可以将 pt-duplicate-key-checker 工具的输出结果传递给 MySQL，语句如下：

```
pt-duplicate-key-checker -u <username> -p <password> | mysql -u <username> -p <password>
```

例如，使用 pt-duplicate-key-checker 工具检测重复索引和冗余索引。

```
[root@binghe150 ~]# pt-duplicate-key-checker -uroot -proot -S /data/mysql/run/mysql.sock
# ########################################################################
# goods.t_goods
# ########################################################################
# name_index is a left-prefix of name_stock_index
# Key definitions:
#   KEY `name_index` (`t_name`),
#   KEY `name_stock_index` (`t_name`,`t_stock`),
# Column types:
#         `t_name` varchar(50) character set utf8mb4 collate utf8mb4_0900_ai_ci default ''
#         `t_stock` int(11) default '0'
# To remove this duplicate index, execute:
ALTER TABLE `goods`.`t_goods` DROP INDEX `name_index`;
# category_name_index2 is a duplicate of category_name_index
# Key definitions:
#   KEY `category_name_index2` (`t_category`,`t_name`),
#   KEY `category_name_index` (`t_category`,`t_name`),
# Column types:
#         `t_category` varchar(30) character set utf8mb4 collate utf8mb4_0900_ai_ci default ''
#         `t_name` varchar(50) character set utf8mb4 collate utf8mb4_0900_ai_ci default ''
# To remove this duplicate index, execute:
ALTER TABLE `goods`.`t_goods` DROP INDEX `category_name_index2`;
# ########################################################################
# Summary of indexes
# ########################################################################
# Size Duplicate Indexes   7406
# Total Duplicate Indexes  2
# Total Indexes            71
```

pt-duplicate-key-checker 工具的输出结果中直接给出了删除 t_goods 数据表中重复索引和冗余索引的 SQL 语句：

```
ALTER TABLE `goods`.`t_goods` DROP INDEX `name_index`;
ALTER TABLE `goods`.`t_goods` DROP INDEX `category_name_index2`;
```

接下来，进入 MySQL 命令行，直接运行 SQL 语句即可删除重复索引和冗余索引。

也可以使用如下语句将 pt-duplicate-key-checker 的输出结果传递给 MySQL，MySQL 会自动执行删除重复索引和冗余索引的 SQL 语句。

```
[root@binghe150 ~]# pt-duplicate-key-checker -uroot -proot -S /data/mysql/run/mysql.sock | mysql
-uroot -proot
mysql: [Warning] Using a password on the command line interface can be insecure.
```

此时，在 MySQL 命令行中查看 t_goods 数据表的表结构信息。

```
mysql> SHOW CREATE TABLE t_goods \G
*************************** 1. row ***************************
       Table: t_goods
Create Table: CREATE TABLE `t_goods` (
  `id` int(11) NOT NULL AUTO_INCREMENT COMMENT '商品记录 id',
  `t_category_id` int(11) DEFAULT '0' COMMENT '商品类别 id',
  `t_category` varchar(30) CHARACTER SET utf8mb4 COLLATE utf8mb4_0900_ai_ci DEFAULT '' COMMENT '商品
类别名称',
  `t_name` varchar(50) CHARACTER SET utf8mb4 COLLATE utf8mb4_0900_ai_ci DEFAULT '' COMMENT '商品名称',
  `t_price` decimal(10,2) DEFAULT '0.00' COMMENT '商品价格',
  `t_stock` int(11) DEFAULT '0' COMMENT '商品库存',
  `t_upper_time` datetime DEFAULT NULL COMMENT '上架时间',
  PRIMARY KEY (`id`),
  KEY `category_name_index` (`t_category`,`t_name`),
  KEY `name_stock_index` (`t_name`,`t_stock`),
  KEY `category_name_index3` (`t_category` DESC,`t_name`)
) ENGINE=InnoDB AUTO_INCREMENT=19 DEFAULT CHARSET=utf8mb4 COLLATE=utf8mb4_0900_ai_ci COMMENT='商品
信息表'
1 row in set (0.00 sec)
```

可以发现，name_index 索引和 category_name_index2 索引已经被删除。

注意：本节只简单介绍了 pt-duplicate-key-checker 工具的部分使用方法，读者可以打开网址 https://www.percona.com/doc/percona-toolkit/2.2/pt-duplicate-key-checker.html，了解更多关于 pt-duplicate-key-checker 工具的使用说明。

23.2.3　使用 mysqlindexcheck 删除重复索引和冗余索引

mysqlindexcheck 是 MySQL 工具集的一部分。要想使用 mysqlindexcheck，就需要先安装 MySQL 工具集。可以按照如下命令安装 MySQL 工具集。

```
wget https://cdn.mysql.com/archives/mysql-utilities/mysql-utilities-1.6.5.tar.gz
tar -zxvf mysql-utilities-1.6.5.tar.gz
cd mysql-utilities-1.6.5
python setup.py build
python setup.py install
mysqldiff --version
```

mysqlindexcheck 会忽略降序索引。也就是说，在 t_goods 数据表中，category_name_index 索引、category_name_index2 索引和 category_name_index3 索引会被看作是重复索引。

mysqlindexcheck 的使用方式如下：

```
mysqlindexcheck --server=<username>:<password>@<host>:<port> <database> --show-drops
```

其中：username 为连接数据库的用户名；password 为连接数据库的密码；host 为主机名或 IP 地址；port 为 MySQL 监听的端口；database 为数据库名称。

例如，使用 mysqlindexcheck 查询 goods 数据库中的重复索引和冗余索引。

```
[root@binghe150 ~]# mysqlindexcheck --server=root:cardiochina.net123456@localhost:3306 goods -show
-drops
WARNING: Using a password on the command line interface can be insecure.
# Source on localhost: ... connected.
# The following indexes are duplicates or redundant for table goods.t_goods:
#
CREATE INDEX `category_name_index3` ON `goods`.`t_goods` (`t_category`, `t_name`) USING BTREE
#     may be redundant or duplicate of:
CREATE INDEX `category_name_index` ON `goods`.`t_goods` (`t_category`, `t_name`) USING BTREE
#
CREATE INDEX `category_name_index2` ON `goods`.`t_goods` (`t_category`, `t_name`) USING BTREE
#     may be redundant or duplicate of:
CREATE INDEX `category_name_index` ON `goods`.`t_goods` (`t_category`, `t_name`) USING BTREE
#
CREATE INDEX `name_index` ON `goods`.`t_goods` (`t_name`) USING BTREE
#     may be redundant or duplicate of:
CREATE INDEX `name_stock_index` ON `goods`.`t_goods` (`t_name`, `t_stock`) USING BTREE
#
# DROP statements:
#
ALTER TABLE `goods`.`t_goods` DROP INDEX `category_name_index3`;
ALTER TABLE `goods`.`t_goods` DROP INDEX `category_name_index2`;
ALTER TABLE `goods`.`t_goods` DROP INDEX `name_index`;
```

从 mysqlindexcheck 的输出结果信息中可以看出，mysqlindexcheck 同样给出了删除重复索引和冗余索引的 SQL 语句。

```
ALTER TABLE `goods`.`t_goods` DROP INDEX `category_name_index3`;
ALTER TABLE `goods`.`t_goods` DROP INDEX `category_name_index2`;
ALTER TABLE `goods`.`t_goods` DROP INDEX `name_index`;
```

直接在 MySQL 命令行中运行上述 SQL 语句即可。

注意：在 mysqlindexcheck 中会忽略降序索引。关于 mysqlindexcheck 工具的更多使用方法，可以参考网址 http://www.ttlsa.com/mysql/mysql-manager-tools-mysql-utilities-tutorial/ 中的相关文档。

23.3　反范式化设计

数据库设计的三大范式要求尽可能减少冗余字段，使数据库设计看起来更加简单、优雅。但是，完全遵循数据库的三大范式来设计数据库时，往往会产生很多表之间的依赖关系。规范化越高，表间的依赖关系就越多，这就会导致在查询数据时，数据表之间产生频繁的连接，造成数据查询的性能低下。

因此，对于查询较多的系统来说，根据实际的业务需求对数据库进行反范式化设计，适当地增加冗余字段，能够有效地提高数据查询的效率。

例如，商品类别信息表t_goods_category和商品信息表t_goods，其中，t_goods数据表通过t_category_id字段与t_goods_category数据表进行关联。如果需要查询一个商品的类别名称，则必须从t_goods数据表中查出t_category_id的值，再根据t_category_id的值到t_goods_category数据表中查询类别名称。如果查询比较频繁，则这种连接查询会耗费很多资源。

此时，如果在t_goods数据表中增加一个冗余字段来存储商品的类别名称，则可以直接在t_goods数据表中查询出商品类别名称，不用再关联查询，能够提升数据查询的效率。

注意：为数据表增加冗余字段需要注意数据的一致性问题。例如，t_goods_category数据表中的商品类别名称被修改了，则t_goods数据表中的商品类别名称也需要进行修改。

23.4 增加中间表

如果数据库中存在经常需要关联查询的数据表，则可以为关联查询的数据表建立一个中间表。中间表中存储多个数据表关联查询的结果数据，将对多个数据表的关联查询转化为对中间表的查询，能够有效地提高数据的查询效率。

例如，创建部门数据表t_department和员工数据表t_employee的SQL语句如下：

```
mysql> CREATE TABLE t_department (
    -> id INT NOT NULL PRIMARY KEY AUTO_INCREMENT,
    -> name VARCHAR(30) NOT NULL DEFAULT ''
    -> );
Query OK, 0 rows affected (0.01 sec)
mysql> CREATE TABLE t_employee (
    -> id INT NOT NULL PRIMARY KEY AUTO_INCREMENT,
    -> name VARCHAR(30) NOT NULL DEFAULT '',
    -> join_date DATE,
    -> bobby VARCHAR(100),
    -> department_id INT NOT NULL
    -> );
Query OK, 0 rows affected (0.02 sec)
```

t_employee数据表通过department_id字段与t_department数据表进行关联。如果每次都需要查询员工的姓名、所在部门的名称，当没有中间表时，需要使用如下的SQL语句进行查询。

```
SELECT e.name AS employee_name, d.name AS department_name
FROM t_employee e LEFT JOIN t_department d
ON e.department_id = d.id;
```

使用EXPLAIN对上述SQL语句进行分析。

```
mysql> EXPLAIN SELECT e.name AS employee_name, d.name AS department_name
    -> FROM t_employee e LEFT JOIN t_department d
```

```
    -> ON e.department_id = d.id \G
*************************** 1. row ***************************
           id: 1
  select_type: SIMPLE
        table: e
   partitions: NULL
         type: ALL
possible_keys: NULL
          key: NULL
      key_len: NULL
          ref: NULL
         rows: 1
     filtered: 100.00
        Extra: NULL
*************************** 2. row ***************************
           id: 1
  select_type: SIMPLE
        table: d
   partitions: NULL
         type: eq_ref
possible_keys: PRIMARY
          key: PRIMARY
      key_len: 4
          ref: goods.e.department_id
         rows: 1
     filtered: 100.00
        Extra: NULL
2 rows in set, 1 warning (0.00 sec)
```

如果创建一个中间表 t_employee_tmp 数据表，存储 t_department 数据表和 t_employee 数据表的连接查询的结果信息。

```
mysql> CREATE TABLE t_employee_tmp(
    -> employee_id INT NOT NULL,
    -> employee_name VARCHAR(30),
    -> department_name VARCHAR(30)
    -> );
Query OK, 0 rows affected (0.01 sec)
```

将 t_department 数据表和 t_employee 数据表的关联结果信息导入 t_employee_tmp 数据表。

```
mysql> INSERT INTO t_employee_tmp
    -> (employee_id, employee_name, department_name)
    -> SELECT e.id AS employee_id,  e.name AS employee_name,
    -> d.name AS department_name FROM t_employee e
    -> LEFT JOIN t_department d ON e.department_id = d.id;
Query OK, 0 rows affected (0.01 sec)
Records: 0  Duplicates: 0  Warnings: 0
```

此时，只需要查询中间表 t_employee_tmp 中的数据即可。

```
mysql> EXPLAIN SELECT employee_name, department_name FROM t_employee_tmp \G
*************************** 1. row ***************************
           id: 1
  select_type: SIMPLE
        table: t_employee_tmp
   partitions: NULL
         type: ALL
```

```
possible_keys: NULL
          key: NULL
      key_len: NULL
          ref: NULL
         rows: 1
     filtered: 100.00
        Extra: NULL
1 row in set, 1 warning (0.00 sec)
```

如果对中间表 t_employee_tmp 中的数据进行过滤筛查并添加了适当的索引，效率提升会更明显。

23.5　分析数据表

MySQL 中使用 ANALYZE TABLE 语句来分析数据表，ANALYZE TABLE 语句的语法格式如下：

```
ANALYZE [NO_WRITE_TO_BINLOG | LOCAL]
    TABLE tbl_name [, tbl_name] ...
ANALYZE [NO_WRITE_TO_BINLOG | LOCAL]
    TABLE tbl_name
    UPDATE HISTOGRAM ON col_name [, col_name] ...
        [WITH N BUCKETS]
ANALYZE [NO_WRITE_TO_BINLOG | LOCAL]
    TABLE tbl_name
    DROP HISTOGRAM ON col_name [, col_name] ...
```

其中，LOCAL 和 NO_WRITE_TO_BINLOG 都是表示执行 SQL 语句的过程不写入二进制日志中，tbl_name 是数据表的名称。

当使用 ANALYZE TABLE 语句来分析数据表时，MySQL 会自动为数据表添加一个只读锁。此时，只能对数据表中的数据进行读取操作而不能进行写入和更新操作。

例如，使用 ANALYZE TABLE 语句来分析 t_goods 数据表。

```
mysql> ANALYZE TABLE t_goods;
+---------------+---------+----------+----------+
| Table         | Op      | Msg_type | Msg_text |
+---------------+---------+----------+----------+
| goods.t_goods | analyze | status   | OK       |
+---------------+---------+----------+----------+
1 row in set (0.00 sec)
```

其中，每一列的含义如下：

- Table：当前分析的数据表名称；
- Op：当前执行的操作；
- Msg_type：输出结果信息的类型，包括 status（状态）、info（信息）、note（注意）、warning（警告）、error（错误）；
- Msg_test：表示结果信息。

从输出的结果信息可以看出，t_goods 数据表的 Msg_type 为 status，Msg_text 为 OK。

23.6　检查数据表

MySQL 中可以使用 CHECK TABLE 语句来检查数据表，CHECK TABLE 语句的语法格式如下：

```
CHECK TABLE tbl_name [, tbl_name] ... [option] ...

option: {
    FOR UPGRADE
  | QUICK
  | FAST
  | MEDIUM
  | EXTENDED
  | CHANGED
}
```

其中，tbl_name 为数据表的名称。当使用 CHECK TABLE 语句来检查数据表时，MySQL 会为数据表添加读锁。例如使用 CHECK TABLE 语句检查 t_goods 数据表。

```
mysql> CHECK TABLE t_goods;
+---------------+-------+----------+----------+
| Table         | Op    | Msg_type | Msg_text |
+---------------+-------+----------+----------+
| goods.t_goods | check | status   | OK       |
+---------------+-------+----------+----------+
1 row in set (0.00 sec)
```

输出结果的含义基本和 ANALYZE TABLE 语句的输出结果相同，只不过此时的 Op 列显示的是 check 操作。

23.7　优化数据表

MySQL 支持使用 OPTIMIZE TABLE 语句来优化数据表，OPTIMIZE TABLE 语句主要用来优化删除和更新数据造成的磁盘文件碎片，语法格式如下：

```
OPTIMIZE [NO_WRITE_TO_BINLOG | LOCAL]
    TABLE tbl_name [, tbl_name] ...
```

其中，LOCAL 和 NO_WRITE_TO_BINLOG 含义与 ANALYZE TABLE 语句相同，不再赘述。

使用 OPTIMIZE TABLE 语句优化数据表时，MySQL 会为数据表添加读锁。例如，优化 t_goods 数据表。

```
mysql> OPTIMIZE TABLE t_goods \G
*************************** 1. row ***************************
```

```
   Table: goods.t_goods
      Op: optimize
Msg_type: note
Msg_text: Table does not support optimize, doing recreate + analyze instead
*************************** 2. row ***************************
   Table: goods.t_goods
      Op: optimize
Msg_type: status
Msg_text: OK
2 rows in set (0.14 sec)
```

注意：OPTIMIZE TABLE 语句只能够优化数据表中 VARCHAR、BLOB 或 TEXT 类型的字段。

23.8　拆分数据表

如果一个数据表中的字段数量比较多，有些字段的查询频率非常低，这些字段在数据量非常大时，会严重影响数据表的性能，则可以将这些字段分离出来形成新的数据表。拆分数据表包括：垂直拆分数据表和水平拆分数据表。

23.8.1　垂直拆分数据表

垂直拆分数据表主要拆分的是数据表的结构，就是将一个数据表中的一些字段存储到一个数据表中，另一些字段存储到其他数据表中。

例如，用户数据表 t_user 的建表语句如下：

```
mysql> CREATE TABLE t_user (
    -> id INT NOT NULL PRIMARY KEY AUTO_INCREMENT,
    -> username VARCHAR(30),
    -> password VARCHAR(64),
    -> phone VARCHAR(14),
    -> address VARCHAR(200),
    -> hobby VARCHAR(200)
    -> );
Query OK, 0 rows affected (0.01 sec)
```

从建表语句可以看出，t_user 数据表存储了用户的用户名、密码、联系方式、地址和爱好等信息。其中最常使用的字段为 username 和 password，其他字段数据查询的频率非常低，此时可以将 t_user 数据表拆分为两个数据表 t_user、t_user_detail。

```
mysql> CREATE TABLE t_user (
    -> id INT NOT NULL PRIMARY KEY AUTO_INCREMENT,
    -> username VARCHAR(30),
    -> password VARCHAR(64)
    -> );
Query OK, 0 rows affected (0.01 sec)
mysql> CREATE TABLE t_user_detail (
```

```
    -> user_id INT NOT NULL,
    -> phone VARCHAR(14),
    -> address VARCHAR(200),
    -> hobby VARCHAR(200)
    -> );
Query OK, 0 rows affected (0.02 sec)
```

其中，t_user_detail 数据表使用 user_id 字段与 t_user 数据表进行关联。如果只需要查询用户的用户名和密码则只需要查询 t_user 数据表即可。如果需要查询用户的详细信息，则可以关联 t_user 数据表和 t_user_detail 数据表进行查询。

```
SELECT * FROM t_user u LEFT JOIN t_user_detail ud ON u.id = ud.user_id;
```

23.8.2 水平拆分数据表

水平拆分数据表主要拆分的是数据表中的数据，根据一定的规则将数据表中的一部分数据存储到一个数据表中，另一部分数据存储到其他数据表中。水平拆分数据表能够增大数据库的存储容量。

23.9 本章总结

本章主要介绍了如何对 MySQL 中的数据库进行优化，对如何优化数据表中的数据类型、删除重复和冗余的索引进行了简单的介绍。设计数据库时，可以不必完全按照数据库的范式来设计数据表，适当地增加冗余字段，能够有效提高数据的查询效率。通过增加中间表，也能够提高查询效率。另外，本章还介绍了如何分析、检查、优化和拆分数据表。下一章中，将会对如何优化 MySQL 服务器进行简单的介绍。

第 24 章 MySQL 服务器优化

MySQL 服务器的性能直接决定着数据库中数据的存储与读写效率。一般而言，对于 MySQL 服务器的优化主要从服务器硬件和 MySQL 配置两方面进行。本章将简单介绍如何优化 MySQL 服务器。

本章涉及的知识点有：

- MySQL 服务器硬件的优化；
- MySQL 配置项的优化。

24.1 MySQL 服务器硬件的优化

MySQL 服务器是运行在计算机硬件之上的，包括数据的存储与读写最终都是要与服务器的硬件进行交互，因此服务器硬件性能的高低最终决定着 MySQL 数据库的性能。

24.1.1 优化硬件配置

如果想提高 MySQL 服务器的硬件性能，可以从以下几方面入手优化服务器的硬件配置。

1．加大系统内存

MySQL 服务器具有足够大的内存，使得查询的数据能够在内存中驻留更长的时间，能够减少 MySQL 与服务器硬件直接交互的次数，并且能够有效减少磁盘 I/O 次数。

2．使用高转速磁盘

高转速磁盘能够减少磁盘的寻址时间，从而提高数据的读取效率。如果有条件的话，最好使用固态硬盘，其磁盘的读写效率会更高。另外，可以使用磁盘阵列技术（RAID）。

3．提高系统的并行能力

单台计算机的存储和计算能力都是有限的，可以将数据分散存储到多台计算机上，这样可以将对磁盘的 I/O 操作分散到多台计算机上，能够有效提高系统的并行能力，并且能够减少对单台计算机资源的竞争。

4．使用高性能多核CPU

高性能多核 CPU 能够有效避免多线程环境下 CPU 资源的频繁切换问题，能够使 MySQL 服务器同时执行多个线程任务，有效提高 MySQL 服务器的并发处理能力。

24.1.2　系统内核优化

除了计算机硬件能够影响 MySQL 的性能外，计算机操作系统的性能也会对 MySQL 的性能产生一定的影响。本节简单介绍如何优化操作系统的内核参数。

注意：本节以 CentOS 6.8 操作系统为例介绍如何优化系统内核参数。

在优化 MySQL 服务器操作系统内核参数时，通常会优化以下配置项。

1．优化/etc/sysctl.conf配置文件

/etc/sysctl.conf 文件允许改变正在运行的 Linux 系统的参数配置，在不重启操作系统的情况下能够永久修改一些 TCP/IP 堆栈和虚拟内存，并且这些修改能够即时生效。

下面给出一个/etc/sysctl.conf 文件中的配置示例。

```
net.core.somaxconn = 65535
net.core.netdex_max_backlog = 65535
net.ipv4.tcp_max_syn_backlog = 65535
net.ipv4.tcp_fun_timeout = 10
net.ipv4.tcp_tw_reuse = 1
net.ipv4.tcp_te_recycle = 1
net.ipv4.tcp_keepalive_time = 120
net.ipv4.tcp_keepalive_intvl = 30
net.ipv4.tcp_keepalive_probes = 3
kernel.shmmax = 4294967295
vm.swappiness = 0
```

2．优化/etc/security/limits.conf配置文件

/etc/security/limits.conf 文件是系统资源的限制文件。例如，Linux 系统打开文件描述符的最大值就是在/etc/security/limits.conf 文件中进行设置的。一个简单的配置示例如下：

```
* soft nofile 65535
* hard nofile 65535
```

其中，*表示对所有用户有效。

3．修改磁盘调度算法

（1）查看当前系统的磁盘调度算法。

```
[root@binghe150 ~]# dmesg | grep -i scheduler
io scheduler noop registered
```

```
io scheduler anticipatory registered
io scheduler deadline registered
io scheduler cfq registered (default)
```

结果显示，当前系统默认使用的磁盘调度算法为 cfq。

（2）查看当前设备使用的 I/O 调度算法。

```
[root@binghe150 ~]# cat /sys/block/sda/queue/scheduler
noop anticipatory deadline [cfq]
```

（3）将当前设备的 I/O 调度算法修改为 deadline。

```
[root@binghe150 ~]# echo "deadline" > /sys/block/sda/queue/scheduler
[root@binghe150 ~]#
```

修改完成后再次查看当前设备使用的 I/O 调度算法。

```
[root@binghe150 ~]# cat /sys/block/sda/queue/scheduler
noop anticipatory [deadline] cfq
```

可以发现，调度算法已经被修改成 deadline 了。

4. 永久修改磁盘调度算法

前面介绍的只是临时修改磁盘调度算法的方式。如果想永久修改磁盘调度的算法，则可以通过修改内核引导参数的方式来实现。

使用 vim 编辑器打开/boot/grub/menu.lst 文件。

```
vim /boot/grub/menu.lst
```

找到如下一行代码。

```
kernel /vmlinuz-2.6.32-642.el6.x86_64 ro root=/dev/mapper/vg_binghe150-lv_root rd_NO_LUKS rd_LVM_
LV=vg_binghe150/lv_root LANG=en_US.UTF-8 rd_NO_MD SYSFONT=latarcyrheb-sun16 crashkernel=auto rd_LVM_
LV=vg_binghe150/lv_swap  KEYBOARDTYPE=pc KEYTABLE=us rd_NO_DM rhgb quiet
```

在此行代码的最后添加 elevator=deadline 配置。

```
kernel /vmlinuz-2.6.32-642.el6.x86_64 ro root=/dev/mapper/vg_binghe150-lv_root rd_NO_LUKS rd_LVM_LV
=vg_binghe150/lv_root LANG=en_US.UTF-8 rd_NO_MD SYSFONT=latarcyrheb-sun16 crashkernel=auto rd_LVM_LV
=vg_binghe150/lv_swap  KEYBOARDTYPE=pc KEYTABLE=us rd_NO_DM rhgb quiet elevator=deadline
```

24.2 MySQL 配置项的优化

对 MySQL 自身的优化可以通过优化 MySQL 的配置项来实现。MySQL 的配置项参数一般都是保存在 my.cnf 文件或者 my.ini 文件中。在 Linux 操作系统上，MySQL 的配置文件一般为 my.cnf，在 Windows 操作系统上则为 my.ini 文件。

这里总结几个对 MySQL 的性能影响比较大的配置项。

- max_connections：MySQL 的最大连接数。适当地增大此配置项的参数，可以提高 MySQL 的并发处理能力。但是此配置项并不是越大越好，太大会导致服务器僵死。

- table_cache：同时打开表的个数。适当地增大此配置项的参数，能够提高 MySQL 的并发读能力，但是如果此配置项的参数过大，会影响操作系统的性能。
- table_open_cache：此配置项控制着所有 SQL 执行线程可以打开的数据表的缓存数量。
- innodb_buffer_pool_size：此配置项决定着 InnoDB 存储引擎的数据表的数据和索引数据的最大缓冲区大小。一般可以分配 80%的物理内存，但一定要给操作系统的运行预留足够的内存。
- innodb_log_buffer_size：InnoDB 存储引擎重做日志缓冲池的大小，默认值为 8MB。适当地增大此配置项的值，能够减少频繁的日志写操作，提高 I/O 处理能力，从而提高 MySQL 的事务处理性能。
- sort_buffer_size：排序缓冲区的大小。此值的大小直接决定着数据排序的快慢。
- read_buffer_size：数据表的读缓冲区。适当增加此配置项的值，能够提高 MySQL 的并发读能力。
- back_log：如果 MySQL 服务器需要在短时间内处理大量的连接请求，则可以适当增大此配置项的值。
- thread_cache_size：MySQL 缓存的数据库服务线程的最大线程数。当有大量客户端连接 MySQL 时，可以适当增大此配置项的值。
- innodb_lock_wait_timeout：InnoDB 存储引擎等待行锁的时间，默认值为 50ms。可以根据具体情况适当调整此配置项的值。对于实时要求高的应用，可以将此配置项的值适当调小。对于运行的后台任务，如批处理程序，则可以适当增大此配置项的值。

注意：修改完以上配置项的参数后，需要重启 MySQL，服务才能生效。如果是 Linux 操作系统，配置 max_connection、table_cache 和 table_open_cache，往往还需要在/etc/security/limits.conf 文件中配置 MySQL 能够打开的最大文件的句柄数量。更多的配置项介绍，读者可以参阅笔者总结的 MySQL 5.6、MySQL 5.7 和 MySQL 8.0 版本的 my.cnf 文件的相关介绍，网址如下：
https://download.csdn.net/download/l1028386804/12099311

24.3 本章总结

本章主要对如何优化 MySQL 服务器进行了简单的介绍。MySQL 服务器的优化主要包括对服务器硬件的优化和对 MySQL 配置项的优化。其中，优化 MySQL 服务器的硬件又包括对硬件配置的优化和对系统内核的优化。下一章将会对连接 MySQL 的应用程序的优化进行简单的介绍。

第 25 章　应用程序优化

对于一个应用系统的整体来说，虽然已经按照前几章介绍的方法对 MySQL 进行了优化，但因为数据库本身存在的某种局限性，导致仅优化数据库已经不能满足对业务性能的要求。此时，需要考虑优化连接数据库的应用程序。本章将对如何优化应用程序进行简单的介绍。

本章涉及的知识点有：

- 复用数据库连接；
- 减少数据访问；
- 开启查询缓存；
- 使用外部缓存；
- 使用分布式 MySQL 架构。

25.1　复用数据库连接

每次访问数据库都重新建立一个连接是非常耗时并且耗费性能的，因为每次建立连接都会产生一次 I/O 操作。此时，有必要对数据库的连接进行复用，通常的做法是建立一个数据库连接池，将数据库连接放入数据库连接池中。当应用程序需要访问数据库时，从数据库连接池中获取一个连接进行数据访问，当数据访问完毕后，再将连接放回数据库连接池，这样大大减少了每次创建新数据库连接而造成的资源浪费。

常用的开源数据库连接池有 dbcp、c3p0、proxool 和 Druid。

这里以 Druid 数据库连接池为例，简单介绍在 Spring 中如何使用 Druid 数据库连接池。首先，在项目工程的 classpath 目录下新建 jdbc.properties 文件，内容如下：

```
jdbc.driverClass=com.mysql.jdbc.Driver
jdbc.url=jdbc:mysql://127.0.0.1:3306/goods?useUnicode=true&characterEncoding=UTF-8&useOldAliasMet
adataBehavior=true
jdbc.username=root
jdbc.password=root
jdbc.initialSize=10
jdbc.minIdle=5
jdbc.maxActive=20
jdbc.maxWait=60000
jdbc.timeBetweenEvictionRunsMillis=60000
jdbc.minEvictableIdleTimeMillis=300000
jdbc.validationQuery=SELECT 'x'
```

```
jdbc.testWhileIdle=true
jdbc.testOnBorrow=false
jdbc.testOnReturn=false
jdbc.poolPreparedStatements=false
jdbc.maxPoolPreparedStatementPerConnectionSize=20
jdbc.filters=stat
hibernate.dialect=org.hibernate.dialect.MySQL5InnoDBDialect
hibernate.show_sql=false
hibernate.format_sql=false
hibernate.hbm2ddl_auto=none
```

接下来，在 Spring 的配置文件 spring-context.xml 中进行如下配置：

```
<bean id="dataSource" class="com.alibaba.druid.pool.DruidDataSource" init-method="init" destroy-method="close">

    <!-- 基本属性 url、user、password -->
    <property name="url" value="${jdbc.account.url}" />
    <property name="username" value="${jdbc.username}" />
    <property name="password" value="${jdbc.password}" />

    <!-- 超过时间限制是否回收 -->
    <!-- <property name="removeAbandoned" value="true" />   -->
    <!-- 超时时间；单位为 s。180s=3min -->
    <!-- <property name="removeAbandonedTimeout" value="180" /> -->
    <!-- 配置初始化大小、最小、最大 -->
    <property name="initialSize" value="${jdbc.initialSize}" />
    <property name="minIdle" value="${jdbc.minIdle}" />
    <property name="maxActive" value="${jdbc.maxActive}" />
    <!-- 配置获取连接等待超时的时间 -->
    <property name="maxWait" value="${jdbc.maxWait}" />
    <!-- 配置间隔多久才进行一次检测，检测需要关闭的空闲连接，单位是 ms -->
    <property name="timeBetweenEvictionRunsMillis" value="${jdbc.timeBetweenEvictionRunsMillis}" />
    <!-- 配置一个连接在池中最小生存的时间，单位是 ms -->
    <property name="minEvictableIdleTimeMillis" value="${jdbc.minEvictableIdleTimeMillis}" />
    <property name="validationQuery" value="${jdbc.validationQuery}" />
    <property name="testWhileIdle" value="${jdbc.testWhileIdle}" />
    <property name="testOnBorrow" value="${jdbc.testOnBorrow}" />
    <property name="testOnReturn" value="${jdbc.testOnReturn}" />
    <!-- 打开 PSCache，并且指定每个连接上 PSCache 的大小 -->
    <property name="poolPreparedStatements" value="${jdbc.poolPreparedStatements}" />
    <property name="maxPoolPreparedStatementPerConnectionSize" value="${jdbc.maxPoolPrepared
StatementPerConnectionSize}" />
    <!-- 配置监控统计拦截的 filters -->
    <property name="filters" value="${jdbc.filters}" />
</bean>
```

25.2　减少数据访问

在数据查询时，尽量减少对同一数据表的访问次数。最常出现的情况是每次查询数据表中的数据时，本来可以一次将所需要的数据查询出来，但是却分为多次查询获取结果数据。例如，查询 t_goods 数据表中的数据，第一次查询时，获取 t_goods 数据表中 id 为 1 的商品名称和价格。

```
SELECT t_name, t_price FROM t_goods WHERE id = 1;
```

第二次查询时，只查询 t_goods 数据表中 id 为 1 的商品的类别名称。

```
SELECT t_category FROM t_goods WHERE id = 1;
```

更有甚者，会出现第三次查询的情况。比如，查询 t_goods 数据表中 id 为 1 的商品的库存数量。

```
SELECT t_stock FROM t_goods WHERE id = 1;
```

实际上，完全可以将上述查询语句合并为一条查询语句，减少对数据库的访问次数。

```
SELECT t_name, t_price, t_category, t_stock FROM t_goods WHERE id = 1;
```

据笔者所了解，很多业务系统中多多少少都会存在上述问题。因此将查询条件相同的多条 SQL 语句进行合并，一次查询出所需要的数据能够有效减少对数据的访问次数，从而提升数据的查询性能。

25.3　开启查询缓存

MySQL 中的查询缓存能够缓存 SELECT 查询语句及对应的查询结果信息。如果再次有相同的 SELECT 语句查询数据，则 MySQL 会从查询缓存中直接返回的数据，而不必再对 SQL 语句进行解析、优化和查询等，有效避免了相同的查询时再次读取磁盘上存储的数据，大大提升了数据的查询性能。

在 MySQL 命令行中查看是否开启查询缓存。

```
mysql> SHOW VARIABLES LIKE '%query_cache%';
+------------------------------+---------+
| Variable_name                | Value   |
+------------------------------+---------+
| have_query_cache             | YES     |
| query_cache_limit            | 1048576 |
| query_cache_min_res_unit     | 4096    |
| query_cache_size             | 1048576 |
| query_cache_type             | OFF     |
| query_cache_wlock_invalidate | OFF     |
+------------------------------+---------+
6 rows in set, 1 warning (0.05 sec)
```

其中，几个重要的参数说明如下：

- have_query_cache：MySQL 在安装时是否配置支持查询缓存。YES 表示支持查询缓存；NO 表示不支持查询缓存。
- query_cache_size：查询缓存所能容纳的数据大小，也就是查询缓存的容量。
- query_cache_type：查询缓存是否开启。OFF 表示关闭查询缓存；ON 表示开启查询缓存，但是使用 SQL_NO_CACHE 提示的 SELECT 查询语句不会使用查询缓存；

DEMAND同样表示开启查询缓存，但是只有使用SQL_CACHE提示的SELECT查询语句才会使用查询缓存。

MySQL命令行不支持开启查询缓存。

```
mysql> SET SESSION query_cache_type = ON;
ERROR 1651 (HY000): Query cache is disabled; restart the server with query_cache_type=1 to enable it
```

开启查询缓存需要在MySQL的配置文件my.cnf或者my.ini中进行配置。此时有两种方式开启查询缓存，一种方式是将query_cache_type选项设置为ON，在my.cnf或者my.ini文件中的[mysqld]下进行如下配置：

```
query_cache_size = 20M
query_cache_type = ON
```

接下来重启MySQL服务器即可开启查询缓存。

此时，多次执行如下SQL语句会直接返回查询缓存中的数据，而不必再次查询数据库。

```
SELECT t_name, t_price, t_category, t_stock FROM t_goods WHERE id = 1;
```

如果不想直接返回查询缓存中的数据，则可以使用如下SQL语句查询数据。

```
SELECT SQL_NO_CACHE t_name, t_price, t_category, t_stock FROM t_goods WHERE id = 1;
```

另一种开启查询缓存的方式是将query_cache_type选项设置为DEMAND，在my.cnf或者my.ini文件中的[mysqld]下进行如下配置：

```
query_cache_size = 20M
query_cache_type = DEMAND
```

同样需要重启MySQL服务器才能生效。

此时，多次执行如下SQL语句才能使用查询缓存。

```
SELECT SQL_CACHE t_name, t_price, t_category, t_stock FROM t_goods WHERE id = 1;
```

如果不需要使用查询缓存，则可以执行如下SQL语句。

```
SELECT t_name, t_price, t_category, t_stock FROM t_goods WHERE id = 1;
```

注意： 当数据表的数据发生变更时，MySQL会清空查询缓存中的相关数据。另外，在MySQL 8.x版本中，查询缓存已经被弃用。

25.4　使用外部缓存

如果业务系统的并发量比较大，会频繁地对数据库进行访问。此时可以使用外部缓存来缓解数据库的访问压力。

具体的方案：应用程序首次访问数据库查询数据时，可以将查询的结果数据放到外部缓存中，再次查询相同的数据时直接从外部缓存中返回结果数据即可；当应用程序向数据表中写数据时，可以先将数据写入外部缓存，然后根据一定的策略向数据库中同步数据。最常使用的缓存系统有 Memcached 和 Redis。

注意：关于 Memcached 环境的搭建，读者可以参阅笔者的博文，地址如下
https://blog.csdn.net/l1028386804/article/details/48289765
关于 Redis 环境的搭建，读者也可以参见笔者的博文，地址如下
https://blog.csdn.net/l1028386804/article/details/81434522

25.5　使用分布式 MySQL 架构

分布式架构不仅能够提高数据存储的容量，并且具有良好的可靠性和可扩展性。将数据均匀分布在架构中的每台服务器上，能够实现多台服务器之间的负载均衡，从而提高数据访问的执行效率和并行处理能力。

在 MySQL 的分布式架构中可以实现数据库的读写分离，将数据库的写操作和读操作分开，能有效提高 MySQL 数据库的并发读写能力。还可以实现 MySQL 的异地容灾，将 MySQL 集群部署在同一地区的不同机房，或者是不同地区的不同机房，这样，当某个机房由于某种原因，如断电、火灾或网络抖动等意外情况而造成数据库无法访问时，可以迅速将数据库连接切换到其他机房，以保证业务系统可用。

25.6　本 章 总 结

本章简单介绍了如何对连接数据库的应用程序进行优化，包括复用数据库连接，减少对数据的访问，开启 MySQL 的查询缓存，使用外部缓存存储结果数据，使用分布式 MySQL 架构方案。下一章将会对 MySQL 中的其他优化方案进行简单的介绍。

第 26 章　MySQL 的其他优化选项

MySQL 中的 performance_schema 数据库用于记录 MySQL 运行期间的性能变化、资源的消耗情况，以及执行或等待事件等信息；sys 数据库中除了 sys_config 数据表外不存储任何数据，而是通过视图、存储过程及触发器等形式展示和收集 performance_schema 数据库和 information_schema 数据库中的数据。分析 performance_schema 数据库和 sys 数据库有助于更好地了解 MySQL 的运行情况，以便及时对 MySQL 做出优化。

另外，在 MySQL 8.x 版本中引入了资源组的特性，提升了 MySQL 的性能。本章简单介绍如何使用 performance_schema 数据库和 sys 数据库分析 MySQL，以及 MySQL 8.x 中引入的资源组的新特性。

本章涉及的知识点有：

- 使用 performance_schema 数据库分析 MySQL；
- 使用 sys 数据库分析 MySQL；
- MySQL 8.x 中的资源组。

26.1　使用 performance_schema 数据库分析 MySQL

performance_schema 数据库是 MySQL 自带的系统级数据库，记录了 MySQL 执行过程中的各种事件，例如 SQL 语句的执行过程、存储过程和函数的调用、MySQL 请求其他资源的等待及执行的 SQL 语句等信息。分析 performance_schema 数据库能够了解当前 MySQL 实例的运行情况，从而更好地优化 MySQL 数据库。

26.1.1　查看 MySQL 是否支持 performance_schema

要想使用 performance_schema 数据库分析 MySQL，就需要先确定当前数据库是否支持 performance_schema 数据库。查看当前数据库的版本信息：

```
mysql> SELECT VERSION();
+-----------+
| VERSION() |
+-----------+
| 8.0.18    |
+-----------+
```

```
1 row in set (0.00 sec)
```

performance_schema 在 MySQL 中实际上会被当作存储引擎。可以在 MySQL 的 information 数据库的 engines 数据表中查看是否支持 performance_schema。

```
mysql> SELECT engine,support FROM information_schema.engines
    -> WHERE engine='PERFORMANCE_SCHEMA';
+--------------------+---------+
| engine             | support |
+--------------------+---------+
| PERFORMANCE_SCHEMA | YES     |
+--------------------+---------+
1 row in set (0.00 sec)
```

结果显示，当前数据库支持 performance_schema。

查看当前数据库所支持的存储引擎：

```
mysql>  show engines \G
###############此处省略 n 行代码###################
*************************** 6. row ***************************
      Engine: PERFORMANCE_SCHEMA
     Support: YES
     Comment: Performance Schema
Transactions: NO
          XA: NO
  Savepoints: NO
*************************** 7. row ***************************
      Engine: InnoDB
     Support: DEFAULT
     Comment: Supports transactions, row-level locking, and foreign keys
Transactions: YES
          XA: YES
  Savepoints: YES
###############此处省略 n 行代码###################
9 rows in set (0.00 sec)
```

结果显示，当前 MySQL 支持 performance schema 存储引擎。

查看当前 MySQL 是否已经开启 performance_schema：

```
mysql> SHOW VARIABLES LIKE 'performance_schema';
+--------------------+-------+
| Variable_name      | Value |
+--------------------+-------+
| performance_schema | ON    |
+--------------------+-------+
1 row in set (0.01 sec)
```

结果显示，当前 MySQL 默认已经开启了 performance_schema。

注意：在 MySQL 5.7 及以上版本中，performance_schema 默认是开启的；在 MySQL 5.7 以下版本中，performance_schema 默认是关闭的。

26.1.2 开启或关闭 performance_schema

performance_schema 选项在 MySQL 中是只读选项，不能在 MySQL 命令行开启或关闭 performance_schema。例如，在 MySQL 命令行关闭 performance_schema 会报错。

```
mysql> SET SESSION performance_schema = OFF;
ERROR 1238 (HY000): Variable 'performance_schema' is a read only variable
```

结果显示，MySQL 的报错信息为 performance_schema 选项是一个只读参数。

所以，performance_schema 的开启和关闭只能在 MySQL 的配置文件 my.cnf 或者 my.ini 中进行配置。

```
vim my.cnf/my.ini
[mysqld]
#开启 performance_schema
performance_schema = ON
#关闭 performance_schema
performance_schema = OFF
```

配置完成后，需要重启 MySQL，服务才能生效。

26.1.3 performance_schema 的简单配置与使用

performance_schema 数据库的 setup_instruments 数据表中保存了采集器的启用和禁用状态，可以通过修改 setup_instruments 数据表中的记录状态来启用和禁用采集器的状态。例如，开启采集器的状态。

```
mysql> UPDATE performance_schema.setup_instruments SET enabled = 'YES', timed = 'YES' WHERE name LIKE
'wait%';
Query OK, 334 rows affected (0.01 sec)
Rows matched: 387  Changed: 334  Warnings: 0
```

在 performance_schema 数据库的 setup_consumers 数据表中保存着可用的消费者列表。

```
mysql> SELECT * FROM performance_schema.setup_consumers;
+----------------------------------+---------+
| NAME                             | ENABLED |
+----------------------------------+---------+
| events_stages_current            | NO      |
| events_stages_history            | NO      |
| events_stages_history_long       | NO      |
| events_statements_current        | YES     |
| events_statements_history        | YES     |
| events_statements_history_long   | NO      |
| events_transactions_current      | YES     |
| events_transactions_history      | YES     |
| events_transactions_history_long | NO      |
| events_waits_current             | NO      |
| events_waits_history             | NO      |
| events_waits_history_long        | NO      |
```

```
| global_instrumentation              | YES     |
| thread_instrumentation              | YES     |
| statements_digest                   | YES     |
+-------------------------------------+---------+
15 rows in set (0.00 sec)
```

如果需要打开等待事件的配置开关，可以修改 setup_consumers 数据表中的相关配置项。

```
mysql> UPDATE performance_schema.setup_consumers SET enabled = 'YES' WHERE name LIKE '%wait%';
Query OK, 3 rows affected (0.00 sec)
Rows matched: 3  Changed: 3  Warnings: 0
```

接下来就可以查看当前 MySQL 正在执行的操作。可以通过获取 events_waits_current 数据表中的数据来了解 MySQL 正在执行的操作。其中，events_waits_current 数据表中的每行数据表示一个线程当前正在执行的操作。

```
mysql> SELECT * FROM performance_schema.events_waits_current \G
##################此处省略n行代码############################
*************************** 17. row ***************************
            THREAD_ID: 48
             EVENT_ID: 63
         END_EVENT_ID: 63
           EVENT_NAME: wait/synch/mutex/sql/THD::LOCK_query_plan
               SOURCE: sql_class.h:1053
          TIMER_START: 3743416314948942
            TIMER_END: 3743416315030774
           TIMER_WAIT: 81832
                SPINS: NULL
        OBJECT_SCHEMA: NULL
          OBJECT_NAME: NULL
           INDEX_NAME: NULL
          OBJECT_TYPE: NULL
OBJECT_INSTANCE_BEGIN: 139844672035368
     NESTING_EVENT_ID: 53
   NESTING_EVENT_TYPE: STATEMENT
            OPERATION: lock
      NUMBER_OF_BYTES: NULL
                FLAGS: NULL
17 rows in set (0.00 sec)
```

结果显示，ID 为 48 的线程正在等待 InnoDB 存储引擎的 LOCK_query_plan 锁。events_waits_current 数据表中每个执行的线程保存为一条记录，如果线程执行完毕，则该条记录会从 events_waits_current 数据表中移除。

另外，在 performance_schema 数据库中还存在 events_waits_history 数据表和 events_waits_history_long 数据表。其中，events_waits_history 数据表中保存每个线程执行完毕的事件信息，但是每个线程只会保存 10 个事件信息，超过 10 个事件，则会覆盖之前的事件信息。而 events_waits_history_long 数据表中会记录所有线程的事件信息，总记录条数不超过 10 000 条。

可以从 file_summary_by_event_name 中查询访问最多的文件信息。例如，查询当前 MySQL 访问最多的 5 个文件。

```
mysql> SELECT EVENT_NAME, COUNT_STAR FROM performance_schema.file_summary_by_event_name ORDER BY
COUNT_STAR DESC LIMIT 5;
```

```
+--------------------------------------+------------+
| EVENT_NAME                           | COUNT_STAR |
+--------------------------------------+------------+
| wait/io/file/innodb/innodb_data_file |       1798 |
| wait/io/file/innodb/innodb_temp_file |         80 |
| wait/io/file/innodb/innodb_log_file  |         46 |
| wait/io/file/sql/binlog_index        |         36 |
| wait/io/file/sql/binlog              |         30 |
+--------------------------------------+------------+
5 rows in set (0.00 sec)
```

也可以从 file_summary_by_event_name 中查询写入等待时间最长的文件。例如，查询当前 MySQL 执行文件写入操作等待时间最长的 5 个文件。

```
mysql> SELECT EVENT_NAME, SUM_TIMER_WAIT FROM performance_schema.file_summary_by_event_name ORDER BY
SUM_TIMER_WAIT DESC LIMIT 5;
+--------------------------------------+----------------+
| EVENT_NAME                           | SUM_TIMER_WAIT |
+--------------------------------------+----------------+
| wait/io/file/innodb/innodb_data_file |  5644706852452 |
| wait/io/file/innodb/innodb_log_file  |   158607008596 |
| wait/io/file/innodb/innodb_temp_file |   120185880996 |
| wait/io/file/sql/binlog_index        |   118894302994 |
| wait/io/file/sql/binlog              |   102339821020 |
+--------------------------------------+----------------+
5 rows in set (0.00 sec)
```

可以从 events_statements_summary_by_digest 数据表中查询当前 MySQL 的所有统计信息。例如，查询 events_statements_summary_by_digest 数据表中关于获取 goods 数据库中 t_goods 数据表的表结构的统计信息。

```
mysql> SELECT * FROM performance_schema.events_statements_summary_by_digest
    -> WHERE  DIGEST_TEXT LIKE '%SHOW%CREATE%TABLE%goods%t_goods%' LIMIT 1 \G
*************************** 1. row ***************************
                SCHEMA_NAME: NULL
                     DIGEST: e5e8291b1fc21b86825b5b976093b27f8cf4c8a11d61239f9f87d97bb2e68d03
                DIGEST_TEXT: SHOW CREATE TABLE `goods` . `t_goods`
                 COUNT_STAR: 1
             SUM_TIMER_WAIT: 128757595000
             MIN_TIMER_WAIT: 128757595000
             AVG_TIMER_WAIT: 128757595000
             MAX_TIMER_WAIT: 128757595000
              SUM_LOCK_TIME: 104000000
                 SUM_ERRORS: 0
               SUM_WARNINGS: 0
          SUM_ROWS_AFFECTED: 0
              SUM_ROWS_SENT: 0
          SUM_ROWS_EXAMINED: 0
SUM_CREATED_TMP_DISK_TABLES: 0
     SUM_CREATED_TMP_TABLES: 0
       SUM_SELECT_FULL_JOIN: 0
 SUM_SELECT_FULL_RANGE_JOIN: 0
           SUM_SELECT_RANGE: 0
     SUM_SELECT_RANGE_CHECK: 0
            SUM_SELECT_SCAN: 0
      SUM_SORT_MERGE_PASSES: 0
```

```
              SUM_SORT_RANGE: 0
               SUM_SORT_ROWS: 0
               SUM_SORT_SCAN: 0
           SUM_NO_INDEX_USED: 0
      SUM_NO_GOOD_INDEX_USED: 0
                  FIRST_SEEN: 2020-01-14 10:13:46.377796
                   LAST_SEEN: 2020-01-14 10:13:46.377796
                 QUANTILE_95: 131825673855
                 QUANTILE_99: 131825673855
                QUANTILE_999: 131825673855
           QUERY_SAMPLE_TEXT: SHOW CREATE TABLE goods.t_goods
           QUERY_SAMPLE_SEEN: 2020-01-14 10:13:46.377796
     QUERY_SAMPLE_TIMER_WAIT: 128757595000
1 row in set (0.00 sec)
```

注意：这里只是简单介绍了 performance_schema 数据库中的部分数据表的使用，关于 performance_schema 的其他用法，读者可以参阅 MySQL 的官方文档，文档地址为 https://dev.mysql.com/doc/refman/8.0/en/performance-schema-quick-start.html。充分了解并掌握 performance_schema 数据库，能够更好地分析 MySQL 的性能瓶颈，以便更好地优化 MySQL。

26.2　使用 sys 数据库分析 MySQL

MySQL 的 sys 数据库中除了 sys_config 数据表外，基本上以视图的形式展示 performance_schema 中的其他数据。因此，要想使用 sys 数据库分析 MySQL，就需要先在 my.cnf 或者 my.ini 文件中开启 performance_schema 的配置。

26.2.1　sys 数据库概述

sys 数据库中包含 1 个数据表、100 个视图、48 个存储过程和函数。其中，视图总体上可以分为两类，一类是以正常字母开始的视图，另一类是以“x$”开始的视图。其中，以正常字母开始的视图共计 52 个，能够显示格式化后的数据，适合开发人员或者数据库维护人员阅读；以“x$”开始的视图共计 48 个，只是显示未经处理的原始数据，适合使用工具采集数据。

26.2.2　sys 数据库的常用查询

（1）查看每个数据库连接消耗的资源。

```
mysql> SELECT * FROM sys.host_summary \G
*************************** 1. row ***************************
                  host: 192.168.175.1
```

```
             statements: 198
      statement_latency: 1.16 s
  statement_avg_latency: 5.85 ms
            table_scans: 19
               file_ios: 23
        file_io_latency: 549.50 ms
    current_connections: 2
      total_connections: 12
           unique_users: 1
         current_memory: 2.37 MiB
 total_memory_allocated: 27.72 MiB
*************************** 2. row ***************************
                   host: localhost
             statements: 279
      statement_latency: 175.40 ms
  statement_avg_latency: 628.67 us
            table_scans: 16
               file_ios: 2
        file_io_latency: 120.62 ms
    current_connections: 1
      total_connections: 1
           unique_users: 1
         current_memory: 922.71 KiB
 total_memory_allocated: 4.96 MiB
2 rows in set (0.01 sec)
```

（2）查看用户连接MySQL时消耗的资源。

```
mysql> SELECT * FROM sys.user_summary \G
*************************** 1. row ***************************
                   user: root
             statements: 1208
      statement_latency: 2.69 s
  statement_avg_latency: 2.22 ms
            table_scans: 72
               file_ios: 52
        file_io_latency: 1.55 s
    current_connections: 3
      total_connections: 13
           unique_hosts: 2
         current_memory: 6.83 MiB
 total_memory_allocated: 68.32 MiB
*************************** 2. row ***************************
                   user: background
             statements: 1
      statement_latency: 17.77 ms
  statement_avg_latency: 17.77 ms
            table_scans: 0
               file_ios: 2036
        file_io_latency: 6.23 s
    current_connections: 39
      total_connections: 44
           unique_hosts: 0
         current_memory: 217.51 MiB
 total_memory_allocated: 236.65 MiB
2 rows in set (0.11 sec)
```

（3）查看当前 MySQL 总共分配了多少内存资源。

```
mysql> SELECT * FROM sys.memory_global_total;
+-----------------+
| total_allocated |
+-----------------+
| 4.61 GiB        |
+-----------------+
1 row in set (0.00 sec)
```

当前 MySQL 总共分配了 4.61GB 的内存资源。

（4）查看 MySQL 中存在的冗余索引。

```
mysql> SELECT * FROM sys.schema_redundant_indexes \G
*************************** 1. row ***************************
              table_schema: goods
                table_name: t_goods
       redundant_index_name: category_name_index2
    redundant_index_columns: t_category,t_name
 redundant_index_non_unique: 1
        dominant_index_name: category_name_index
     dominant_index_columns: t_category,t_name
  dominant_index_non_unique: 1
             subpart_exists: 0
             sql_drop_index: ALTER TABLE `goods`.`t_goods` DROP INDEX `category_name_index2`
*************************** 2. row ***************************
              table_schema: goods
                table_name: t_goods
       redundant_index_name: category_name_index3
    redundant_index_columns: t_category,t_name
 redundant_index_non_unique: 1
        dominant_index_name: category_name_index
     dominant_index_columns: t_category,t_name
  dominant_index_non_unique: 1
             subpart_exists: 0
             sql_drop_index: ALTER TABLE `goods`.`t_goods` DROP INDEX `category_name_index3`
*************************** 3. row ***************************
              table_schema: goods
                table_name: t_goods
       redundant_index_name: category_name_index3
    redundant_index_columns: t_category,t_name
 redundant_index_non_unique: 1
        dominant_index_name: category_name_index2
     dominant_index_columns: t_category,t_name
  dominant_index_non_unique: 1
             subpart_exists: 0
             sql_drop_index: ALTER TABLE `goods`.`t_goods` DROP INDEX `category_name_index3`
*************************** 4. row ***************************
              table_schema: goods
                table_name: t_goods
       redundant_index_name: name_index
    redundant_index_columns: t_name
 redundant_index_non_unique: 1
        dominant_index_name: name_stock_index
     dominant_index_columns: t_name,t_stock
  dominant_index_non_unique: 1
```

```
            subpart_exists: 0
            sql_drop_index: ALTER TABLE `goods`.`t_goods` DROP INDEX `name_index`
4 rows in set (0.00 sec)
```

结果会显示出当前MySQL中所有的冗余索引。

（5）查看MySQL中没有使用到的索引。

```
mysql> SELECT * FROM sys.schema_unused_indexes \G
*************************** 1. row ***************************
object_schema: goods
  object_name: t_goods
   index_name: category_name_index2
*************************** 2. row ***************************
object_schema: goods
  object_name: t_goods
   index_name: name_index
*************************** 3. row ***************************
object_schema: goods
  object_name: t_goods
   index_name: category_name_index3
*************************** 4. row ***************************
object_schema: goods
  object_name: t_goods
   index_name: name_stock_index
*************************** 5. row ***************************
object_schema: goods
  object_name: t_goods
   index_name: category_name_index
##############省略n行代码##########################
44 rows in set, 3 warnings (0.00 sec)
```

注意：这里简单列举了几个常用的sys数据库的查询操作，读者可以到MySQL官网进一步学习sys数据库的使用。地址为https://dev.mysql.com/doc/refman/8.0/en/sys-schema.html。sys数据库比performance_schema数据库中的数据更加友好，可以直接读取sys数据库中的数据来了解MySQL的运行情况。

26.3 MySQL 8.x中的资源组

资源组是MySQL 8.x版本中引入的一个新特性，通过资源组能够修改线程的执行优先级，并指定不同的线程使用不同的资源，以减少线程执行复杂任务时对其他线程的影响。

26.3.1 开启 CAP_SYS_NICE

在Linux操作系统上，MySQL需要开启CAP_SYS_NICE特性才能使用资源组。首先查看MySQL的运行进程信息。

```
[root@binghe150 ~]# ps -ef | grep mysql
root       1397      1  0 08:52 ?        00:00:00 /bin/sh /usr/local/mysql/bin/mysqld_safe --datadir=
```

```
/data/mysql/data --pid-file=/data/mysql/data/binghe150.pid
mysql      2386   1397  0 08:52 ?        00:01:36 /usr/local/mysql/bin/mysqld --basedir=/usr/local/
mysql --datadir=/data/mysql/data --plugin-dir=/usr/local/mysql/lib/plugin --user=mysql --log-
error=/var/log/mysqld.log --open-files-limit=65535 --pid-file=/data/mysql/data/binghe150.pid --socket=
/data/mysql/run/mysql.sock --port=3306
root       3234   2468  0 13:33 pts/1    00:00:00 grep mysql
```

从输出结果中可以看出 mysqld 命令的所在目录，具体如下：

```
/usr/local/mysql/bin/mysqld
```

然后查看 MySQL 是否开启了 CAP_SYS_NICE 特性，命令如下：

```
[root@binghe150 ~]# getcap /usr/local/mysql/bin/mysqld
[root@binghe150 ~]#
```

没有输出任何结果信息，说明当前 MySQL 并没有开启 CAP_SYS_NICE 特性。为 MySQL 开启 CAP_SYS_NICE 特性。

```
[root@binghe150 ~]# setcap cap_sys_nice+ep /usr/local/mysql/bin/mysqld
[root@binghe150 ~]#
```

再次查看 MySQL 是否开启了 CAP_SYS_NICE 特性。

```
[root@binghe150 ~]# getcap /usr/local/mysql/bin/mysqld
/usr/local/mysql/bin/mysqld = cap_sys_nice+ep
```

可以看出，MySQL 已经开启了 CAP_SYS_NICE 特性。

26.3.2　创建资源组

MySQL 支持使用 CREATE RESOURCE GROUP 语句创建一个资源组，语法格式如下：

```
CREATE RESOURCE GROUP group_name
    TYPE = {SYSTEM|USER}
    [VCPU [=] vcpu_spec [, vcpu_spec] ...]
    [THREAD_PRIORITY [=] N]
    [ENABLE|DISABLE]
vcpu_spec: {N | M - N}
```

创建资源组时需要指定资源组的名称、VCPU（虚拟 CPU）的数量、执行线程的优先级和资源组的类型。其中，资源组的类型分为 SYSTEM 和 USER。如果没有指定 VCPU 的数量，会使用所有的 CPU 资源。

例如，创建一个名称为 batch_resource_group 的资源组。其中，类型为 USER，VCPU 的数量为 2-3，线程的优先级为 12。

```
mysql> CREATE RESOURCE GROUP batch_resource_group
    -> TYPE = USER
    -> VCPU = 2-3
    -> THREAD_PRIORITY = 12;
Query OK, 0 rows affected (0.01 sec)
```

资源组只有在启用后才能使用。创建资源组时会默认启用资源组。

26.3.3　查看资源组

MySQL 中的 information_schema 数据库下的 resource_groups 数据表中存储了资源组的信息，可以查看 resource_groups 数据表中的数据来了解当前 MySQL 中存在的资源组。

```
mysql> SELECT * FROM information_schema.resource_groups \G
*************************** 1. row ***************************
   RESOURCE_GROUP_NAME: USR_default
   RESOURCE_GROUP_TYPE: USER
RESOURCE_GROUP_ENABLED: 1
              VCPU_IDS: 0-3
       THREAD_PRIORITY: 0
*************************** 2. row ***************************
   RESOURCE_GROUP_NAME: SYS_default
   RESOURCE_GROUP_TYPE: SYSTEM
RESOURCE_GROUP_ENABLED: 1
              VCPU_IDS: 0-3
       THREAD_PRIORITY: 0
*************************** 3. row ***************************
   RESOURCE_GROUP_NAME: batch_resource_group
   RESOURCE_GROUP_TYPE: USER
RESOURCE_GROUP_ENABLED: 1
              VCPU_IDS: 2-3
       THREAD_PRIORITY: 12
3 rows in set (0.00 sec)
```

结果显示，此时 MySQL 中存在 3 个资源组，分别是 USR_default、SYS_default 和 batch_resource_group。其中，USR_default 和 SYS_default 是系统自带的资源组，batch_resource_group 是笔者创建的资源组。

26.3.4　绑定资源组

将 MySQL 的执行线程绑定到资源组上有 3 种方式：将线程 ID 绑定到资源组、使用 SQL 语句提示绑定资源组及将 MySQL 会话绑定到资源组。

1. 将线程ID绑定到资源组

将线程 ID 绑定到资源组，语法格式如下：

```
SET RESOURCE GROUP group_name
    [FOR thread_id [, thread_id] ...]
```

首先，从 MySQL 的 performance 数据库下的 threads 数据表中查看需要绑定资源组的线程 id。

```
mysql> SELECT * FROM performance_schema.threads where TYPE='FOREGROUND' \G
####################省略 n 行代码##############################
*************************** 4. row ***************************
          THREAD_ID: 57
```

```
               NAME: thread/sql/one_connection
               TYPE: FOREGROUND
     PROCESSLIST_ID: 21
   PROCESSLIST_USER: root
   PROCESSLIST_HOST: localhost
     PROCESSLIST_DB: NULL
PROCESSLIST_COMMAND: Query
   PROCESSLIST_TIME: 0
  PROCESSLIST_STATE: executing
   PROCESSLIST_INFO: SELECT * FROM performance_schema.threads where TYPE='FOREGROUND'
   PARENT_THREAD_ID: NULL
               ROLE: NULL
       INSTRUMENTED: YES
            HISTORY: YES
    CONNECTION_TYPE: Socket
       THREAD_OS_ID: 2772
     RESOURCE_GROUP: USR_default
####################省略 n 行代码############################
6 rows in set (0.00 sec)
```

结果显示，此时 ID 为 57 线程默认使用的是 User_default 资源组。

MySQL 中支持使用 SET RESOURCE GROUP 语句将线程绑定到资源组。接下来，将 ID 为 57 的线程绑定到 batch_resource_group 资源组。

```
mysql> SET RESOURCE GROUP batch_resource_group FOR 57;
Query OK, 0 rows affected (0.00 sec)
```

SQL 语句执行成功，再次查看 ID 为 57 的线程绑定的资源组。

```
mysql> SELECT * FROM performance_schema.threads where TYPE='FOREGROUND' \G
########################省略 n 行代码###################
*************************** 4. row ***************************
          THREAD_ID: 57
               NAME: thread/sql/one_connection
               TYPE: FOREGROUND
########################省略 n 行代码###################
     RESOURCE_GROUP: batch_resource_group
########################省略 n 行代码###################
```

此时 ID 为 57 的线程绑定到 batch_resource_group 资源组上了。

2. 使用SQL语句提示绑定资源组

MySQL 支持在执行 SQL 语句时，使用提示信息来指定 SQL 语句使用的资源组。例如，在查询 goods 数据库下的 t_goods 数据表中的数据时，使用 SQL 提示指定 SQL 语句使用的资源组。

```
mysql> SELECT /*+ RESOURCE_GROUP(batch_resource_group)*/
    -> t_category, t_name, t_price, t_stock
    -> FROM goods.t_goods WHERE id = 1;
+---------------------+--------+---------+---------+
| t_category          | t_name | t_price | t_stock |
+---------------------+--------+---------+---------+
| 女装/女士精品       | T恤    |   39.90 |    1000 |
```

```
+---------------------+--------+---------+---------+
1 row in set (0.00 sec)
```

上述的 SELECT 语句使用“/*+ RESOURCE_GROUP(batch_resource_group)*/”指定使用的资源组为 batch_resource_group。

3. MySQL会话绑定资源组

在 MySQL 命令行中执行如下命令，可以将当前 MySQL 会话绑定到 batch_resource_group 资源组。

```
mysql> SET RESOURCE GROUP batch_resource_group;
Query OK, 0 rows affected (0.00 sec)
```

绑定完成后，在当前命令行中执行的所有 SQL 语句都会在 batch_resourcc_group 资源组中执行。

26.3.5 修改资源组

当资源组中执行的 SQL 语句的逻辑非常复杂时，会消耗一定的计算机资源。如果为资源组分配的资源不足，则会严重影响 MySQL 的性能。此时，需要修改资源组的配置来调整资源组的“资源容量”。

MySQL 支持使用 ALTER RESOURCE GROUP 语句修改资源组，语法格式如下：

```
ALTER RESOURCE GROUP group_name
    [VCPU [=] vcpu_spec [, vcpu_spec] ...]
    [THREAD_PRIORITY [=] N]
    [ENABLE|DISABLE [FORCE]]
vcpu_spec: {N | M - N}
```

例如，修改 batch_resource_group 资源组的 VCPU 数量和线程优先级。

```
mysql> ALTER RESOURCE GROUP batch_resource_group
    -> VCPU = 3
    -> THREAD_PRIORITY = 5;
Query OK, 0 rows affected (0.00 sec)
```

此时，成功将 batch_resource_group 资源组的 VCPU 数量修改为 3，将线程优先级修改为 5。

26.3.6 开启与禁用资源组

MySQL 中可以使用 ALTER RESOURCE GROUP 语句对资源组进行开启和禁用操作。语法格式如下：

```
ALTER RESOURCE GROUP group_name
    ENABLE|DISABLE [FORCE]
```

语法格式说明：

- group_name：资源组的名称。

- ENABLE：开启资源组。
- DISABLE：禁用资源组。
- FORCE：当禁用资源组时使用了 FORCE 关键字，则当前资源组的线程会被立即移动到 MySQL 默认的资源组中。如果是系统线程，则会被移动到 SYS_default 资源组中；如果是用户线程，则会被移动到 USR_default 资源组中。如果在禁用资源组时没有使用 FORCE 关键字，则当前资源组中的线程会继续运行，直到终止，此时不能为当前资源组分配新的执行线程。

例如，启用 batch_resource_group 资源组。

```
mysql> ALTER RESOURCE GROUP batch_resource_group ENABLE;
Query OK, 0 rows affected (0.00 sec)
```

禁用 batch_resource_group 资源组。

```
mysql> ALTER RESOURCE GROUP batch_resource_group DISABLE;
Query OK, 0 rows affected (0.01 sec)
```

注意：MySQL 不支持用户禁用 MySQL 自带的 USR_default 资源组和 SYS_default 资源组。命令和结果如下：

```
mysql> ALTER RESOURCE GROUP USR_default DISABLE FORCE;
ERROR 3655 (HY000): Alter operation is disallowed on default resource groups.
mysql> ALTER RESOURCE GROUP SYS_default DISABLE FORCE;
ERROR 3655 (HY000): Alter operation is disallowed on default resource groups
```

26.3.7　删除资源组

当不再需要使用自定义的资源组时可以将其删除。删除资源组的语法格式如下：

```
DROP RESOURCE GROUP group_name [FORCE]
```

其中，group_name 为待删除的资源组的名称。FORCE 关键字的作用与开启和禁用资源组时 FORCE 关键字的作用相同，此处不再赘述。

例如，删除 batch_resource_group 资源组。

```
mysql> DROP RESOURCE GROUP batch_resource_group FORCE;
Query OK, 0 rows affected (0.00 sec)
```

此时，查看 MySQL 中存在的资源组。

```
mysql> SELECT * FROM information_schema.resource_groups \G
*************************** 1. row ***************************
   RESOURCE_GROUP_NAME: USR_default
   RESOURCE_GROUP_TYPE: USER
RESOURCE_GROUP_ENABLED: 1
              VCPU_IDS: 0-3
       THREAD_PRIORITY: 0
*************************** 2. row ***************************
   RESOURCE_GROUP_NAME: SYS_default
   RESOURCE_GROUP_TYPE: SYSTEM
RESOURCE_GROUP_ENABLED: 1
```

```
              VCPU_IDS: 0-3
       THREAD_PRIORITY: 0
2 rows in set (0.00 sec)
```

输出结果没有显示 batch_resource_group 资源组的信息，说明 batch_resource_group 资源组已经被删除了。

注意： MySQL 不支持用户删除 MySQL 自带的 USR_default 资源组和 SYS_default 资源组。执行命令的显示如下：

```
mysql> DROP RESOURCE GROUP USR_default FORCE;
ERROR 3655 (HY000): Drop operation  operation is disallowed on default resource groups.
mysql> DROP RESOURCE GROUP SYS_default FORCE;
ERROR 3655 (HY000): Drop operation  operation is disallowed on default resource groups.
```

另外，资源组仅限在本地服务器中使用。也就是说，资源组只能在创建它的 MySQL 中使用。如果在一个 MySQL 实例中创建了资源组，则无法在其他 MySQL 实例中使用。

26.4　本章总结

本章简单介绍了优化 MySQL 的一些其他选项，可以使用 performance_schema 数据库和 sys 数据库分析 MySQL。MySQL 8.x 版本中新增了资源组的新特性来优化 MySQL 的执行性能。下一章正式进入 MySQL 的维护篇章，将会对 MySQL 中常用的命令行工具进行简单的介绍。

第5篇
MySQL 运维

第 27 章　MySQL 命令行工具

MySQL 自带了一些命令行工具，这些命令行工具能够帮助数据库维护人员更好地维护数据库，例如查看数据库的运行情况、备份与恢复数据、重置数据库密码、分析数据库日志等。本章将简单介绍 MySQL 中常用的命令行工具。

本章涉及的知识点有：

- 查看 MySQL 命令；
- mysql 命令；
- myisampack 命令；
- mysqladmin 命令；
- mysqlbinlog 命令；
- mysqlcheck 命令；
- mysqlshow 命令；
- mysqldump 命令；
- mysqlimport 命令。

27.1　查看 MySQL 命令

成功安装 MySQL 之后，MySQL 的命令行工具放置在 MySQL 安装目录下的 bin 目录中，例如，笔者将 MySQL 安装在服务器的/usr/local/mysql/目录下。可以在服务器的命令行中输入 ll 或者 ls 命令查看 MySQL 的命令行工具。

```
[root@binghe150 ~]# ll /usr/local/mysql/bin/
total 1273180
-rwxr-xr-x. 1 root root  14020755 Nov 24 12:02 ibd2sdi
-rwxr-xr-x. 1 root root  12178995 Nov 24 12:02 innochecksum
-rwxr-xr-x. 1 root root  10097861 Nov 24 11:56 lz4_decompress
-rwxr-xr-x. 1 root root  14893026 Nov 24 11:59 myisamchk
-rwxr-xr-x. 1 root root  14080807 Nov 24 11:59 myisam_ftdump
-rwxr-xr-x. 1 root root  13549089 Nov 24 11:59 myisamlog
-rwxr-xr-x. 1 root root  14211526 Nov 24 11:59 myisampack
-rwxr-xr-x. 1 root root  10531416 Nov 24 11:56 my_print_defaults
-rwxr-xr-x. 1 root root  17671743 Nov 24 12:04 mysql
-rwxr-xr-x. 1 root root  16243726 Nov 24 12:03 mysqladmin
```

```
-rwxr-xr-x. 1 root root  22088144 Nov 24 12:03 mysqlbinlog
-rwxr-xr-x. 1 root root  16563563 Nov 24 12:03 mysqlcheck
-rwxr-xr-x. 1 root root  17671955 Nov 24 12:03 mysql_client_test
-rwxr-xr-x. 1 root root      5031 Nov 24 11:50 mysql_config
-rwxr-xr-x. 1 root root  10714824 Nov 24 12:03 mysql_config_editor
-rwxr-xr-x. 1 root root 867821843 Nov 24 12:32 mysqld
-rwxr-xr-x. 1 root root     27473 Nov 24 11:50 mysqld_multi
-rwxr-xr-x. 1 root root     29821 Nov 24 11:50 mysqld_safe
-rwxr-xr-x. 1 root root  16663340 Nov 24 12:03 mysqldump
-rwxr-xr-x. 1 root root      7690 Nov 24 11:50 mysqldumpslow
-rwxr-xr-x. 1 root root  16234114 Nov 24 12:03 mysqlimport
-rwxr-xr-x. 1 root root  26633423 Nov 24 12:04 mysqlpump
-rwxr-xr-x. 1 root root   1196159 Nov 24 12:04 mysqlrouter
-rwxr-xr-x. 1 root root   1613504 Nov 24 12:04 mysqlrouter_keyring
-rwxr-xr-x. 1 root root   1968343 Nov 24 12:04 mysqlrouter_passwd
-rwxr-xr-x. 1 root root  10465550 Nov 24 11:57 mysqlrouter_plugin_info
-rwxr-xr-x. 1 root root  16175549 Nov 24 12:03 mysql_secure_installation
-rwxr-xr-x. 1 root root  16197092 Nov 24 12:03 mysqlshow
-rwxr-xr-x. 1 root root  16316403 Nov 24 12:03 mysqlslap
-rwxr-xr-x. 1 root root  10946015 Nov 24 11:56 mysql_ssl_rsa_setup
-rwxr-xr-x. 1 root root  21173459 Nov 24 12:03 mysqltest
-rwxr-xr-x. 1 root root     72306 Nov 24 11:55 mysqltest_safe_process
-rwxr-xr-x. 1 root root  10170935 Nov 24 12:02 mysql_tzinfo_to_sql
-rwxr-xr-x. 1 root root  18613035 Nov 24 12:04 mysql_upgrade
-rwxr-xr-x. 1 root root  35592257 Nov 24 12:06 mysqlxtest
-rwxr-xr-x. 1 root root  11210314 Nov 24 12:02 perror
```

可以看到，MySQL 的命令行工具比较多，下面挑选几个常用的命令，对其使用方法进行简单的介绍。

27.2　mysql 命令

mysql 命令是 MySQL 的客户端连接工具，是 MySQL 中使用最频繁的命令，它能够从服务器的命令行登录 MySQL 终端，设置客户端连接编码，直接执行 SQL 语句，格式化输出结果，并进行 SQL 报错处理等。

27.2.1　登录 MySQL 终端

一般情况下，登录 MySQL 需要设置 MySQL 的主机名或者 IP 地址、端口号、用户名和密码，如果是登录本地服务器的 MySQL，并且端口号是 3306，则主机名或 IP 地址和端口号可以省略。

```
[root@binghe150 ~]# mysql -hlocalhost -P3306 -uroot -p
Enter password:
Welcome to the MySQL monitor.  Commands end with ; or \g.
```

```
Your MySQL connection id is 9
Server version: 8.0.18 binghe edition
Copyright (c) 2000, 2019, Oracle and/or its affiliates. All rights reserved.
Oracle is a registered trademark of Oracle Corporation and/or its
affiliates. Other names may be trademarks of their respective
owners.
Type 'help;' or '\h' for help. Type '\c' to clear the current input statement.
mysql>
```

在 MySQL 中，-h 等同于--host，-P 等同于--port，-u 等同于--user，-p 等同于--password，所以，也可以使用如下命令登录 MySQL。

```
[root@binghe150 ~]# mysql --host=localhost --port=3306 --user=root --password=root
###################省略 n 行输出信息###################
mysql>
```

MySQL 支持在 my.cnf 或者 my.ini 配置文件中配置默认登录 MySQL 的用户名和密码，例如，在 my.cnf 配置文件的[client]下新增如下配置。

```
[client]
user=root
password=root
```

将 root 账户的用户名和密码配置到 my.cnf 文件中，此时，如果需要登录本地服务器的 MySQL，则可以直接在服务器命令行输入 mysql 即可。

```
[root@binghe150 ~]# mysql
###################省略 n 行输出信息###################
mysql>
```

查看当前登录 MySQL 的用户。

```
mysql> SELECT CURRENT_USER();
+----------------+
| CURRENT_USER() |
+----------------+
| root@localhost |
+----------------+
1 row in set (0.01 sec)
```

结果显示，登录 MySQL 的用户为 root。

登录 MySQL 时，支持指定需要进入的数据库，只需要在 mysql 命令后面添加需要进入的数据库名称即可。例如，登录 MySQL 时，指定进入 goods 数据库。

```
[root@binghe150 ~]# mysql -uroot -proot goods
###################省略 n 行输出信息###################
mysql> SELECT DATABASE();
+------------+
| DATABASE() |
+------------+
| goods      |
+------------+
1 row in set (0.00 sec)
```

27.2.2　设置客户端连接编码

MySQL 的字符编码选项为--default-character-set，可以在 my.cnf 的[mysqld]下进行配置，如果设置客户端连接编码，可以在[mysql]下进行配置。

```
[mysqld]
default-character-set = utf8mb4
[mysql]
default-character-set = utf8mb4
```

默认配置的编码为 utf8mb4。

登录 MySQL 终端，查看 MySQL 使用的编码。

```
mysql> SHOW VARIABLES LIKE '%char%';
+--------------------------+----------------------------------+
| Variable_name            | Value                            |
+--------------------------+----------------------------------+
| character_set_client     | utf8mb4                          |
| character_set_connection | utf8mb4                          |
| character_set_database   | utf8mb4                          |
| character_set_filesystem | binary                           |
| character_set_results    | utf8mb4                          |
| character_set_server     | utf8mb4                          |
| character_set_system     | utf8                             |
| character_sets_dir       | /usr/local/mysql/share/charsets/ |
+--------------------------+----------------------------------+
8 rows in set (0.04 sec)
```

mysql 命令后面支持添加如下选项登录 MySQL 服务器。

```
--default-character-set=char_name
```

当 mysql 命令后面添加有--default-character-set 选项时，会覆盖 my.cnf 文件中的配置。

```
[root@binghe150 ~]# mysql -uroot -p --default-character-set=utf8
Enter password:
##################省略 n 行输出信息###################
mysql>
```

查看 MySQL 中使用的字符编码。

```
mysql> SHOW VARIABLES LIKE '%char%';
+--------------------------+----------------------------------+
| Variable_name            | Value                            |
+--------------------------+----------------------------------+
| character_set_client     | utf8                             |
| character_set_connection | utf8                             |
| character_set_database   | utf8mb4                          |
| character_set_filesystem | binary                           |
| character_set_results    | utf8                             |
| character_set_server     | utf8mb4                          |
| character_set_system     | utf8                             |
| character_sets_dir       | /usr/local/mysql/share/charsets/ |
+--------------------------+----------------------------------+
8 rows in set (0.00 sec)
```

结果显示，character_set_client、character_set_connection 和 character_set_results 选项已经被修改为 UTF-8 编码了。

27.2.3 直接执行 SQL 语句

mysql 命令可支持直接执行 SQL 语句，而不必登录 MySQL 服务器。直接执行 SQL 语句时，只需要在 mysql 命令后面添加-e 选项即可。例如，使用 mysql 命令直接查询 goods 数据库下 t_goods 数据表中 id 为 1 的数据。

```
[root@binghe150 ~]# mysql -uroot -p -e "SELECT * FROM goods.t_goods WHERE id = 1"
Enter password:
+----+---------------+--------------------+--------+---------+---------+---------------------+
| id | t_category_id | t_category         | t_name | t_price | t_stock |    t_upper_time     |
+----+---------------+--------------------+--------+---------+---------+---------------------+
|  1 |             1 | 女装/女士精品      |  T恤   |   39.90 |    1000 | 2020-11-10 00:00:00 |
+----+---------------+--------------------+--------+---------+---------+---------------------+
```

mysql 命令的-e 选项支持运行多条 SQL 语句，每条 SQL 语句之间以英文分号(;)隔开。例如，查询 goods 数据库下 t_goods_category 数据表中 id 为 1 的数据和 t_goods 数据表中 id 为 1 的数据。

```
[root@binghe150 ~]# mysql -uroot -p -e "SELECT * FROM goods.t_goods_category WHERE id = 1; SELECT * FROM goods.t_goods WHERE id = 1"
Enter password:
+----+---------------------+
| id | t_category          |
+----+---------------------+
|  1 | 女装/女士精品       |
+----+---------------------+
+----+---------------+--------------------+--------+---------+---------+---------------------+
| id | t_category_id | t_category         | t_name | t_price | t_stock |    t_upper_time     |
+----+---------------+--------------------+--------+---------+---------+---------------------+
|  1 |             1 | 女装/女士精品      | T恤    |   39.90 |  1000   | 2020-11-10 00:00:00 |
+----+---------------+--------------------+--------+---------+---------+---------------------+
```

27.2.4 格式化输出结果

mysql 命令支持对输出的结果数据进行格式化处理，当需要对输出的结果数据进行格式化处理时，只需要在 mysql 命令行后面添加如下选项即可。

```
-E (--vertical)
-s (--silent)
```

其中，-E（--vertical）选项可以按照字段顺序垂直显示；-s（--silent）选项可以去掉 MySQL 输出的条线框。

例如，查看 goods 数据库下 t_goods 数据表中 id 范围为 1 的数据，并按照字段顺序垂直显示。

```
[root@binghe150 ~]# mysql -uroot -p -e "SELECT * FROM goods.t_goods WHERE id = 1" -E
Enter password:
*************************** 1. row ***************************
         id: 1
t_category_id: 1
   t_category: 女装/女士精品
       t_name: T恤
      t_price: 39.90
      t_stock: 1000
 t_upper_time: 2020-11-10 00:00:00
```

去掉 MySQL 输出的条线框。

```
[root@binghe150 ~]# mysql -uroot -p -e "SELECT id, t_name FROM goods.t_goods WHERE id = 1" -s
Enter password:
id      t_name
1       T恤
```

27.2.5　SQL 报错处理

当运行批量 SQL 语句时，mysql 命令可以对报错的 SQL 进行相应的处理。例如，可以使用-f(--force)选项，跳过报错的 SQL 语句，强制执行后面的 SQL 语句；可以使用-v（--verbose）显示报错的 SQL 语句；还可以使用--show-warnings 选项显示所有的错误信息。

以向 t_goods_category 数据表中插入数据为例，首先查看 t_goods_category 数据表的表结构信息。

```
mysql> SHOW CREATE TABLE t_goods_category \G
*************************** 1. row ***************************
       Table: t_goods_category
Create Table: CREATE TABLE `t_goods_category` (
  `id` int(11) NOT NULL AUTO_INCREMENT,
  `t_category` varchar(30) NOT NULL DEFAULT '',
  PRIMARY KEY (`id`)
) ENGINE=InnoDB AUTO_INCREMENT=6 DEFAULT CHARSET=utf8mb4 COLLATE=utf8mb4_0900_ai_ci
1 row in set (0.00 sec)
```

查看 t_goods_category 数据表中的数据。

```
mysql> SELECT * FROM t_goods_category;
+----+---------------------+
| id | t_category          |
+----+---------------------+
|  1 | 女装/女士精品       |
|  2 | 户外运动            |
|  3 | 男装                |
|  4 | 童装                |
+----+---------------------+
4 rows in set (0.00 sec)
```

假设目前有一个 SQL 脚本 test_insert.sql，脚本中的内容如下：

```
INSERT INTO goods.t_goods_category(id, t_category) VALUES ('mysql', '水果');
INSERT INTO goods.t_goods_category(id, t_category) VALUES (5, '运动');
```

由于t_goods_category数据表的id字段为INT类型，所以第一条SQL语句会报错。如果直接使用mysql命令运行sql脚本，则MySQL会报错，不再运行下面的SQL语句。

```
[root@binghe150 ~]# mysql -uroot -p goods < test_insert.sql
Enter password:
ERROR 1366 (HY000) at line 1: Incorrect integer value: 'mysql' for column 'id' at row 1
```

再次查看t_goods_category数据表中的数据。

```
mysql> SELECT * FROM t_goods_category;
+----+---------------------+
| id | t_category          |
+----+---------------------+
|  1 | 女装/女士精品         |
|  2 | 户外运动              |
|  3 | 男装                 |
|  4 | 童装                 |
+----+---------------------+
4 rows in set (0.00 sec)
```

结果显示，并未向t_goods_category数据表中插入数据。接下来，使用-f参数强制运行SQL语句，并使用-v参数显示报错的SQL语句，使用--show-warnings参数显示报错信息。

```
[root@binghe150 ~]# mysql -uroot -p goods -f -v --show-warnings < test_insert.sql
Enter password:
--------------
INSERT INTO goods.t_goods_category(id, t_category) VALUES ('mysql', '水果')
--------------
ERROR 1366 (HY000) at line 1: Incorrect integer value: 'mysql' for column 'id' at row 1
--------------
INSERT INTO goods.t_goods_category(id, t_category) VALUES (5, '运动')
--------------
```

接下来，再次查看t_goods_category数据表中的数据。

```
mysql> SELECT * FROM t_goods_category;
+----+---------------------+
| id | t_category          |
+----+---------------------+
|  1 | 女装/女士精品         |
|  2 | 户外运动              |
|  3 | 男装                 |
|  4 | 童装                 |
|  5 | 运动                 |
+----+---------------------+
5 rows in set (0.00 sec)
```

可以看出，已经向t_goods_category数据表中插入了id为5的数据。

27.3 mysqladmin命令

mysqladmin命令主要是用来管理MySQL服务器的客户端命令，使用mysqladmin命令可以创建/删除数据库、检查MySQL的运行状态、修改MySQL用户密码等。下面具体介绍

mysqladmin 命令的使用方法。

27.3.1　mysqladmin 命令参数

在服务器的命令行输入如下命令查看 mysqladmin 命令支持的参数信息。

```
mysqladmin -help
```

在输出结果中找到如下信息，即为 mysqladmin 可以执行的命令。

```
Where command is a one or more of: (Commands may be shortened)
  create databasename   Create a new database
  debug                 Instruct server to write debug information to log
  drop databasename     Delete a database and all its tables
  extended-status       Gives an extended status message from the server
  flush-hosts           Flush all cached hosts
  flush-logs            Flush all logs
  flush-status          Clear status variables
  flush-tables          Flush all tables
  flush-threads         Flush the thread cache
  flush-privileges      Reload grant tables (same as reload)
  kill id,id,...        Kill mysql threads
  password [new-password] Change old password to new-password in current format
  ping                  Check if mysqld is alive
  processlist           Show list of active threads in server
  reload                Reload grant tables
  refresh               Flush all tables and close and open logfiles
  shutdown              Take server down
  status                Gives a short status message from the server
  start-slave           Start slave
  stop-slave            Stop slave
  variables             Prints variables available
  version               Get version info from server
```

27.3.2　mysqladmin 命令简单示例

下面简单列举几个 mysqladmin 命令的使用示例。

（1）检查 MySQL 服务器的运行状态。

```
[root@binghe150 ~]# mysqladmin -uroot -p status
Enter password:
Uptime: 18358  Threads: 5  Questions: 124  Slow queries: 0  Opens: 296  Flush tables: 3  Open tables:
213  Queries per second avg: 0.006
```

（2）检查 MySQL 是否处于运行状态，并且是否可用。

```
[root@binghe150 ~]# mysqladmin -uroot -p ping
Enter password:
mysqld is alive
```

（3）查看 MySQL 版本号。

```
[root@binghe150 ~]# mysqladmin -uroot -p version
Enter password:
```

```
mysqladmin  Ver 8.0.18 for Linux on x86_64 (binghe edition)
Copyright (c) 2000, 2019, Oracle and/or its affiliates. All rights reserved.
Oracle is a registered trademark of Oracle Corporation and/or its
affiliates. Other names may be trademarks of their respective
owners.
Server version          8.0.18
Protocol version        10
Connection              Localhost via UNIX socket
UNIX socket             /data/mysql/run/mysql.sock
Uptime:                 5 hours 7 min 53 sec
Threads: 5  Questions: 128  Slow queries: 0  Opens: 296  Flush tables: 3  Open tables: 213  Queries per
second avg: 0.006
```

（4）修改MySQL用户的密码。例如，修改root账户的密码。

```
[root@binghe150 ~]# mysqladmin -uroot -p password 'root';
Enter password:
mysqladmin: [Warning] Using a password on the command line interface can be insecure.
Warning: Since password will be sent to server in plain text, use ssl connection to ensure password safety.
```

（5）创建数据库，例如使用mysqladmin命令创建test_mysqladmin数据库。

```
[root@binghe150 ~]# mysqladmin -uroot -p CREATE test_mysqladmin
Enter password:
```

（6）删除数据库。

```
[root@binghe150 ~]# mysqladmin -uroot -p DROP test_mysqladmin
Enter password:
Dropping the database is potentially a very bad thing to do.
Any data stored in the database will be destroyed.
Do you really want to drop the 'test_mysqladmin' database [y/N] y
Database "test_mysqladmin" dropped
```

（7）重载权限表。

```
[root@binghe150 ~]# mysqladmin -uroot -p reload
Enter password:
```

（8）刷新表缓存。

```
[root@binghe150 ~]# mysqladmin -uroot -p refresh
Enter password:
```

注意：关于mysqladmin命令的其他用法，读者可以参考MySQL官方文档自行实现，这里不再赘述。

27.4 myisampack命令

myisampack命令用来压缩MyISAM数据表，压缩后的数据表比原数据表占用更少的磁盘空间。但是压缩后的数据表为只读数据表，不能对压缩后的数据表中的数据进行插入、更新和删除操作。

例如，将t_goods数据表的存储引擎修改为MyISAM。

```
mysql> ALTER TABLE t_goods ENGINE=MyISAM;
Query OK, 106872 rows affected (7.62 sec)
Records: 106872  Duplicates: 0  Warnings: 0
```

查看 t_goods 数据表在服务器磁盘上所占的空间大小。

```
[root@binghe150 ~]# ll /data/mysql/data/goods | grep t_goods
-rw-r----- 1 mysql mysql    56008 Jan 15 14:45 t_goods_761.sdi
-rw-r----- 1 mysql mysql   196608 Jan 15 14:44 t_goods_back.ibd
-rw-r----- 1 mysql mysql   131072 Jan 15 13:53 t_goods_category.ibd
-rw-r----- 1 mysql mysql 58834344 Jan 15 14:45 t_goods.MYD
-rw-r----- 1 mysql mysql  5842944 Jan 15 14:45 t_goods.MYI
```

可以看到 t_goods 数据表索引文件所占的空间大小为 5 842 944 字节，数据文件所占的空间大小为 58 834 344 字节。

接下来，使用 myisampack 命令对 t_goods 数据表进行压缩操作。

```
[root@binghe150 ~]# myisampack /data/mysql/data/goods/t_goods
Compressing /data/mysql/data/goods/t_goods.MYD: (106872 records)
- Calculating statistics
- Compressing file
52.07%
Remember to run myisamchk -rq on compressed tables
```

压缩完成，此时再次查看 t_goods 数据表在服务器磁盘上所占的空间大小。

```
[root@binghe150 ~]# ll /data/mysql/data/goods | grep t_goods
-rw-r----- 1 mysql mysql    56008 Jan 15 14:45 t_goods_761.sdi
-rw-r----- 1 mysql mysql   196608 Jan 15 14:44 t_goods_back.ibd
-rw-r----- 1 mysql mysql   131072 Jan 15 13:53 t_goods_category.ibd
-rw-r----- 1 mysql mysql 28197835 Jan 15 14:45 t_goods.MYD
-rw-r----- 1 mysql mysql     4096 Jan 15 14:50 t_goods.MYI
```

可以看到，此时 t_goods 数据表索引文件所占的空间大小为 4096 字节，数据文件所占的空间大小为 28 197 835 字节，远远小于压缩前占用的空间大小。

向 t_goods 数据表中插入数据。

```
mysql> INSERT INTO t_goods (id) VALUES (15);
ERROR 1036(HY000): Table 't_goods' is read only
```

结果显示，不能向 MyISAM 压缩表中插入数据。

27.5　mysqlbinlog 命令

mysqlbinlog 命令主要用来管理 MySQL 产生的二进制日志，mysqlbinlog 的使用格式如下：

```
mysqlbinlog [options] log_file ...
```

其中，log_file 为二进制日志文件的名称，options 为 mysqlbinlog 命令的选项，options 的可选值比较多，读者可以在服务器命令行输入如下命令查看 options 支持的可选值。

```
mysqlbinlog --no-defaults -help
```

也可以参考MySQL的官方文档，网址为https://dev.mysql.com/doc/refman/8.0/en/mysqlbinlog.html。

接下来就列举几个mysqlbinlog命令常用的简单示例。

（1）直接查看MySQL的二进制日志。

```
[root@binghe150 ~]# mysqlbinlog --no-defaults /data/mysql/log/bin_log/mysql-bin.index
/*!50530 SET @@SESSION.PSEUDO_SLAVE_MODE=1*/;
/*!50003 SET @OLD_COMPLETION_TYPE=@@COMPLETION_TYPE,COMPLETION_TYPE=0*/;
DELIMITER /*!*/;
ERROR: Binlog has bad magic number;  It's not a binary log file that can be used by this version of MySQL
SET @@SESSION.GTID_NEXT= 'AUTOMATIC' /* added by mysqlbinlog */ /*!*/;
DELIMITER ;
# End of log file
/*!50003 SET COMPLETION_TYPE=@OLD_COMPLETION_TYPE*/;
/*!50530 SET @@SESSION.PSEUDO_SLAVE_MODE=0*/;
```

（2）只查看操作goods数据库的二进制日志。

```
[root@binghe150 ~]# mysqlbinlog --no-defaults /data/mysql/log/bin_log/mysql-bin.index -d goods
/*!50530 SET @@SESSION.PSEUDO_SLAVE_MODE=1*/;
/*!50003 SET @OLD_COMPLETION_TYPE=@@COMPLETION_TYPE,COMPLETION_TYPE=0*/;
DELIMITER /*!*/;
ERROR: Binlog has bad magic number;  It's not a binary log file that can be used by this version of MySQL
SET @@SESSION.GTID_NEXT= 'AUTOMATIC' /* added by mysqlbinlog */ /*!*/;
DELIMITER ;
# End of log file
/*!50003 SET COMPLETION_TYPE=@OLD_COMPLETION_TYPE*/;
/*!50530 SET @@SESSION.PSEUDO_SLAVE_MODE=0*/;
```

（3）查看二进制日志时，忽略掉前两个操作。

```
[root@binghe150 ~]# mysqlbinlog --no-defaults /data/mysql/log/bin_log/mysql-bin.index -o 2
/*!50530 SET @@SESSION.PSEUDO_SLAVE_MODE=1*/;
/*!50003 SET @OLD_COMPLETION_TYPE=@@COMPLETION_TYPE,COMPLETION_TYPE=0*/;
DELIMITER /*!*/;
ERROR: Binlog has bad magic number;  It's not a binary log file that can be used by this version of MySQL
SET @@SESSION.GTID_NEXT= 'AUTOMATIC' /* added by mysqlbinlog */ /*!*/;
DELIMITER ;
# End of log file
/*!50003 SET COMPLETION_TYPE=@OLD_COMPLETION_
```

（4）将结果输出到文件中。

```
mysqlbinlog --no-defaults /data/mysql/log/bin_log/mysql-bin.index -o 2 -r mysqlbinlog.log
```

查看mysqlbinlog.log文件的最后10行信息。

```
[root@binghe150 ~]# tail mysqlbinlog.log -n 10
phone VARCHAR(14),
address VARCHAR(200),
hobby VARCHAR(200)
)
/*!*/;
SET @@SESSION.GTID_NEXT= 'AUTOMATIC' /* added by mysqlbinlog */ /*!*/;
DELIMITER ;
# End of log file
/*!50003 SET COMPLETION_TYPE=@OLD_COMPLETION_TYPE*/;
/*!50530 SET @@SESSION.PSEUDO_SLAVE_MODE=0*/;
```

（5）查看二进制日志时，去掉没用的信息。

```
[root@binghe150 ~]# mysqlbinlog --no-defaults /data/mysql/log/bin_log/mysql-bin.index -S
SET TIMESTAMP=1578722477/*!*/;
/*!80013 SET @@session.sql_require_primary_key=0*//*!*/;
CREATE TABLE t_user_detail (
user_id INT NOT NULL,
phone VARCHAR(14),
address VARCHAR(200),
hobby VARCHAR(200)
)
/*!*/;
```

（6）查看某个时间段的二进制日志信息。

```
[root@binghe150 ~]# mysqlbinlog --no-defaults /data/mysql/log/bin_log/mysql-bin.000068 --start-datetime='2020/01/12 10:00:00' --stop-datetime='2020/01/12 10:30:00'

/*!50530 SET @@SESSION.PSEUDO_SLAVE_MODE=1*/;
/*!50003 SET @OLD_COMPLETION_TYPE=@@COMPLETION_TYPE,COMPLETION_TYPE=0*/;
DELIMITER /*!*/;
# at 4
#200111  8:40:02 server id 1  end_log_pos 124 CRC32 0x2f514636   Start: binlog v 4, server v 8.0.18 created 200111  8:40:02 at startup
ROLLBACK/*!*/;
BINLOG '
YhkZXg8BAAAAeAAAAHwAAAAAAAQAOC4wLjE4AAAAAAAAAAAAAAAAAAAAAAAAAAAAAAAAAAAAAAAAAAAA
AAAAAAAAAAAAAAAAAABiGRleEwANAAgAAAAABAAEAAAAYAAEGggAAAAICAgCAAAACgoKKioAEjQA
CgE2RlEv
```

（7）查看某个位置范围的二进制日志信息。

```
[root@binghe150 ~]# mysqlbinlog --no-defaults /data/mysql/log/bin_log/mysql-bin.000068 --start-position=10 --stop-position=15

/*!50530 SET @@SESSION.PSEUDO_SLAVE_MODE=1*/;
/*!50003 SET @OLD_COMPLETION_TYPE=@@COMPLETION_TYPE,COMPLETION_TYPE=0*/;
DELIMITER /*!*/;
# at 4
#200111  8:40:02 server id 1  end_log_pos 124 CRC32 0x2f514636   Start: binlog v 4, server v 8.0.18 created 200111  8:40:02 at startup
ROLLBACK/*!*/;
BINLOG '
YhkZXg8BAAAAeAAAAHwAAAAAAAQAOC4wLjE4AAAAAAAAAAAAAAAAAAAAAAAAAAAAAAAAAAAAAAAAAAAA
AAAAAAAAAAAAAAAAAABiGRleEwANAAgAAAAABAAEAAAAYAAEGggAAAAICAgCAAAACgoKKioAEjQA
CgE2RlEv
'/*!*/;
SET @@SESSION.GTID_NEXT= 'AUTOMATIC' /* added by mysqlbinlog */ /*!*/;
DELIMITER ;
# End of log file
/*!50003 SET COMPLETION_TYPE=@OLD_COMPLETION_TYPE*/;
/*!50530 SET @@SESSION.PSEUDO_SLAVE_MODE=0*/;
```

注意：关于mysqlbinlog命令的其他用法，读者可以参考MySQL官方文档，这里不再赘述。

27.6　mysqlcheck 命令

mysqlcheck 命令主要用来维护数据库中 MyISAM 存储引擎的数据表，其使用方式如下：

```
shell> mysqlcheck [options] db_name [tbl_name ...]
shell> mysqlcheck [options] --databases db_name ...
shell> mysqlcheck [options] --all-databases
```

其中，options 选项的值，可以输出如下命令进行查阅。

```
mysqlcheck --help
```

读者也可以参考 MySQL 官方文档，网址为 https://dev.mysql.com/doc/refman/8.0/en/mysqlcheck.html。

接下来介绍几个 mysqlcheck 命令常用的简单示例。

（1）检查 goods 数据库中的数据表。

```
[root@binghe150 ~]# mysqlcheck -uroot -p -c goods
Enter password:
goods.t_goods                                    OK
goods.t_goods_back                               OK
goods.t_goods_category                           OK
```

（2）修复 goods 数据库中的数据表。

```
[root@binghe150 ~]# mysqlcheck -uroot -p -r goods
Enter password:
goods.t_goods                                    OK
goods.t_goods_back
note     : The storage engine for the table doesn't support repair
goods.t_goods_category
note     : The storage engine for the table doesn't support repair
```

（3）分析 goods 数据库中的数据表。

```
[root@binghe150 ~]# mysqlcheck -uroot -p -a goods
Enter password:
goods.t_goods                                    Table is already up to date
goods.t_goods_back                               OK
goods.t_goods_category                           OK
```

（4）优化 goods 数据库中的数据表。

```
[root@binghe150 ~]# mysqlcheck -uroot -p -o goods
Enter password:
goods.t_goods                                    OK
goods.t_goods_back
note     : Table does not support optimize, doing recreate + analyze instead
status   : OK
goods.t_goods_category
note     : Table does not support optimize, doing recreate + analyze instead
status   : OK
```

27.7　mysqlshow 命令

mysqlshow 命令主要用来查看 MySQL 中存在的数据库和数据表，以及数据表中的字段和索引等信息，使用格式如下：

```
shell> mysqlshow [options] [db_name [tbl_name [col_name]]]
```

其中，options 的取值可以输入如下命令进行查阅。

```
mysqlshow --help
```

读者也可以参考 MySQL 官方文档，网址为 https://dev.mysql.com/doc/refman/8.0/en/mysqlshow.html。

mysqlshow 命令的简单示例如下：

（1）查看 MySQL 中所有的数据库。

```
[root@binghe150 ~]# mysqlshow -uroot -p
Enter password:
+--------------------+
|     Databases      |
+--------------------+
| company            |
| employees          |
| goods              |
| information_schema |
| mysql              |
| performance_schema |
| sys                |
| test               |
| test_db            |
| test_explain       |
+--------------------+
```

（2）查看每个数据库中数据表的数量和数据的总条数信息。

```
[root@binghe150 ~]# mysqlshow -uroot -p --count
Enter password:
+--------------------+--------+--------------+
|     Databases      | Tables |  Total Rows  |
+--------------------+--------+--------------+
| company            |      3 |            4 |
| employees          |      8 |      4519063 |
| goods              |      3 |           33 |
| information_schema |     67 |       296306 |
| mysql              |     33 |         3282 |
| performance_schema |    103 |       430331 |
| sys                |    101 |         5516 |
| test               |      1 |            1 |
| test_db            |      0 |            0 |
| test_explain       |      3 |            9 |
+--------------------+--------+--------------+
10 rows in set.
```

（3）查看 goods 数据库下每个表中字段的数量和表中记录的数量。

```
[root@binghe150 ~]# mysqlshow -uroot -p goods --count
Enter password:
Database: goods
+------------------+----------+------------+
|      Tables      | Columns  | Total Rows |
+------------------+----------+------------+
| t_goods          |        7 |         14 |
| t_goods_back     |        7 |         14 |
| t_goods_category |        2 |          5 |
+------------------+----------+------------+
```

（4）查看 goods 数据库下 t_goods 数据表的信息。

```
[root@binghe150 ~]# mysqlshow -uroot -p goods t_goods --count
Enter password:
Database: goods  Wildcard: t_goods
+---------+----------+------------+
| Tables  | Columns  | Total Rows |
+---------+----------+------------+
| t_goods |        7 |         14 |
+---------+----------+------------+
1 row in set.
```

（5）查看 goods 数据库下 t_goods 数据表中的所有索引。

```
[root@binghe150 ~]# mysqlshow -uroot -p goods t_goods -k
+---------+------------+---------------------+-------------+-------------+-----------+-----------+
---------+--------+------+------------+---------+---------------+---------+------------+
| Table   | Non_unique | Key_name            |Seq_in_index| Column_name | Collation |Cardinality|
Sub_part | Packed | Null | Index_type | Comment | Index_comment | Visible | Expression |
+---------+------------+---------------------+-------------+-------------+-----------+-----------+
---------+--------+------+------------+---------+---------------+---------+------------+
| t_goods |          0 | PRIMARY             |           1 | id          | A         |        14 |
NULL     |   NULL |      | BTREE      |         |               | YES     | NULL       |
| t_goods |          1 | category_name_index |           1 | t_category  | A         |         3 |
    NULL |   NULL | YES  | BTREE      |         |               | YES     | NULL       |
| t_goods |          1 | category_name_index |           2 | t_name      | A         |        14 |
    NULL |   NULL | YES  | BTREE      |         |               | YES     | NULL       |
| t_goods |          1 | name_stock_index    |           1 | t_name      | A         |        14 |
    NULL |   NULL | YES  | BTREE      |         |               | YES     | NULL       |
| t_goods |          1 | name_stock_index    |           2 | t_stock     | A         |        14 |
    NULL |   NULL | YES  | BTREE      |         |               | YES     | NULL       |
| t_goods |          1 | name_index          |           1 | t_name      | A         |        14 |
    NULL |   NULL | YES  | BTREE      |         |               | YES     | NULL       |
+---------+------------+---------------------+-------------+-------------+-----------+-----------+
---------+--------+------+------------+---------+---------------+---------+------------+
6 rows in set (0.00 sec)
```

（6）显示 t_goods 数据表的状态信息。

```
[root@binghe150 ~]# mysqlshow -uroot -p goods t_goods -i
Enter password:
Database: goods  Wildcard: t_goods
+--------+--------+---------+------------+------+----------------+-------------+--------------+
-------------+-----------+---------------+---------------------+--------------------+-----------+
-------------------+----------+-------------------+----------------+
```

```
| Name    | Engine | Version | Row_format | Rows | Avg_row_length | Data_length |Max_data_length|
Index_length | Data_free | Auto_increment | Create_time          | Update_time          | Check_time |
Collation            | Checksum | Create_options | Comment          |
+---------+--------+---------+------------+------+----------------+-------------+--------------+
----------+-----------+----------------+--------------------+--------------------+-----------+
--------------------+----------+----------------+-----------------+
| t_goods | InnoDB | 10      | Dynamic    | 14   | 1170           | 16384       | 0            |
  81920        | 0          | 19              | 2020-01-15 16:47:05 | 2020-01-15 16:46:34 |            |
utf8mb4_0900_ai_ci |          |                |    商品信息表    |
+---------+--------+---------+------------+------+----------------+-------------+--------------+
----------+-----------+----------------+--------------------+--------------------+-----------+
--------------------+----------+----------------+-----------------+
```

27.8　mysqldump 命令

mysqldump 是一个数据导出工具，能够导出数据库中的数据并进行备份，或者将数据迁移到其他数据库中。mysqldump 命令的使用格式如下：

```
shell> mysqldump [options] db_name [tbl_name ...]
shell> mysqldump [options] --databases db_name ...
shell> mysqldump [options] --all-databases
```

其中，options 为 mysqldump 命令的一些选项，可以使用如下命令查阅。

```
mysqldump --help
```

读者也可以参考 MySQL 官方文档，网址为 https://dev.mysql.com/doc/refman/8.0/en/mysqldump.html。

下面简单介绍 mysqldump 命令常用的几个简单示例。

（1）导出 goods 数据库到 goods.txt 文件中。

```
[root@binghe150 ~]# mysqldump -hlocalhost -P3306 -uroot -p goods > goods.txt
Enter password:
[root@binghe150 ~]#
```

goods.txt 文件的部分内容如下：

```
LOCK TABLES `t_goods_back` WRITE;
/*!40000 ALTER TABLE `t_goods_back` DISABLE KEYS */;
INSERT INTO `t_goods_back` VALUES (1,1,'女装/女士精品','T恤',39.90,1000,'2020-11-10 00:00:00'),(2,1,
'女装/女士精品','连衣裙',79.90,2500,'2020-11-10 00:00:00'),(3,1,'女装/女士精品','卫衣',79.90,1500,
'2020-11-10 00:00:00'),(4,1,'女装/女士精品','牛仔裤',89.90,3500,'2020-11-10 00:00:00'),(5,1,'女装/
女士精品','百褶裙',29.90,500,'2020-11-10 00:00:00'),(6,1,'女装/女士精品','呢绒外套',399.90,1200,
'2020-11-10 00:00:00'),(7,2,'户外运动','自行车',399.90,1000,'2020-11-10 00:00:00'),(8,2,'户外运动',
'山地自行车',1399.90,2500,'2020-11-10 00:00:00'),(9,2,'户外运动','登山杖',59.90,1500,'2020-11-10
00:00:00'),(10,2,'户外运动','骑行装备',399.90,3500,'2020-11-10 00:00:00'),(11,2,'户外运动','运动外套',
799.90,500,'2020-11-10 00:00:00'),(12,2,'户外运动','滑板',499.90,1200,'2020-11-10 00:00:00'),(13,5,
'水果','葡萄',49.90,500,'2020-11-10 00:00:00'),(14,5,'水果','香蕉',39.90,1200,'2020-11-10 00:00:00');
/*!40000 ALTER TABLE `t_goods_back` ENABLE KEYS */;
UNLOCK TABLES;
```

（2）只导出 goods 数据库下 t_goods 数据表的表结构。

```
[root@binghe150 ~]# mysqldump -uroot -p --compact -d goods t_goods > goods_table.txt
Enter password:
```

goods_table.txt 文件中的部分内容如下：

```
[root@binghe150 ~]# cat goods_table.txt
/*!40101 SET @saved_cs_client     = @@character_set_client */;
/*!50503 SET character_set_client = utf8mb4 */;
CREATE TABLE `t_goods` (
  `id` int(11) NOT NULL AUTO_INCREMENT COMMENT '商品记录 id',
  `t_category_id` int(11) DEFAULT '0' COMMENT '商品类别 id',
  `t_category` varchar(30) CHARACTER SET utf8mb4 COLLATE utf8mb4_0900_ai_ci DEFAULT '' COMMENT '商品
类别名称',
  `t_name` varchar(50) CHARACTER SET utf8mb4 COLLATE utf8mb4_0900_ai_ci DEFAULT '' COMMENT '商品名称',
  `t_price` decimal(10,2) DEFAULT '0.00' COMMENT '商品价格',
  `t_stock` int(11) DEFAULT '0' COMMENT '商品库存',
  `t_upper_time` datetime DEFAULT NULL COMMENT '上架时间',
  PRIMARY KEY (`id`),
  KEY `category_name_index` (`t_category`,`t_name`),
  KEY `name_stock_index` (`t_name`,`t_stock`),
  KEY `name_index` (`t_name`)
) ENGINE=InnoDB AUTO_INCREMENT=19 DEFAULT CHARSET=utf8mb4 COLLATE=utf8mb4_0900_ai_ci COMMENT='商品
信息表';
/*!40101 SET character_set_client = @saved_cs_client */;
```

结果显示，goods_table.txt 文件中只导出了 t_goods 数据表的表结构信息。

（3）可以使用-c 或--complete-insert 选项导出数据表时，使 INSERT 语句中包含字段名称。

```
[root@binghe150 ~]# mysqldump -uroot -p goods t_goods_category -c --compact > goods_category.txt
Enter password:
```

查看 goods_category.txt 文件中的内容如下：

```
[root@binghe150 ~]# cat goods_category.txt
/*!40101 SET @saved_cs_client     = @@character_set_client */;
/*!50503 SET character_set_client = utf8mb4 */;
CREATE TABLE `t_goods_category` (
  `id` int(11) NOT NULL AUTO_INCREMENT,
  `t_category` varchar(30) NOT NULL DEFAULT '',
  PRIMARY KEY (`id`)
) ENGINE=InnoDB AUTO_INCREMENT=6 DEFAULT CHARSET=utf8mb4 COLLATE=utf8mb4_0900_ai_ci;
/*!40101 SET character_set_client = @saved_cs_client */;
INSERT INTO `t_goods_category` (`id`, `t_category`) VALUES (1,'女装/女士精品'),(2,'户外运动'),(3,
'男装'),(4,'童装'),(5,'运动');
```

可以看到，导出的 INSERT 语句中包含了字段的名称。

（4）mysqldump 命令支持将数据表导出为建表语句和数据文件两部分。例如，将 goods 数据库下的 t_goods_category 数据表导出为建表语句和数据文件两部分。首先，创建 goods 目录。

```
[root@binghe150 ~]# mkdir goods
```

接下来，导出 t_goods_category 数据表。

```
[root@binghe150 ~]# mysqldump -uroot -p goods t_goods_category -T ./goods
```

```
Enter password
```

查看 goods 目录下的文件。

```
[root@binghe150 ~]# ls ./test/
t_goods_category.sql   t_goods_category.txt
```

其中，t_goods_category.sql 文件中为数据表的建表语句，t_goods_category.txt 文件中导出的是数据表中的数据。

（5）mysqldump 支持使用指定的字符编码导出数据。例如，使用 utf8mb4 编码导出 t_goods 数据表中的数据。

```
[root@binghe150 ~]# mysqldump -uroot -p --compact --default-character-set=utf8mb4 goods t_goods >
goods_table_utf8mb4
Enter password:
```

查看 goods_table_utf8mb4 文件中的内容如下：

```
[root@binghe150 ~]# cat goods_table_utf8mb4
/*!40101 SET @saved_cs_client     = @@character_set_client */;
/*!50503 SET character_set_client = utf8mb4 */;
CREATE TABLE `t_goods` (
  `id` int(11) NOT NULL AUTO_INCREMENT COMMENT '商品记录 id',
  `t_category_id` int(11) DEFAULT '0' COMMENT '商品类别 id',
  `t_category` varchar(30) CHARACTER SET utf8mb4 COLLATE utf8mb4_0900_ai_ci DEFAULT '' COMMENT '商品
类别名称',
  `t_name` varchar(50) CHARACTER SET utf8mb4 COLLATE utf8mb4_0900_ai_ci DEFAULT '' COMMENT '商品名称',
  `t_price` decimal(10,2) DEFAULT '0.00' COMMENT '商品价格',
  `t_stock` int(11) DEFAULT '0' COMMENT '商品库存',
  `t_upper_time` datetime DEFAULT NULL COMMENT '上架时间',
  PRIMARY KEY (`id`),
  KEY `category_name_index` (`t_category`,`t_name`),
  KEY `name_stock_index` (`t_name`,`t_stock`),
  KEY `name_index` (`t_name`)
) ENGINE=InnoDB AUTO_INCREMENT=19 DEFAULT CHARSET=utf8mb4 COLLATE=utf8mb4_0900_ai_ci COMMENT='商品
信息表';
/*!40101 SET character_set_client = @saved_cs_client */;
INSERT INTO `t_goods` VALUES (1,1,'女装/女士精品','T 恤',39.90,1000,'2020-11-10 00:00:00'),(2,1,'女
装/女士精品','连衣裙',79.90,2500,'2020-11-10 00:00:00'),(3,1,'女装/女士精品','卫衣',79.90,1500,
'2020-11-10 00:00:00'),(4,1,'女装/女士精品','牛仔裤',89.90,3500,'2020-11-10 00:00:00'),(5,1,'女装/
女士精品','百褶裙',29.90,500,'2020-11-10 00:00:00'),(6,1,'女装/女士精品','呢绒外套',399.90,1200,
'2020-11-10 00:00:00'),(7,2,'户外运动','自行车',399.90,1000,'2020-11-10 00:00:00'),(8,2,'户外运动',
'山地自行车',1399.90,2500,'2020-11-10 00:00:00'),(9,2,'户外运动','登山杖',59.90,1500,'2020-11-10
00:00:00'),(10,2,'户外运动','骑行装备',399.90,3500,'2020-11-10 00:00:00'),(11,2,'户外运动','运动外套',
799.90,500,'2020-11-10 00:00:00'),(12,2,'户外运动','滑板',499.90,1200,'2020-11-10 00:00:00'),(13,5,
'水果','葡萄',49.90,500,'2020-11-10 00:00:00'),(14,5,'水果','香蕉',39.90,1200,'2020-11-10 00:00:00');
```

已经正确导出了 t_goods 数据表。

27.9　mysqlimport 命令

mysqlimport 命令主要用来向数据库中导入数据，如果使用 mysqldump 命令导出数据时

使用了-T 参数，则可以使用 mysqlimport 命令将 mysqldump 导出的文件内容导入数据库中。

mysqlimport 命令的使用格式如下：

```
shell> mysqlimport [options] db_name textfile1 [textfile2 ...]
```

其中，关于 options 的具体信息，可以使用如下命令查阅。

```
mysqlimport --help
```

读者也可以参考 MySQL 官方文档，网址为 https://dev.mysql.com/doc/refman/8.0/en/mysqlimport.html，这里不再赘述。

例如，使用 mysqlimport 命令导入 t_goods.txt 文件。

```
[root@binghe150 ~]# mysqlimport -uroot -p goods t_goods goods.txt --fields-terminated-by=',' --fields-enclosed-by='"'
Enter password:
```

27.10　本章总结

MySQL 命令行工具比较多，本章只是简单介绍了几个常用的 MySQL 命令行工具，其他命令行工具的用法，读者可以在服务器命令行使用“命令行工具 --help”命令进行查阅，也可以到 MySQL 官网 https://dev.mysql.com/doc/了解详细的使用方法。下一章，将会对 MySQL 中的日志信息进行简单的介绍。

第 28 章 MySQL 日志

MySQL 支持 4 种不同类型的日志文件，充分掌握这些日志文件，能够帮助数据库维护人员更好地了解 MySQL 数据库的运行情况、SQL 语句的执行情况，以及 MySQL 服务器运行过程中出现的错误信息等，从而能够更好地优化和维护 MySQL 数据库。

本章涉及的知识点有：

- 查询日志；
- 慢查询日志；
- 错误日志；
- 二进制日志。

28.1 查询日志

MySQL 中的查询日志保存在文本文件中，能够记录 MySQL 中的所有数据操作。本节简单介绍如何开启、查看和删除 MySQL 中的查询日志。

28.1.1 开启查询日志

MySQL 默认情况下没有开启查询日志，如果需要开启查询日志，则需要在 my.cnf 文件或者 my.ini 文件的[mysqld]选项下进行配置。例如，配置开启 MySQL 的查询日志：

```
[mysqld]
general_log = 1
general_log_file = /data/mysql/log/general_log/general_statement.log
log_output = FILE
```

各种配置说明如下：

- general_log：表示是否开启查询日志。此项设置为 1 或者不带任何值，都可以开启查询日志；设置为 0 或者在 my.cnf 文件或 my.ini 文件中没有配置此项，则不会开启查询日志。
- general_log_file：查询日志的文件目录，笔者这里配置的是日志的完整路径。
- log_output：表示日志的存储方式，可以有 3 种取值，TABLE 表示将查询日志存储到数据表中；FILE 表示将查询日志保存到文件中；NONE 表示不保存日志信息到数据表和文件中。

注意：开启查询日志时，如果没有显示指定 general_log_file 选项和 log_output 选项的值，则 MySQL 会将查询日志保存到 DATADIR 选项指定的目录下（也就是数据库中的数据目录），默认的文件名称为 host_name.log，其中，host_name 为 MySQL 的主机名。

配置开启查询日志之前，首先查看/data/mysql/log/general_log 目录下的文件信息。

```
[root@binghe150 ~]#
[root@binghe150 ~]# ll /data/mysql/log/general_log/
total 0
```

当未配置 MySQL 的查询日志时，/data/mysql/log/general_log/目录下不存在任何文件。

开启查询日志配置完成后，需要重启 MySQL 服务才能生效。

```
[root@binghe150 ~]# service mysqld restart
Shutting down MySQL..... SUCCESS!
Starting MySQL........ SUCCESS!
```

也可以在 MySQL 命令行中指定开启 MySQL 的查询日志。

```
mysql> SET GLOBAL general_log = 1;
Query OK, 0 rows affected (0.01 sec)
mysql> SET GLOBAL general_log_file = '/data/mysql/log/general_log/general_statement.log';
Query OK, 0 rows affected (0.00 sec)
mysql> SET GLOBAL log_output = 'file';
Query OK, 0 rows affected (0.00 sec)
```

此时，再次查看/data/mysql/log/general_log/目录下的文件。

```
[root@binghe150 ~]# ll /data/mysql/log/general_log/
total 4
-rw-r----- 1 mysql mysql 547 Jan 17 11:39 general_statement.log
```

当开启查询日志配置完成后，MySQL 会自动创建 general_log_file 选项指定的日志文件。

28.1.2　查看查询日志

如果 log_output 选项配置的是将查询日志保存到文件中，则日志文件的格式为纯文本格式，可以直接查看日志文件中的内容。

例如，向 goods 数据库下的 t_goods_category 数据表中插入一条数据，然后查询 t_goods_category 数据表中的数据，并查看查询日志中的内容。

（1）向数据表插入数据。

```
mysql> USE goods;
Database changed
mysql> INSERT INTO t_goods_category
    -> (id, t_category)
    -> VALUES
    -> (6, '食品');
Query OK, 1 row affected (0.01 sec)
```

（2）查看数据表数据。

```
mysql> SELECT * FROM t_goods_category;
+----+---------------------+
| id | t_category          |
+----+---------------------+
|  1 | 女装/女士精品       |
|  2 | 户外运动            |
|  3 | 男装                |
|  4 | 童装                |
|  5 | 运动                |
|  6 | 食品                |
+----+---------------------+
6 rows in set (0.01 sec)
```

（3）查看查询日志中的内容。

```
[root@binghe150 ~]# cat /data/mysql/log/general_log/general_statement.log
/usr/local/mysql/bin/mysqld, Version: 8.0.18 (binghe edition). started with:
Tcp port: 3306  Unix socket: /data/mysql/run/mysql.sock
Time                 Id Command    Argument
2020-01-17T03:39:34.706121Z         8 Query     SET GLOBAL general_log_file = '/data/mysql/log/
general_log/general_statement.log'
/usr/local/mysql/bin/mysqld, Version: 8.0.18 (binghe edition). started with:
Tcp port: 3306  Unix socket: /data/mysql/run/mysql.sock
Time                 Id Command    Argument
2020-01-17T03:39:49.435725Z         8 Query     SET GLOBAL log_output = 'file'
2020-01-17T03:53:06.278557Z         8 Query     SELECT DATABASE()
2020-01-17T03:53:06.278867Z         8 Init DB   goods
2020-01-17T03:53:49.479114Z         8 Query     INSERT INTO t_goods_category
(id, t_category)
VALUES
(6, '食品')
2020-01-17T03:54:04.014541Z         8 Query     SELECT * FROM t_goods_category
```

查询日志中记录了所有的 SQL 语句的信息。

28.1.3　删除查询日志

查询日志以纯文本文件的格式保存在服务器磁盘上。可以直接删除查询日志。如果需要重新建立查询日志，则需要在 MySQL 命令行中执行 FLUSH LOGS 命令或者在服务器命令行中执行 mysqladmin flush-logs 命令。

（1）删除查询日志。

```
rm -rf /data/mysql/log/general_log/general_statement.log
```

此时，查看/data/mysql/log/general_log 目录下的文件。

```
[root@binghe150 ~]# ll /data/mysql/log/general_log
total 0
```

结果显示，查询日志文件已经被删除。

（2）刷新查询日志。

可以在 MySQL 命令行中执行如下命令刷新日志。

```
mysql> FLUSH LOGS;
Query OK, 0 rows affected (0.02 sec)
```

也可以在服务器命令行中执行如下命令刷新日志。

```
[root@binghe150 ~]# mysqladmin -uroot -p flush-logs
Enter password:
```

日志刷新成功，再次查看/data/mysql/log/general_log 目录下的文件。

```
[root@binghe150 ~]# ll /data/mysql/log/general_log
total 4
-rw-r----- 1 mysql mysql 519 Jan 17 12:33 general_statement.log
```

可以看到，已经重新创建了查询日志文件。

28.1.4 关闭查询日志

关闭查询日志就比较简单了，只需要在 my.cnf 文件或者 my.ini 文件的[mysqld]选项下，将 general_log 选项配置为 0，或者删除 general_log 选项。

```
[mysqld]
general_log = 0
```

配置完成后，重启 MySQL 才能生效。

也可以在 MySQL 命令行中执行如下命令关闭查询日志。

```
mysql> SET GLOBAL general_log = 0;
Query OK, 0 rows affected (0.00 sec)
```

当关闭查询日志后删除查询日志，再执行刷新日志的操作，MySQL 将不再重新创建查询日志文件。

28.2 慢查询日志

慢查询日志主要用来记录执行时间超过设置的某个时长的 SQL 语句，能够帮助数据库维护人员找出执行时间比较长、执行效率比较低的 SQL 语句，并对这些 SQL 语句进行针对性优化。

28.2.1 开启慢查询日志

可以在 my.cnf 文件或者 my.ini 文件中配置开启慢查询日志。

```
[mysqld]
slow_query_log = 1
slow_query_log_file = /data/mysql/log/query_log/slow_statement.log
```

```
long_query_time = 10
log_output = FILE
```

各配置项说明如下：

- slow_query_log：指定是否开启慢查询日志。指定的值为 1 或者不指定值都会开启慢查询日志；指定的值为 0 或者不配置此选项就不会开启慢查询日志。
- slow_query_log_file：慢查询日志的文件位置。
- long_query_time：指定 SQL 语句执行时间超过多少秒时记录慢查询日志。
- log_output：与查询日志的 log_output 选项相同，此处不再赘述。

注意：log_output 能够配置将日志记录到数据表中还是记录到文件中，当记录到数据表中时，则数据表中记录的慢查询时间只能精确到秒；如果是记录到日志文件中，则日志文件中记录的慢查询时间能够精确到微秒。建议在实际工作中，将慢查询日志记录到文件中。

配置完成后，重启 MySQL 服务器配置才能生效。

除了在文件中配置开启慢查询日志外，也可以在 MySQL 命令行中执行如下命令开启慢查询日志。

```
mysql> SET GLOBAL slow_query_log = 1;
Query OK, 0 rows affected (0.00 sec)
mysql> SET GLOBAL slow_query_log_file = '/data/mysql/log/query_log/slow_statement.log';
Query OK, 0 rows affected (0.00 sec)
mysql> SET GLOBAL long_query_time = 10;
Query OK, 0 rows affected (0.00 sec)
mysql> SET GLOBAL log_output = 'FILE';
Query OK, 0 rows affected (0.00 sec)
```

成功开启慢查询日志后，会在/data/mysql/log/query_log 目录下生成 slow_statement.log 文件。

```
[root@binghe150 ~]# ll /data/mysql/log/query_log
total 4
-rw-r----- 1 mysql mysql 177 Jan 17 14:01 slow_statement.log
```

28.2.2　查看慢查询日志

慢查询日志如果配置的是输出到文件，则会保存到纯文本文件中，直接查看纯文本文件的内容即可。接下来简单介绍查看慢查询日志的步骤。

（1）查询 t_goods_category 数据表中的数据。

```
mysql> SELECT * FROM t_goods_category;
+----+---------------------+
| id | t_category          |
+----+---------------------+
|  1 | 女装/女士精品       |
|  2 | 户外运动            |
|  3 | 男装                |
```

```
|  4 | 童装                |
|  5 | 运动                |
|  6 | 食品                |
+----+---------------------+
6 rows in set (0.00 sec)
```

（2）查看 slow_statement.log 文件中的内容。

```
[root@binghe150 ~]# cat /data/mysql/log/query_log/slow_statement.log
/usr/local/mysql/bin/mysqld, Version: 8.0.18 (binghe edition). started with:
Tcp port: 3306  Unix socket: /data/mysql/run/mysql.sock
Time                 Id Command    Argument
```

发现查询 t_goods_category 数据表中数据的 SQL 语句并没有记录到 slow_statement.log 文件中，这是因为查询 t_goods_category 数据表中数据的 SQL 语句的执行时间并未超过 long_query_time 选项配置的 10s。

（3）构造一个查询时间超过 10s 的 SQL 语句。

```
mysql> SELECT BENCHMARK(99999999, MD5('mysql'));
+-----------------------------------+
| BENCHMARK(99999999, MD5('mysql')) |
+-----------------------------------+
|                                 0 |
+-----------------------------------+
1 row in set (21.60 sec)
```

结果显示，SQL 语句的执行耗费了 21.6s。

（4）再次查看 slow_statement.log 文件中的内容。

```
[root@binghe150 ~]# cat /data/mysql/log/query_log/slow_statement.log
/usr/local/mysql/bin/mysqld, Version: 8.0.18 (binghe edition). started with:
Tcp port: 3306  Unix socket: /data/mysql/run/mysql.sock
Time                 Id Command    Argument
# Time: 2020-01-17T06:11:57.064272Z
# User@Host: root[root] @ localhost []  Id:     8
# Query_time: 21.600894  Lock_time: 0.000000 Rows_sent: 1  Rows_examined: 1
use goods;
SET timestamp=1579241495;
SELECT BENCHMARK(99999999, MD5('mysql'));
```

slow_statement.log 文件中记录了 SQL 语句 SELECT BENCHMARK(99999999, MD5('mysql'))。

28.2.3　删除慢查询日志

慢查询日志和查询日志一样以纯文本文件的形式存储在服务器磁盘中，可以直接删除。如果需要重新生成慢查询日志，可以在 MySQL 命令行中运行 FLUSH LOGS 命令，或者在服务器命令行中执行 mysqladmin flush-logs 命令。

（1）删除慢查询日志。

```
rm -rf /data/mysql/log/query_log/slow_statement.log
```

删除后，查看/data/mysql/log/query_log 目录下的文件。

```
[root@binghe150 ~]# ll /data/mysql/log/query_log
total 0
```

结果显示，slow_statement.log 文件已经被成功删除。

（2）在 MySQL 命令行中刷新日志。

```
mysql> FLUSH LOGS;
Query OK, 0 rows affected (0.01 sec)
```

或者在服务器命令行中执行如下命令刷新日志。

```
[root@binghe150 ~]# mysqladmin -uroot -p flush-logs
Enter password:
```

日志刷新成功后，再次查看/data/mysql/log/query_log 目录下的文件。

```
[root@binghe150 ~]# ll /data/mysql/log/query_log
total 4
-rw-r----- 1 mysql mysql 354 Jan 17 14:22 slow_statement.log
```

MySQL 重新创建了 slow_statement.log 文件。

28.2.4　关闭慢查询日志

关闭慢查询日志，只需要在 my.cnf 文件或者 my.ini 文件中配置 slow_query_log = 0 或者直接删除此选项即可。

```
[mysqld]
slow_query_log = 0
```

也可以在 MySQL 命令行中执行如下命令关闭慢查询日志。

```
mysql> SET GLOBAL slow_query_log = 0;
Query OK, 0 rows affected (0.00 sec)
```

当关闭慢查询日志后，删除慢查询日志文件，再执行刷新日志的操作，MySQL 将不再重新创建慢查询日志文件。

28.3　错误日志

MySQL 的错误日志中记录了 MySQL 运行过程中的所有出错信息，查看 MySQL 的错误日志能够帮助数据库维护人员更好地排查 MySQL 服务器的故障。

28.3.1　开启错误日志

可以在 my.cnf 文件或者 my.ini 文件中配置开启错误日志功能。

```
[mysqld]
log_error = /data/mysql/log/error_log/mysql-error.log
```

其中，log_error 表示错误日志文件的位置。如果没有为 log_error 赋值，则 MySQL 默认会在 DATADIR 指定的目录（MySQL 的数据存放目录）下创建一个 host_name.err 文件来记录 MySQL 的错误日志。

配置成功后，需要重新开启 MySQL 服务器才能生效。

注意：MySQL 不支持在 MySQL 命令行执行如下命令开启错误日志。

```
mysql> SET GLOBAL log_error = '/data/mysql/log/error_log/mysql-error.log';
ERROR 1238 (HY000): Variable 'log_error' is a read only variable
```

重新启动 MySQL 服务器后，查看/data/mysql/log/error_log 目录下的文件。

```
[root@binghe150 ~]# ll /data/mysql/log/error_log/
total 4
-rw-r----- 1 mysql mysql 354 Jan 17 14:22 mysql-error.log
```

结果显示，data/mysql/log/error_log 目录下已经成功生成了 mysql-error.log 文件。

28.3.2　查看错误日志

MySQL 的错误日志文件是以纯文本文件的格式存储到服务器的磁盘上，可以直接查看文件的内容。

（1）向 t_goods_category 数据表中插入数据，并使 SQL 语句报错。

```
mysql> INSERT INTO t_goods_category
    -> (id, t_category)
    -> VALUES
    -> ('mysql', 'mysql');
ERROR 1366 (HY000): Incorrect integer value: 'mysql' for column 'id' at row 1
```

（2）查看 MySQL 错误日志文件。

```
cat /data/mysql/log/error_log/ mysql-error.log
################省略 n 行日志#######################
2020-01-17T07:02:53.958135Z 0 [Note] InnoDB: Compressed tables use zlib 1.2.11
2020-01-17T07:02:53.959012Z 0 [Note] InnoDB: Number of pools: 1
2020-01-17T07:02:53.960377Z 0 [Note] InnoDB: Not using CPU crc32 instructions
2020-01-17T07:02:53.966535Z 0 [Note] InnoDB: Initializing buffer pool, total size = 128M, instances =
1, chunk size = 128M
2020-01-17T07:02:53.977288Z 0 [Note] InnoDB: Completed initialization of buffer pool
2020-01-17T07:02:54.060328Z 0 [Note] InnoDB: Highest supported file format is Barracuda.
2020-01-17T07:02:56.286598Z 0 [Note] InnoDB: 96 redo rollback segment(s) found. 96 redo rollback
segment(s) are active.
2020-01-17T07:02:56.287290Z 0 [Note] InnoDB: 32 non-redo rollback segment(s) are active.
2020-01-17T07:02:56.288285Z 0 [Note] InnoDB: Waiting for purge to start
```

28.3.3　删除错误日志

MySQL 的错误日志也可以像查询日志和慢查询日志一样直接删除，如果需要重新生成日志文件，则在 MySQL 命令行执行 FLUSH LOGS 命令，在服务器命令行执行 mysqladmin flush-logs 命令。

（1）删除错误日志。

```
rm -rf /data/mysql/log/error_log/mysql-error.log
```

查看/data/mysql/log/error_log/目录下的文件。

```
[root@binghe150 ~]# ll /data/mysql/log/error_log/
total 0
```

结果显示，mysql-error.log 文件已经被删除。

（2）刷新日志文件。

```
mysql> FLUSH LOGS;
Query OK, 0 rows affected (0.01 sec)
```

或者在服务器命令行执行如下命令刷新日志。

```
[root@binghe150 ~]# mysqladmin -uroot -p flush-logs
Enter password:
```

再次查看/data/mysql/log/error_log/目录下的文件。

```
[root@binghe150 ~]# ll /data/mysql/log/error_log/
total 4
-rw-r----- 1 mysql mysql 354 Jan 17 15:18 mysql-error.log
```

刷新日志后，MySQL 会重新生成错误日志文件。

28.3.4 关闭错误日志

关闭 MySQL 的错误日志，只需要将 my.cnf 文件或者 my.ini 文件中的 log_error 配置项删除，并重新开启 MySQL 即可。读者可自行实践，这里不再赘述。

28.4 二进制日志

二进制日志中以“事件”的形式记录了数据库中数据的变化情况，对于 MySQL 数据库的灾难恢复起着重要的作用。本节就对 MySQL 中的二进制日志进行简单的介绍。

28.4.1 开启二进制日志

可以在 my.cnf 文件或者 my.ini 文件中进行如下配置来开启二进制日志。

```
[mysqld]
log_bin = /data/mysql/log/bin_log/mysql-bin
binlog_format= mixed
binlog_cache_size=32m
max_binlog_cache_size=64m
max_binlog_size=512m
```

```
expire_logs_days = 10
```

各项配置说明如下：

- log_bin：表示开启二进制日志。如果没有为此项赋值，则 MySQL 会在 DATADIR 选项指定的目录（MySQL 的数据存放目录）下创建二进制文件。
- binlog_format：二进制文件的格式。取值可以是 STATEMENT、ROW 和 MIXED。
- binlog_cache_size：二进制日志的缓存大小。
- max_binlog_cache_size：二进制日志的最大缓存大小。
- max_binlog_size：单个二进制日志文件的最大大小，当文件大小超过此选项配置的值时，会发生日志滚动，重新生成一个新的二进制文件。
- expire_logs_days：二进制日志的过期时间。如果配置了此选项，则 MySQL 会自动清理过期的二进制日志。此选项的默认值为 0，表示 MySQL 不会清理过期日志。

配置完成后，重启 MySQL 才能使配置生效。此时，会在/data/mysql/log/bin_log 目录下生成 MySQL 的二进制文件。

```
[root@binghe150 ~]# ll /data/mysql/log/bin_log
total 8
-rw-r----- 1 mysql mysql 155 Jan 17 15:55 mysql-bin.000001
-rw-r----- 1 mysql mysql  41 Jan 17 15:55 mysql-bin.index
```

28.4.2　查看二进制日志

二进制日志文件不能以纯文本文件的形式来查看，可以使用 MySQL 的 mysqlbinlog 命令进行查看。接下来简单介绍一下查看 MySQL 二进制日志的步骤。

（1）向 t_goods_category 数据表中插入两条测试数据。

```
mysql> INSERT INTO t_goods_category (id, t_category) VALUES (7, '滋补类产品');
Query OK, 1 row affected (0.01 sec)
mysql> INSERT INTO t_goods_category (id, t_category) VALUES (8, '图书');
Query OK, 1 row affected (0.00 sec)
```

（2）使用 mysqlbinlog 命令查看二进制日志。

```
[root@binghe150 ~]# mysqlbinlog --no-defaults /data/mysql/log/bin_log/mysql-bin.000001
###################省略 n 行内容################################
BEGIN
SET TIMESTAMP=1579248019/*!*/;
INSERT INTO t_goods_category (id, t_category) VALUES (7, '滋补类产品')
###################省略 n 行内容################################
INSERT INTO t_goods_category (id, t_category) VALUES (8, '图书')
###################省略 n 行内容################################
/*!50003 SET COMPLETION_TYPE=@OLD_COMPLETION_TYPE*/;
/*!50530 SET @@SESSION.PSEUDO_SLAVE_MODE=0*/;
```

二进制日志中记录了向 t_goods_category 数据表中插入数据的 SQL 语句。

注意：查看/data/mysql/log/bin_log 目录下生成的 MySQL 二进制文件时，发现有一个 mysql-bin.index 文件，这个文件不记录二进制内容，其中记录的是当前目录下存在的所有二进制文件的完整路径。可以以纯文本文件的形式来查看 mysql-bin.index 文件。

```
[root@binghe150 ~]# cat /data/mysql/log/bin_log/mysql-bin.index
/data/mysql/log/bin_log/mysql-bin.000001
```

28.4.3 删除二进制日志

MySQL 中除了通过配置二进制日志的过期时间，由 MySQL 自动删除过期的二进制日志外，还提供了 3 种安全的手动删除二进制日志的方法。

在正式介绍手动删除 MySQL 二进制日志的方法之前，先对 MySQL 进行多次重启操作，使 MySQL 能够生成多个二进制日志文件，以便进行删除测试。

多次重启 MySQL 后，再次查看/data/mysql/log/bin_log 目录下的文件。

```
[root@binghe150 ~]# ll /data/mysql/log/bin_log
total 44
-rw-r----- 1 mysql mysql 865 Jan 17 16:20 mysql-bin.000001
-rw-r----- 1 mysql mysql 178 Jan 17 16:20 mysql-bin.000002
-rw-r----- 1 mysql mysql 178 Jan 17 16:20 mysql-bin.000003
-rw-r----- 1 mysql mysql 178 Jan 17 16:20 mysql-bin.000004
-rw-r----- 1 mysql mysql 178 Jan 17 16:20 mysql-bin.000005
-rw-r----- 1 mysql mysql 178 Jan 17 16:20 mysql-bin.000006
-rw-r----- 1 mysql mysql 178 Jan 17 16:21 mysql-bin.000007
-rw-r----- 1 mysql mysql 178 Jan 17 16:21 mysql-bin.000008
-rw-r----- 1 mysql mysql 178 Jan 17 16:21 mysql-bin.000009
-rw-r----- 1 mysql mysql 155 Jan 17 16:21 mysql-bin.000010
-rw-r----- 1 mysql mysql 410 Jan 17 16:21 mysql-bin.index
```

接下来，正式介绍如何以安全的方式手动删除 MySQL 的二进制日志文件。

1. 根据编号删除二进制日志

根据编号删除二进制日志，语法格式如下：

```
PURGE { BINARY | MASTER } LOGS TO 'log_name'
```

在 MySQL 命令行执行此语法格式的 SQL 语句，会删除比指定文件名编号小的所有二进制日志文件。例如，删除比 mysql-bin.000003 文件编号小的所有二进制日志文件。

```
mysql> PURGE MASTER LOGS TO 'mysql-bin.000003';
Query OK, 0 rows affected (0.01 sec)
```

SQL 语句执行成功，查看/data/mysql/log/bin_log 目录下的文件。

```
[root@binghe150 ~]# ll /data/mysql/log/bin_log
total 36
-rw-r----- 1 mysql mysql 178 Jan 17 16:20 mysql-bin.000003
-rw-r----- 1 mysql mysql 178 Jan 17 16:20 mysql-bin.000004
-rw-r----- 1 mysql mysql 178 Jan 17 16:20 mysql-bin.000005
-rw-r----- 1 mysql mysql 178 Jan 17 16:20 mysql-bin.000006
-rw-r----- 1 mysql mysql 178 Jan 17 16:21 mysql-bin.000007
```

```
-rw-r----- 1 mysql mysql 178 Jan 17 16:21 mysql-bin.000008
-rw-r----- 1 mysql mysql 178 Jan 17 16:21 mysql-bin.000009
-rw-r----- 1 mysql mysql 155 Jan 17 16:21 mysql-bin.000010
-rw-r----- 1 mysql mysql 328 Jan 17 16:29 mysql-bin.index
```

发现 mysql-bin.000001 文件和 mysql-bin.000002 文件被删除了。说明根据编号删除二进制日志时，只会删除比当前指定的文件编号小的二进制日志文件，不会删除当前指定的二进制日志文件。

2. 根据时间删除二进制日志

根据时间删除二进制日志，语法格式如下：

```
PURGE { BINARY | MASTER } LOGS BEFORE datetime_expr
```

执行此语法格式的 SQL 语句时，MySQL 会删除指定时间以前的二进制日志。

例如，删除“2020-01-17 16:21:00”之前的二进制日志文件。

```
mysql> PURGE MASTER LOGS BEFORE '2020-01-17 16:21:00';
Query OK, 0 rows affected (0.00 sec)
```

SQL 语句执行成功，查看/data/mysql/log/bin_log 目录下的文件。

```
[root@binghe150 ~]# ll /data/mysql/log/bin_log
total 20
-rw-r----- 1 mysql mysql 178 Jan 17 16:21 mysql-bin.000007
-rw-r----- 1 mysql mysql 178 Jan 17 16:21 mysql-bin.000008
-rw-r----- 1 mysql mysql 178 Jan 17 16:21 mysql-bin.000009
-rw-r----- 1 mysql mysql 155 Jan 17 16:21 mysql-bin.000010
-rw-r----- 1 mysql mysql 164 Jan 17 16:37 mysql-bin.index
```

“2020-01-17 16:21:00”之前的二进制日志文件已经被删除了，但不会删除“2020-01-17 16:21:00”时间点的二进制日志文件。

3. 删除所有二进制日志

在 MySQL 命令行执行如下命令即可删除所有二进制日志文件。

```
mysql> RESET MASTER;
Query OK, 0 rows affected (0.01 sec)
```

SQL 语句执行成功，再次查看/data/mysql/log/bin_log 目录下的文件。

```
[root@binghe150 ~]# ll /data/mysql/log/bin_log
total 8
-rw-r----- 1 mysql mysql 155 Jan 17 16:41 mysql-bin.000001
-rw-r----- 1 mysql mysql  41 Jan 17 16:41 mysql-bin.index
```

此时/data/mysql/log/bin_log 目录下的所有二进制文件已经被删除，并且二进制文件重新从 000001 开始编号。

28.4.4　暂时停止与开启二进制日志

在 MySQL 命令行执行如下命令暂时停止二进制日志：

```
mysql> SET sql_log_bin = 0;
Query OK, 0 rows affected (0.00 sec)
```

暂时开启二进制日志，则需要在 MySQL 命令行执行如下命令：

```
mysql> SET sql_log_bin = 1;
Query OK, 0 rows affected (0.00 sec)
```

28.4.5　关闭二进制日志

只需要在 my.cnf 文件或者 my.ini 文件中注释或者删除 log_bin 配置项，并重启 MySQL 服务器即可关闭 MySQL 的二进制日志，读者可自行实践，这里不再举例。

28.5　本 章 总 结

本章简单介绍了 MySQL 中的日志，包括查询日志、慢查询日志、错误日志和二进制日志，并介绍了各日志的开启、查看、删除和关闭操作。下一章将会对如何实现 MySQL 的数据备份与恢复进行简单的介绍。

第 29 章　数据备份与恢复

定期对数据库中的数据进行备份至关重要。任何数据库都不能保证做到百分之百的零故障。当数据库由于某种原因，如网络不稳定、断电、断网等意外情况造成数据库崩溃时，如果对数据库中的数据进行了备份，则恢复数据时就变得比较简单了。本章对 MySQL 中如何实现数据的备份与恢复进行简单的介绍。

本章涉及的知识点有：

- 基于 mysqldump 备份并恢复数据；
- 基于 mysqlpump 备份并恢复数据；
- 基于 mydumper 备份并恢复数据；
- 基于 mysqlhotcopy 备份并恢复数据；
- 基于 xtrabackup 备份并恢复数据；
- 数据备份与恢复案例；
- MySQL 灾难恢复；
- 实现数据库的自动备份；
- 导出数据；
- 导入数据。

29.1　基于 mysqldump 备份并恢复数据

mysqldump 是 MySQL 自带的工具，可以用来实现 MySQL 数据库的备份和数据导出。本节将简单介绍如何基于 mysqldump 实现数据库的备份与恢复。

29.1.1　备份数据

在前面的章节中已经简单地介绍过 mysqldump 导出数据时的基本用法，本节简单地介绍 mysqldump 如何实现数据库的备份。

mysqldump 的常用方法如下：

```
shell> mysqldump [options] db_name [tbl_name ...]
shell> mysqldump [options] --databases db_name ...
shell> mysqldump [options] --all-databases
```

上述 3 种用法介绍如下：

- 备份某个数据库或指定数据库中的某些表；
- 备份一个或者多个数据库；
- 备份所有数据库。

接下来使用 mysqldump 实现数据库的备份功能。

（1）备份所有的数据库。

```
[root@binghe150 ~]# mysqldump -uroot -p --all-databases > /home/mysql/backups/mysqldump_all_
databases.sql
Enter password:
```

（2）备份 MySQL 中的 goods 数据库。

```
[root@binghe150 ~]# mysqldump -uroot -p goods > /home/mysql/backups/mysqldump_goods.sql
Enter password:
```

也可以使用如下命令备份 goods 数据库。

```
[root@binghe150 ~]# mysqldump -uroot -p --databases goods > /home/mysql/backups/mysqldump_databases_
goods.sql
Enter password:
```

（3）备份 goods 数据库和 mysql 数据库。

```
[root@binghe150 ~]# mysqldump -uroot -p --databases goods mysql > /home/mysql/backups/mysqldump_
databases_goods_mysql.sql
Enter password:
```

（4）备份 goods 数据库下的 t_goods_category 数据表。

```
[root@binghe150 ~]# mysqldump -uroot -p goods t_goods_category > /home/mysql/backups/mysqldump_
goods_category.sql
Enter password:
```

（5）备份 goods 数据库下的 t_goods_category 数据表和 t_goods 数据表。

```
[root@binghe150 ~]# mysqldump -uroot -p goods t_goods_category t_goods > /home/mysql/backups/
mysqldump_goods_category_goods.sql
Enter password:
```

（6）备份数据库时保证数据的一致性状态。

```
[root@binghe150 ~]# mysqldump -uroot -p --all-databases --routines --events --single-transaction  >
/home/mysql/backups/mysqldump_databases_single_transaction.sql
Enter password:
```

（7）备份 goods 数据库时忽略 t_goods 数据表。

```
[root@binghe150 ~]# mysqldump -uroot -p  --databases goods --ignore-table=goods.t_goods  --routines
--events --single-transaction > /home/mysql/backups/mysqldump_ignore_goods_table.sql
Enter password:
```

（8）备份 goods 数据库下 t_goods 数据表中 id 小于或者等于 10 的数据。

```
[root@binghe150 ~]# mysqldump -uroot -p --databases goods --tables t_goods --where="id <= 10" >
/home/mysql/backups/mysqldump_goods_id_lt_ten.sql
Enter password:
```

（9）备份远程服务器的数据库。

```
[root@binghe150 ~]# mysqldump -uroot -p -h 192.168.175.151 --all-databases --routines --events
--triggers > /home/mysql/backups/mysqldump_databases_hostname.sql
Enter password:
```

（10）仅备份不包含数据的数据库。

```
[root@binghe150 ~]# mysqldump -uroot -p --all-databases --routines --events --triggers --no-data >
/home/mysql/backups/mysqldump_databases_no_data.sql
Enter password:
```

（11）备份数据库时，显示指定INSERT语句的字段名称。

```
[root@binghe150 ~]# mysqldump -uroot -p --all-databases --complete-insert > /home/mysql/backups/
mysqldump_databases_complete_insert.sql
Enter password:
```

（12）备份数据库时忽略建库和建表语句。

```
[root@binghe150 ~]# mysqldump -uroot -p --all-databases --no-create-db --no-create-info --complete-
insert > /home/mysql/backups/mysqldump_no_create_insert.sql
Enter password:
```

（13）备份数据库中的数据，后续将其合并到其他数据库中。

```
[root@binghe150 ~]# mysqldump -uroot -p --databases goods --no-create-info --replace > /home/mysql/
backups/mysqldump_goods_replace.sql
Enter password:
```

（14）备份数据库时忽略删除数据表的语句。

```
[root@binghe150 ~]# mysqldump -uroot -p --databases goods --skip-add-drop-table > /home/mysql/
backups/mysqldump_goods_skip_drop_table.sql
Enter password:
```

（15）备份数据库中的数据，后续恢复数据时如果数据存在，则忽略，如果数据不存在，则恢复。

```
[root@binghe150 ~]# mysqldump -uroot -p --all-databases --insert-ignore > /home/mysql/backups/
mysqldump_databases_insert_ignore.sql
Enter password:
```

注意：从MySQL 8.0版本开始，使用mysqldump备份数据时，不再备份存储过程和事件。如果需要备份存储过程和事件，则需要添加--routines选项和--events选项。示例如下：

```
[root@binghe150 ~]# mysqldump -uroot -p --all-databases --routines --events > /home/mysql/
backups/mysqldump_all_databases_routines_events.sql
Enter password:
```

另外，从MySQL 8.0版本开始，mysqldump只能备份数据库中的非数据字典表。关于mysqldump的其他用法，读者可以使用如下命令查阅。

```
mysqldump --help
```

29.1.2　恢复数据

使用 mysqldump 备份的数据恢复起来也比较简单，可以直接使用 mysql 命令恢复，也可以登录 MySQL 命令行使用 SOURCE 命令恢复数据，还可以使用 cat 命令结合 Linux 管道符恢复数据。

例如，以备份的 mysqldump_databases_goods.sql 文件恢复 goods 数据库为例，笔者将 goods 数据库删除。

```
mysql> DROP DATABASE goods;
Query OK, 3 rows affected (0.05 sec)
```

在 MySQL 命令行中恢复 goods 数据库。

```
mysql> SOURCE /home/mysql/backups/mysqldump_databases_goods.sql
###############省略部分输出结果######################
Query OK, 0 rows affected (0.00 sec)

Query OK, 0 rows affected (0.00 sec)
```

可以在服务器命令行中输入如下命令恢复数据。

```
[root@binghe150 ~]# mysql -uroot -p goods < /home/mysql/backups/ mysqldump_databases_goods.sql
Enter password:
```

也可以使用 cat 命令结合 Linux 管道符恢复数据。

```
[root@binghe150 ~]# cat /home/mysql/backups/mysqldump_databases_goods.sql | mysql -uroot -p
Enter password:
```

也可以恢复远程服务器上的数据。

```
[root@binghe150 ~]# mysql -h192.168.175.151 -P3306 -uroot -p goods < /home/mysql/backups/ mysqldump_
databases_goods.sql
Enter password:
```

或者

```
[root@binghe150 ~]# cat /home/mysql/backups/mysqldump_databases_goods.sql | mysql -h192.168.175.151
-P3306 -uroot -p
Enter password:
```

如果 MySQL 开启了二进制日志，在恢复数据时会将数据恢复过程中执行的 SQL 语句记录到二进制日志文件中，这会影响数据恢复的效率。可以在 MySQL 会话中执行“SET SQL_LOG_BIN = 0;”关闭记录二进制日志的功能。

```
mysql> SET SQL_LOG_BIN = 0; SOURCE /home/mysql/backups/mysqldump_databases_goods.sql;
Query OK, 0 rows affected (0.00 sec)
###################省略部分输出信息######################
```

也可以在服务器命令行中执行如下语句，在 MySQL 会话级别关闭记录二进制日志功能。

```
[root@binghe150 ~]# (echo "SET SQL_LOG_BIN = 0;"; cat /home/mysql/backups/mysqldump_databases_
goods.sql) | mysql -uroot -p
Enter password:
```

在数据恢复过程中有时会遇到故障，如果不进行处理，MySQL 会自动停止恢复过程。此时，可以添加-f（--force）选项，使 MySQL 遇到故障时继续恢复数据。

```
[root@binghe150 ~]# cat /home/mysql/backups/mysqldump_databases_goods.sql | mysql -uroot -p -f
Enter password:
```

29.2　基于 mysqlpump 备份并恢复数据

mysqlpump 也是 MySQL 自带的数据备份工具，它比 mysqldump 的功能更加强大。本节简单介绍如何使用 mysqlpump 备份与恢复数据。

1．备份数据

mysqlpump 备份数据时支持并行处理、备份用户和压缩备份文件等功能，比 mysqldump 的执行效率高。

（1）mysqlpump 在备份数据时，支持指定执行线程的数量来加快备份的过程。例如，可以指定 4 个线程来备份数据库。

```
[root@binghe150 ~]# mysqlpump -uroot -p --all-databases --default-parallelism=4 > /home/mysql/
backups/mysqlpump_databases_parallelism_four.sql
Enter password:
Dump progress: 1/2 tables, 0/28 rows
Dump completed in 960
```

（2）mysqldump 支持在备份数据时，为指定的数据库分配不同的线程数进行备份。例如，为 goods 数据库分配 1 个线程，为 mysql 数据库分配 2 个线程，其他数据库分配 1 个线程。

```
[root@binghe150 ~]# mysqlpump -uroot -p --parallel-schemas=1:goods,2:mysql --default-parallelism=1 >
/home/mysql/backups/mysqlpump_goods_one_mysql_two.sql
Enter password:
Dump progress: 1/2 tables, 0/28 rows
Dump completed in 1327
```

（3）为 goods 数据库和 mysql 数据库指定 2 个线程，为 sys 数据库和 information_schema 数据库指定 1 个线程，其他数据库指定 1 个线程。

```
[root@binghe150 ~]# mysqlpump -uroot -p --parallel-schemas=2:goods,mysql --parallel-schemas=1:sys,
information_schema --default-parallelism=1 > /home/mysql/backups/mysqldump_goods_two_sys_one.sql
Enter password:
Dump progress: 1/2 tables, 0/28 rows
Dump completed in 973
```

（4）mysqldump 只支持对某些数据库进行备份。例如，备份以 good 开头的数据库。

```
[root@binghe150 ~]# mysqlpump -uroot -p --include-databases=good% > /home/mysql/backups/mysqlpump_
goods.sql
Enter password:
Dump progress: 1/2 tables, 0/28 rows
Dump completed in 959
```

需要备份多个数据库时，以逗号分隔数据库的名称即可。

（5）备份数据库时，也可以忽略某些数据库。例如，忽略 mysql 数据库。

```
[root@binghe150 ~]# mysqlpump -uroot -p --exclude-databases=mysql > /home/mysql/backups/mysqlpump_
exclude_mysql.sql
Enter password:
Dump progress: 1/2 tables, 0/28 rows
Dump completed in 937
```

需要忽略多个数据库时，以逗号分隔数据库的名称即可。

（6）可以使用--result-file 选项指定备份的文件。

```
[root@binghe150 ~]# mysqlpump -uroot -p --all-databases --result-file=/home/mysql/backups/mysqldump_
databases_result_file.sql
Enter password:
Dump progress: 1/1 tables, 0/14 rows
Dump completed in 952
```

也可以使用--include-routines 和--include-events 选项包含存储过程和事件等信息。

注意：关于 mysqlpump 的其他用法，可以使用如下命令查阅，这里不再赘述。

```
mysqlpump --help
```

2. 恢复数据

恢复 mysqlpump 备份的数据与恢复 mysqldump 备份的数据方法类似，读者可自行实践，这里不再赘述。

29.3 基于 mydumper 备份并恢复数据

mydumper 也是一个数据备份工具，但不是 MySQL 自带的工具，需要单独安装，比 mysqlpump 的并行度和性能要高。本节将简单介绍如何基于 mydumper 备份并恢复数据。

29.3.1 安装 mydumper

mydumper 的安装比较简单，直接在服务器的命令行中输入如下命令即可。

```
[root@binghe150 ~]# yum install https://github.com/maxbube/mydumper/releases/download/v0.9.5/
mydumper-0.9.5-2.el6.x86_64.rpm -y
######################省略部分输出内容###########################
Installed:
  mydumper.x86_64 0:0.9.5-2
Complete!
```

读者也可以在 https://github.com/maxbube/mydumper/releases 上选择合适的版本下载并安装。

29.3.2 备份数据

（1）备份MySQL中的所有数据。

```
[root@binghe150 ~]# mydumper -S /data/mysql/run/mysql.sock -u root -a -o /home/mysql/backups/
mydumper_databases
Enter MySQL Password:
```

执行命令后会在/home/mysql/backups/mydumper_databases目录下创建多个文件，其中会为每个创建数据库的语句CREATE DATABASE创建一个<database_name>-schema-create.sql文件，并且数据库下的每个表和每个视图都有自己的schema文件和数据文件。其中，数据表的schema文件为<database_name>.<table_name>-schema.sql，数据文件为<database_name>.<table_name>.sql，视图文件为<database_name>.<table_name>-schema-view.sql，存储过程和触发器的文件为<database_name>-schema-post.sql。

查看/home/mysql/backups/mydumper_databases目录下的文件。

```
[root@binghe150 ~]# ll /home/mysql/backups/mydumper_databases
total 1968
-rw-r--r-- 1 root root    129 Jan 20 14:12 goods-schema-create.sql
-rw-r--r-- 1 root root   1047 Jan 20 14:12 goods.t_goods_back-schema.sql
-rw-r--r-- 1 root root   1111 Jan 20 14:12 goods.t_goods_back.sql
-rw-r--r-- 1 root root    331 Jan 20 14:12 goods.t_goods_category-schema.sql
-rw-r--r-- 1 root root    280 Jan 20 14:12 goods.t_goods_category.sql
-rw-r--r-- 1 root root    929 Jan 20 14:12 goods.t_goods-schema.sql
-rw-r--r-- 1 root root   1106 Jan 20 14:12 goods.t_goods.sql
-rw-r--r-- 1 root root    138 Jan 20 14:12 metadata
-rw-r--r-- 1 root root    880 Jan 20 14:12 mysql.columns_priv-schema.sql
-rw-r--r-- 1 root root    412 Jan 20 14:12 mysql.component-schema.sql
-rw-r--r-- 1 root root   2373 Jan 20 14:12 mysql.db-schema.sql
######################省略部分输出内容########################
```

结果显示mydumper已经在/home/mysql/backups/mydumper_databases目录下创建了多个数据备份文件。

（2）如果在数据备份过程中存在数据查询时间超过60s的情况，则mydumper会报错，并中断数据备份的过程，即数据备份失败。此时，可以使用-K, --kill-long-queries选项来避免这种情况的发生。

```
[root@binghe150 ~]# mydumper -S /data/mysql/run/mysql.sock -u root -a --kill-long-queries -o /home/
mysql/backups/mydumper_databases_kill_long
Enter MySQL Password:
```

也可以将-l, --long-query-guard选项的值设置得更大些，其中，-l, --long-query-guard选项的值是一个表示时间的长度值，单位为秒。

```
[root@binghe150 ~]# mydumper -S /data/mysql/run/mysql.sock -u root -a --long-query-guard 120 -o /home/
mysql/backups/mydumper_databases_long_guard
Enter MySQL Password:
```

（3）在数据备份的目录中存在一个metadata文件。

```
[root@binghe150 ~]# ll /home/mysql/backups/mydumper_databases_long_guard
total 1968
-rw-r--r-- 1 root root    129 Jan 20 14:32 goods-schema-create.sql
-rw-r--r-- 1 root root   1047 Jan 20 14:32 goods.t_goods_back-schema.sql
-rw-r--r-- 1 root root   1111 Jan 20 14:32 goods.t_goods_back.sql
-rw-r--r-- 1 root root    331 Jan 20 14:32 goods.t_goods_category-schema.sql
-rw-r--r-- 1 root root    280 Jan 20 14:32 goods.t_goods_category.sql
-rw-r--r-- 1 root root    929 Jan 20 14:32 goods.t_goods-schema.sql
-rw-r--r-- 1 root root   1106 Jan 20 14:32 goods.t_goods.sql
-rw-r--r-- 1 root root    138 Jan 20 14:32 metadata
####################省略部分输出内容######################
```

metadata文件中存储的是MySQL二进制日志文件的坐标信息。

```
[root@binghe150 ~]# cat /home/mysql/backups/mydumper_databases_long_guard/metadata
Started dump at: 2020-01-20 14:32:01
SHOW MASTER STATUS:
        Log: mysql-bin.000004
        Pos: 64884
        GTID:

Finished dump at: 2020-01-20 14:32:01
```

注意：在MySQL主服务器上，metadata文件会存储主服务器上二进制日志文件的坐标信息；在MySQL从服务器上，metadata文件会存储主服务器和从服务器上二进制日志文件的坐标信息。

（4）mydumper支持单独备份指定的某个数据库。例如，使用mydumper备份goods数据库。

```
[root@binghe150 ~]# mydumper -S /data/mysql/run/mysql.sock -u root -a -B goods -o /home/mysql/
backups/mydumper_goods_database
Enter MySQL Password:
```

/home/mysql/backups/mydumper_goods_database目录下存储了有关goods数据库的所有信息。

```
[root@binghe150 ~]# ll /home/mysql/backups/mydumper_goods_database
total 32
-rw-r--r-- 1 root root  129 Jan 20 14:44 goods-schema-create.sql
-rw-r--r-- 1 root root 1047 Jan 20 14:44 goods.t_goods_back-schema.sql
-rw-r--r-- 1 root root 1111 Jan 20 14:44 goods.t_goods_back.sql
-rw-r--r-- 1 root root  331 Jan 20 14:44 goods.t_goods_category-schema.sql
-rw-r--r-- 1 root root  280 Jan 20 14:44 goods.t_goods_category.sql
-rw-r--r-- 1 root root  929 Jan 20 14:44 goods.t_goods-schema.sql
-rw-r--r-- 1 root root 1106 Jan 20 14:44 goods.t_goods.sql
-rw-r--r-- 1 root root  138 Jan 20 14:44 metadata
```

（5）mydumper支持单独备份指定数据库下的某张数据表。例如，使用mydumper备份goods数据库下的t_goods数据表。

```
[root@binghe150 ~]# mydumper -S /data/mysql/run/mysql.sock -u root -a -B goods -T t_goods -o /home/
mysql/backups/mydumper_goods_table
Enter MySQL Password:
```

此时，/home/mysql/backups/mydumper_goods_table 目录下只是存储了 t_goods 数据表相关的信息。

```
[root@binghe150 ~]# ll /home/mysql/backups/mydumper_goods_table
total 16
-rw-r--r-- 1 root root  129 Jan 20 14:48 goods-schema-create.sql
-rw-r--r-- 1 root root  929 Jan 20 14:48 goods.t_goods-schema.sql
-rw-r--r-- 1 root root 1106 Jan 20 14:48 goods.t_goods.sql
-rw-r--r-- 1 root root  138 Jan 20 14:48 metadata
```

（6）当需要对某个数据库中的多张表进行备份时，多张数据表之间使用逗号分隔。例如，使用 mydumper 备份 goods 数据库中的 t_goods_category 数据表和 t_goods 数据表。

```
[root@binghe150 ~]# mydumper -S /data/mysql/run/mysql.sock -u root -a -B goods -T t_goods_category,
t_goods -o /home/mysql/backups/mydumper_category_goods table
Enter MySQL Password:
```

备份完成后，在/home/mysql/backups/mydumper_category_goods_table 目录中存储了 goods 数据库中的 t_goods_category 数据表和 t_goods 数据表的备份数据。

```
[root@binghe150 ~]# ll /home/mysql/backups/mydumper_category_goods_table
total 24
-rw-r--r-- 1 root root  129 Jan 20 14:53 goods-schema-create.sql
-rw-r--r-- 1 root root  331 Jan 20 14:53 goods.t_goods_category-schema.sql
-rw-r--r-- 1 root root  280 Jan 20 14:53 goods.t_goods_category.sql
-rw-r--r-- 1 root root  929 Jan 20 14:53 goods.t_goods-schema.sql
-rw-r--r-- 1 root root 1106 Jan 20 14:53 goods.t_goods.sql
-rw-r--r-- 1 root root  138 Jan 20 14:53 metadata
```

（7）mydumper 支持使用正则表达式来备份指定的数据库。例如，使用正则表达式备份 goods 数据库和 mysql 数据库。

```
[root@binghe150 ~]# mydumper -S /data/mysql/run/mysql.sock -u root -a --regex '^((goods|mysql))?' -o
/home/mysql/backups/mydumper_regex_goods_mysql
Enter MySQL Password:
```

此时，/home/mysql/backups/mydumper_regex_goods_mysql 目录下存储了 goods 数据库和 mysql 数据库的备份数据。

```
[root@binghe150 ~]# ll /home/mysql/backups/mydumper_regex_goods_mysql
total 1968
-rw-r--r-- 1 root root   129 Jan 20 15:00 goods-schema-create.sql
-rw-r--r-- 1 root root  1047 Jan 20 15:00 goods.t_goods_back-schema.sql
-rw-r--r-- 1 root root  1111 Jan 20 15:00 goods.t_goods_back.sql
-rw-r--r-- 1 root root   331 Jan 20 15:00 goods.t_goods_category-schema.sql
-rw-r--r-- 1 root root   280 Jan 20 15:00 goods.t_goods_category.sql
-rw-r--r-- 1 root root   929 Jan 20 15:00 goods.t_goods-schema.sql
-rw-r--r-- 1 root root  1106 Jan 20 15:00 goods.t_goods.sql
-rw-r--r-- 1 root root   138 Jan 20 15:00 metadata
-rw-r--r-- 1 root root   880 Jan 20 15:00 mysql.columns_priv-schema.sql
-rw-r--r-- 1 root root   412 Jan 20 15:00 mysql.component-schema.sql
-rw-r--r-- 1 root root  2373 Jan 20 15:00 mysql.db-schema.sql
-rw-r--r-- 1 root root   363 Jan 20 15:00 mysql.db.sql
##########################省略部分输出信息##############################
```

也可以使用正则表达式备份除了 goods 数据库和 mysql 数据库之外的其他数据库的数据。

```
[root@binghe150 ~]# mydumper -S /data/mysql/run/mysql.sock -u root -a --regex '^(?!(goods|mysql))'
-o /home/mysql/backups/mydumper_regex_not_goods_mysql
Enter MySQL Password:
```

此时，mydumper_regex_not_goods_mysql 目录下存放的是除了 goods 数据库和 mysql 数据库以外的数据备份信息。

```
[root@binghe150 ~]# ll /home/mysql/backups/mydumper_regex_not_goods_mysql
total 820
-rw-r--r-- 1 root root  138 Jan 20 15:04 metadata
-rw-r--r-- 1 root root  125 Jan 20 15:04 sys.host_summary_by_file_io-schema.sql
-rw-r--r-- 1 root root 1593 Jan 20 15:04 sys.host_summary_by_file_io-schema-view.sql
-rw-r--r-- 1 root root  172 Jan 20 15:04 sys.host_summary_by_file_io_type-schema.sql
-rw-r--r-- 1 root root 1923 Jan 20 15:04 sys.host_summary_by_file_io_type-schema-view.sql
-rw-r--r-- 1 root root  166 Jan 20 15:04 sys.host_summary_by_stages-schema.sql
######################省略部分输出内容##########################
```

（8）当需要备份的数据表中的数据非常多时，mydumper 支持将数据表拆分成一个个小的数据块来备份数据，其中每个小数据块的数据都会存储为一个单独的数据文件。例如，将 goods 数据库中的 t_goods 数据表拆分成一个个小的数据块进行备份。

```
[root@binghe150 ~]# mydumper -S /data/mysql/run/mysql.sock -u root -a -B goods -T t_goods --triggers
--events --routines --rows 2 -t 2  -o /home/mysql/backups/mysqldump_chunk_goods_table
Enter MySQL Password:
```

查看/home/mysql/backups/mysqldump_chunk_goods_table 目录下的文件。

```
[root@binghe150 ~]# ll /home/mysql/backups/mysqldump_chunk_goods_table
total 40
-rw-r--r-- 1 root root 129 Jan 20 16:07 goods-schema-create.sql
-rw-r--r-- 1 root root 274 Jan 20 16:07 goods.t_goods.00000.sql
-rw-r--r-- 1 root root 276 Jan 20 16:07 goods.t_goods.00001.sql
-rw-r--r-- 1 root root 282 Jan 20 16:07 goods.t_goods.00002.sql
-rw-r--r-- 1 root root 274 Jan 20 16:07 goods.t_goods.00003.sql
-rw-r--r-- 1 root root 270 Jan 20 16:07 goods.t_goods.00004.sql
-rw-r--r-- 1 root root 268 Jan 20 16:07 goods.t_goods.00005.sql
-rw-r--r-- 1 root root 248 Jan 20 16:07 goods.t_goods.00006.sql
-rw-r--r-- 1 root root 929 Jan 20 16:07 goods.t_goods-schema.sql
-rw-r--r-- 1 root root 138 Jan 20 16:07 metadata
```

结果显示，t_goods 数据表的每个小数据块都被备份为一个单独的文件，文件格式为 <database_name>.<table_name>.<number>.sql，其中，<number>由 5 位数字构成，从 00000 开始，依次递增 1。

（9）mydumper 支持压缩备份。例如，导出 goods 数据库并压缩内容。

```
[root@binghe150 ~]# mydumper -S /data/mysql/run/mysql.sock -u root -a -B goods -t 2 --compress -o
/home/mysql/backups/mydumper_goods_compress
Enter MySQL Password:
```

查看/home/mysql/backups/mydumper_goods_compress 目录下的文件。

```
[root@binghe150 ~]# ll /home/mysql/backups/mydumper_goods_compress
total 32
-rw-r--r-- 1 root root 132 Jan 20 16:38 goods-schema-create.sql.gz
-rw-r--r-- 1 root root 515 Jan 20 16:38 goods.t_goods_back-schema.sql.gz
-rw-r--r-- 1 root root 447 Jan 20 16:38 goods.t_goods_back.sql.gz
```

```
-rw-r--r-- 1 root root 259 Jan 20 16:38 goods.t_goods_category-schema.sql.gz
-rw-r--r-- 1 root root 249 Jan 20 16:38 goods.t_goods_category.sql.gz
-rw-r--r-- 1 root root 493 Jan 20 16:38 goods.t_goods-schema.sql.gz
-rw-r--r-- 1 root root 443 Jan 20 16:38 goods.t_goods.sql.gz
-rw-r--r-- 1 root root 138 Jan 20 16:38 metadata
```

结果显示，/home/mysql/backups/mydumper_goods_compress 目录下的文件都被压缩处理了。

（10）mydumper 支持仅备份数据库中的数据，而忽略建库建表语句。例如，备份 goods 数据库中的数据时忽略建库建表语句。

```
[root@binghe150 ~]# mydumper -S /data/mysql/run/mysql.sock -u root -a -B goods -t 2 --no-schemas
--compress -o /home/mysql/backups/mydumper_goods_compress_noschema
Enter MySQL Password:
```

查看/home/mysql/backups/mydumper_goods_compress_noschema 目录下的文件。

```
[root@binghe150 ~]# ll /home/mysql/backups/mydumper_goods_compress_noschema
total 16
-rw-r--r-- 1 root root 447 Jan 20 17:09 goods.t_goods_back.sql.gz
-rw-r--r-- 1 root root 249 Jan 20 17:09 goods.t_goods_category.sql.gz
-rw-r--r-- 1 root root 443 Jan 20 17:09 goods.t_goods.sql.gz
-rw-r--r-- 1 root root 138 Jan 20 17:09 metadata
```

结果显示，/home/mysql/backups/mydumper_goods_compress_noschema 目录下只有对数据的压缩文件，而没有建库建表的压缩文件。

注意：关于 mydumper 的更多用法，读者可以在服务器的命令行中输入如下命令进行查阅，这里不再赘述。

```
mydumper --help
```

29.3.3　恢复数据

mydumper 备份的数据可以使用 myloader 工具进行恢复。myloader 和 mydumper 是一起安装的，不需要单独安装。

（1）恢复 MySQL 中的数据库。

```
[root@binghe150 ~]# myloader -S /data/mysql/run/mysql.sock -d /home/mysql/backups/mydumper_goods_
compress_noschema -u root -a -q 5000 -t 8 -C -o
Enter MySQL Password:
```

（2）myloader 支持恢复单个数据库中的数据。例如，只恢复 goods 数据库中的数据。

```
[root@binghe150 ~]# myloader -S /data/mysql/run/mysql.sock -d /home/mysql/backups/mydumper_goods_
compress_noschema -u root -a -q 5000 -t 8 -C --source-db goods -o
Enter MySQL Password:
```

（3）恢复 goods 数据库中 t_goods 数据表中的数据，mydumper 会将每个数据表的数据存放在一个单独的文件中。此时，如果需要恢复某个数据表的数据，可以使用 mysql 命令指定恢复某个文件中的数据。

```
[root@binghe150 ~]# mysql -uroot -p goods -A -f < /home/mysql/backups/mydumper_goods_table/goods.
t_goods.sql
Enter password:
```

（4）备份数据时，如果数据表被切分为多个小的数据块，则需要将与元数据文件 metadata 相关的 sql 文件复制到同一目录下，再使用 myloader 工具进行恢复。例如，将相关的文件整理到/home/mysql/backups/mysqldump_chunk_goods_table 目录下。

```
[root@binghe150 ~]# ll /home/mysql/backups/mysqldump_chunk_goods_table
total 40
-rw-r--r-- 1 root root 129 Jan 20 16:07 goods-schema-create.sql
-rw-r--r-- 1 root root 274 Jan 20 16:07 goods.t_goods.00000.sql
-rw-r--r-- 1 root root 276 Jan 20 16:07 goods.t_goods.00001.sql
-rw-r--r-- 1 root root 282 Jan 20 16:07 goods.t_goods.00002.sql
-rw-r--r-- 1 root root 274 Jan 20 16:07 goods.t_goods.00003.sql
-rw-r--r-- 1 root root 270 Jan 20 16:07 goods.t_goods.00004.sql
-rw-r--r-- 1 root root 268 Jan 20 16:07 goods.t_goods.00005.sql
-rw-r--r-- 1 root root 248 Jan 20 16:07 goods.t_goods.00006.sql
-rw-r--r-- 1 root root 929 Jan 20 16:07 goods.t_goods-schema.sql
-rw-r--r-- 1 root root 138 Jan 20 16:07 metadata
```

使用如下命令进行恢复。

```
[root@binghe150 ~]# myloader -S /data/mysql/run/mysql.sock -d /home/mysql/backups/mysqldump_chunk_
goods_table -u root -a -q 5000 -t 8 --compress-protocol --overwrite-tables
Enter MySQL Password:
```

注意：关于 myloader 工具的其他用法，读者可以使用如下命令进行查阅，这里不再赘述。

```
myloader --help
```

29.4 基于 mysqlhotcopy 备份并恢复数据

mysqlhotcopy 是一个能够实现 MySQL 热备份的工具，但是它只能备份 MyISAM 存储引擎和 ARCHIVE 存储引擎的数据表。本节简单介绍一下如何使用 mysqlhotcopy 工具实现数据的备份与恢复。

29.4.1 安装 mysqlhotcopy

MySQL 5.7 版本之前自带 mysqlhotcopy 工具，MySQL 5.7 及以后的版本不再自带 mysqlhotcopy 工具。如果想使用 mysqlhotcopy 工具备份数据库，则需要手动安装。

安装 mysqlhostcopy 的过程比较简单，在服务器命令行中依次输入如下命令即可。

```
yum install perl-DBD* -y
wget https://cpan.metacpan.org/authors/id/C/CA/CAPTTOFU/DBD-mysql-4.029.tar.gz
tar -zxvf DBD-mysql-4.029.tar.gz
cd DBD-mysql-4.029
perl Makefile.PL
make
```

```
make install
echo $?
```

29.4.2　备份数据

使用 mysqlhotcopy 备份数据库比较简单。例如，使用 mysqlhotcopy 备份 goods 数据库到 /home/mysql/backups/mysqlhotcopy_goods_database 目录下。

```
[root@binghe150 ~]# mysqlhotcopy -uroot -p goods /home/mysql/backups/mysqlhotcopy_goods_database
Enter password:
```

注意：关于 mysqlhotcopy 的其他用法，读者可以在服务器命令行中输入如下命令进行查阅，这里不再赘述。

```
mysqlhotcopy --help
```

29.4.3　恢复数据

使用 mysqlhotcopy 备份的数据来恢复数据库比较简单，只需要将 MySQL 服务停止后将备份的文件复制到 MySQL 的数据目录下，并将备份文件的所有者修改为 mysql，然后启动 MySQL 服务即可，整个过程如下：

```
service mysqld stop
cp -r /home/mysql/backups/mysqlhotcopy_goods_database /data/mysql/data/goods
chown -R mysql.mysql /data/mysql/data/goods
service mysqld start
```

29.5　基于 xtrabackup 备份并恢复数据

xtrabackup 是一款数据库备份工具。本节简单介绍一下如何基于 xtrabackup 备份与恢复数据库。

29.5.1　安装 xtrabackup

xtrabackup 工具在执行数据库的备份过程中，会使用 REDO 日志文件来保证数据的一致性，因此数据备份和恢复的效率比较高。由于不是 MySQL 自带的工具，所以，想要使用 xtrabackup 备份和恢复数据库，就需要先安装 xtrabackup。

安装 xtrabackup 的过程比较简单，只需要在服务器的命令行中输入如下命令即可。

```
yum install https://www.percona.com/downloads/Percona-XtraBackup-LATEST/Percona-XtraBackup-8.0.9/
binary/redhat/6/x86_64/percona-xtrabackup-80-8.0.9-1.el6.x86_64.rpm -y
```

安装完成后，查看 xtrabackup 的版本。

```
[root@binghe150 ~]# xtrabackup -v
xtrabackup: recognized server arguments: --datadir=/var/lib/mysql
xtrabackup version 8.0.9 based on MySQL server 8.0.18 Linux (x86_64) (revision id: c5cbbe4)
```

结果显示，当前 xtrabackup 的版本为 8.0.9，说明 xtrabackup 安装成功。

29.5.2　备份数据

使用 xtrabackup 备份数据时可以实现数据的全量备份，在全备份的基础上实现增量备份，还能够实现在增量备份的基础上再次实现增量备份。

1. 实现全量备份

以备份 goods 数据库中的数据为例，首先查看 goods 数据库中 t_goods_category 数据表中的数据。

```
mysql> SELECT * FROM t_goods_category;
+----+---------------------+
| id | t_category          |
+----+---------------------+
|  1 | 女装/女士精品       |
|  2 | 户外运动            |
|  3 | 男装                |
|  4 | 童装                |
|  5 | 运动                |
|  6 | 食品                |
|  7 | 滋补类产品          |
|  8 | 图书                |
+----+---------------------+
8 rows in set (0.22 sec)
```

接下来使用 xtrabackup 全量备份 goods 数据库中的数据。

```
[root@binghe150 ~]# xtrabackup -uroot -p --databases=goods --backup --datadir=/data/mysql/data/
--target-dir=/home/mysql/backups/xtrabackup_databases_all --socket=/data/mysql/run/mysql.sock
#######################省略部分输出内容#########################
200121 09:02:54 All tables unlocked
200121 09:02:54 Backup created in directory '/home/mysql/backups/xtrabackup_databases_all/'
MySQL binlog position: filename 'mysql-bin.000007', position '155'
200121 09:02:54 [00] Writing /home/mysql/backups/xtrabackup_databases_all/backup-my.cnf
200121 09:02:54 [00]        ...done
200121 09:02:54 [00] Writing /home/mysql/backups/xtrabackup_databases_all/xtrabackup_info
200121 09:02:54 [00]        ...done
xtrabackup: Transaction log of lsn (882550883) to (882550913) was copied.
200121 09:02:56 completed OK!
```

全量备份数据成功。xtrabackup 的部分参数说明如下：

- -u：连接 MySQL 数据库的用户名。
- -p：连接 MySQL 数据库的密码。
- --databases：指定数据库的名称。
- --backup：当前的操作为备份数据。

- --datadir：MySQL 数据存放目录（my.cnf 文件中 datadir 配置的目录）。
- --target-dir：数据备份的目标目录。
- --socket：MySQL 的 mysql.socket 文件路径。

2. 基于全量备份实现增量备份

xtrabackup 支持在全量的基础上实现增量备份。例如，向 t_goods_category 数据表中插入两条数据。

```
mysql> INSERT INTO t_goods_category
    -> (id, t_category)
    -> VALUES
    -> (9, '运动套装'),
    -> (10, '时尚名牌');
Query OK, 2 rows affected (0.01 sec)
Records: 2  Duplicates: 0  Warnings: 0
```

接下来，使用 xtrabackup 在全量备份的基础上实现数据的增量备份。

```
[root@binghe150 ~]# xtrabackup --datadir=/data/mysql/data/ -uroot -p --databases=goods --backup
--target-dir=/home/mysql/backups/xtrabackup_databases_increment1 --incremental-basedir=/home/mysql/
backups/xtrabackup_databases_all --socket=/data/mysql/run/mysql.sock
#######################省略部分输出内容#######################
200121 09:20:55 All tables unlocked
200121 09:20:55 Backup created in directory '/home/mysql/backups/xtrabackup_databases_increment1/'
MySQL binlog position: filename 'mysql-bin.000008', position '155'
200121 09:20:55 [00] Writing /home/mysql/backups/xtrabackup_databases_increment1/backup-my.cnf
200121 09:20:55 [00]        ...done
200121 09:20:55 [00] Writing /home/mysql/backups/xtrabackup_databases_increment1/xtrabackup_info
200121 09:20:55 [00]        ...done
xtrabackup: Transaction log of lsn (882551403) to (882551433) was copied.
200121 09:20:56 completed OK!
```

在全量备份的基础上增量备份数据成功。其中，--incremental-basedir 表示在某个备份目录的基础上进行备份。

3. 基于增量备份再次实现增量备份

xtrabackup 支持在数据增量备份的基础上再次实现数据的增量备份。例如，再次向 t_goods_category 数据表中插入两条数据。

```
mysql> INSERT INTO t_goods_category
    -> (id, t_category)
    -> VALUES
    -> (11, '电子产品'),
    -> (12, '儿童玩具');
Query OK, 2 rows affected (0.00 sec)
Records: 2  Duplicates: 0  Warnings: 0
```

接下来，使用 xtrabackup 在数据增量备份的基础上再次实现数据的增量备份。

```
[root@binghe150 ~]# xtrabackup --datadir=/data/mysql/data/ -uroot -p --databases=goods --backup
--target-dir=/home/mysql/backups/xtrabackup_databases_increment2 --incremental-basedir=/home/mysql/
backups/xtrabackup_databases_increment1 --socket=/data/mysql/run/mysql.sock
```

```
##########################省略部分输出结果############################
200121 09:38:16 All tables unlocked
200121 09:38:16 Backup created in directory '/home/mysql/backups/xtrabackup_databases_increment2/'
MySQL binlog position: filename 'mysql-bin.000009', position '155'
200121 09:38:16 [00] Writing /home/mysql/backups/xtrabackup_databases_increment2/backup-my.cnf
200121 09:38:16 [00]        ...done
200121 09:38:16 [00] Writing /home/mysql/backups/xtrabackup_databases_increment2/xtrabackup_info
200121 09:38:16 [00]        ...done
xtrabackup: Transaction log of lsn (882553673) to (882553703) was copied.
200121 09:38:17 completed OK!
```

由输出结果可知，在增量备份的基础上实现了增量备份成功。

29.5.3　恢复准备

使用 xtrabackup 恢复数据时，需要对备份的数据进行一些准备恢复的操作。本节就简单介绍如何对备份的数据进行恢复前的一些准备工作。

注意：在预恢复阶段，只需要在最后一次预恢复操作中进行数据的回滚操作。

1. 准备恢复全量备份的数据

在服务器命令行中执行如下命令，预恢复全量备份的数据。

```
[root@binghe150 ~]# xtrabackup --prepare --apply-log-only --target-dir=/home/mysql/backups/
xtrabackup_databases_all
###########################省略部分输出内容############################
8.0.18 started; log sequence number 882550913
Allocated tablespace ID 431 for goods/t_goods, old maximum was 0
xtrabackup: starting shutdown with innodb_fast_shutdown = 1
FTS optimize thread exiting.
Starting shutdown...
Log background threads are being closed...
Shutdown completed; log sequence number 882550913
Number of pools: 1
200121 10:51:29 completed OK!
```

其中，部分参数说明如下：

- --prepare：准备数据恢复。
- --apply-log-only：不回滚事务。

结果显示，全量备份的预恢复处理成功。

2. 合并第一次增量备份

将第一次增量备份的数据合并到全量备份的数据中。

```
[root@binghe150 ~]# xtrabackup --prepare --apply-log-only --target-dir=/home/mysql/backups/
xtrabackup_databases_all --incremental-dir=/home/mysql/backups/xtrabackup_databases_increment1
############################省略部分输出内容#############################
200121 11:00:45 [00] Copying /home/mysql/backups/xtrabackup_databases_increment1//xtrabackup_
```

```
binlog_info to ./xtrabackup_binlog_info
200121 11:00:45 [00]        ...done
200121 11:00:45 [00] Copying /home/mysql/backups/xtrabackup_databases_increment1//xtrabackup_info
to ./xtrabackup_info
200121 11:00:45 [00]        ...done
200121 11:00:45 [00] Copying /home/mysql/backups/xtrabackup_databases_increment1//xtrabackup_
tablespaces to ./xtrabackup_tablespaces
200121 11:00:45 [00]        ...done
200121 11:00:45 [00] Copying /home/mysql/backups/xtrabackup_databases_increment1/mysql-bin.000008
to ./mysql-bin.000008
200121 11:00:45 [00]        ...done
200121 11:00:45 [00] Copying /home/mysql/backups/xtrabackup_databases_increment1/mysql-bin.index
to ./mysql-bin.index
200121 11:00:45 [00]        ...done
200121 11:00:45 completed OK!
```

由输出结果可知，已经成功地将第一次备份的数据合并到了全量备份的数据中。

3. 合并第二次增量备份

将第二次增量备份的数据合并到全量备份中，需要进行数据回滚，也就是去掉--apply-log-only 选项。

```
[root@binghe150 ~]# xtrabackup --prepare --target-dir=/home/mysql/backups/xtrabackup_databases_all
--incremental-dir=/home/mysql/backups/xtrabackup_databases_increment2
##############################省略部分输出内容##########################
xtrabackup: using the following InnoDB configuration for recovery:
xtrabackup:   innodb_data_home_dir = .
xtrabackup:   innodb_data_file_path = ibdata1:2048M:autoextend
xtrabackup:   innodb_log_group_home_dir = .
xtrabackup:   innodb_log_files_in_group = 4
xtrabackup:   innodb_log_file_size = 1048576000
PUNCH HOLE support available
200121 11:20:45 [00]        ...done
200121 11:20:45 completed OK!
```

可以看到，合并第二次增量备份的数据成功。

29.5.4 恢复数据

恢复数据的准备工作完成后，接下来恢复 MySQL 中的数据。具体步骤如下：

（1）停止 MySQL 服务。

```
[root@binghe150 ~]# service mysqld stop
Shutting down MySQL..... SUCCESS!
```

（2）删除 MySQL 数据存放目录下的 goods 数据库目录。

```
[root@binghe150 ~]# rm -rf /data/mysql/data/goods
[root@binghe150 ~]#
```

删除后查看 MySQL 数据目录下的文件信息。

```
[root@binghe150 ~]# ll /data/mysql/data/
total 24628
```

```
-rw-r-----. 1 mysql mysql       56 Nov 24 12:46 auto.cnf
-rw-------. 1 mysql mysql     1676 Nov 24 12:46 ca-key.pem
-rw-r--r--. 1 mysql mysql     1112 Nov 24 12:46 ca.pem
-rw-r--r--. 1 mysql mysql     1112 Nov 24 12:46 client-cert.pem
-rw-------. 1 mysql mysql     1680 Nov 24 12:46 client-key.pem
drwxr-x---. 2 mysql mysql     4096 Jan 21 11:16 #innodb_temp
drwxr-x---. 2 mysql mysql     4096 Nov 24 12:46 mysql
-rw-r-----. 1 mysql mysql 25165824 Jan 21 11:16 mysql.ibd
drwxr-x---. 2 mysql mysql     4096 Nov 24 12:46 performance_schema
-rw-------. 1 mysql mysql     1680 Nov 24 12:46 private_key.pem
-rw-r--r--. 1 mysql mysql      452 Nov 24 12:46 public_key.pem
-rw-r--r--. 1 mysql mysql     1112 Nov 24 12:46 server-cert.pem
-rw-------. 1 mysql mysql     1676 Nov 24 12:46 server-key.pem
drwxr-x---. 2 mysql mysql     4096 Nov 24 12:46 sys
```

结果显示 goods 数据库的目录已经被删除。

（3）使用 xtrabackup 将备份的数据复制到 MySQL 的数据目录下。

```
[root@binghe150 ~]# xtrabackup --copy-back --target-dir=/home/mysql/backups/xtrabackup_databases_
all/goods
```

复制完成后，再次查看 MySQL 的数据存放目录。

```
[root@binghe150 ~]# ll /data/mysql/data/
total 24636
-rw-r-----. 1 mysql mysql       56 Nov 24 12:46 auto.cnf
-rw-r-----  1 mysql mysql        5 Jan 21 11:25 binghe150.pid
-rw-------. 1 mysql mysql     1676 Nov 24 12:46 ca-key.pem
-rw-r--r--. 1 mysql mysql     1112 Nov 24 12:46 ca.pem
-rw-r--r--. 1 mysql mysql     1112 Nov 24 12:46 client-cert.pem
-rw-------. 1 mysql mysql     1680 Nov 24 12:46 client-key.pem
drwxr-x---  2 root root     4096 Jan 21 11:25 goods
drwxr-x---. 2 mysql mysql     4096 Jan 21 11:25 #innodb_temp
drwxr-x---. 2 mysql mysql     4096 Nov 24 12:46 mysql
-rw-r-----. 1 mysql mysql 25165824 Jan 21 11:25 mysql.ibd
drwxr-x---. 2 mysql mysql     4096 Nov 24 12:46 performance_schema
-rw-------. 1 mysql mysql     1680 Nov 24 12:46 private_key.pem
-rw-r--r--. 1 mysql mysql      452 Nov 24 12:46 public_key.pem
-rw-r--r--. 1 mysql mysql     1112 Nov 24 12:46 server-cert.pem
-rw-------. 1 mysql mysql     1676 Nov 24 12:46 server-key.pem
drwxr-x---. 2 mysql mysql     4096 Nov 24 12:46 sys
```

接下来将/data/mysql/data/goods 目录的所有者修改为 mysql。

```
[root@binghe150 ~]# chown -R mysql.mysql /data/mysql/data/goods/
```

（4）启动 MySQL 服务。

```
[root@binghe150 ~]# service mysqld start
Starting MySQL...... SUCCESS!
```

（5）查看 goods 数据库中 t_goods_category 数据表中的数据。

```
mysql> SELECT * FROM t_goods_category;
+----+---------------------+
| id | t_category          |
+----+---------------------+
|  1 | 女装/女士精品       |
|  2 | 户外运动            |
```

```
|   3 | 男装               |
|   4 | 童装               |
|   5 | 运动               |
|   6 | 食品               |
|   7 | 滋补类产品         |
|   8 | 图书               |
|   9 | 运动套装           |
|  10 | 时尚名牌           |
|  11 | 电子产品           |
|  12 | 儿童玩具           |
+----+--------------------+
12 rows in set (0.00 sec)
```

可以看到，已经成功恢复了 goods 数据库中的数据。

注意：xtrabackup 只能备份 InnoDB 存储引擎和 XtraDB 存储引擎的数据表，而不能备份 MyISAM 存储引擎的数据表。关于 xtrabackup 的其他用法，读者可以在服务器命令行中输入如下命令进行查阅，这里不再赘述。

```
xtrabackup --help
```

29.6　数据备份与恢复案例

本节以 mysqldump 结合二进制日志为例，简单介绍一下在真实场景中是如何进行 MySQL 的数据备份与恢复的。

注意：读者也可以使用其他工具结合二进制日志实现数据的备份与恢复。同时，本节中的案例需要在 my.conf 文件或者 my.ini 文件中配置开启二进制日志。

29.6.1　完全恢复数据案例

假设使用 mysqldump 工具对数据进行备份后再次向数据库中插入了数据，稍后由于某种原因数据库发生故障，此时需要使用 mysqldump 工具和 mysqlbinlog 工具对数据进行恢复。

（1）假设 goods 数据库中的 t_goods_category 数据表中的数据与 29.5.4 节中的数据相同。

（2）某天 14 点，使用 mysqldump 备份 goods 数据库。

```
[root@binghe150 ~]# mysqldump -uroot -p -l -F goods > /home/mysql/backups/mysqldump_goods_backup.sql
Enter password:
```

部分参数说明如下：

- -l：备份的所有数据表添加读锁。
- -F：备份数据时生成一个新的二进制日志文件。

（3）再次向 t_goods_category 数据表中插入数据。

```
mysql> INSERT INTO t_goods_category
    -> (id, t_category)
```

```
    -> VALUES
    -> (13, '婴儿用品'),
    -> (14, '帽子');
Query OK, 2 rows affected (0.18 sec)
Records: 2  Duplicates: 0  Warnings: 0
```

（4）假设当天下午 15 点数据库发生故障，无法访问数据，需要恢复备份的数据。

```
[root@binghe150 ~]# mysql -uroot -p goods < /home/mysql/backups/mysqldump_goods_backup.sql
Enter password:
```

此时，goods 数据库中 t_goods_category 数据表的数据如下：

```
mysql> SELECT * FROM t_goods_category;
+----+---------------------+
| id | t_category          |
+----+---------------------+
|  1 | 女装/女士精品       |
|  2 | 户外运动            |
|  3 | 男装                |
|  4 | 童装                |
|  5 | 运动                |
|  6 | 食品                |
|  7 | 滋补类产品          |
|  8 | 图书                |
|  9 | 运动套装            |
| 10 | 时尚名牌            |
| 11 | 电子产品            |
| 12 | 儿童玩具            |
+----+---------------------+
12 rows in set (0.00 sec)
```

可以看到，此时并没有恢复完所有的数据，还需要结合二进制日志恢复增量数据。

（5）使用 mysqlbinlog 恢复 mysqldump 备份数据后的二进制日志中的增量数据。

```
[root@binghe150 ~]# mysqlbinlog /data/mysql/log/bin_log/mysql-bin.000013 | mysql -uroot -p
Enter password:
```

再次查看 t_goods_category 数据表中的数据。

```
mysql> SELECT * FROM t_goods_category;
+----+---------------------+
| id | t_category          |
+----+---------------------+
|  1 | 女装/女士精品       |
|  2 | 户外运动            |
|  3 | 男装                |
|  4 | 童装                |
|  5 | 运动                |
|  6 | 食品                |
|  7 | 滋补类产品          |
|  8 | 图书                |
|  9 | 运动套装            |
| 10 | 时尚名牌            |
| 11 | 电子产品            |
| 12 | 儿童玩具            |
| 13 | 婴儿用品            |
```

```
| 14 | 帽子                |
+----+---------------------+
14 rows in set (0.00 sec)
```

可以看到，数据已经完全恢复。

29.6.2　基于位置点恢复数据案例

假设在某天 16 点，操作人员误删除了数据库中的数据表，需要恢复数据库中的数据。

（1）使用 mysqlbinlog 转化二进制日志。

```
mysqlbinlog --start-date="2020-01-01 15:55:00" --stop-date="2020-01-01 16:05:00" /data/mysql/log/
bin_log/mysql-bin.000013 > /tmp/mysql-bin.sql
```

在/tmp 目录下的 mysql-bin.sql 文件中找到误操作语句的前后位置号，例如前后位置号分别为 33 816 和 33 820。

（2）使用 mysqldump 或其他工具恢复全量备份的数据后，使用如下命令恢复二进制日志文件中的数据。

```
mysqlbinlog --stop-position="33816" /data/mysql/log/bin_log/mysql-bin.000013 | mysql -uroot -p
mysqlbinlog --start-position="33820" /data/mysql/log/bin_log/mysql-bin.000013 | mysql -uroot -p
```

执行完毕，数据库已忽略误操作，恢复到正常状态。

29.6.3　基于时间点恢复数据案例

同样，假设在某天 16 点，操作人员误删除了数据库中的数据表，需要恢复数据库中的数据，步骤如下：

（1）使用 mysqldump 或其他工具恢复全量备份的数据。

（2）恢复二进制日志中 16 点之前的数据。

```
mysqlbinlog --stop-date="2020-01-01 15:59:00" /data/mysql/log/bin_log/mysql-bin.000013 | mysql
-uroot -p
```

（3）恢复二进制日志中 16 点之后的数据。

```
mysqlbinlog --start-date="2020-01-01 16:01:00" /data/mysql/log/bin_log/mysql-bin.000013 | mysql
-uroot -p
```

注意：由于同一个时间点可能会执行多条 SQL 语句，因此当发生误操作时，最好使用基于位置点的方法来恢复数据。

29.7　MySQL 灾难恢复

在 MySQL 运行的过程中难免会遇到各种各样的问题。例如，数据库机房断网、网络抖动、断电、内存溢出、服务器磁盘老化等，这都会对 MySQL 的正常运行造成一定的影响。其中，断电、内存溢出和服务器磁盘老化等问题可能会给 MySQL 造成灾难性的后果。

一个常见的场景是会损坏数据库的表数据文件而导致 MySQL 数据库无法正常启动。本节简单介绍如何解决由于数据库的表数据文件损坏而无法正常启动 MySQL 数据库的问题。

29.7.1　问题重现

如果是由于数据库的表数据文件被损坏而无法正常启动 MySQL 数据库，往往会在 MySQL 的错误日志文件中输出如下错误信息：

```
2020-01-22 14:18:05 4122 [Note] InnoDB: Database was not shutdown normally!
2020-01-22 14:18:05 4122 [Note] InnoDB: Starting crash recovery.
2020-01-22 14:18:05 4122 [Note] InnoDB: Reading tablespace information from the .ibd files...
2020-01-22 14:18:05 4122 [ERROR] InnoDB: Attempted to open a previously opened tablespace. Previous
tablespace dev/tb_test uses spac
e ID: 1 at filepath: ./dev/tb_test.ibd. Cannot open tablespace mysql/innodb_table_stats which uses space
ID: 1 at filepath: ./mysql/
innodb_table_stats.ibd
2020-01-22 14:18:05 2ad861898590  InnoDB: Operating system error number 2 in a file operation.
InnoDB: The error means the system cannot find the path specified.
InnoDB: If you are installing InnoDB, remember that you must create
InnoDB: directories yourself, InnoDB does not create them.
InnoDB: Error: could not open single-table tablespace file ./mysql/innodb_table_stats.ibd
InnoDB: We do not continue the crash recovery, because the table may becomeInnoDB: corrupt if we cannot
apply the log records in the InnoDB log to it.
InnoDB: To fix the problem and start mysqld:
InnoDB: 1) If there is a permission problem in the file and mysqld cannot
InnoDB: open the file, you should modify the permissions.
InnoDB: 2) If the table is not needed, or you can restore it from a backup,
InnoDB: then you can remove the .ibd file, and InnoDB will do a normal
InnoDB: crash recovery and ignore that table.
InnoDB: 3) If the file system or the disk is broken, and you cannot remove
InnoDB: the .ibd file, you can set innodb_force_recovery > 0 in my.cnf
InnoDB: and force InnoDB to continue crash recovery here.
150126 14:18:06 mysqld_safe mysqld from pid file /home/mysql/mysql_app/dbdata/binghe.pid ended
```

29.7.2　问题分析

通过对错误日志的分析可以得知具体的错误信息如下：

```
InnoDB: Error: could not open single-table tablespace file ./mysql/innodb_table_stats.ibd
InnoDB: We do not continue the crash recovery, because the table may becomeInnoDB: corrupt if we cannot
apply the log records in the InnoDB log to it.
```

实际上是 InnoDB 存储引擎出了问题。并且，MySQL 的错误日志中给出了解决此问题的方案。

```
InnoDB: To fix the problem and start mysqld:
InnoDB: 1) If there is a permission problem in the file and mysqld cannot
InnoDB: open the file, you should modify the permissions.
```

```
InnoDB: 2) If the table is not needed, or you can restore it from a backup,
InnoDB: then you can remove the .ibd file, and InnoDB will do a normal
InnoDB: crash recovery and ignore that table.
InnoDB: 3) If the file system or the disk is broken, and you cannot remove
InnoDB: the .ibd file, you can set innodb_force_recovery > 0 in my.cnf
InnoDB: and force InnoDB to continue crash recovery here.
150126 14:18:06 mysqld_safe mysqld from pid file /home/mysql/mysql_app/dbdata/binghe.pid ended
```

而且在 MySQL 的官方文档中也可以找到强制恢复的方法。网址为 https://dev.mysql.com/doc/refman/8.0/en/forcing-innodb-recovery.html。

可以在 MySQL 的配置文件 my.cnf 的[mysqld]下添加一行代码：

```
[mysqld]
innodb_force_recovery = 1
```

如果 innodb_force_recovery = 1 不生效，则可尝试 2～6 几个数字中的一个。

innodb_force_recovery 决定着 InnoDB 存储引擎的数据恢复情况，其默认值为 0，表示当需要恢复时执行所有的恢复操作；当不能进行有效的恢复操作时，MySQL 可能会无法启动，并在错误日志文件中记录下错误日志。

innodb_force_recovery 的值可以设置为 1～6，大的数字包含前面所有数字的影响。当设置参数值大于 0 后，可以对表进行 SELECT（查询）、CREATE（创建）和 DROP（删除数据库和数据表）操作，但是不能进行 INSERT（插入）、UPDATE（更新数据）和 DELETE（删除数据）等操作。

innodb_force_recovery 每个取值的含义如下：

- 1(SRV_FORCE_IGNORE_CORRUPT)：忽略损坏的数据页，继续运行 MySQL 服务。
- 2(SRV_FORCE_NO_BACKGROUND)：防止主线程和任何清除线程运行。如果清除操作期间发生崩溃，则此恢复值将阻止崩溃。
- 3(SRV_FORCE_NO_TRX_UNDO)：在崩溃后不运行事务回滚操作。
- 4(SRV_FORCE_NO_IBUF_MERGE)：不执行插入缓冲的合并操作，此值可能会永久损坏数据文件。使用此值后，需要删除并重新创建所有辅助索引，并且需要将 InnoDB 设置为只读。
- 5(SRV_FORCE_NO_UNDO_LOG_SCAN)：不查看重做日志，InnoDB 存储引擎会将未提交的事务视为已提交。此值可能会永久损坏数据文件，需要将 InnoDB 设置为只读。
- 6(SRV_FORCE_NO_LOG_REDO)：不执行与恢复相关重做日志的前滚操作。此值可能会永久损坏数据文件，使数据库页处于过时状态，这反过来又可能导致 B 树和其他数据库结构的损坏，需要将 InnoDB 设置为只读。

29.7.3　问题解决

通过上一节对问题的分析，基本上可以明确如何解决问题。本节简单介绍解决问题的步骤。

（1）在 my.cnf 配置文件的[mysqld]下配置 innodb_force_recovery 的值。

```
[mysqld]
innodb_force_recovery=1
```

注意：如果 innodb_force_recovery = 1 不生效，则可尝试 2 ~ 6 几个数字中的一个。

（2）重启 MySQL 服务。

```
[root@binghe150 ~]# service mysqld restart
Shutting down MySQL..... SUCCESS!
Starting MySQL........ SUCCESS!
```

（3）导出数据库中的数据，这里以 mysqldump 导出 goods 数据库为例。

```
[root@binghe150 ~]# mysqldump -uroot -p --databases goods  --routines --events > /home/mysql/backups/
mysqldump_databases_goods.sql
Enter password:
```

注意：这里一定要确保 goods 数据库备份成功。

（4）删除 goods 数据库中的数据。如果 MySQL 提示无法删除数据库中的数据，可以在服务器命令行中直接删除 goods 数据库的目录。

```
rm -rf /data/mysql/data/goods/
```

注意：执行此步骤的前提是第（3）步中的数据备份操作一定要成功。

（5）备份 MySQL 数据目录下的 ib_logfile0、ib_logfile1、ib_logfile2、ib_logfile3 和 ibdata1 文件，然后将这些文件删除。

```
cp /data/mysql/data/ib_logfile0 /data/mysql/backup/
cp /data/mysql/data/ib_logfile1 /data/mysql/backup/
cp /data/mysql/data/ib_logfile2 /data/mysql/backup/
cp /data/mysql/data/ib_logfile3 /data/mysql/backup/
cp /data/mysql/data/ibdata1 /data/mysql/backup/
rm -rf /data/mysql/data/ib_logfile0
rm -rf /data/mysql/data/ib_logfile1
rm -rf /data/mysql/data/ib_logfile2
rm -rf /data/mysql/data/ib_logfile3
rm -rf /data/mysql/data/ibdata1
```

注意：有些 MySQL 数据库中可能只存在 ib_logfile0、ib_logfile1 和 ibdata1 文件，那么只需要备份这些文件后，删除 MySQL 数据目录下的这些文件即可。

（6）将 my.cnf 文件中的 innodb_force_recovery 选项的值设置为 0。

```
[mysqld]
innodb_force_recovery=0
```

将 innodb_force_recovery 选项的值设置为 0 后，需要重新启动 MySQL 让服务生效。

（7）将备份的数据文件导入 MySQL 中。

```
[root@binghe150 ~]# mysql -uroot -p goods < /home/mysql/backups/mysqldump_databases_goods.sql
Enter password:
```

至此，由于数据库的表数据文件被损坏而无法正常启动 MySQL 数据库的问题就已经成功解决了。

注意：备份与恢复数据时，笔者只是简单使用了 mysqldump 命令和 mysql 命令，读者也可以使用本章介绍的其他工具实现数据的备份与恢复。

29.8　实现数据库的自动备份

备份数据库时如果每次都需要在服务器命令行中手动输入命令，无疑会增加数据库维护人员的工作量。而且如果数据库维护人员由于某种原因忘记了定期备份数据库，那么当数据库发生灾难性的故障，数据恢复将会变得异常复杂，因此有必要实现数据库的定期自动备份功能。

数据库定期自动备份功能实现起来比较简单，写一个 bash 脚本，使用 mysqldump 命令对 MySQL 中的数据库进行备份，然后再将执行 bash 脚本的命令配置到服务器的 crond 服务中即可。

（1）在服务器上新建/usr/local/mysql/backup/scripts 目录。

```
mkdir -p /usr/local/mysql/backup/scripts
```

（2）在/usr/local/mysql/backup/scripts 目录中创建数据库备份脚本 databases_backup.sh。

```
cd /usr/local/mysql/backup/scripts
vim databases_backup.sh
```

databases_backup.sh 脚本文件的内容如下：

```
backup_date=`date +%Y%m%d`
fileName=/home/db/mysql/backups/databackup_192.168.175.150_3306_$backup_date.sql
mysql -e "show databases;" -uroot -proot | grep -E "database1|database2_*|database3|*_database4" | xargs
mysqldump -uroot -proot --databases > $fileName
echo 'databases backup successfully...'
```

其中，对备份的数据库说明如下：

- database1：备份 database1 数据库；
- database2_*：备份以 database2 开头的数据库；
- database3：备份 database3 数据库；
- *_database4：备份以 database4 结尾的数据库。

（3）为 databases_backup.sh 脚本文件赋予可执行权限。

```
chmod a+x /usr/local/mysql/backup/scripts/databases_backup.sh
```

（4）在服务器命令行中执行数据库备份脚本，即可将 MySQL 中的数据库备份到服务器的/home/db/mysql/backups/目录下。

```
/usr/local/mysql/backup/scripts/databases_backup.sh
```

（5）在 crond 中配置运行数据备份脚本的命令，实现数据库的自动备份。在服务器的命令行中执行如下命令：

```
crontab -e
```

在打开的文件中输入如下一行代码：

```
00 03 * * * /usr/local/mysql/backup/scripts/databases_backup.sh
```

上述代码的含义为：每天凌晨 3 点自动执行数据备份脚本 databases_backup.sh 备份 MySQL 中的数据库。

（6）需要重启服务器的 crond 服务，配置的定时任务才能生效。在服务器的命令行中输入如下命令重启 crond 服务。

```
service crond restart
```

至此，成功实现了 MySQL 中数据库的定期自动备份功能。

29.9　导出数据

在实际工作中，数据库维护人员需要经常对数据库中的数据进行导出操作。本节简单介绍有哪些方法可以导出 MySQL 数据库中的数据。

29.9.1　使用 SELECT INTO OUTFILE 语句导出数据

SELECT INTO OUTFILE 语句可以将 MySQL 数据库中的数据导出为文本文件，语法格式如下：

```
SELECT * FROM table_name [WHERE condition] INTO OUTFILE file_path [options];
```

或者：

```
SELECT column1[, column2, ... , columnn] FROM table_name [WHERE condition] INTO OUTFILE file_path
[options];
```

接下来介绍几个导出数据的示例。

（1）将 goods 数据库中 t_goods_category 数据表中的数据导入 goods_category.txt 文件中。

```
mysql> SELECT * FROM goods.t_goods_category
    -> INTO OUTFILE '/data/mysql/tmp/goods_category.txt';
Query OK, 12 rows affected (0.00 sec)
```

SQL 语句执行成功，查看/data/mysql/tmp/goods_category.txt 文件的内容。

```
[root@binghe150 ~]# cat /data/mysql/tmp/goods_category.txt
1       女装/女士精品
2       户外运动
3       男装
4       童装
```

```
5        运动
6        食品
7        滋补类产品
8        图书
9        运动套装
10       时尚名牌
11       电子产品
12       儿童玩具
```

结果显示出 t_goods_category 数据表中的数据，默认使用制表符“\t”分隔数据表中的字段数据。

（2）导出 goods 数据库中的 t_gooda_category 数据表中的数据，字段之间使用分号进行分隔，所有字段的值使用双引号引起来。

```
mysql> SELECT * FROM goods.t_goods_category
    -> INTO OUTFILE '/data/mysql/tmp/goods_category_customer.txt'
    -> FIELDS
    -> TERMINATED BY ';'
    -> ENCLOSED BY '\"'
    -> ESCAPED BY '\''
    -> LINES
    -> TERMINATED BY '\r\n';
Query OK, 12 rows affected (0.01 sec)
```

SQL 语句执行成功，查看/data/mysql/tmp/goods_category_customer.txt 文件内容。

```
root@binghe150 ~]# cat /data/mysql/tmp/goods_category_customer.txt
"1";"女装/女士精品"
"2";"户外运动"
"3";"男装"
"4";"童装"
"5";"运动"
"6";"食品"
"7";"滋补类产品"
"8";"图书"
"9";"运动套装"
"10";"时尚名牌"
"11";"电子产品"
"12";"儿童玩具"
```

goods_category_customer.txt 文件中的字段数据之间用分号进行分隔，并且每个字段的值都添加了引号。

（3）导出 goods 数据库中的 t_goods_category 数据表中的数据，并且每行记录以<start>开头，以<end>结尾。

```
mysql> SELECT * FROM goods.t_goods_category
    -> INTO OUTFILE '/data/mysql/tmp/goods_category_start_end.txt'
    -> LINES
    -> STARTING BY '<start>'
    -> TERMINATED BY '<end>\r\n';
Query OK, 12 rows affected (0.00 sec)
```

SQL 语句执行成功，查看/data/mysql/tmp/goods_category_start_end.txt 文件内容。

```
[root@binghe150 ~]# cat /data/mysql/tmp/goods_category_start_end.txt
<start>1        女装/女士精品<end>
<start>2        户外运动<end>
<start>3        男装<end>
<start>4        童装<end>
<start>5        运动<end>
<start>6        食品<end>
<start>7        滋补类产品<end>
<start>8        图书<end>
<start>9        运动套装<end>
<start>10       时尚名牌<end>
<start>11       电子产品<end>
<start>12       儿童玩具<end>
```

goods_category_start_end.txt 文件中的每行数据分别以<start>开头并以<end>结尾。

注意： 使用 SELECT INTO OUTFILE 导出数据时，如果目标目录中存在同名文件，MySQL 就会报错。例如，再次导出/data/mysql/tmp/goods_category_start_end.txt 文件。

```
mysql> SELECT * FROM goods.t_goods_category
    -> INTO OUTFILE '/data/mysql/tmp/goods_category_start_end.txt'
    -> LINES
    -> STARTING BY '<start>'
    -> TERMINATED BY '<end>\r\n';
ERROR 1086 (HY000): File '/data/mysql/tmp/goods_category_start_end.txt' already exists
```

29.9.2 使用 mysqldump 命令导出数据

在前面的章节中简单介绍过 mysqldump 命令的使用方式。本节简单介绍如何用 mysqldump 导出 MySQL 数据表中的数据。步骤如下：

（1）导出 goods 数据库中的 t_goods_category 数据表中的数据，字段之间以分号分隔，并且为字符串类型的字段值添加引号。

```
[root@binghe150 ~]# mysqldump -uroot -p -T /data/mysql/tmp/ goods t_goods_category --fields-terminated-by ';' --fields-optionally-enclosed-by '"'
Enter password:
```

（2）命令执行成功，查看/data/mysql/tmp/目录下的 t_goods_category.txt 文件。

```
[root@binghe150 ~]# cat /data/mysql/tmp/t_goods_category.txt
1;"女装/女士精品"
2;"户外运动"
3;"男装"
4;"童装"
5;"运动"
6;"食品"
7;"滋补类产品"
8;"图书"
9;"运动套装"
10;"时尚名牌"
11;"电子产品"
12;"儿童玩具"
```

t_goods_category.txt 文件中的每行字段之间使用分号间隔，并为字符串类型的字段数据添加了引号。

使用 mysqldump 导出数据时除了生成 t_goods_category.txt 数据文件外，还会生成一个 t_goods_category.sql 文件。t_goods_category.sql 文件中记录了创建 t_goods_category 数据表的 SQL 语句。

```
[root@binghe150 ~]# cat /data/mysql/tmp/t_goods_category.sql
####################省略部分内容########################
DROP TABLE IF EXISTS `t_goods_category`;
/*!40101 SET @saved_cs_client     = @@character_set_client */;
/*!50503 SET character_set_client = utf8mb4 */;
CREATE TABLE `t_goods_category` (
  `id` int(11) NOT NULL AUTO_INCREMENT,
  `t_category` varchar(30) NOT NULL DEFAULT '',
  PRIMARY KEY (`id`)
) ENGINE=InnoDB AUTO_INCREMENT=13 DEFAULT CHARSET=utf8mb4 COLLATE=utf8mb4_0900_ai_ci;
####################省略部分内容########################
```

29.9.3　使用 mysql 命令导出数据

使用 mysql 命令也可以导出数据表中的数据，语法格式如下：

```
mysql -uroot -p --execute="SELECT * FROM table_name;" database_name > file_path
```

（1）导出 goods 数据库中的 t_goods_category 数据表中的数据，并将数据文件保存到 /data/mysql/tmp 目录下的 mysql_export_goods_category.txt 文件中。

```
[root@binghe150 ~]# mysql -uroot -p --execute="SELECT * FROM t_goods_category;" goods > /data/mysql/
tmp/mysql_export_goods_category.txt
Enter password:
```

查看/data/mysql/tmp/mysql_export_goods_category.txt 文件的内容。

```
[root@binghe150 ~]# cat /data/mysql/tmp/mysql_export_goods_category.txt
id      t_category
1       女装/女士精品
2       户外运动
3       男装
4       童装
5       运动
6       食品
7       滋补类产品
8       图书
9       运动套装
10      时尚名牌
11      电子产品
12      儿童玩具
```

mysql_export_goods_category.txt 文件中存储了 t_goods_category 数据表的所有数据。

（2）将 goods 数据库中的 t_goods 数据表导出为 HTML 文件。

```
[root@binghe150 ~]# mysql -uroot -p --html --execute="SELECT * FROM t_goods;" goods > /data/mysql/
tmp/mysql_export_goods.html
Enter password:
```

使用浏览器打开 mysql_export_goods.html 文件，如图 29-1 所示。

id	t_category_id	t_category	t_name	t_price	t_stock	t_upper_time
1	1	女装/女士精品	T恤	39.90	1000	2020-11-10 00:00:00
2	1	女装/女士精品	连衣裙	79.90	2500	2020-11-10 00:00:00
3	1	女装/女士精品	卫衣	79.90	1500	2020-11-10 00:00:00
4	1	女装/女士精品	牛仔裤	89.90	3500	2020-11-10 00:00:00
5	1	女装/女士精品	百褶裙	29.90	500	2020-11-10 00:00:00
6	1	女装/女士精品	呢绒外套	399.90	1200	2020-11-10 00:00:00
7	2	户外运动	自行车	399.90	1000	2020-11-10 00:00:00
8	2	户外运动	山地自行车	1399.90	2500	2020-11-10 00:00:00
9	2	户外运动	登山杖	59.90	1500	2020-11-10 00:00:00
10	2	户外运动	骑行装备	399.90	3500	2020-11-10 00:00:00
11	2	户外运动	运动外套	799.90	500	2020-11-10 00:00:00
12	2	户外运动	滑板	499.90	1200	2020-11-10 00:00:00
13	5	水果	葡萄	49.90	500	2020-11-10 00:00:00
14	5	水果	香蕉	39.90	1200	2020-11-10 00:00:00

图 29-1　用浏览器打开 mysql_export_goods.html 文件的效果

说明将 t_goods 数据表中的数据导出为 html 文件成功。

（3）将 goods 数据库中的 t_goods 数据表导出为 XML 文件。

```
[root@binghe150 ~]# mysql -uroot -p --xml --execute="SELECT * FROM t_goods;" goods > /data/mysql/
tmp/mysql_export_goods.xml
Enter password:
```

使用浏览器打开 mysql_export_goods.xml 文件，如图 29-2 所示。

```
- <resultset statement="SELECT * FROM t_goods">
  - <row>
      <field name="id">1</field>
      <field name="t_category_id">1</field>
      <field name="t_category">女装/女士精品</field>
      <field name="t_name">T恤</field>
      <field name="t_price">39.90</field>
      <field name="t_stock">1000</field>
      <field name="t_upper_time">2020-11-10 00:00:00</field>
    </row>
  - <row>
      <field name="id">2</field>
      <field name="t_category_id">1</field>
      <field name="t_category">女装/女士精品</field>
      <field name="t_name">连衣裙</field>
      <field name="t_price">79.90</field>
      <field name="t_stock">2500</field>
      <field name="t_upper_time">2020-11-10 00:00:00</field>
    </row>
```

图 29-2　用浏览器打开 mysql_export_goods.xml 文件的效果

说明将 t_goods 数据表中的数据导出为 XML 文件成功。

29.10　导 入 数 据

向 MySQL 数据库中导入数据通常有两种方法：一种是使用 LOAD DATA INFILE 语句

导入数据；另一种是使用 mysqlimport 导入数据。

29.10.1　使用 LOAD DATA INFILE 导入数据

使用 LOAD DATA INFILE 导入数据的语法格式如下：

```
LOAD DATA [LOCAL] INFILE 'file_path' INTO TABLE table_name [option];
```

接下来列举几个使用 LOAD DATA INFILE 语句向数据表中导入数据的示例。

1. 导入goods_category.txt文件中的数据

（1）登录 MySQL 服务器，清空 t_goods_category 数据表中的数据。

```
mysql> USE goods;
Database changed
mysql> DELETE FROM t_goods_category;
Query OK, 12 rows affected (0.10 sec)

mysql> SELECT * FROM t_goods_category;
Empty set (0.00 sec)
```

（2）将/data/mysql/tmp/goods_category.txt 文件中的数据导入 t_goods_category 数据表中。

```
mysql> LOAD DATA INFILE '/data/mysql/tmp/goods_category.txt'
    -> INTO TABLE goods.t_goods_category;
Query OK, 12 rows affected (0.03 sec)
Records: 12  Deleted: 0  Skipped: 0  Warnings: 0
```

执行成功，查看 t_goods_category 数据表中的数据。

```
mysql> SELECT * FROM t_goods_category;
+----+---------------------+
| id | t_category          |
+----+---------------------+
|  1 | 女装/女士精品        |
|  2 | 户外运动             |
|  3 | 男装                 |
|  4 | 童装                 |
|  5 | 运动                 |
|  6 | 食品                 |
|  7 | 滋补类产品           |
|  8 | 图书                 |
|  9 | 运动套装             |
| 10 | 时尚名牌             |
| 11 | 电子产品             |
| 12 | 儿童玩具             |
+----+---------------------+
12 rows in set (0.00 sec)
```

由此说明，成功向 t_goods_category 数据表中导入了数据。

2. 导入goods_category_customer.txt文件中的数据

（1）导入数据前同样需要清空 t_goods_category 数据表中的数据。

（2）将/data/mysql/tmp/goods_category_customer.txt 文件中的数据导入 t_goods_category 数据表中。

```
mysql> LOAD DATA INFILE '/data/mysql/tmp/goods_category_customer.txt'
    -> INTO TABLE goods.t_goods_category
    -> FIELDS
    -> TERMINATED BY ';'
    -> ENCLOSED BY '\"'
    -> ESCAPED BY '\''
    -> LINES
    -> TERMINATED BY '\r\n';
Query OK, 12 rows affected (0.00 sec)
Records: 12  Deleted: 0  Skipped: 0  Warnings: 0
```

数据导入语句执行成功。查看 t_goods_category 数据表中的数据即可发现数据导入成功。

3. 导入goods_category_start_end.txt文件的数据

（1）清空 t_goods_category 数据表中的数据。

（2）将/data/mysql/tmp/goods_category_start_end.txt 文件中的数据导入 t_goods_category 数据表中。

```
mysql> LOAD DATA INFILE '/data/mysql/tmp/goods_category_start_end.txt'
    -> INTO TABLE goods.t_goods_category
    -> LINES
    -> STARTING BY '<start>'
    -> TERMINATED BY '<end>\r\n';
Query OK, 12 rows affected (0.00 sec)
Records: 12  Deleted: 0  Skipped: 0  Warnings: 0
```

数据导入语句执行成功。查看 t_goods 数据表中的数据即可发现数据导入成功。

29.10.2　使用 mysqlimport 导入数据

使用 mysqlimport 导入数据的语法格式如下：

```
mysqlimport -uroot -p [--LOCAL] database_name file_path [option]
```

例如，使用 mysqlimport 向 t_goods_category 数据表中导入 t_goods_category.txt 文件中的数据，步骤如下：

（1）清空 t_goods_category 数据表中的数据。

（2）导入 t_goods_category.txt 文件中的数据。

```
[root@binghe150 ~]# mysqlimport -uroot -p goods /data/mysql/tmp/t_goods_category.txt --fields-terminated-by ';' --fields-optionally-enclosed-by ""
Enter password:
goods.t_goods_category: Records: 12  Deleted: 0  Skipped: 0  Warnings: 0
```

（3）查看 t_goods_category 数据表中的数据。

```
mysql> SELECT * FROM t_goods_category;
+----+---------------------+
| id | t_category          |
+----+---------------------+
|  1 | 女装/女士精品       |
|  2 | 户外运动            |
|  3 | 男装                |
|  4 | 童装                |
|  5 | 运动                |
|  6 | 食品                |
|  7 | 滋补类产品          |
|  8 | 图书                |
|  9 | 运动套装            |
| 10 | 时尚名牌            |
| 11 | 电子产品            |
| 12 | 儿童玩具            |
+----+---------------------+
12 rows in set (0.00 sec)
```

结果显示数据导入成功。

29.11 遇到的问题和解决方案

在数据的备份与恢复过程中难免会遇到一些问题，本节将针对这些问题和解决方案进行简单的总结，供读者参考。

笔者在使用 SELECT INTO OUTFILE 语句导出 MySQL 数据表中的数据时报错。

```
mysql> SELECT * FROM goods.t_goods_category
    -> INTO OUTFILE '/home/mysql/backups/export_data/goods_category.txt';
ERROR 1290 (HY000): The MySQL server is running with the --secure_file_priv option so it cannot execute
this statement
```

使用 SHOW VARIABLES LIKE 语句查看 secure_file_priv 的当前值。

```
mysql> SHOW VARIABLES LIKE '%secure%';
+--------------------------+------------------+
| Variable_name            | Value            |
+--------------------------+------------------+
| require_secure_transport | OFF              |
| secure_file_priv         | /data/mysql/tmp/ |
+--------------------------+------------------+
2 rows in set (0.13 sec)
```

由输出信息可以发现，secure_file_priv 的值为/data/mysql/tmp/，因此将数据导出到/data/mysql/tmp/目录下即可。

读者如果发现 secure_file_priv 的值为 NULL，可按照如下方式设置 secure_file_priv 的值。

在 my.conf 配置文件的[mysqld]下配置 secure_file_priv 选项。

```
[mysqld]
secure_file_priv=/data/mysql/tmp/
```

接下来重启 MySQL 使配置生效。也可以直接在 MySQL 命令行中输入如下命令设置 secure_file_priv 的值。

```
mysql> SET GLOBAL secure_file_priv = '/data/mysql/tmp/';
```

配置好之后，就可以使用 SELECT INTO OUTFILE 语句将数据表中的数据导出到/data/mysql/tmp/目录下。

29.12　本章总结

本章首先介绍了如何对 MySQL 中的数据进行备份和恢复。其中，介绍了如何使用不同的工具来备份和恢复 MySQL 中的数据，包括 mysqldump、mysqlpump、mydumper、mysqlhotcopy 和 xtrabackup。然后以案例的形式简单介绍了实际工作中经常会用到的数据备份与恢复的场景。接着介绍了 MySQL 的灾难恢复和数据库的自动备份。最后介绍了如何向 MySQL 中导出和导入数据。下一章将会对 MySQL 中的账户管理进行简单的介绍。

第 30 章　MySQL 账户管理

MySQL 中的账户管理主要是对连接 MySQL 服务的账户管理，能够判断当前连接 MySQL 服务的用户是否为合法用户。如果是合法用户，则可以根据相应的权限访问指定的数据库。本章将对 MySQL 中的账户管理进行简单的介绍。

本章涉及的知识点有：

- MySQL 中的权限表；
- 创建普通用户；
- 为用户授权；
- 查看用户权限；
- 更改用户权限；
- 撤销用户权限；
- 修改用户密码；
- 限制用户使用的资源；
- 删除用户；
- MySQL 8.x 版本中的账户管理。

30.1　MySQL 中的权限表

MySQL 中的用户和权限都保存在相应的数据表中。本节将对存储 MySQL 用户和权限的数据表进行简单的说明。

- user 表：存储连接 MySQL 服务的账户信息，账户对全局有效。
- db 表：存储用户对某个具体数据库的操作权限。
- tables_priv 表：存储用户对某个数据表的操作权限。
- columns_priv 表：存储用户对数据表的某一列的操作权限。
- procs_priv 表：存储用户对存储过程和函数的操作权限。

注意：这里只是简单列举了几个存储 MySQL 用户和权限的数据表，更多的信息可参考 MySQL 的官方文档，网址为 https://dev.mysql.com/doc/refman/8.0/en/grant-tables.html。

30.2　创建普通用户

MySQL 支持使用 CREATE USER 语句创建用户，使用 GRANT 语句创建用户，也可以通过操作 mysql 数据库下的 user 数据表来创建用户。

30.2.1　使用 CREATE USER 语句创建用户

执行 CREATE USER 语句时，MySQL 会在 user 数据表中插入一条新创建的用户数据记录，语法格式如下：

```
CREATE USER [IF NOT EXISTS]
    user [auth_option] [, user [auth_option]] ...
    DEFAULT ROLE role [, role ] ...
    [REQUIRE {NONE | tls_option [[AND] tls_option] ...}]
    [WITH resource_option [resource_option] ...]
    [password_option | lock_option] ...
user:
    (see Section 6.2.4, "Specifying Account Names")
auth_option: {
    IDENTIFIED BY 'auth_string'
  | IDENTIFIED BY RANDOM PASSWORD
  | IDENTIFIED WITH auth_plugin
  | IDENTIFIED WITH auth_plugin BY 'auth_string'
  | IDENTIFIED WITH auth_plugin BY RANDOM PASSWORD
  | IDENTIFIED WITH auth_plugin AS 'auth_string'
}
tls_option: {
   SSL
 | X509
 | CIPHER 'cipher'
 | ISSUER 'issuer'
 | SUBJECT 'subject'
}
resource_option: {
    MAX_QUERIES_PER_HOUR count
  | MAX_UPDATES_PER_HOUR count
  | MAX_CONNECTIONS_PER_HOUR count
  | MAX_USER_CONNECTIONS count
}
password_option: {
    PASSWORD EXPIRE [DEFAULT | NEVER | INTERVAL N DAY]
  | PASSWORD HISTORY {DEFAULT | N}
  | PASSWORD REUSE INTERVAL {DEFAULT | N DAY}
  | PASSWORD REQUIRE CURRENT [DEFAULT | OPTIONAL]
  | FAILED_LOGIN_ATTEMPTS N
  | PASSWORD_LOCK_TIME {N | UNBOUNDED}
}
lock_option: {
    ACCOUNT LOCK
```

```
  | ACCOUNT UNLOCK
}
```

其中，部分参数说明如下：

- user：新建的用户名称。
- IDENTIFIED BY：设置用户的密码。
- IDENTIFIED WITH：为用户指定一个验证插件。
- auth_plugin：验证插件的名称。

注意：在MySQL命令行中使用CREATE USER语句创建用户时，当前登录MySQL的用户必须拥有CREATE USER权限或者mysql数据库的INSERT（插入）权限。

（1）创建用户名为binghe的MySQL用户，其主机名为localhost。

```
mysql> CREATE USER 'binghe'@'localhost';
Query OK, 0 rows affected (0.00 sec)
```

SQL语句执行成功，查看用户名为binghe的用户记录。

```
mysql> SELECT
    -> host, user, authentication_string
    -> FROM mysql.user
    -> WHERE user = 'binghe';
+-----------+--------+-----------------------+
| host      | user   | authentication_string |
+-----------+--------+-----------------------+
| localhost | binghe |                       |
+-----------+--------+-----------------------+
1 row in set (0.00 sec)
```

结果显示，成功创建了用户名为binghe、主机为localhost的用户，此用户只能在MySQL服务所在的本地服务器连接MySQL服务。

使用新创建的binghe用户连接MySQL服务时可以不用输入密码即可连接。

```
[root@binghe150 ~]# mysql -ubinghe -hlocalhost
Welcome to the MySQL monitor.  Commands end with ; or \g.
Your MySQL connection id is 15
Server version: 8.0.18 binghe edition
Copyright (c) 2000, 2019, Oracle and/or its affiliates. All rights reserved.
Oracle is a registered trademark of Oracle Corporation and/or its
affiliates. Other names may be trademarks of their respective
owners.
Type 'help;' or '\h' for help. Type '\c' to clear the current input statement.
mysql>
```

查看当前用户具有的数据库权限。

```
mysql> SHOW DATABASES;
+--------------------+
| Database           |
+--------------------+
| information_schema |
+--------------------+
1 row in set (0.01 sec)
```

结果显示，当前用户只能访问 information_schema 数据库。

（2）MySQL 在创建用户时，支持此用户在某个 IP 段内连接 MySQL 服务。例如，创建用户名为 binghe 的用户，在 192.168.175 的 IP 段内可连接 MySQL 服务。

```
mysql> CREATE USER 'binghe'@'192.168.175.%';
Query OK, 0 rows affected (0.00 sec)
```

SQL 语句执行成功，查看用户名为 binghe 的数据记录。

```
mysql> SELECT
    -> host, user, authentication_string
    -> FROM mysql.user
    -> WHERE user = 'binghe';
+---------------+--------+-----------------------+
| host          | user   | authentication_string |
+---------------+--------+-----------------------+
| 192.168.175.% | binghe |                       |
| localhost     | binghe |                       |
+---------------+--------+-----------------------+
2 rows in set (0.00 sec)
```

结果显示，此时 mysql 数据库下的 user 数据表中存在两条用户名为 binghe 的数据记录，其中，主机名分别为 192.168.175.%和 localhost。主机名为 192.168.175.%表明可以在 192.168.175 的 IP 段内连接 MySQL 服务。

注意：连接 MySQL 的方式和具有的数据库权限与在 MySQL 服务所在的本地服务器上连接 MySQL 的方式和具有的数据库权限相同，此处不再赘述。

（3）如果在创建 MySQL 用户时只指定了用户名部分，则主机名部分默认为%，表示所有的主机都可以使用当前用户名连接 MySQL 服务。

```
mysql> CREATE USER 'binghe';
Query OK, 0 rows affected (0.00 sec)
```

SQL 语句执行成功，查看创建的用户信息。

```
mysql> SELECT
    -> host, user, authentication_string
    -> FROM mysql.user
    -> WHERE user = 'binghe';
+---------------+--------+-----------------------+
| host          | user   | authentication_string |
+---------------+--------+-----------------------+
| %             | binghe |                       |
| 192.168.175.% | binghe |                       |
| localhost     | binghe |                       |
+---------------+--------+-----------------------+
3 rows in set (0.00 sec)
```

结果显示，创建的用户名为 binghe 的数据记录中多了一条主机名为%的数据记录。

（4）创建 MySQL 用户时，可以指定用户的连接密码。

```
mysql> CREATE USER 'binghe'@'localhost' IDENTIFIED BY '@Binghe123456';
Query OK, 0 rows affected (0.10 sec)
```

SQL 语句执行成功，查看创建的用户信息。

```
mysql> SELECT
    -> host, user, authentication_string
    -> FROM mysql.user
    -> WHERE user = 'binghe';
+---------------+--------+-------------------------------------------+
| host          | user   | authentication_string                     |
+---------------+--------+-------------------------------------------+
| %             | binghe |                                           |
| 192.168.175.% | binghe |                                           |
| localhost     | binghe | *0DEB06AA6E096EB2F26EACEE157143ADB9481B5B |
+---------------+--------+-------------------------------------------+
3 rows in set (0.00 sec)
```

结果显示，主机名为 localhost 的用户存在密码。在连接 MySQL 服务时，MySQL 内部使用内建的身份验证机制，需要输入密码@Binghe123456 才能正确连接。

```
[root@binghe150 ~]# mysql -ubinghe -hlocalhost -p
Enter password:
Welcome to the MySQL monitor.  Commands end with ; or \g.
Your MySQL connection id is 19
Server version: 8.0.18 binghe edition
Copyright (c) 2000, 2019, Oracle and/or its affiliates. All rights reserved.
Oracle is a registered trademark of Oracle Corporation and/or its
affiliates. Other names may be trademarks of their respective
owners.
Type 'help;' or '\h' for help. Type '\c' to clear the current input statement.
mysql>
```

（5）如果知道密码的密文，MySQL 支持使用密文为用户设置密码。首先，在 MySQL 命令行中获取密码的密文。

```
mysql> SELECT password('@Binghe8888');
+-------------------------------------------+
| password('@Binghe8888')                   |
+-------------------------------------------+
| *8DE3948C60D9A055801212280F3E515FBC972002 |
+-------------------------------------------+
1 row in set, 1 warning (0.00 sec)
```

接下来，创建 MySQL 用户。其中，主机名为 192.168.175.150，用户名为 binghe。

```
mysql> CREATE USER 'binghe'@'192.168.175.150' IDENTIFIED BY PASSWORD '*8DE3948C60D9A055801212280F3E5
15FBC972002';
Query OK, 0 rows affected (0.10 sec)
```

SQL 语句执行成功，需要输入密码@Binghe123456 才能正确连接 MySQL 服务。

```
[root@binghe150 ~]# mysql -ubinghe –h192.168.175.150 -p
Enter password:
Welcome to the MySQL monitor.  Commands end with ; or \g.
Your MySQL connection id is 19
Server version: 8.0.18 binghe edition
Copyright (c) 2000, 2019, Oracle and/or its affiliates. All rights reserved.
Oracle is a registered trademark of Oracle Corporation and/or its
affiliates. Other names may be trademarks of their respective
owners.
```

```
Type 'help;' or '\h' for help. Type '\c' to clear the current input statement.
mysql>
```

（6）MySQL 支持在创建用户时为用户设置插件认证方式，此时需要使用 IDENTIFIED WITH 语句。

```
mysql> CREATE USER 'binghe'@'localhost'
    -> IDENTIFIED WITH mysql_native_password BY '@Binghe123456';
Query OK, 0 rows affected (0.00 sec)
```

SQL 语句执行成功，此时连接 MySQL 服务，需要输入密码@Binghe123456 才能正确连接。

30.2.2　使用 GRANT 语句创建用户

使用 CREATE USER 语句创建用户时，只是在 mysql 数据库下的 user 数据表中添加了一条记录，并没有为用户授权。使用 GRANT 语句创建用户，不仅可以添加用户，而且还能为用户赋予相应的权限。语法格式如下：

```
GRANT
    priv_type [(column_list)]
      [, priv_type [(column_list)]] ...
    ON [object_type] priv_level
    TO user [auth_option] [, user [auth_option]] ...
    [REQUIRE {NONE | tls_option [[AND] tls_option] ...}]
    [WITH {GRANT OPTION | resource_option} ...]
GRANT PROXY ON user
    TO user [, user] ...
    [WITH GRANT OPTION]
object_type: {
    TABLE
  | FUNCTION
  | PROCEDURE
}
priv_level: {
    *
  | *.*
  | db_name.*
  | db_name.tbl_name
  | tbl_name
  | db_name.routine_name
}
user:
    (see Section 6.2.4, "Specifying Account Names")
auth_option: {
    IDENTIFIED BY 'auth_string'
  | IDENTIFIED WITH auth_plugin
  | IDENTIFIED WITH auth_plugin BY 'auth_string'
  | IDENTIFIED WITH auth_plugin AS 'auth_string'
  | IDENTIFIED BY PASSWORD 'auth_string'
}
tls_option: {
    SSL
```

```
  | X509
  | CIPHER 'cipher'
  | ISSUER 'issuer'
  | SUBJECT 'subject'
}
resource_option: {
  | MAX_QUERIES_PER_HOUR count
  | MAX_UPDATES_PER_HOUR count
  | MAX_CONNECTIONS_PER_HOUR count
  | MAX_USER_CONNECTIONS count
}
```

其中，部分参数说明如下：

- priv_type：表示为用户赋予的权限类型。
- db_name：表示为用户赋予权限所在的数据库。
- tbl_name：表示为用户赋予权限所在的数据表。
- IDENTIFIED BY：表示为用户设置密码。
- WITH {GRANT OPTION | resource_option}：为用户设置 GRANT 权限或者资源选项。
- MAX_QUERIES_PER_HOUR count：每小时执行 count 次查询。
- MAX_UPDATES_PER_HOUR count：每小时执行 count 次更新。
- MAX_CONNECTIONS_PER_HOUR count：每小时执行 count 次连接。
- MAX_USER_CONNECTIONS count：每个用户可同时建立 count 个连接。

（1）创建用户名为 binghe 的用户，密码为@binghe123456，并为用户赋予所有数据表的查询权限。

```
mysql> GRANT SELECT ON *.* TO 'binghe'@'localhost'
    -> IDENTIFIED BY '@Binghe123456';
Query OK, 0 rows affected, 1 warning (0.12 sec)
```

SQL 语句执行成功，此时，用户名为 binghe 的用户具有对所有数据表的查询权限。

（2）创建用户名为 binghe_database 的用户，密码为@binghe123456，并为用户赋予 goods 数据库的查询和修改权限。

```
mysql> GRANT SELECT, UPDATE ON goods.* TO 'binghe_database'@'localhost'
    -> IDENTIFIED BY '@Binghe123456';
Query OK, 0 rows affected, 1 warning (0.10 sec)
```

结果显示，SQL 语句执行成功，此时用户名为 binghe_database 的用户具有对 goods 数据库的查询和修改权限。

（3）创建用户名为 binghe_table 的用户，密码为@Binghe123456，并为用户赋予对 goods 数据库下 t_goods 数据表的插入、删除、修改和查询权限。

```
mysql> GRANT INSERT, DELETE, UPDATE, SELECT
    -> ON goods.t_goods TO 'binghe_table'@'localhost'
    -> IDENTIFIED BY '@Binghe123456';
Query OK, 0 rows affected, 1 warning (0.02 sec)
```

结果显示，SQL 语句执行成功。此时，用户名为 binghe_table 的用户具有对 goods 数据库下的 t_goods 数据表增、删、改、查的权限。

（4）创建用户名为 binghe 的用户，并指定 IP 段为 192.168.175 的主机能够连接 MySQL 服务。

```
mysql> GRANT SELECT ON *.* TO 'binghe'@'192.168.175.%'
    -> IDENTIFIED BY '@Binghe123456';
Query OK, 0 rows affected, 1 warning (0.00 sec)
```

（5）创建用户名为 binghe 的用户，并指定所有主机能够连接 MySQL 服务。

```
mysql> GRANT SELECT ON *.* TO 'binghe'@'%'
    -> IDENTIFIED BY '@Binghe123456';
Query OK, 0 rows affected, 1 warning (0.00 sec)
```

30.2.3 操作 user 数据表创建用户

MySQL 将用户信息保存在 mysql 数据库下的 user 数据表中，因此可以直接操作 user 数据表来为 MySQL 创建新用户。

例如，向 mysql 数据库下的 user 数据表中插入一条用户信息，主机名为 localhost，用户名为 binghe_insert，密码为@Binghe123456。

```
mysql> INSERT INTO mysql.user
    -> (Host, User, authentication_string, ssl_cipher, x509_issuer, x509_subject)
    -> VALUES
    -> ('localhost', 'binghe_insert', password('@Binghe123456'), '', '', '');
Query OK, 1 row affected, 1 warning (0.00 sec)
```

结果显示，SQL 语句执行成功。接下来，查看用户名为 binghe_insert 的用户。

```
mysql> SELECT host, user, authentication_string FROM mysql.user WHERE user = 'binghe_insert';
+-----------+---------------+-------------------------------------------+
| host      | user          | authentication_string                     |
+-----------+---------------+-------------------------------------------+
| localhost | binghe_insert | *0DEB06AA6E096EB2F26EACEE157143ADB9481B5B |
+-----------+---------------+-------------------------------------------+
1 row in set (0.00 sec)
```

结果显示，成功向 user 数据表中插入了数据。使用 binghe_insert 用户登录 MySQL。

```
[root@binghe151 ~]# mysql -ubinghe_insert -hlocalhost
Enter password:
Welcome to the MySQL monitor.  Commands end with ; or \g.
Your MySQL connection id is 34
Server version: 5.7.24 MySQL Community Server (GPL)
Copyright (c) 2000, 2018, Oracle and/or its affiliates. All rights reserved.
Oracle is a registered trademark of Oracle Corporation and/or its
affiliates. Other names may be trademarks of their respective
owners.
Type 'help;' or '\h' for help. Type '\c' to clear the current input statement.
mysql>
```

结果显示，使用 binghe_insert 用户成功登录了 MySQL。

30.3　为用户授权

MySQL 支持在创建用户后为用户赋予相应的权限，比如对数据库的查询、修改等权限。在 MySQL 中使用 GRANT 语句为用户授权。

注意：为用户授权的语法格式与使用 GRANT 语句创建用户的语法格式相同，不再赘述。另外，需要注意的是，在 MySQL 中，拥有 GRANT 权限的用户才可以使用 GRANT 语句为其他用户授权。MySQL 中的各种权限，例如 CREATE 权限、DROP 权限、ALTER 权限、DELETE 权限等，读者可以参见网址 https://dev.mysql.com/doc/refman/8.0/en/grant-tables.html，这里不再赘述每种权限的说明。

30.3.1　权限层级

在 MySQL 中，可以将用户的权限分为多个层级，本节就简单介绍下 MySQL 中的权限层级。

1. 全局层级

- 作用域是 MySQL 中的所有数据库。
- 权限存储在 mysql 数据库下的 user 数据表中。
- 授予权限使用 GRANT ALL ON *.*语句。
- 撤销权限使用 REVOKE ALL ON *.* 语句。

2. 数据库层级

- 作用域是某个特定的数据库。
- 权限存储在 mysql 数据库下的 db 数据表中。
- 授予权限使用 GRANT ALL ON database_name.*语句。
- 撤销权限使用 REVOKE ALL ON database_name.*语句。

3. 数据表层级

- 作用域是数据库中某个特定的数据表。
- 权限存储在 mysql 数据库下的 tables_priv 数据表中。
- 授予权限使用 GRANT ALL ON database_name.table_name 语句。
- 撤销权限使用 REVOKE ALL ON database_name.table_name 语句。

4．字段层级

• 作用域是数据库下某张表的特定字段。
• 权限存储在 mysql 数据库下的 columns_priv 数据表中。
• 授予权限时，必须在权限名称后面跟上小括号，并在小括号中写上列名称。例如，使用 GRANT SELECT(column_name) ON database_name.table_name 语句，为用户赋予 database_name 数据库下 table_name 数据表中 column_name 字段的查询权限。
• 撤销权限时，需要指定与授予权限时相同的列。例如使用 REVOKE SELECT(column_name) ON database_name.table_name 语句，为用户撤销 database_name 数据库下 table_name 数据表中 column_name 字段的查询权限。

5．子程序层级

• 作用域是存储过程和函数。
• 权限存储在 mysql 数据库下的 procs_priv 数据表中。
• 权限包括：CREATE ROUTINE、ALTER ROUTINE、EXECUTE 和 GRANT。

MySQL 中支持使用 GRANT 语句为用户授予相应的权限，也可以直接操作 MySQL 中的权限表为用户授权。

30.3.2　使用 GRANT 语句为用户授权

使用 GRANT 语句为用户授权的语法格式，与使用 GRANT 语句创建用户的语法格式相同，不再赘述，直接举例说明。

（1）为用户名为 binghe 的用户赋予在所有数据库上的执行权限，并且只能从本地服务器连接 MySQL。

```
mysql> GRANT ALL PRIVILEGES ON *.* TO binghe@localhost;
Query OK, 0 rows affected (0.14 sec)
```

查看 binghe 用户所拥有的权限。

```
mysql> SELECT * FROM mysql.user WHERE user = 'binghe' AND host = 'localhost' \G
*************************** 1. row ***************************
                  Host: localhost
                  User: binghe
           Select_priv: Y
           Insert_priv: Y
           Update_priv: Y
           Delete_priv: Y
           Create_priv: Y
             Drop_priv: Y
           Reload_priv: Y
         Shutdown_priv: Y
          Process_priv: Y
             File_priv: Y
```

```
             Grant_priv: N
        References_priv: Y
             Index_priv: Y
             Alter_priv: Y
           Show_db_priv: Y
             Super_priv: Y
  Create_tmp_table_priv: Y
       Lock_tables_priv: Y
           Execute_priv: Y
        Repl_slave_priv: Y
       Repl_client_priv: Y
       Create_view_priv: Y
         Show_view_priv: Y
    Create_routine_priv: Y
     Alter_routine_priv: Y
       Create_user_priv: Y
             Event_priv: Y
           Trigger_priv: Y
 Create_tablespace_priv: Y
################省略部分输出结果#################
```

结果显示，binghe 用户除了没有 GRANT 权限外，其他的所有权限都具有。

（2）为 binghe 用户赋予 GRANT 权限。

```
mysql> GRANT ALL PRIVILEGES ON *.* TO binghe@localhost WITH GRANT OPTION;
Query OK, 0 rows affected (0.00 sec)
```

SQL 语句执行成功，查看 binghe 用户所具有的权限。

```
mysql> SELECT * FROM mysql.user WHERE user = 'binghe' AND host = 'localhost' \G
*************************** 1. row ***************************
                   Host: localhost
                   User: binghe
            Select_priv: Y
            Insert_priv: Y
            Update_priv: Y
            Delete_priv: Y
            Create_priv: Y
              Drop_priv: Y
            Reload_priv: Y
          Shutdown_priv: Y
           Process_priv: Y
              File_priv: Y
             Grant_priv: Y
        References_priv: Y
             Index_priv: Y
             Alter_priv: Y
           Show_db_priv: Y
             Super_priv: Y
  Create_tmp_table_priv: Y
       Lock_tables_priv: Y
           Execute_priv: Y
        Repl_slave_priv: Y
       Repl_client_priv: Y
       Create_view_priv: Y
         Show_view_priv: Y
    Create_routine_priv: Y
```

```
    Alter_routine_priv: Y
      Create_user_priv: Y
            Event_priv: Y
          Trigger_priv: Y
Create_tablespace_priv: Y
###################省略部分输出结果########################
```

结果显示，binghe 用户具有了 GRANT 权限。

（3）为 binghe 用户设置密码。

```
mysql> GRANT ALL PRIVILEGES ON *.* TO binghe@localhost IDENTIFIED BY '@Binghe123456' WITH GRANT OPTION;
Query OK, 0 rows affected, 1 warning (0.00 sec)
```

查看 binghe 用户的密码设置情况。

```
mysql> SELECT * FROM mysql.user WHERE user = 'binghe' AND host = 'localhost' \G
###############省略部分输出结果################
  max_user_connections: 0
                plugin: mysql_native_password
 authentication_string: *0DEB06AA6E096EB2F26EACEE157143ADB9481B5B
      password_expired: N
 password_last_changed: 2020-02-02 15:44:31
     password_lifetime: NULL
        account_locked: N
1 row in set (0.00 sec)
```

（4）为 binghe 用户赋予对 goods 数据库中的所有表进行增、删、改、查的权限，并且密码为@Binghe123456。

```
mysql> GRANT INSERT, DELETE, UPDATE, SELECT ON goods.* to 'binghe'@'localhost' IDENTIFIED BY
'@Binghe123456' WITH GRANT OPTION;
Query OK, 0 rows affected, 1 warning (0.00 sec)
```

查看 binghe 用户所具有的权限。

```
mysql> SHOW GRANTS FOR 'binghe'@'localhost' \G
*************************** 1. row ***************************
Grants for binghe@localhost: GRANT USAGE ON *.* TO 'binghe'@'localhost'
*************************** 2. row ***************************
Grants for binghe@localhost: GRANT SELECT, INSERT, UPDATE, DELETE ON `goods`.* TO 'binghe'@'localhost'
WITH GRANT OPTION
2 rows in set (0.00 sec)
```

结果显示，binghe 用户具有对 goods 数据库的增、删、改、查权限，并且具有 GRANT 权限。

（5）指定 binghe 用户在 192.168.175IP 段内可以连接 MySQL 服务。

```
mysql> GRANT INSERT, DELETE, UPDATE, SELECT ON goods.* to 'binghe'@'192.168.175.%' IDENTIFIED BY
'@Binghe123456' WITH GRANT OPTION;
Query OK, 0 rows affected, 1 warning (0.00 sec)
```

（6）指定 binghe 用户可以在所有主机上连接 MySQL 服务。

```
mysql> GRANT INSERT, DELETE, UPDATE, SELECT ON goods.* to 'binghe'@'%' IDENTIFIED BY '@Binghe123456'
WITH GRANT OPTION;
Query OK, 0 rows affected, 1 warning (0.00 sec)
```

（7）为 binghe 权限授予 SUPER、PROCESS 和 FILE 权限。

```
mysql> GRANT SUPER, PROCESS, FILE ON *.* to 'binghe'@'%';
Query OK, 0 rows affected (0.00 sec)
```

注意：SUPER、PROCESS 和 FILE 这 3 个权限是数据库的管理权限，为用户授予这 3 个权限时，不能指定某个数据库，否则 MySQL 会报错。

```
mysql> GRANT SUPER, PROCESS, FILE ON goods.* to 'binghe'@'%';
ERROR 1221 (HY000): Incorrect usage of DB GRANT and GLOBAL PRIVILEGES
```

另外，如果没有特殊情况，尽量不要为普通用户授予 SUPER、PROCESS 和 FILE 权限。

（8）为 binghe_login 用户授予本地登录权限，密码为@Binghe123456。

```
mysql> GRANT USAGE ON *.* TO 'binghe_login'@'localhost' IDENTIFIED BY '@Binghe123456';
Query OK, 0 rows affected, 1 warning (0.00 sec)
```

此时，binghe_login 用户只能用于数据库登录，无法对数据库进行任何操作。

30.3.3 通过操作权限表为用户授权

例如，为 binghe_goods 用户授予对 goods 数据库的增、删、改、查权限，并且可以在任何主机上连接 MySQL 服务，设置其密码为@Binghe123456。使用 GRANT 语句实现。

```
mysql> GRANT INSERT, DELETE, UPDATE, SELECT ON goods.* TO 'binghe_goods'@'%' IDENTIFIED BY '@Binghe123456';
Query OK, 0 rows affected, 1 warning (0.00 sec)
```

直接操作权限表。

```
mysql> INSERT INTO mysql.db
    -> (host, db, user, select_priv, insert_priv, update_priv, delete_priv)
    -> VALUES
    -> ('%', 'goods', 'binghe_goods', 'Y', 'Y', 'Y', 'Y');
Query OK, 1 rows affected (0.00 sec)
```

注意：在 MySQL 中为用户授权时，直接操作权限表的方式不常见，不再赘述。

30.4 查看用户权限

MySQL 中可以使用 SHOW GRANTS FOR 语句查看用户权限，可以通过查询 mysql 数据库下的 user 数据表查看用户的权限，也可以通过查询 information_schema 数据库查看用户的权限。

30.4.1 通过 SHOW GRANTS FOR 语句查看用户权限

例如，查看 binghe 用户的权限。

```
mysql> SHOW GRANTS FOR binghe@localhost \G
*************************** 1. row ***************************
Grants for binghe@localhost: GRANT USAGE ON *.* TO 'binghe'@'localhost'
*************************** 2. row ***************************
Grants for binghe@localhost: GRANT SELECT, INSERT, UPDATE, DELETE ON `goods`.* TO 'binghe'@'localhost'
WITH GRANT OPTION
2 rows in set (0.00 sec)
```

结果显示，binghe 用户对 goods 数据库具有增、删、改、查权限，并具有 GRANT 权限，此时的 host 为 localhost。

使用 SHOW GRANTS FOR 语句查看用户权限时，可以不指定 host，如果没有指定 host，则默认的 host 为“%”。

```
mysql> SHOW GRANTS FOR binghe \G
*************************** 1. row ***************************
Grants for binghe@%: GRANT PROCESS, FILE, SUPER ON *.* TO 'binghe'@'%'
*************************** 2. row ***************************
Grants for binghe@%: GRANT SELECT, INSERT, UPDATE, DELETE ON `goods`.* TO 'binghe'@'%' WITH GRANT OPTION
2 rows in set (0.00 sec)
```

结果显示，当未指定 host 时，默认的 host 为“%”。

30.4.2 通过查询 mysql.user 数据表查看用户权限

mysql 数据库下的 user 数据表中存储的用户权限层级为全局，也就是说，在 user 数据表中存储的权限，在 MySQL 服务中全局有效。

注意：通过查询 mysql.user 数据表查看用户权限的方式在为用户授权时，已经使用过，这里不再赘述，读者可以参见 30.3 节的相关内容。

30.4.3 通过查询 information_schema 数据库查看用户权限

在 MySQL 5.0 版本之后，支持通过 nformation_schema 数据库查看用户权限，例如，查看 binghe 用户所具有的权限。

```
mysql> SELECT * FROM information_schema.SCHEMA_PRIVILEGES WHERE GRANTEE = "'binghe'@'localhost'" \G
*************************** 1. row ***************************
       GRANTEE: 'binghe'@'localhost'
 TABLE_CATALOG: def
  TABLE_SCHEMA: goods
PRIVILEGE_TYPE: SELECT
  IS_GRANTABLE: YES
*************************** 2. row ***************************
       GRANTEE: 'binghe'@'localhost'
 TABLE_CATALOG: def
  TABLE_SCHEMA: goods
PRIVILEGE_TYPE: INSERT
  IS_GRANTABLE: YES
*************************** 3. row ***************************
```

```
       GRANTEE: 'binghe'@'localhost'
 TABLE_CATALOG: def
  TABLE_SCHEMA: goods
PRIVILEGE_TYPE: UPDATE
  IS_GRANTABLE: YES
*************************** 4. row ***************************
       GRANTEE: 'binghe'@'localhost'
 TABLE_CATALOG: def
  TABLE_SCHEMA: goods
PRIVILEGE_TYPE: DELETE
  IS_GRANTABLE: YES
4 rows in set (0.00 sec)
```

结果显示，binghe 用户对 goods 数据库具有增、删、改、查权限。

30.5　修改用户权限

MySQL 中支持两种方式修改用户的权限，一种方式是通过 GRANT 语句修改用户的权限，另一种方式是通过修改 mysql 数据库下的 user 数据表、db 数据表、tables_priv 数据表和 columns_priv 数据表中的权限字段来修改用户的权限。

30.5.1　使用 GRANT 语句修改用户权限

使用 GRANT 语句修改用户权限的语法格式，与使用 GRANT 语句创建用户的语法格式相同，不再赘述。

本节首先为 binghe_test 用户授予登录权限，接下来使用 GRANT 语句修改 binghe_test 用户的数据库权限。

（1）为 binghe_test 用户授予登录权限。

```
mysql> GRANT USAGE ON *.* TO 'binghe_test'@'localhost';
Query OK, 0 rows affected, 1 warning (0.00 sec)
```

SQL 语句执行成功，查看 binghe_test 用户的权限信息。

```
mysql> SHOW GRANTS FOR 'binghe_test'@'localhost';
+--------------------------------------------------+
| Grants for binghe_test@localhost                 |
+--------------------------------------------------+
| GRANT USAGE ON *.* TO 'binghe_test'@'localhost' |
+--------------------------------------------------+
1 row in set (0.00 sec)
```

binghe_test 用户只具有登录 MySQL 的权限。

（2）修改 binghe_test 用户的数据库权限，使其具有对所有数据表的查询和修改权限。

```
mysql> GRANT SELECT, UPDATE ON *.* TO 'binghe_test'@'localhost';
Query OK, 0 rows affected (0.00 sec)
```

查看 binghe_test 用户的权限。

```
mysql> SHOW GRANTS FOR 'binghe_test'@'localhost';
+---------------------------------------------------------+
| Grants for binghe_test@localhost                         |
+---------------------------------------------------------+
| GRANT SELECT, UPDATE ON *.* TO 'binghe_test'@'localhost' |
+---------------------------------------------------------+
1 row in set (0.00 sec)
```

此时 binghe_test 用户具有对所有数据表的查询和修改权限。

（3）为 binghe_test 用户授予查询和插入的权限，与原有的查询和修改权限合并。

```
mysql> GRANT SELECT, INSERT ON *.* TO 'binghe_test'@'localhost';
Query OK, 0 rows affected (0.00 sec)
```

查看 binghe_test 用户所具有的数据库权限。

```
mysql> SHOW GRANTS FOR 'binghe_test'@'localhost';
+-------------------------------------------------------------------+
| Grants for binghe_test@localhost                                   |
+-------------------------------------------------------------------+
| GRANT SELECT, INSERT, UPDATE ON *.* TO 'binghe_test'@'localhost' |
+-------------------------------------------------------------------+
1 row in set (0.00 sec)
```

此时 binghe_test 用户具有对所有数据表的查询、插入和修改权限。

注意：使用 GRANT 语句为用户授权时，如果用户不存在，则 MySQL 会自动创建相应的用户；如果已经存在相应的用户，则 MySQL 会使用 GRANT 语句为用户增加相应的权限。

30.5.2　通过操作数据表修改用户权限

MySQL 可以通过修改数据表中的权限字段的值来达到修改用户权限的目的。例如，通过操作 mysql.user 数据表来为 binghe_test 用户增加对所有数据表的删除权限。

```
mysql> UPDATE mysql.user SET delete_priv = 'Y' WHERE user = 'binghe_test' AND host = 'localhost';
Query OK, 1 row affected (0.11 sec)
Rows matched: 1  Changed: 1  Warnings: 0
```

SQL 语句执行成功，查看 binghe_test 用户的权限。

```
mysql> FLUSH PRIVILEGES;
Query OK, 0 rows affected (0.00 sec)
mysql> SHOW GRANTS FOR 'binghe_test'@'localhost';
+---------------------------------------------------------------------------+
| Grants for binghe_test@localhost                                           |
+---------------------------------------------------------------------------+
| GRANT SELECT, INSERT, UPDATE, DELETE ON *.* TO 'binghe_test'@'localhost' |
+---------------------------------------------------------------------------+
1 row in set (0.00 sec)
```

此时 binghe_test 用户拥有了对所有数据表的增、删、改、查权限。

注意：通过操作数据表来修改用户的权限不常用，不再赘述。

30.6　撤销用户权限

MySQL 中既可以为用户添加权限，也可以撤销用户的权限。MySQL 支持使用 REVOKE 语句撤销用户的权限，同时，也可以通过操作数据表来撤销用户的权限。

30.6.1　使用 REVOKE 语句撤销用户权限

REVOKE 语句可以撤销用户的权限，其语法格式如下：

```
REVOKE
    priv_type [(column_list)]
      [, priv_type [(column_list)]] ...
    ON [object_type] priv_level
    FROM user_or_role [, user_or_role] ...
REVOKE ALL [PRIVILEGES], GRANT OPTION
    FROM user_or_role [, user_or_role] ...
REVOKE PROXY ON user_or_role
    FROM user_or_role [, user_or_role] ...

REVOKE role [, role ] ...
    FROM user_or_role [, user_or_role ] ...
user_or_role: {
    user (see Section 6.2.4, "Specifying Account Names")
  | role (see Section 6.2.5, "Specifying Role Names".
}
```

其中，部分参数说明如下：

- priv_type：表示权限的类型；
- column_list：表示撤回的权限作用于数据表中的哪些字段上，此参数可以省略，如果省略，则表示撤回的权限作用于整个数据表；
- FROM：表示对哪个用户执行撤回权限的操作。

（1）使用 REVOKE 语句撤销 binghe_test 用户对所有数据表的删除权限。

```
mysql> REVOKE DELETE ON *.* FROM 'binghe_test'@'localhost';
Query OK, 0 rows affected (0.00 sec)
```

SQL 语句执行成功，查看 binghe_test 用户的数据库权限。

```
mysql> SHOW GRANTS FOR 'binghe_test'@'localhost';
+---------------------------------------------------------------+
| Grants for binghe_test@localhost                              |
+---------------------------------------------------------------+
| GRANT SELECT, INSERT, UPDATE ON *.* TO 'binghe_test'@'localhost' |
+---------------------------------------------------------------+
1 row in set (0.00 sec)
```

此时，binghe_test 用户对所有数据表的删除权限已经被撤销。

（2）REVOKE 语句不能撤销用户的 USAGE 权限，也就是说，REVOKE 语句不能删除 MySQL 中的用户，例如，MySQL 中的 binghe_login 用户的权限如下：

```
mysql> SHOW GRANTS FOR 'binghe_login'@'localhost';
+-------------------------------------------------+
| Grants for binghe_login@localhost               |
+-------------------------------------------------+
| GRANT USAGE ON *.* TO 'binghe_login'@'localhost' |
+-------------------------------------------------+
1 row in set (0.00 sec)
```

结果显示，binghe_login 用户只拥有登录 MySQL 的权限。使用 REVOKE 语句撤销 binghe_login 用户的 USAGE 权限。

```
mysql> REVOKE USAGE ON *.* FROM 'binghe_login'@'localhost';
Query OK, 0 rows affected (0.00 sec)
```

SQL 语句执行成功，查看 binghe_login 的权限。

```
mysql> SHOW GRANTS FOR 'binghe_login'@'localhost';
+-------------------------------------------------+
| Grants for binghe_login@localhost               |
+-------------------------------------------------+
| GRANT USAGE ON *.* TO 'binghe_login'@'localhost' |
+-------------------------------------------------+
1 row in set (0.00 sec)
```

binghe_login 用户仍然具有 USAGE 权限，说明 REVOKE 语句不能撤销用户的 USAGE 权限。

30.6.2　通过操作数据表撤销用户权限

本节以撤销 binghe_test 用户的权限为例进行简单说明。例如，通过修改 mysql.user 数据表的权限字段的值来撤销 binghe_test 用户对所有数据表的修改权限。

```
mysql> UPDATE mysql.user SET update_priv = 'N' WHERE user = 'binghe_test' AND host = 'localhost';
Query OK, 1 row affected (0.00 sec)
Rows matched: 1  Changed: 1  Warnings: 0
```

SQL 语句执行成功，查看 binghe_test 用户的权限。

```
mysql> FLUSH PRIVILEGES;
Query OK, 0 rows affected (0.00 sec)
mysql> SHOW GRANTS FOR 'binghe_test'@'localhost';
+---------------------------------------------------------+
| Grants for binghe_test@localhost                        |
+---------------------------------------------------------+
| GRANT SELECT, INSERT ON *.* TO 'binghe_test'@'localhost' |
+---------------------------------------------------------+
1 row in set (0.00 sec)
```

可以看到，已经撤销了 binghe_test 用户对所有数据表的修改权限。

通过操作数据表来修改用户权限时，需要注意如下事项：

- 如果是修改用户对所有数据库中所有数据表的权限，则可以操作 mysql.user 数据表；
- 如果是修改用户对某个数据库下的所有数据表的权限，则可以操作 mysql.db 数据表；
- 如果是修改用户对某个数据库下的特定数据表的权限，则可以操作 mysql.tables_priv 数据表；
- 如果是修改用户对某个数据库下的某个数据表的特定字段的权限，则可以操作 mysql.columns_priv 数据表。

30.7　修改用户密码

MySQL 支持使用 mysqladmin 命令修改用户的密码，可以在 MySQL 命令行使用 SET PASSWORD 语句修改用户的密码，也可以使用 GRANT 语句修改用户的密码，还可以直接修改 user 数据表来修改用户的密码。

30.7.1　通过 mysqladmin 修改用户密码

通过 mysqladmin 即可以修改 root 用户的密码，也可以修改普通用户的密码。

（1）使用 mysqladmin 将 root 用户的密码修改为 root。

```
[root@binghe150 ~]# mysqladmin -u root -h localhost -p  password "root"
Enter password:
mysqladmin: [Warning] Using a password on the command line interface can be insecure.
Warning: Since password will be sent to server in plain text, use ssl connection to ensure password safety.
```

输入 root 用户的原密码即可将 root 密码修改为 root。

（2）使用 mysqladmin 将 binghe 用户的密码修改为 binghe。

```
[root@binghe150 ~]# mysqladmin -u binghe -h localhost -p  password "binghe"
Enter password:
mysqladmin: [Warning] Using a password on the command line interface can be insecure.
Warning: Since password will be sent to server in plain text, use ssl connection to ensure password safety.
```

输入 binghe 用户的原密码即可将密码修改为 binghe。

30.7.2　使用 SET PASSWORD 语句修改用户密码

使用 SET PASSWORD 语句可以修改其他用户的密码，也可以修改当前用户自身的密码。

（1）使用 root 用户登录 MySQL 后，修改 binghe 用户的密码为@Binghe123456。

```
mysql> SET PASSWORD FOR 'binghe_test'@'localhost' = PASSWORD('@Binghe123456');
Query OK, 0 rows affected, 1 warning (0.12 sec)
```

SQL 语句执行成功，此时 binghe_test 用户的密码被修改为@Binghe123456。

（2）使用 SET PASSWORD 修改当前用户自身的密码时，省略 FOR 语句即可。

```
mysql> SET PASSWORD = PASSWORD('root');
Query OK, 0 rows affected, 1 warning (0.00 sec)
```

（3）如果知道密码的密文，可以使用密码的密文来修改用户的密码。例如，查看密码@Binghe123456 的密文如下：

```
mysql> SELECT PASSWORD('@Binghe123456');
+-------------------------------------------+
| PASSWORD('@Binghe123456')                 |
+-------------------------------------------+
| *0DEB06AA6E096EB2F26EACEE157143ADB9481B5B |
+-------------------------------------------+
1 row in set, 1 warning (0.00 sec)
```

使用密文修改用户的密码。

```
mysql> SET PASSWORD = '*0DEB06AA6E096EB2F26EACEE157143ADB9481B5B';
Query OK, 0 rows affected, 1 warning (0.00 sec)
```

注意：不管是 root 用户还是普通用户，都可以在 MySQL 命令行通过如下 SQL 语句修改自己的密码。

```
mysql> SET PASSWORD = PASSWORD('密码明文');
```

或者：

```
mysql> SET PASSWORD = '密码密文';
```

30.7.3　使用 GRANT 语句修改用户密码

MySQL 支持使用 GRANT 语句修改用户的密码，但是不影响当前修改密码的用户权限。例如，使用 GRANT 语句修改 binghe_test 用户的密码为 binghe_test。

```
mysql> GRANT USAGE ON *.* TO 'binghe_test'@'localhost' IDENTIFIED BY 'binghe_test';
Query OK, 0 rows affected, 1 warning (0.00 sec)
```

SQL 语句执行成功，此时，binghe_test 用户的密码被修改为 binghe_test。

查看 binghe_test 用户的权限。

```
mysql> SHOW GRANTS FOR 'binghe_test'@'localhost';
+--------------------------------------------------------+
| Grants for binghe_test@localhost                       |
+--------------------------------------------------------+
| GRANT SELECT, INSERT ON *.* TO 'binghe_test'@'localhost' |
+--------------------------------------------------------+
1 row in set (0.00 sec)
```

可以看到，修改 binghe_test 用户的密码时，并没有修改 binghe_test 用户的权限。

可以使用密码的密文修改用户的密码。

```
mysql> GRANT USAGE ON *.* TO 'binghe_test'@'localhost' IDENTIFIED BY PASSWORD '*0DEB06AA6E096EB2F26
EACEE157143ADB9481B5B ';
Query OK, 0 rows affected, 1 warning (0.00 sec)
```

注意：使用 GRANT 语句修改用户的密码时，为了不影响用户的权限，必须使用如下形式的 GRANT 语句修改用户的密码。

```
GRANT USAGE ON *.* TO '用户名'@'主机名' IDENTIFIED BY '密码明文';
```

或者：

```
GRANT USAGE ON *.* TO '用户名'@'主机名' IDENTIFIED BY PASSWORD '密码密文';
```

30.7.4　通过操作 user 数据表修改用户密码

MySQL 中的用户信息存储在 mysql 数据库下的 user 数据表中，可以通过修改 user 数据库中的密码字段来修改用户的密码，需要注意的是，MySQL 5.7 以下版本中 user 表的密码字段与 MySQL 5.7 及以上版本的 user 表中的密码字段不同。

（1）在 MySQL 5.6 版本中修改 binghe_test 用户的密码为@Binghe123456。

```
mysql> UPDATE mysql.user SET password = PASSWORD('@Binghe123456') WHERE user = 'binghe_test' AND host
= 'localhost';
Query OK, 1 row affected, 1 warning (0.10 sec)
Rows matched: 1  Changed: 1  Warnings: 1

mysql> FLUSH PRIVILEGES;
Query OK, 0 rows affected (0.00 sec)
```

（2）在 MySQL 5.7 及以上版本中修改 binghe_test 用户的密码为@Binghe123456。

```
mysql> UPDATE mysql.user SET authentication_string = PASSWORD('@Binghe123456') WHERE user = 'binghe_
test' AND host = 'localhost';
Query OK, 1 row affected, 1 warning (0.10 sec)
Rows matched: 1  Changed: 1  Warnings: 1
mysql> FLUSH PRIVILEGES;
Query OK, 0 rows affected (0.00 sec)
```

30.7.5　忘记 root 密码的解决方案

修改用户密码中，有一种特殊的情况就是忘记 root 账户的密码时，如何修改 root 账户的密码，本节就简单介绍下忘记 root 账户密码的解决方案。

（1）编辑 MySQL 的配置文件 my.conf，在[mysqld]下添加 skip-grant-tables=1 配置项，使 MySQL 在启动时不进行密码验证。

```
[root@binghe150 ~]# vim /data/mysql/conf/my.cnf
[mysqld]
skip-grant-tables=1
```

保存后退出 vim 编辑器。

（2）重新启动 MySQL 服务。

```
[root@binghe150 ~]# service mysqld restart
Stopping MySQL: [ OK ]
Starting MySQL: [ OK ]
```

（3）使用 root 账户登录 MySQL。

```
[root@binghe150 ~]# mysql -uroot -p
Enter password:
Welcome to the MySQL monitor.  Commands end with ; or \g.
Your MySQL connection id is 12
Server version: 8.0.18 binghe edition
Copyright (c) 2000, 2019, Oracle and/or its affiliates. All rights reserved.
Oracle is a registered trademark of Oracle Corporation and/or its
affiliates. Other names may be trademarks of their respective
owners.
Type 'help;' or '\h' for help. Type '\c' to clear the current input statement.
mysql>
```

（4）修改 root 账户的密码。在 MySQL 5.7 以下的版本中，使用如下语句修改 root 账户的密码。

```
mysql> UPDATE mysql.user SET password=password('root') WHERE user='root' and host='localhost';
Query OK, 1 row affected, 1 warning (0.10 sec)
Rows matched: 1  Changed: 1  Warnings: 1
mysql> FLUSH PRIVILEGES;
Query OK, 0 rows affected (0.00 sec)
```

在 MySQL 5.7 及以上版本中，使用如下语句修改 root 账户的密码。

```
mysql> UPDATE mysql.user SET authentication_string =password('root') WHERE user='root' and host=
'localhost';
Query OK, 1 row affected, 1 warning (0.10 sec)
Rows matched: 1  Changed: 1  Warnings: 1
mysql> FLUSH PRIVILEGES;
Query OK, 0 rows affected (0.00 sec)
```

（5）删除 my.cnf 文件中的 skip-grant-tables=1 配置项，或者将 skip-grant-tables=1 配置项修改为 skip-grant-tables=0。

```
[root@binghe150 ~]# vim /data/mysql/conf/my.cnf
[mysqld]
skip-grant-tables=0
```

保存并退出 vim 编辑器。

（6）重启 MySQL 服务，即可使用 root 账户与新修改的密码登录 MySQL。

30.8　删除用户

MySQL 中支持使用 DROP　USER 语句删除用户，也可以通过 DELETE 语句删除 mysql.user 数据表的记录来删除用户。

30.8.1　使用 DROP USER 语句删除用户

例如，使用 DROP USER 删除 binghe_login 用户。

```
mysql> DROP USER 'binghe_login'@'localhost';
Query OK, 0 rows affected (0.00 sec)
```

SQL 语句执行成功，查看 MySQL 中是否还存在 binghe_login 用户。

```
mysql> SELECT * FROM mysql.user WHERE user = 'binghe_login' AND host = 'localhost';
Empty set (0.00 sec)
```

查询结果为空，说明 binghe_login 用户已经被删除。

30.8.2　使用 DELETE 语句删除用户

例如，使用 DELETE 语句删除 binghe_test 用户。

```
mysql> DELETE FROM mysql.user WHERE user = 'binghe_test' AND host = 'localhost';
Query OK, 1 row affected (0.00 sec)
```

SQL 语句执行成功，查看 MySQL 中是否还存在 binghe_test 用户。

```
mysql> SELECT * FROM mysql.user WHERE user = 'binghe_test' AND host = 'localhost';
Empty set (0.00 sec)
```

查询结果为空，说明 binghe_test 用户已经被删除。

30.9　限制用户使用资源

在 MySQL 中，GRANT 语句不仅可以用来创建用户，为用户授权和修改用户的权限，而且还可以用来限制 MySQL 用户使用的资源。例如，可以限制每个用户每小时的查询和更新次数、每小时执行的连接次数和同时建立的连接次数等。

30.9.1　限制用户使用资源示例

例如，为 binghe_test 用户授予 goods 数据库上的查询和更新权限，并且每小时的查询次数最多为 100，每小时的更新次数最多为 20，使用 binghe_test 用户最多同时有 10 个并发连接。

```
mysql> GRANT SELECT, UPDATE ON goods.* TO 'binghe_test'@'localhost'
    -> WITH MAX_QUERIES_PER_HOUR 100
    -> MAX_UPDATES_PER_HOUR 20
    -> MAX_USER_CONNECTIONS 10;
Query OK, 0 rows affected, 1 warning (0.00 sec)
```

SQL 语句执行成功，查看 binghe_test 用户的资源限制情况。

```
mysql> SELECT user, host, max_questions, max_updates, max_user_connections
    -> FROM mysql.user WHERE user = 'binghe_test' AND host = 'localhost';
+-------------+-----------+---------------+-------------+----------------------+
| user        | host      | max_questions | max_updates | max_user_connections |
+-------------+-----------+---------------+-------------+----------------------+
```

```
| binghe_test | localhost |             100 |            20 |                     10 |
+-------------+-----------+-----------------+---------------+------------------------+
1 row in set (0.00 sec)
```

可以看到，binghe_test 用户每小时的查询次数最多为 100，每小时的更新次数最多为 20，使用 binghe_test 用户最多同时有 10 个并发连接。

30.9.2　修改用户的资源限制

将 binghe_test 用户每小时的查询次数限制修改为 200，将每小时的更新次数限制修改为 50。

```
mysql> GRANT USAGE ON *.* TO 'binghe_test'@'localhost'
    -> WITH MAX_QUERIES_PER_HOUR 200
    -> MAX_UPDATES_PER_HOUR 50;
Query OK, 0 rows affected, 1 warning (0.00 sec)
```

SQL 语句执行成功，查看 binghe_test 用户的资源限制情况。

```
mysql> SELECT user, host, max_questions, max_updates, max_user_connections
    -> FROM mysql.user WHERE user = 'binghe_test' AND host = 'localhost';
+-------------+-----------+-----------------+---------------+------------------------+
| user        | host      | max_questions   | max_updates   | max_user_connections   |
+-------------+-----------+-----------------+---------------+------------------------+
| binghe_test | localhost |             200 |            50 |                     10 |
+-------------+-----------+-----------------+---------------+------------------------+
1 row in set (0.00 sec)
```

可以看到，binghe_test 用户每小时的查询次数限制已经被修改为 200，每小时的更新次数限制已经被修改为 50。

30.9.3　解除用户的资源限制

删除用户的资源限制时，只需要将相应的资源限制设置为 0 即可。例如，删除 binghe_test 的资源限制。

```
mysql> GRANT USAGE ON *.* TO 'binghe_test'@'localhost'
    -> WITH MAX_QUERIES_PER_HOUR 0
    -> MAX_UPDATES_PER_HOUR 0
    -> MAX_USER_CONNECTIONS 0;
Query OK, 0 rows affected, 1 warning (0.00 sec)
```

SQL 语句执行成功，查看 binghe_test 用户的资源限制情况。

```
mysql> SELECT user, host, max_questions, max_updates, max_user_connections
    -> FROM mysql.user WHERE user = 'binghe_test' AND host = 'localhost';
+-------------+-----------+-----------------+---------------+------------------------+
| user        | host      | max_questions   | max_updates   | max_user_connections   |
+-------------+-----------+-----------------+---------------+------------------------+
| binghe_test | localhost |               0 |             0 |                      0 |
+-------------+-----------+-----------------+---------------+------------------------+
1 row in set (0.00 sec)
```

binghe_test 用户的资源限制值都为 0，说明已经解除了 binghe_test 用户的资源限制。

注意：为了不影响用户的权限，修改或删除用户的资源限制时，需要使用如下形式的 SQL 语句。

```
mysql> GRANT USAGE ON *.* TO '用户名'@'主机名'
    -> WITH MAX_QUERIES_PER_HOUR 查询次数
    -> MAX_UPDATES_PER_HOUR 修改次数
    -> MAX_USER_CONNECTIONS 连接次数
```

30.10　MySQL 8.x 版本中的账户管理

在 MySQL 8.x 版本中，对于账户的管理操作与 MySQL 之前的版本略微不同，本节就简单对比一下 MySQL 8.x 版本与 MySQL 之前的版本中，在账户管理方面存在哪些不同的地方。

30.10.1　用户创建和授权

在 MySQL 5.x 版本中可以使用一条语句创建用户并为用户授权。

```
GRANT ALL PRIVILEGES ON *.* TO 'binghe'@'%' IDENTIFIED BY 'binghe123';
```

在 MySQL 8.x 版本中需要执行如下两条语句创建用户并为用户授权。

```
CREATE USER 'binghe'@'%' IDENTIFIED BY 'binghe123';
GRANT ALL PRIVILEGES ON *.* TO 'binghe'@'%';
```

也就是说，在 MySQL 8.x 中需要先创建用户，再为用户进行授权。

30.10.2　认证插件更新

在 MySQL 8.x 中，默认的身份认证插件是 caching_sha2_password，替代了之前的 mysql_native_password。可以通过系统变量 default_authentication_plugin 和 mysql 数据库中的 user 表来看到这个变化。

在 MySQL 5.x 中，可以通过如下语句查看默认的身份认证插件。

```
mysql> show variables like 'default_authentication%';
+-------------------------------+-----------------------+
| Variable_name                 | Value                 |
+-------------------------------+-----------------------+
| default_authentication_plugin | mysql_native_password |
+-------------------------------+-----------------------+
1 row in set (0.00 sec)
```

在 MySQL 5.x 中默认的身份插件是 mysql_native_password。

在 MySQL 8.x 中，查看默认的身份认证插件。

```
mysql> show variables like 'default_authentication%';
+-------------------------------+-----------------------+
| Variable_name                 | Value                 |
+-------------------------------+-----------------------+
| default_authentication_plugin | caching_sha2_password |
+-------------------------------+-----------------------+
1 row in set (0.00 sec)
```

在 MySQL 8.x 版本中，默认的身份认证插件为 caching_sha2_password。

在 MySQL 8.x 版本中，也可以通过查看 mysql 数据库下 user 表中的 plugin 列的数据，来查看默认的身份认证插件。

```
mysql> select user, host, plugin from mysql.user;
+------------------+-----------+-----------------------+
| user             | host      | plugin                |
+------------------+-----------+-----------------------+
| binghe           | %         | caching_sha2_password |
| mysql.infoschema | localhost | caching_sha2_password |
| mysql.session    | localhost | caching_sha2_password |
| mysql.sys        | localhost | caching_sha2_password |
| root             | localhost | caching_sha2_password |
+------------------+-----------+-----------------------+
5 rows in set (0.00 sec)
```

可以看到，MySQL 8.x 默认的身份认证插件使用的是 caching_sha2_password。

由于 MySQL 8.x 默认的身份认证插件与 MySQL 之前的版本不同，因此，如果将 MySQL 升级到 MySQL 8.x，而客户端没有升级到对应的版本，则连接数据库的时候可能会抛出认证错误。

如果需要在 MySQL 8.x 中使用 mysql_native_password 认证插件，或者 MySQL 客户端无法立即升级，仍需要使用 MySQL 的 mysql_native_password 认证插件，可以在 MySQL 8.x 的 my.cnf 配置文件中将默认的身份认证插件修改为 mysql_native_password。在 my.cnf 中，添加如下配置项。

```
default-authentication-plugin=mysql_native_password
```

也可以在 MySQL 命令行中，执行如下 SQL 语句。

```
mysql> ALTER USER 'binghe'@'%' IDENTIFIED WITH mysql_native_password BY 'binghe123456';
Query OK, 0 rows affected (0.01 sec)
```

接下来，再次查看 mysql 数据库下 user 表中 plugin 列的数据。

```
mysql> select user, host, plugin from mysql.user;
+------------------+-----------+-----------------------+
| user             | host      | plugin                |
+------------------+-----------+-----------------------+
| binghe           | %         | mysql_native_password |
| mysql.infoschema | localhost | caching_sha2_password |
| mysql.session    | localhost | caching_sha2_password |
| mysql.sys        | localhost | caching_sha2_password |
| root             | localhost | caching_sha2_password |
+------------------+-----------+-----------------------+
5 rows in set (0.00 sec)
```

此时，可以看到 binghe 用户使用的认证插件为 mysql_native_password。

30.10.3　密码管理

从 MySQL 8.x 版本开始允许限制重复使用以前的密码，关键的配置项如下：

- password_hostory=n：表示新密码不能和最近 *n* 次使用过的密码相同。
- password_reuse_interval=n：表示按照日期进行限制，表示新密码不能与最近 *n* 天内使用过的密码相同。
- password_require_current=ON：表示修改密码时，需要提供用户当前的登录密码，默认为 OFF。

首先，在 MySQL 8.x 命令行中查看 MySQL 的密码重用策略。

```
mysql> show variables like 'password%';
+--------------------------+-------+
| Variable_name            | Value |
+--------------------------+-------+
| password_history         | 0     |
| password_require_current | OFF   |
| password_reuse_interval  | 0     |
+--------------------------+-------+
3 rows in set (0.14 sec)
```

可以看到，上述 3 个参数在 MySQL 8.x 中都没有启用。

接下来，启用上述密码策略。启用策略时有两种方式：一种是启用全局的密码重用策略，使 MySQL 的所有用户生效；另一种是根据某一个用户，设置密码重用策略，仅对当前用户生效。

1．启用全局的密码重用策略

可以在 my.cnf 中进行配置。

```
vim /data/mysql/conf/my.cnf
[mysqld]
persist password_history=6
```

重启 MySQL 使配置生效。

也可以在 MySQL 8.x 的命令行执行如下命令：

```
mysql> SET PERSIST password_history=6;
Query OK, 0 rows affected (0.11 sec)
```

执行此命令后，MySQL 8.x 会自动将此配置同步到配置文件，重启 MySQL 后，配置仍然有效。

在 MySQL 8.x 命令行，执行“SET PERSIST 属性名=属性值”命令时，会在 MySQL 的数据目录下自动生成一个 mysqld-auto.cnf 文件，会将“SET PERSIST 属性名=属性值”命令以 JSON 格式保存到 mysqld-auto.cnf 文件中。例如，执行 SET PERSIST password_history=6

命令生成的 mysqld-auto.cnf 文件中的内容如下：

```
{ "Version" : 1 , "mysql_server" : { "password_history" : { "Value" : "6" , "Metadata" : { "Timestamp" : 
1574091872151996 , "User" : "root" , "Host" : "localhost" } } } }
```

当重启 MySQL 8.x 时，MySQL 会读取 my.cnf 文件中的配置，同时，也会读取 mysqld-auto.cnf 文件中的配置。因此，在 MySQL 8.x 命令行通过“SET PERSIST 属性名=属性值”形式为 MySQL 设置属性配置时，重启 MySQL 仍然有效。

此时，在 MySQL 8.x 命令行中再次查看 MySQL 的密码重用策略。

```
mysql> SHOW VARIABLES LIKE 'password%';
+--------------------------+-------+
| Variable_name            | Value |
+--------------------------+-------+
| password_history         | 6     |
| password_require_current | OFF   |
| password_reuse_interval  | 0     |
+--------------------------+-------+
3 rows in set (0.00 sec)
```

2．为特定用户启用密码重用策略

为 binghe 用户设置密码重用策略，使其新密码不能和最近 5 次使用过的密码相同。

```
mysql> ALTER USER 'binghe'@'%' PASSWORD HISTORY 5;
Query OK, 0 rows affected (0.00 sec)
```

接下来，在 MySQL 8.x 命令行执行如下命令查看各用户的密码重置策略。

```
mysql> SELECT user, host, Password_reuse_history FROM mysql.user;
+------------------+-----------+------------------------+
| user             | host      | Password_reuse_history |
+------------------+-----------+------------------------+
| binghe           | %         |                      5 |
| mysql.infoschema | localhost |                   NULL |
| mysql.session    | localhost |                   NULL |
| mysql.sys        | localhost |                   NULL |
| root             | localhost |                   NULL |
+------------------+-----------+------------------------+
5 rows in set (0.00 sec)
```

binghe 用户的 Password_reuse_history 字段为 5，其他用户均为 NULL。

此时，修改 binghe 用户的密码，binghe 用户的当前密码为 binghe123456。将 binghe 用户的密码修改为 binghe123456，查看密码重用策略是否生效。

```
mysql> ALTER USER 'binghe'@'%' IDENTIFIED BY 'binghe123456';
ERROR 3638 (HY000): Cannot use these credentials for 'binghe@%' because they contradict the password 
history policy
```

当前 binghe 用户的密码为 binghe123456，再次将 binghe 用户的密码修改为 binghe123456 时报错，说明对 binghe 用户设置的密码重用策略生效了。

在 MySQL 8.x 中，用户使用过的密码记录保存在 mysql 数据库的 password_history 表中。

注意： 当在 MySQL 8.x 命令行执行命令：SET PERSIST password_require_current = on; 将

password_require_current 密码重用策略设置为 on 时，此时如果以 root 用户或者具有修改 mysql 数据库 user 表权限的用户来修改用户密码，则不受 password_require_current 参数的限制。使用其他用户时，修改自身密码，则提示需要输入当前使用的密码，此时修改密码的语句类似如下：

```
ALTER USER user() IDENTIFIED BY '新密码' REPLACE '当前使用的密码';
```

30.10.4 角色管理

角色管理是 MySQL 8.x 版本中增加的新特性，其中角色可以理解为一组权限的集合。本节就简单介绍下 MySQL 8.x 中的角色管理。

（1）在 MySQL 8.x 中创建一个测试用的数据库 testdb。

```
mysql> CREATE DATABASE testdb;
Query OK, 1 row affected (0.10 sec)
```

（2）在 testdb 数据库创建 test 表。

```
mysql> CREATE TABLE testdb.test(id int);
Query OK, 0 rows affected (0.28 sec)
```

（3）在 MySQL 中创建一个名为 test_write_role 的角色。

```
mysql> CREATE ROLE 'test_write_role';
Query OK, 0 rows affected (0.00 sec)
```

（4）查询 mysql 数据库的 user 表信息。

```
mysql> SELECT host, user, authentication_string FROM mysql.user;
+----------+----------------+-------------------------------------------------------------+
|   host   | user           | authentication_string                                       |
+----------+----------------+-------------------------------------------------------------+
|    %     | binghe         | *62EDE83F5E966A5622FCE35F9FE7AAC1F52042A0                   |
|    %     | test_write_role|                                                             |
| localhost | mysql.infoschema| $A$005$THISISACOMBINATIONOFINVALIDSALTANDPASSWORDTHATMUSTNEVERBRBEUSED |
| localhost | mysql.session  | $A$005$THISISACOMBINATIONOFINVALIDSALTANDPASSWORDTHATMUSTNEVERBRBEUSED |
| localhost | mysql.sys      | $A$005$THISISACOMBINATIONOFINVALIDSALTANDPASSWORDTHATMUSTNEVERBRBEUSED |
| localhost | root           | $A$005$PM.g;B:1 +"g++_TV7i-d.1Z19VOdC+-+Db1ILPE3_++F9K+|9+i19QJIC |
+----------+----------------+-------------------------------------------------------------+
```

user 数据表中存在 test_write_role 的角色信息。

（5）为创建的 test_write_role 角色赋予 testdb 数据库中所有表的查询、插入与更新权限。

```
mysql> GRANT SELECT, INSERT, UPDATE, DELETE ON testdb.* TO 'test_write_role';
Query OK, 0 rows affected (0.11 sec)
```

（6）创建 test_user 测试用户。

```
mysql> CREATE USER 'test_user' identified by 'User@123456';
Query OK, 0 rows affected (0.00 sec)
```

（7）把 test_write_role 角色授予 test_user 用户。

```
mysql> GRANT 'test_write_role' TO 'test_user';
Query OK, 0 rows affected (0.00 sec)
```

（8）查看 test_user 用户的角色。

```
mysql> SHOW GRANTS FOR 'test_user';
+---------------------------------------------------+
| Grants for test_user@%                            |
+---------------------------------------------------+
| GRANT USAGE ON *.* TO `test_user`@`%`             |
| GRANT `test_write_role`@`%` TO ` test_user `@`%`  |
+---------------------------------------------------+
2 rows in set (0.00 sec)
```

（9）查看 test_user 用户通过角色赋予的权限。

```
mysql> SHOW GRANTS FOR 'test_user' USING 'test_write_role';
+-------------------------------------------------------------------------+
| Grants for test_user@%                                                  |
+-------------------------------------------------------------------------+
| GRANT USAGE ON *.* TO `test_user`@`%`                                   |
| GRANT SELECT, INSERT, UPDATE, DELETE ON `testdb`.* TO ` test_user`@`%`  |
| GRANT ` test_write_role`@`%` TO ` test_user`@`%`                        |
+-------------------------------------------------------------------------+
3 rows in set (0.00 sec)
```

（10）使用新创建的用户 test_user 登录 MySQL，密码为 User@123456。

```
[root@binghe150 ~]# mysql -utest_user -pUser@123456
mysql: [Warning] Using a password on the command line interface can be insecure.
Welcome to the MySQL monitor.  Commands end with ; or \g.
Your MySQL connection id is 13
Server version: 8.0.18 MySQL Community Server - GPL
Copyright (c) 2000, 2019, Oracle and/or its affiliates. All rights reserved.
Oracle is a registered trademark of Oracle Corporation and/or its
affiliates. Other names may be trademarks of their respective
owners.
Type 'help;' or '\h' for help. Type '\c' to clear the current input statement.
mysql>
```

可以看到，使用 test_user 用户能够正常登录 MySQL，由于为 test_user 用户赋予了 testdb 数据库中数据表的增、删、改、查权限，所以这里进行相应的测试。

（11）使用 test_user 用户查询 testdb.test 表中的数据。

```
mysql> SELECT * FROM testdb.test;
ERROR 1142 (42000): SELECT command denied to user 'test_user'@'localhost' for table 'test'
```

可以看到，查询报错，说明 test_user 用户不能访问 testdb 数据库中的 test 数据表，这是因为 test_user 用户没有启用 test_write_role 角色。

（12）使用如下语句查询当前用户所启用的角色。

```
mysql> SELECT current_role();
+----------------+
| current_role() |
+----------------+
| NONE           |
+----------------+
1 row in set (0.00 sec)
```

当前用户 test_user 没有启用任何角色。

（13）为当前用户 test_user 启用 test_write_role 角色。

```
mysql> SET ROLE 'test_write_role';
Query OK, 0 rows affected (0.00 sec)
```

再次查看当前用户启用的角色。

```
mysql> SELECT current_role();
+-----------------------+
| current_role()        |
+-----------------------+
| `test_write_role`@`%` |
+-----------------------+
1 row in set (0.00 sec)
```

可以看到，当前用户 test_user 启用了 test_write_role 角色。

（14）再次使用 test_user 用户查询 testdb 数据库的 test 数据表。

```
mysql> SELECT * FROM testdb.test;
Empty set (0.45 sec)
```

此时使用 test_user 用户查询 testdb 数据库的 test 数据表时不再报错，并且 t1 表中没有任何数据。

如果每次登录 MySQL 后都需要手动为用户启用角色，则显得过于烦琐，接下来，简单介绍如何为 MySQL 用户设置默认的角色。

（1）使用 root 账户登录 MySQL。

```
[root@binghe150 ~]# mysql -uroot -proot
mysql: [Warning] Using a password on the command line interface can be insecure.
Welcome to the MySQL monitor.  Commands end with ; or \g.
Your MySQL connection id is 14
Server version: 8.0.18 MySQL Community Server - GPL
Copyright (c) 2000, 2019, Oracle and/or its affiliates. All rights reserved.
Oracle is a registered trademark of Oracle Corporation and/or its
affiliates. Other names may be trademarks of their respective
owners.
Type 'help;' or '\h' for help. Type '\c' to clear the current input statement.
mysql>
```

（2）可以使用 root 用户为其他用户设置默认的角色。例如，为 test_user 用户设置一个名称为 test_write_role 的默认角色。

```
mysql> SET DEFAULT ROLE 'test_write_role' TO ' test_user';
Query OK, 0 rows affected (0.00 sec)
```

此时，使用 test_user 用户登录 MySQL 数据库后，就默认拥有了 test_write_role 角色对应的权限。

（3）如果有多个角色，需要登录时默认启用，可以使用如下语句：

```
mysql> SET DEFAULT ROLE ALL TO 'test_user';
Query OK, 0 rows affected (0.00 sec)
```

（4）在 MySQL 8.x 中，如果需要查看关于角色相关的信息，可以查看 mysql 数据库中的

default_roles 表。

```
mysql> SELECT * FROM mysql.default_roles;
+------+-----------+-------------------+-------------------+
| HOST | USER      | DEFAULT_ROLE_HOST | DEFAULT_ROLE_USER |
+------+-----------+-------------------+-------------------+
| %    | test_user | %                 | test_write_role   |
+------+-----------+-------------------+-------------------+
1 row in set (0.00 sec)
```

可以看到，test_user 用户默认的角色为 test_write_role。

也可以查询 mysql 数据库的 role_edges 表。

```
mysql> SELECT * FROM mysql.role_edges;
+-----------+-----------------+---------+-----------+-------------------+
| FROM_HOST | FROM_USER       | TO_HOST | TO_USER   | WITH_ADMIN_OPTION |
+-----------+-----------------+---------+-----------+-------------------+
| %         | test_write_role | %       | test_user | N                 |
+-----------+-----------------+---------+-----------+-------------------+
1 row in set (0.00 sec)
```

同样可以看到，test_user 启用了 test_write_role 角色。

（5）可以撤销角色中相应的权限，比如撤销 test_write_role 角色对 testdb 数据库中数据表的插入、更新、删除权限。

```
mysql> REVOKE INSERT, UPDATE, DELETE ON testdb.* FROM 'test_write_role';
Query OK, 0 rows affected (0.00 sec)
```

（6）查看 test_write_role 角色所具有的权限。

```
mysql> SHOW GRANTS FOR 'test_write_role';
+---------------------------------------------------+
| Grants for test_write_role@%                      |
+---------------------------------------------------+
| GRANT USAGE ON *.* TO ` test_write_role`@`%`      |
| GRANT SELECT ON `testdb`.* TO ` test_write_role`@`%` |
+---------------------------------------------------+
2 rows in set (0.00 sec)
```

可以看到，此时 test_write_role 角色只有对 testdb 数据库中数据表的查询权限。

（7）查看 test_user 用户的权限。

```
mysql> SHOW GRANTS FOR test_user USING 'test_write_role';
+----------------------------------------------+
| Grants for test_user@%                       |
+----------------------------------------------+
| GRANT USAGE ON *.* TO `test_user`@`%`        |
| GRANT SELECT ON `testdb`.* TO `test_user`@`%` |
| GRANT `test_write_role`@`%` TO `test_user`@`%` |
+----------------------------------------------+
3 rows in set (0.00 sec)
```

此时 test_user 用户也只剩下对 testdb 数据库中数据表的查询权限，由此说明，可以通过回收角色的权限达到级联回收用户权限的效果。

30.11 本章总结

本章主要对 MySQL 中的账户管理进行了简单的介绍。首先，对 MySQL 中的权限表进行了简单的描述；然后简单介绍了如何创建 MySQL 用户，为用户授权，查看、修改、撤销用户的权限；随后介绍了如何修改用户密码，以及忘记 root 用户的密码时如何重置 root 用户的密码；之后又介绍了如何删除用户，如何限制用户使用的资源；最后介绍了 MySQL 8.x 版本中的账户管理。关于 MySQL 中的账户管理与安全的知识，读者也可以参考 MySQL 官方文档，地址为 https://dev.mysql.com/doc/refman/8.0/en/security.html。

下一章将会正式进入 MySQL 的架构篇章，将会对如何实现 MySQL 中的复制进行简单的介绍。

第6篇 MySQL架构

第 31 章　MySQL 复制

从本章开始，将正式进入 MySQL 的架构篇章。MySQL 中支持一台主数据库同时向多台从数据库复制数据，也支持一台从数据库从多台主数据库复制数据，从数据库也可以作为其他数据库的主库。本章将对 MySQL 中的数据复制进行简单的介绍。

本章涉及的知识点有：

- 搭建 MySQL 主从复制环境；
- 搭建 MySQL 主主复制环境；
- 添加 MySQL 从库；
- 切换主从复制到链式复制；
- 切换链式复制到主从复制；
- 搭建 MySQL 多源复制环境；
- 添加复制过滤器；
- 设置延迟复制；
- 基于 GTID 搭建 MySQL 主从复制环境；
- 基于半同步模式搭建 MySQL 主从复制环境。

31.1　搭建 MySQL 主从复制环境

MySQL 的主从复制环境中，一个典型的场景是“一主一从”复制环境，即部署两个独立的 MySQL 数据库环境，一个作为主库，一个作为从库。本节简单介绍基于两个 MySQL 实例如何实现 MySQL 的主从复制环境搭建。

31.1.1　服务器规划

本节搭建 MySQL 主从复制环境需要两台服务器，一台作为主服务器（Master），一台作为从服务器（Slave）。服务器的规划如表 31-1 所示。

表 31-1　基于两台服务器的MySQL主从复制规划

主　机　名	IP地址	MySQL节点
binghe151	192.168.175.151	Master（主数据库）
binghe152	192.168.175.152	Slave（从数据库）

从表 31-1 中可以看出，MySQL 主从复制环境搭建在两台服务器上，binghe151（192.168.175.151）服务器上的 MySQL 作为主库，binghe152（192.168.175.152）服务器上的 MySQL 作为从库。

注意：搭建 MySQL 主从复制环境之前，需要在表 31-1 所示的服务器上搭建 MySQL 环境。关于 MySQL 环境的搭建，可参见第 6 章的相关内容，这里不再赘述。

基于两台服务器的 MySQL 主从数据库复制示意图如图 31-1 所示。

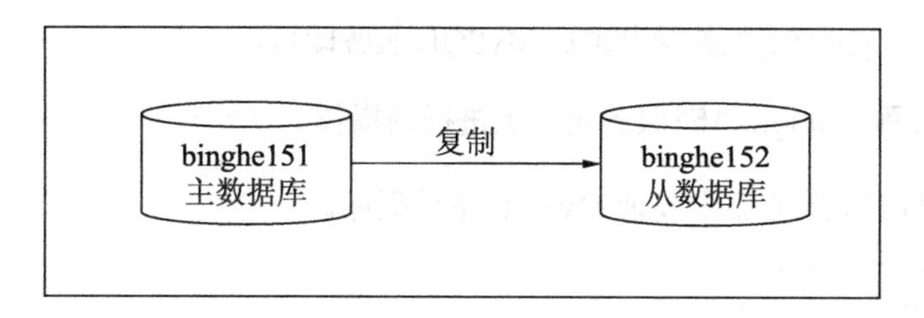

图 31-1　基于两台服务器的 MySQL 主从数据库复制示意图

31.1.2　搭建 MySQL 主从环境

1. 修改主数据库的配置文件

在 binghe151 服务器上使用 vim 编辑器编辑 MySQL 的 my.cnf 配置文件。

```
vim /data/mysql/conf/my.cnf
```

在 my.cnf 文件中添加如下配置项。

```
server_id = 151
log_bin = /data/mysql/log/bin_log/mysql-bin
binlog-ignore-db=mysql
binlog_format= mixed
sync_binlog=100
log_slave_updates = 1
binlog_cache_size=32m
max_binlog_cache_size=64m
max_binlog_size=512m
lower_case_table_names = 1
relay_log = /data/mysql/log/bin_log/relay-bin
relay_log_index = /data/mysql/log/bin_log/relay-bin.index
master_info_repository=TABLE
```

```
relay-log-info-repository=TABLE
relay-log-recovery
```

接下来，重启 MySQL 服务。

```
[root@binghe151 ~]# service mysqld restart
Shutting down MySQL.. SUCCESS!
Starting MySQL.... SUCCESS!
```

2．修改从数据库的配置文件

在 binghe152 服务器上修改从数据库的配置文件 my.cnf，修改方式和在 my.cnf 文件中添加的内容基本上与配置主数据库的配置文件相同，只是在配置从数据库的配置文件时，在 my.cnf 文件中添加的 server_id 配置项与主数据库的配置文件不同。在从数据库的配置文件 my.cnf 中添加的 server_id 配置项如下：

```
server_id = 152
```

接下来，在 binghe152 服务器上重启 MySQL 服务即可。

3．在主服务器（binghe151服务器）上进行的操作

（1）在 binghe151 服务器上登录 MySQL 主数据库。

```
[root@binghe151 ~]# mysql -uroot -p
Enter password:
Welcome to the MySQL monitor.  Commands end with ; or \g.
Your MySQL connection id is 8
Server version: 8.0.18 binghe edition
Copyright (c) 2000, 2019, Oracle and/or its affiliates. All rights reserved.
Oracle is a registered trademark of Oracle Corporation and/or its
affiliates. Other names may be trademarks of their respective
owners.
Type 'help;' or '\h' for help. Type '\c' to clear the current input statement.
mysql>
```

（2）在主数据库上创建 MySQL 数据库主从复制的账户信息。

```
mysql> CREATE USER 'binghe152'@'192.168.175.152' IDENTIFIED BY 'binghe152';
Query OK, 0 rows affected (0.01 sec)
mysql> ALTER USER 'binghe152'@'192.168.175.152' IDENTIFIED WITH mysql_native_password BY 'binghe152';
Query OK, 0 rows affected (0.00 sec)
mysql> GRANT REPLICATION SLAVE ON *.* TO 'binghe152'@'192.168.175.152';
Query OK, 0 rows affected (0.00 sec)
mysql> FLUSH PRIVILEGES;
Query OK, 0 rows affected (0.00 sec)
```

可以看到，创建主从复制账户的过程分为以下 3 步：

1）使用 CREATE USER 语句创建用户。

2）使用 GRANT GRANT REPLICATION SLAVE 语句为用户授予复制权限。

3）使用 FLUSH PRIVILEGES 语句使创建的用户生效。

（3）在主数据库上执行锁表操作，禁止再向主数据库中插入数据以获取主数据库的二进制日志坐标。

```
mysql> FLUSH TABLES WITH READ LOCK;
Query OK, 0 rows affected (0.00 sec)
```

此时，主数据库上的所有表都会添加读锁，不会再向数据表中写入数据。

（4）重新打开一个连接 binghe151 服务器的命令行终端，登录 MySQL 服务器，查看主数据库的二进制日志文件的信息。

```
mysql> SHOW MASTER STATUS;
+------------------+----------+--------------+------------------+-------------------+
| File             | Position | Binlog_Do_DB | Binlog_Ignore_DB | Executed_Gtid_Set |
+------------------+----------+--------------+------------------+-------------------+
| mysql-bin.000007 |     1360 |              |                  |                   |
+------------------+----------+--------------+------------------+-------------------+
1 row in set (0.00 sec)
```

可以看到，当前主数据库的二进制日志文件为 mysql-bin.000007，当前二进制日志文件的位置为 1360。记下这两个值，在操作从数据库时会用到。

注意： 此步骤需要重新打开一个命令行终端，连接 binghe151 服务器，登录 MySQL 数据库进行操作。

（5）在重新打开的命令行终端退出 MySQL 命令行，创建/backup/mysql 目录，并使用 mysqldump 命令导出主数据库中的数据到/backup/mysql 目录下。

```
mysql> exit
Bye
[root@binghe151 ~]# mkdir -p /backup/mysql
[root@binghe151 ~]# mysqldump -uroot -p -hlocalhost -P3306 --all-databases --triggers --routines
--events > /backup/mysql/all_databases_binghe152.sql
Enter password:
[root@binghe151 ~]#
```

查看数据备份是否成功。

```
[root@binghe151 ~]# ll /backup/mysql/
total 1000
-rw-r--r-- 1 root root 1022143 Feb  4 11:30 all_databases_binghe152.sql
```

结果显示，在/backup/mysql 目录下存在 all_databases_binghe152.sql 文件，说明数据备份成功。

（6）解锁第 3 步的锁表操作。

```
mysql> UNLOCK TABLES;
Query OK, 0 rows affected (0.00 sec)
```

（7）将备份的 all_databases_binghe152.sql 文件复制到 binghe152 服务器上。

```
[root@binghe151 ~]# scp /backup/mysql/all_databases_binghe152.sql 192.168.175.152:/backup/mysql/
The authenticity of host '192.168.175.152 (192.168.175.152)' can't be established.
RSA key fingerprint is 8b:df:7d:d2:9f:49:d5:8d:53:81:18:6b:51:90:36:e0.
Are you sure you want to continue connecting (yes/no)? yes
Warning: Permanently added '192.168.175.152' (RSA) to the list of known hosts.
root@192.168.175.152's password:
all_databases_binghe152.sql          100%   998KB 998.2KB/s   00:00
```

4．在从服务器（binghe152服务器）上进行的操作

（1）将从主服务器复制过来的 all_databases_binghe152.sql 文件导入 MySQL 数据库。

```
[root@binghe152 ~]# mysql -uroot -p -hlocalhost -P3306 < /backup/mysql/all_databases_binghe152.sql
Enter password:
[root@binghe152 ~]#
```

（2）在从服务器上登录 MySQL，设置主从复制的信息，包括主服务器的主机名（IP 地址）、端口、用于数据复制的用户名、密码、当前主数据库的二进制日志文件和当前二进制日志文件的位置等信息。

```
mysql> CHANGE MASTER TO MASTER_HOST='192.168.175.151',
    -> MASTER_PORT=3306,
    -> MASTER_USER='binghe152',
    -> MASTER_PASSWORD='binghe152',
    -> MASTER_LOG_FILE='mysql-bin.000007',
    -> MASTER_LOG_POS=1360;
Query OK, 0 rows affected, 2 warnings (0.37 sec)
```

注意：这里的二进制日志文件和二进制日志文件的位置，与在主服务器上进行的操作的第（4）步得出的结果相同。

（3）启动从数据库的复制线程。

```
mysql> START slave;
Query OK, 0 rows affected (0.00 sec)
```

（4）查看从数据库的运行状态。

```
mysql> SHOW slave STATUS \G
*************************** 1. row ***************************
               Slave_IO_State: Waiting for master to send event
                  Master_Host: 192.168.175.151
                  Master_User: binghe152
                  Master_Port: 3306
                Connect_Retry: 60
              Master_Log_File: mysql-bin.000007
          Read_Master_Log_Pos: 1360
               Relay_Log_File: relay-bin.000003
                Relay_Log_Pos: 322
        Relay_Master_Log_File: mysql-bin.000007
             Slave_IO_Running: Yes
            Slave_SQL_Running: Yes
################省略部分输出结果信息#################
```

结果显示，Slave_IO_Running 选项和 Slave_SQL_Running 选项的值均为 Yes，说明 MySQL 主从复制环境搭建成功。

31.1.3　测试 MySQL 主从复制环境

测试 MySQL 主从复制环境的方式比较简单，首先在主数据库上创建数据库和数据表，

并向数据表中插入测试数据，然后在从数据库上查看数据是否进行了同步即可。

（1）查看 MySQL 主数据库中存在的所有数据库。

```
mysql> SHOW DATABASES;
+--------------------+
| Database           |
+--------------------+
| information_schema |
| mysql              |
| performance_schema |
| sys                |
+--------------------+
4 rows in set (0.00 sec)
```

（2）查看 MySQL 从数据库中存在的所有数据库。

```
mysql> SHOW DATABASES;
+--------------------+
| Database           |
+--------------------+
| information_schema |
| mysql              |
| performance_schema |
| sys                |
+--------------------+
4 rows in set (0.01 sec)
```

（3）在 MySQL 主数据库中创建 testdb 数据库，再 testdb 在数据库中创建 t_user 数据表，并在 t_user 数据表中插入测试数据。

```
mysql> CREATE DATABASE testdb;
Query OK, 1 row affected (0.11 sec)
mysql> USE testdb;
Database changed
mysql> CREATE TABLE t_user(
    -> id INT NOT NULL PRIMARY KEY AUTO_INCREMENT,
    -> t_name VARCHAR(30) NOT NULL DEFAULT ''
    -> );
Query OK, 0 rows affected (0.13 sec)
mysql> INSERT INTO t_user (t_name) VALUES ('binghe');
Query OK, 1 row affected (0.10 sec)
```

（4）查看 MySQL 主数据库中 testdb 数据库下 t_user 数据表中的数据。

```
mysql> SELECT * FROM testdb.t_user;
+----+--------+
| id | t_name |
+----+--------+
|  1 | binghe |
+----+--------+
1 row in set (0.00 sec)
```

（5）查看 MySQL 从数据库中 testdb 数据库下 t_user 数据表中的数据。

```
mysql> SELECT * FROM testdb.t_user;
+----+--------+
| id | t_name |
+----+--------+
```

```
|    1 | binghe |
+----+--------+
1 row in set (0.00 sec)
```

结果显示，MySQL 从数据库中的数据与 MySQL 主数据库中的数据一致，说明 MySQL 主从复制环境搭建成功。

31.2 搭建 MySQL 主主复制环境

MySQL 支持两个 MySQL 数据库都是主数据库，也就是说两个数据库之间互为主主关系。本节就简单介绍下如何搭建 MySQL 的主主复制环境。

31.2.1 服务器规划

搭建 MySQL 主主复制环境的服务器规划如表 31-2 所示。

表 31-2 MySQL主主复制环境的服务器规划

主　机　名	IP地址	MySQL节点
binghe151	192.168.175.151	Master（主数据库）
binghe152	192.168.175.152	Master（主数据库）

MySQL 主主复制环境的示意图如图 31-2 所示。

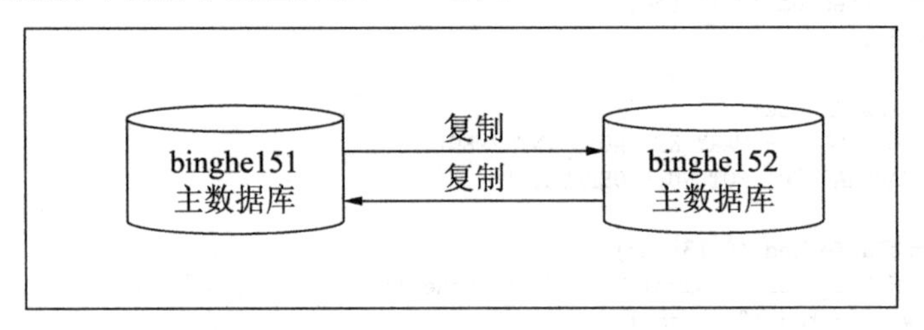

图 31-2 MySQL 主主复制环境示意图

31.2.2 将 MySQL 主从环境切换为主主环境

本节将在 31.1 节中搭建的 MySQL 主从环境的基础上，搭建 MySQL 的主主复制环境。

1. 在binghe152服务器上执行的操作

（1）在 binghe152 服务器的 MySQL 命令行中执行停止 MySQL 从库运行的命令。

```
mysql> STOP slave;
Query OK, 0 rows affected (0.00 sec)
```

SQL 语句执行成功，此时，binghe152 服务器上的 MySQL 不再自动同步 binghe151 服务器上的 MySQL 中的数据。

（2）创建 MySQL 数据库主从复制的账户信息。

```
mysql> CREATE USER 'binghe151'@'192.168.175.151' IDENTIFIED BY 'binghe151';
Query OK, 0 rows affected (0.01 sec)
mysql> ALTER USER 'binghe151'@'192.168.175.151' IDENTIFIED WITH mysql_native_password BY 'binghe151';
Query OK, 0 rows affected (0.00 sec)
mysql> GRANT REPLICATION SLAVE ON *.* TO 'binghe151'@'192.168.175.151';
Query OK, 0 rows affected (0.00 sec)
mysql> FLUSH PRIVILEGES;
Query OK, 0 rows affected (0.00 sec)
```

（3）查看当前二进制日志文件和其位置信息。

```
mysql> SHOW MASTER STATUS;
+------------------+----------+--------------+------------------+-------------------+
| File             | Position | Binlog_Do_DB | Binlog_Ignore_DB | Executed_Gtid_Set |
+------------------+----------+--------------+------------------+-------------------+
| mysql-bin.000008 |     4121 |              |                  |                   |
+------------------+----------+--------------+------------------+-------------------+
1 row in set (0.00 sec)
```

此处，记下二进制日志文件 mysql-bin.000008 和位置 4121。

（4）开启主从复制。

```
mysql> START slave;
Query OK, 0 rows affected (0.00 sec)
```

（5）查看主从复制状态。

```
mysql> SHOW slave STATUS \G
*************************** 1. row ***************************
               Slave_IO_State: Waiting for master to send event
                  Master_Host: 192.168.175.151
                  Master_User: binghe152
                  Master_Port: 3306
                Connect_Retry: 60
              Master_Log_File: mysql-bin.000007
          Read_Master_Log_Pos: 4225
               Relay_Log_File: relay-bin.000005
                Relay_Log_Pos: 322
        Relay_Master_Log_File: mysql-bin.000007
             Slave_IO_Running: Yes
            Slave_SQL_Running: Yes
```

结果显示，以 binghe151 数据库上的 MySQL 为主库，binghe152 数据库上的 MySQL 为从库的环境搭建成功。

2. 在binghe151服务器上执行的操作

（1）在 MySQL 命令行设置主从复制的信息，包括主服务器的主机名（IP 地址）、端口，用于数据复制的用户名、密码，以及当前主数据库的二进制日志文件和当前二进制日志文件的位置等信息。

```
mysql> CHANGE MASTER TO MASTER_HOST='192.168.175.152',
    -> MASTER_PORT=3306,
    -> MASTER_USER='binghe151',
    -> MASTER_PASSWORD='binghe151',
    -> MASTER_LOG_FILE='mysql-bin.000008',
    -> MASTER_LOG_POS=4121;
Query OK, 0 rows affected, 2 warnings (0.11 sec)
```

（2）启动从数据库的复制线程。

```
mysql> START slave;
Query OK, 0 rows affected (0.01 sec)
```

（3）查看主从复制状态。

```
mysql> SHOW slave STATUS \G
*************************** 1. row ***************************
               Slave_IO_State: Waiting for master to send event
                  Master_Host: 192.168.175.152
                  Master_User: binghe151
                  Master_Port: 3306
                Connect_Retry: 60
              Master_Log_File: mysql-bin.000008
          Read_Master_Log_Pos: 4121
               Relay_Log_File: relay-bin.000002
                Relay_Log_Pos: 322
        Relay_Master_Log_File: mysql-bin.000008
             Slave_IO_Running: Yes
            Slave_SQL_Running: Yes
```

结果显示，以 binghe151 服务器上的 MySQL 为从库，binghe152 服务器上的 MySQL 为主库的环境搭建成功。

至此，MySQL 主主环境搭建完毕。

31.2.3　直接搭建 MySQL 主主环境

直接搭建 MySQL 主主复制环境的过程，与将 MySQL 主从环境切换为主主环境的过程基本相同，都是先将 binghe151 服务器上的 MySQL 配置成 binghe152 服务器上的 MySQL 的主库，再将 binghe152 服务器上的 MySQL 配置成 binghe151 服务器上的 MySQL 的主库。具体搭建过程，读者可自行实现，这里不再赘述。

31.2.4　测试 MySQL 主主复制环境

（1）登录 binghe151 服务器的 MySQL，向 testdb 数据库的 t_user 数据表中插入一条数据记录。

```
mysql> INSERT INTO testdb.t_user
    -> (id, t_name)
    -> VALUES
    -> (2, 'binghe002');
```

```
Query OK, 1 row affected (0.00 sec)
```

SQL 语句执行成功。在 binghe152 服务器的 MySQL 命令行查看 testdb 数据库下的 t_user 数据表中的数据。

```
mysql> SELECT * FROM testdb.t_user;
+----+-----------+
| id | t_name    |
+----+-----------+
|  1 | binghe    |
|  2 | binghe002 |
+----+-----------+
2 rows in set (0.00 sec)
```

姓名为 binghe002 的数据记录已经成功同步到 binghe152 服务器的 MySQL 数据库中。

（2）在 binghe152 服务器的 MySQL 中，向 testdb 数据库的 t_user 数据表中插入一条数据记录。

```
mysql> INSERT INTO testdb.t_user
    -> (id, t_name)
    -> VALUES
    -> (3, 'binghe003');
Query OK, 1 row affected (0.00 sec)
```

在 binghe151 服务器的 MySQL 命令行查看 t_user 数据表的数据。

```
mysql> SELECT * FROM testdb.t_user;
+----+-----------+
| id | t_name    |
+----+-----------+
|  1 | binghe    |
|  2 | binghe002 |
|  3 | binghe003 |
+----+-----------+
3 rows in set (0.00 sec)
```

在 binghe152 服务器的 MySQL 中插入的数据，已经成功同步到 binghe151 服务器的 MySQL 数据库中。由此说明 MySQL 主主复制环境搭建成功。

31.3　添加 MySQL 从库

MySQL 支持在原有主从复制环境中，再次添加 MySQL 从库到主从复制环境中。本节就在 31.1 节的基础上添加一个 MySQL 从库到主从复制环境中，从而搭建 MySQL 的一主两从复制环境。

31.3.1　服务器规划

添加 MySQL 从库到原有主从环境后的服务器规划如表 31-3 所示。

表 31-3　添加MySQL从库后的服务器规划

主　机　名	IP地址	MySQL节点
binghe151	192.168.175.151	Master（主数据库）
binghe152	192.168.175.152	Slave（从数据库）
binghe153	192.168.175.153	Slave（从数据库）

MySQL 的一主两从数据库复制示意图如图 31-3 所示。

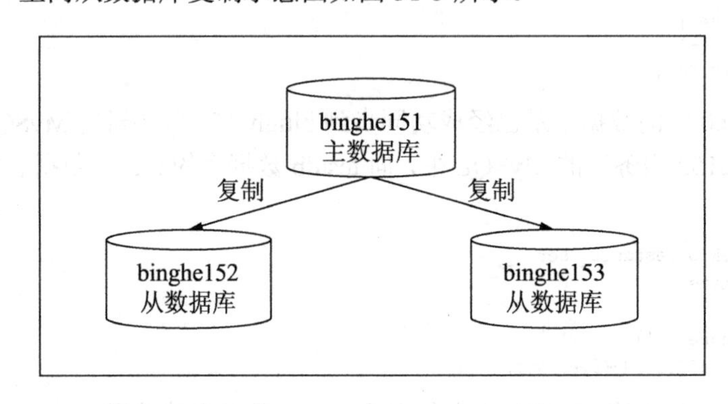

图 31-3　MySQL 一主两从数据库复制示意图

31.3.2　在主从服务器上进行的操作

1．在主服务器（binghe151服务器）上进行的操作

（1）在 MySQL 命令行创建 MySQL 数据库主从复制的账户信息。

```
mysql> CREATE USER 'binghe153'@'192.168.175.153' IDENTIFIED BY 'binghe153';
Query OK, 0 rows affected (0.11 sec)
mysql> ALTER USER 'binghe153'@'192.168.175.153' IDENTIFIED WITH mysql_native_password BY 'binghe153';
Query OK, 0 rows affected (0.00 sec)
mysql> GRANT REPLICATION SLAVE ON *.* TO 'binghe153'@'192.168.175.153';
Query OK, 0 rows affected (0.00 sec)
mysql> FLUSH PRIVILEGES;
Query OK, 0 rows affected (0.00 sec)
```

（2）在主数据库上执行锁表操作，禁止再向主数据库中插入数据以获取主数据库的二进制日志坐标。

```
mysql> FLUSH TABLES WITH READ LOCK;
Query OK, 0 rows affected (0.00 sec)
```

此时，主数据库上的所有表都会添加读锁，不会再向数据表中写入数据。

（3）重新打开命令行终端，连接 binghe151 服务器，登录 MySQL 并查看主数据库的二进制日志文件和日志文件的位置信息。

```
mysql> SHOW MASTER STATUS;
+------------------+----------+--------------+------------------+-------------------+
| File             | Position | Binlog_Do_DB | Binlog_Ignore_DB | Executed_Gtid_Set |
+------------------+----------+--------------+------------------+-------------------+
| mysql-bin.000007 |     5960 |              |                  |                   |
+------------------+----------+--------------+------------------+-------------------+
1 row in set (0.00 sec)
```

二进制日志文件为 mysql-bin.000007，坐标位置为 5960。

（4）导出 MySQL 中的数据。

```
[root@binghe151 ~]# mysqldump -uroot -p -hlocalhost -P3306 --all-databases --triggers --routines
--events > /backup/mysql/all_databases_binghe153.sql
Enter password:
```

（5）在步骤（2）中的 MySQL 命令行解锁 MySQL 中的数据表。

```
mysql> UNLOCK TABLES;
Query OK, 0 rows affected (0.00 sec)
```

（6）将导出的数据文件复制到 binghe153 服务器上。

```
[root@binghe151 ~]# scp /backup/mysql/all_databases_binghe153.sql 192.168.175.153:/backup/mysql/
root@192.168.175.153's password:
all_databases_binghe153.sql          100% 1000KB 999.8KB/s   00:00
```

2．在从服务器（binghe153服务器）上执行的操作

（1）配置 my.cnf 文件，添加的配置项与主服务器上的 my.cnf 文件基本相同，只是 server_id 选项不同。

```
vim /data/mysql/conf/my.cnf
server_id = 153
```

（2）重启 MySQL 服务。

```
[root@binghe153 ~]# service mysqld restart
Shutting down MySQL. SUCCESS!
Starting MySQL.... SUCCESS!
```

（3）将从主服务器上复制的数据文件导入 MySQL 数据库中。

```
[root@binghe153 ~]# mysql -uroot -p -hlocalhost -P3306 < /backup/mysql/all_databases_binghe153.sql
Enter password:
```

（4）登录 MySQL，设置主从复制的信息，包括主服务器的主机名（IP 地址）、端口，用于数据复制的用户名、密码，以及当前主数据库的二进制日志文件和当前二进制日志文件的位置等信息。

```
mysql> CHANGE MASTER TO MASTER_HOST='192.168.175.151',
    -> MASTER_PORT=3306,
    -> MASTER_USER='binghe153',
    -> MASTER_PASSWORD='binghe153',
    -> MASTER_LOG_FILE='mysql-bin.000007',
    -> MASTER_LOG_POS=5960;
Query OK, 0 rows affected, 2 warnings (0.04 sec)
```

（5）启动从数据库的复制线程。

```
mysql> START slave;
Query OK, 0 rows affected (0.00 sec)
```

（6）查看从数据库的运行状态。

```
mysql> SHOW slave STATUS \G
*************************** 1. row ***************************
               Slave_IO_State: Waiting for master to send event
                  Master_Host: 192.168.175.151
                  Master_User: binghe153
                  Master_Port: 3306
                Connect_Retry: 60
              Master_Log_File: mysql-bin.000007
          Read_Master_Log_Pos: 5960
               Relay_Log_File: relay-bin.000002
                Relay_Log_Pos: 322
        Relay_Master_Log_File: mysql-bin.000007
             Slave_IO_Running: Yes
            Slave_SQL_Running: Yes
```

binghe153 服务器上的从数据库运行正常。

31.3.3　测试 MySQL 主从复制环境

（1）在 binghe151 服务器上的 MySQL 主数据库中，向 testdb 数据库下的 t_user 数据表中插入一条测试数据。

```
mysql> INSERT INTO testdb.t_user
    -> (id, t_name)
    -> VALUES
    -> (4, 'binghe004');
Query OK, 1 row affected (0.00 sec)
```

（2）在 binghe152 服务器上的 MySQL 从数据库中查看数据。

```
mysql> SELECT * FROM testdb.t_user;
+----+-----------+
| id | t_name    |
+----+-----------+
|  1 | binghe    |
|  2 | binghe002 |
|  3 | binghe003 |
|  4 | binghe004 |
+----+-----------+
4 rows in set (0.00 sec)
```

在主数据库上添加的姓名为 binghe004 的数据，已经成功同步到 binghe152 服务器上的 MySQL 中。

（3）在 binghe153 服务器上的 MySQL 从数据库中查看数据。

```
mysql> SELECT * FROM testdb.t_user;
+----+-----------+
| id | t_name    |
+----+-----------+
|  1 | binghe    |
```

```
|  2 | binghe002 |
|  3 | binghe003 |
|  4 | binghe004 |
+----+-----------+
4 rows in set (0.00 sec)
```

可以看到，数据同样成功同步到了 binghe153 服务器上的 MySQL 中，由此说明 MySQL 从库添加成功。

注意：MySQL 同样支持向主从环境中添加主库，此时有两种情况。

- 添加主库后只有一个主库。将新添加的 MySQL 数据库设置为原有主数据库的主库，将原有的所有从数据库指向新添加的 MySQL 数据库。此时，主数据库为新添加的 MySQL 数据库，其他 MySQL 数据库都为从数据库。
- 添加主库后有两个主库。将新添加的 MySQL 数据库设置为原有主数据库的主库和从库，其他配置不变。此时，主数据库为原有的 MySQL 主数据库和新添加的 MySQL 数据库，其他数据库为从数据库。

针对以上两种情况，读者可自行实现，这里不再赘述。

31.4　切换主从复制到链式复制

MySQL 中的链式复制模式是指多个 MySQL 数据库实例之间呈现链状结构，即 A 数据库是 B 数据库的主库，B 数据库又是 C 数据库的主库，此时，B 数据库又叫作中继从库。

31.4.1　服务器规划

将 MySQL 主从复制模式切换到链式复制模式后的服务器规划如表 31-4 所示。

表 31-4　MySQL链式复制模式的服务器规划

主 机 名	IP地址	MySQL节点
binghe151	192.168.175.151	Master（主数据库）
binghe152	192.168.175.152	中继Slave（中继从数据库）
binghe153	192.168.175.153	Slave（从数据库）

链式复制模式示意图如图 31-4 所示。

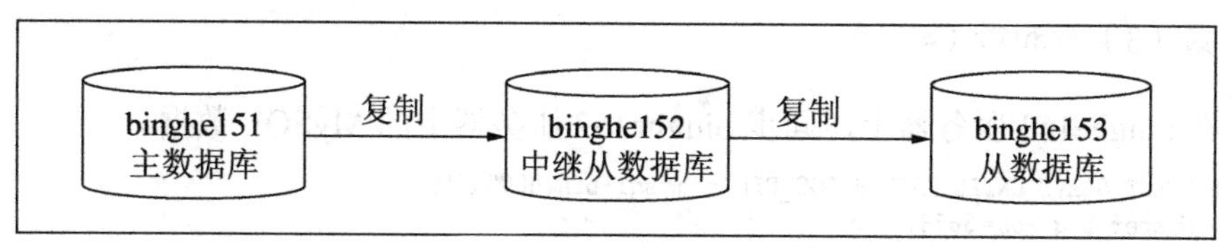

图 31-4　链式复制模式示意图

31.4.2　切换复制模式

（1）在 binghe153 服务器上停止 MySQL 从库的运行，并查看 Relay_Master_Log_File 和 Exec_Master_Log_Pos 的值。

```
mysql> STOP SLAVE;
Query OK, 0 rows affected (0.00 sec)
mysql> SHOW SLAVE STATUS \G
*************************** 1. row ***************************
               Slave_IO_State:
                  Master_Host: 192.168.175.151
                  Master_User: binghe153
                  Master_Port: 3306
              Relay_Master_Log_File: mysql-bin.000007
          Exec_Master_Log_Pos: 6299
#################省略部分输出结果#######################
```

结果显示，在 binghe153 服务器上的 Relay_Master_Log_File 为 mysql-bin.000007，Exec_Master_Log_Pos 的值为 6299。

（2）在 binghe152 服务器上停止 MySQL 从库的运行，并查看 Relay_Master_Log_File 和 Exec_Master_Log_Pos 的值。

```
mysql> STOP SLAVE;
Query OK, 0 rows affected (0.00 sec)
mysql> SHOW SLAVE STATUS \G
*************************** 1. row ***************************
               Slave_IO_State:
                  Master_Host: 192.168.175.151
                  Master_User: binghe152
                  Master_Port: 3306
        Relay_Master_Log_File: mysql-bin.000007
          Exec_Master_Log_Pos: 6638
```

结果显示，binghe152 服务器上的 Relay_Master_Log_File 为 mysql-bin.000007，Exec_Master_Log_Pos 的值为 6638。由此说明 binghe152 服务器上的 MySQL 数据库的数据与 binghe153 服务器上的 MySQL 数据库中的数据不一致。也就是说，在停止 binghe153 服务器上的 MySQL 从库后，binghe152 服务器上的 MySQL 从库又同步了 MySQL 主库的数据。此时，需要将两个从库的数据进行同步。

注意：如果两个从库的 Relay_Master_Log_File 和 Exec_Master_Log_Pos 的值均相同，则说明两个从库中的数据是同步的，不需要进行从库的数据同步操作，可以省略下面的第（3）步和第（4）步。

（3）在 binghe153 服务器上，同步 binghe152 服务器上的 MySQL 数据。

```
mysql> START SLAVE UNTIL MASTER_LOG_FILE='mysql-bin.000007',
    -> Master_Log_Pos=6638;
Query OK, 0 rows affected, 1 warning (0.00 sec)
```

其中，参数 Master_Log_Pos 的值与 binghe152 服务器上的 Exec_Master_Log_Pos 的值相同。

（4）再次查看 binghe153 服务器上的从数据库运行状态。

```
mysql> SHOW SLAVE STATUS \G
*************************** 1. row ***************************
               Slave_IO_State: Waiting for master to send event
                  Master_Host: 192.168.175.151
                  Master_User: binghe153
                  Master_Port: 3306
        Relay_Master_Log_File: mysql-bin.000007
          Exec_Master_Log_Pos: 6638
      Until_Log_Pos: 6638
   Seconds_Behind_Master: NULL
##################省略部分输出结果信息####################
```

binghe153 服务器上的 Relay_Master_Log_File 的值为 mysql-bin.000007，Exec_Master_Log_Pos 的值为 6638，Until_Log_Pos 的值为 6638，Seconds_Behind_Master 的值为 NULL，说明 binghe153 服务器上的 MySQL 数据已经和 binghe152 服务器上的 MySQL 数据同步。

（5）在 binghe152 服务器上创建从数据库同步的账户信息。

```
mysql> CREATE USER 'binghe153'@'192.168.175.153' IDENTIFIED BY 'binghe153';
Query OK, 0 rows affected (0.11 sec)
mysql> ALTER USER 'binghe153'@'192.168.175.153' IDENTIFIED WITH mysql_native_password BY 'binghe153';
Query OK, 0 rows affected (0.00 sec)
mysql> GRANT REPLICATION SLAVE ON *.* TO 'binghe153'@'192.168.175.153';
Query OK, 0 rows affected (0.00 sec)
mysql> FLUSH PRIVILEGES;
Query OK, 0 rows affected (0.00 sec)
```

（6）在 binghe152 服务器上，查看主库的状态。

```
mysql> SHOW MASTER STATUS;
+------------------+----------+--------------+------------------+-------------------+
| File             | Position | Binlog_Do_DB | Binlog_Ignore_DB | Executed_Gtid_Set |
+------------------+----------+--------------+------------------+-------------------+
| mysql-bin.000008 |     6578 |              |                  |                   |
+------------------+----------+--------------+------------------+-------------------+
1 row in set (0.00 sec)
```

结果显示，当前的二进制日志文件为 mysql-bin.000008，位置坐标为 6578。

（7）启动 binghe152 服务器上的从数据库，并确保从数据库的运行状态正常。

```
mysql> START SLAVE;
Query OK, 0 rows affected (0.04 sec)
mysql> SHOW SLAVE STATUS \G
*************************** 1. row ***************************
               Slave_IO_State: Waiting for master to send event
                  Master_Host: 192.168.175.151
                  Master_User: binghe152
                  Master_Port: 3306
                Connect_Retry: 60
              Master_Log_File: mysql-bin.000007
          Read_Master_Log_Pos: 6638
               Relay_Log_File: relay-bin.000006
```

```
              Relay_Log_Pos: 322
      Relay_Master_Log_File: mysql-bin.000007
           Slave_IO_Running: Yes
          Slave_SQL_Running: Yes
```

（8）在 binghe153 服务器上，停止从数据库的运行，并将其主数据库指向 binghe152 服务器上的数据库。

```
mysql> STOP SLAVE;
Query OK, 0 rows affected (0.13 sec)
mysql> CHANGE MASTER TO MASTER_HOST='192.168.175.152',
    -> MASTER_PORT=3306,
    -> MASTER_USER='binghe153',
    -> MASTER_PASSWORD='binghe153',
    -> MASTER_LOG_FILE='mysql-bin.000008',
    -> MASTER_LOG_POS=6578;
Query OK, 0 rows affected, 2 warnings (0.01 sec)
```

（9）在 binghe153 服务器上，启动从库的运行，并验证从库的运行状态。

```
mysql> START SLAVE;
Query OK, 0 rows affected (0.01 sec)
mysql> SHOW SLAVE STATUS \G
*************************** 1. row ***************************
               Slave_IO_State: Waiting for master to send event
                  Master_Host: 192.168.175.152
                  Master_User: binghe153
                  Master_Port: 3306
                Connect_Retry: 60
              Master_Log_File: mysql-bin.000008
          Read_Master_Log_Pos: 6578
               Relay_Log_File: relay-bin.000002
                Relay_Log_Pos: 322
        Relay_Master_Log_File: mysql-bin.000008
             Slave_IO_Running: Yes
            Slave_SQL_Running: Yes
```

由输出结果可知，binghe153 服务器上的 MySQL 从库的运行状态正常。

此时，binghe153 服务器上的 MySQL 的主库为 binghe152 服务器上的 MySQL 数据库，说明 MySQL 的复制模式已经成功从主从模式切换为链式模式。

说明：链式复制模式的测试方式与 31.3.3 节中的测试方式相同，不再赘述。

31.5　切换链式复制到主从复制

如果 MySQL 当前的复制模式为链式复制模式，可以将其转化为 MySQL 的主从复制模式。本节就简单介绍一下如何将 MySQL 的链式复制模式转化为主从复制模式。

1. 服务器规划

首先需要进行服务器规划，本节中的服务器规划与 31.3.1 节中的服务器规划相同，不再赘述。

2. 切换复制模式

（1）在 binghe152 服务器上，停止从库的运行，并查看主库的状态。

```
mysql> STOP SLAVE;
Query OK, 0 rows affected (0.00 sec)
mysql> SHOW MASTER STATUS;
+------------------+----------+--------------+------------------+-------------------+
| File             | Position | Binlog_Do_DB | Binlog_Ignore_DB | Executed_Gtid_Set |
+------------------+----------+--------------+------------------+-------------------+
| mysql-bin.000008 |     6924 |              |                  |                   |
+------------------+----------+--------------+------------------+-------------------+
1 row in set (0.00 sec)
```

结果显示，此时 binghe152 服务器上的主库二进制日志文件为 mysql-bin.000008，二进制日志文件的位置为 6924。

（2）在 binghe153 服务器上，确保从库的数据已经和 binghe152 服务器上的 MySQL 数据库同步。

```
mysql> SHOW SLAVE STATUS \G
*************************** 1. row ***************************
               Slave_IO_State: Waiting for master to send event
                  Master_Host: 192.168.175.152
                  Master_User: binghe153
                  Master_Port: 3306
        Relay_Master_Log_File: mysql-bin.000008
        Exec_Master_Log_Pos: 6924
   Seconds_Behind_Master: 0
##############省略部分输出结果####################
```

binghe153 服务器上的 Relay_Master_Log_File 为 mysql-bin.000008，Exec_Master_Log_Pos 为 6924，Seconds_Behind_Master 为 0。说明 binghe153 服务器上的 MySQL 数据已经和 binghe152 服务器上的 MySQL 数据同步。

（3）在 binghe152 服务器上，查看 binghe151 服务器上的主库的二进制日志和二进制日志的位置坐标。

```
mysql> SHOW SLAVE STATUS \G
*************************** 1. row ***************************
               Slave_IO_State:
                  Master_Host: 192.168.175.151
                  Master_User: binghe152
                  Master_Port: 3306
        Relay_Master_Log_File: mysql-bin.000007
   Exec_Master_Log_Pos: 6977
##############省略部分输出结果####################
```

binghe152 服务器上的 Relay_Master_Log_File 为 mysql-bin.000007，Exec_Master_Log_Pos 为 6977。说明 binghe151 服务器上的主库当前的二进制日志文件为 mysql-bin.000007，二进制日志文件的位置为 6977。

（4）在 binghe153 服务器上，停止从库的运行，并将主库指向 binghe151 服务器。

```
mysql> STOP SLAVE;
Query OK, 0 rows affected (0.00 sec)
mysql> CHANGE MASTER TO MASTER_HOST='192.168.175.151',
    -> MASTER_PORT=3306,
    -> MASTER_USER='binghe153',
    -> MASTER_PASSWORD='binghe153',
    -> MASTER_LOG_FILE='mysql-bin.000007',
    -> MASTER_LOG_POS=6977;
Query OK, 0 rows affected, 2 warnings (0.03 sec)
```

（5）在 binghe152 服务器上启动从库，并查看从库的运行状态。

```
mysql> START SLAVE;
Query OK, 0 rows affected (0.10 sec)
mysql> SHOW SLAVE STATUS \G
*************************** 1. row ***************************
               Slave_IO_State: Waiting for master to send event
                  Master_Host: 192.168.175.151
                  Master_User: binghe152
                  Master_Port: 3306
                Connect_Retry: 60
              Master_Log_File: mysql-bin.000007
          Read_Master_Log_Pos: 6977
               Relay_Log_File: relay-bin.000007
                Relay_Log_Pos: 322
        Relay_Master_Log_File: mysql-bin.000007
             Slave_IO_Running: Yes
            Slave_SQL_Running: Yes
          Exec_Master_Log_Pos: 6977
#############省略部分输出结果####################
```

（6）在 binghe153 服务器上启动从库，并查看从库的运行状态。

```
mysql> START SLAVE;
Query OK, 0 rows affected (0.01 sec)
mysql> SHOW SLAVE STATUS \G
*************************** 1. row ***************************
               Slave_IO_State: Waiting for master to send event
                  Master_Host: 192.168.175.151
                  Master_User: binghe153
                  Master_Port: 3306
                Connect_Retry: 60
              Master_Log_File: mysql-bin.000007
          Read_Master_Log_Pos: 6977
               Relay_Log_File: relay-bin.000002
                Relay_Log_Pos: 322
        Relay_Master_Log_File: mysql-bin.000007
             Slave_IO_Running: Yes
            Slave_SQL_Running: Yes
Exec_Master_Log_Pos: 6977
#############省略部分输出结果####################
```

此时，已经成功将 MySQL 的链式复制模式转化为主从复制模式。

3．测试主从复制模式

主从复制模式的测试方式与 31.3.3 节中的测试方式相同，不再赘述。

31.6　搭建 MySQL 多源复制环境

MySQL 中的多源复制指的是一个 MySQL 从库有多个 MySQL 主库，多个 MySQL 主库之间没有任何主从关系，从库可以同时接收多个主库的数据，主要的应用场景是将多个 MySQL 中的数据聚合到一个 MySQL 中。

注意：使用 MySQL 的多源复制时，为保证从库数据的一致性，需要保证从每个主数据库中复制不同的数据库，或者使用应用程序处理复制数据时产生的数据冲突。

31.6.1　服务器规划

MySQL 多源复制的服务器规划如表 31-5 所示。

表 31-5　MySQL多源复制的服务器规划

主　机　名	IP地址	MySQL节点
binghe151	192.168.175.151	Master（主数据库）
binghe152	192.168.175.152	Master（主数据库）
binghe153	192.168.175.153	Slave（从数据库）

MySQL 多源复制的示意图如图 31-5 所示。

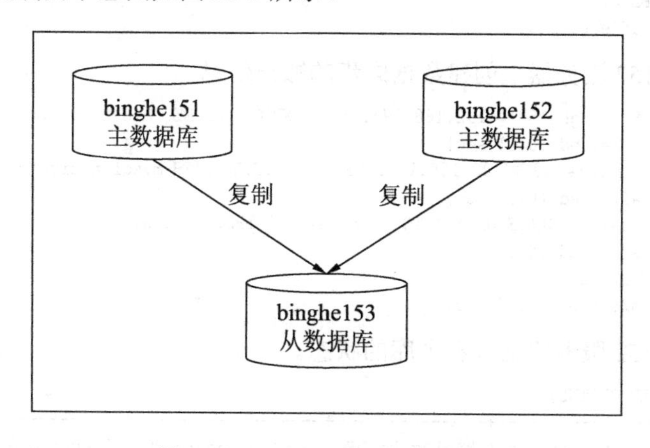

图 31-5　MySQL 多源复制示意图

31.6.2　搭建 MySQL 多源复制环境

本节在 31.3 节的基础上将 MySQL 的主从模式切换为 MySQL 的多源复制模式，读者也可以在 31.1 节的基础上增加 MySQL 服务器搭建 MySQL 的多源复制环境。由于两种方式的搭建过程基本相同，因此不再赘述第二种搭建方式。

（1）修改每台 MySQL 服务器的 my.cnf 文件。

```
vim /data/mysql/conf/my.cnf
[mysqld]
master-info-repository=TABLE
relay-log- info-repository=TABLE
```

重启每台服务器上的 MySQL 服务。

（2）在 binghe152 服务器和 binghe153 服务器上停止从库的运行。

```
mysql> STOP SLAVE;
Query OK, 0 rows affected (0.01 sec)
```

（3）在 binghe151 服务器上执行锁表操作。

```
mysql> FLUSH TABLES WITH READ LOCK;
Query OK, 0 rows affected (0.00 sec)
```

（4）重新打开连接 binghe151 服务器的命令行终端，登录 MySQL，查看主库的运行状态。

```
mysql> SHOW MASTER STATUS;
+------------------+----------+--------------+------------------+-------------------+
| File             | Position | Binlog_Do_DB | Binlog_Ignore_DB | Executed_Gtid_Set |
+------------------+----------+--------------+------------------+-------------------+
| mysql-bin.000008 |    16588 |              |                  |                   |
+------------------+----------+--------------+------------------+-------------------+
1 row in set (0.00 sec)
```

（5）在 binghe151 服务器上解除锁表操作。

```
mysql> UNLOCK TABLES;
Query OK, 0 rows affected (0.00 sec)
```

（6）在 binghe152 服务器上创建数据同步的账户信息。

```
mysql> CREATE USER 'binghe153'@'192.168.175.153' IDENTIFIED BY 'binghe153';
Query OK, 0 rows affected (0.11 sec)
mysql> ALTER USER 'binghe153'@'192.168.175.153' IDENTIFIED WITH mysql_native_password BY 'binghe153';
Query OK, 0 rows affected (0.00 sec)
mysql> GRANT REPLICATION SLAVE ON *.* TO 'binghe153'@'192.168.175.153';
Query OK, 0 rows affected (0.00 sec)
mysql> FLUSH PRIVILEGES;
Query OK, 0 rows affected (0.00 sec)
```

（7）在 binghe152 服务器上查看主库的状态。

```
mysql> SHOW MASTER STATUS;
+------------------+----------+--------------+------------------+-------------------+
| File             | Position | Binlog_Do_DB | Binlog_Ignore_DB | Executed_Gtid_Set |
+------------------+----------+--------------+------------------+-------------------+
```

```
| mysql-bin.000008 |     16578 |              |                  |                   |
+------------------+----------+--------------+------------------+-------------------+
1 row in set (0.00 sec)
```

结果显示，当前的二进制日志文件为 mysql-bin.000008，位置坐标为 16578。

（8）在 binghe153 服务器上，重置从库的设置。

```
mysql> CHANGE MASTER TO MASTER_HOST='192.168.175.151',
    -> MASTER_PORT=3306,
    -> MASTER_USER='binghe153',
    -> MASTER_PASSWORD='binghe153',
    -> MASTER_LOG_FILE='mysql-bin.000008',
-> MASTER_LOG_POS=16588
-> FOR CHANNEL 'binghe151-master';
Query OK, 0 rows affected, 2 warnings (0.01 sec)
mysql> CHANGE MASTER TO MASTER_HOST='192.168.175.152',
    -> MASTER_PORT=3306,
    -> MASTER_USER='binghe153',
    -> MASTER_PASSWORD='binghe153',
    -> MASTER_LOG_FILE='mysql-bin.000008',
-> MASTER_LOG_POS=16578
-> FOR CHANNEL 'binghe152-master';
Query OK, 0 rows affected, 2 warnings (0.01 sec)
```

注意：如果一个从库具有多个主库时，设置从库时需要使用 FOR CHANNEL 指定通道。

（9）在 binghe153 服务器上指定通道启动 MySQL 从库。

```
mysql> START SLAVE FOR CHANNEL 'binghe151-master';
Query OK, 0 rows affected (0.00 sec)
mysql> START SLAVE FOR CHANNEL 'binghe152-master';
Query OK, 0 rows affected (0.00 sec)
```

（10）在 binghe153 服务器上查看从库的运行状态。

```
mysql> SHOW SLAVE STATUS \G
*************************** 1. row ***************************
             Slave_IO_Running: Yes
            Slave_SQL_Running: Yes
                 Channel_Name: binghe151-master
##################省略部分输出结果############################
*************************** 2. row ***************************
             Slave_IO_Running: Yes
            Slave_SQL_Running: Yes
                 Channel_Name: binghe152-master
##################省略部分输出结果############################
```

在 binghe153 服务器上的从库运行正常，并且分别指定了不同的通道连接到 binghe151 服务器上的 MySQL 和 binghe152 服务器上的 MySQL。

31.6.3　测试 MySQL 多源复制环境

（1）在 binghe151 服务器上，向 testdb 数据库的 t_user 数据表中插入测试数据。

```
mysql> INSERT INTO testdb.t_user
    -> (id, t_name)
    -> VALUES
    -> (8, 'binghe008');
Query OK, 1 row affected (1.04 sec)
```

（2）在 binghe153 服务器上，查看数据是否同步。

```
mysql> SELECT * FROM testdb.t_user;
+----+-----------+
| id | t_name    |
+----+-----------+
|  1 | binghe    |
|  2 | binghe002 |
|  3 | binghe003 |
|  4 | binghe004 |
|  5 | binghe005 |
|  6 | binghe006 |
|  7 | binghe007 |
|  8 | binghe008 |
|  9 | binghe009 |
+----+-----------+
9 rows in set (0.12 sec)
```

结果显示，数据已经成功同步。

（3）在 binghe152 服务器上的 testdb 数据库下新建 t_order 数据表，并插入测试数据。

```
mysql> CREATE TABLE testdb.t_order(
    -> id INT NOT NULL PRIMARY KEY AUTO_INCREMENT,
    -> t_remark VARCHAR(30) NOT NULL DEFAULT ''
    -> );
Query OK, 0 rows affected (0.24 sec)
mysql> INSERT INTO testdb.t_order(t_remark) VALUES ('order001');
Query OK, 1 row affected (0.00 sec)
```

（4）在 binghe153 服务器上查看是否同步了数据。

```
mysql> SELECT * FROM testdb.t_order;
+----+----------+
| id | t_remark |
+----+----------+
|  1 | order001 |
+----+----------+
1 row in set (0.00 sec)
```

结果显示，在 binghe153 服务器上成功同步了数据。

31.7　添加复制过滤器

在搭建 MySQL 的复制环境时，可以添加过滤器来指定复制哪些数据库和忽略哪些数据库，本节就简单介绍下如何为 MySQL 的复制过程添加过滤器。

31.7.1　复制指定的数据库

例如，只复制 MySQL 的 goods 数据库和 order 数据库。

1．在主数据库过滤

在主数据库的 MySQL 命令行执行如下命令。

```
mysql> SET GLOBAL binlog-do-db=goods,order;
```

也可以在 my.cnf 配置文件中进行配置。

```
binlog-do-db=goods,order
```

2．在从数据库过滤

在从数据库的命令行执行如下命令：

```
mysql> SET GLOBAL replicate-do-db=goods,order;
```

或者执行如下命令：

```
mysql> CHANGE REPLICATION FILTER REPLICATE-DO-DB=(goods, order);
```

也可以在 my.cnf 文件中进行如下配置：

```
replicate-do-db=goods,order;
```

31.7.2　忽略指定的数据库

例如，忽略 MySQL 中的 goods 数据库和 order 数据库。

1．在主数据库过滤

在主数据库的 MySQL 命令行执行如下命令：

```
mysql> SET GLOBAL binlog-ignore-db=goods,order;
```

也可以在 my.cnf 配置文件中进行如下配置：

```
binlog-ignore-db =goods,order
```

2．在从数据库过滤

在从数据库的命令行执行如下命令：

```
mysql> SET GLOBAL replicate-ignore-db=goods,order;
```

或者执行如下命令：

```
mysql> CHANGE REPLICATION FILTER REPLICATE_IGNORE_DB=(goods, order);
```

也可以在 my.cnf 文件中进行如下配置：

```
replicate-ignore-db =goods,order;
```

31.7.3　复制指定的数据表

例如，复制 goods 数据库下的 t_goods 数据表和 t_goods_category 数据表。

在从数据库的 MySQL 命令行执行如下命令：

```
mysql> SET GLOBAL replicate-do-table=goods.t_goods,goods.t_goods_category;
```

也可以执行如下命令：

```
mysql> CHANGE REPLICATION FILTER REPLICATE_DO_TABLE=( goods.t_goods,goods.t_goods_category);
```

在 my.cnf 文件中进行如下配置：

```
replicate-do-table=goods.t_goods,goods.t_goods_category
```

还可以使用 replicate-wild-do-table 选项指定复制的数据表，replicate-wild-do-table 选项支持使用正则表达式来指定需要复制的数据表。

```
mysql> CHANGE REPLICATION FILTER REPLICATE_WILD_DO_TABLE =( goods.t_goods%);
```

31.7.4　忽略指定的数据表

例如，忽略 goods 数据库下的 t_goods 数据表和 t_goods_category 数据表。

在从数据库的 MySQL 命令行执行如下命令：

```
mysql> SET GLOBAL replicate-ignore-table=goods.t_goods,goods.t_goods_category;
```

也可以执行如下命令：

```
mysql> CHANGE REPLICATION FILTER REPLICATE_ IGNORE_TABLE=( goods.t_goods,goods.t_goods_category);
```

在 my.cnf 文件中进行如下配置：

```
replicate-ignore-table =goods.t_goods,goods.t_goods_category
```

还可以使用 REPLICATE-WILD-IGNORE-TABLE 选项指定忽略的数据表，该选项支持使用正则表达式来指定需要忽略的数据表。语法格式如下：

```
mysql> CHANGE REPLICATION FILTER REPLICATE_WILD_IGNORE_TABLE =( goods.t_goods%);
```

注意：可以为过滤器指定通道。例如：

```
mysql> CHANGE REPLICATION FILTER REPLICATE-DO-DB=(goods, order) FOR CHANNEL 'channel-name';
```

关于 MySQL 复制过滤器的内容，读者也可以参考 MySQL 的如下官方地址，这里不再赘述。

- https://dev.mysql.com/doc/refman/8.0/en/using-system-variables.html；
- https://dev.mysql.com/doc/refman/8.0/en/replication-options-slave.html；
- https://dev.mysql.com/doc/refman/8.0/en/change-replication-filter.html；
- https://dev.mysql.com/doc/refman/8.0/en/replication-options-binary-log.html；
- https://dev.mysql.com/doc/refman/8.0/en/replication-rules.html。

31.8　设置延迟复制

MySQL 支持从数据库延迟一段时间后再对主数据库进行复制，设置延迟复制后，从数据库中的数据与主数据库中的数据在一段时间内不同步。

当需要设置延迟复制时，在 CHANGE MASTER TO 命令中指定 MASTER_DELAY 选项即可，MASTER_DELAY 的参数为延迟的秒数。

例如，使 binghe152 服务器上的从库延迟半小时复制 binghe151 服务器上主库的数据，只需要在 binghe152 服务器的 MySQL 命令行执行如下命令即可。

```
mysql> CHANGE MASTER TO MASTER_HOST='192.168.175.151',
    -> MASTER_PORT=3306,
    -> MASTER_USER='binghe152',
    -> MASTER_PASSWORD='binghe152',
    -> MASTER_LOG_FILE='mysql-bin.000007',
    -> MASTER_LOG_POS=1360,
    -> MASTER_DELAY=1800;
Query OK, 0 rows affected, 2 warnings (0.37 sec)
```

此时，binghe152 服务器上的从库会延迟半小时复制 binghe151 服务器上主库的数据。

注意：关于 MySQL 延迟复制的知识，读者也可以参考 MySQL 官方文档，地址是 https://dev.mysql.com/doc/refman/8.0/en/replication-delayed.html。

31.9　基于 GTID 搭建 MySQL 主从复制环境

MySQL 支持使用 GTID（全局事务标识符）来搭建 MySQL 的主从复制环境，使用 GTID 搭建环境时，不需指定二进制文件的具体位置，本节就简单介绍下如何基于 GTID 搭建 MySQL 的主从复制环境。

注意：本节是在 31.3 节的基础上实现的，服务器规划与 31.3.1 节中的服务器规划相同，不再赘述。

1. 配置MySQL主从复制环境

（1）基于 GTID 搭建 MySQL 主从复制环境时，除了需要按照 31.1 节和 31.3 节配置各台 MySQL 服务器的 my.cnf 文件外，还需要在每台 MySQL 服务器的 my.cnf 文件中添加如下配置项。

```
gtid-mode=on
enforce-gtid-consistency=true
```

（2）重启每台 MySQL 服务。

（3）在 binghe152 服务器和 binghe153 服务器上的 MySQL 命令行分别停止 MySQL 从库的运行。

```
mysql> STOP SLAVE;
Query OK, 0 rows affected (0.01 sec)
```

（4）在 binghe152 服务器和 binghe153 服务器上的 MySQL 命令行重新配置从库。

binghe152 服务器：

```
mysql> CHANGE MASTER TO MASTER_HOST='192.168.175.151',
    -> MASTER_PORT=3306,
    -> MASTER_USER='binghe152',
    -> MASTER_PASSWORD='binghe152',
    -> MASTER_AUTO_POSITION=1;
Query OK, 0 rows affected, 2 warnings (0.03 sec)
```

binghe153 服务器：

```
mysql> CHANGE MASTER TO MASTER_HOST='192.168.175.151',
    -> MASTER_PORT=3306,
    -> MASTER_USER='binghe153',
    -> MASTER_PASSWORD='binghe153',
    -> MASTER_AUTO_POSITION=1;
Query OK, 0 rows affected, 2 warnings (0.02 sec)
```

可以看到，基于 GTID 搭建 MySQL 主从复制环境时，使用 CHANGE MASTER TO 命令设置从库时，不必设置二进制日志文件和二进制日志文件的位置，只需要设置 MASTER_AUTO_POSITION=1 即可。

（5）在 binghe152 服务器和 binghe153 服务器上启动从库并查看从库的运行状态。

binghe152 服务器输出信息如下：

```
mysql> START SLAVE;
Query OK, 0 rows affected (0.00 sec)
mysql> SHOW SLAVE STATUS \G
*************************** 1. row ***************************
               Slave_IO_State: Waiting for master to send event
                  Master_Host: 192.168.175.151
                  Master_User: binghe152
                  Master_Port: 3306
                Connect_Retry: 60
              Master_Log_File: mysql-bin.000009
          Read_Master_Log_Pos: 155
               Relay_Log_File: relay-bin.000002
                Relay_Log_Pos: 369
        Relay_Master_Log_File: mysql-bin.000009
             Slave_IO_Running: Yes
            Slave_SQL_Running: Yes
```

从输出结果中可知，binghe152 服务器上的从库启动成功。

binghe153 服务器输出信息如下：

```
mysql> SHOW SLAVE STATUS \G
*************************** 1. row ***************************
```

```
             Slave_IO_State: Waiting for master to send event
                Master_Host: 192.168.175.151
                Master_User: binghe153
                Master_Port: 3306
              Connect_Retry: 60
            Master_Log_File: mysql-bin.000009
        Read_Master_Log_Pos: 155
             Relay_Log_File: relay-bin.000002
              Relay_Log_Pos: 369
      Relay_Master_Log_File: mysql-bin.000009
           Slave_IO_Running: Yes
          Slave_SQL_Running: Yes
```

从输出结果中可知，binghe153 服务器上的从库启动成功。

注意：基于 MySQL 的 binlog 日志搭建的 MySQL 复制环境，都可以切换为以 GTID 的方式实现，读者可以自行切换，这里不再赘述。

2. 测试MySQL主从复制环境

MySQL 主从复制环境的测试方式与 31.3.3 节中的测试方式相同，不再赘述。

31.10 基于半同步模式搭建 MySQL 主从复制环境

MySQL 支持使用半同步模式搭建 MySQL 的主从复制环境。默认情况下，MySQL 的主从复制是异步的，向主库中写入数据，从库是否同步了主库的数据，主库无法确认。如果主库和从库的数据不一致，并且主库发生故障，此时从库就会丢失部分数据。为了避免这种情况的发生，就需要使用 MySQL 的半同步复制模式。

31.10.1 半同步参数说明

使用半同步复制时，主库会一直等待从库复制数据，直到至少有一个从库接收到同步的数据。其中，有几个重要的参数需要说明。

- rpl_semi_sync_master_enabled：主库是否开启半同步模式，0 表示否，1 表示是。
- rpl_semi_sync_master_timeout：主库等待从库返回确认结果的超时时间，单位是 ms，默认为 10s。如果超出了等待时间，主库还未收到从库的确认结果，或者从库中的数据快要追赶上主库时，则主库会自动将半同步模式切换为异步模式。反之，主库会自动切换为半同步模式。
- rpl_semi_sync_slave_enabled：从库是否开启半同步模式，0 表示否，1 表示是。
- rpl_semi_sync_master_wait_point：主库等待从库返回确认结果的方式。AFTER_SYNC 表示主库将事务同步到从库的中继日志后，从库即返回确认结果；AFTER_COMMIT

表示主库将事务同步到从库的中继日志，从库读取中继日志，并提交了事务后，再将确认结果返回给主库。

- rpl_semi_sync_master_wait_for_slave_count：设置主库从多少个从库上接收到确认结果，才认为数据同步成功。

31.10.2　配置半同步复制

1. 配置主库

（1）在主库上安装 rpl_semi_sync_master 插件。

```
mysql> INSTALL PLUGIN rpl_semi_sync_master SONAME 'semisync_master.so';
Query OK, 0 rows affected (0.12 sec)
```

（2）查看主库上的 rpl_semi_sync_master 插件是否已经激活。

```
mysql> SELECT plugin_name, plugin_status
    -> FROM information_schema.plugins
    -> WHERE plugin_name LIKE '%semi%';
+----------------------+---------------+
| plugin_name          | plugin_status |
+----------------------+---------------+
| rpl_semi_sync_master | ACTIVE        |
+----------------------+---------------+
1 row in set (0.22 sec)
```

结果显示，主库上的 rpl_semi_sync_master 插件已经激活。

（3）启动主库上的半同步复制。

```
mysql> SET GLOBAL rpl_semi_sync_master_enabled = 1;
Query OK, 0 rows affected (0.00 sec)
```

（4）查看主库上的半同步模式是否开启。

```
mysql> SHOW VARIABLES LIKE '%rpl_semi_sync_master_enabled%';
+------------------------------+-------+
| Variable_name                | Value |
+------------------------------+-------+
| rpl_semi_sync_master_enabled | ON    |
+------------------------------+-------+
1 row in set (0.23 sec)
```

主库上的半同步模式已经开启。

（5）将主库等待从库返回确认结果的超时时间修改为 1s。

```
mysql> SET GLOBAL rpl_semi_sync_master_timeout=1000;
Query OK, 0 rows affected (0.00 sec)
```

（6）查看主库等待从库返回确认结果的超时时间。

```
mysql> SHOW VARIABLES LIKE '%rpl_semi_sync_master_timeout%';
+------------------------------+-------+
| Variable_name                | Value |
```

```
+------------------------------+-------+
| rpl_semi_sync_master_timeout | 1000  |
+------------------------------+-------+
1 row in set (0.00 sec)
```

超时时间为 1s。

2. 配置从库

（1）在从库上安装 rpl_semi_sync_slave 插件。

```
mysql> INSTALL PLUGIN rpl_semi_sync_slave SONAME 'semisync_slave.so';
Query OK, 0 rows affected (0.12 sec)
```

（2）在从库上查看 rpl_semi_sync_slave 插件是否被激活。

```
mysql> SELECT plugin_name, plugin_status
    -> FROM information_schema.plugins
    -> WHERE plugin_name LIKE '%semi%';
+---------------------+---------------+
| plugin_name         | plugin_status |
+---------------------+---------------+
| rpl_semi_sync_slave | ACTIVE        |
+---------------------+---------------+
1 row in set (0.00 sec)
```

rpl_semi_sync_slave 插件已经激活。

（3）在从库上启动半同步复制。

```
mysql> SET GLOBAL rpl_semi_sync_slave_enabled = 1;
Query OK, 0 rows affected (0.00 sec)
```

（4）查看从库的半同步复制是否启动。

```
mysql> SHOW VARIABLES LIKE '%rpl_semi_sync_slave_enabled%';
+-----------------------------+-------+
| Variable_name               | Value |
+-----------------------------+-------+
| rpl_semi_sync_slave_enabled | ON    |
+-----------------------------+-------+
1 row in set (0.12 sec)
```

从库的半同步模式已经启动。

（5）在从库上重启 I/O 线程。

```
mysql> STOP SLAVE IO_THREAD;
Query OK, 0 rows affected (0.04 sec)
mysql> START SLAVE IO_THREAD;
Query OK, 0 rows affected (0.01 sec)
```

3. 查看半同步状态

（1）在主库上查看以半同步模式连接到主库的从库数量。

```
mysql> SHOW STATUS LIKE '%rpl_semi_sync_master_clients%';
+------------------------------+-------+
| Variable_name                | Value |
```

```
+------------------------------+-------+
| Rpl_semi_sync_master_clients | 2     |
+------------------------------+-------+
1 row in set (0.00 sec)
```

结果显示，此时有两个从库以半同步复制的方式连接到主库上。

（2）在主库上查看主库使用的复制类型。

```
mysql> SHOW STATUS LIKE '%rpl_semi_sync_master_status%';
+-----------------------------+-------+
| Variable_name               | Value |
+-----------------------------+-------+
| Rpl_semi_sync_master_status | ON    |
+-----------------------------+-------+
1 row in set (0.00 sec)
```

Rpl_semi_sync_master_status 的值为 ON，说明此时主库使用的是半同步复制。

31.10.3　测试半同步复制

当主库等待从库返回确认结果超时，主库还未收到从库的确认结果，或者从库中的数据快要追赶上主库时，则主库会自动将半同步模式切换为异步模式。反之，主库会自动切换为半同步模式。测试步骤如下：

（1）停止从库的运行，使从库不再同步主库的数据，达到主库等待从库返回确认结果超时的效果。

```
mysql> STOP SLAVE;
Query OK, 0 rows affected (0.01 sec)
```

（2）在主库的 testdb 数据库下的 t_user 数据表中插入一条测试数据。

```
mysql> INSERT INTO testdb.t_user
    -> (id, t_name)
    -> VALUES
    -> (8, 'binghe008');
Query OK, 1 row affected (0.04 sec)
```

（3）查看主库使用的复制类型。

```
mysql> SHOW STATUS LIKE '%rpl_semi_sync_master_status%';
+-----------------------------+-------+
| Variable_name               | Value |
+-----------------------------+-------+
| Rpl_semi_sync_master_status | OFF   |
+-----------------------------+-------+
1 row in set (0.00 sec)
```

Rpl_semi_sync_master_status 的值为 OFF，说明此时主库使用的是异步复制。

注意： 停止从库后，从库无法同步主库的数据，主库也接收不到从库返回的确认结果，主库会自动切换为异步复制模式。

（4）启动从库的运行。

```
mysql> START SLAVE;
Query OK, 0 rows affected (0.00 sec)
```

（5）再次查看主库使用的复制类型时，发现主库已经切换为半同步复制模式。

```
mysql> SHOW STATUS LIKE '%rpl_semi_sync_master_status%';
+-----------------------------+-------+
| Variable_name               | Value |
+-----------------------------+-------+
| Rpl_semi_sync_master_status | ON    |
+-----------------------------+-------+
1 row in set (0.01 sec)
```

注意：关于 MySQL 半同步复制的知识，读者也可以参考 MySQL 官方文档，地址是 https://dev.mysql.com/doc/refman/8.0/en/replication-semisync.html。

31.11　本章总结

本章主要对 MySQL 中的复制进行了简单的介绍。首先介绍了基于两个 MySQL 实例的主从复制和主主复制的环境搭建，添加从库到 MySQL 主从复制环境。接下来介绍了 MySQL 主从复制和链式复制的切换方式。随后介绍了如何实现 MySQL 的多源复制，向 MySQL 复制环境中添加过滤器。最后介绍了如何实现 MySQL 的延迟复制，如何基于 GTID 搭建 MySQL 主从复制环境和基于半同步模式搭建 MySQL 主从复制环境。

下一章将会对如何实现 MySQL 的读写分离进行简单的介绍。

第 32 章　MySQL 读写分离

随着系统的业务量越来越大，MySQL 的负载会越来越高，单纯地部署 MySQL 的主从复制集群已经不能很好地提高数据处理的性能。此时，就需要对 MySQL 进行读写分离，使对数据库的写操作和读操作分开，以此来提升数据库的读写性能。进行读写分离还有一个好处，就是当主库由于某种原因发生故障而不能访问时，系统还能够从从库中读取数据。本章将简单介绍一下如何实现 MySQL 数据库的读写分离。

本章涉及的知识点有：

- 基于 MySQL Proxy 实现读写分离；
- 基于 Atlas 实现读写分离；
- 基于 ProxySQL 实现读写分离；
- 基于 Amoeba 实现读写分离；
- 基于 Mycat 实现读写分离。

注意：本章中的内容是在 31.1 节内容的基础上实现的，即基于 MySQL 的一主一从复制环境实现的。

32.1　基于 MySQL Proxy 实现读写分离

MySQL Proxy 是 MySQL 官方提供的中间层代理。可以基于 MySQL Proxy 实现 MySQL 数据库的读写分离，上层的应用程序只需要连接到 MySQL Proxy 监听的端口，而无须关注具体向哪个数据库写数据和向哪个数据库读数据。

32.1.1　服务器规划

本节用 3 台服务器实现 MySQL 的读写分离，服务器规划如表 32-1 所示。

表 32-1　MySQL读写分离服务器规划

主　机　名	IP地址	服务器节点	功　　能
binghe151	192.168.175.151	Master（主库）	写数据
binghe152	192.168.175.152	Slave（从库）	读数据
binghe153	192.168.175.153	MySQL Proxy	读写分离

32.1.2　安装 Lua 环境

MySQL Proxy 的运行需要 Lua 环境的支持，所以安装 MySQL Proxy 之前，需要先安装 Lua 环境。

（1）下载 Lua 安装文件。

```
[root@binghe153 src]# wget http://www.lua.org/ftp/lua-5.3.5.tar.gz
```

（2）解压 lua-5.3.5.tar.gz 文件。

```
[root@binghe153 src]# tar -zxvf lua-5.3.5.tar.gz
```

（3）修改 Makefile 文件。

```
[root@binghe153 src]# cd lua-5.3.5
[root@binghe153 lua-5.3.5]# vim Makefile
```

找到如下一行配置信息：

```
INSTALL_TOP= /usr/local
```

将其修改为如下配置：

```
INSTALL_TOP= /usr/local/lua
```

保存并退出 vim 编辑器。

（4）编辑并安装 Lua 环境。

```
make linux && make install
```

（5）配置 Lua 系统环境变量。

```
vim /etc/profile
LUA_HOME=/usr/local/lua
PATH=$LUA_HOME/bin:$PATH
export LUA_HOME PATH
```

使环境变量生效。

```
source /etc/profile
```

至此，Lua 环境安装成功。

32.1.3　安装 MySQL Proxy

（1）在 binghe153 服务器上下载 MySQL Proxy。

```
[root@binghe153 src]# wget https://downloads.mysql.com/archives/get/p/21/file/mysql-proxy-0.8.5-linux-el6-x86-64bit.tar.gz
```

（2）解压 mysql-proxy-0.8.5-linux-el6-x86-64bit.tar.gz 文件。

```
[root@binghe153 src]# tar -zxvf mysql-proxy-0.8.5-linux-el6-x86-64bit.tar.gz
```

（3）将解压后的 mysql-proxy-0.8.5-linux-el6-x86-64bit 目录移动到服务器的/usr/local 目录

下，并重命名为 mysql-proxy 目录。

```
[root@binghe153 src]# mv mysql-proxy-0.8.5-linux-el6-x86-64bit /usr/local/mysql-proxy
```

（4）配置 MySQL Proxy 系统环境变量。

```
vim /etc/profile
LUA_HOME=/usr/local/lua
MYSQL_PROXY_HOME=/usr/local/mysql-proxy
PATH=$MYSQL_PROXY_HOME/bin:$LUA_HOME/bin:$PATH
export MYSQL_PROXY_HOME LUA_HOME PATH
```

使系统环境变量生效。

```
source /etc/profile
```

（5）查看 MySQL Proxy 版本。

```
[root@binghe153 ~]# mysql-proxy --version
mysql-proxy 0.8.5
  chassis: 0.8.5
  glib2: 2.16.6
  libevent: 2.0.21-stable
  LUA: Lua 5.1.4
    package.path: /usr/local/mysql-proxy-0.8.5-linux-el6-x86-64bit/lib/mysql-proxy/lua/?.lua;
    package.cpath: /usr/local/mysql-proxy-0.8.5-linux-el6-x86-64bit/lib/mysql-proxy/lua/?.so;
-- modules
  proxy: 0.8.5
```

结果显示，正确输出了 MySQL Proxy 的版本号 0.8.5。

至此，MySQL Proxy 下载并安装成功。

32.1.4　配置 MySQL Proxy 读写分离

（1）在 MySQL Proxy 的安装目录下创建 lua 目录、logs 目录和 conf 目录。lua 目录用来存放 lua 脚本文件，logs 目录用于存放运行 MySQL Proxy 产生的日志文件，conf 目录用于存放启动 MySQL Proxy 时读取的配置文件。

```
[root@binghe153 ~]# cd /usr/local/mysql-proxy/
[root@binghe153 mysql-proxy]# mkdir logs
[root@binghe153 mysql-proxy]# mkdir lua
[root@binghe153 mysql-proxy]# mkdir conf
```

（2）查看 MySQL Proxy 安装目录下的文件。

```
[root@binghe153 ~]# ll /usr/local/mysql-proxy/
total 36
drwxr-xr-x 2 7161 wheel 4096 Aug 19  2014 bin
drwxr-xr-x 2 root root  4096 Feb  5 21:29 conf
drwxr-xr-x 2 7161 wheel 4096 Aug 19  2014 include
drwxr-xr-x 6 7161 wheel 4096 Aug 19  2014 lib
drwxr-xr-x 2 7161 wheel 4096 Aug 19  2014 libexec
drwxr-xr-x 7 7161 wheel 4096 Aug 19  2014 licenses
drwxr-xr-x 2 root root  4096 Feb  5 21:20 logs
drwxr-xr-x 2 root root  4096 Feb  5 21:26 lua
drwxr-xr-x 3 7161 wheel 4096 Aug 19  2014 share
```

（3）复制 MySQL Proxy 的读写分离配置脚本 rw-splitting.lua 到/usr/local/mysql-proxy/lua 目录下，并复制管理脚本 admin-sql.lua 到/usr/local/mysql-proxy/lua 目录下。

```
[root@binghe153 ~]# cp /usr/local/mysql-proxy/share/doc/mysql-proxy/rw-splitting.lua /usr/local/mysql-proxy/lua/
[root@binghe153 ~]# cp /usr/local/mysql-proxy/share/doc/mysql-proxy/admin-sql.lua /usr/local/mysql-proxy/lua/
```

（4）查看/usr/local/mysql-proxy/lua 目录下的文件，确认脚本文件是否复制成功。

```
[root@binghe153 ~]# ll /usr/local/mysql-proxy/lua/
total 24
-rw-r--r-- 1 root root  8864 Feb  5 21:26 admin-sql.lua
-rw-r--r-- 1 root root 11341 Feb  5 21:25 rw-splitting.lua
```

结果显示，脚本文件复制成功。

（5）在/usr/local/mysql-proxy/conf 目录下创建 mysql-proxy.conf 文件，并配置 MySQL Proxy 的一些设置信息。

```
[root@binghe153 ~]# vim /usr/local/mysql-proxy/conf/mysql-proxy.conf
```

文件内容如下：

```
[mysql-proxy]
user=root
admin-username=binghe
admin-password=binghe123456
proxy-address=192.168.175.153:4040
proxy-backend-addresses=192.168.175.151:3306
proxy-read-only-backend-addresses=192.168.175.152:3306
proxy-lua-script=/usr/local/mysql-proxy/lua/rw-splitting.lua
admin-lua-script=/usr/local/mysql-proxy/lua/admin-sql.lua
log-file=/usr/local/mysql-proxy/logs/mysql-proxy.log
log-level=info
daemon=true
keepalive=true
```

其中，对每个参数的解释说明如下：

- user：运行 mysql-proxy 的用户。
- admin-username：设置连接 mysql-proxy 的用户。
- admin-password：设置连接 mysql-proxy 的密码。
- proxy-address：设置 mysql-proxy 运行时监听的 IP 和端口，端口默认为 4040。
- proxy-backend-addresses：指定向主库写入数据。
- proxy-read-only-backend-addresses：指定从从库读取数据。
- proxy-lua-script：指定读写分离配置文件的位置。
- admin-lua-script：指定管理脚本文件的位置。
- log-file：指定日志文件的位置。
- log-level=info：定义输出日志的级别，由高到低依次为(error|warning|info|message|debug)。
- daemon=true：以守护进程的方式运行 mysql proxy。

- keepalive=true：mysql-proxy 崩溃时，重新启动进程。

保存并退出 vim 编辑器，然后为 mysql-proxy.conf 文件授权。

```
[root@binghe153 ~]# chmod 660 /usr/local/mysql-proxy/conf/mysql-proxy.conf
```

（6）修改 rw-splitting.lua 文件，使用 vim 编辑器打开 rw-splitting.lua 文件。

```
[root@binghe153 ~]# vim /usr/local/mysql-proxy/lua/rw-splitting.lua
```

在 rw-splitting.lua 文件中找到如下配置。

```
if not proxy.global.config.rwsplit then
        proxy.global.config.rwsplit = {
                min_idle_connections = 4,
                max_idle_connections = 8,
                is_debug = false
        }
end
```

将其修改为如下配置。

```
if not proxy.global.config.rwsplit then
        proxy.global.config.rwsplit = {
                min_idle_connections = 1,
                max_idle_connections = 1,
                is_debug = false
        }
end
```

其中，修改的两个重要参数如下：

- min_idle_connection：表示 MySQL Proxy 超过多少个连接时，才开始进行读写分离。这里为了便于测试，由原来的 4 修改为 1。
- max_idle_connections：表示 MySQL Proxy 的最大连接数。这里为了方便测试，由 8 修改为 1。

注意：为了方便测试，这里将 min_idle_connections 和 max_idle_connections 的值都修改为了 1，在实际工作中需要根据具体情况设置 min_idle_connections 和 max_idle_connections 的值。

（7）在 MySQL 主库上创建用于 MySQL Proxy 连接 MySQL 的用户，用户名与在 mysql-proxy.conf 文件中配置的 admin-username 的值相同，密码与在 mysql-proxy.conf 文件中配置的 admin-password 的值相同。

```
mysql> GRANT ALL ON *.* TO 'binghe'@'192.168.175.153' IDENTIFIED BY 'binghe123456';
Query OK, 0 rows affected (0.00 sec)
mysql> FLUSH PRIVILEGES;
Query OK, 0 rows affected (0.00 sec)
```

注意：只需要在主库上创建用户即可，从库会自动同步数据。

32.1.5　启动 MySQL Proxy

（1）启动 MySQL Proxy。

```
[root@binghe153 ~]# mysql-proxy --defaults-file=/usr/local/mysql-proxy/conf/mysql-proxy.conf
```

（2）查看 MySQL Proxy 是否启动成功。

```
[root@binghe153 ~]# ps -ef | grep mysql-proxy
root      3893     1  0 22:02 ?        00:00:00 /usr/local/mysql-proxy/libexec/mysql-proxy
--defaults-file=/usr/local/mysql-proxy/conf/mysql-proxy.conf
root      3894  3893  0 22:02 ?        00:00:00 /usr/local/mysql-proxy/libexec/mysql-proxy
--defaults-file=/usr/local/mysql-proxy/conf/mysql-proxy.conf
root      3910  2458  0 22:11 pts/0    00:00:00 grep mysql-proxy
```

或者输入如下命令查看 MySQL Proxy 是否启动成功。

```
[root@binghe153 ~]# netstat -tupln | grep 4040
tcp        0      0 192.168.175.153:4040       0.0.0.0:*                  LISTEN      3894/mysql-proxy
```

结果显示 MySQL Proxy 已经启动成功。

注意：停止 MySQL Proxy 时，使用如下命令：

```
killall -9 mysql-proxy
```

（3）使用 MySQL 客户端连接 MySQL Proxy。

```
[root@binghe153 ~]# mysql -ubinghe -pbinghe123456 -h192.168.175.153 -P4040
################省略部署输出结果###########################
mysql>
```

结果显示，MySQL Proxy 连接成功，说明基于 MySQL Proxy 搭建 MySQL 的读写分离环境成功。

32.1.6　测试 MySQL Proxy 的读写分离

（1）在 binghe152 服务器上停止从库的运行，使从库不再同步主库的数据。

```
mysql> STOP SLAVE;
Query OK, 0 rows affected (0.00 sec)
```

（2）在 binghe153 服务器上，通过登录的 MySQL Proxy 命令行，向 MySQL 数据库写入数据。

```
mysql> INSERT INTO testdb.t_user
    -> (id, t_name)
    -> VALUES
    -> (10, 'binghe010');
Query OK, 1 row affected (0.10 sec)
```

SQL 语句执行成功。

（3）查看 binghe151 服务器上 MySQL 数据库中的数据。

```
mysql> SELECT * FROM testdb.t_user;
+----+-----------+
| id | t_name    |
+----+-----------+
|  1 | binghe    |
|  2 | binghe002 |
|  3 | binghe003 |
|  4 | binghe004 |
|  5 | binghe005 |
|  6 | binghe006 |
|  7 | binghe007 |
|  8 | binghe008 |
|  9 | binghe009 |
| 10 | binghe010 |
+----+-----------+
10 rows in set (0.00 sec)
```

结果显示，数据已经成功写入主库中。

（4）在 binghe153 服务器上，通过登录的 MySQL Proxy 命令行，查询 MySQL 中的数据。

```
mysql> SELECT * FROM testdb.t_user;
+----+-----------+
| id | t_name    |
+----+-----------+
|  1 | binghe    |
|  2 | binghe002 |
|  3 | binghe003 |
|  4 | binghe004 |
|  5 | binghe005 |
|  6 | binghe006 |
|  7 | binghe007 |
|  8 | binghe008 |
|  9 | binghe009 |
+----+-----------+
9 rows in set (0.23 sec)
```

结果显示，此时通过 MySQL Proxy 未查询到新添加的 id 为 10 的数据，说明 MySQL Proxy 从从库读取数据。

（5）在 binghe152 服务器上开启 MySQL 从库的运行。

```
mysql> START SLAVE;
Query OK, 0 rows affected (0.10 sec)
```

（6）再次通过 MySQL Proxy 命令行查询 MySQL 数据。

```
mysql> SELECT * FROM testdb.t_user;
+----+-----------+
| id | t_name    |
+----+-----------+
|  1 | binghe    |
|  2 | binghe002 |
|  3 | binghe003 |
|  4 | binghe004 |
|  5 | binghe005 |
|  6 | binghe006 |
|  7 | binghe007 |
```

```
|  8 | binghe008 |
|  9 | binghe009 |
| 10 | binghe010 |
+----+-----------+
10 rows in set (0.00 sec)
```

结果显示，通过 MySQL Proxy 命令行已经成功读取到 id 为 10 的数据。

综上所述：MySQL Proxy 向主库中写入数据，当读取数据时，从从库中读取数据，说明 MySQL Proxy 成功实现了 MySQL 的读写分离。

注意：由于 MySQL Proxy 不支持 MySQL 8.x 版本，本节是基于 MySQL 5.6 版本实现的读写分离。

32.2　基于 Atlas 实现读写分离

Atlas 是在基于 MySQL Proxy 开发的，修改了 MySQL Proxy 的一些 Bug，并且部署起来也比较方便。与 MySQL Proxy 相比，Atlas 的部署方式也有一些变化，本节就简单介绍下如何基于 Atlas 实现 MySQL 的读写分离。

32.2.1　服务器规划

本节同样使用 3 台服务器实现 MySQL 的读写分离，服务器规划如表 32-2 所示。

表 32-2　MySQL读写分离服务器规划

主　机　名	IP地址	服务器节点	功　　能
binghe151	192.168.175.151	Master（主库）	写数据
binghe152	192.168.175.152	Slave（从库）	读数据
binghe153	192.168.175.153	Atlas	读写分离

32.2.2　安装 Atlas

（1）在 binghe153 服务器上下载 Atlas，笔者下载的 Atlas 版本为 2.2.1。

```
[root@binghe153 src]# wget https://github.com/Qihoo360/Atlas/releases/download/2.2.1/Atlas-2.2.1.el6.x86_64.rpm
```

（2）安装 Atlas。

```
[root@binghe153 src]# rpm -ivh Atlas-2.2.1.el6.x86_64.rpm
Preparing...                ########################################### [100%]
   1:Atlas                  ########################################### [100%]
```

（3）安装完成后，会自动在服务器的/usr/local/目录下创建 mysql-proxy 目录，查看/usr/local/

mysql-proxy 目录下的文件。

```
[root@binghe153 ~]# ll /usr/local/mysql-proxy/
total 16
drwxr-xr-x 2 root root 4096 Feb  6 14:43 bin
drwxr-xr-x 2 root root 4096 Feb  6 14:43 conf
drwxr-xr-x 3 root root 4096 Feb  6 14:43 lib
drwxr-xr-x 2 root root 4096 Dec 17  2014 log
```

（4）按照 32.1.3 节的内容配置系统环境变量并查看版本。

```
[root@binghe153 ~]# mysql-proxy --version
mysql-proxy 0.8.2
  chassis: mysql-proxy 0.8.2
  glib2: 2.32.4
  libevent: 2.0.20-stable
2020-02-06 14:46:53: (critical) chassis-frontend.c:122: Failed to get log directory, please set by
--log-path
2020-02-06 14:46:53: (message) Initiating shutdown, requested from mysql-proxy-cli.c:381
```

由输出结果可知，Atlas 安装成功。

32.2.3　配置 Atlas 读写分离

1. 创建MySQL用户

在 binghe151 服务器的主库上创建 Atlas 连接 MySQL 的用户信息。

```
mysql> GRANT ALL ON *.* TO 'atlas'@'192.168.175.153' IDENTIFIED BY 'atlas123456';
Query OK, 0 rows affected (0.00 sec)

mysql> FLUSH PRIVILEGES;
Query OK, 0 rows affected (0.00 sec)
```

2. 配置Altas

（1）查看 Atlas 安装目录下 conf 目录下的文件。

```
[root@binghe153 ~]# ll /usr/local/mysql-proxy/conf/
total 4
-rw-r--r-- 1 root root 2810 Dec 17  2014 test.cnf
```

（2）将 test.cnf 文件复制成 mysql-proxy.conf 文件。

```
cp /usr/local/mysql-proxy/conf/test.cnf /usr/local/mysql-proxy/conf/mysql-proxy.cnf
```

（3）查看 Atlas 安装目录下 bin 目录下的文件。

```
[root@binghe153 ~]# ll /usr/local/mysql-proxy/bin/
total 44
-rwxr-xr-x 1 root root  9696 Dec 17  2014 encrypt
-rwxr-xr-x 1 root root 23564 Dec 17  2014 mysql-proxy
-rwxr-xr-x 1 root root  1552 Dec 17  2014 mysql-proxyd
-rw-r--r-- 1 root root     6 Dec 17  2014 VERSION
```

结果显示，在 bin 目录下存在一个 encrypt 可执行脚本，在配置 Atlas 连接 MySQL 时，需要使用 encrypt 可执行脚本对连接 MySQL 的密码进行加密。加密方式如下：

```
[root@binghe153 ~]# /usr/local/mysql-proxy/bin/encrypt atlas123456
F81g1Ga2FGw6gKf9d0WkiA==
```

这里，记住对密码的解密结果，配置 Atlas 时需要用到。

（4）编辑 Altas 的配置文件 mysql-proxy.cnf。

```
[root@binghe153 ~]# vim /usr/local/mysql-proxy/conf/mysql-proxy.cnf
```

修改后的 mysql-proxy.cnf 文件的内容如下：

```
[mysql-proxy]
admin-username = atlas
admin-password = atlas
proxy-backend-addresses = 192.168.175.151:3306
proxy-read-only-backend-addresses = 192.168.175.152:3306@1
pwds = atlas:F81g1Ga2FGw6gKf9d0WkiA==
daemon = true
keepalive = true
event-threads = 8
log-level = message
log-path = /usr/local/mysql-proxy/log
#sql-log = OFF
#sql-log-slow = 10
#instance = test
proxy-address = 0.0.0.0:3307
admin-address = 0.0.0.0:3308
#tables = person.mt.id.3
#charset = utf8
#client-ips = 127.0.0.1, 192.168.1
#lvs-ips = 192.168.1.1
```

其中，pwds 选项的值是连接 MySQL 的用户名与其对应的加密过的 MySQL 密码，密码使用 Atlas 安装目录下 bin 目录的加密程序 encrypt 加密的结果值。这里就需要用到上面第(3)步的加密结果。

注意：Atlas 原有的配置文件中，对每一个配置项都有详细的注释说明，这里不再赘述每一个配置项的含义，读者可自行了解。

32.2.4　启动 Atlas

（1）在 binghe153 服务器的命令行输入如下命令启动 Atlas。

```
[root@binghe153 ~]# mysql-proxyd mysql-proxy start
OK: MySQL-Proxy of mysql-proxy is started
```

（2）查看 Atlas 是否启动成功。

```
[root@binghe153 ~]# ps -ef | grep mysql-proxy
root      3249     1  0 15:22 ?        00:00:00 /usr/local/mysql-proxy/bin/mysql-proxy --defaults-
file=/usr/local/mysql-proxy/conf/mysql-proxy.cnf
```

```
root       3250   3249  0 15:22 ?        00:00:00 /usr/local/mysql-proxy/bin/mysql-proxy --defaults-file=/usr/local/mysql-proxy/conf/mysql-proxy.cnf
root       3261   3217  0 15:23 pts/2    00:00:00 grep mysql-proxy
```

结果显示，Atlas 启动成功。

（3）连接 Atlas 的管理命令行。

```
[root@binghe153 ~]# mysql -h192.168.175.153 -P3308 -uatlas -patlas
mysql: [Warning] Using a password on the command line interface can be insecure.
Welcome to the MySQL monitor.  Commands end with ; or \g.
Your MySQL connection id is 1
Server version: 5.0.99-agent-admin
###############省略部分输出信息#####################
mysql>
```

在 Atlas 命令行查看帮助信息。

```
mysql> SELECT * FROM help;
+----------------------------+---------------------------------------------------------+
| command                    | description                                             |
+----------------------------+---------------------------------------------------------+
| SELECT * FROM help         | shows this help                                         |
| SELECT * FROM backends     | lists the backends and their state                      |
| SET OFFLINE $backend_id    | offline backend server, $backend_id is backend_ndx's id |
| SET ONLINE $backend_id     | online backend server, ...                              |
| ADD MASTER $backend        | example: "add master 127.0.0.1:3306", ...               |
| ADD SLAVE $backend         | example: "add slave 127.0.0.1:3306", ...                |
| REMOVE BACKEND $backend_id | example: "removce bakend 1", ...                        |
| SELECT * FROM clients      | lists the clients                                       |
| ADD CLIENT $client         | example: "add client 192.168.1.2", ...                  |
| REMOVE CLIENT $client      | example: "remove client 192.168.1.2", ...               |
| SELECT * FROM pwds         | lists the pwds                                          |
| ADD PWD $pwd               | example: "add pwd user:raw_password", ...               |
| ADD ENPWD $pwd             | example: "add enpwd user:encrypted_password", ...       |
| REMOVE PWD $pwd            | example: "remove pwd user", ...                         |
| SAVE CONFIG                | save the backends to config file                        |
| SELECT VERSION             | display the version of Atlas                            |
+----------------------------+---------------------------------------------------------+
16 rows in set (0.00 sec)
```

查看 Atlas 连接的后端数据库。

```
mysql> SELECT * FROM backends;
+-------------+----------------------+-------+------+
| backend_ndx | address              | state | type |
+-------------+----------------------+-------+------+
|           1 | 192.168.175.151:3306 | up    | rw   |
|           2 | 192.168.175.152:3306 | up    | ro   |
+-------------+----------------------+-------+------+
2 rows in set (0.00 sec)
```

结果显示，Atlas 正确连接了后台的 MySQL 数据库。

（4）退出 Atlas 管理命令行，登录 Atlas 的数据访问命令行。

```
[root@binghe153 ~]# mysql -h192.168.175.153 -P3307 -uatlas -patlas123456
mysql: [Warning] Using a password on the command line interface can be insecure.
Welcome to the MySQL monitor.  Commands end with ; or \g.
Your MySQL connection id is 1
```

```
Server version: 5.0.81-log
############################省略部分结果信息#################
mysql>
mysql> SHOW DATABASES;
+--------------------+
| Database           |
+--------------------+
| information_schema |
| mysql              |
| performance_schema |
| sys                |
| testdb             |
+--------------------+
5 rows in set (0.00 sec)
```

结果显示，能够成功访问到 MySQL 中的数据库。

32.2.5　测试 Atlas 读写分离

本节中的测试方式与 32.1.6 节中的测试方式相同，只不过本节中向 MySQL 写入数据是在 Atlas 的数据访问命令行中进行的，读数据是在 binghe151 服务器上的主库命令行和 Atlas 的数据访问命令行中进行的，故不再赘述。

注意：由于 Atlas 2.2.1 版本对 MySQL 8.x 版本的支持不是很友好，因此，本节基于 MySQL 5.6 版本实现读写分离。

32.3　基于 ProxySQL 实现读写分离

ProxySQL 是一个 MySQL 中间层代理中间件，性能比较高，能够实现 MySQL 数据库的读写分离、负载均衡等。本节就简单介绍下如何基于 ProxySQL 实现 MySQL 的读写分离。

32.3.1　服务器规划

基于 ProxySQL 实现 MySQL 的读写分离时，服务器的规划如表 32-3 所示。

表 32-3　MySQL读写分离服务器规划

主　机　名	IP地址	服务器节点	功　　能
binghe151	192.168.175.151	Master（主库）	写数据
binghe152	192.168.175.152	Slave（从库）	读数据
binghe153	192.168.175.153	ProxySQL	读写分离

32.3.2 安装 ProxySQL

（1）到 https://www.percona.com/downloads/proxysql/链接中下载 ProxySQL 的安装文件，笔者下载的 ProxySQL 的版本为 1.4.16。

```
[root@binghe153 src]# wget https://www.percona.com/downloads/proxysql/proxysql-1.4.16/binary/
redhat/6/x86_64/proxysql-1.4.16-1.1.el6.x86_64.rpm
```

（2）在服务器命令行输入如下命令安装 ProxySQL。

```
[root@binghe153 ~]# rpm -ivh proxysql-1.4.16-1.1.el6.x86_64.rpm
warning: proxysql-1.4.16-1.1.el6.x86_64.rpm: Header V4 RSA/SHA256 Signature, key ID 8507efa5: NOKEY
Preparing...                ########################################### [100%]
   1:proxysql               ########################################### [100%]
```

结果显示，安装成功。

（3）查看 ProxySQL 版本。

```
[root@binghe153 ~]# proxysql --version
ProxySQL version 1.4.16-percona-1.1, codename Truls
```

注意：ProxySQL 成功安装后，会在服务器的/etc 目录下创建 proxysql.cnf 文件。ProxySQL 只有在第一次启动的时候会加载 proxysql.cnf 文件，以后所有的配置都会在 ProxySQL 的管理命令行通过 SQL 语句进行更新。更新后的配置会存储在/var/lib/proxysql/proxysql.db 中，而不再存储到/etc/proxysql.cnf 文件中。

32.3.3 配置 ProxySQL 读写分离

1. 创建MySQL用户

在 binghe151 服务器的主库上创建 ProxySQL 连接 MySQL 的用户信息和监控 MySQL 的用户信息。

```
mysql> CREATE USER 'proxysql'@'192.168.175.153' IDENTIFIED BY 'proxysql123456';
Query OK, 0 rows affected (0.00 sec)
mysql> ALTER USER 'proxysql'@'192.168.175.153' IDENTIFIED WITH mysql_native_password BY 'proxysql123456';
Query OK, 0 rows affected (0.00 sec)
mysql> GRANT ALL ON *.* TO 'proxysql'@'192.168.175.153';
Query OK, 0 rows affected (0.00 sec)
mysql> CREATE USER 'monitor'@'%' IDENTIFIED BY 'monitor123456';
Query OK, 0 rows affected (0.10 sec)
mysql> ALTER USER 'monitor'@'%' IDENTIFIED WITH mysql_native_password BY 'monitor123456';
Query OK, 0 rows affected (0.00 sec)
mysql> GRANT SELECT ON *.* TO 'monitor'@'%' WITH GRANT OPTION;
Query OK, 0 rows affected (0.00 sec)
mysql> FLUSH PRIVILEGES;
Query OK, 0 rows affected (0.00 sec)
```

2. 配置ProxySQL

配置 ProxySQL 时，不建议直接编辑修改/etc/proxysql.cnf 文件。当启动 ProxySQL 后，在 ProxySQL 的管理命令行进行配置。

（1）启动 ProxySQL。

```
[root@binghe153 ~]# service proxysql start
Starting ProxySQL: 2020-02-06 22:42:50 [INFO] Using config file /etc/proxysql.cnf
DONE!
```

（2）ProxySQL 默认的管理端口为 6032，用户名为 admin，密码为 admin。登录 ProxySQL 管理命令行。

```
[root@binghe153 ~]# mysql -uadmin -padmin -h127.0.0.1 -P6032 --prompt='proxysql> ' --default-auth=
mysql_native_password
########################省略部分输出信息######################
proxysql>
```

（3）在 ProxySQL 管理命令行设置 SQL 日志记录信息。

```
proxysql> SET mysql-eventslog_filename='queries.log';
Query OK, 1 row affected (0.00 sec)
```

（4）向 ProxySQL 中添加 MySQL 主从数据库。

配置主库：

```
proxysql> INSERT INTO mysql_servers
    -> (hostgroup_id,hostname,port,weight,comment)
    -> VALUES
    -> (1,'192.168.175.151',3306,1,'主库')
    -> ;
Query OK, 1 row affected (0.00 sec)
```

配置从库：

```
proxysql> INSERT INTO mysql_servers
    -> (hostgroup_id,hostname,port,weight,comment)
    -> VALUES
    -> (2,'192.168.175.152',3306,1,'从库');
Query OK, 1 row affected (0.00 sec)
```

（5）查看 ProxySQL 中配置的主从数据库。

```
proxysql> SELECT * FROM mysql_servers \G
*************************** 1. row ***************************
       hostgroup_id: 1
           hostname: 192.168.175.151
               port: 3306
             status: ONLINE
             weight: 1
        compression: 0
    max_connections: 1000
max_replication_lag: 0
            use_ssl: 0
     max_latency_ms: 0
            comment: 主库
```

```
*************************** 2. row ***************************
       hostgroup_id: 2
           hostname: 192.168.175.152
               port: 3306
             status: ONLINE
             weight: 1
        compression: 0
    max_connections: 1000
max_replication_lag: 0
            use_ssl: 0
     max_latency_ms: 0
            comment: 从库
2 rows in set (0.00 sec)
```

（6）向 ProxySQL 中配置 ProxySQL 连接 MySQL 数据库的账号信息。

```
proxysql> INSERT INTO mysql_users
    -> (username,password,default_hostgroup,transaction_persistent)
    -> VALUES
    -> ('proxysql', 'proxysql123456', 1, 1);
Query OK, 1 row affected (0.00 sec)
```

（7）查看 ProxySQL 配置的主从账号信息。

```
proxysql> SELECT * FROM mysql_users \G
*************************** 1. row ***************************
              username: proxysql
              password: proxysql123456
                active: 1
               use_ssl: 0
     default_hostgroup: 1
        default_schema: NULL
         schema_locked: 0
transaction_persistent: 1
          fast_forward: 0
               backend: 1
              frontend: 1
       max_connections: 10000
1 row in set (0.00 sec)
```

（8）向 ProxySQL 中添加 MySQL 的监控账号。

```
proxysql> SET mysql-monitor_username='monitor';
Query OK, 1 row affected (0.00 sec)
proxysql> SET mysql-monitor_password='monitor123456';
Query OK, 1 row affected (0.00 sec)
```

（9）查看 ProxySQL 中监控 MySQL 的账号信息。

```
proxysql> SELECT * FROM global_variables
    -> WHERE variable_name LIKE 'mysql-monitor_%';
+----------------------------------------------------+----------------+
| variable_name                                      | variable_value |
+----------------------------------------------------+----------------+
| mysql-monitor_enabled                              | true           |
| mysql-monitor_connect_timeout                      | 600            |
| mysql-monitor_ping_max_failures                    | 3              |
| mysql-monitor_ping_timeout                         | 1000           |
| mysql-monitor_read_only_max_timeout_count          | 3              |
```

```
| mysql-monitor_replication_lag_interval                  | 10000          |
| mysql-monitor_replication_lag_timeout                   | 1000           |
| mysql-monitor_groupreplication_healthcheck_interval     | 5000           |
| mysql-monitor_groupreplication_healthcheck_timeout      | 800            |
| mysql-monitor_replication_lag_use_percona_heartbeat     |                |
| mysql-monitor_query_interval                            | 60000          |
| mysql-monitor_query_timeout                             | 100            |
| mysql-monitor_slave_lag_when_null                       | 60             |
| mysql-monitor_wait_timeout                              | true           |
| mysql-monitor_writer_is_also_reader                     | true           |
| mysql-monitor_username                                  | monitor        |
| mysql-monitor_password                                  | monitor        |
| mysql-monitor_history                                   | 600000         |
| mysql-monitor_connect_interval                          | 60000          |
| mysql-monitor_ping_interval                             | 10000          |
| mysql-monitor_read_only_interval                        | 1500           |
| mysql-monitor_read_only_timeout                         | 500            |
+---------------------------------------------------------+----------------+
22 rows in set (0.00 sec)
```

（10）检测监控是否正常。

```
proxysql> SELECT * FROM monitor.mysql_server_connect_log ORDER BY time_start_us DESC LIMIT 10;
proxysql> SELECT * FROM monitor.mysql_server_connect_log ORDER BY time_start_us DESC LIMIT 10;
```

如果结果信息中 connect_error 列的值为 NULL 则证明监控正常。

（11）设置读写规则。

```
proxysql> INSERT INTO mysql_query_rules
    -> (rule_id,active,match_pattern,destination_hostgroup,log,apply)
    -> VALUES
    -> (1,1,'^UPDATE',1,1,1);
Query OK, 1 row affected (0.00 sec)
proxysql> INSERT INTO mysql_query_rules
    -> (rule_id,active,match_pattern,destination_hostgroup,log,apply)
    -> VALUES
    -> (2,1,'^SELECT',2,1,1);
Query OK, 1 row affected (0.00 sec)
```

（12）查看路由规则。

```
proxysql> select * from mysql_query_rules \G
*************************** 1. row ***************************
              rule_id: 1
               active: 1
               flagIN: 0
        match_pattern: ^UPDATE
 negate_match_pattern: 0
         re_modifiers: CASELESS
destination_hostgroup: 1
                  log: 1
                apply: 1
######################省略部分输出结果######################
*************************** 2. row ***************************
              rule_id: 2
               active: 1
               flagIN: 0
```

```
         match_pattern: ^SELECT
  negate_match_pattern: 0
          re_modifiers: CASELESS
destination_hostgroup: 2
                   log: 1
                 apply: 1
               comment: NULL
######################省略部分输出结果#######################
2 rows in set (0.00 sec)
```

（13）使 ProxySQL 配置生效。

加载到内存：

```
proxysql> LOAD mysql users to runtime;
Query OK, 0 rows affected (0.00 sec)
proxysql> LOAD mysql servers to runtime;
Query OK, 0 rows affected (0.00 sec)
proxysql> LOAD mysql query rules to runtime;
Query OK, 0 rows affected (0.00 sec)
proxysql> LOAD mysql variables to runtime;
Query OK, 0 rows affected (0.00 sec)
proxysql> LOAD admin variables to runtime;
Query OK, 0 rows affected (0.00 sec)
```

永久生效：

```
proxysql> SAVE mysql users to disk;
Query OK, 0 rows affected (0.12 sec)
proxysql> SAVE mysql servers to disk;
Query OK, 0 rows affected (0.01 sec)
proxysql> SAVE mysql query rules to disk;
Query OK, 0 rows affected (0.01 sec)
proxysql> SAVE mysql variables to disk;
Query OK, 98 rows affected (0.00 sec)
proxysql> SAVE admin variables to disk;
Query OK, 31 rows affected (0.01 sec)
```

（14）登录 ProxySQL 数据访问命令行，ProxySQL 数据访问命令行默认的端口为 6033，用户名如下：

```
[root@binghe153 ~]# mysql -uproxysql -pproxysql123456 -h127.0.0.1 -P6033 --default-auth=mysql_native_password
##########################省略部分输出结果##########################
mysql>
mysql> SHOW DATABASES;
+--------------------+
| Database           |
+--------------------+
| information_schema |
| mysql              |
| performance_schema |
| sys                |
| testdb             |
+--------------------+
5 rows in set (0.10 sec)
```

ProxySQL 能够正确显示 MySQL 中的数据库，说明 ProxySQL 环境搭建成功。

32.3.4　测试 ProxySQL 读写分离

本节中的测试方式与 32.1.6 节中的测试方式相同，只不过本节中向 MySQL 写入数据是在 ProxySQL 的数据访问命令行中进行的，读数据是在 binghe151 服务器上的主库命令行和 ProxySQL 数据访问命令行中进行的，故不再赘述。

注意：本节中是完全基于 MySQL 8.x 实现读写分离。

32.4　基于 Amoeba 实现读写分离

Amoeba 是一款由 Java 语言开发的 MySQL 中间层代理，能够实现 MySQL 数据库的读写分离。本节就简单介绍一下如何基于 Amoeba 实现 MySQL 数据库的读写分离。

32.4.1　服务器规划

本节以 3 台服务器实现 MySQL 的读写分离，具体规划如表 32-4 所示。

表 32-4　MySQL读写分离服务器规划

主　机　名	IP地址	服务器节点	功　　能
binghe151	192.168.175.151	Master（主库）	写数据
binghe152	192.168.175.152	Slave（从库）	读数据
binghe153	192.168.175.153	Amoeba	读写分离

32.4.2　安装 JDK

由于 Amoeba 是由 Java 语言开发的，因此需要在服务器上安装 JDK 环境。具体的安装步骤如下：

（1）到 JDK 官网下载 JDK 1.8 版本，JDK 1.8 的下载地址为 https://www.oracle.com/technetwork/java/javase/downloads/jdk8-downloads-2133151.html。

说明：笔者下载的 JDK 安装包版本为 jdk-8u212-linux-x64.tar.gz，如果 JDK 版本已更新，读者下载对应的版本即可。

（2）将下载的 jdk-8u212-linux-x64.tar.gz 安装包上传到 binghe153 服务器的/usr/local/src 目录下。

（3）解压 jdk-8u212-linux-x64.tar.gz 文件。

```
tar -zxvf jdk-8u212-linux-x64.tar.gz
```

（4）将解压的 jdk1.8.0_212 目录移动到 binghe153 服务器的/usr/local 目录下。

```
mv jdk1.8.0_212/ /usr/local/src/
```

（5）配置 JDK 系统环境变量。

```
vim /etc/profile
JAVA_HOME=/usr/local/jdk1.8.0_212
CLASS_PATH=.:$JAVA_HOME/lib
PATH=$JAVA_HOME/bin:$PATH
export JAVA_HOME CLASS_PATH PATH
```

使系统环境变量生效。

```
source /etc/profile
```

（6）查看 JDK 版本。

```
[root@binghe151 ~]# java -version
java version "1.8.0_212"
Java(TM) SE Runtime Environment (build 1.8.0_212-b10)
Java HotSpot(TM) 64-Bit Server VM (build 25.212-b10, mixed mode)
```

结果显示，正确输出了 JDK 的版本信息，说明 JDK 安装成功。

32.4.3　安装 Amoeba

（1）下载 Amoeba 安装文件，可以到 https://sourceforge.net/projects/amoeba/files/中下载，笔者下载的是 Amoeba For MySQL 2.2.0 版本。

（2）将下载的 amoeba-mysql-binary-2.2.0.tar.gz 安装文件上传到 binghe153 服务器的/usr/local/src 目录下。

（3）解压 amoeba-mysql-binary-2.2.0.tar.gz 文件到/usr/local/amoeba-mysql 目录下。

```
mkdir -p /usr/local/amoeba-mysql
tar -zxvf amoeba-mysql-binary-2.2.0.tar.gz -C /usr/local/amoeba-mysql
```

（4）配置系统环境变量。

```
vim /etc/profile
JAVA_HOME=/usr/local/jdk1.8.0_212
AMOEBA_HOME=/usr/local/amoeba-mysql
CLASS_PATH=.:$JAVA_HOME/lib
PATH=$JAVA_HOME/bin:$AMOEBA_HOME/bin:$PATH
export JAVA_HOME AMOEBA_HOME CLASS_PATH PATH
```

使系统环境变量生效。

```
source /etc/profile
```

（5）编辑/usr/local/amoeba-mysql/bin 目录下的 amoeba 运行脚本。

```
vim /usr/local/amoeba-mysql/bin/amoeba
```

找到如下一行配置：

```
DEFAULT_OPTS="-server -Xms256m -Xmx256m -Xss128k"
```

将其修改为如下配置：

```
DEFAULT_OPTS="-server -Xms256m -Xmx256m –Xss512k"
```

保存并退出 vim 编辑器。

32.4.4　配置 Amoeba 读写分离

1. 创建MySQL用户

在 binghe151 服务器的主库上创建 Amoeba 连接 MySQL 的用户信息。

```
mysql> CREATE USER 'amoeba'@'192.168.175.153' IDENTIFIED BY 'amoeba123456';
Query OK, 0 rows affected (0.00 sec)
mysql> ALTER USER 'amoeba'@'192.168.175.153' IDENTIFIED WITH mysql_native_password BY 'amoeba123456';
Query OK, 0 rows affected (0.00 sec)
mysql> GRANT ALL ON *.* TO 'amoeba'@'192.168.175.153';
Query OK, 0 rows affected (0.00 sec)
mysql> FLUSH PRIVILEGES;
Query OK, 0 rows affected (0.00 sec)
```

注意：从库无须创建用户，会自动同步主库的数据。

2. 查看Amoeba配置文件

在 binghe153 服务器上，查看 Amoeba 安装目录下 conf 目录的文件信息。

```
[root@binghe153 ~]# ll /usr/local/amoeba-mysql/conf/
total 64
-rw-r--r-- 1 root root  172 Feb 29  2012 access_list.conf
-rw-r--r-- 1 root root 1332 Feb 29  2012 amoeba.dtd
-rw-r--r-- 1 root root 4484 Feb 29  2012 amoeba.xml
-rw-r--r-- 1 root root  839 Feb 29  2012 dbserver.dtd
-rw-r--r-- 1 root root 2458 Jun 16  2012 dbServers.xml
-rw-r--r-- 1 root root  498 Feb 29  2012 function.dtd
-rw-r--r-- 1 root root 4525 Feb 29  2012 functionMap.xml
-rw-r--r-- 1 root root 5079 Feb 29  2012 log4j.dtd
-rw-r--r-- 1 root root 5766 Feb 29  2012 log4j.xml
-rw-r--r-- 1 root root 1080 Feb 29  2012 rule.dtd
-rw-r--r-- 1 root root  869 Feb 29  2012 ruleFunctionMap.xml
-rw-r--r-- 1 root root 2608 Jun 16  2012 rule.xml
```

3. 修改amoeba.xml文件

编辑 amoeba.xml 文件。

```
vim /usr/local/amoeba-mysql/conf/amoeba.xml
```

找到如下一行代码：

```
<?xml version="1.0" encoding="gbk"?>
```

将其修改成如下代码：

```
<?xml version="1.0" encoding="utf8"?>
```

找到名称为 authenticator 的节点下的如下代码：

```
<property name="user">root</property>
<property name="password"></property>
```

将其修改为如下两行代码：

```
<property name="user">amoeba</property>
<property name="password">amoeba</property>
```

上述两行代码配置的是客户端连接 Amoeba 时需要使用的用户名和密码，这里笔者将用户名和密码都设置为 amoeba。

接下来，在 amoeba.xml 文件中，找到 queryRouter 节点下的如下代码。

```
<!--
  <property name="writePool">server1</property>
  <property name="readPool">server1</property>
 -->
```

将其注释打开，显示如下：

```
<property name="writePool">server1</property>
<property name="readPool">server2</property>
```

至此，amoeba.xml 文件修改完成，保存并退出 vim 编辑器。

4. 修改dbServers.xml文件

编辑 dbServers.xml 文件。

```
vim /usr/local/amoeba-mysql/conf/dbServers.xml
```

找到名称为 abstractServer 节点下的如下代码：

```
<!-- mysql port -->
<property name="port">3306</property>
<!-- mysql schema -->
<property name="schema">test</property>
<!-- mysql user -->
<property name="user">root</property>
<!--  mysql password
<property name="password">password</property>
-->
```

将其修改成如下代码：

```
<!-- mysql port -->
<property name="port">3306</property>
<!-- mysql schema -->
<property name="schema">testdb</property>
<!-- mysql user -->
<property name="user">amoeba</property>
<!--  mysql password -->
<property name="password">amoeba123456</property>
```

此处配置的用户名和密码与在 MySQL 主库中创建的用户名和密码相同。

接下来，在 dbServers.xml 文件中找到如下代码：

```
<dbServer name="server1"  parent="abstractServer">
        <factoryConfig>
                <!-- mysql ip -->
                <property name="ipAddress">127.0.0.1</property>
        </factoryConfig>
</dbServer>
<dbServer name="server2"  parent="abstractServer">
        <factoryConfig>
                <!-- mysql ip -->
                <property name="ipAddress">127.0.0.1</property>
        </factoryConfig>
</dbServer>
```

将其修改成如下代码：

```
<dbServer name="server1"  parent="abstractServer">
        <factoryConfig>
                <!-- mysql ip -->
                <property name="ipAddress">192.168.175.151</property>
        </factoryConfig>
</dbServer>
<dbServer name="server2"  parent="abstractServer">
        <factoryConfig>
                <!-- mysql ip -->
                <property name="ipAddress">192.168.175.152</property>
        </factoryConfig>
</dbServer>
```

至此，dbServers.xml 文件修改完成。

32.4.5　启动 Amoeba

（1）在 binghe153 服务器命令行输入如下命令启动 Amoeba。

```
[root@binghe153 ~]# nohup amoeba start >> /dev/null &
[1] 2723
[root@binghe153 ~]# nohup: ignoring input and redirecting stderr to stdout
```

（2）验证 Amoeba 是否启动成功。

```
[root@binghe153 ~]# ps -ef | grep amoeba
root      2723   2482  2 11:42 pts/0    00:00:01 /usr/local/jdk1.8.0_212/bin/java -server -Xms256m
-Xmx256m -Xss512k -Damoeba.home=/usr/local/amoeba-mysql -Dclassworlds.conf=/usr/local/amoeba-mysql/
bin/amoeba.classworlds -classpath /usr/local/amoeba-mysql/lib/classworlds-1.0.jar org.codehaus.
classworlds.Launcher start
root      2754   2482  0 11:43 pts/0    00:00:00 grep amoeba
```

结果显示，服务器存在 Amoeba 的服务进程，说明 Amoeba 启动成功。

（3）使用 mysql 命令连接 Amoeba。

```
[root@binghe153 ~]#mysql -uamoeba -pamoeba -h192.168.175.153 -P8066
mysql: [Warning] Using a password on the command line interface can be insecure.
Welcome to the MySQL monitor.  Commands end with ; or \g.
```

```
Your MySQL connection id is 977265022
Server version: 5.1.45-mysql-amoeba-proxy-2.2.0 binghe edition
Copyright (c) 2000, 2018, Oracle and/or its affiliates. All rights reserved.
Oracle is a registered trademark of Oracle Corporation and/or its
affiliates. Other names may be trademarks of their respective
owners.
Type 'help;' or '\h' for help. Type '\c' to clear the current input statement.
mysql>
mysql> SHOW DATABASES;
+--------------------+
| Database           |
+--------------------+
| information_schema |
| mysql              |
| performance_schema |
| sys                |
| testdb             |
+--------------------+
5 rows in set (0.00 sec)
```

由输出信息说明 Amoeba 读写分离环境搭建成功。

注意： 笔者使用了如下命令连接 Amoeba。

```
mysql -uamoeba -pamoeba -h192.168.175.153 -P8066
```

或者：

```
mysql -uamoeba -pamoeba -h192.168.175.153 -P8066 --default-auth=mysql_native_password
```

当使用 MySQL 8.x 版本的 mysql 命令连接 Amoeba 时，连接报错，报错信息如下：

```
ERROR 1000 (42S02): Access denied for user 'amoeba'@'192.168.175.153:43537'(using password: YES)
```

当使用 MySQL 5.7 版本的 mysql 命令连接 Amoeba 时，能够正常连接。因此本节中的 MySQL 主库（写库）和 MySQL 从库（读库）基于 MySQL 8.x 版本搭建，连接 Amoeba 使用的是 MySQL 5.7 版本下的 mysql 命令。

32.4.6　测试 Amoeba 读写分离

本节中的测试方式与 32.1.6 节中的测试方式相同，只不过本节中向 MySQL 写入数据是在 Amoeba 命令行中进行的，读数据是在 binghe151 服务器上的主库命令行和 Amoeba 命令行中进行的，读者可自行实践，这里不再赘述。

32.5　基于 Mycat 实现读写分离

Mycat 是在阿里巴巴开源的分布式数据库中间件 Cobar 的基础上，经过进一步改良、开发、演化而来，Mycat 对 Cobar 的代码进行了彻底的重构，也推出了很多强大的功能，能够支持 MySQL 以外的其他很多数据库的读写分离、分库分表、自动扩容和高可用架构等。

注意：读者可以到 Mycat 官网 http://www.mycat.io/，了解更多关于 Mycat 的知识。

32.5.1　服务器规划

基于 Mycat 实现 MySQL 读写分离的服务器规划如表 32-5 所示。

表 32-5　MySQL读写分离服务器规划

主　机　名	IP地址	服务器节点	功　　能
binghe151	192.168.175.151	Master（主库）	写数据
binghe152	192.168.175.152	Slave（从库）	读数据
binghe153	192.168.175.153	Mycat	读写分离

32.5.2　安装 JDK

Mycat 是基于 Java 语言开发的，所以需要在服务器上安装 JDK 环境，有关 JDK 环境的安装，读者可以参考 32.4.2 节的内容，这里不再赘述。

32.5.3　安装 Mycat

（1）到链接 https://github.com/MyCATApache/Mycat-Server/releases 下载 Mycat 安装文件，这里下载的是 Mycat-Server 1.6.7.4 版本。

```
[root@binghe153 src]# wget https://github.com/MyCATApache/Mycat-Server/releases/download/Mycat-server-1.6.7.4-release/Mycat-server-1.6.7.4-release-20200105164103-linux.tar.gz
```

（2）解压 Mycat-server-1.6.7.4-release-20200105164103-linux.tar.gz 安装文件。

```
[root@binghe153 src]# tar -zxvf Mycat-server-1.6.7.4-release-20200105164103-linux.tar.gz
```

（3）将解压后的 mycat 目录移动到服务器的/usr/local 目录下。

```
[root@binghe153 src]# mv mycat/ /usr/local/
```

（4）配置 Mycat 系统环境变量。

```
vim /etc/profile
JAVA_HOME=/usr/local/jdk1.8.0_212
MYCAT_HOME=/usr/local/mycat
CLASS_PATH=.:$JAVA_HOME/lib
PATH=$JAVA_HOME/bin:$MYCAT_HOME/bin:$PATH
export JAVA_HOME MYCAT_HOME CLASS_PATH PATH
```

使系统环境变量生效。

```
source /etc/profile
```

32.5.4　配置 Mycat 读写分离

1．创建MySQL用户

在 binghe151 服务器的主库上创建 Mycat 连接 MySQL 的用户信息。

```
mysql> CREATE USER mycat@'192.168.175.153' IDENTIFIED BY 'mycat123456';
Query OK, 0 rows affected (0.00 sec)
mysql> ALTER USER 'mycat'@'192.168.175.153' IDENTIFIED WITH mysql_native_password BY 'mycat123456';
Query OK, 0 rows affected (0.00 sec)
mysql> GRANT ALL ON *.* TO 'mycat'@'192.168.175.153';
Query OK, 0 rows affected (0.00 sec)
mysql> FLUSH PRIVILEGES;
Query OK, 0 rows affected (0.00 sec)
```

2．查看Mycat配置文件

在 binghe153 服务器命令行输入如下命令查看 Mycat 安装目录下 conf 目录下的文件。

```
[root@binghe153 ~]# ll /usr/local/mycat/conf/
total 112
-rwxrwxrwx 1 root root   92 Oct 22 21:26 autopartition-long.txt
-rwxrwxrwx 1 root root   51 Oct 22 21:26 auto-sharding-long.txt
-rwxrwxrwx 1 root root   67 Oct 22 21:26 auto-sharding-rang-mod.txt
-rwxrwxrwx 1 root root  340 Oct 22 21:26 cacheservice.properties
-rwxrwxrwx 1 root root 3338 Oct 22 21:26 dbseq.sql
-rwxrwxrwx 1 root root 3532 Oct 22 21:26 dbseq - utf8mb4.sql
-rwxrwxrwx 1 root root  446 Oct 22 21:26 ehcache.xml
-rwxrwxrwx 1 root root 2454 Dec 30 17:18 index_to_charset.properties
-rwxrwxrwx 1 root root 1285 Oct 22 21:26 log4j2.xml
-rwxrwxrwx 1 root root  183 Oct 22 21:26 migrateTables.properties
-rwxrwxrwx 1 root root  271 Nov 26 17:41 myid.properties
-rwxrwxrwx 1 root root   16 Oct 22 21:26 partition-hash-int.txt
-rwxrwxrwx 1 root root  108 Oct 22 21:26 partition-range-mod.txt
-rwxrwxrwx 1 root root 5423 Oct 22 21:26 rule.xml
-rwxrwxrwx 1 root root 3080 Dec 30 17:18 schema.xml
-rwxrwxrwx 1 root root  440 Oct 22 21:26 sequence_conf.properties
-rwxrwxrwx 1 root root   79 Oct 22 21:26 sequence_db_conf.properties
-rwxrwxrwx 1 root root   29 Oct 22 21:26 sequence_distributed_conf.properties
-rwxrwxrwx 1 root root   28 Oct 22 21:26 sequence_http_conf.properties
-rwxrwxrwx 1 root root   53 Oct 22 21:26 sequence_time_conf.properties
-rwxrwxrwx 1 root root 6392 Dec 30 17:18 server.xml
-rwxrwxrwx 1 root root   18 Oct 22 21:26 sharding-by-enum.txt
-rwxrwxrwx 1 root root 4251 Jan  5 16:41 wrapper.conf
drwxrwxrwx 2 root root 4096 Feb  6 18:14 zkconf
drwxrwxrwx 2 root root 4096 Feb  6 18:14 zkdownload
```

3．修改schema.xml文件

（1）备份 schema.xml 文件。

```
[root@binghe153~]# cp /usr/local/mycat/conf/schema.xml /usr/local/mycat/conf/schema.xml.backup
```

（2）编辑 schema.xml 文件。

```
[root@binghe153 ~]# vim /usr/local/mycat/conf/schema.xml
```

修改后的 schema.xml 文件中的 mycat:schema 节点下的内容如下：

```
<schema name="testdb" checkSQLschema="true" sqlMaxLimit="100" dataNode="dn"></schema>
<dataNode name="dn" dataHost="dtHost" database="testdb" />
<dataHost name="dtHost" maxCon="5000" minCon="200" balance="1"
            writeType="0" dbType="mysql" dbDriver="native" switchType="-1"  slaveThreshold="100"
maxRetryCount="4">
      <heartbeat>select user()</heartbeat>
      <!--主库：写库-->
      <writeHost url="192.168.175.151:3306" host="hostM" password="mycat123456" user="mycat">
           <!--读库-->
           <readHost url="192.168.175.152:3306" host="hostS1" password="mycat123456" user="mycat"/>
      </writeHost>
</dataHost>
```

注意：需要将 checkSQLschema 设置为 true。

4. 修改server.xml文件

（1）备份 server.xml 文件。

```
[root@binghe153 ~]# cp /usr/local/mycat/conf/server.xml /usr/local/mycat/conf/server.xml.backup
```

（2）编辑 server.xml 文件。

```
[root@binghe153 ~]# vim /usr/local/mycat/conf/server.xml
```

修改后的 mycat:server 节点下的内容如下：

```
<system>
      <property name="useHandshakeV10">1</property>
      <property name="defaultSqlParser">druidparser</property>
      <property name="charset">utf8mb4</property>
      <property name="serverPort">3307</property>
      <property name="managerPort">3308</property>
</system>
<user name="mycat">
      <property name="password">mycat</property>
      <property name="schemas">testdb</property>
</user>
<user name="user">
      <property name="password">user</property>
      <property name="schemas">testdb</property>
      <property name="readOnly">true</property>
</user>
```

32.5.5　启动 Mycat

（1）在 binghe153 服务器命令行输入如下命令启动 Mycat 服务。

```
[root@binghe153 ~]# mycat start
```

```
Starting Mycat-server...
```

（2）查看 Mycat 是否启动成功。

```
[root@binghe153 ~]# mycat status
Mycat-server is running (3964).
```

结果显示，Mycat 服务器已经启动成功。

（3）连接 Mycat 命令行。

```
[root@binghe153 ~]# mysql -h192.168.175.153 -P3307 -umycat -pmycat --default-auth=mysql_native_
password
mysql: [Warning] Using a password on the command line interface can be insecure.
Welcome to the MySQL monitor.  Commands end with ; or \g.
Your MySQL connection id is 6
Server version: 5.6.29-mycat-1.6.7.4-release-20200105164103 MyCat Server (OpenCloudDB)
##########################省略部分输出结果##########################
mysql>
mysql> SHOW DATABASES;
+----------+
| DATABASE |
+----------+
| testdb   |
+----------+
1 row in set (0.00 sec)
```

结果显示，Mycat 环境搭建成功。

注意：使用 MySQL 8.x 版本的 mysql 命令连接 Mycat 时，需要在 mysql 命令后面添加 --default-auth=mysql_native_password 选项，使用 MySQL 5.7 及以下版本连接 Mycat 时，不需要添加此选项。本节完全基于 MySQL 8.x 版本实现读写分离。

32.5.6　测试 Mycat 读写分离

本节中的测试方式与 32.1.6 节中的测试方式相同，只不过本节中向 MySQL 写入数据是在 Mycat 命令行中进行的，读数据是在 binghe151 服务器上的主库命令行和 Mycat 命令行中进行的，读者可自行实践，这里不再赘述。

32.6　本 章 总 结

本章主要对如何实现 MySQL 的读写分离进行了简单的介绍，包括基于 MySQL Proxy、Atlas、ProxySQL、Amoeba 和 Mycat 实现 MySQL 的读写分离，基本涵盖了主流的 MySQL 代理和中间件。下一章中将会对如何实现 MySQL HA 高可用架构进行简单的介绍。

第 33 章　MySQL HA 高可用架构

在实际的业务场景中，系统的高可用架构是至关重要的。如果一个系统存在单点故障，就会为企业的业务发展埋下隐患。如果数据库由于某种原因宕机，则会给企业带来大量的资金流失，甚至是灾难性的后果。只有将系统和数据库设计成高可用架构，才能更好地支撑企业的业务发展。本章将简单介绍如何搭建 MySQL 的高可用架构。

本章涉及的知识点有：

- 基于 Keepalived 搭建 MySQL 高可用环境；
- 基于 HAProxy 搭建 Mycat 高可用环境；
- 基于 Keepalived 搭建 HAProxy 高可用环境。

33.1　基于 Keepalived 搭建 MySQL 高可用环境

如果一个企业的生产环境中只部署了一台 MySQL 服务器，一旦 MySQL 服务器宕机，则势必会影响到整个系统的运行。此时，就需要搭建一套 MySQL 的高可用环境，以避免 MySQL 的单点故障问题。本节简单介绍一下如何基于 Keepalived 搭建 MySQL 的高可用环境。

33.1.1　服务器规划

基于 Keepalived 搭建 MySQL 高可用环境的服务器规划如表 33-1 所示。

表 33-1　MySQL高可用服务器规划

主　机　名	虚拟IP	IP地址	服务器节点	部 署 服 务
binghe151	192.168.175.11	192.168.175.151	Master（主库）	MySQL、Keepalived
binghe152	192.168.175.11	192.168.175.152	Master（主库）	MySQL、Keepalived
binghe153	无	192.168.175.153	MySQL客户端	MySQL

注意：本节需要搭建 MySQL 的主主复制环境，读者可以参考 31.2 节中的相关内容，此处不再赘述。

33.1.2 安装 Keepalived

1. 安装依赖环境

在服务器上安装 Keepalived 依赖的基础环境。

```
yum -y install libnl libnl-devel libnfnetlink-devel
```

2. 安装Keepalived

（1）到 https://www.keepalived.org/download.html 上下载 Keepalived，笔者这里下载的 Keepalived 版本为 1.2.18。

```
wget https://www.keepalived.org/software/keepalived-1.2.18.tar.gz
```

（2）解压 Keepalived 安装文件。

```
tar -zxvf keepalived-1.2.18.tar.gz
```

（3）编译安装 Keepalived。

```
cd keepalived-1.2.18
./configure --prefix=/usr/local/keepalived
make && make install
```

3. 安装系统服务

Keepalived 安装成功后，需要将 Keepalived 安装成系统服务。

（1）创建/etc/keepalived 目录。

```
mkdir /etc/keepalived
```

（2）复制 Keepalived 的配置文件 keepalived.conf 到/etc/keepalived 目录下。

```
cp /usr/local/keepalived/etc/keepalived/keepalived.conf /etc/keepalived/
```

（3）查看文件是否复制成功。

binghe151 服务器：

```
[root@binghe151 ~]# ll /etc/keepalived/
total 4
-rw-r--r-- 1 root root 3550 Feb  7 13:58 keepalived.conf
```

binghe152 服务器：

```
[root@binghe152 ~]# ll /etc/keepalived/
total 4
-rw-r--r-- 1 root root 3550 Feb  7 13:58 keepalived.conf
```

由输出信息可知，文件复制成功。

（4）复制 Keepalived 的服务脚本文件。

```
cp /usr/local/keepalived/etc/rc.d/init.d/keepalived /etc/init.d/
cp /usr/local/keepalived/etc/sysconfig/keepalived /etc/sysconfig/
```

```
ln -s /usr/local/keepalived/sbin/keepalived /usr/sbin/
ln -s /usr/local/keepalived/sbin/keepalived /sbin/
```

4. 设置开机启动

将 Keepalived 服务设置为开机自启动。

```
chkconfig keepalived on
```

至此，Keepalived 安装成功。

注意：需要在 binghe151 和 binghe152 服务器上执行相同的命令安装 Keepalived。

33.1.3　配置 MySQL 高可用

1. 创建MySQL用户

在 binghe151 服务器上的 MySQL 命令行中创建用于测试的 MySQL 用户。

```
mysql> CREATE USER 'mysqlha'@'%' IDENTIFIED BY 'mysqlha123456';
Query OK, 0 rows affected (0.00 sec)
mysql> ALTER USER 'mysqlha'@'%' IDENTIFIED WITH mysql_native_password BY 'mysqlha123456';
Query OK, 0 rows affected (0.00 sec)
mysql> GRANT ALL ON *.* TO 'mysqlha'@'%';
Query OK, 0 rows affected (0.00 sec)
mysql> FLUSH PRIVILEGES;
Query OK, 0 rows affected (0.00 sec)
```

注意：这里为 MySQL 用户指定的 IP 地址为虚拟 IP 地址 192.168.175.11。

2. 配置Keepalived

（1）分别在 binghe151 和 binghe152 服务器上修改 Keepalived 的配置文件 keepalived. conf。

```
vim /etc/keepalived/keepalived.conf
```

修改后的文件内容分别如下：

1）binghe151 服务器：

```
! Configuration File for keepalived
global_defs {
   notification_email {
     acassen@firewall.loc
     failover@firewall.loc
     sysadmin@firewall.loc
   }
   notification_email_from Alexandre.Cassen@firewall.loc
   smtp_server 192.168.200.1
   smtp_connect_timeout 30
   router_id LVS_DEVEL
}
```

```
vrrp_instance VI_1 {
    state BACKUP
    interface eth0
    virtual_router_id 51
    priority 100
    advert_int 1
    authentication {
        auth_type PASS
        auth_pass 1111
    }
    virtual_ipaddress {
        192.168.175.11
    }
}
virtual_server 192.168.175.11 3306 {
    delay_loop 2
    nat_mask 255.255.255.0
    persistence_timeout 50
    protocol TCP
    real_server 192.168.175.151 3306 {
        weight 1
          notify_down /usr/local/keepalived/check_mysql.sh
          TCP_CHECK {
               connect_timeout 10
             nb_get_retry 3
             delay_before_retry 3
          }
    }
}
```

2）binghe152 服务器：binghe152 服务器上的 keepalived.conf 文件与 binghe151 服务器上的 keepalived.conf 文件基本相同，只是将 binghe152 服务器上 keepalived.conf 文件中的 priority 值修改为 90，将 real_server 的 IP 地址修改为 192.168.175.152 即可。

（2）在两台服务器的/usr/local/keepalived/目录下创建 check_mysql.sh 文件。

```
vim /usr/local/keepalived/check_mysql.sh
```

文件内容如下：

```
pkill keepalived
```

保存并退出 vim 编辑器，并为 check_mysql.sh 文件赋予可执行权限。

```
chmod a+x /usr/local/keepalived/check_mysql.sh
```

（3）启动 binghe151 和 binghe152 服务器上的 MySQL 和 Keepalived。

```
service mysqld start
service keepalived start
```

注意：Keepalived 服务器的管理命令如下：

```
停止： service keepalived stop
启动： service keepalived start
重启： service keepalived restart
查看状态： service keepalived status
```

3. 添加虚拟IP

在两台服务器上分别添加虚拟 IP 地址 192.168.175.11，具体步骤如下：

（1）在两台服务器上执行添加虚拟 IP 的命令如下：

```
ifconfig eth0:1 192.168.175.11 broadcast 192.168.175.255 netmask 255.255.255.0 up
route add -host 192.168.175.11 dev eth0:1
```

（2）查看服务器 IP 地址。例如，在 binghe151 服务器上查看 IP 地址的信息如下：

```
[root@binghe151 ~]# ifconfig
eth0      Link encap:Ethernet  HWaddr 00:0C:29:10:A1:45
          inet addr:192.168.175.151  Bcast:192.168.175.255  Mask:255.255.255.0
          inet6 addr: fe80::20c:29ff:fe10:a145/64 Scope:Link
          UP BROADCAST RUNNING MULTICAST  MTU:1500  Metric:1
          RX packets:30760 errors:0 dropped:0 overruns:0 frame:0
          TX packets:17846 errors:0 dropped:0 overruns:0 carrier:0
          collisions:0 txqueuelen:1000
          RX bytes:20341872 (19.3 MiB)  TX bytes:1909399 (1.8 MiB)
eth0:1    Link encap:Ethernet  HWaddr 00:0C:29:10:A1:45
          inet addr:192.168.175.11  Bcast:192.168.175.255  Mask:255.255.255.0
          UP BROADCAST RUNNING MULTICAST  MTU:1500  Metric:1
lo        Link encap:Local Loopback
          inet addr:127.0.0.1  Mask:255.0.0.0
          inet6 addr: ::1/128 Scope:Host
          UP LOOPBACK RUNNING  MTU:65536  Metric:1
          RX packets:2124 errors:0 dropped:0 overruns:0 frame:0
          TX packets:2124 errors:0 dropped:0 overruns:0 carrier:0
          collisions:0 txqueuelen:0
          RX bytes:123677 (120.7 KiB)  TX bytes:123677 (120.7 KiB)
```

binghe151 服务器上多了一张 eth0:1 网卡。同理，在 binghe152 服务器上也会多一张 eth0:1 网卡。

注意：在命令行中添加 VIP（虚拟 IP），当服务器重启后 VIP 信息会消失，所以最好将创建 VIP 的命令写到一个脚本文件中。例如，将命令写到/usr/local/script/vip.sh 文件中。

```
mkdir /usr/local/script
vim /usr/local/script/vip.sh
```

文件的内容如下：

```
#!/bin/bash
ifconfig eth0:1 192.168.175.11 broadcast 192.168.175.255 netmask 255.255.255.0 up
route add -host 192.168.175.11 dev eth0:1
```

接下来，将/usr/local/script/vip.sh 文件添加到服务器的开机启动项中。

```
echo /usr/local/script/vip.sh >> /etc/rc.d/rc.local
```

至此，基于 Keepalived 搭建 MySQL 的高可用环境就完成了。

33.1.4　测试 MySQL 高可用

（1）在 binghe153 服务器上，使用新创建的 MySQL 用户，通过虚拟 IP192.168.175.11 登录 MySQL 终端。

```
[root@binghe151 ~]# mysql -h192.168.175.11 -P3306 -umysqlha -pmysqlha123456
####################省略部分输出信息######################
mysql>
```

（2）查看当前虚拟 IP 连接的主机。

```
mysql> SHOW VARIABLES LIKE '%hostname%';
+---------------+-----------+
| Variable_name | Value     |
+---------------+-----------+
| hostname      | binghe151 |
+---------------+-----------+
1 row in set (0.25 sec)
```

结果显示，当前虚拟 IP 已连接到 binghe151 服务器。

（3）停止 binghe151 服务器上的 MySQL 服务。

```
[root@binghe151 ~]# service mysqld stop
Shutting down MySQL................ SUCCESS!
```

（4）查看 binghe151 服务器上的 MySQL 进程和 Keepalived 进程。

```
[root@binghe151 ~]# ps -ef | grep mysql
root      19738   2481  0 19:13 pts/0    00:00:00 grep mysql
[root@binghe151 ~]#
[root@binghe151 ~]# ps -ef | grep keepalived
root      19740   2481  0 19:13 pts/0    00:00:00 grep keepalived
```

结果显示，binghe151 服务器上已经不存在 MySQL 进程和 Keepalived 进程，说明 MySQL 和 Keepalived 已经关闭。

（5）再次在 MySQL 命令行查看虚拟 IP 连接的主机，可以发现，此时，虚拟 IP 连接的主机会切换到 binghe152 服务器。

```
mysql> SHOW VARIABLES LIKE '%hostname%';
ERROR 2006 (HY000): MySQL server has gone away
No connection. Trying to reconnect...
Connection id:    94
Current database: *** NONE ***
+---------------+-----------+
| Variable_name | Value     |
+---------------+-----------+
| hostname      | binghe152 |
+---------------+-----------+
1 row in set (0.06 sec)
```

注意：再次查看虚拟 IP 连接的主机时 MySQL 报错，是因为当前 MySQL 会话开始连接的是 binghe151 服务器的 MySQL，当 binghe151 服务器的 MySQL 关闭后，MySQL

会话仍然认为连接的是 binghe151 服务器，此时再次执行 SQL 语句时，MySQL 会话无法连接 binghe151 服务器的 MySQL，抛出错误信息，但会迅速切换到连接 binghe152 服务器的 MySQL。

33.1.5　自动重启 MySQL

使用 Keepalived 实现 MySQL 的高可用时，当 MySQL 由于某种原因宕机时，可以使用 Keepalived 尝试重启 MySQL，重启失败时，再退出 Keepalived 进程。实现步骤如下：

1．编辑Keepalived配置文件

需要在两台服务器上重新编辑 Keepalived 的配置文件 keepalived.conf。以 binghe151 服务器为例，修改后的 keepalived.conf 文件的内容如下：

```
! Configuration File for keepalived
global_defs {
   notification_email {
     acassen@firewall.loc
     failover@firewall.loc
     sysadmin@firewall.loc
   }
   notification_email_from Alexandre.Cassen@firewall.loc
   smtp_server 192.168.200.1
   smtp_connect_timeout 30
   router_id LVS_DEVEL
}
vrrp_script chk_mysql {
     script "/usr/local/keepalived/check_mysql.sh"
     interval 2
     weight 2
}
vrrp_instance VI_1 {
    state BACKUP
    interface eth0
    virtual_router_id 51
    priority 100
    advert_int 1
    authentication {
        auth_type PASS
        auth_pass 1111
    }
     track_script {
          chk_mysql
     }
    virtual_ipaddress {
        192.168.175.11
    }
}
virtual_server 192.168.175.11 3306 {
    delay_loop 2
```

```
        nat_mask 255.255.255.0
        persistence_timeout 50
        protocol TCP
        real_server 192.168.175.151 3306 {
            weight 1
             TCP_CHECK {
                  connect_timeout 10
                  nb_get_retry 3
                  delay_before_retry 3
             }
        }
    }
```

binghe152 服务器上的 keepalived.conf 文件中，需要将 priority 的值修改为 90，将 real_server 的 IP 地址修改为 192.168.175.152。

2. 更新检测脚本

重启 MySQL 服务器的逻辑也是在/usr/local/keepalived/check_mysql.sh 脚本文件中实现的，此时需要将两台服务器上的/usr/local/keepalived/check_mysql.sh 文件中的内容修改如下：

```
#!/bin/bash
START_MYSQL="service mysqld start"
STOP_MYSQL="service mysqld stop"
LOG_FILE="/usr/local/keepalived/logs/mysql-check.log"
HAPS=`ps -C mysqld --no-header |wc -l`
date "+%Y-%m-%d %H:%M:%S" >> $LOG_FILE
echo "check mysql status" >> $LOG_FILE
if [ $HAPS -eq 0 ];then
echo $START_MYSQL >> $LOG_FILE
$START_MYSQL >> $LOG_FILE 2>&1
sleep 3
if [ `ps -C mysqld --no-header |wc -l` -eq 0 ];then
echo "start mysql failed, killall keepalived" >> $LOG_FILE
killall keepalived
fi
fi
```

创建/usr/local/keepalived/logs 目录。

```
mkdir -p /usr/local/keepalived/logs
```

3. 重新启动服务

在两台服务器上重启 Keepalived 服务。此时，如果停止服务器上的 MySQL，Keepalived 未检测到 MySQL 进程时，会尝试重新启动 MySQL。

例如，停止 binghe151 服务器上的 MySQL 服务，check_mysql.sh 脚本会在 mysql-check.log 日志文件中输出如下日志信息。

```
check mysql status
service mysqld start
Starting MySQL.. . SUCCESS!
check mysql status
```

说明 check_mysql.sh 脚本执行了启动 MySQL 的命令，此时，再次查看 binghe151 服务器上运行的 MySQL 服务，发现 MySQL 已经启动。

33.2　基于 HAProxy 搭建 Mycat 高可用环境

如果生产环境按照 32.5 节部署了基于 Mycat 的 MySQL 读写分离环境，此时，Mycat 只有一个节点存在单点故障的风险，本节就针对这种情况搭建 Mycat 的高可用环境。

33.2.1　服务器规划

Mycat 高可用环境的服务器规划如表 33-2 所示。

表 33-2　Mycat高可用服务器规划

主　机　名	IP地址	服务器节点	部 署 服 务
binghe151	192.168.175.151	Master（主库）	MySQL
binghe152	192.168.175.152	Slave（从库）	MySQL
binghe153	192.168.175.153	Mycat节点	Mycat
binghe154	192.168.175.154	Mycat节点	Mycat
binghe155	192.168.175.155	HAProxy节点	HAProxy
binghe156	192.168.175.156	MySQL测试节点	MySQL

注意：本节需要按照 31.1 节中的内容，在 binghe151 服务器和 binghe152 服务器上搭建 MySQL 主从复制环境，按照 32.5 节中的内容，在 binghe153 服务器和 binghe154 服务器上搭建 Mycat 环境。这里不再赘述 MySQL 主从复制环境和 Mycat 环境的搭建。本节中，需要在 binghe151 服务器上的 MySQL 命令行执行如下命令，将用户名为 mycat 的用户的主机名设置为“%”。

```
mysql> UPDATE mysql.user SET host = '192.168.175.%' WHERE user = 'mycat';
Query OK, 1 row affected (0.00 sec)
Rows matched: 1  Changed: 1  Warnings: 0
mysql> FLUSH PRIVILEGES;
Query OK, 0 rows affected (0.06 sec)
```

其他关于 Mycat 的配置均可参照 32.5 节中的内容实现。

33.2.2　安装 Mycat 状态检查服务

使用 HAProxy 保证 Mycat 的高可用时，需要在 Mycat 主机上安装并配置 Mycat 的状态检查服务，同时需要增加 Mycat 服务的状态检测脚本，开放相应的服务器端口为 HAProxy，使

HAProxy对Mycat的状态进行检测。

注意：本节中需要在binghe153服务器和binghe154服务器上执行相应的操作。为了便于操作，这里直接关闭了每台服务器的防火墙，但是在实际工作中，需要根据实际情况在防火墙中开放相应的端口。

（1）在服务器命令行执行如下命令安装xinetd服务：

```
yum install xinetd -y
```

（2）编辑/etc/xinetd.conf文件。

```
vim /etc/xinetd.conf
```

检查文件中是否存在如下配置：

```
includedir /etc/xinetd.d
```

如果/etc/xinetd.conf文件中没有以上配置，则在/etc/xinetd.conf文件中添加以上配置；如果存在以上配置，则不用修改。

（3）创建/etc/xinetd.d目录。

```
mkdir /etc/xinetd.d
```

注意：如果/etc/xinetd.d目录已经存在，创建目录时会报如下错误。

```
mkdir: cannot create directory `/etc/xinetd.d': File exists
```

读者可不必理会此错误信息。

（4）在/etc/xinetd.d目录下添加Mycat状态检测服务器的配置文件mycat_status。

```
touch /etc/xinetd.d/mycat_status
```

（5）编辑mycat_status文件。

```
vim /etc/xinetd.d/mycat_status
```

编辑后的mycat_status文件中的内容如下：

```
service mycat_status
{
flags = REUSE
socket_type = stream
port = 48700
wait = no
user = root
server =/usr/local/bin/mycat_check.sh
log_on_failure += USERID
disable = no
}
```

部分xinetd配置参数说明如下：

- socket_type：表示封包处理方式，stream为TCP数据包。
- port：表示xinetd服务监听的端口号。
- wait：表示不需等待，即服务将以多线程的方式运行。

- user：运行 xinted 服务的用户。
- server：需要启动的服务脚本。
- log_on_failure：记录失败的日志内容。
- disable：需要启动 xinted 服务时，需要将此配置项设置为 no。

（6）在/usr/local/bin 目录下添加 mycat_check.sh 服务脚本。

```
touch /usr/local/bin/mycat_check.sh
```

（7）编辑/usr/local/bin/mycat_check.sh 文件。

```
vim /usr/local/bin/mycat_check.sh
```

编辑后的文件内容如下：

```
#!/bin/bash
mycat=`/usr/local/mycat/bin/mycat status | grep 'not running' | wc -l`
if [ "$mycat" = "0" ]; then
/bin/echo -e "HTTP/1.1 200 OK\r\n"
else
/bin/echo -e "HTTP/1.1 503 Service Unavailable\r\n"
fi
```

为 mycat_check.sh 文件赋予可执行权限。

```
chmod a+x /usr/local/bin/mycat_check.sh
```

（8）编辑/etc/services 文件。

```
vim /etc/services
```

在文件末尾添加如下内容：

```
mycat_status    48700/tcp                # mycat_status
```

其中，端口号需要与在/etc/xinetd.d/mycat_status 文件中配置的端口号相同。

（9）重启 xinetd 服务。

```
service xinetd restart
```

（10）查看 mycat_status 服务是否成功启动。

binghe153 服务器：

```
[root@binghe153 ~]# netstat -antup|grep 48700
tcp        0      0 :::48700                    :::*            LISTEN      2776/xinetd
```

binghe154 服务器：

```
[root@binghe154 ~]# netstat -antup|grep 48700
tcp        0      0 :::48700                    :::*            LISTEN      6654/xinetd
```

结果显示，两台服务器上的 mycat_status 服务器启动成功。

至此，Mycat 状态检查服务就安装成功了。

33.2.3　安装 HAProxy 服务

本节是在 binghe155 服务器上安装并配置 HAProxy。

（1）安装基础依赖环境。

```
yum install gcc gcc-c++ pcre pcre-devel zlib zlib-devel openssl openssl-devel -y
```

（2）下载 HAProxy 安装文件。

```
wget http://www.haproxy.org/download/1.5/src/haproxy-1.5.19.tar.gz
```

（3）解压 haproxy-1.5.19.tar.gz 文件。

```
tar -zxvf haproxy-1.5.19.tar.gz
```

（4）编译安装 HAProxy。

```
mkdir /usr/local/haproxy
cd haproxy-1.5.19
make TARGET=linux2628 ARCH=x86_64 USE_PCRE=1 USE_OPENSSL=1 USE_ZLIB=1 PREFIX=/usr/local/haproxy
make install PREFIX=/usr/local/haproxy
```

（5）创建配置文件的目录。

```
mkdir -p /usr/local/haproxy/conf
mkdir -p /etc/haproxy/
```

（6）复制配置文件，并添加文件软链接。

```
cp /usr/local/src/haproxy-1.5.19/examples/haproxy.cfg /usr/local/haproxy/conf/
ln -s /usr/local/haproxy/conf/haproxy.cfg /etc/haproxy/haproxy.cfg
```

（7）复制错误页面并添加软链接。

```
cp -r /usr/local/src/haproxy-1.5.19/examples/errorfiles /usr/local/haproxy/
ln -s /usr/local/haproxy/errorfiles /etc/haproxy/errorfiles
```

（8）将 haproxy.init 文件复制到开机启动目录下，并赋予可执行权限。

```
cp /usr/local/src/haproxy-1.5.19/examples/haproxy.init /etc/rc.d/init.d/haproxy
chmod a+x /etc/rc.d/init.d/haproxy
```

（9）添加执行命令脚本的软链接。

```
ln -s /usr/local/haproxy/sbin/haproxy /usr/sbin
```

（10）设置 HAProxy 开机自启动。

```
chkconfig --add haproxy
chkconfig haproxy on
```

33.2.4　配置 Mycat 负载均衡

1．配置haproxy.cfg文件

在 binghe155 服务器上修改 haproxy.cfg 文件。

```
vim /usr/local/haproxy/conf/haproxy.cfg
```

编辑后的文件内容如下：

```
global
log 127.0.0.1 local0 info
```

```
chroot /usr/share/haproxy
group haproxy
user haproxy
daemon
nbproc 1
maxconn 4096
node binghe155
description binghe155
defaults
log global
mode http
option httplog
retries 3
option redispatch
maxconn 2000
timeout connect 5000ms
timeout client 50000ms
timeout server 50000ms
listen admin_stats
bind :48800
stats uri /admin-status
stats auth admin:admin
mode http
option httplog
listen mycat_servers
bind :3307
mode tcp
option tcplog
option tcpka
option httpchk OPTIONS * HTTP/1.1\r\nHost:\ www
balance roundrobin
server mycat_01 192.168.175.153:3307 check port 48700 inter 2000ms rise 2 fall 3 weight 10
server mycat_02 192.168.175.154:3307 check port 48700 inter 2000ms rise 2 fall 3 weight 10
```

在服务器上创建 haproxy 用户组和用户。

```
groupadd haproxy
useradd -g haproxy haproxy
```

接下来创建/usr/share/haproxy 目录。

```
mkdir /usr/share/haproxy
```

2. 安装并配置rsyslog服务

（1）安装 rsyslog 服务。

```
yum install rsyslog -y
```

（2）编辑 etc/rsyslog.conf 文件。

```
vim /etc/rsyslog.conf
```

找到如下两行代码。

```
#$ModLoad imudp
#$UDPServerRun 514
```

将其前面的#去掉，即打开注释。

```
$ModLoad imudp
$UDPServerRun 514
```

同时，确保“#### GLOBAL DIRECTIVES ####”代码段中有如下配置信息：

```
$IncludeConfig /etc/rsyslog.d/*.conf
```

保存并退出 vim 编辑器。

（3）在/etc/rsyslog.d/目录下创建 haproxy.conf 文件。

```
touch /etc/rsyslog.d/haproxy.conf
```

编辑/etc/rsyslog.d/haproxy.conf 文件。

```
vim /etc/rsyslog.d/haproxy.conf
```

在/etc/rsyslog.d/haproxy.conf 文件中添加如下内容：

```
local0.* /var/log/haproxy.log

&~
```

注意：在/etc/rsyslog.d/haproxy.conf 文件中，如果不加上“&~”配置，则除了在/var/log/haproxy.log 文件中写入日志外，也会将日志写入/var/log/message 文件中。

保存并退出 vim 编辑器。

（4）重启 rsyslog 服务。

```
service rsyslog restart
```

3．配置IP转发

在 binghe155 服务器上配置系统内核 IP 转发功能，编辑/etc/sysctl.conf 文件。

```
vim /etc/sysctl.conf
```

找到下面一行代码：

```
net.ipv4.ip_forward = 0
```

将其修改成如下代码：

```
net.ipv4.ip_forward = 1
```

保存并退出 vim 编辑器，并运行如下命令使配置生效。

```
sysctl -p
```

4．启动HAProxy

在 binghe155 服务器的命令行输入如下命令启动 HAProxy 服务。

```
[root@binghe155 ~]# service haproxy start
Starting haproxy:                                          [  OK  ]
```

查看 HAProxy 服务是否启动成功。

```
[root@binghe155 ~]# ps -ef | grep haproxy
haproxy   16943      1  0 21:16 ?        00:00:00 /usr/sbin/haproxy -D -f /etc/haproxy/haproxy.cfg
```

```
-p /var/run/haproxy.pid
root      17324   6276  0 21:18 pts/0    00:00:00 grep haproxy
```

服务器上存在 HAProxy 的服务进程信息，说明 HAProxy 服务启动成功。

5. 启动MySQL服务

在 binghe151 服务器和 binghe152 服务器上运行如下命令启动 MySQL 服务。

```
service mysqld start
```

6. 启动Mycat服务

在 binghe153 和 binghe154 服务器上运行如下命令启动 Mycat 服务。

```
mycat start
```

7. 登录Mycat

在 binghe156 服务器上，通过 mysql 命令连接 HAProxy 监听的 IP 和端口。

```
[root@binghe156 ~]# mysql -h192.168.175.155 -P3307 -umycat -pmycat --default-auth=mysql_native_password
mysql: [Warning] Using a password on the command line interface can be insecure.
Welcome to the MySQL monitor.  Commands end with ; or \g.
Your MySQL connection id is 7
Server version: 5.6.29-mycat-1.6.7.4-release-20200105164103 MyCat Server (OpenCloudDB)
#######################省略部分输出结果#########################
mysql>
```

查看 Mycat 授权的数据库信息。

```
mysql> SHOW DATABASES;
+----------+
| DATABASE |
+----------+
| testdb   |
+----------+
1 row in set (0.00 sec)
```

输出结果中正确列出了 Mycat 授权的 testdb 数据库，说明 HAProxy 安装并配置成功。

33.2.5 测试 Mycat 高可用环境

（1）通过 HAProxy 登录 Mycat 命令行后，向 testdb 数据库下的 t_user 数据表中插入数据。

```
mysql> INSERT INTO testdb.t_user
    -> (id, t_name)
    -> VALUES
-> (1, 'binghe001');
Query OK, 1 row affected (0.16 sec)
```

查看插入的数据。

```
mysql> SELECT * FROM testdb.t_user;
```

```
+----+-----------+
| id | t_name    |
+----+-----------+
|  1 | binghe001 |
+----+-----------+
1 row in set (0.00 sec)
```

（2）停止两个 Mycat 中的任何一个后，仍然能够向 MySQL 中正确地插入数据和读取数据，则证明 Mycat 具有高可用性。例如，停止 binghe153 服务器上的 Mycat 服务。

```
[root@binghe153 ~]# mycat stop
Stopping Mycat-server...
Stopped Mycat-server.
```

再次通过 HAProxy 连接的 Mycat 命令行，向 MySQL 中插入数据。

```
mysql> INSERT INTO testdb.t_user
    -> (id, t_name)
    -> VALUES
    -> (2, 'binghe002');
Query OK, 1 row affected (0.01 sec)
```

再次查看插入的数据。

```
mysql> SELECT * FROM testdb.t_user;
+----+-----------+
| id | t_name    |
+----+-----------+
|  1 | binghe001 |
|  2 | binghe002 |
+----+-----------+
2 rows in set (0.03 sec)
```

输出结果显示，向 MySQL 中正确地插入并读取了数据，说明基于 HAProxy 搭建 Mycat 高可用环境成功。

注意：可以通过链接 http://192.168.175.155:48800/admin-status 查看 HAProxy 的状态信息统计页面。打开链接后，会弹出输入用户名和密码对话框，用户名和密码都是 admin，其配置信息对应的是 haproxy.cfg 文件的如下配置项。

```
listen admin_stats
bind :48800
stats uri /admin-status
stats auth admin:admin
mode http
option httplog
```

也可以基于 Keepalived 实现 Mycat 的高可用，当 Mycat 服务退出时，可以通过 Keepalived 重启 Mycat 服务。读者可以根据 33.1 节中的内容，搭建基于 Keepalived 的 Mycat 高可用环境，不再赘述。这里给出通过 Keepalived 检测 Mycat 服务状态的执行脚本文件 mycat_check.sh，脚本文件中的内容如下：

```
#!/bin/bash
START_MYCAT="mycat start"
STOP_MYCAT="mycat stop"
LOG_FILE="/usr/local/keepalived/logs/mycat-check.log"
```

```
HAPS1=`/usr/local/mycat/bin/mycat status | grep 'not running' | wc -l`
date "+%Y-%m-%d %H:%M:%S" >> $LOG_FILE
echo "check mycat status" >> $LOG_FILE
if [ "$HAPS1" = "1" ];then
echo $START_MYCAT >> $LOG_FILE
$START_MYCAT >> $LOG_FILE 2>&1
sleep 3
HAPS2=`/usr/local/mycat/bin/mycat status | grep 'not running' | wc -l`
if [ "$HAPS2" = "1" ];then
echo "start mycat failed, killall keepalived" >> $LOG_FILE
killall keepalived
fi
fi
```

脚本文件的逻辑为：当检测到 Mycat 服务未运行时，则尝试重启 Mycat 服务，重启失败时，则关闭 Keepalived 服务，并打印日志。

33.3　基于 Keepalived 搭建 HAProxy 高可用环境

在 33.2 节中，基于 HAProxy 搭建了 Mycat 的高可用环境，此时存在一个问题，就是 HAProxy 只存在一个节点。也就是说，HAProxy 节点存在单点故障的隐患。本节就简单介绍一下如何在 33.2 节的基础上，基于 Keepalived 搭建 HAProxy 的高可用环境，以避免 HAProxy 的单点故障问题。

33.3.1　服务器规划

基于 Keepalived 搭建 HAProxy 高可用环境的服务器规划如表 33-3 所示。

表 33-3　HAProxy高可用服务器规划

主 机 名	虚拟IP	IP地址	服务器节点	部 署 服 务
binghe151	无	192.168.175.151	Master（主库）	MySQL
binghe152	无	192.168.175.152	Slave（从库）	MySQL
binghe153	无	192.168.175.153	Mycat节点	Mycat
binghe154	无	192.168.175.154	Mycat节点	Mycat
binghe155	192.168.175.100	192.168.175.155	HAProxy节点	HAProxy、Keepalived
binghe156	192.168.175.100	192.168.175.156	HAProxy节点	HAProxy、Keepalived
binghe157	无	192.168.175.157	MySQL测试节点	MySQL

33.3.2　安装并配置 HAProxy 和 Keepalived

读者可以按照 33.2 节中的内容在 binghe156 服务器上安装并配置 HAProxy 服务。需要注意的是，在 binghe156 服务器上，应将/usr/local/haproxy/conf/haproxy.cfg 文件中的 node 和 description 选项修改成 binghe156，读者可自行实践，这里不再赘述。

安装 Keepalived 时读者可以按照 33.1.2 节中的内容在 binghe155 服务器和 binghe156 服务器上安装，这里不再赘述。

33.3.3　配置 HAProxy 高可用性

本节主要是在 binghe155 服务器和 binghe156 服务器上通过配置 Keepalived 达到 HAProxy 的高可用。

1. 配置Keepalived

分别在两台服务器上编辑/etc/keepalived/keepalived.conf 文件，修改后的文件分别如下：
binghe155 服务器：

```
! Configuration File for keepalived
global_defs {
   router_id binghe155
}
vrrp_script chk_haproxy {
   script "/usr/local/keepalived/haproxy_check.sh"
   interval 2
   weight 2
}
vrrp_instance VI_1 {
    state BACKUP
    interface eth0
    virtual_router_id 100
    priority 120
    nopreempt
    advert_int 1
    authentication {
        auth_type PASS
        auth_pass 1111
    }
    track_script {
        chk_haproxy
    }
    virtual_ipaddress {
        192.168.175.100
    }
}
virtual_server 192.168.175.100 48800 {
    delay_loop 2
    nat_mask 255.255.255.0
    persistence_timeout 50
    protocol TCP
    real_server 192.168.175.155 48800 {
        weight 1
        TCP_CHECK {
```

```
            connect_timeout 10
            nb_get_retry 3
            delay_before_retry 3
        }
    }
}
```

binghe156 服务器：

```
! Configuration File for keepalived
global_defs {
    router_id binghe156
}
vrrp_script chk_haproxy {
    script "/usr/local/keepalived/haproxy_check.sh"
    interval 2
    weight 2
}
vrrp_instance VI_1 {
    state BACKUP
    interface eth0
    virtual_router_id 100
    priority 110
    advert_int 1
    authentication {
        auth_type PASS
        auth_pass 1111
    }
    track_script {
        chk_haproxy
    }
    virtual_ipaddress {
        192.168.175.100
    }
}
virtual_server 192.168.175.100 48800 {
    delay_loop 2
    nat_mask 255.255.255.0
    persistence_timeout 50
    protocol TCP
    real_server 192.168.175.156 48800 {
        weight 1
        TCP_CHECK {
            connect_timeout 10
            nb_get_retry 3
            delay_before_retry 3
        }
    }
}
```

2. 编写HAProxy状态检测脚本

分别在 binghe155 服务器和 binghe156 服务器的/usr/local/keepalived 目录下创建 haproxy_check.sh 脚本文件。

```
touch /usr/local/keepalived/haproxy_check.sh
```

编辑 haproxy_check.sh 脚本文件。

```
vim /usr/local/keepalived/haproxy_check.sh
```

编辑后的文件内容如下：

```
#!/bin/bash
START_HAPROXY="/etc/rc.d/init.d/haproxy start"
STOP_HAPROXY="/etc/rc.d/init.d/haproxy stop"
LOG_FILE="/usr/local/keepalived/logs/haproxy-check.log"
HAPS=`ps -C haproxy --no-header |wc -l`
date "+%Y-%m-%d %H:%M:%S" >> $LOG_FILE
echo "check haproxy status" >> $LOG_FILE
if [ $HAPS -eq 0 ];then
echo $START_HAPROXY >> $LOG_FILE
$START_HAPROXY >> $LOG_FILE 2>&1
sleep 3
if [ `ps -C haproxy --no-header |wc -l` -eq 0 ];then
echo "start haproxy failed, killall keepalived" >> $LOG_FILE
killall keepalived
fi
fi
```

脚本文件的逻辑为：如果检测到 HAProxy 服务进程已经退出，则尝试重启 HAProxy 服务，如果重启失败，则停止 Keepalived 服务。

为 haproxy_check.sh 脚本文件赋予可执行权限。

```
chmod a+x /usr/local/keepalived/haproxy_check.sh
```

接下来，创建 haproxy_check.sh 脚本文件的日志存放目录。

```
mkdir -p /usr/local/keepalived/logs/
```

3. 配置虚拟IP

在 binghe155 服务器和 binghe156 服务器行分别输入如下命令增加虚拟 IP192.168.175.100。

```
ifconfig eth0:1 192.168.175.100 broadcast 192.168.175.255 netmask 255.255.255.0 up
route add -host 192.168.175.100 dev eth0:1
```

此时，在服务器上查看 IP 配置，则会发现服务器多了一张 eth0:1 的网卡，其 IP 地址为 192.168.175.100。

```
[root@binghe155 ~]# ifconfig
eth0      Link encap:Ethernet  HWaddr 00:50:56:2F:F8:B8
          inet addr:192.168.175.155  Bcast:192.168.175.255  Mask:255.255.255.0
          inet6 addr: fe80::250:56ff:fe2f:f8b8/64 Scope:Link
          UP BROADCAST RUNNING MULTICAST  MTU:1500  Metric:1
          RX packets:7513 errors:0 dropped:0 overruns:0 frame:0
          TX packets:10914 errors:0 dropped:0 overruns:0 carrier:0
          collisions:0 txqueuelen:1000
          RX bytes:600293 (586.2 KiB)  TX bytes:2283461 (2.1 MiB)
eth0:1    Link encap:Ethernet  HWaddr 00:50:56:2F:F8:B8
          inet addr:192.168.175.100  Bcast:192.168.175.255  Mask:255.255.255.0
          UP BROADCAST RUNNING MULTICAST  MTU:1500  Metric:1
lo        Link encap:Local Loopback
          inet addr:127.0.0.1  Mask:255.0.0.0
```

```
        inet6 addr: ::1/128 Scope:Host
        UP LOOPBACK RUNNING  MTU:65536  Metric:1
        RX packets:5378 errors:0 dropped:0 overruns:0 frame:0
        TX packets:5378 errors:0 dropped:0 overruns:0 carrier:0
        collisions:0 txqueuelen:0
        RX bytes:474453 (463.3 KiB)  TX bytes:474453 (463.3 KiB)
```

为了防止重启服务器时虚拟 IP 地址消失，在/usr/local/script 目录下创建 vip.sh 文件。

```
mkdir /usr/local/script
vim /usr/local/script/vip.sh
```

文件的内容如下：

```
#!/bin/bash
ifconfig eth0:1 192.168.175.100 broadcast 192.168.175.255 netmask 255.255.255.0 up
route add -host 192.168.175.100 dev eth0:1
```

接下来，将/usr/local/script/vip.sh 文件添加到服务器开机启动项中。

```
echo /usr/local/script/vip.sh >> /etc/rc.d/rc.local
```

此时，服务器重启后会自动执行/usr/local/script/vip.sh 脚本文件中的内容，为服务器添加虚拟 IP 地址。

4．启动服务

（1）启动 binghe151 服务器和 binghe152 服务器上的 MySQL 服务。

（2）启动 binghe153 服务器和 binghe154 服务器上的 Mycat 服务。

（3）启动 binghe155 服务器和 binghe156 服务器上的 HAProxy 服务和 Keepalived 服务。

（4）在 binghe157 服务器上，通过虚拟 IP 连接 HAProxy 代理的 Mycat 命令行。

```
[root@binghe157 ~]# mysql -h192.168.175.100 -P3307 -umycat -pmycat --default-auth=mysql_native_password
mysql: [Warning] Using a password on the command line interface can be insecure.
Welcome to the MySQL monitor.  Commands end with ; or \g.
Your MySQL connection id is 1
Server version: 5.6.29-mycat-1.6.7.4-release-20200105164103 MyCat Server (OpenCloudDB)
###################省略部分输出结果#################
mysql>
mysql> SHOW DATABASES;
+----------+
| DATABASE |
+----------+
| testdb   |
+----------+
1 row in set (0.00 sec)
```

结果显示，能够正确登录到 MySQL 命令行，说明环境搭建成功。

至此，通过 Keepalived 配置 HAProxy 服务的高可用就完成了。

33.3.4 测试 HAProxy 高可用性

（1）在 MySQL 命令行中，向 testdb 数据库下的 t_user 数据表中插入数据。

```
mysql> INSERT INTO testdb.t_user
    -> (id, t_name)
    -> VALUES
    -> (3, 'binghe003');
Query OK, 1 row affected (0.01 sec)
```

（2）查看插入的数据。

```
mysql> SELECT * FROM testdb.t_user;
+----+-----------+
| id | t_name    |
+----+-----------+
|  1 | binghe001 |
|  2 | binghe002 |
|  3 | binghe003 |
+----+-----------+
3 rows in set (0.01 sec)
```

结果显示，已向MySQL中正确插入了数据并成功读取出插入的数据，说明环境搭建成功。

（3）停止binghe155服务器上的HAProxy服务后，再次查看HAProxy服务的运行状态，发现HAProxy服务运行正常。

```
[root@binghe155 ~]# service haproxy stop
Shutting down haproxy:                                     [  OK  ]
[root@binghe155 ~]#
[root@binghe155 ~]# ps -ef | grep haproxy
haproxy   14997     1  0 13:26 ?        00:00:00 /usr/sbin/haproxy -D -f /etc/haproxy/haproxy.cfg
-p /var/run/haproxy.pid
root      15028  4881  0 13:26 pts/0    00:00:00 grep haproxy
[root@binghe155 ~]#
[root@binghe155 ~]# service haproxy status
haproxy (pid  14997) is running...
```

由输出结果说明，Keepalived检测到HAProxy服务退出时，自动重启了HAProxy服务。在binghe156服务器上测试也是相同的效果。

综上所述，基于Keepalived搭建HAProxy的高可用环境成功完成。

33.4 本章总结

本章主要介绍了如何实现MySQL HA高可用的环境搭建。首先介绍了如何基于Keepalived搭建MySQL的高可用环境。然后介绍了如何基于HAProxy搭建Mycat的高可用环境，读者也可以基于Keepalived搭建Mycat的高可用环境。最后为了解决基于HAProxy搭建Mycat的高可用环境时HAProxy的单点故障问题，又介绍了如何基于Keepalived搭建HAProxy的高可用环境。

经过笔者在生产环境中的无数次验证，本章中的内容稍加改造可直接应用于生产环境。

参 考 文 献

[1] Karthik Appigatla. MySQL 8 CookBook[M]．周彦伟，孟治华，王学芳，译．北京：电子工业出版社，2018.

[2] 唐汉明，翟振兴，关宝军，王洪权，黄潇．深入浅出 MySQL 数据库：开发、优化与管理维护[M]．2 版．北京：人民邮电出版社，2014.

[3] 刘增杰．MySQL 5.7 从入门到精通（视频教学版）[M]．北京：清华大学出版社，2016.

推荐阅读

Python编程
从0到1
（视频教学版）

Python
开发技术大全
（50小时同步配套教学视频）

Python
金融大数据风控建模实战
基于机器学习

从零开始学
Python网络爬虫

手把手带领“小白”轻松入门Python数据分析
从零开始学
Python数据分析
（视频教学版）

从零开始学
Scrapy 网络爬虫
（视频教学版）

Python Flask
Web开发入门与项目实战
Flask

Python Django
Web典型模块开发实战

Python数据挖掘
与机器学习实战